JN428161

미적분학

제3개정판

김홍종 지음

1

서울대학교출판문화원

머리말

자연은 수학이라는 언어로 쓰여 있다.
— 갈릴레오(Galileo Galilei, 1564–1642)

미적분학(微積分學, Calculus)은 뉴턴(I. Newton, 1643–1727)과 라이프니츠(G. Leibniz, 1646–1716)에 의하여 발견된 **미분법**(differential calculus)과 고대 그리스의 에우독소스(Eudoxus, 408–355(?) BCE)나 시라큐스의 아르키메데스(Archimedes, 287–212 BCE) 등에 의하여 발견된 **적분법**(integral calculus, methods of exhaustion)이 **현대적으로 발전**하게 된 수학[1]—자연과학도와 공학도 및 경제학도들에게는 필수적인 수학이요, 일반 대중에게도 **삶의 지혜**를 주는 수학—을 뜻한다.

미적분학을 서울대학교에서 가르치기 시작한 지 벌써 50여 년이 되었다. 1988년에는 당시 수학과 학과장이시던 박세희 교수의 권유로, 고영소·김도한·김홍종의 微積分學이 만들어지기 시작하였고, 그것은 1990년부터 사용되었다. 그러나 이들의 교재는 대학출판부의 낙후한 인쇄 기술과, 참신한 내용의 결여로, 좋은 책이 되지 못하였다. 이 책에 대한 여러 가지 개선될 점들이 지적되었지만, 새로운 작업에 많은 시간을 투자하는 것이, 고양이 목에 방울을 다는 것처럼 쉽지 않았다. "좋고 값비싼 외국 교재를 수입하여 쓰면 될걸 교재 개발에 수년간 헌신할 필요가 무엇인가?"라고 말하는 이도 있었다.

"미적분학에서 어떠한 것을 가르쳐야 하는가?"에 대하여는 사람과 전공에 따라 다소 다른 견해가 있다. 어떤 이는 ϵ-δ나 **무한소**의 개념을 강조할 필요가 있다고 생각하고, 또 어떤 이는 "추상 벡터공간"과 "미분 형식"을 많이 다루는 것이 좋다고 느끼며, 간단한 미분방정식 이론을 다루거나, 컴퓨터와 관련지어 교육하는 것이 좋다고 말하고, 미적분학의 응용에 관하여 더 많이 취급하여야 하고, 연습문제가 더 있어야 한다고 주장한다. 그러나 모두 "수학 시간이 즐거워야 하고, 수학을 공부하고 나서 그것이 유익하고 쓸모 있게 느껴져야 한다"는 것에는 동의하는 것 같다.

---

[1]뉴턴이나 라이프니츠 당시의 미적분학은 불완전한 것으로, 그 후에 많은 발전이 이루어졌다. "Calculus"는 라틴어로 "셈을 하기 위해 쓰이는 조약돌"이라는 뜻이다. 그러므로 미적분학은 "셈법"이라 할 수 있다.

넓게 보면, 수학은 나라의 앞날에 커다란 영향을 끼치는 학문이므로,[2] 그것을 잘 가르치는 것은 너무나 중요한 일이다. 그러나 젊은 교수들이 첨단 학문 연구에 몰두하지 못하고, 교재 개발이나 여러 가지 잡무에 시간을 한없이 빼앗긴다면 그것은 안타까운 일이다.[3]

현재 우리 사회는 곳곳에 엉터리들이 판치고 궤변이 난무하는 시기에 놓여 있다. 저자의 바람이 있다면, "미적분학"을 접한 이들이 이러한 것들에 현혹되지 말고 "**건전하고 정직한 사회**"를 만드는 데 크게 이바지하였으면 좋겠다는 것이다.

읽는 법

이 책은 지수함수와 로그함수 및 삼각함수의 미분·적분법을 이미 알고 있는 이공계 학생들과 교수들을 위하여 만들어졌다.

전체의 구성은 다음과 같이 크게 여섯 부로 나누어져 있는데, 처음 세 부는 첫 학기에, 다음 세 부는 둘째 학기에 다루기 적합하도록 만들어졌다.

제	I	부	급수와 테일러 전개
제	II	부	벡터와 행렬
제	III	부	곡선
제	IV	부	다변수함수와 미분법
제	V	부	다중적분과 그린 정리
제	VI	부	면적분과 발산 정리 및 스토크스 정리

각 장의 처음에는 간단하게 그 장에 대한 전반적인 소개를 약간 작은 글자체로 하였다. 각 장에는 세 가지 종류의 연습문제가 있는데, 본문에는 기초적인 **기본연습문제**들이 있고, 각 절의 마지막에는 평범한 **연습문제** 가 있으며, 각 장의 마지막에는 다소 오랜 시간 동안 생각할 것을 요하는 **탐구문제** 가 있다. 탐구문제들은 이 책을 한 번만 읽을 독자들은 읽지 않기를 권한다. "스스로 연습문제를 풀어 보는 것"은 수학을 이해하는 데 가장 필수적인 부분 중의 하나이다. 가끔 연습문제의 풀이나 도움말이 등장하는데, 이러한 것들을 미리 보는 것을 습관화하는 것은 좋은 일이라고 말하기 어렵다. 답을 몰라 답답하더라도 생각하는 데 쓰인 시간은 실력을 키워 주고 앞으로 다가올 역경을 이겨내는 데 크게 도움이 된다. 연습문제가 잘 풀리지 않을 때에는 본문에서 제대로 이해하지 못한 부분이 있는지를 먼저 생각한다.

[2]바르게 생각하고, 창의적인 사고력과 판단력을 길러 주며, 남을 이해하는 마음을 키워 주는, 실용적이고 구체적인 학문이지만, 이런 것 못지않게 더 중요한 점은 정직하고, 겸손한 학문이라 할 수 있다.

[3]予 爲此憫然 新制二十八字 欲使人人易習 便於日用耳 (내가 이를 딱하게 여기고 새로 스물여덟 자를 만드니, 이는 사람들로 하여금 쉽게 익혀 나날이 쓰기에 편하도록 하고자 할 따름이니라.)

— 訓民正音

처음 나타나는 용어는 주로 **굵은 글꼴**을 써서 나타내고, 괄호 속에 한자나 유럽어에 대응되는 것을 참고로 표시하였다. 그러나 독자들이 한자나 유럽어를 익히기를 요구하는 것은 아니다.

본문에 나타나는 용어 중에서 자세히 설명하지 못한 것은 가끔 부록의 "수학사전"에 실어 두었다.[4]

이 책에서 사용하는 **로그함수**[5]는 "자연로그"함수이다. 자연로그함수는 $\ln x$ 로도 표현하지만, 우리는 $\log x$ 로 쓰기로 한다. 자연로그함수의 도함수는 $\frac{1}{x}$ 이지만, 상용로그함수의 도함수는 $\frac{d}{dx}\log_{10} x = \frac{\log_{10} e}{x}$ 이다.[6] 수학자는 아름다운 식을 좋아한다. 자연로그함수의 밑으로 쓰이는 상수

$$e = \lim_{n\to\infty}\left(1+\frac{1}{n}\right)^n$$

는 중요한 상수임에도 불구하고, 좋은 이름을 가지고 있지 않다. 이 책에서는 e 를 **자연상수**라고 부르기로 한다.[7] 자연상수가 고유한 기호를 가지고 있지 않다는 것 또한 "수학의 자유로움"을 잘 나타낸다. 자연상수를 "e" 대신에 "e"로 쓰는 이도 있지만, 우리는 혼란을 주는 e 를 그냥 사용하기로 한다. 모든 **지수함수**는 이 자연상수를 밑으로 하는 지수함수 $\exp(x) := e^x$ 를 뜻한다.

본문에 사용하는 기호에 대하여 언급하면, $\mathbb{R}, \mathbb{Q}, \mathbb{Z}, \mathbb{N}, \mathbb{C}$ 는 각각 실수(<u>R</u>eal number), 유리수(<u>Q</u>uotient of integers, RATIOnal number), 정수(<u>Z</u>ahl), 자연수(<u>N</u>atural number) 및 복소수(<u>C</u>omplex number) 전체집합을 나타내었고, a/b 는 $\dfrac{a}{b}$ 가 차지하는 공간을 줄이기 위하여, 부등호 $\le$ 와 $\ge$ 는 $\leqq$ 와 $\geqq$ 가 사용하는 잉크의 양을 줄이기 위하여 쓰였다. 부록에는 이 책에서 사용한 기호들을 모아 두었다.

항등행렬은 I 로, 정의역이 X 인 항등사상은 id_X 또는 1_X 로 나타내었다. 특별한 언급이 없으면, 함수

$$x$$

는 실수체에서의 항등함수를 뜻한다.

되도록이면 스칼라(scalar)는 기울어진 로마자 작은 글꼴 "$a, b, c, \ldots$" 등을 사용하여 나타내었고, 벡터(vector)는 "$\mathbf{a}, \mathbf{b}, \mathbf{c}, \ldots$" 등으로, 행렬은 큰 글꼴 "$A, B, C, \ldots$" 등을 이용하여 서로 구별이 되도록 하였다. 벡터장은 주로 굵은 글꼴 "$\mathbf{A}, \mathbf{B}, \mathbf{C}, \ldots$" 등을 써서 나타내었다. 이러한 표현은 눈으로 읽기에는 좋지만, 판서를 하거나 또는 받아쓰거나 할 때에는 조판할 때처럼 약간 속을 썩이는 부분이다.

---

[4]예를 들어 수학사전의 용어 "구간"을 참고하라는 뜻으로 [[구간]]으로 나타내었다.

[5]로그(log, 對數)함수 이론은 스코틀랜드 수학자인 네이피어(John Napier, 1550–1617)에 의하여 탄생되었다고 말하지만, 사실 역사는 그리 간단하지 않다.

[6]이 식으로부터도 자연상수를 도입하는 것이 필연적이라는 것을 정당화할 수 있다.

[7]이 상수에 e 라는 기호를 도입한 오일러(Leonhard Euler, 1707–1783)의 이름을 따서 "오일러 상수"라고 부르기에는, 오일러의 업적이 너무나 많다. $1/e$ 와 상당히 가까운 $(1-10^{-7})^{10^7}$ 을 발견(?)한 사람의 이름을 따서 "네이피어 수"라고 부르는 이도 있다 [Conway, Guy].

또 "$a := b$"와 "$b =: a$"는 "a를 b로 정의한다"는 뜻이고, 논리 기호 "$\forall a$"는 "임의의 a에 대하여"라는 뜻으로 사용하였다.

수학적 명제들 중에는 우리말법과 잘 어울리지 않는 것들이 있다.[8] 예를 들어

$$a \in A\text{가 존재하여 성질 } p(a)\text{가 성립한다}$$

는 것은 "A의 원소 가운데 성질 $p(a)$를 만족시키는 원소 a가 존재한다"는 뜻으로 사용하였다. 논리 기호로 "a가 존재한다"는 "$\exists a$"로 나타낸다. 논리 기호 "$\exists$"는 **존재성**(Existence)을 뜻한다.

찾아보기에서 외국 사람의 이름은 원명으로 표기하려고 노력하였다.

참고문헌은 이 책의 뒷부분에 별도로 간추려 두었다. 간혹 본문에 나오는 참고문헌은 큰 괄호 [ ] 속에 저자 이름을 써 두었다. 예를 들어 최근 100년 동안의 미적분학 발전에 관심이 있으면 [Apostol et al.]을 참고하면 된다.

읽지 않는 법

문장에는 가끔 주석이 붙은 것들이 있는데, 이러한 것들은 크게 두 가지 종류로 나눌 수 있다. 한 가지는 주석의 내용이 하찮은[9] 것이어서 읽지 않아도 될 것들이고, 또 한 가지는 무척 중요한 내용의 주석이기는 하지만 처음 공부하는 이들이나 지적 호기심이 약한 이들은 읽지 않아도 되는 것들이다.

연습문제에도 가끔 풀이나 도움글들이 붙어 있는데, 이러한 것들을 독자들이 미리 읽지 않기를 바란다. 또 각 장의 "부록"과 "탐구문제"도 이 책을 한 번만 읽을 독자들은 보지 않기를 바란다.

증명의 마지막에는, 기원전 300년경에 알렉산드리아에서 강의를 하던 유클리드(Euclid, Eukleides)의 **원론**(原論, Stoicheia, Elements)[10] 이후에 전통적으로 사용되던 라틴어 **Q.E.D.** (quod erat demonstrandum) 대신에 정사각형 기호 □를 두어 "증명을 마침"을 표시하였다. 따라서 증명 과정을 알고 싶지 않은 이들은 □를 찾으면, 증명에서 빨리 벗어날 수 있다.

---

[8]다른 보기로는 "점 $O = (0,0)$을 원점이라 한다"라는 문장을 보자. 문학을 하는 사람들이 이런 표현을 싫어하는 (더 나아가 수학을 싫어하는) 까닭 중의 하나는 이 문장 속의 등호(=)를 술어로 이해하고, 따라서 '$O = (0,0)$'을 문장으로 이해하기 때문이다. 하지만 문학적 소양이 부족한 몇몇 수학자들은 등호를 술어로 쓰기도 하지만, 이 경우에는 명사를 수식하는 뜻이거나 또는 "즉"으로 해석하여 "점 O, 즉 $(0,0)$을 원점이라 한다"라는 뜻으로 사용한다. 함수를 "$y = f(x)$"로 나타내는 데에서도 문학적이지 않은 표현을 볼 수 있다.

[9]**행복**은 하찮은 것들로 가득 차 있다.

[10]유클리드의 "원론"은 모두 열세 권으로 되어 있다.

선생님을 위하여

저자에 따라서는 처음에 역함수이론을 도입하고, 역함수 미분법, 적분법 등을 다룬 뒤에, 함수

$$\log x := \int_1^x \frac{dt}{t}$$

의 역함수를 지수함수 $\exp x$ 로 정의하기도 하지만, 이러한 정의는 부자연스러울 뿐 아니라, 책의 처음이 "거꿀 함수"로 시작되는 것 또한 바람직하게 여겨지지 않는다. 일변수 **역함수 정리**(inverse function theorem)는 arctan 함수의 거듭제곱급수 전개를 다루는 가운데에 살짝 집어 넣었다.

다변수함수론에서 "**미분가능함수**의 개념을 다루지 말고, **일급미분가능함수**만을 다룰까?" 하고 생각해 보기도 하였으나, 실천하지 않았다. "쉬운 수학"의 요구를 저버리지 않기를 바란다.

이 책이 고영소·김도한·김홍종 의 "微積分學"과 크게 다른 점은 다음 것들이다.

- 볼록함수에 대하여 많이 다루지 못하였다.
- 코시 평균값 정리와 로피탈의 정리는 테일러 전개를 다루는 장에서 다루었다.
- 부정적분(不定積分, indefinite integral)을 구하는 여러 가지 기교들을 많이 생략하였다. 공학도들은 이 부분에 대해서 섭섭하게 생각할 수도 있다. 그러나 부분분수법은 멱급수에서 약간 언급하였다.[11] 그리고 특이 적분은 급수의 적분판정법에서 약간 언급하였다.
- 작은 $o(x)$ 는 다루었지만 큰 $O(x)$ 는 탐구문제에만 나타난다.
- 테일러 전개에서 n 차 나머지 항의 첨자를 하나씩 올려, 기존에 R_{n+1} 이라고 부르던 것을 R_n 으로 나타내었다. 그 이유는 $R_n(x) = o(x^n)$ 이 되도록 하기 위해서이다.
- 미분방정식이론을 체계적으로 다루지는 않았지만, 벡터장과 동력계를 다루는 과정 등 곳곳에 미분방정식이 나타난다.
- 벡터와 행렬 부분은
  - 아핀공간을 생략하였다.
  - 대칭행렬에 대한 체계적인 이론을 다루지 않았고, 정사각행렬의 고유값과[12] 고유벡터도 다루지 않았다.
  - 행렬의 지수함수는 부록에서 다루었다. 행렬의 음양은 극대·극소를 다루는 부분에서 약간 언급한다.

[11] 2000 년 개정판에서 중요한 "형식 멱급수"가 빠지면서 부분분수법도 같이 빠졌다. "멱급수"는 2016 년 개정판에서 "거듭제곱급수"가 되었다.

[12] 이 글은 한글맞춤법이 개정되기 전에 쓰여졌는데, 당시에는 사이시옷에 대한 견해가 다양하였다.

- 벡터 $\mathbf{v}$에 대하여 함수 f의 방향미분 $D_{\mathbf{v}}f$를 다룰 때, $\mathbf{v}$가 단위벡터라는 것을 가정하지 않았다. 이로써 "**v**-방향미분"이라는 말을 자유롭게 사용하였다. 굵은 기호는 책에서 보기는 편하지만 칠판에 쓸 때에는 편리하지 않다. 칠판에 쓸 때는 "**v**" 대신에 "$\vec{v}$"로 사용하여도 될 것 같다. 판서에 대한 얘기가 나온 김에 한 마디 더 하고 싶은 것은 학생들에게 "칠판에 쓰여진 글"과 "고사 답안지, 보고서나 논문에 쓰는 글"은 같은 형식이 아니라는 것을 한 번 알려 주시기 바란다.
- 미분형식을 약간 소개하였다.
- 가능하면 우리말을 사용하려고 노력하였다. "potential function"은 "잠재함수"로, "gradient vector"는 "기울기 벡터"로 불렀다. 또 도함수가 연속인 함수, 즉 $\mathcal{C}^1$ 함수를 "일급(미분가능)함수"라고 불렀다. 물론 "이급함수", ..., "무한급함수" 등의 용어도 사용하였다.

각 장에 등장하는 "기본연습문제"를 강의 시간에 모두 다룰 필요는 없다고 본다. 학생들의 이해가 부족하면 이 문제들을 다룰 수 있고, 학생들의 이해가 빠르면 생략할 수 있는 부분이다. 주석에 나타나는 사항은 강의 시간에 강조하거나 시험 범위에 넣을 필요가 없다.

연습시간의 조수를 위하여

연습시간을 도와주는 조수들은 다음 사항을 항상 염두에 두면 학생들의 학습 효과를 높일 수 있다.

- 학생들이 잘 이해하지 못한 부분이 있으면, 질문을 할 수 있도록 유도한다.
- 면담시간을 두어, 학생들이 자유롭게 활용할 수 있도록 한다.
- 연습문제의 중요한 점을 보충 설명하고, 비슷한 문제를 풀 수 있는 다양한 기법을 소개한다. 또 "답안 작성 요령"과[13] 출제 빈도가 높은 유형의 문제들을 강조한다.
- 강의실에서는
  - 학생들과 인사를 나누는지, 학생들의 이름을 기억하는지
  - 목소리의 크기가 알맞은지, 말이 너무 빠르거나, 단조로운지
  - 판서가 명확한지, 칠판은 바르게 지우는지
  - 분필은 적합한 것을 사용하는지, 색이 있는 분필을 사용하는지
  - 조명이 적합한지
  - 복장과 신발이 단정한지
  - 해학(諧謔)이 있는지

  등에 신경을 쓴다.

[13]바른 글이고, 명확하고, 아름다운 좋은 글이라야 한다. 결론을 유도하는 정직한 과정이 있어야만 높은 점수를 얻는다.

감사의 말

바르지 않은 글과 아름답지 않은 글을 지적하여 주시고, 생각하는 바를 거리낌 없이 말씀하여 주신 서울대학교 수학과의 여러 교수들에게 감사드린다. 강석진, 고영소, 김성기, 김창호, 윤옥경, 윤재한, 이인석, 이현구, 지동표, 최서영, 최형인, 황준묵 교수는 바쁜 가운데에서도 정성으로 초고를 읽어 주셨다. 특히 정재명 학과장님의 꾸준한 격려와 채찍 및 도움 말씀이 없었다면 이 책이 나오지 못하였을 것이다.

연습문제를 일일이 풀어 보고, 잘못을 지적하여 주신 김경희, 김일형, 신동준, 염용진, 오종원, 윤양동, 최소남, 최인송, 하길찬 선생을 비롯한 여러 강사 및 연습 조수들에게도 감사드린다. 이름을 일일이 언급하지 못한 분들께도 감사드린다.[14]

저자가 본의 아니게 표현을 바꾸거나 삭제하여야 하였던 부분도 있었지만 잘못된 부분은 물론 저자의 책임이다. 조금 변명을 하자면, 자주 바뀌는 제도·정책과 씨름하기 힘들고, 부족한 부분이 많다는 것을 알지만 시간에 쫓겨서 원고를 제출하여야 하였다는 점이다. 어쩌면 더 이상 주어진 시간이 없다는 것에 크게 고마워하여야 할 것이다.

그림이 많이 등장하는데, 이것들을 만드는 방법도 다양하였다. TeX Cad, GnuPlot, MATHEMATICA 3.0, Maple V, Mdraw 등을 이용하기도 하고, 어떤 때에는 손으로 그리거나 스캐너를 사용하기도 하였다. 이러한 방법이 모두 가능하도록 TEX 을 만들어 준 Knuth 교수와 한글TEX 을 보급하여 준 고기형, 차재춘, 조진환, 은광희 등 여러 분들께도 감사드린다.

이중적분을 다루는 과정에서 평면영역의 그림에 메르카도르 도법의 한반도를 사용하였다. 이 지도는 739각형인데 그 좌표를 일일이 구하여 주며 밤 깊은 시간에도 한결같이 기다려 주던 이에게도 물론 ....

1999 년 정월, 관악산

[14]고영소, 김상문, 김성기, 김도한, 이사계, 정재명, 최재경 교수님께서 2000년 개정판 때에 많은 지적을 하여 주셨고, 정경훈, 최형규 박사도 여러 곳을 지적하여 주셨다. 소병창 군이 바로잡아 준 라틴어는 2016년 개정판에 반영하였다. 여러 분들이 격려해 주셔서 정말 고맙게 여긴다. 하지만 일일이 그 존함을 다 나열하지 못한 분께는 죄송하게 여긴다.

2016 년 개정판을 내면서

여러 그림들을 비롯하여 부족한 곳들을 조금 손질하였다. 사이시옷 등과 관련된 개정된 한글 맞춤법을 따르려고 노력하였고, "멱"이라는 용어를 "거듭제곱"으로 바꾸었고, "벡터의 외적"이라는 용어 대신 "벡터곱"이라는 용어를 사용하였다. 고양이를 쫓아가는 강아지 문제를 추가하고 케플러의 운동법칙을 조금 더 설명하였지만, 전반적으로 학습량을 줄여, 쉽고 재미가 있도록 노력하였다.

개정판을 준비하는 동안 쾌적한 환경을 마련하여 주신 동료들과 김인원 교수에게 감사드린다.

또 개정판을 내면서

대한민국의 중고등학교 교과과정에서는 수학을 배우지 않는다(수학의 역사에 대한 이해나 증명하는 훈련을 통하여 수학의 신비함과 아름다움과 새로운 세계를 발견하는 기쁨을 맛보지 않으므로)는 점을 감안하여, 이전 판보다 훨씬 쉬운 책이 되도록 노력하였다. "코시의 평균값 정리", "행성에 관한 케플러의 운동법칙"과 "곡선의 곡률"을 과감하게 부록으로 옮겨 학습량을 줄였다. 제 12 장에서 사용하였던 "음함수"(implicit function)라는 용어를 강혜정 교수의 의견에 따라 "은(隱)함수"라 부르고, 이에 따라 "양함수"(explicit function)를 "현(顯)함수"라 부르게 되었다.

쉬운 공부만 하다 보면 공부할 때에는 모든 것을 다 알아야 한다는 생각에 빠질 수도 있는데, 지금 모든 것을 다 알 필요는 없다. 성숙해지면 더 멀리 볼 수 있다.

개정판을 준비하는 동안 많은 오류를 바로잡아 준 박경동, 박정필 교수와, 여러 오타와 애매한 표현들을 고쳐준 출판문화원을 비롯하여 그동안 격려해 주신 많은 분들께 감사드린다.

차 례

제1부

급수와 테일러 전개

제 1 장

급수

구름 위에는 빛나는 별이 있답니다.
— 피타고라스

이 장에서는 급수에 대하여 공부한다. 급수의 수렴·발산을 판정하는 가장 초보적인 방법은 "일반항 판정법"이다. 양항급수의 판정법으로는 비교판정법, 거듭제곱근 판정법, 비율판정법, 적분판정법 등을 다룬다. 비교판정법은 간단한 원리이긴 하지만, 이 원리를 받쳐주고 있는 "실수의 완비성"은 부록에서 다룬다. 적분판정법을 다루는 부분에서는 "특이적분법"을 약간 다루었다. 또 교대급수 정리와 절대수렴급수를 다룬다. 이러한 이론들은 나중에 거듭제곱급수 함수와 테일러 전개를 이해하는 데 중요하게 쓰인다.

사진: 일정한 크기가 일정한 간격으로 놓여 있으면 조화수열을 본다.

제 1 절 수열과 급수

1.1 수열

함수라는 개념은 매우 유용한 개념으로, 정의역(이라고 부르는 집합)의 각 원소에 대하여 공역(이라고 부르는 집합)의 한 원소를 대응시키는 방법을 뜻한다.

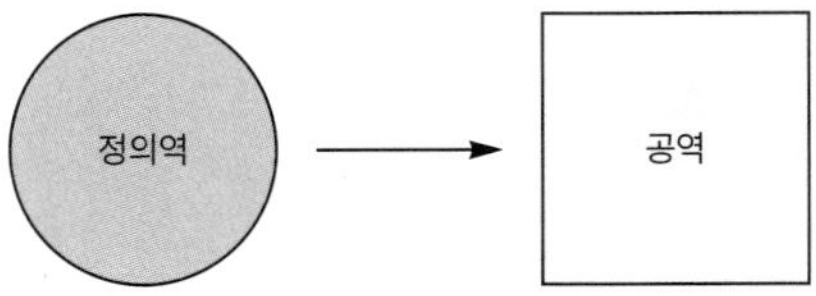

첫째, 둘째, 셋째 등으로 어떤 대상들에 차례로 순서를 부여하는 것도 함수의 일종인데, 이때는 정의역이 **자연수**(自然數, natural number) 전체집합

$$\mathbb{N} := \{1, 2, 3, \dots\}$$

또는 처음 몇 개의 자연수들이다. 이런 함수를 "나열" 또는 "서열" 등으로 부른다.

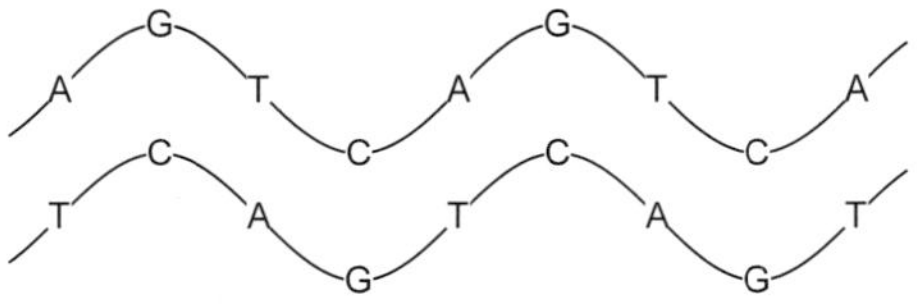

이때 함수의 **값**들이 실수(實數, real number)이면 "실수열"이라 부르고, 복소수(複素數, complex number)이면 "복소수열", 함수(函數, function)이면 "함수열", 점(點, point)이면 "점렬", 행렬(行列, matrix)이면 "행렬렬", 집합(集合, set)이면 "집합렬" 등으로 부르는 것이 정확하지만, 경우에 따라 이들을 모두 "수열"이라 부르기도 한다.

미적분학에서는 주로 "수들의 열"인 **수열**(數列, sequence of numbers)을 다루는데, 특별한 언급이 없으면, "수열"이란 정의역이 자연수 전체인 "무한수열"을 뜻하고, 함숫값은 실수인 "실수열"을 뜻한다.

실수 전체의 집합은 **실수체**(實數體, the field of real numbers)라고 부르는데,

$$\mathbb{R}$$

이라는 기호를 써서 나타낸다.

일반적으로 수열 $\mathbf{a} : \mathbb{N} \to \mathbb{R}$ 에서

$$a_1 := \mathbf{a}(1), \quad a_2 := \mathbf{a}(2), \quad a_3 := \mathbf{a}(3)$$

등으로 두고, 이 수열을

$$a_1,\ a_2,\ a_3,\ \ldots$$

또는

$$(a_1, a_2, a_3, \ldots), \qquad (a_n : n = 1, 2, 3, \ldots), \qquad (a_n)_{n=1}^{\infty}, \qquad (a_n)$$

등으로 나타내기로 한다.[1]

1.1.1 수열과 조건

수열 (a_n) 의 각 항들이 어떤 조건 P 를 만족시키면, 이를 $(a_n : P(a_n))$ 또는 $(a_n \mid P(a_n))$ 과 같이 나타내기로 한다.

보기로, 각 항이 양수인 수열은 $(a_n \mid a_n > 0)$ 처럼 나타내기도 한다. 또는 더 줄여서 $(a_n > 0)$ 라고 쓸 때도 있다.[2]

1.1.2

수열을 정의하는 과정에서 정의역을 자연수 전체집합 $\mathbb{N}$ 대신에 0 이상의 정수 전체집합

$$\mathbb{N}_0 := \{0\} \cup \mathbb{N} = \{0, 1, 2, \ldots\}$$

또는 $\{2, 3, 4, \ldots\}$ 등으로 잡을 수도 있다. 이러한 이론은 모두 비슷하므로, 이 장에서는 정의역이 자연수 전체집합인 수열을 주로 다루기로 한다.[3]

[1]수열 (a_n) 을 기호 $\{a_n\}$ 을 써서 나타내기도 하지만, 이 기호는 집합을 나타내는 기호와 혼동되기 쉽다. 예를 들면 $a_n = (-1)^n$ 으로 주어지는 수열과 집합 $\{1, -1\}$은 다른 의미를 가진다. 집합에 속하는 원소들은 순서가 없지만, 수열에는 순서가 있다. 수열은 '순서가 주어진 집합'이다. 우리의 기호는 n 차원 좌표공간의 점, 즉 **유한수열** $(a_1, a_2, \ldots, a_n)$ 을 나타낼 때에도 적합하다. 하지만 문맥에 따라 실수의 열린 구간을 나타내는 기호 (a_1, a_2)와는 구별하여야 한다 [[구간]]. 이런 문제를 피하기 위해 수열을 "애매한 괄호" 대신에 $\langle a_n \rangle$ 처럼 멋있게 나타내기도 한다. 이 기호를 쓰면, 좌표평면의 점은 $\langle x, y \rangle$ 처럼 표현된다.

[2]바른 논리를 이해하는 것은 중요한 일이지만, 일단 그러한 논리를 이해하고 나면 거기에 너무 집착하여 더 큰 것을 저버리지 않도록 하여야 한다. 수열과 저글링 사이의 관계는 [Buhler et al.], [김]을 참고할 것.

[3]그러나 다음 장에서 거듭제곱급수 이론을 다룰 때에는 정의역이 $\mathbb{N}_0$ 인 것이 더 자연스럽다. 오늘날은 수의 시작, 즉 **처음 수**를 0으로 보는 견해가 지배적이다.

1.2 수렴과 발산

수열 (a_n) 이 실수 l 에 수렴하면[4]

$$\lim_{n\to\infty} a_n = l$$

로 쓴다. 이때 l 을 수열 (a_n) 의 **극한값**이라 한다.

수렴하지 않는 수열은 **발산**한다고 말한다.

만약 수열 (a_n) 의 각 항이 한없이 커지면[5]

$$\lim_{n\to\infty} a_n = \infty$$

라고 쓰고 (양의) *무한대로 발산한다*고 말한다. 또 수열 (a_n) 의 각 항이 한없이 작아지면[6]

$$\lim_{n\to\infty} a_n = -\infty$$

라고 쓰고 *음의* (또는 *마이너스*) *무한대로 발산한다*고 말한다.

수열 $(|a_n|)$ 이 무한대로 발산하는 경우에는 n 이 아주 크면 $a_n \neq 0$ 이고,

$$\lim_{n\to\infty} \frac{1}{a_n} = 0 \tag{1}$$

이다. 거꾸로 (1)이면 $\lim_{n\to\infty} |a_n| = \infty$ 이다.

1.2.1 기본연습문제

n 이 짝수이면 $a_n = n$ 이고, n 이 홀수이면 $a_n = 1/n$ 이라 하자. 이때 극한 $\lim_{n\to\infty} a_n$ 이 존재하는가?

---

[4]수열 (a_n) 이 수렴하고 그때 극한값이 l 이라는 것은, n 이 아주 크면 a_n 과 l 의 차가 아주 작다는 것을 뜻한다. 다시 말하면, 아무리 작은 양수 ε 을 가져오더라도, 유한개의 n 을 제외하고는 모두 $|a_n - l| < \varepsilon$ 을 만족시킨다는 뜻이다. 이러한 상황을 논리 기호로는 다음과 같이 표현한다:

$$\forall \varepsilon > 0,\ \exists N \in \mathbb{N}\ (n > N \ \Rightarrow\ |a_n - l| < \varepsilon).$$

여기에서 논리 기호 '$\forall$'는 '모든(All, Any)'을 뜻하는 것으로 '$\forall \varepsilon > 0$'은 '모든 양수 ε 에 대하여'라는 뜻이고, 논리 기호 '$\exists$'는 존재성(Existence)을 뜻하는 것으로 '$\exists N \in \mathbb{N}$'은 '자연수 N 이 존재한다'는 뜻이다. 현대적인 해석학의 발전에 많은 업적을 남긴 프랑스의 코시(Augustin-Louis Cauchy, 1789–1857)는 'erreur(오차)'를 나타내는 뜻으로 'ε(epsilon)'을 사용하였다. 그리스 문자는 부록 참고.

[5]즉, 임의의 실수 B 에 대하여 유한개의 항을 제외한 항들이 모두 B 보다 크다는 뜻이다. 미적분학에서 "무한대(∞)"는 수가 아니다. 그냥 어떤 상태를 의미할 뿐이다. 하지만 집합론에서는 여러 가지 종류의 무한을 다룬다.

[6]즉, 임의의 실수 B 에 대하여 유한개의 항을 제외한 항들이 모두 B 보다 작다는 뜻이다.

1.2.2 연속함수와 수열

실수 c를 포함하는 구간 I에서 정의된 함수 $f : I \to \mathbb{R}$가 "점" c에서 **연속**이라는 것은 c에 수렴하는 임의의 수열 $(a_n \in I)$에 대하여

$$\lim_{n\to\infty} f(a_n) = f(c)$$

라는 뜻이다. 이는 다음과 같이 쓰기도 한다:

$$\lim_{x\to c} f(x) = f(c).$$

만약 함수 $f : I \to \mathbb{R}$가 정의역의 모든 점에서 연속이면, f를 **연속함수**라고 부른다. 그러므로 함수 f가 연속함수이면, 정의역의 한 점에 수렴하는 임의의 수열 $(a_n \in I)$에 대하여

$$\lim_{n\to\infty} f(a_n) = f\left(\lim_{n\to\infty} a_n\right)$$

이다.

연속함수의 대표적인 것들에는 **상수함수** c, **항등함수**(또는 정체함수)라고 부르는 x, **다항함수** $a_nx^n + \cdots + a_1x + a_0$, $\frac{1}{x}$ 같은 **유리함수**, 제곱근 등의 **대수적 함수**, 사인, 코사인, 탄젠트 등의 **삼각함수**, 그리고 지수함수와 로그함수 및 이들의 **합성함수**들이 있다.

1.2.3 보기

1. 함수 $\sqrt{1+x}$는 연속함수이고,

   $$\lim_{n\to\infty} \frac{1}{n} = 0$$

   이므로,[7] $\lim_{n\to\infty} \sqrt{1+\frac{1}{n}} = 1$ 이다.

2. 극한 $\lim_{n\to\infty} \left(\sqrt{n^2+n} - n\right)$ 이 존재하는지 알아보자.

   주어진 수열의 일반항은

   $$\frac{(\sqrt{n^2+n}-n)(\sqrt{n^2+n}+n)}{\sqrt{n^2+n}+n} = \frac{n}{\sqrt{n^2+n}+n} = \frac{1}{\sqrt{1+\frac{1}{n}}+1}$$

   이다. 그러므로 극한이 존재하고 극한값은 $\frac{1}{2}$ 이다.

[7] 이 사실은 부록에서 다루기로 한다.

1.2.4 보기 (산술적 증가와 기하적 증가)

양수 ε 에 대하여 극한 $\displaystyle\lim_{n\to\infty}\frac{(1+\varepsilon)^n}{n}$ 의 수렴·발산을 조사하여 보자.

이항 정리에[8] 의하면

$$(1+\varepsilon)^n = 1 + n\varepsilon + \frac{1}{2}n(n-1)\varepsilon^2 + \cdots + n\varepsilon^{n-1} + \varepsilon^n > \frac{1}{2}n(n-1)\varepsilon^2$$

이다. 그러므로 $\dfrac{(1+\varepsilon)^n}{n} > \dfrac{1}{2}(n-1)\varepsilon^2$ 이고, 후자의 값은 n 이 커지면 한없이 증가한다. 따라서 주어진 수열은 무한대로 발산한다.

그러므로 다음을 얻는다.

$$\boxed{\lim_{n\to\infty}\frac{a^n}{n} = \infty \qquad (a > 1)}$$

1.2.5 기본연습문제

1. $x > 0$ 이면
$$\log x = \int_1^x \frac{dt}{t} \le \int_1^x dt = x - 1 < x$$
이고, 특히 자연수 n 에 대하여 $\log\sqrt{n} < \sqrt{n}$ 이다. 따라서
$$\lim_{n\to\infty}\frac{\log n}{n} = \lim_{n\to\infty}\frac{\log(\sqrt{n}\cdot\sqrt{n})}{\sqrt{n}\cdot\sqrt{n}} = \lim_{n\to\infty}\frac{2}{\sqrt{n}}\frac{\log\sqrt{n}}{\sqrt{n}} \le \lim_{n\to\infty}\frac{2}{\sqrt{n}} = 0$$
이다. 그러므로 $\displaystyle\lim_{n\to\infty}\frac{\log n}{n} = 0$ 이다. 이를 활용하여 보기 1.2.4 를 밝히라.[9]

2. $r < 1$ 일 때 자연수 n 이 아주 크면 $r^n < \frac{1}{n}$ 임을 보이라.

---

[8] $\binom{n}{k} := {}_nC_k = \frac{n!}{k!(n-k)!} = \frac{n(n-1)\cdots(n-k+1)}{k(k-1)\cdots 1}$ 으로 두면,

$$(x+y)^n = \sum_{k=0}^{n}\binom{n}{k}x^{n-k}y^k$$

이다. **이항계수** $\binom{n}{k}$ 는 주로 [[**파스칼의 삼각형**]]으로 설명한다.

[9] 이 문제에서 로그함수의 밑을 어떤 것으로 하더라도 같은 결론을 얻는다. 자연상수 $e = 2.718\ldots$ 을 밑으로 하는 자연로그함수를 불어식 표현(logarithme naturel)을 따라 $\ln x$ 로 쓰기도 하지만, 이 책에서는 자연로그함수를 그냥 $\log x$ 로 쓰기로 한다 [Laugwitz], [[로그함수]], [[지수함수]]. 모든 로그함수는 다른 밑을 가진 로그함수의 상수배이다. 예를 들면

$$\log x = (\log 10)\log_{10} x \approx 2.3\ \log_{10} x$$

이다. 로그함수는 감각을 가장 잘 표현하는 함수인데, 소리의 크기(dB), 음정(cent), 별이나 빛의 밝기(lux, lx), 산성도(pH), 지진의 강도, 엔트로피, 정보량 등 많은 곳에 응용된다. 로그는 큰 수를 압축하여 나타내는 획기적인 셈법이다. 오늘날 인류가 수를 나타내기 위하여 사용하는 진법도 "수의 개념"을 "압축하여 나타낸 것"이다.

1.3 수렴하는 수열의 기본 성질

수열이 수렴 또는 발산하는 성질은 그 수열의 유한개의 항이 바뀌어도 변하지 않는다.

수열 (a_n)과 (b_n)이 모두 수렴하면(즉, 극한값을 가지면), 수열 $(a_n + b_n)$과 수열 $(a_n \cdot b_n)$이 모두 수렴하고, 이때

$$\lim_{n\to\infty}(a_n + b_n) = \lim_{n\to\infty} a_n + \lim_{n\to\infty} b_n \tag{2}$$

$$\lim_{n\to\infty}(a_n \cdot b_n) = \left(\lim_{n\to\infty} a_n\right) \cdot \left(\lim_{n\to\infty} b_n\right) \tag{3}$$

이다. 또 임의의 실수 t에 대하여

$$\lim_{n\to\infty}(t\, a_n) = t\left(\lim_{n\to\infty} a_n\right) \tag{4}$$

이다.[10]

만약 모든 n에 대하여 $a_n \le b_n$ 이면,

$$\lim_{n\to\infty} a_n \le \lim_{n\to\infty} b_n$$

이다.

위와 같은 여러 성질을 "수렴하는 수열의 기본 성질" 또는 **극한의 기본 성질**이라 한다.

1.3.1 기본연습문제

1. 수열 (a_n)과 (b_n)이 모두 같은 극한값으로 수렴하고, 모든 n에 대하여 $a_n \le c_n \le b_n$ 이면, 수열 (c_n)도 같은 극한값으로 수렴함을 설명하라.

2. 수열 $\mathbf{a}$에 대하여 새로운 수열 $\mathbf{a}'$을

$$\mathbf{a}'(n) := \mathbf{a}(n+1) \qquad (n \in \mathbb{N})$$

으로 정의한다. 이때 $\mathbf{a}$가 수렴하면, $\mathbf{a}'$이 수렴하는가? 거꾸로 $\mathbf{a}'$이 수렴하면 $\mathbf{a}$가 수렴하는가? 이 두 수열이 수렴하는 경우 이들의 극한값은 같은가?

3. 수열 $a_{n+1} = \frac{1}{2}(a_n + a_{n-1})$은 수렴함을 밝히라.[11]

---

[10]기본 성질 (4)는 (3)의 특별한 경우이다.

[11]수렴값은 $\frac{1}{3}a_1 + \frac{2}{3}a_2$ 이다.

1.4 자연상수

자연로그의 밑수, 즉 **자연상수**는[12]

$$e := \lim_{n\to\infty}\left(1+\frac{1}{n}\right)^n \approx 2.718$$

로 정의한다.[13] 이를 이용하여 수열

$$\left(1-\frac{1}{n}\right)^n, \qquad n = 1, 2, 3, \ldots$$

의 극한값을 구하여 보자.

n	$(1+1/n)^n$	n	$(1+1/n)^n$
1	2	10^1	2.593 ...
2	2.25	10^2	2.704 ...
3	2.37 ...	10^3	2.716 ...
4	2.44 ...	10^4	2.718146 ...
5	2.48 ...	10^5	2.718268 ...
6	2.52 ...	10^6	2.7182804 ...
7	2.54 ...	10^7	2.7182816 ...
8	2.56 ...	10^8	2.7182817 ...
9	2.58 ...	10^9	2.7182818 ...

먼저 주어진 식을

$$\left(1-\frac{1}{n}\right)^n = \left(\frac{n-1}{n}\right)^n = \frac{1}{\left(\frac{n}{n-1}\right)^n} = \frac{1}{\left(1+\frac{1}{n-1}\right)^n} = \frac{1}{\left(1+\frac{1}{n-1}\right)^{n-1}}\cdot\frac{1}{1+\frac{1}{n-1}}$$

과 같이 두 항의 곱으로 변형하면, 한 항은 $1/e$로 수렴하고 다른 항은 1로 수렴하므로 극한값

$$\lim_{n\to\infty}\left(1-\frac{1}{n}\right)^n = \frac{1}{e}$$

을 얻는다. 다음 장에서는 $1/e \approx 0.37$임을 쉽게 밝힌다.[14]

---

[12]수학에서 가장 중요한 상수 다섯 가지를 들라고 하면

$$0, \quad 1, \quad \pi, \quad e, \quad \sqrt{-1}$$

오일러

을 들 수 있다. 자연상수를 나타내는 기호 e는 오일러를 따른다 ('머리말' 참조). 886편의 논문과 책이 말해 주듯이, 오일러는 기하학, 삼각법, 정수론, 해석학, 변분법, 미분방정식, 역학, 천문학, 탄성학, 음악 및 음향학, 빛과 파동학, 배 건조술 등 굉장히 많은 부분에서 놀라운 업적을 남겼다. 그는 31세에 오른쪽 눈을 실명하고, 58세에는 완전히 눈이 멀었다. 하지만 오일러의 업적의 반은 58세 이후에 얻어진 것이다. 자연상수의 기호 이외에도, 함수를 나타내는 기호 $f(x)$, 삼각형 $\triangle ABC$와 변 a, b, c, sin, cos, tan, 허수단위 i, 합의 기호 $\sum$ 등은 모두 오일러가 사용하던 기호이다 [Dunham, 1999], [Graham et al., p. 285]. 웨일스의 존스(William Jones, 1675–1749)가 1706년에 도입한 [[원주율]] 기호 π도 오일러 덕분에 널리 쓰이게 되었다.

Lisez Euler, lisez Euler, c'est notre maître à tous.

(오일러를 읽으세요! 그는 모든 것에서 우리의 스승입니다.) — P.-S. Laplace

[13]이 극한값의 "존재이유"는 부록에서 설명한다.

[14]확률 문제는 부록 '수학사전'의 $1/e$ 항목 참고.

1.5 급수

다음은 어느 고등학교의 대학수학능력고사 점수분포표이다.

점수	400	399~390	389~380	379~370	369~360	359~350	349~340	⋯
인원수	1	1	2	3	5	8	13	⋯
누계	1	2	4	7	12	20	33	⋯

이 도표의 '인원수'에 해당되는 수열에서 '누계'라는 새로운 수열을 얻었다. 이와 같은 방법으로 어떤 수열에서 새로이 얻은 수열을 **급수**(級數, series) 또는 **합수열**이라고 한다.

수열

$$\mathbf{a} = (a_1, a_2, a_3, \dots)$$

에서 얻은 **급수**란 수열 $\mathbf{a}$의 부분합들로 이루어진 수열

$$a_1, \quad a_1 + a_2, \quad a_1 + a_2 + a_3, \quad \dots$$

을 뜻한다. 수열 (a_n) 에서 얻은 급수는

$$a_1 + a_2 + a_3 + \cdots, \qquad \sum_{n=1}^{\infty} a_n, \qquad \sum_{n \geq 1} a_n, \qquad \sum_{n} a_n, \qquad \text{또는} \qquad \sum a_n$$

등으로 나타낸다.[15]

1.5.1 보기

피보나치[16] 수열

n	1	2	3	4	5	6	7	8	9	10	⋯
f_n	1	1	2	3	5	8	13	21	34	55	⋯

[15] "n 이 1 부터 ∞ 까지"라고 말할 때에는 "n 의 값이 모든 자연수이다"라는 뜻이고 "n 의 값이 ∞ 가 되는 경우가 있다"는 것은 아니다. 이것은 "$(a_n)_{n=1}^{\infty}$" 또는 "$\sum_{n=1}^{\infty} a_n$" 과 같은 표현에서도 마찬가지이다. 무한대를 나타내는 기호 '∞'는 1655 년 옥스포드대학 교수인 왈리스(John Wallis)가 처음 사용하였으나 야콥 베르누이(Jakob Bernoulli, 1654–1705)의 사후인 1713 년에 발간된 책 "Tractatus de Seriebus Infinitis" 이후부터 널리 쓰이기 시작하였다. 베르누이는 1694년에 ∞ 모양의 곡선을 발견하였다 (제4장 2절 연습문제 3 번 참고). 왈리스는 등식

$$\lim_{n\to\infty} \frac{2}{1} \times \frac{2}{3} \times \frac{4}{3} \times \frac{4}{5} \times \frac{6}{5} \times \frac{6}{7} \times \cdots \times \frac{2n}{2n-1} \times \frac{2n}{2n+1} = \frac{\pi}{2}$$

을 발견하였다.

[16] 부록의 '수학사전'을 참고할 것.

은 다음 항의 값이 바로 앞의 두 항의 합이다:

$$f_{n+2} = f_{n+1} + f_n.$$

이 피보나치 수열에서 얻은 급수는 다음과 같다:

$$1, \quad 2, \quad 4, \quad 7, \quad 12, \quad 20, \quad 33, \quad 54, \quad 88, \quad 143, \quad \ldots.$$

1.5.2 기본연습문제

1. 피보나치 수열에서 얻은 급수를 (s_n) 이라 할 때,

   $$s_n = f_{n+2} - 1$$

   인가?

2. 일반항 a_n 이 항등적으로 1 인 **상수 수열**에서 얻은 급수 (s_n) 을 구하라.

3. **항등수열** $a_n = n$ 에서 얻은 급수[17] Δ_n 을 구하라.

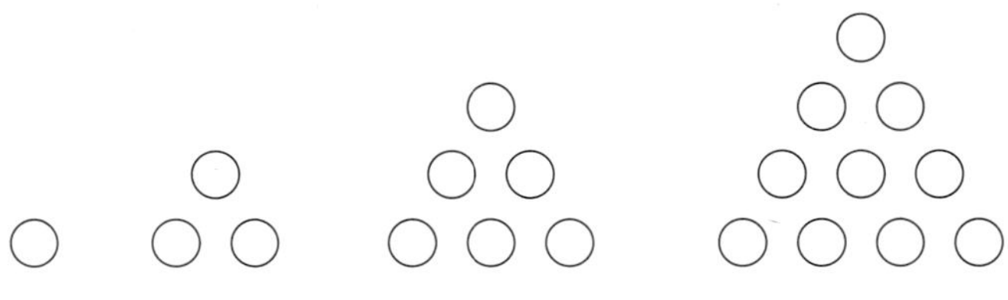

그림: 삼각수열

4. 홀수열 $(a_n = 2n - 1)$ 에서 얻은 급수는 제곱수열 (n^2) 인가?

5. 제곱수열 (n^2) 에서 얻은 급수를 구하라.

---

[17] 이 급수는 **삼각수**열이라 한다. 제4삼각수는 피타고라스 학파의 상징인데 '테트락튀스(tetractys)'라고 불리며, '지수화풍(地水火風)'이나 음악의 화음 이론 등 많은 곳에 의미를 부여하였다. 바르셀로나에 있는 가우디의 유명한 성가족성당에서도 삼각수들을 볼 수 있다. 독일의 파울하버(J. Faulhaber, 1580–1635)는 1631년에 $1^k + 2^k + \cdots + n^k$ 는 k 가 홀수이면 Δ_n 의 다항식으로 나타나고, k 가 짝수이면 Δ_n 의 다항식에 $(2n+1)$ 을 곱한 것임을 밝혔다:

$$\begin{aligned} 1 + 2 + \cdots + n &= \Delta_n \\ 1^2 + 2^2 + \cdots + n^2 &= \frac{1}{3}(2n+1)\Delta_n \\ 1^3 + 2^3 + \cdots + n^3 &= (1 + 2 + \cdots + n)^2 = (\triangle_n)^2 \end{aligned}$$

1.6 급수의 수렴과 발산

수열 (a_n) 에서 얻은 급수

$$a_1, \quad a_1 + a_2, \quad a_1 + a_2 + a_3, \quad \dots$$

이 어떤 실수 l 에 **수렴**하면,

$$\sum_{n=1}^{\infty} a_n = l$$

로 나타낸다. 이때 극한값 l 을 "급수" $\sum a_n$ 의 **합**이라고 부른다. 기호

$$\sum a_n$$

은 상황에 따라서 급수를 나타내기도 하고, 또는 그 급수의 합을 나타내기도 한다.

수렴하지 않는 급수는 **발산**한다고 말한다.

1.6.1 보기

급수 $\displaystyle\sum_{n=1}^{\infty} \frac{1}{n(n+1)}$ 의 처음 k 항까지의 합은

$$\sum_{n=1}^{k} \frac{1}{n(n+1)} = \sum_{n=1}^{k} \left(\frac{1}{n} - \frac{1}{n+1}\right) = (1 - \tfrac{1}{2}) + (\tfrac{1}{2} - \tfrac{1}{3}) + \cdots + \left(\frac{1}{k} - \frac{1}{k+1}\right) = 1 - \frac{1}{k+1}$$

이므로, 이 급수는 1 에 수렴한다. 즉,

$$\sum_{n=1}^{\infty} \frac{1}{n(n+1)} = 1$$

이다.

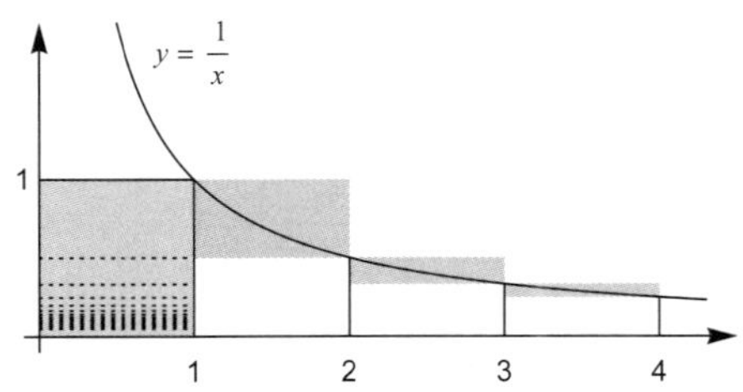

어떤 급수가 수렴하는가를 알려면, 다음 정리를 가장 먼저 살펴보아야 한다. 약간 혼란을 주는 용어이기는 하지만 급수 $\sum a_n$ 의 **일반항**은 a_n 을 뜻한다.

정리 1.6.2 (일반항 판정법) *급수* $\sum a_n$ *이 수렴하면,*

$$\lim_{n\to\infty} a_n = 0$$

이다.

증명. 급수 $\sum a_n$ 의 합을 l 이라 하고 처음 n 항까지의 합을

$$s_n := a_1 + a_2 + \cdots + a_n$$

으로 두면, 임의의 양수 ε 에 대하여 유한개의 n 을 제외하고

$$|s_n - l| \le \varepsilon$$

이다. 따라서 (유한개의 n 을 제외하고)

$$|a_n| = |s_n - s_{n-1}| = |(s_n - l) - (s_{n-1} - l)| \le |s_n - l| + |s_{n-1} - l| \le \varepsilon + \varepsilon = 2\varepsilon$$

이다. 그러므로 $\lim_{n\to\infty} |a_n| = 0$ 이고, 이로부터 원하는 결론을 얻는다. □

이 정리의 역은 일반적으로 참이 아니다. 그것은 조화급수를 보면 알 수 있다.

n	H_n	n	H_n
1	1	10	2.93
2	1.5	10^2	5.19
3	1.83	10^3	7.49
4	2.08	10^4	9.79
5	2.28	10^5	12.09
6	2.45	10^6	14.39
7	2.59	10^7	16.70
8	2.72	10^8	19.00
9	2.83	10^9	21.30

조화급수(調和級數, harmonic series)는 각 항이 **등차수열**의 역수로 이루어진 수열, 즉 **조화수열**에서 얻은 급수이다.

조화급수의 대표적인 예는

$$H_n := 1 + \frac{1}{2} + \cdots + \frac{1}{n} \qquad (n = 1, 2, 3, \dots)$$

을 들 수 있다. 이 급수는

$$\begin{aligned} & 1 + \frac{1}{2} + \frac{1}{4} + \frac{1}{4} + \frac{1}{8} + \frac{1}{8} + \frac{1}{8} + \frac{1}{8} + \frac{1}{16} + \cdots + \frac{1}{16} + \cdots \\ = \; & 1 + \frac{1}{2} \quad + \frac{1}{2} \qquad\qquad + \frac{1}{2} \qquad\qquad + \frac{1}{2} + \cdots \end{aligned}$$

보다 빨리 증가하고, 따라서 발산함을 알 수 있다.[18] 그럼에도 일반항 $1/n$ 은 0 에 수렴한다.

[18]조화급수가 발산함을 처음 보인 이는 프랑스의 니콜 오렘(Nicole Oresme, 1323–1382)이다.

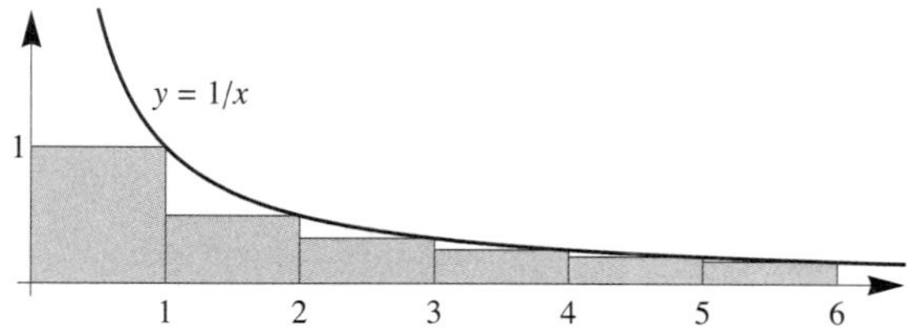

그림: $\sum \frac{1}{n} = \infty$

1.6.3 보기

급수

$$1 - 1 + 1 - 1 + \cdots$$

은 일반항 ± 1 이 0 으로 수렴하지 않으므로, 수렴하지 않는다.

1.6.4 기본연습문제

급수 $(1-1)+(1-1)+(1-1)+\cdots$ 의 수렴·발산을 판정하라.[19]

1.7 수렴하는 급수의 기본 성질

수렴하는 수열의 기본 성질에서 수렴하는 급수의 기본 성질을 얻는다.

실수 t 와 수렴하는 급수 $\sum a_n$ 및 $\sum b_n$ 에 대하여

$$\sum (a_n + b_n) = \sum a_n + \sum b_n, \qquad \sum t a_n = t \sum a_n \tag{5}$$

이다.[20]

급수의 수렴성은 유한개의 항의 변화에 영향을 받지 않는다. 즉, 두 수열 (a_n), (b_n) 에서 유한개의 n 을 제외하고 $a_n = b_n$ 이면, 급수 $\sum a_n$ 이 수렴하기 위한 필요충분조건은[21] 급수 $\sum b_n$ 이 수렴하는 것이다.

---

[19] 위 급수는 일반항이 $(1-1)$, 즉 0 이다. 그러므로 0 을 계속 더한 급수는 0 으로 수렴한다.

[20] 즉, 급수 $\sum a_n$ 과 $\sum b_n$ 이 수렴하면, 급수 $\sum (a_n + b_n)$ 과 $\sum t a_n$ 이 모두 수렴하고, 이때 등식 (5) 가 성립한다.

[21] 명제 p 와 q 에서 **조건 명제** "p 이면 q"($p \to q$)를 얻는데, 이 조건 명제가 참일 때, p 를 q 이기 위한 **충분조건**, q 를 p 이기 위한 **필요조건**이라 한다. 또 "p 이면 q" 이고 "q 이면 p" 이면, "$p \leftrightarrow q$" 라고 쓰기도 하는데, 이때 p 와 q 를 서로의 **필요충분조건**(必要充分條件, necessary and sufficient condition)이라 한다. 필요충분조건을 줄여서 그냥 **조건**(condition)이라고 부르기도 한다.

연습문제: 제 1 장 1 절

1. 피보나치 수열 (f_n) 에서 다음을 보이라.[22]

$$f_{n+1}f_{n-1} - {f_n}^2 = (-1)^n.$$

2. 다음 급수의 수렴 여부를 판정하라.
   (1) $\sum \dfrac{n^2}{50n^2+1}$ (2) $\sum \dfrac{2^n - 2^{-n}}{2^n + 2^{-n}}$ (3) $\sum n \sin \dfrac{1}{n}$
3. (**Petersburg 파라독스**) 동전을 던져서, 처음에 앞면이 나오면 2 원을 받고, 두 번째에 비로소 앞면이 나오면 2^2 원을 받고, 세 번째에 비로소 앞면이 나오면 2^3 원을 받고, 계속하여 n 번째 처음으로 앞면이 나오면 2^n 원을 받기로 하였다고 하자. 이러한 놀이를 하였을 때 받는 액수의 기댓값이 무한대임을 설명하라.[23]
4. 급수 $\dfrac{1}{2} + \dfrac{1}{4} + \dfrac{1}{6} + \dfrac{1}{8} + \dfrac{1}{10} + \cdots$ 의 수렴·발산을 판정하라.
5. 다음 급수의 합을 구하라.
   (1) $\sum \left(\dfrac{1}{\sqrt{n+1}} - \dfrac{1}{\sqrt{n+3}} \right)$ (2) $\sum \dfrac{1}{n^2+2n}$
6. (1) $\lim\limits_{n\to\infty} (\log(n+1) - \log n) = 0$ 임을 보이라.
   (2) 급수 $\sum \big(\log(n+1) - \log n \big)$ 은 수렴하는가?

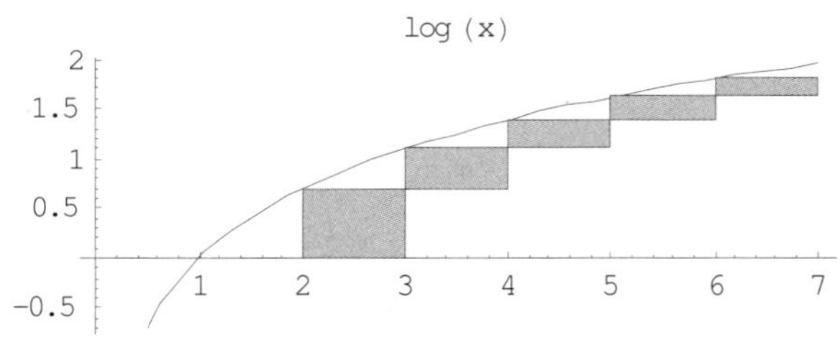

   (3) 급수 $\sum\limits_{n\geq 2} \big(\log\log(n+1) - \log\log n \big)$ 은 수렴하는가?
7. 급수 $\sum_{n=1}^{\infty} a_n$ 이 수렴하면 급수 $\sum_{n=1}^{\infty} a_{n+1}$ 도 수렴하는가? 이때 이들의 극한은 같은가?
8. $a > 1$ 일 때 극한값 $\lim\limits_{n\to\infty} \dfrac{a^n}{n^2}$ 을 구하라.
9. $0 < a < b$ 일 때 극한값 $\lim\limits_{n\to\infty} (a^n + b^n)^{1/n}$ 을 구하라.

---

[22] 이 항등식은 프랑스의 천문학자 카시니(Jean-Dominique Cassini, 1625–1712)가 1680 년에 발견하였다 [Graham et al., p. 278]. 이 등식에서 당연히 $f_0 = 0$ $(f_1 = 1,\ f_2 = 1)$ 으로 두었다.

[23] 이 문제는 요한 베르누이(Johann Bernoulli, 1667–1748)의 맏아들인 Nicolaus(1695–1726)가 낸 것으로 [Weaver, p. 161] 그의 동생 Daniel 이 1738 년 St. Petersburg 학술원의 논문집에 발표하여 그 이름을 얻게 되었다고 말하지만 [Boyer, Eves], 이 두 형제의 사촌인 Nicolaus(1687–1759)가 1713 년에 쓴 편지에 처음 나타나 있다 [`Wikipedia`]. 읽을거리 [Szpiro, p. 206].

제 2 절 등비급수

첫항이 1 이고 **공비**(公比)가 r 인 등비수열에서 얻은 **등비급수**[24]

$$1 + r + r^2 + r^3 + \cdots \tag{6}$$

는 **가장 중요하고, 기본적인 급수**이다. 이때 등식

$$(1-r)\left(1 + r + \cdots + r^{n-1}\right) = 1 - r^n$$

에서

$$1 + r + \cdots + r^{n-1} = \frac{1-r^n}{1-r} = \frac{1}{1-r} - \frac{r^n}{1-r} \qquad (r \neq 1) \tag{7}$$

을 얻는다. 한편

$$\lim_{n\to\infty} r^n = 0 \quad \Leftrightarrow \quad |r| < 1$$

이므로 등비급수 (6)이 수렴할 필요충분조건은 공비의 절댓값이 1 미만임을 안다. 이로부터

$$\boxed{1 + r + r^2 + r^3 + \cdots = \frac{1}{1-r} \qquad (\,|r| < 1\,)}$$

을 얻는다.

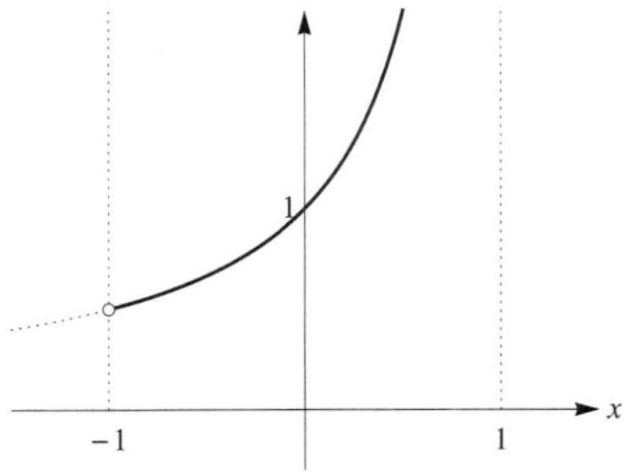

그림: 함수 $1 + x + x^2 + x^3 + \cdots$ 의 그래프

2.0.1 기본연습문제

1. 다음 급수의 합을 구하라: $\dfrac{9}{10} + \dfrac{9}{100} + \dfrac{9}{1000} + \dfrac{9}{10000} + \cdots$.
2. 다음을 보이라: $\dfrac{1}{0.9} = 1.111\cdots$.

[24]등비급수를 **기하급수**(幾何級數, geometric series)라고도 부른다.

2.1 원금과 이자

길동이가 대학에 체육관 시설을 기증하고 매년 1억 원씩 평생 체육관 운영기금을 기부하기로 하였다고 가정하자. 이 운영기금 총액을 현 시가로 환산하면 얼마나 될지 알아보자. 단, 은행예금의 이율은 5%/년이라고 가정한다.[25]

이율을 r 로 둘 때, 현 시가로 a_n 억 원이 n 년 후에 1억 원이 되려면

$$a_n(1+r)^n = 1,$$

즉 $a_n = (1+r)^{-n}$ 이다. 그러므로 기부금 총액의 현 시가 A 는

$$A := \sum_{n=0}^{\infty} a_n = \sum_{n=0}^{\infty}(1+r)^{-n} = \frac{1}{1-\frac{1}{1+r}} = 1 + \frac{1}{r} \qquad \text{(억 원)}$$

이다. 따라서 $r = 5\%$ 이면, 현 시가는 $1 + \frac{1}{0.05}$, 즉 21 억 원이다.

2.1.1 보기

어떤 환자가 매일 지속적으로 약을 먹어야 한다고 하자. 이 약은 몸속에서 하루가 지나면 50%가 남아 있다. 이때 몸속에 잔류하는 약의 양을 그래프로 나타내면 다음과 같다.

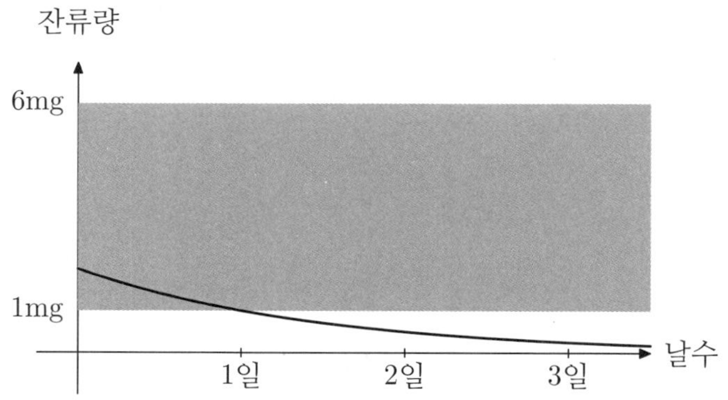

또 효력이 있으려면 몸속에 약이 1mg 이상 있어야 하고, 부작용이 없으려면 6mg 이하로 있어야 한다고 하자. 이제 환자가 매일 2mg 씩 약을 계속하여 먹는다면 부작용이 없을지 살펴보자.

[25]사실 더 많은 가정이 필요하다. 물가의 변동이 없고, 이율도 변하지 않고, 길동의 집안이 대대로 번창하여 자손들이 계속 기부금을 내고, 대학에 붙어 사는 이들이 성실하게 체육관을 운영하고, ... 이러한 이상적(理想的)인 경우를 먼저 이해하는 것은 복잡한 경우를 이해하는 데 필수적이다.

몸속에 남아 있는 약의 양은

$$2+2\cdot\frac{1}{2}+2\cdot\frac{1}{2^2}+2\cdot\frac{1}{2^3}+\cdots=2\cdot\frac{1}{1-\frac{1}{2}}=4 \qquad \text{(mg)}$$

이다. 따라서 잔류량이 6mg 이하이므로 안전하다고 말할 수 있다.

2.2 등비급수와 근삿값

항등식

$$\frac{1}{1-r}-\left(1+r+r^2+\cdots+r^{n-1}\right)=\frac{r^n}{1-r}$$

은, $|r|<1$ 일 때, $\frac{1}{1-r}$ 의 근삿값을 구하는 데에 유용하게 쓰인다.

위 식에 $r=-\varepsilon$, $n=2$ 를 대입하면

$$\frac{1}{1+\varepsilon}-(1-\varepsilon)=\frac{\varepsilon^2}{1+\varepsilon}$$

을 얻는다. 따라서 $0<\varepsilon<1$ 이면,

$$0<\frac{1}{1+\varepsilon}-(1-\varepsilon)<\varepsilon^2$$

이다. 이 부등식에서

$$\frac{1}{1+\varepsilon}\approx(1-\varepsilon)\pm\varepsilon^2 \qquad (0<\varepsilon<1)$$

을 얻는다.[26] 그러므로 $1/(1+\varepsilon)$ 의 근삿값으로 $1-\varepsilon$ 은 적절하다.

2.2.1 보기

예를 들어 $\varepsilon=0.1$ 인 경우

$$\frac{1}{1.1}\approx(1-0.1)\pm10^{-2}=0.9\pm10^{-2}$$

을 얻는다.

다른 보기로는

$$\frac{1}{4.16}=\frac{1}{4}\cdot\frac{1}{1+0.04}\approx\frac{1}{4}\left(1-0.04\pm\left(4\times10^{-2}\right)^2\right)=0.240\pm4\times10^{-4}$$

이다.

---

[26] $a\approx b\pm c$ 는 $|a-b|\le c$ 라는 뜻으로 사용한다.

연습문제: 제 1 장 2 절

1. $0 < \varepsilon < 1$ 일 때, 다음을 보이라.

$$\left|\frac{1}{1+\varepsilon} - \left(1 - \varepsilon + \varepsilon^2\right)\right| < \varepsilon^3.$$

2. 각의 크기를 재는 방법에는 "온각"이 360 도(°)인 60분법과 온각이 2π(radian)인 호도법이 많이 쓰인다.[27]

호도법	0	$\frac{\pi}{6}$	$\frac{\pi}{4}$	$\frac{\pi}{3}$	$\frac{\pi}{2}$	π	2π
60분법	0°	30°	45°	60°	90°	180°	360°

호도법에서 "1 라디안은 60 분법으로 몇도쯤 될까?"를 생각하여 보자. 먼저

$$2\pi^{\text{rad}} = 360^\circ, \qquad \text{즉} \qquad 1^{\text{rad}} = \left(\frac{180}{\pi}\right)^\circ$$

이다. 그리고 **원주율**은[28]

$$\pi = 3 + \varepsilon \qquad (\varepsilon \approx 0.14)$$

이다. 이로부터

$$1^{\text{rad}} \approx 57.3^\circ$$

임을 유도하라.[29]

3. 십진수, 즉 십진법으로 나타낸 수 $0.\dot{2}\dot{5} := 0.252525\ldots$ 를 분수로 바꾸라.

4. n 개의 기호를 사용하여 수를 표현하는 방법을 n진법이라[30] 한다. 인류는 최근(?)에 와서 인도-아라비아 숫자를 사용한 십진법을 주로 쓰지만, 십이진법을 선호하는 사람들의 철학도 매우 강하고, 이 둘을 다 포용한 육십진법의 역사도 매우 길다. 그러나

---

[27] **호도법**에서는 원의 반지름에 대한 호의 길이의 비로 각의 크기를 잰다. 유클리드는 직각을 각의 크기를 재기 위한 기준으로 삼았다. 18세기 말 혁명 이후 프랑스는 십진법을 모든 **도량형**에 적용하여, 일주일을 10일, 하루를 10시간, 한 시간을 100분, 직각을 100도 등으로 선언하였고, 북극과 적도 사이의 거리를 100등분 한 것을 100 km 라고 약속하였다. 미국도 1776 년 영국에서 독립하면서 화폐 단위에 십진법을 적용하였다.

[28] 원의 지름에 대한 둘레의 길이의 비는 모든 원에 대하여 일정한 값을 가진다. 이 값을 **원주율**(圓周率)이라고 부르고, 그리스 문자 π 로 나타낸다. 그러나 많은 사람들이 π보다 "한 바퀴"를 뜻하는

$$\tau := 2\pi = 6.28\ldots$$

가 더 의미 있다고 생각한다. cf. `http://tauday.com` 또는 Vi Hart 의 "Pi is (still) Wrong." (`https://youtu.be/jG7vhMMXagQ`)

[29] 역으로 $1^\circ = \dfrac{2\pi}{360} \approx 0.01745329^{\text{rad}}$ 이다.

[30] n진법에는 n 을 나타내는 특별한 기호가 없이 주로 10 으로 쓴다. 폰 노이만(John von Neumann, 1903–1957)의 **집합론**에서는 $n = \{0, 1, 2, \ldots, n-1\}$ 로 해석한다. 그러므로 이진법이란 $\{0, 1\}$진법이고, 십진법이란 $\{0, 1, 2, 3, 4, 5, 6, 7, 8, 9\}$ 진법이다.

가장 간단한 두 개의 기호를 사용한 이진법도 매우 흥미있고, 동양에서도 그 역사가 아주 오래되었다. 이진수, 즉 이진법으로 나타낸 수 $0.\dot{1}0\dot{1}_2 := 0.101101101\ldots_2$ 를 분수로 바꾸라.

5. 삼진수, 즉 삼진법으로 나타낸 수 $0.1\dot{2}\dot{0}_3 := 0.1202020\ldots_3$ 을 분수로 바꾸라.

6. 어떤 가상의 공이 땅에 떨어지면 떨어진 거리의 3/4 만큼 다시 튀어 올라온다고 하자. 처음에 1 m 높이에서 수직 방향으로 떨어진 공은 몇 초 후에 멈추는가? 단, 처음 속력이 영인 물체가 d m 만큼 자유낙하하는 데 걸리는 시간은 $\sqrt{d/4.9}$ 초이다. 공의 크기는 무시하기로 한다.

7. 다음을 보이라.

$$\frac{1}{7} = 0.\dot{1}4285\dot{7}, \qquad \frac{2}{7} = 0.\dot{2}8571\dot{4}, \qquad \frac{3}{7} = 0.\dot{4}2857\dot{1}$$
$$\frac{4}{7} = 0.\dot{5}7142\dot{8}, \qquad \frac{5}{7} = 0.\dot{7}1428\dot{5}, \qquad \frac{6}{7} = 0.\dot{8}5714\dot{2}$$

8. 어떤 과일에 들어 있는 농약 성분은 몸속에 10 mg 이하로 들어 있으면 안전하다고 하자. 매일 이 과일을 하나씩 섭취하는 사람이 안전하려면 과일 하나에 잔류하는 농약의 허용치는 최대

$$5(2 - 2^{2/3}) \approx 5 \cdot (2 - 1.6) = 2 \qquad \text{(mg)}$$

임을 보이라. 단, 이 농약의 반감기는 3일이다. (어떤 농약이 몸안에 들어간 뒤에 조금씩 배설되어 50% 가 몸안에 남게 되는 데 걸리는 시간을 이 농약의 **반감기**라 하자.)

9. 길동과 동길이 서로 번갈아가며 주사위를 던져서 먼저 1 이 나온 사람이 이기는 놀이를 한다. 길동이 먼저 던졌을 때 이길 확률은 6/11 임을 보이라.

10. 연간 은행 이율이 10%일 때 은행에서 100 만 원 빌린 것을 매년 일정 금액씩 납입하여 5년 만에 다 갚으려면 얼마씩 납입하여야 하는가? 대를 이어가며 계속하여 갚아나가려면 매년 얼마씩 납입하여야 하는가? (물가 변동은 없다고 가정한다.)

11. 다음 그림을 보고, 서로 닮은 두 삼각형은 '밑변과 높이의 비'가 같다는 사실에서 등식 $1 + r + r^2 + \cdots = \frac{1}{1-r}$ 을 유도하라.

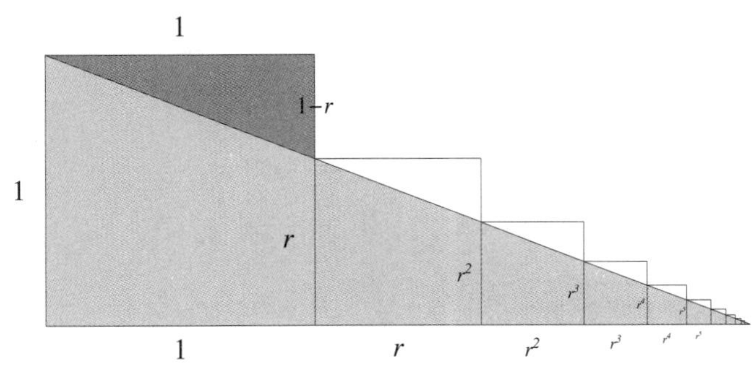

12. $0 < \varepsilon < \frac{1}{2}$ 이면

$$\left|\frac{1}{1-\varepsilon} - (1+\varepsilon)\right| < 2\varepsilon^2$$

임을 보이라. 이를 이용하여

$$\frac{1}{99} \approx 0.010 \pm 2 \times 10^{-4}$$

임을 보이라.

13. 다음 그림을 보고

$$\frac{1}{3} + \frac{1}{3^2} + \frac{1}{3^3} + \cdots = \frac{1}{2}$$

임을 설명하라.

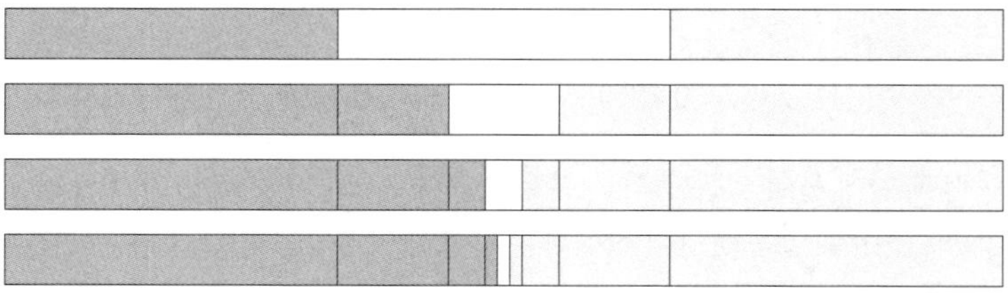

14. 한 철로에서 서로 100 km 떨어져 있는 두 기차가 각각 시속 100 km 로 마주 보고 달린다고 하자. 이 두 기차 사이를 시속 200 km 로 왔다 갔다 하는 파리는 사망하기 전까지 몇 km 를 움직이는가?

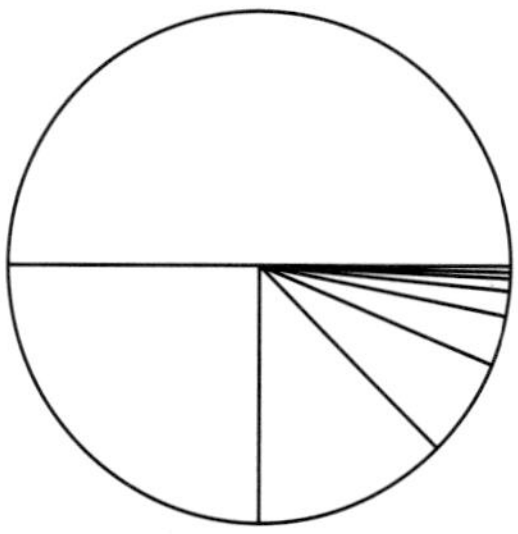

그림[31]: $\frac{1}{2} + \frac{1}{2^2} + \frac{1}{2^3} + \cdots = 1$

[31]온 가족이 둘러 앉아 큰 피자 하나 시켜 놓고, "아빠 반 조각, 너 반 조각, 아빠 반 조각, 너 반 조각, ..." 사이좋게 나누어 먹으면 어느덧 큰 피자가 다 없어진다.

제 3 절 비교판정법

일반항이 영 이상의 실수로 이루어진 급수, 즉 **양항급수**의 수렴·발산 판정법으로는 야콥 베르누이의 **비교판정법**이 유용하게 쓰인다.

양항급수 $\sum a_n$ 은 증가하는 수열이므로, 무한대로 발산하는 경우

$$\sum a_n = \infty$$

가 아니면 수렴하는 경우이다. 그러므로 양항급수에서

$$\sum a_n < \infty$$

와 같은 표현은 **수렴한다**는 뜻이다.[32]

정리 3.0.1 (비교판정법) $0 \le a_n \le b_n$ *일 때,* $\sum a_n \le \sum b_n$ *이다. 즉,*

(i) $\sum b_n < \infty \;\Rightarrow\; \sum a_n < \infty$

(ii) $\sum a_n = \infty \;\Rightarrow\; \sum b_n = \infty$

비교판정법에서 처음 명제(命題) "급수 $\sum b_n$ 이 수렴하면 급수 $\sum a_n$ 도 수렴한다."의 증명은 실수의 기본 성질을 사용하기 때문에 부록에서 다루었다. 두 번째 명제는 처음 명제의 **대우**(對偶, contraposition)이다.[33]

비교판정법을 이용하여 급수

$$\sum \frac{1}{n^2} = 1 + \frac{1}{2^2} + \frac{1}{3^2} + \frac{1}{4^2} + \cdots$$

의 수렴 여부를 살펴보자. 만약 $n \ge 2$ 이면

$$\frac{1}{n^2} \le \frac{1}{n(n-1)}$$

[32] "한없이 커지지 않는 증가수열의 극한에는 어떤 수가 있다"는 것이 실수의 기본 성질인 **완비성**이다. 이 장의 부록 '실수 이야기' 참고.

[33] 명제 "p 이면 q 이다"와 대우명제 "q 가 아니면 p 가 아니다"는 같은 진릿값을 가진다. 독일 노래 하나: *Mein Hut, der hat drei Ecken*

내 모자 세~모나네 　　세모난 내~ 모자

세모~가 아닌 것은 　　내 모자 아~니죠

하지만 수학이나 논리학에서 다루는 "명제"는 일상에서 사용하는 말이나 뜻과는 다소 차이가 있을 수 있다. 이러한 차이가 가끔 사람들에게 혼란을 주기도 한다.

이고, 급수 $\sum_{n\geq 2} \frac{1}{n(n-1)} = \sum_{n\geq 1} \frac{1}{n(n+1)}$ 은 보기 1.6.1 에서 수렴함을 살펴보았다. 따라서 비교판정법에 의하여

$$\sum \frac{1}{n^2} < \infty$$

즉 급수 $\sum \frac{1}{n^2}$ 은 수렴한다.[34]

3.0.2 보기

급수 $\sum \frac{\log n}{n^3}$ 이 수렴함을 밝혀 보자.

먼저

$$\log n < n$$

임을 안다.[35] 따라서 $\frac{\log n}{n^3} < \frac{n}{n^3} = \frac{1}{n^2}$ 이고

$$\sum \frac{\log n}{n^3} < \sum \frac{1}{n^2} < \infty$$

이다.

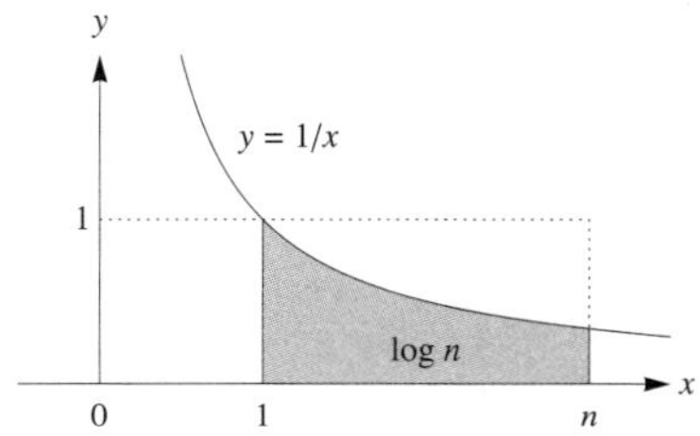

그림: $\log n \leq n - 1$

3.0.3 기본연습문제

다음 급수의 수렴 여부를 판정하라.

(1) $\sum \frac{1}{n^3}$ (2) $\sum \frac{1}{2n^3+1}$ (3) $\sum \frac{1}{2^n + 3^n}$

---

[34]급수 $\sum \frac{1}{n^2}$ 이 수렴함을 처음 보인 이는 유명한 베르누이 집안의 최초의 수학자인 야콥(Jakob, Jacobi, Jacques, James)이다. 야콥은 물론 P. Mengoli, G. Leibniz 등 여러 수학자가 이 수렴값을 구하려 하였으나 성공하지 못하였다. 그 후로 이 값을 구하는 문제를 베르누이 집안이 살던 도시의 이름을 따서 "바젤(Basel) 문제"라고 부른다 [[바젤 문제]]. 형 야콥에게서 수학을 배운 요한의 제자인 오일러는 1735 년에

$$1 + \frac{1}{2^2} + \frac{1}{3^2} + \frac{1}{4^2} + \cdots = \frac{\pi^2}{6} \approx 1.64$$

임을 발견하였다. 요한은 오일러의 발견을 듣고 "형님이 살아 계셨더라면 ..."이라 하였다. 오일러는 요한의 아들인 다니엘(1700–1782)과도 친하였다. 오일러가 위 등식을 유도한 과정은 (매우 아름답지만) 현대 수학자들에게는 전혀 만족스럽지 않다. 이 등식은 푸리에 급수이론을 공부하고 나면 밝힐 수 있다 [김, 김, 계, 4.3 절, 10.3 절]. 푸리에 급수는 다니엘 베르누이가 1750 년에 진동하는 끈을 연구하던 중에 발견하였다 [Birkhoff, Kreyszig]. 벨(Bell) 연구소의 섀넌(C. Shannon, 1916–2001)은 1949 년에 "통신의 수학적 이론"이라는 논문에서 푸리에 급수이론을 이용하여 아날로그 통신을 디지털 통신으로 바꾸는 원리를 설명하였는데, 이로 인하여 20세기의 통신혁명이 시작되었다.

[35]기본연습문제 1.2.5 참고

3.0.4 보기

비교판정법을 활용한 다른 보기로

$$\sum \frac{1}{\sqrt{n}} = \infty$$

임을 밝혀 보자.

먼저 $\frac{1}{\sqrt{n}} \geq \frac{1}{n}$ 임을 알고, 조화급수 $\sum \frac{1}{n}$ 은 발산하므로, $\sum \frac{1}{\sqrt{n}}$ 도 발산한다.

3.0.5 보기

급수 $\sum \sin \frac{1}{n}$ 의 수렴 여부를 조사하여 보자.

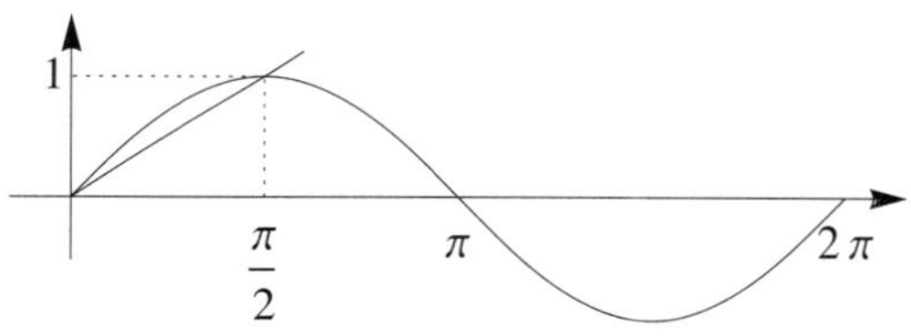

그림: $y = \sin x$ 와 $y = \frac{2}{\pi} x$ 의 그래프

구간 $0 < x < \frac{\pi}{2} \approx 1.57$ 에서

$$\sin x > \frac{2}{\pi} x$$

임을 알고, 따라서

$$\sin \frac{1}{n} > \frac{2}{\pi} \cdot \frac{1}{n}$$

을 얻는다. 그런데 조화급수는 발산하므로 주어진 급수 $\sum \sin \frac{1}{n}$ 도 발산한다.

3.0.6 기본연습문제

다음 급수의 수렴 여부를 조사하라.

(1) $\sum \sin \frac{1}{n^2}$ (2) $\sum \tan \frac{1}{n}$ (3) $\sum \tan \frac{1}{n^2}$ (4) $\sum \sin \sin \frac{1}{n}$

다음 절부터 급수의 수렴·발산에 대한 여러 가지 판정법이 소개되는데, 이들은 모두 **비교판정법**에서 유도된다. 이러한 뜻에서 비교판정법이 가장 중요하다고 말할 수 있다.

일반적으로 급수의 수렴·발산을 판정하는 것은 급수의 합을 구하는 것보다 훨씬 쉬운 일이다.

연습문제: 제 1 장 3 절

1. 임의의 양수 a 에 대하여 조화급수
$$\sum_{n=1}^{\infty} \frac{1}{n+a}$$
는 발산함을 보이라.

2. 모든 조화급수는 발산함을 보이라. 즉, 주어진 실수 a, d 에 대하여, a 가 d 의 자연수 배가 아니면, 급수
$$\sum_{n=1}^{\infty} \frac{1}{a-nd}$$
은 발산함을 보이라.

3. 다음 급수의 수렴 여부를 판정하라.
(1) $\sum \frac{1}{\log(n+1)}$ (2) $\sum \sin^2 \frac{\pi}{n}$
(3) $\sum (3n^2+4n+5)/(n^3+1)$ (4) $\sum 2^{-n^2}$
(5) $\sum_{n\ge 2} \frac{1}{(\log n)^{100}}$

4. 양의 수열 (a_n) 과 (b_n) 에 대하여
$$\lim_{n\to\infty} \frac{a_n}{b_n} = 1 \tag{8}$$
이라고 하자. 이때 $\sum a_n$ 이 수렴할 필요충분조건은 $\sum b_n$ 이 수렴하는 것임을 보이라. 만약 식 (8) 의 오른쪽 항이 1 이 아니고 2 인 경우는 어떠한가?

5. 1 보다 작은 양수 a 에 대하여
$$\sum a^{\sqrt{n}} < \infty$$
임을 다음과 같은 방법으로 보이라.[36]
(1) $n \gg 1 \quad \Rightarrow \quad a^{2^{n/2}} < 3^{-n}$
(2) $\sum 2^n a^{2^{n/2}} < \infty$
(3) $\sum_{n\ge 1} a^{\sqrt{n}} \le \sum_{n \ge 0} 2^n a^{2^{n/2}} < \infty$

6. 비교판정법이란 무엇인가?

[36] 명제 "$n \gg 1 \Rightarrow p(n)$"은 "n 이 아주 크면 (즉, 유한개의 n 을 제외하고) $p(n)$ 이다"라는 뜻이다:
$$\exists N \, \forall n \big(n > N \Rightarrow p(n)\big)$$

제 4 절 거듭제곱근 판정법

$x \geq 0$ 이고 $n > 0$ 일 때

$$\sqrt[n]{x} = x^{1/n}$$

이다.

오른쪽 그림은 $y = x^{1/n}$ 의 그래프이다 $(n = 1, 2, \ldots, 10)$.

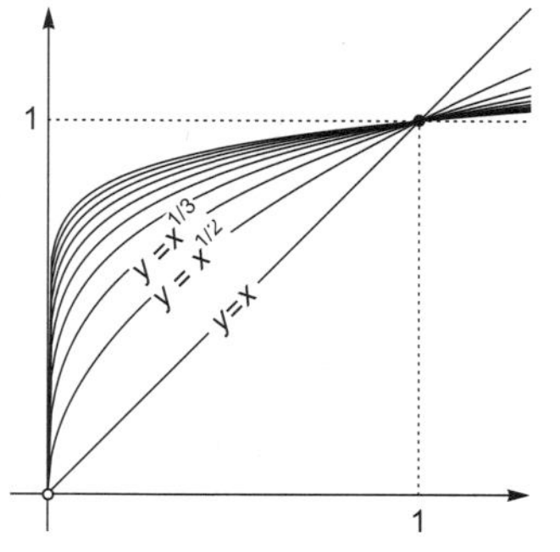

정리 4.0.1 *양항급수* $\sum a_n$ *과 양수* $\varepsilon < 1$ *에 대하여*

(i) *모든* n *에 대하여* $\sqrt[n]{a_n} < 1 - \varepsilon$ *이면 급수* $\sum a_n$ *은 수렴한다.*

(ii) *모든* n *에 대하여* $\sqrt[n]{a_n} > 1 + \varepsilon$ *이면 급수* $\sum a_n$ *은 발산한다.*

증명. (i) $a_n < (1 - \varepsilon)^n$ 이므로,

$$\sum a_n < \sum (1 - \varepsilon)^n < \infty$$

이다. 그러므로 비교판정법에서 $\sum a_n$ 이 수렴함을 안다.

(ii) $a_n > (1 + \varepsilon)^n$ 이고,

$$\sum (1 + \varepsilon)^n = \infty$$

이므로 비교판정법에서 $\sum a_n$ 이 발산함을 안다. □

따름정리 4.0.2 (거듭제곱근 판정법) *양항급수* $\sum a_n$ *에서 극한값*

$$\lim_{n \to \infty} \sqrt[n]{a_n} =: r$$

가 존재한다고 하자. 이때

(i) $r < 1$ *이면 급수* $\sum a_n$ *은 수렴한다.*

(ii) $r > 1$ *이면 급수* $\sum a_n$ *은 발산한다.*

이 따름정리를 증명하는 것은 연습문제 3번에 두었다.

거듭제곱근 판정법에서 극한값 r 를 **거듭제곱근 극한**이라고 부르는 것은 적절하게 느껴진다.

4.0.3 보기

급수

$$\sum_{n=2}^{\infty} \frac{1}{(\log n)^n}$$

의 수렴·발산을 판정하여 보자.

거듭제곱근 극한이

$$r = \lim_{n\to\infty} \frac{1}{\log n} = 0$$

이므로 주어진 급수는 수렴한다.

4.0.4

앞에서 (1.2.5) $\lim\limits_{n\to\infty} \frac{1}{n}\log n = 0$ 임을 알았다.

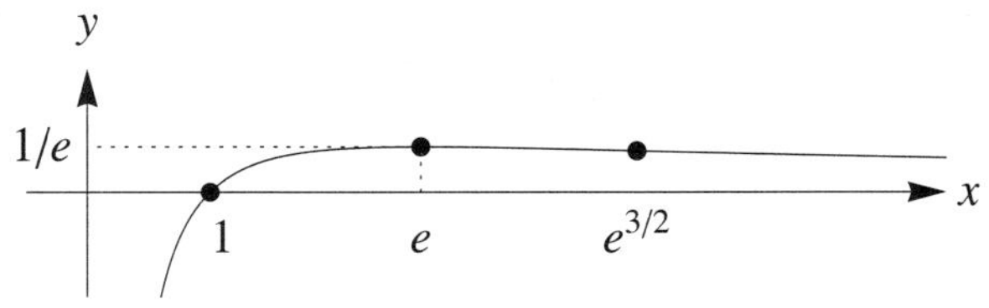

그림: $y = \dfrac{\log x}{x}$ 의 그래프

한편 $\frac{1}{n}\log n = \log\left(n^{1/n}\right)$ 이므로

$$\lim_{n\to\infty} n^{1/n} = 1$$

을 얻는다.

이로부터 두 급수

$$\sum \frac{1}{n}, \qquad \sum \frac{1}{n^2}$$

의 일반항의 거듭제곱근 극한이 모두 1 인 것을 알 수 있다. 하지만, 처음 급수는 발산하고, 두 번째 급수는 수렴한다.

그러므로 거듭제곱근 극한이 1 인 경우는 거듭제곱근 판정법으로 수렴·발산을 판정할 수 없다.

연습문제: 제 1 장 4 절

1. 급수 $\sum \dfrac{2^n}{n^n}$ 의 수렴 여부를 판정하라.
2. 극한 $\lim_{n\to\infty} n^{1/n} = 1$ 을 이용하여 급수 $\sum \dfrac{2^n}{n^3}$ 의 수렴 여부를 판정하라.

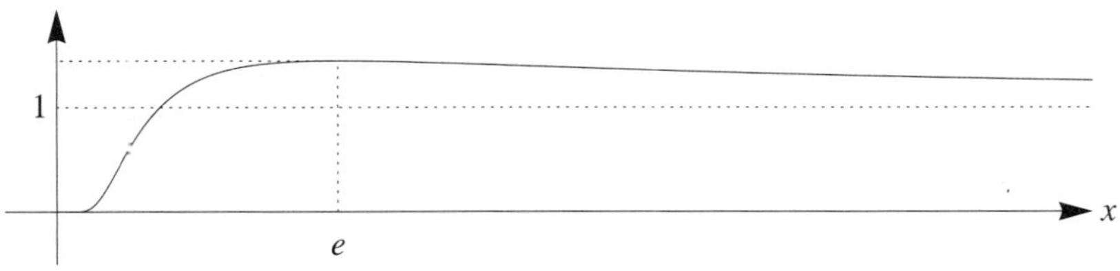

그림: 함수 $y = x^{1/x}$ 의 그래프

3. 급수 $\sum \left(1 - \dfrac{1}{n}\right)^{n^2}$ 의 거듭제곱근 극한을 구하고 수렴·발산을 판정하라.
4. 다음 급수의 수렴 여부를 판정하라. 이때 거듭제곱근 판정법이 유용한지를 살펴보라.

   (1) $\sum \left(1 - \dfrac{1}{n}\right)^{n}$ (2) $\sum \left(1 - \dfrac{1}{\sqrt{n}}\right)^{n}$
5. 거듭제곱근 판정법 4.0.2 를 증명하라.

제 5 절 비율판정법

정리 5.0.1 (비율판정법) *양수의 수열* (a_n) *과* $0 < r < 1$ *에 대하여*

(i) *모든* n *에 대하여* $a_{n+1}/a_n \le r$ *이면, 급수* $\sum a_n$ *은 수렴한다.*

(ii) *모든* n *에 대하여* $a_{n+1}/a_n \ge 1$ *이면, 급수* $\sum a_n$ *은 발산한다.*

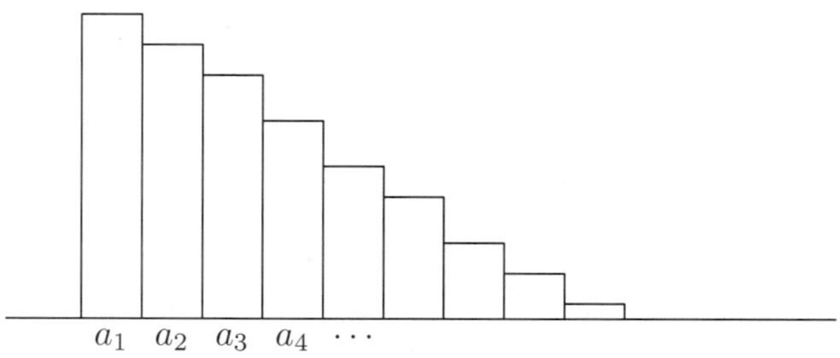

증명. (i) 의 경우는

$$a_{n+1} \le ra_n \le r^2 a_{n-1} \le \cdots \le r^n a_1$$

이다. 한편 등비급수 $\sum r^n a_1$ 이 수렴하므로 비교판정법에서 급수 $\sum a_{n+1}$ 이 수렴하고, 따라서 급수 $\sum a_n$ 도 수렴한다 (제1절 연습문제 7 번 참고).

(ii) 의 경우는

$$a_n \ge a_{n-1} \ge \cdots \ge a_1 > 0$$

이므로 일반항 판정법에서 급수 $\sum a_n$ 이 발산함을 안다. □

이 절의 연습문제 5번에서는 위 정리를 조금 다르게 표현한다.

5.0.2 보기

급수 $\sum \dfrac{n}{3^n}$ 의 수렴 여부를 조사하여 보자.

이 급수의 **일반비**가

$$\frac{n+1}{3^{n+1}} \Big/ \frac{n}{3^n} = \frac{1}{3} \cdot \frac{n+1}{n} \le \frac{2}{3}$$

이므로 주어진 급수는 수렴한다.

5.0.3 보기

급수 $\sum \frac{n^n}{n!}$ 은 일반비가

$$\frac{(n+1)^{n+1}}{(n+1)!} \bigg/ \frac{n^n}{n!} = \left(1+\frac{1}{n}\right)^n > 1$$

이므로 주어진 급수는 발산한다.

그러나 급수 $\sum \frac{n!}{n^n}$ 은 일반비가

$$\frac{1}{\left(1+\frac{1}{n}\right)^n} \leq \frac{1}{1+n\cdot\frac{1}{n}} = \frac{1}{2}$$

이므로 수렴한다.

5.0.4 기본연습문제

급수

$$\sum_{n=0}^{\infty} \frac{2^n}{n!}$$

은 수렴함을 보이라. 또 급수

$$\sum_{n=0}^{\infty} \frac{x^n}{n!}$$

은 임의의 양수 x 에 대하여 수렴함을 보이라.

따름정리 5.0.5 *양수의 수열 (a_n) 에서 극한값 $\rho := \lim_{n\to\infty} \frac{a_{n+1}}{a_n}$ 이 존재한다고 하자.*[37] *이때*

(i) *$\rho < 1$ 이면 급수 $\sum a_n$ 은 수렴한다.*

(ii) *$\rho > 1$ 이면 급수 $\sum a_n$ 은 발산한다.*

증명. (i) $\rho < 1$ 이면 ρ 와 1 사이의 임의의 실수 r 에 대하여

$$n \gg 1 \quad \Rightarrow \quad \frac{a_{n+1}}{a_n} \leq r$$

[37]그리스 문자 ρ 는 'rho'라고 읽는다. 그리스 문자에 대하여 알고 싶으면, 부록을 찾아볼 것.

이다. 따라서 비율판정법에서 급수 $\sum a_n$ 이 수렴함을 안다.

(ii) $\rho > 1$ 이면

$$n \gg 1 \quad \Rightarrow \quad \frac{a_{n+1}}{a_n} > 1$$

이다. 따라서 비율판정법에서 급수 $\sum a_n$ 이 발산함을 안다. □

5.0.6 보기

피보나치 수 f_n 의 역수로 이루어진 수열 $\left(g_n := \frac{1}{f_n}\right)$ 에서 얻은 급수가 수렴하는지를 살펴보자. 피보나치 수열은 **점화식**

$$f_{n+2} = f_{n+1} + f_n \tag{9}$$

을 만족시키므로, $\lim_{n\to\infty} f_n = \infty$ 이고, 따라서 $\lim_{n\to\infty} g_n = 0$ 이다. 그러므로 일반항 판정법(정리 1.6.2)으로는 급수 $\sum g_n$ 의 수렴성을 판정할 수 없다. 그러나

$$r_n := \frac{g_{n+1}}{g_n} = \frac{f_n}{f_{n+1}} \geq 0$$

으로 두면, 점화식 (9)의 양변을 f_{n+1} 로 나누어

$$\frac{1}{r_{n+1}} = 1 + r_n \tag{10}$$

을 얻는다.

따라서 수열 (r_n) 의 극한값 ρ가 존재한다는 사실만 알면, 식 (10)에 극한을 취하여

$$\frac{1}{\rho} = 1 + \rho \qquad (\rho > 0)$$

즉

$$\rho = \frac{\sqrt{5}-1}{2} \approx 0.618$$

을 얻는다.[38]

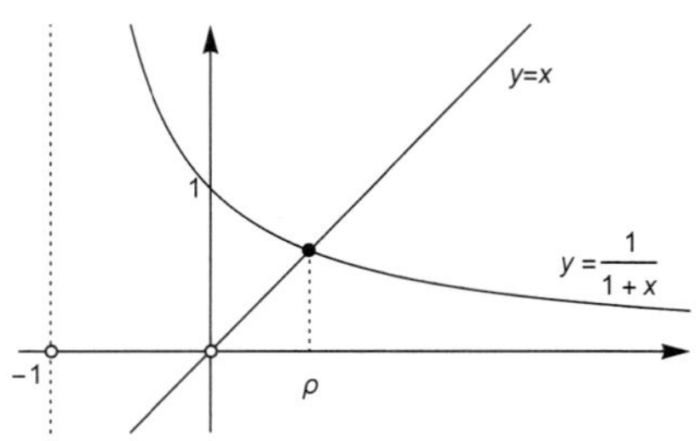

[38]방정식 $\rho^2 + \rho - 1 = 0$ 은 두 개의 **해**(解, solution) $(-1 \pm \sqrt{5})/2$ 를 가진다. 위의 경우에는 양의 해만이 흥미롭다. 보통 $\phi := 1/\rho = 1 + \rho \approx 1.618$ 을 **황금비**(黃金比, golden ratio)라고 부른다. 고대 그리스의 피타고라스 학파는 초기에는 "임의의 두 막대기가 주어졌을 때, 제삼의 막대기를 잘 가져오면, 처음 두 막대기의 길이는 제삼의 막대기의 길이의 정수배로 나타난다"는 **공측성**(公測性,

이제 실제로 점화식 (10)으로 주어진 수열 (r_n)이 ρ에 수렴함을 살펴보자.

먼저

$$r_{n+1}-\rho=\left(\frac{1}{1+r_n}\right)-\left(\frac{1}{1+\rho}\right)=\frac{\rho-r_n}{(1+r_n)(1+\rho)}=-\frac{1}{1+r_n}\rho\,(r_n-\rho)$$

에서

$$|r_{n+1}-\rho|\le\rho\,|r_n-\rho|\le\cdots\le\rho^n\,|r_1-\rho|$$

를 얻는다. 이 식에서 $\lim_{n\to\infty}\rho^n=0$ 이므로, $\lim_{n\to\infty}|r_n-\rho|=0$ 이다. 즉, (r_n) 이 ρ에 수렴한다.

이제 원래 문제로 되돌아가면, 수열 $(1/f_n)$ 의 일반비 $r_n=f_n/f_{n+1}$ 은

$$\rho\approx 0.618<1$$

에 수렴하므로, 급수 $\frac{1}{f_1}+\frac{1}{f_2}+\frac{1}{f_3}+\cdots$ 은 수렴한다.

5.0.7 기본연습문제

임의의 자연수 n에 대하여 $f_{n+2}>(3/2)^n$ 임을 밝히고, 이를 이용하여 앞의 보기에 대한 다른 풀이를 구하라.

---

commensurability, 또는 통약성(通約性))을 신봉하고, 이로부터 많은 수학이론을 이끌어 내었다. 예를 들면, 다각형의 넓이를 구하는 방법에도 이 공측성이 필수적으로 사용되었다. 그들은 길이뿐 아니라, 넓이나 부피, 무게 등의 온갖 것에 공배수와 공약수가 있다고 생각하였고, 더 나아가 해와 달과 다섯 행성들의 운행에도 공통 주기가 있다고 생각하였다. 그러나 그들 학파의 상징으로 사용되던 정오각형의 한 변의 길이와 대각선의 길이의 비는 유리수가 아닌 황금비로 주어진다. 이 황금비가 $\sqrt{2}$보다 먼저 발견된 최초의 무리수라고 보는 견해도 있다 [Eves, 1990]. $\sqrt{2}$는 복사 용지나 활자, 렌즈의 조리개 등을 만들거나 현악기를 조율할 때 등에 중요하게 쓰인다. 복사 용지의 대각선은 $\sqrt{3}$을 보여준다. 피타고라스 학파는 "말로 설명할 수 없는 수", 즉 **무리수**를 발견하고, 자신들의 잘못된 믿음을 바로잡기 위하여 노력하였다. 그 결과 기원전 370 년에 에우독소스는 **비례이론**(比例理論, Theory of Proportions)을 통하여 수의 체계를 바르게 설명할 수 있게 되었다. 유클리드의 **원론**(原論, Elements) 제 5 권은 에우독소스의 이론을 설명하고 있다. 잘못된 믿음을 바로잡기 위해서는 유클리드 기하학처럼 공리(公理)적인 방법이 수학의 전면(前面)에 드러날 수밖에 없었다. 에우독소스의 이론은 이천여 년이나 지난 1872년에 데데킨트에 의하여 **실수**(實數, real number)의 개념을 이해하는 데에 사용되었다. 전해지는 이야기에 의하면, 연속함수의 **사이값 정리**(中間値 定理, Intermediate Value Theorem)로 유명한 볼차노(Bernhard Bolzano, 1781–1848)가 어느 날 심한 몸살을 앓고 있을 때, 원론 제 5 권을 읽고는 즉시 완쾌되어, 그 후로는 앓는 이에게 항상 원론 제 5 권을 읽기를 권하였다고 한다 [Eves, 1990, p. 487].

연습문제: 제1장 5절

1. 다음 급수가 수렴하는 x의 범위를 구하라.

   (1) $\sum \frac{x^{2n}}{(2n)!}$ (2) $\sum \frac{x^{2n+1}}{(2n+1)!}$

2. **Pell의 수열**은 점화식

$$p_{n+2} = 2p_{n+1} + p_n$$

   으로 주어진다. 이때

$$\lim_{n\to\infty} \frac{p_{n+1}}{p_n}$$

   이 수렴함을 보이고, 그 극한값을 구하라. 또 이를 이용하여

$$\sum \frac{1}{p_n} < \infty$$

   임을 보이라.

3. 다음 급수의 수렴·발산을 판정하라.

   (1) $\sum \frac{2^n n!}{n^n}$ (2) $\sum n^2/e^n$ (3) $\sum \frac{2^n}{n^2}$ (4) $\sum \frac{2^n}{n^3}$

4. 급수 $\sum \frac{1}{n^2}$의 수렴·발산 판정에 비율판정법을 사용하기가 적합한지 살펴보라.

5. 비율판정법 정리를 서술하는 과정에서 '모든 n에 대하여'라고 하였는데, 이 부분을 '유한개의 n을 제외하고'로 바꾸어도 좋은가?

6. 양의 수열 (a_n)에서 $\lim_{n\to\infty} \frac{a_{n+1}}{a_n} = r$일 때, $\lim_{n\to\infty} \sqrt[n]{a_n} = r$임을 보이라.

7. 거듭제곱근 판정법을 이용하여 비율판정법을 증명하라.

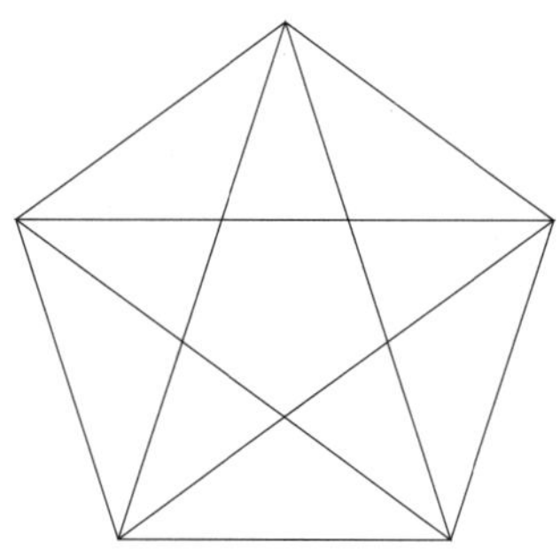

그림: 피타고라스 학파의 상징인 오각별꼴과 황금비 $2\cos 72° = \frac{1}{2}\left(\sqrt{5}-1\right)$

제 6 절 적분판정법

적분법을 이용하면, 감소하는 양의 수열로 이루어진 급수의 수렴·발산을 판정할 수 있다.

정리 6.0.1 (적분판정법) *감소함수 $f : [1, \infty) \to \mathbb{R}$ 가*[39] *항상 $f(x) > 0$ 일 때, 급수 $\sum f(n)$ 이 수렴할 필요충분조건은 적분*[40]

$$\int_1^\infty f(x)\,dx := \lim_{b\to\infty}\int_1^b f(x)\,dx$$

가 수렴하는 것이다.

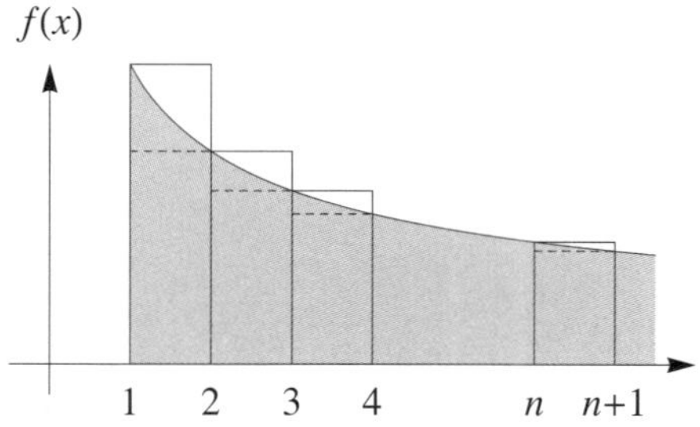

증명. 부등식

$$f(n+1) \le \int_n^{n+1} f(x)\,dx \le f(n)$$

[39]실수 a 에 대하여 $[a, \infty)$ 는 **구간**(區間, interval) $\{x \mid a \le x\}$ 를 뜻한다 [[구간]]. 어떤 함수의 이름이 f 일 때, 이 함수를 $f(x)$ 로 나타내기도 하지만, 이 기호는 x 의 **상**(像, image) $f(x)$ 와 혼돈을 주기도 한다. 말할 것도 없이 x 대신에 다른 문자를 써도 좋다. f 와 $f(x)$ 가 같은 것이라고 주장할 수 있는 논리도 있다. 이 논리에 의하면, x 를 **항등사상**으로 두고, $f(x)$ 를 x 와 f 의 합성 $f \circ x$ 로 이해한다.

[40]초보적인 적분론에서는 유계인 구간에서 정의된 유계인 함수의 적분가능성을 다룬다. 함수의 정의역이 유계가 아니거나 또는 함수가 유계가 아닌 경우의 적분법은, 보통의 적분법과 구별하기 위하여 **특이적분법**(improper integral)이라고도 부른다. 수열의 극한과 마찬가지로, 함수 $g(b)$ 와 실수 l 에 대하여

$$\lim_{b\to\infty} g(b) = l$$

이라는 것은 b 가 아주 큰 값이면 $g(b)$ 가 l 에 아주 가깝다는 뜻이다. 다시 말하면, 아무리 작은 양수 ε 을 가져오더라도, b 가 B 보다 크면 $|g(b) - l| < \varepsilon$ 이 성립하는 실수 B 가 존재한다는 뜻이다.

을 $n=1$ 부터 일반항까지 더하면 부등식

$$f(2)+\cdots+f(n+1)\le\int_1^{n+1}f(x)\,dx\le f(1)+\cdots+f(n)$$

을 얻는다. 이제 비교판정법에서 원하는 것을 얻는다.[41] □

6.0.2 보기

조화급수 $1+\frac{1}{2}+\frac{1}{3}+\cdots$ 이 발산하는 것은 적분

$$\int_1^{\infty}\frac{1}{x}\,dx=\big[\log x\big]_1^{\infty}=\infty$$

에서도 알 수 있다. 또

$$1+\frac{1}{2^2}+\frac{1}{3^2}+\frac{1}{4^2}+\cdots<\infty$$

임은

$$\int_1^{\infty}\frac{dx}{x^2}=\left[-\frac{1}{x}\right]_1^{\infty}=1<\infty$$

에서 안다.

6.0.3 기본연습문제

1. 적분판정법을 써서

$$\sum_{n=2}^{\infty}\frac{1}{n\log n}=\infty$$

임을 밝히라. (힌트: $\int\frac{dx}{x\log x}=\log\log x+c$ 이다.)

2. 다음 특이적분이 유한한지 아닌지를 밝히라.

(1) $\displaystyle\int_1^{\infty}\sin\frac{1}{x}\,dx$ (2) $\displaystyle\int_1^{\infty}\sin\frac{1}{x^2}\,dx$

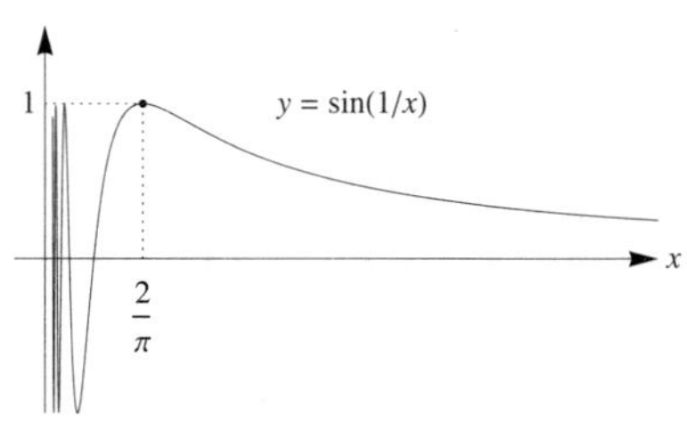

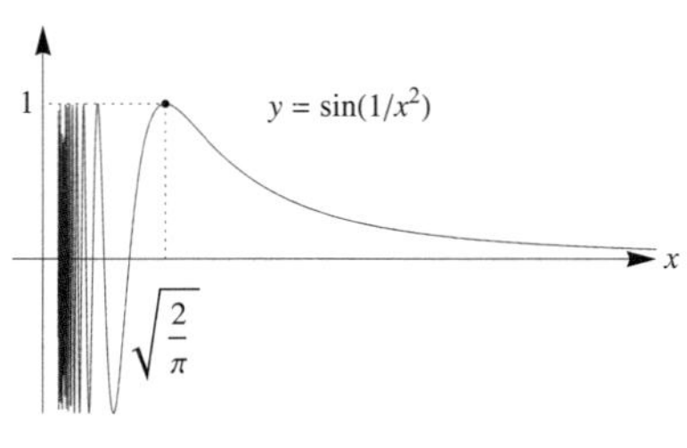

[41] 이때

$$\sum_{n\ge2}f(n)\le\int_1^{\infty}f(x)\,dx\le\sum_{n\ge1}f(n)\le f(1)+\int_1^{\infty}f(x)\,dx$$

이다.

6.1 제타함수

적분

$$\int_1^\infty \frac{dx}{x\sqrt{x}} = \left[\frac{-2}{\sqrt{x}}\right]_1^\infty = 2 < \infty$$

에서

$$\sum \frac{1}{n\sqrt{n}} < \infty \tag{11}$$

임을 알 수 있다.

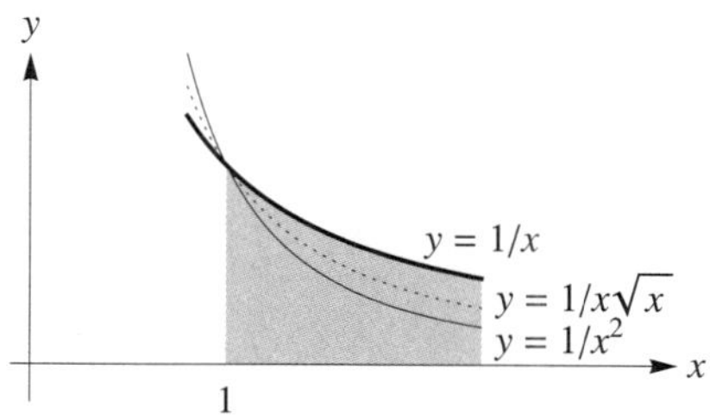

오일러가 1740 년경에 도입하고, 리만이 이름을 지은 **제타함수**는

$$\zeta(s) := \sum_{n=1}^\infty \frac{1}{n^s} \qquad (s > 1)$$

로 정의한다. 이제 $s > 1$ 이면 $\zeta(s)$ 가 유한한 값이라는 것은 (특이)적분

$$\int_1^\infty \frac{1}{x^s}\,dx = \left[\frac{1}{-s+1}\,\frac{1}{x^{s-1}}\right]_1^\infty = \frac{1}{s-1}$$

이 수렴한다는 것에서 알 수 있다.[42]

앞에서 든 보기 (11)은 $\zeta(3/2)$ 에 해당된다.

[42]조화급수 $\zeta(1) = 1 + \frac{1}{2} + \frac{1}{3} + \cdots$ 가 발산함은 이미 잘 알고 있다. 오일러는 항등식

$$\zeta(s) = \prod_{p:\text{소수}} \frac{1}{1-\frac{1}{p^s}} := \frac{1}{1-\frac{1}{2^s}} \cdot \frac{1}{1-\frac{1}{3^s}} \cdot \frac{1}{1-\frac{1}{5^s}} \cdots$$

를 발견하였다. s 가 짝수일 때의 제타함숫값은 오일러에 의하여 모두 알려졌지만 [[바젤 문제]], s 가 5 이상의 홀수일 때의 제타함숫값은 유리수인지 아닌지조차 모르고 있다. s 가 3 일 때에는 1977 년 프랑스의 아페리(Roger Apéry, 1916–1994)에 의하여 무리수라는 것이 밝혀졌다. 리만(G. F. B. Riemann, 1826–1866)은 스무 살 때 신학을 공부하러 괴팅겐에 갔다가 일흔 살의 가우스를 만나고 나서 수학공부를 하게 된다. 제타함수의 정의역을 복소수로 확장한 것을 "리만의 제타함수"라고 부른다. 리만은 제타함수에 대하여 어떤 가설을 하였는데, 이 가설은 2022 년 현재 해결되지 않은 수학 문제 중에 가장 중요한 것의 하나로 꼽힌다 [Dieudonné, 1992, p. 100].

리만

연습문제: 제 1 장 6 절

1. 급수 $\displaystyle\sum_{n=0}^{\infty} \frac{1}{(2n+3)^s}$ 가 수렴하는 실수 s 의 범위를 구하라.

2. 적분판정법을 이용하여 다음을 밝히라.

   (1) $\varepsilon > 0 \quad \Rightarrow \quad \displaystyle\sum_{n=2}^{\infty} \frac{1}{n(\log n)^{1+\varepsilon}} < \infty$ (2) $\displaystyle\sum_{n=3}^{\infty} \frac{1}{n \cdot \log n \cdot \log\log n} = \infty$

3. 다음을 밝히라.

   (1) $\displaystyle\int_1^{\infty} \sin \frac{1}{\sqrt{x}}\, dx = \infty$ (2) $\displaystyle\int_1^{\infty} \frac{1}{x} \sin \frac{1}{x}\, dx < \infty$

4. 여러 가지 판정법 중에서 편리한 것을 이용하여 다음 급수의 수렴·발산을 판정하라.

   (1) $\displaystyle\sum \frac{-2}{n\sqrt{n}}$ (2) $\displaystyle\sum \frac{\log n}{n}$

   (3) $\displaystyle\sum \frac{\log n}{\sqrt{n}}$ (4) $\displaystyle\sum \frac{2^n}{n+1}$

   (5) $\displaystyle\sum \frac{1}{\sqrt{n}(\sqrt{n}+1)}$ (6) $\displaystyle\sum \frac{\sqrt{n}}{\log(n+1)}$

   (7) $\displaystyle\sum \left(1+\frac{1}{n}\right)^n$ (8) $\displaystyle\sum \frac{1}{(\log 2)^n}$

   (9) $\displaystyle\sum \frac{1}{(\log 3)^n}$ (10) $\displaystyle\sum n \tan \frac{1}{n}$

5. 급수

$$\sum \frac{\log n}{n^p}$$

   이 수렴하는 실수 p 의 범위를 구하라.

6. 다음 특이적분이 수렴하는지를 밝히라.

$$\int_1^{\infty} \frac{x^2}{1+x^5}\, dx.$$

7. 급수 $\displaystyle\sum_{n\geq 100} \frac{1}{\sqrt{n}\,(\log n)^{100}}$ 의 수렴·발산을 판정하라.

제 7 절 교대급수와 절대수렴급수

7.1 교대급수

일반항이 0 이 아닌 급수 $\sum a_n$ 에서 각 항 a_n 의 부호가 그 다음 항 a_{n+1} 의 부호와 다르면, 그 급수를 **교대급수**라고 부른다.

보기를 들면

$$1 - \frac{1}{2} + \frac{1}{3} - \frac{1}{4} + \cdots \tag{12}$$

은 교대급수이다.

다음은 라이프니츠가 발견한 정리이다.

정리 7.1.1 (교대급수 정리)

(i) *모든 n 에 대하여 a_n 과 a_{n+1} 의 부호가 다르고,*

(ii) *모든 n 에 대하여 $|a_n| \geq |a_{n+1}|$ 이며,*

(iii) $\lim_{n\to\infty} a_n = 0$ *이면,*

교대급수 $\sum a_n$ 은 수렴한다.

이 정리의 증명은 부록에서 다룬다.

위 정리로부터 교대급수 (12)는 수렴하는 급수임을 알 수 있다.[43]

7.1.2 기본연습문제

급수

$$1 - \frac{1}{3} + \frac{1}{5} - \frac{1}{7} + \frac{1}{9} - \frac{1}{11} + \cdots$$

은 수렴함을 보이라.[44]

---

[43] 이 급수의 수렴값이 무엇인지는 곧 알게 된다.

[44] 라이프니츠는 이 급수의 합이 $\pi/4$ 임을 발견하였다. 다음 장에서 이 사실을 증명한다.

7.2 절대수렴급수

급수 $\sum a_n$ 에 대하여, 급수 $\sum |a_n|$ 이 수렴하면 처음 급수 $\sum a_n$ 은 **절대수렴**한다고 말한다.

보기를 들면 급수 $\sum (-1)^n/n^2$ 은 절대수렴하고, 급수 $\sum (-1)^n/n$ 은 수렴하지만 절대수렴하지는 않는다.[45]

정리 7.2.1 *절대수렴하는 급수는 수렴한다.*

증명. 실수 a 에 대하여

$$a^+ := \max\{a, 0\} = \frac{1}{2}(|a| + a), \qquad a^- := -\min\{a, 0\} = \frac{1}{2}(|a| - a)$$

으로 두면,

$$a = a^+ - a^-, \qquad |a| = a^+ + a^-$$

를 얻는다.

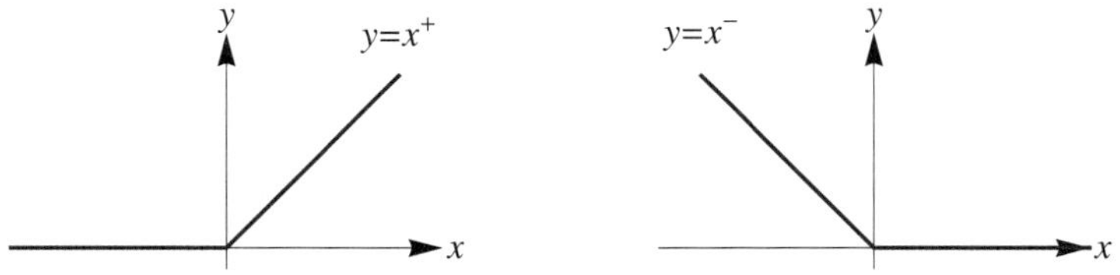

이제 $0 \le a^\pm \le |a|$ 이므로, 비교판정법에 의하여 급수 $\sum |a_n|$ 이 수렴하면 급수 $\sum a_n^+$ 와 $\sum a_n^-$ 이 모두 수렴하고, 따라서

$$\sum a_n = \sum (a_n^+ - a_n^-) = \sum a_n^+ - \sum a_n^-$$

도 수렴한다. □

7.2.2 기본연습문제

급수 $\sum a_n$ 이 절대수렴하면,

1. 급수 $\sum {a_n}^2$ 은 수렴하는가?
2. $\sum {a_n}^3$ 은 절대수렴하는가?

[45] 이와 같이 급수가 수렴하지만 절대수렴하지 않을 때에 **조건수렴**한다고 말한다.

연습문제: 제 1 장 7 절

1. 다음 급수의 수렴 여부를 판정하고 또 절대수렴하는지 알아보라.

(1) $\sum (-1)^n \frac{\sqrt{n}+1}{n+1}$ (2) $\sum (\cos n\pi)/n$

(3) $\sum (-1)^n ne^{-n}$ (4) $\sum (-1)^n \sin(1/n)$

(5) $\sum (-1)^{n+1}/n^{3/2}$ (6) $\sum (-1)^{n+1}(n/10)^n$

(7) $\sum (-1)^{n+1} \frac{10^n}{n^{10}}$ (8) $\sum (-1)^n \frac{\log n}{n}$

(9) $\sum (-1)^n \log\left(1+\frac{1}{n}\right)$ (10) $\sum_{n\geq 2} (-1)^n/\log n$

2. $l := 1 - \frac{1}{2} + \frac{1}{3} - \frac{1}{4} + \cdots$ 라 할 때, 다음 식에서 잘못된 곳을 찾아라.

$$\begin{aligned}
2l &= 2\left(1-\frac{1}{2}+\frac{1}{3}-\frac{1}{4}+\cdots\right) \\
&= 2\left(1+\frac{1}{3}+\frac{1}{5}+\cdots\right)-2\left(\frac{1}{2}+\frac{1}{4}+\frac{1}{6}+\cdots\right) \\
&= 2\left(1+\frac{1}{3}+\frac{1}{5}+\cdots\right)-\left(1+\frac{1}{2}+\frac{1}{3}+\cdots\right) \\
&= 2\left(1+\frac{1}{3}+\frac{1}{5}+\cdots\right)-\left(1+\frac{1}{3}+\frac{1}{5}+\cdots\right)-\left(\frac{1}{2}+\frac{1}{4}+\cdots\right) \\
&= \left(1+\frac{1}{3}+\frac{1}{5}+\cdots\right)-\left(\frac{1}{2}+\frac{1}{4}+\cdots\right) \\
&= 1-\frac{1}{2}+\frac{1}{3}-\frac{1}{4}+\cdots \\
&= l
\end{aligned}$$

3. 교대급수 $\sum a_n$ 에서 모든 n 에 대하여 $|a_n| \geq |a_{n+1}|$ 이고 $\lim_{n\to\infty} a_n = 0$ 일 때, 급수 $\sum a_n$ 의 합과 제 n 항까지의 합의 차는 $|a_{n+1}|$ 을 넘지 않음을 보이라.

4. 특이적분 $\int_0^\infty \frac{\sin x}{x}\,dx$ 가 수렴함을 보이라.[46]

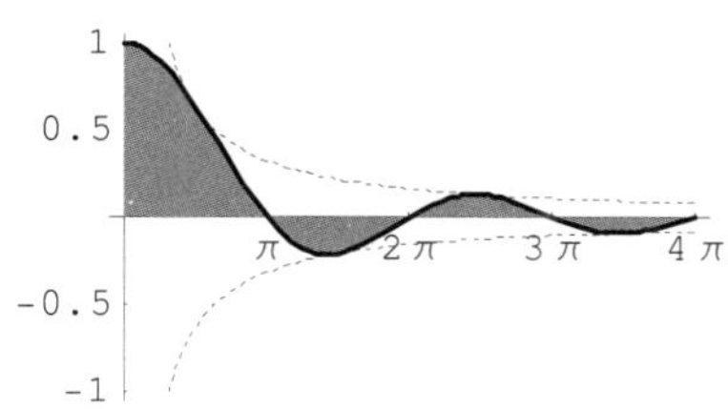

그림: $y = \frac{1}{x}\sin x$

[46]복소함수이론이나 푸리에(Fourier) 이론을 이용하면 적분값이 $\pi/2$ 임을 보일 수 있다.

제 8 절 부록: 실수 이야기

(건물을 지으면서, 일층을 아주 세부적인 부분까지 모두 완성한 다음, 이층을 완성하고, 또 삼층도 완성해 나가는 식으로는 높이 짓기가 어렵다. 마찬가지로 공부를 할 때에도 모든 것을 다 알아야 한다는 생각에 집착하면 멀리 가지 못한다. 가능하면 부록과 탐구문제 등은 읽지 않고 건너뛰는 것이 좋다.)

이 절에서는 실수의 기본 성질들을 살펴보고, 비교판정법과 교대급수 정리의 증명, 지수함수의 미분법 등을 다루기로 한다.

이미 우리가 잘 알고 있다시피, 실수는 가감승제(加減乘除), 즉 더하기·빼기·곱하기·나누기가 자유롭고,[47] 두 양수의 합과 곱은 모두 양수이다. 이러한 성질은 실수체와 **유리수체**가[48] 모두 가지고 있는 성질이다. 실수체만이 가지고 있는 고유한 성질은

실수의 완비성: *감소하는 양수들의 수열은 수렴한다*

이다. 수열의 부호를 바꾸고 평행이동하면, 이 성질은

증가하는 수열의 각 항이 일정한 실수보다 작으면, 그 수열은 수렴한다

즉, "증가하는 수열에서 각 항이 더 이상 증가하지 못하도록 막고 있는 장애물이 있으면, 그 수열은 어떤 확정된 실수에 한없이 가까이 간다"라고도 표현할 수 있다.[49]

예를 들어, 증가하는 수열

$$0.1, \quad 0.101, \quad 0.101001, \quad \ldots$$

은 일반항이[50] 1을 넘지 않으므로, 이 수열의 극한값이 되는 실수가 반드시 존재한다는 것을 알 수 있다.

실수라는 대수적인 개념은 직선이라는 기하적인 개념과 밀접한 관계를 가지고 있는데, 실수체의 완비성은 직선에는 빈틈이 없다는 것을 의미한다. 평면에서 평행이 아닌 두 직선은 반드시 한 점에서 만난다.

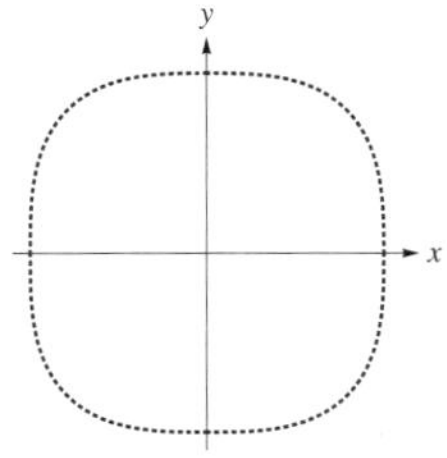

그림: 페르마의 마지막 정리에 의하면, $n = 3, 4, 5, \ldots$ 일 때, 곡선 $|x|^n + |y|^n = 1$ 의 점 중에서 x, y 좌표가 모두 유리수이면 $x = 0$ 또는 $y = 0$ 이다.

[47] 영으로 나누지 말 것.

[48] 유리수 전체의 집합을 유리수체라고 부른다. 체(體, field, 佛 corps, 獨 Körper)라는 것은 가감승제가 자유로운 집합을 뜻한다.

[49] 실수의 완비성을 서술하는 데에는 코시(Cauchy) 열의 수렴성 등 여러 동치 명제가 있다.

[50] $\frac{1}{10^1} + \frac{1}{10^{1+2}} + \frac{1}{10^{1+2+3}} + \cdots$ 는 당연히 무리수이다.

8.1 상계

수열 $\mathbf{a} = (a_1, a_2, a_3, \dots)$ 이 주어졌을 때, 모든 (자연수) n 에 대하여

$$a_n \leq B$$

인 실수 B 가 존재하면, 수열 $\mathbf{a}$ 를 **위로 유계**(bounded above)라 하고, 이때 B 를 수열 $\mathbf{a}$ 의 한 **상계**(上界, upper bound)라고 부른다. 따라서 **실수의 완비성**은

위로 유계인 증가수열은 수렴한다

로 표현된다.[51]

보기를 들어 수열

$$a_n := \frac{n-1}{n} = 1 - \frac{1}{n}$$

은 위로 유계인 (순)증가하는 수열이고, 이때 극한값은 1 이다.

8.2 하계

수열 (a_n) 이 주어졌을 때, 어떤 실수 b 가 존재하여, 부등식

$$a_n \geq b$$

가 모든 n 에 대하여 참이면, 수열 (a_n) 을 **아래로 유계**라고 부르고, 이때 b 를 수열 (a_n) 의 한 **하계**(下界, lower bound)라고 부른다.

아래로 유계이면서 동시에 위로 유계인 수열을 **유계인 수열**이라고 부른다. 수렴하는 수열은 모두 유계인 수열이다.

8.2.1 기본연습문제

명제 "**유계인 감소수열은 수렴한다**"는 실수의 완비성과 동등함을 보이라.[52]

---

[51] 이 책에서 수열 (c_n) 이 *증가한다*는 것은 모든 n 에 대하여

$$a_n \leq a_{n+1}$$

이라는 뜻이다. 어떤 학생들은 "등호를 허용하느냐?"고 반문한다. 우리는 **증가**나 **감소**를 너그러운 뜻으로 사용한다. 등호가 빠진 "$a_n < a_{n+1}$"을 조건으로 쓸 때에는 **순증가**(strictly increasing)라는 표현을 쓰기로 한다. **순감소**(strictly decreasing)라는 용어도 마찬가지 방법으로 사용한다. 증가수열과 감소수열을 통틀어 **단조수열**(單調數列, monotone sequence)이라고 부른다.

[52] 두 명제 p, q 가 **동등**하다는 것은 p 가 참이라면 q 도 참이고, q 가 참이라면 p 도 참이라는 뜻이다. 진릿값이 같다는 뜻에서 **동치**라고도 한다.

8.3 비교판정법 정리의 증명

비교판정법 정리 (3.0.1) 에서 두 번째 명제는 처음 명제의 대우이므로, 처음 명제만 증명하면 된다.

먼저 수렴하는 급수 $\sum b_n$ 의 합을 B 로 두면, 임의의 n 에 대하여

$$a_1 + a_2 + \cdots + a_n \leq b_1 + b_2 + \cdots + b_n \leq B$$

이다. 그러므로 수열

$$s_n := a_1 + a_2 + \cdots + a_n \qquad (n = 1, 2, 3, \ldots)$$

이 위로 유계인 증가수열임을 안다. 따라서 실수의 완비성에서 그 극한값이 존재하고, 이로써 증명이 끝난다. □

8.4 교대급수 정리의 증명

정리 7.1.1 에서

$$s_n = a_1 + a_2 + \cdots + a_n$$

으로 두자. 증명의 편의를 위하여 처음 항 a_1 이 양수라고 가정하여도 좋다. 그러면 홀수항 a_{2n-1} 들은 양수이고, 짝수항 a_{2n} 들은 음수이다. 이제

$$a_1 \geq a_1 + (a_2 + a_3) \geq a_1 + (a_2 + a_3) + (a_4 + a_5) \geq \cdots$$

에서 $s_1 \geq s_3 \geq s_5 \geq \cdots$ 을 얻고,

$$a_1 + a_2 \leq a_1 + a_2 + (a_3 + a_4) \leq a_1 + a_2 + (a_3 + a_4) + (a_5 + a_6) \leq \cdots$$

에서 $s_2 \leq s_4 \leq s_6 \leq \cdots$ 을 얻는다. 한편, 모든 자연수 n 에 대하여

$$s_1 \geq s_{2n-1} \geq s_{2n-1} + a_{2n} = s_{2n} \geq s_2$$

이므로 수열 (s_{2n-1}) 과 (s_{2n}) 이 모두 유계인 단조수열이고, 따라서 모두 수렴한다.

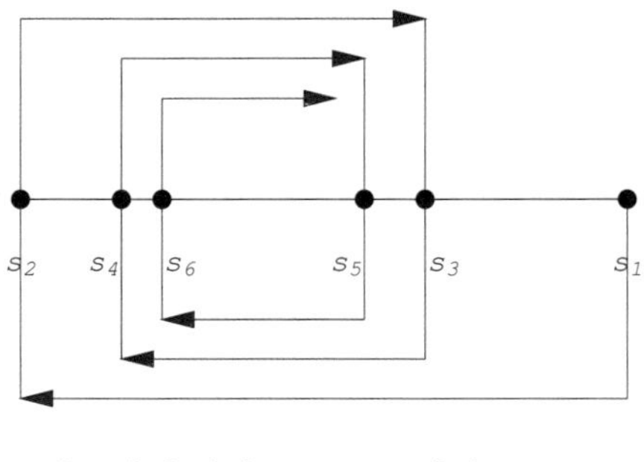

한편 $s_n - s_{n-1} = a_n$ 이 0 에 수렴하므로 두 극한값 $\lim s_{2n-1}$ 과 $\lim s_{2n}$ 이 일치한다:

$$\lim s_{2n} - \lim s_{2n-1} = \lim (s_{2n} - s_{2n-1}) = \lim a_{2n} = 0.$$

그러므로 수열 (s_n) 은 수렴한다. □

8.5 아르키메데스의 원리

실수의 완비성의 한 가지 응용으로

아르키메데스의 원리: $0 < a < b \quad \Rightarrow \quad \exists n \in \mathbb{N},\, na > b$

즉 "아무리 작은 양수라도 여러 배 하면 언젠가는 어떠한 큰 수보다 커진다"는 원리를 증명하여 보자.[53]

먼저 증가하는 수열 $a, 2a, 3a, \ldots$을 생각하여 보자. *만약 이 수열이 위로 유계라고 가정한다면*, 실수의 완비성으로부터 수렴하여야 하는데, 그러면 일반항 na와 그 다음 항 $(n+1)a$의 차가 아주 작아져야 한다. 그러나 이 차는 항상 일정한 양수인 a이므로 *모순이 생긴다.*[54] 따라서, 수열 (na)는 유계가 아니다. 즉, 임의의 실수 b에 대하여 $na > b$인 n이 존재한다. □

그림: **필즈 메달**에 새겨진 아르키메데스의 얼굴

8.5.1 기본연습문제

수렴하는 양의 수열의 극한값은 음수가 될 수 없음을 보이라.

[53]고대 최고의 수학자인 아르키메데스에 의하면 *아무리 작은 양수라도 반복하여 더하면, 어떤 큰 수보다도 커진다* [Aaboe]. 사실 아르키메데스 원리는 에우독소스가 설명한 원리이다. 아르키메데스는 "나에게 아주 긴 지렛대와 설 땅을 주면 지구라도 들어 올리겠다"고 말하였다.

양사언(1517–1584)의 시조 한 수:

태산이 높다 하되 하늘 아래 뫼이로다.
오르고 또 오르면 못 오를 리 없건마는
사람이 제 아니 오르고 뫼만 높다 하더라.

[54]이와 같이 "모순을 유도하여 증명하는 법"을 **귀류법**(reductio ad absurdum)이라 한다.

8.5.2 보기

등식

$$\lim_{n\to\infty}\frac{1}{n}=0$$

을 밝혀 보자.

> 먼저 실수의 완비성에서 "감소하는 양의 수열 $\left(\frac{1}{n}\right)$" 이 수렴함을 안다. 이제 그 극한값을 l 이라 하면 $l\geq 0$ 이고 (기본연습문제 8.5.1), 임의의 자연수 n 에 대하여
>
> $$0\leq l<\frac{1}{n} \tag{13}$$
>
> 이다. 만약 $l>0$ 이라면, 아르키메데스의 원리에서 $n_0 l>1$ 을 만족시키는 자연수 n_0 이 존재하여 $l>\dfrac{1}{n_0}$ 이 되므로 이것은 (13)에 모순이다. 그러므로 $l=0$ 이다.
>
> 다음과 같이 귀류법을 사용하지 않고도 더 좋은 증명을 할 수 있다.
>
> 양수 ε 에 대하여 $n>\frac{1}{\varepsilon}$ 이면 $\left|\frac{1}{n}-0\right|<\varepsilon$ 이다. 그러므로 $\lim_{n\to\infty}\dfrac{1}{n}=0$ 이다. □

우리가 사용하는 수의 체계에는 0.1 보다 작고, 0.01 보다도 작고, 0.001 보다도 작고, $0.000\cdots01$ 보다도 작지만 0 보다는 큰, 그러한 수는 존재하지 않는다.[55]

8.5.3 기본연습문제

1. $\lim_{n\to\infty}\dfrac{1}{10^n}=0$ 임을 보이라.
2. $0.999\cdots=1$ 임을 설명하라.

---

[55] 이러한 존재하지 않는 수, 즉 무한소에 대한 라이프니츠의 생각은 1960년에 로빈슨(Abraham Robinson, 1918–1974)이 **초실수**(hyperreal number)를 도입하여 해결되었다. 초실수체는 실수체를 포함하는 부분순서가 주어진 체인데, 이러한 체에서는 0 이 아니면서 임의의 양의 실수보다 절댓값이 작은 원소가 존재한다. 이러한 원소를 **무한소**(infinitesimal)라고 부른다 [Henle], [Keisler].

8.6 지수함수와 미분법

8.6.1 자연상수

수열

$$\left(1+\frac{1}{n}\right)^n, \qquad n=1,2,3,\dots$$

은 유계인 증가수열임을 보여 보자.

먼저 이항정리에 의하여[56]

$$\begin{aligned}\left(1+\frac{1}{n}\right)^n &= \sum_{k=0}^{n}\frac{n!}{k!(n-k)!}\left(\frac{1}{n}\right)^k \\ &= 2+\sum_{k=2}^{n}\frac{1}{k!}\frac{n(n-1)\cdots(n-k+1)}{n^k} \\ &= 2+\sum_{k=2}^{n}\frac{1}{k!}\left(1-\frac{1}{n}\right)\left(1-\frac{2}{n}\right)\cdots\left(1-\frac{k-1}{n}\right)\end{aligned}$$

이다. 여기에서 $((1+\frac{1}{n})^n)$ 이 증가하는 수열임을 알고, 또

$$\left(1+\frac{1}{n}\right)^n < 2+\sum_{k=2}^{\infty}\frac{1}{k!} < 2+\sum_{k=2}^{\infty}\frac{1}{2^{k-1}} = 2+1=3$$

임을 안다. 따라서 $((1+\frac{1}{n})^n)$ 은 위로 유계인 증가하는 수열이고, 그러므로 실수의 완비성에 의하여 그 극한값 e 의 존재를 안다:

$$e=\lim_{n\to\infty}\left(1+\frac{1}{n}\right)^n.$$

56

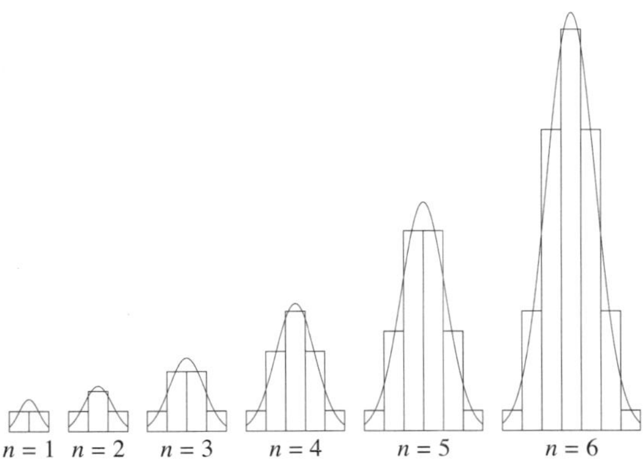

그림: 이항계수 $\binom{n}{k}$ 와 정규분포곡선 $y=ce^{-ax^2}$

이 값을 **자연상수**라고 부르기로 한다. 수열 $\left((1+\frac{1}{n})^n\right)$은 2를 하계로, 3보다 작은 값을 상계로 가지므로, 당연히 다음을 얻는다:

$$2 < e < 3.$$

8.6.2 기본연습문제

(복리 셈) 임의의 실수 h에 대하여 다음을 밝히라.[57]

$$1+h < \left(1+\tfrac{h}{2}\right)^2 < \left(1+\tfrac{h}{3}\right)^3 < \cdots < \lim_{n\to\infty}\left(1+\frac{h}{n}\right)^n = e^h.$$

8.6.3 지수함수 미분법

실수 a 근방에서 정의된 함수 $f(x)$가 점 a에서 **미분가능**하다는 말은 평균변화율[58]의 극한값

$$\lim_{x\to a}\frac{f(x)-f(a)}{x-a}$$

이 존재한다는 뜻이다. 극한값은 (존재한다면) 오직 한 가지 뿐이므로, 이 극한값을 $\frac{df}{dx}(a)$ 또는 $f'(a)$로 나타내기로 한다. 만약 f가 정의역의 모든 점에서 미분가능하면, f를 미분가능한 함수라고 부르고, 이때 함수 f'을 f의 **도함수**라고 말한다.[59]

일반 지수함수, 즉 **지수법칙**을 따르는 함수에 대해서는 '수학사전'에서 다루기로 하고, 여기에서는 가장 표준이 되는 지수함수를 다루기로 한다.

정리 8.6.4 *지수함수 e^x는 미분가능하고, 그 도함수는 자기 자신이다. 즉 임의의 실수 x에 대하여*

$$\frac{d}{dx}e^x = e^x$$

이다.

증명. 이를 보이기 위해서는 극한값

$$\lim_{h\to 0}\frac{1}{h}\left(e^{x+h}-e^x\right) = e^x\lim_{h\to 0}\frac{e^h-1}{h}$$

을 구하여야 한다. 따라서

$$\lim_{h\to 0}\frac{e^h-1}{h} = 1 \tag{14}$$

[57]마지막 등식은 h가 자연수일 때, 양의 유리수일 때, 양수일 때, 음수일 때의 순서로 증명한다. 이 등식은 야콥 베르누이(Jakob Bernoulli)가 1683 년에 발견하였다.

[58]**뉴턴몫**(Newton quotient)이라고도 말한다.

[59]도함수는 라그랑주(J. L. Lagrange, 1736–1813)를 따라 프라임 기호(′)를 써서 나타낸다.

임을 보이면 증명이 끝난다. 이제 $|h| < 1$ 이면

$$\begin{aligned}
\left|\frac{e^h - 1}{h} - 1\right| &= \left|\frac{\lim_{n\to\infty}(1+h/n)^n - 1 - h}{h}\right| \\
&= \left|\frac{1}{h}\lim_{n\to\infty}\sum_{k=2}^{n}\binom{n}{k}(h/n)^k\right| = \left|h\lim_{n\to\infty}\sum_{k=2}^{n}\binom{n}{k}h^{k-2}/n^k\right| \\
&\leq |h|\lim_{n\to\infty}\sum_{k=2}^{n}\binom{n}{k}\frac{1}{n^k} = |h|\lim_{n\to\infty}\left(\left(1+\frac{1}{n}\right)^n - 2\right) \\
&= |h|(e-2)
\end{aligned}$$

이다. 이로써 (14)가 밝혀졌다. □

8.6.5 기본연습문제

1. 미분법을 이용하여 수열

$$\left(1+\frac{1}{n}\right)^{n+1}, \qquad n = 1, 2, 3, \ldots$$

은 감소수열임을 보이라. 또 이 수열의 극한값이 e 임을 보이라.

2. 임의의 실수 k 에 대하여

$$\frac{d}{dx}e^{kx} = ke^{kx}$$

임을 보이라. 또 임의의 양수 a 에 대하여 $a^x = e^{kx}$ 를 만족시키는 실수 k 가 존재함을 보이고, 이를 이용하여 다음을 보이라.

$$\frac{d}{dx}a^x = a^x \log a$$

3. 실수 전체 집합에서 정의된 함수 $f(x)$ 의 미분계수가 $f(x)$ 에 비례하면, 즉

$$f'(x) = kf(x)$$

이면 $f(x) = f(0)e^{kx}$ 임을 보이라.[60]

4. 항등적으로 영이 아닌 연속함수 $f : \mathbb{R} \to \mathbb{R}$ 가 임의의 실수 x, y 에 대하여

$$f(x+y) = f(x)f(y)$$

이면, 모든 실수 x 에 대하여 $f(x) = e^{kx}$ 를 만족시키는 실수 k 가 존재함을 보이라.

[60] 이러한 함수가 사용되는 예로, 은행예금의 원리합계, 방사능 붕괴, 물체의 냉각, 세균의 번식 등을 들 수 있다. 이런 경우에는 함수 $f(x)$ 의 도함수 $f'(x)$ 보다 상대(相對, relative) 도함수 $(\log f(x))' = f'(x)/f(x)$ 가 더 흥미 있다.

8.7 상한과 하한

실수집합[61] A 의 **최댓값**과 **최솟값**은 각각

$$\max A, \qquad \min A$$

로 나타낸다. 최댓값과 최솟값은 모두 주어진 집합의 원소이다:

$$\boxed{M = \max A \quad \Longleftrightarrow \quad \begin{cases} \text{(i) } \forall a \in A, \ M \geq a \\ \text{(ii) } M \in A \end{cases}}$$

$$\boxed{m = \min A \quad \Longleftrightarrow \quad \begin{cases} \text{(i) } \forall a \in A, \ m \leq a \\ \text{(ii) } m \in A \end{cases}}$$

예를 들면,

$$\max\{1, 2\} = 2, \qquad \min\{1, 2\} = 1$$

이다.

그러나 모든 실수집합이 최댓값과 최솟값을 가지는 것은 아니다. 예를 들어 **양수**(陽數, positive real number) 전체의 집합

$$\mathbb{R}_+$$

에는 최솟값이 없다. 영은 임의의 양수보다 작기는 하지만 양수 전체집합의 원소는 아니다. 마찬가지로 **음수**(陰數, negative real number) 전체의 집합

$$\mathbb{R}_-$$

에는 최댓값이 없다. 상한과 하한의 개념은 최댓값과 최솟값의 개념을 확장한 것이다.

8.7.1 상한

일반적으로 실수집합 A 에 대하여

$$\forall a \in A, \quad b \geq a$$

를 만족시키는 실수 b 가 존재하면, A 는 **위로 유계**라고 말하고, 이때 b 를 A 의 한 **상계**라고 말한다 [8.1 참고]. 이때 A 의 상계 중에서 가장 작은 것을 A 의 **최소상계**(最小上界, least upper bound) 또는 A 의 **상한**(上限, supremum)이라고 부르고

$$\sup A$$

[61] 실수체의 부분집합을 **실수집합**이라고 부른다.

로 나타내기로 한다.

집합 A가 위로 유계가 아니면 $\sup A = \infty$로 둔다.

보기를 들면

$$\sup \mathbb{R}_{+} = \infty, \qquad \sup \mathbb{R}_{-} = 0$$

이다.

8.7.2 보기: 소수 집합

자연수 중에서 약수가 두 개인 자연수

$$2,\ 3,\ 5,\ 7,\ 11,\ 13,\ 17,\ 19,\ \ldots$$

를 **소수**(素數, prime number)라고 부른다. 모든 자연수는 소수들의 곱으로 이루어져 있다.[62] 유클리드는 이러한 "기본수", 즉 소수가 무한히 많음을 밝혔다.[63] 그러므로 소수 전체의 집합은 위로 유계가 아니다.

8.7.3 하한

마찬가지로 실수집합 A에 대하여

$$\forall a \in A, \quad b \leq a$$

를 만족시키는 실수 b가 존재하면, A는 **아래로 유계**라고 말하고, 이때 b를 A의 한 **하계**라고 말한다. 이때 A의 하계 중에서 가장 큰 것을 A의 **최대하계**(最大下界, greatest lower bound) 또는 A의 **하한**(下限, infimum)이라 하고

$$\inf A$$

로 나타낸다.

집합 A가 아래로 유계가 아니면 $\inf A = -\infty$로 둔다.

보기를 들면

$$\inf \mathbb{R}_{+} = 0, \qquad \inf \mathbb{R}_{-} = -\infty$$

이다.

---

[62] 이 명제를 "소수가 아닌 1보다 큰 자연수는 소수들의 곱이다"라고 어색하게 말하는 이도 있지만, 소수 하나로 이루어진 집합의 곱은 소수 자신이고 공집합의 곱은 1이므로, 그렇게 말할 필요가 없다.

[63] 예를 들어 소수 $p_1, \ldots, p_n$을 알면,

$$N := p_1 \cdots p_n + 1$$

은 $p_1, \ldots, p_n$ 중 어느 것으로도 나누어지지 않는다. 따라서 N의 약수에는 $p_1, \ldots, p_n$과 다른 소수가 존재하게 된다. 이로부터 소수가 무한히 많음을 안다. 이 증명에는 귀류법이 사용되지 않았다.

8.7.4

집합 A 에 최댓값이 존재하면 $\max A = \sup A$ 이고, A 에 최솟값이 존재하면 $\min A = \inf A$ 이다.

앞으로 위로 유계이고, 동시에 아래로 유계인 집합을 **유계인 집합**이라고 부른다.

8.7.5 기본연습문제

다음 집합이 위로 유계인지, 또는 아래로 유계인지를 밝히고, 상한과 하한을 구할 수 있으면 구하라.

(1) $\left\{1, \frac{1}{2}, \frac{1}{3}, \frac{1}{4}, \cdots\right\}$ (2) $\{x \in \mathbb{R} \mid x^2 < 2\}$

(3) $\{x \in \mathbb{R} \mid x^5 + 4x^4 + 3x^3 + 2x^2 + x + 1 = 0\}$

8.7.6 실수의 완비성

"공집합이 아닌 위로 유계인 집합은 상한을 가진다"는 명제는 실수의 완비성과 동등하다. 이것을 보이는 것은 탐구문제로 두었다.

8.8 유계인 함수

실숫값 함수 $f : A \to \mathbb{R}$ 의 **치역**

$$f(A) := \{f(a) \mid a \in A\} \subseteq \mathbb{R}$$

이 유계인 집합이면, 함수 f 를 **유계인 함수**라고 부른다.

보기를 들면

$$y = \sin\frac{1}{x}$$

은 유계인 함수이지만

$$y = x^2 \sin\frac{1}{x}$$

은 $|x|$ 가 커지면 $y = x$ 를 점근선으로 가지므로 유계인 함수가 아니다.

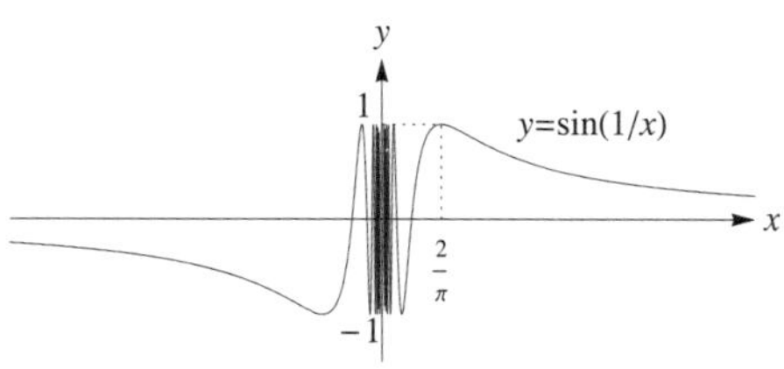

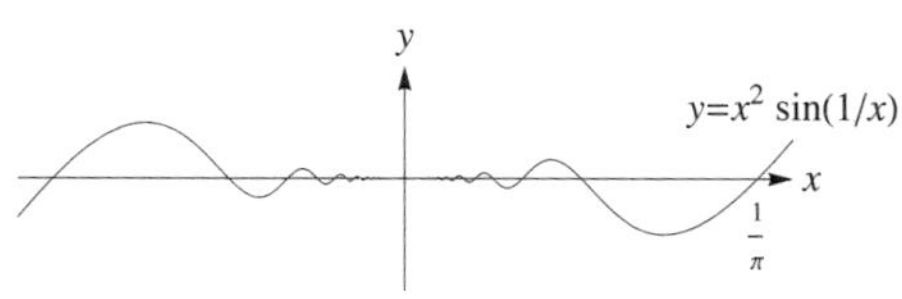

8.8.1 기본연습문제

다음 중 유계인 함수는 어느 것인가?

(1) $f(x) = \frac{x}{1+x^2}$ (2) $f(x) = e^{-x^2}$ (3) $f(x) = x^4 + x^3 + x^2 + x + 1$

8.9 실수란 무엇인가?

지금까지 우리는 실수의 성질을 살펴보았지만, 아직까지 실수가 무엇인지를 말하지 않았다.[64]

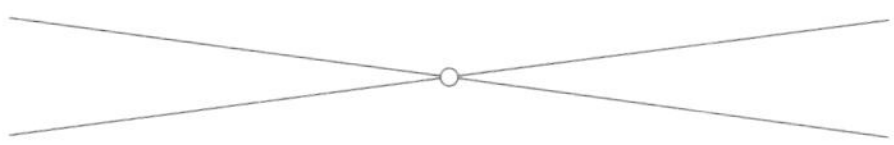

"실수"라는 개념은 "직선"이라는 개념과 밀접한 관계를 가지고 있다.[65] 평면에서 평행이 아닌 두 직선은 반드시 만나는 점이 있듯이, 실수 전체의 모임에는 "빈틈"이 없다. 우리는 이러한 성질을 실수가 가지기를 원한다.

실수란 무엇인가?

아주 멋있는 질문이다. 이러한 질문에 답하는 방법 중의 하나로 **나열법**을 생각할 수 있다. 다시 말하면, 실수의 원소를 차근차근 나열하여, 모든 실수를 다 나열하면 된다.[66]

예를 들면, 십진법을 사용하여

$$\pm a_n a_{n-1} \cdots a_1 a_0 . a_{-1} a_{-2} \cdots \qquad (a_i \in \{0, 1, 2, \ldots, 9\})$$

등으로 표현되는 것이 실수이다.[67] 이러한 십진수 표현의 두 실수를 더하는 것은 크게 어렵지 않겠지만, 곱하거나 나누는 것은 쉬운 일이 아니다. 사실 실수 모두를 나열하는 일은 불가능하다.

$$\begin{array}{r} 1.23456789\ldots \\ \times \quad 3.14159265\ldots \\ \hline 3.7037036\ \ldots \\ 1234567\ \ldots \\ \ddots \end{array}$$

8.9.1 실수

십진법이나 나열법을 사용하지 않고, 유리수 체 $\mathbb{Q}$로부터 실수를 얻는 방법은 고대 그리스의 에우독소스(Eudoxos, 408–355 BCE)[68]나 근대의 데데킨트(Richard Dedekind, 1831–1916) 등이 발견하였다. 이들의 생각은 다음과 같다.

[64] 사실은 큰 문제가 아니다. 왜냐하면, 실수의 성질을 가지는 것은 실수뿐이기 때문이다. 좀 더 자세히 말하면, **완비순서체는 실수체와 일치한다.**

[65] 기하학에서 보는 "직선"은 "수의 체계"의 도움이 없이도 설명이 가능하다. 산술과 기하는 매우 깊은 관계를 가지고 있다.

[66] "사람이란 무엇인가?"라는 질문에 답을 하기 위해서도 사람을 일일이 나열하면 된다. 지금 지구에 있는 사람, 우주를 돌아다니는 사람, 돌아가신 이, 앞으로 올 이들을 모두 나열하면 된다. 이 방법이 "사람이 지켜야 할 도리"를 서술함으로써 사람을 정의하는 방법보다 낫다고 (또는 못하다고?) 말하기는 어렵다.

[67] 이러한 표현에서 서로 다른 것이 같은 실수를 나타낼 수 있다. 이러한 뜻에서 실수는 십진수열의 **동등류**(equivalence class)이다.

[68] 당시 피타고라스 학파의 수장이던 아키타스(Archytas)의 제자였던 그는 "두 양 A, B가 있을 때, A에서 반 이상 덜고, 남은 것에서 반 이상 더는 것을 계속해 나가면, 언젠가는 B보다 작아진다"는 **소진법**(method of exhaustion)을 이용하여 (*Elements*, X.1 참고) 각뿔과 원뿔의 부피를 분명히 밝혀 아르키메데스에게 많은 영향을 끼쳤다. 또 두 비 $A : A'$과 $Z : Z'$이 "같다"는 뜻을 명확하게

실수 r 는 r 미만의 유리수 집합 $A := \{a \in \mathbb{Q} \mid a < r\}$ 에 의하여 완전히 결정된다.

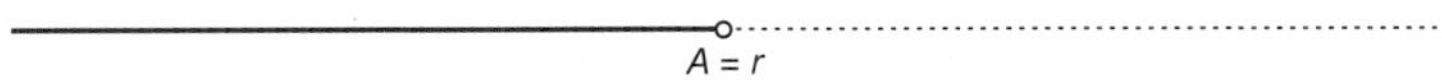

이로부터 거꾸로, 실수란 유리수체 $\mathbb{Q}$ 의 한 부분집합 A 로서 다음의 성질을 가지는 것으로 정의한다:

(i) $A \neq \varnothing, \quad A \neq \mathbb{Q}$

(ii) $a \in A,\ b \in \mathbb{Q},\ b < a \quad \Rightarrow \quad b \in A$

(iii) $a \in A \quad \Rightarrow \quad \exists\, a' \in A\,(a < a')$

이런 정의에서 실수의 모든 성질을 다 얻을 수 있다.[69] 예를 들어 두 "실수" A_1, A_2 의 **대소관계**는

$$A_1 \leq A_2 \quad \Leftrightarrow \quad A_1 \subseteq A_2$$

를 뜻하고, 이로부터 실수체의 완비성을 밝힐 수 있다 [Rudin]. 또 두 실수의 합은

$$A_1 + A_2 := \{a_1 + a_2 \mid a_1 \in A_1,\ a_2 \in A_2\}$$

로 정의한다. 이때 영은 $O := \{r \in \mathbb{Q} \mid r < 0\}$ 이다. 또 두 "양의 실수" A_1, A_2 의 곱은 다음과 같이 정의한다:

$$A_1 \cdot A_2 := \{p \in \mathbb{Q} \mid \exists r_1 \in A_1,\ r_1 > 0,\ \exists r_2 \in A_2,\ r_2 > 0,\ p < r_1 r_2\}.$$

8.9.2 성질

실수를 정의하는 방법에는 여러 가지[70]가 있을 수 있지만, 우리가 사용하는 것은 "실수의 성질"이다. 그것이 어떻게 정의되더라도 모두 같은 성질을 가지고 있으면, 실수의 사용자에게는 아무런 불편이 없다. *실수의 성질을 가지는 것은 실수뿐이다.*[71]

정의하여 피타고라스 학파가 가장 설명하기 힘들었던 비공측성(incommensurability) 문제를 완전히 해결하였다. 에우독소스의 비례 이론은 유클리드의 "원소" 제5권에 나온다.

[69] "생명게임(Game of Life)"을 만든 프린스턴 대학의 콘웨이(J. H. Conway, 1937–2020)의 초현실수(surreal number)에 관심이 있으면 [Knuth, 1974], [Gardner, 1997], [Conway, Guy] 등을 참고할 것.

[70] 실수체계는 19세기 말 바이어슈트라스(Karl Weierstrass, 1815–1897), 데데킨트, 칸토어(Georg Cantor, 1845–1918) 등에 의하여 완성되었다. 칸토어는 "감소하는 유리수 구간"

$$[a_1, b_1] \supset [a_2, b_2] \supset [a_3, b_3] \supset \cdots, \qquad \lim_{n\to\infty}(b_n - a_n) = 0, \qquad a_n, b_n \in \mathbb{Q}$$

에서 실수를 유도하였다. 코시의 아이디어를 따라 유리수열들의 동등류로 실수를 정의할 수도 있다.

[71] 사실 우리가 일반적으로 사용하는 실수를 다르게 해석하는 **직관론파**의 의견을 완전히 무시할 수는 없다 [Taschner], [Posy]. 그들이 해석하는 **사이값 정리**는 부록에서 설명한다.

연습문제: 제 1 장 8 절

1. 수열 $\left(n^{1/n} : n = 3, 4, \ldots\right)$ 는 순감소하는 수열임을 보이라.

2. 일반항이 다음과 같이 주어진 수열의 유계성과 증가·감소를 판정하라.

   (1) $(-1)^n/n$ (2) $\sqrt{n}$ (3) $\dfrac{n^2}{n+1}$

   (4) $\log\dfrac{2n}{n+1}$ (5) $\dfrac{(-2)^n}{n^{10}}$

3. 양수 a, b, c 에 대하여 수열

$$(a^n + b^n + c^n)^{1/n} \qquad (n = 1, 2, 3, \ldots)$$

   은 유계인 단조수열임을 보이라. 또 이 수열의 극한값을 구하라. (1절 연습문제 9 참고)

4. 다음 집합의 상한과 하한을 구하라.

   (1) $\left\{\left(1+\dfrac{1}{n}\right)^n \,\middle|\, n = 1, 2, 3, \ldots\right\}$ (2) $\left\{\left(1+\dfrac{1}{n}\right)^{n+1} \,\middle|\, n = 1, 2, 3, \ldots\right\}$

   (3) $\left\{\dfrac{1}{n}\sin\dfrac{1}{n} \,\middle|\, n = 1, 2, 3, \ldots\right\}$

5. 다음 함수 $f(x)$ 는 유계이지만, 그 도함수 $f'(x)$ 는 유계가 아님을 보이라.

   (1) $f(x) := x\sin\dfrac{1}{x}$ (2) $f(x) = \sin x^2$

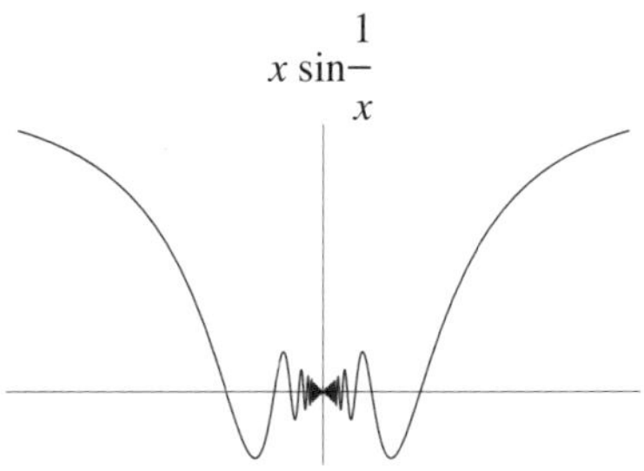

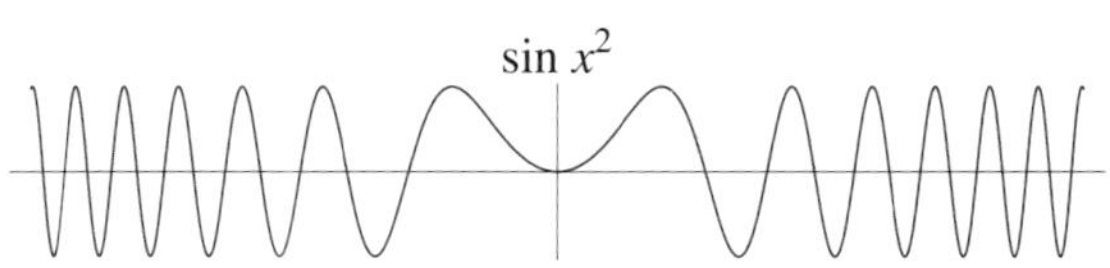

6. (**오일러 상수**) 임의의 자연수 n 에 대하여

$$\frac{1}{2} + \frac{1}{3} + \cdots + \frac{1}{n} < \log n < 1 + \frac{1}{2} + \frac{1}{3} + \cdots + \frac{1}{n-1}$$

   임을 보이라. 그리고 이로부터 극한값

$$\gamma := \lim_{n\to\infty}\left(\sum_{k=1}^{n}\frac{1}{k} - \log n\right)$$

   이 존재함을 보이라.[72]

---

[72] 이 극한값

$$\gamma \approx 0.57721\,56649$$

를 **오일러 상수**라고 부른다. γ(감마)가 유리수인지 아닌지는 아직 알려져 있지 않다.

7. 오일러 상수

$$\gamma := \lim_{n\to\infty}\left(1+\frac{1}{2}+\cdots+\frac{1}{n}-\log n\right)$$

를 이용하여

$$\log 2 = 1-\frac{1}{2}+\frac{1}{3}-\frac{1}{4}+\cdots$$

임을 보이라. (도움말[73]을 미리 보지 말 것)

8. 수열 (a_n) 이 수렴하면, 수열 (a_{2n}) 도 수렴함을 설명하라. 또 수열 (a_{3n}) 도 수렴함을 설명하라.

9. 급수 $\sum \dfrac{1}{(2n-1)(2n)}$ 의 합을 구하라.

10. (**특이적분**) 구간 $(a,b]$ 에서 정의된 연속함수 $f(x)$ 에 대하여

$$\int_a^b f(x)\,dx := \lim_{c\searrow a}\int_c^b f(x)\,dx$$

로 정의한다.[74] 이제

$$\int_0^1 \frac{dx}{x^2+\sqrt{x}}$$

가 수렴함을 보이라.[75]

11. n 이 1부터 일반항까지 변할 때 부등식

$$\left(1+\frac{1}{n}\right)^n < e < \left(1+\frac{1}{n}\right)^{n+1}$$

을 모두 곱하여

$$\frac{(n+1)^n}{n!} < e^n < \frac{(n+1)^{n+1}}{n!} \qquad \text{또는} \qquad \left(\frac{n+1}{e}\right)^n < n! < (n+1)\left(\frac{n+1}{e}\right)^n$$

임을 보이라. 또 여기에서

$$e = \lim_{n\to\infty}\frac{n}{\sqrt[n]{n!}}$$

을 유도하라. (제 14 장 Stirling 의 공식 참고)

12. 다음 등식을 밝히라.

$$\lim_{n\to\infty}\left(\log n - \frac{1}{n}(\log 1+\log 2+\cdots+\log n)\right) = 1.$$

---

[73] $s_n := 1-\frac{1}{2}+\cdots+(-1)^{n+1}\frac{1}{n}$ 으로 두면

$$\begin{aligned} s_{2k} &= \left(1+\frac{1}{2}+\cdots+\frac{1}{2k}\right)-2\left(\frac{1}{2}+\frac{1}{4}+\cdots+\frac{1}{2k}\right) \\ &= \left(\left(1+\frac{1}{2}+\cdots+\frac{1}{2k}-\log 2k\right)+\log 2k\right)-\left(\left(1+\frac{1}{2}+\cdots+\frac{1}{k}-\log k\right)+\log k\right) \\ &= \left(1+\frac{1}{2}+\cdots+\frac{1}{2k}-\log 2k\right)-\left(1+\frac{1}{2}+\cdots+\frac{1}{k}-\log k\right)+\log 2 \end{aligned}$$

이다.

[74] $c>a$ 이면서 c 가 a 에 가까워지는 것을 $c\searrow a$ 로 나타내었다.

[75] 6.0.3 참고

제 1 장 탐구문제

1. 수열 $\mathbf{a}$에서 얻은 급수를 $S(\mathbf{a})$라고 하면, S는 수열 전체의 집합 $\mathbb{R}^\omega$에서 정의된 자기사상[76]이다. 이 사상

$$S : \mathbb{R}^\omega \to \mathbb{R}^\omega$$

가 전단사 사상임을 보이라. 또 두 수열 $\mathbf{a}, \mathbf{b}$의 합을 설명하고,

$$S(\mathbf{a} + \mathbf{b}) = S(\mathbf{a}) + S(\mathbf{b})$$

임을 보이라. 또 실수 t에 대하여 수열 $\mathbf{a}$의 실수배 $t\mathbf{a}$를 설명하고,

$$S(t\mathbf{a}) = t\,S(\mathbf{a})$$

임을 보이라.[77]

2. 같은 크기의 직육면체 모양의 벽돌이 많이 있다고 하자. 이제 한 벽돌 위에 다른 벽돌을 올려놓고, 그 위에 또 다른 벽돌을 계속 올려놓아, 이 벽돌 중에 제일 위에 놓인 것이 한강을 건너게 할 수 있음을 보이라.[78]

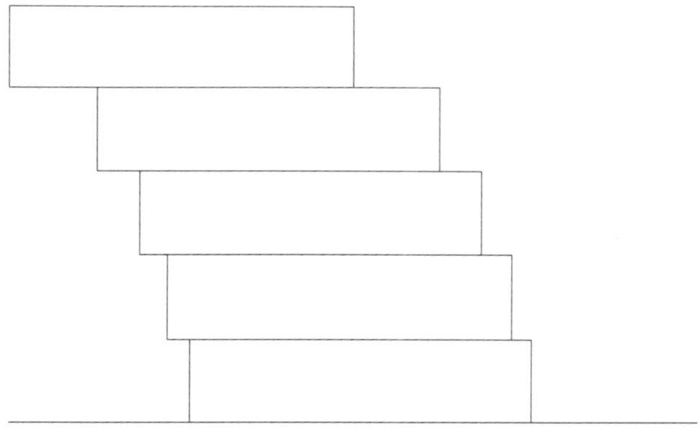

[76] **정의역**(定義域, domain)과 **공역**(共域, codomain)이 같은 **사상**(寫像, map, mapping)을 **자기사상**이라고 부른다. "사상"은 "함수"와 같은 뜻이다. 사상의 **치역**(値域, range, image)과 공역이 같으면, **전사**(全射, surjective)라고 말하고, 정의역의 서로 다른 임의의 두 원소의 상(像, image)이 서로 다르게 나타나는 사상은 **단사**(單射, injective) 또는 **일대일**(one-to-one)이라고 말한다. 전사이고 동시에 단사인 사상은 **전단사**(全單射, bijective) 사상이라고 부른다.

[77] 이와 같이 두 원소의 더하기와 각 원소에 실수곱을 하는 연산이 주어진 집합을 **선형공간**(線型空間, linear space) 또는 **벡터공간**(vector space)이라고 부른다. 두 선형공간 사이의 사상이 더하기와 실수곱을 보존하면, 그 사상을 **선형사상**이라고 부른다. 현대수학에서는 선형공간의 원소들을 **벡터**라고 부른다.

[78] [Graham, Knuth, Patashnik, p. 259]

3. 급수

$$1+\frac{1}{3}-\frac{1}{2}+\frac{1}{5}+\frac{1}{7}-\frac{1}{4}+\cdots+\frac{1}{2^n+1}+\frac{1}{2^n+3}+\cdots+\frac{1}{2^{n+1}-1}-\frac{1}{2^n}+\cdots$$

는 발산함을 보이라.

4. 등비급수의 식

$$1+r+r^2+\cdots=\frac{1}{1-r} \qquad (|r|<1)$$

은 r 이 복소수일 때에도 참임을 설명하라.[79]

5. (**급수의 재배열**) 전단사함수 $r:\mathbb{N}\to\mathbb{N}$ 에 대하여 급수 $\sum a_n$ 의 **재배열**은

$$r\left(\sum_n a_n\right) := \sum_n a_{r(n)} = a_{r(1)}+a_{r(2)}+a_{r(3)}+\cdots$$

이다. 보기를 들어

$$r(n)=\begin{cases} n-1, & n \text{ 이 짝수일 때} \\ n+1, & n \text{ 이 홀수일 때} \end{cases}$$

이면, 급수 $s := 1-\frac{1}{2}+\frac{1}{3}-\frac{1}{4}+\cdots$ 의 재배열은

$$r(s) := -\frac{1}{2}+1-\frac{1}{4}+\frac{1}{3}-\cdots$$

이다. 이제 주어진 급수 $\sum a_n$ 이 절대수렴하면, 이 급수의 재배열도 절대수렴함을 보이라.[80]

6. 자연수 n 에 대하여, n 의 **분할수**(partition number)란 자연수들을 더하여 n 을 얻는 방법의 가짓수를 뜻한다. 이 분할수를 $p(n)$ 으로 나타내기로 하자. 보기를 들면,

$$\begin{aligned} &1 \\ &2=1+1 \\ &3=2+1=1+1+1 \\ &4=3+1=2+2=2+1+1=1+1+1+1 \end{aligned}$$

이므로

$$p(1)=1, \quad p(2)=2, \quad p(3)=3, \quad p(4)=5$$

---

[79] r 이 정사각행렬일 때에도 이 식이 참인데 ....

[80] 어떤 급수가 절대수렴할 필요충분조건은 그 급수의 임의의 재배열이 수렴한다는 것이다. 이때 재배열의 극한값은 원래 급수의 극한값과 같아진다 [김, 김, 계, 181쪽]. 조건수렴하는 급수는 재배열하여 임의의 값으로 수렴하게 만들 수 있다. 급수 $\sum(-1)^{n-1}\frac{1}{n}$ 이 0 에 수렴하도록 재배열하여 보라. 또 100 에 수렴하도록 재배열하였을 때의 **수렴속도**와 1000 에 수렴하도록 재배열하였을 때의 수렴속도를 비교하여 보라.

이다. 이제 급수

$$\sum \frac{1}{p(n)}$$

이 수렴하는지를 판정하라.[81]

7. 명제

공집합이 아닌 위로 유계인 실수 집합은 상한을 가진다

는 실수의 완비성과 동등함을 보이라.

8. 수열

$$a_1 := 1, \qquad a_{n+1} := \sqrt{1+a_n}$$

은 수렴함을 보이라. 황금비 $\phi = \dfrac{1+\sqrt{5}}{2}$는 방정식 $\phi = \sqrt{1+\phi}$을 만족시킨다. 이 식에서

$$\phi = \sqrt{1+\sqrt{1+\phi}}$$

를 보이라. 또

$$\phi = \sqrt{1+\sqrt{1+\sqrt{1+\cdots}}}$$

을 설명하라.

9. 수열

$$a_1 = 1, \qquad a_{n+1} = 1 + \frac{1}{a_n}$$

은 수렴함을 보이라. 또 황금비 ϕ가 $\phi = 1 + \dfrac{1}{\phi}$를 만족시키는 것으로부터

$$\phi = 1 + \cfrac{1}{1+\cfrac{1}{1+\cfrac{1}{1+\cdots}}}$$

임을 설명하라.

10. 피보나치 수열 (f_n)과 황금비 ϕ에 대하여

$$\phi^n = f_n\phi + f_{n-1}$$

임을 보이라.

11. 다음 극한이 존재하는지 밝히고 존재하면 그 극한값을 구하라.

$$\sqrt{2}^{\sqrt{2}^{\sqrt{2}^{\sqrt{2}^{\cdot^{\cdot^{\cdot}}}}}}$$

[81] 인도 수학자 라마누잔(Srinivasa Ramanujan, 1887–1920)은 $p(n) \sim e^{\pi\sqrt{2n/3}}/4n\sqrt{3}$을 발견하였다 [Conway, Guy].

12. 실수집합 A 중에서 등식

$$\inf A = \sup A$$

를 만족시키는 것은 어떤 집합인가? 또 부등식

$$\inf A \leq \sup A$$

를 만족시키지 않는 것은 어떤 집합인가?

13. 십진법으로 나타내었을 때 0과 1만으로 표현할 수 있는 자연수들의 집합

$$\{1, 10, 11, 100, 101, 110, 111, 1000, 1001, 1010, 1011, 1100, 1101, 1111, \ldots\}$$

의 원소들을 차례로 $a_1, a_2, a_3, \ldots$ 이라 하자. 이때

$$\frac{1}{a_1} + \frac{1}{a_2} + \frac{1}{a_3} + \cdots < \infty$$

인가?

14. 열 가지 숫자 $0, 1, 2, 3, 4, 5, 6, 7, 8, 9$ 중의 하나를 i 라 하고, 십진법으로 표현하였을 때 i 가 나타나지 않는 자연수들의 집합을 K_i 이라 하자. 예를 들어

$$B_n = \{n+1, n+2, n+3, n+4, n+5, n+6, n+7, n+8, n+9\}$$

라 하면

$$K_0 = B_0 \cup (B_{10} \cup B_{20} \cup \cdots \cup B_{90}) \cup B_{110} \cup \cdots$$

이다. 이때

$$K = K_0 \cup K_1 \cup \cdots \cup K_9$$

로 두면

$$\sum_{n \in K} \frac{1}{n} < \infty$$

임을 보이라.[82] 또 십진법으로 표현하였을 때, 열 가지 숫자가 모두 나타나는 자연수들의 집합을 K^c 라 하면

$$\sum_{n \in K^c} \frac{1}{n} = \infty$$

임을 보이라.

---

[82] 조화수열과 달리 이 급수가 수렴함은 켐프너(Aubrey J. Kempner, 1880–1973)가 1914년에 처음 발견하였다. 자연수들로 이루어진 무한집합 S 에서 가장 작은 원소부터 차례로 나열하여 $s_1, s_2, s_3, \ldots$ 이라고 하자. (이 부분을 **최소수 원리** 또는 **수학적 귀납법**이라 한다.) 이때 임의의 함수 $f : S \to \mathbb{R}$ 에 대하여

$$\sum_{n \in S} f(n) := \sum_{i=1}^{\infty} f(s_i)$$

로 정의한다.

제 2 장

거듭제곱급수

논리야말로 우리의 이성을 지휘하는 가장 뛰어난 안내자이지만, 새로운 발견을 이끌어 내는 자극에 관해서는 기하에 속하는 그 빼어난 힘에 견줄 수는 없다.

— 갈릴레오

다항식으로 표현되는 함수는 가장 초보적인 함수이다. 다항식의 차수를 무한히 크게 하면 거듭제곱급수를 얻는다. 거듭제곱급수 이론을 다룰 때에는 수열의 첨자가 1부터 시작하는 것보다 0부터 시작하는 것이 편리하다. 여기서는 수렴반경이 양인 거듭제곱급수에서 얻어지는 “거듭제곱급수 함수”는 무한급 미분가능 함수임을 살펴본다. 우리가 알고 있는 함수가 풍부할수록 거듭제곱급수의 이론은 더욱 흥미로워진다. 그러므로 이 장에서는 지수함수와 삼각함수 및 쌍곡함수의 거듭제곱급수전개를 살펴본다. 또 역함수 정리를 살펴보고, 역삼각함수의 거듭제곱급수전개를 살펴본다. 거듭제곱급수 이론은 **미분방정식**을 풀 때에도 이용된다.

그림: 코흐의 눈송이[1]

[1]스웨덴 수학자 코흐(Helge von Koch, 1870–1924)는 1904년에 눈송이 곡선을 소개하였다 [Peitgen et al.].

제 1 절 거듭제곱급수

주어진 수열[2]

$$\mathbf{a} = (a_0, a_1, a_2, a_3, \ldots)$$

과 변수 x 에 대하여[3]

$$\mathbf{a}(x) := a_0 + a_1\,x + a_2\,x^2 + a_3\,x^3 + \cdots \tag{1}$$

과 같은 표현을 수열 $\mathbf{a}$ 에서 얻은 **거듭제곱급수**라 부르고 간단히

$$\sum_{n=0}^{\infty} a_n\,x^n \qquad \text{또는} \qquad \sum a_n\,x^n$$

으로 쓰기로 한다.[4]

두 거듭제곱급수 $\mathbf{a}(x) = \sum a_n x_n$ 과 $\mathbf{b}(x) = \sum b_n x_n$ 이 "같다"는 것은 모든 n 에 대하여 $a_n = b_n$ 이라는 뜻이다.

거듭제곱급수는 "차수가 무한대인 다항식"으로 이해할 수 있다.[5] 거듭제곱급수에서 변수 x 대신에 실수를 대입하면, 거듭제곱급수는 실수의 급수가 된다. 예를 들어 거듭제곱급수 $\mathbf{a}(x)$ 에 $x = 1$ 을 대입하면, 수열 $\mathbf{a}$ 에서 얻은 급수

$$a_0 + a_1 + a_2 + a_3 + \cdots$$

가 나오고, $x = -1$ 을 대입하면, 급수

$$a_0 - a_1 + a_2 - a_3 + \cdots$$

가 얻어진다. 또 $x = 0$ 을 대입하여 얻은 급수의 합은 거듭제곱급수의 **상수항**이다:

$$\mathbf{a}(0) = a_0.$$

---

[2]거듭제곱급수를 다룰 때에는 수열의 정의역으로 $\mathbb{N} = \{1, 2, 3, \ldots\}$ 대신 $\mathbb{N}_0 = \{0, 1, 2, 3, \ldots\}$ 을 사용한다.

[3]변수(變數, variable)를 미지수(未知數, indeterminate)라고 부르는 것이 적절할 때도 있다.

[4]x 가 무엇이든 $x^0 = 1$ 이다. 특히 $0^0 = 1$ 이다.

[5]다항식은 항상 **차수**(次數, degree)가 유한이다. 거듭제곱급수에서 문자 x 에 특별한 뜻은 없다. 마치 **다항식**(多項式, polynomial) $a_n x^n + a_{n-1} x^{n-1} + \cdots + a_1 x + a_0$ 에서 x 가 특별한 뜻이 없듯이. 다항식이나 거듭제곱급수에서 x 대신에 다른 문자를 사용하여도 상관없다. 다항식을 함수로 이해할 때에는 **다항함수**(polynomial function)라고 부르는 것이 바르지만, 가끔 혼용하여 사용하기도 한다. 하지만 다항식을 함수로만 해석할 필요가 없듯이 거듭제곱급수도 그냥 수열로 보는 것이 적합할 수도 있다. 이런 시각에서는 $x^0 = (1, 0, 0, 0, \ldots)$, $x = (0, 1, 0, 0, \ldots)$, $x^2 = (0, 0, 1, 0, \ldots)$, $\ldots$ 이다.

제 2 절 거듭제곱급수와 수렴반경

2.1 수렴반경

거듭제곱급수

$$a_0 + a_1 x + a_2 x^2 + \cdots$$

에서 x 에 실숫값을 대입하면, 실수의 급수를 얻는다. 이때 급수가 수렴하면, 거듭제곱급수는 실수집합[6]에서 정의된 함수가 된다. 거듭제곱급수는 항상 원점 $x = 0$ 에서 수렴하고, 이때의 합은 바로 상수항 a_0 이다.

2.1.1 보기

거듭제곱급수

$$\sum n^n x^n = 1 + x + 2^2 x^2 + 3^3 x^3 + \cdots$$

은 $x = 0$ 에서만 수렴한다.

왜냐하면, $x \neq 0$ 일 때에는 n 이 커지면 nx 의 절댓값이 1보다 커지고, 따라서

$$\lim_{n \to \infty} n^n x^n \neq 0$$

이다. 그러므로 일반항 판정법 덕분에 급수가 발산함을 안다.

2.1.2 보기

거듭제곱급수

$$\sum \frac{x^n}{n!}$$

은 모든 실수 x 에 대하여 수렴한다.

이것은 일반항의 비

$$\frac{1}{n+1} x$$

가 궁극적으로[7] 절댓값이 아주 작아진다는 사실과 비율판정법에서 알 수 있다.[8]

---

[6] "실수체의 부분집합"을 "실수집합"이라고 부르기로 이미 약속하였다.

[7] "n 이 커지면"

[8] 제 1 장의 기본연습문제 (5.0.4)

2.1.3 보기

거듭제곱급수

$$\sum x^n$$

은 $|x| < 1$ 의 경우에는 수렴하고, $|x| \geq 1$ 인 경우에는 발산한다.

정리 2.1.4 *거듭제곱급수*

$$f(x) = a_0 + a_1 x + a_2 x^2 + \cdots$$

이 $x = x_0$ *일 때 수렴하고,* $x = x_1$ *일 때 발산한다고 하자. 그러면*

(i) $f(x)$ *는* $|x| < |x_0|$ *인 임의의 실수* x *에 대하여 절대수렴한다.*

(ii) $f(x)$ *는* $|x| > |x_1|$ *인 임의의 실수* x *에 대하여 발산한다.*

증명. (i) $x_0 \neq 0$ 일 때만 보이면 된다. 급수 $\sum a_n {x_0}^n$ 이 수렴하면, 일반항 판정법에서 $\lim_{n\to\infty} a_n {x_0}^n = 0$ 이다. 그러므로 n 이 아주 크면 $|a_n {x_0}^n| < 1$ 이고, 따라서

$$|a_n x^n| = |a_n {x_0}^n| \left|\frac{x}{x_0}\right|^n \leq \left|\frac{x}{x_0}\right|^n$$

이다. 그러므로 (유한개의 항을 제외하면)

$$\sum |a_n x^n| \leq \sum \left|\frac{x}{x_0}\right|^n < \infty \qquad \left(\because \left|\frac{x}{x_0}\right| < 1\right)$$

에서 원하는 결론을 얻는다.

(ii) 이 명제의 결론을 부정하여 $|x_0| > |x_1|$ 인 어떤 실수 x_0 에 대하여 주어진 거듭제곱급수가 수렴한다고 가정하자. 그러면 (i) 덕분에 $|x_1|$ 에서 거듭제곱급수가 (절대)수렴한다는 결론이 나오지만, 이것은 가정에 어긋난다. 따라서 주어진 명제가 참이다. □

정리 2.1.4 에서, 모든 거듭제곱급수는 앞에서 든 세 가지 보기 가운데 한 가지와 같은 성질을 가진다는 것을 알 수 있다. 즉, 거듭제곱급수 $f(x)$ 가 하나 주어졌을 때 다음 세 가지 경우 중 오직 하나가 반드시 성립한다:

(i) $f(x)$가 오직 $x = 0$에서만 수렴한다.

(ii) $f(x)$가 모든 실수에서 수렴한다.

(iii) 다음을 만족시키는 양수 r가 존재한다:

① $|x| < r$인 모든 실수 x에 대하여 $f(x)$가 수렴한다.

② $|x| > r$인 모든 실수 x에 대하여 $f(x)$가 발산한다.

주어진 거듭제곱급수 $f(x)$가 (iii)의 경우에 해당될 때, 양수 r을 $f(x)$의 **수렴반경**(收斂半徑, radius of convergence)이라고 부른다. 또 (i)의 경우에는 수렴반경이 0이라 하고, (ii)의 경우에는 수렴반경이 ∞라고 한다. 즉, 거듭제곱급수의 수렴반경이란 그 거듭제곱급수가 수렴하는 실수 x들의 집합의 상한[9]을 뜻한다.

정리 2.1.5 *거듭제곱급수 $\sum a_n x^n$에서 $a_n \neq 0$이고, 극한값*

$$l := \lim_{n\to\infty} \left| \frac{a_{n+1}}{a_n} \right| \in [0, \infty]$$

가 존재한다고 하자. 이때 거듭제곱급수 $\sum a_n x^n$의 수렴반경은 $\frac{1}{l} \in [0, \infty]$이다.

증명. x의 절댓값이 $1/l$보다 작으면 급수 $\sum a_n x^n$이 수렴하고, x의 절댓값이 $1/l$보다 크면 급수 $\sum a_n x^n$이 발산한다는 것을 보이면 된다. 그런데 이 급수의 일반항의 비는

$$\frac{a_{n+1}x^{n+1}}{a_n x^n} = \frac{a_{n+1}}{a_n} x$$

이다. 그러므로 $|x| < 1/l$이면

$$\lim_{n\to\infty} \left| \frac{a_{n+1}}{a_n} x \right| = l|x| < 1$$

이고, 비율판정법의 따름정리에 의하여 $\sum |a_n x^n| < \infty$이다. 따라서 $\sum a_n x^n$은 수렴한다.

이제 $|x| > 1/l$인 경우를 생각하여 보자. 이때는

$$\lim_{n\to\infty} \left| \frac{a_{n+1}x^{n+1}}{a_n x^n} \right| = l|x| > 1$$

이고, 따라서 n이 아주 크면 $|a_{n+1}x^{n+1}| \geq |a_n x^n| > 0$이다. 그러므로 $\lim_{n\to\infty} |a_n x^n| \neq 0$이고, 급수 $\sum a_n x^n$은 발산한다. □

[9] 실수 집합의 **상한**이란 그 집합의 임의의 원소보다 크거나 같은 실수 중에서 최소의 실수를 뜻한다. 자세한 설명은 제 1 장의 부록을 참조할 것.

2.1.6 기본연습문제

1. 거듭제곱급수 $\sum n!\,x^n$ 의 수렴반경을 구하라.[10]

2. 다음 표가 옳음을 확인하라.

거듭제곱급수	수렴범위	수렴반경
$\sum x^n$	$-1 < x < 1$	1
$\sum \frac{x^n}{n}$	$-1 \le x < 1$	1
$\sum \frac{(-1)^n}{n} x^n$	$-1 < x \le 1$	1
$\sum \frac{x^n}{n^2}$	$-1 \le x \le 1$	1

위 연습문제에서 거듭제곱급수에 수렴반경과 같은 절댓값을 가지는 실수를 대입하면, 수렴할 때도 있고 발산할 때도 있음을 알 수 있다.

2.2 거듭제곱급수 기본정리

거듭제곱급수의 수렴반경 r가 영이 아니면, 그 거듭제곱급수는 구간[11]

$$(-r, r) := \{x \in \mathbb{R} \mid -r < x < r\}$$

에서 정의된 함수[12]를 만든다. 다음 정리는 거듭제곱급수로 정의된 함수의 미분은 각 항을 미분하여 얻어지고, 적분은 각 항을 적분하여 얻어짐을 보여 준다. 이 정리의 증명은 크게 어려운 것은 아니지만, 약간 길기 때문에 부록에서 다루었다. 하지만 정리의 마지막 명제 (iii-b)의 증명은 간단하니 읽어 볼 만하다.

---

[10]답: 0

[11]**열린 구간**(開區間, open interval)을 나타내는 기호

$$(a, b) := \{x \in \mathbb{R} \mid a < x < b\}$$

는 실수의 순서쌍(ordered pair)을 나타내는 기호와 같아서 혼란을 줄 때가 있다. 프랑스의 카르탕(H. Cartan), 슈발레(C. Chevalley), 디유도네(J. Dieudonné), 베유(A. Weil) 등을 중심으로 시작한 수학자 모임인 니콜라 부르바키(Nicolas Bourbaki)는 열린 구간을 $]a, b[$로 나타내기를 좋아한다. 이 기호는 **닫힌 구간**(閉區間, closed interval) $[a, b] := \{x \in \mathbb{R} \mid a \le x \le b\}$를 나타내는 기호로부터 영향을 받았다 [[구간]].

[12]**국소적**(局所的, local)으로 거듭제곱급수전개를 가지는 함수를 **해석함수**(解析函數, analytic function)라고 부른다.

정리 2.2.1 (거듭제곱급수 기본정리) *거듭제곱급수* $\sum_{n=0}^{\infty} a_n x^n$ *의 수렴반경* r *가 양이면*

(i) *거듭제곱급수* $\sum_{n=1}^{\infty} n a_n x^{n-1}$ *의 수렴반경도* r *이다.*

(ii) *거듭제곱급수* $\sum_{n=0}^{\infty} \frac{a_n}{n+1} x^{n+1}$ *의 수렴반경도* r *이다.*

(iii) *구간* $-r < x < r$ *에서 함수*

$$f(x) := \sum_{n=0}^{\infty} a_n x^n$$

은 미분가능하고, 다음 등식이 성립한다.

(a) $f'(x) = \sum_{n=1}^{\infty} n a_n x^{n-1} \qquad (-r < x < r)$

(b) $\int_0^x f(t)\,dt = \sum_{n=0}^{\infty} \frac{a_n}{n+1} x^{n+1} \qquad (-r < x < r)$

위 기본 정리에서 거듭제곱급수로 주어진 함수

$$f(x) = \sum a_n x^n \qquad (|x| < r)$$

는 무한 번 미분가능한 함수[13]임을 알고, 이때

$$a_n = \frac{f^{(n)}(0)}{n!}$$

이다.[14] 즉, 함수 $f(x)$ 가 **거듭제곱급수함수**이면

$$\boxed{f(x) = \sum \frac{f^{(n)}(0)}{n!} x^n}$$

이다. 이와 같이 $f(x)$ 가 거듭제곱급수함수이면, 원점에서의 정보

$$f(0), \quad f'(0), \quad f''(0), \quad \ldots$$

에서 천리 밖(?)의 점 x 에서의 함숫값 $f(x)$ 를 구할 수 있다.

[13]**무한급함수** 또는 $\mathcal{C}^\infty$ 함수라고 부른다.

[14]$f^{(1)}(x) = f'(x)$, $f^{(n)}(x) = \left(f^{(n-1)}\right)'(x)$ 를 뜻하고, $f^{(0)}(x)$ 는 $f(x)$ 를 뜻한다.

2.2.2 보기

$|x| < 1$ 일 때

$$g(x) := \frac{1}{1-x} = \sum_{n=0}^{\infty} x^n$$

이므로,[15] 등호의 양변을 각각 미분하면

$$\frac{1}{(1-x)^2} = g'(x) = \sum_{n=1}^{\infty} nx^{n-1} \qquad (|x| < 1) \tag{2}$$

을 얻는다. 예를 들어 위 식의 x 에 $\frac{1}{2}$ 과 $\frac{1}{3}$ 을 각각 대입하여 정리하면,

$$2 = \sum_{n=1}^{\infty} \frac{n}{2^n}, \qquad \frac{3}{4} = \sum_{n=1}^{\infty} \frac{n}{3^n}$$

을 얻는다.

또 식 (2)를 미분하면,

$$\frac{2}{(1-x)^3} = g''(x) = \sum_{n=2}^{\infty} n(n-1)x^{n-2} \qquad (|x| < 1)$$

을 얻는다. 예를 들어 $x = \frac{1}{2}$ 과 $x = \frac{1}{3}$ 을 각각 대입하여 정리하면,

$$4 = \sum_{n=2}^{\infty} \frac{n(n-1)}{2^n}, \qquad \frac{3}{4} = \sum_{n=2}^{\infty} \frac{n(n-1)}{3^n}$$

을 얻는다.

한편, $g(x)$ 의 원시함수[16]를 생각하면

$$-\log(1-x) = \sum_{n=0}^{\infty} \frac{x^{n+1}}{n+1} = \sum_{n=1}^{\infty} \frac{x^n}{n} \qquad (|x| < 1)$$

즉,

$$\boxed{\log(1+x) = \sum_{n=1}^{\infty} \frac{(-1)^{n-1}x^n}{n} = x - \frac{x^2}{2} + \frac{x^3}{3} - \frac{x^4}{4} + \cdots \qquad (|x| < 1)} \tag{3}$$

---

[15] 기하급수(geometric series)를 나타내기 위하여 사용하는 문자는 g.

[16] 도함수가 f 인 함수를 f 의 **원시함수**(原始函數, primitive)라고 부른다. 원시함수에 상수(常數, constant) const 또는 "국소적으로 상수인 함수"를 더하여도 여전히 원시함수이다. 위의 경우에는

$$\boxed{\frac{d}{dx}\log x = \frac{1}{x}}$$

에서 $-\frac{d}{dx}\log(1-x) = \frac{1}{1-x}$ 을 알고, 따라서 함수 $\frac{1}{1-x}$ 의 원시함수는 $-\log(1-x) + \text{const}$ 이다. 한편 원점에서 원시함수의 값이 0 이려면 $\text{const} = 0$ 이다.

을 얻는다.[17]

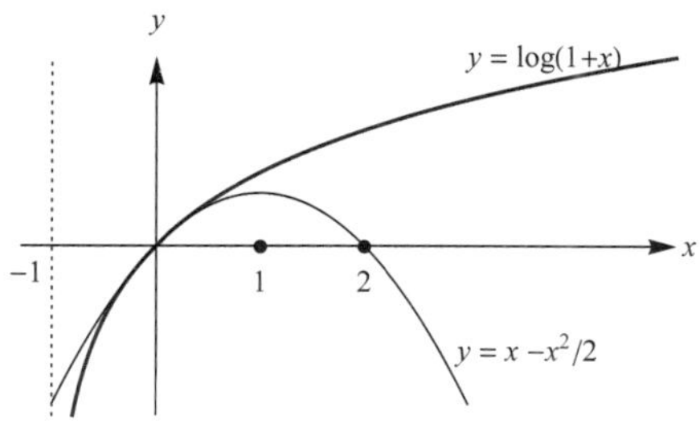

예를 들어 앞의 식에 $x = -\frac{1}{2}$ 과 $x = \frac{1}{2}$ 을 대입하여 정리하면,

$$\log 2 = \sum_{n=1}^{\infty} \frac{1}{n\,2^n}, \qquad \log \frac{3}{2} = \sum_{n=1}^{\infty} \frac{(-1)^{n-1}}{n\,2^n}$$

등을 얻는다.

2.2.3 기본연습문제

등식 $\log 3 = \sum_{n=0}^{\infty} \frac{1}{(2n+1)4^n}$ 을 보이라.

2.2.4

함수 $\log(1+x)$ 는 $x > -1$ 일 때 정의되지만, 앞의 등식 (3) 은 $x > 1$ 일 때에는 참이 아니다. 하지만, 이 등식이 $x = 1$ 일 때에는 참이다.[18] 즉,

$$\boxed{\log 2 = 1 - \frac{1}{2} + \frac{1}{3} - \frac{1}{4} + \cdots \approx 0.693} \tag{4}$$

이다. 이를 밝히기 위하여 먼저 제 1 장 2절에서 다루었던 등비급수의 합을 다시 생각해 보자:

$$\frac{1}{1+x} = 1 - x + \cdots + (-1)^{n-1}x^{n-1} + (-1)^n \frac{x^n}{1+x} \qquad (x \neq -1).$$

[17]이 등식을 "뉴턴-메르카토르 전개"라고 부른다.

[18]노르웨이 수학자 아벨(N. H. Abel, 1802–1829)은 수렴반경이 r 인 거듭제곱급수 $f(x)$ 가 $x = r$ 일 때 l 에 수렴하면, $\lim_{x \nearrow r} f(x) = l$ 임을 밝혔다. 아벨은 오차다항식에는 근의 공식이 존재하지 않는다는 것을 처음으로 완벽하게 증명한 것으로 유명하다. 노르웨이 수학자 리(Sophus Lie, 1842–1899)는 아벨을 기리기 위하여 매년 세계 최고의 수학자들을 선정하여 노벨(Nobel) 상에 버금가는 상금을 수여하여야 한다고 주장하였지만, 기금을 마련하는 데 오랜 세월이 흘렀다. 마침내 2002년 아벨 탄생 200주년을 기념하기 위하여 노르웨이 정부는 아벨(Abel) 상을 제정하고, 2003 년 첫 수상자로 세르(Jean-Pierre Serre, 1926–)를 선정하였다.

이 식을 양수 구간 $[0, x]$ 에서 적분하면

$$\log(1+x) = x - \frac{1}{2}x^2 + \cdots + (-1)^{n-1}\frac{x^n}{n} + (-1)^n \int_0^x \frac{t^n}{1+t}\,dt$$

이고, 따라서

$$\left|\log(1+x) - \left(x - \frac{1}{2}x^2 + \cdots + (-1)^{n-1}\frac{x^n}{n}\right)\right| \le \int_0^x \frac{t^n}{1+t}\,dt < \int_0^x t^n\,dt = \frac{x^{n+1}}{n+1}$$

이다. 이 식에 $x = 1$ 을 대입하면

$$\left|\log 2 - \left(1 - \frac{1}{2} + \cdots + (-1)^{n-1}\frac{1}{n}\right)\right| < \frac{1}{n+1}$$

이므로, 이 식에서 (4)를 얻는다.

2.2.5 기본연습문제

수직선 위의 각 자연수 점이 원점까지의 거리에 반비례하는 힘을 원점에 가하는데, 홀수점에서는 당기는(+) 힘을, 짝수점에서는 미는(−) 힘을 가한다고 하자. 이때 원점에 가해지는 힘의 총합은 얼마인가?[19]

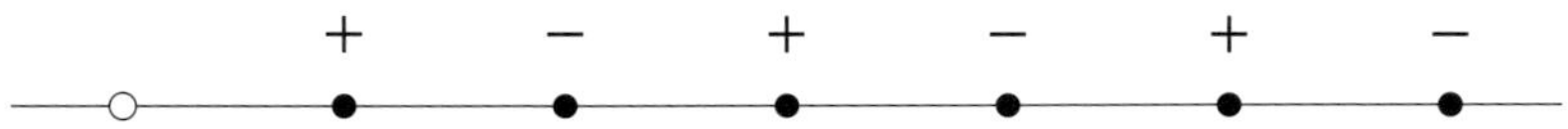

[19] $1 - \frac{1}{2} + \frac{1}{3} - \cdots = \log 2$

연습문제: 제 2 장 2 절

1. $|x| > 1$ 일 때 다음을 보이라.

$$\frac{x}{(x-1)^2} = \sum_{n=1}^{\infty} \frac{n}{x^n}, \qquad \frac{2x}{(x-1)^3} = \sum_{n=2}^{\infty} \frac{n(n-1)}{x^n}$$

2. $\displaystyle\sum_{n=1}^{\infty} \frac{n^2}{3^n} = \frac{3}{2}$ 임을 밝히라.

3. 다음 급수가 수렴함을 보이고, 급수의 합을 구하라. (이 문제에서 n은 (영이 아닌) 자연수이다.)

(1) $\displaystyle\sum \frac{n}{4^n}$ (2) $\displaystyle\sum \frac{n(n-1)}{5^n}$

(3) $\displaystyle\sum \frac{(-1)^{n-1}}{n} \frac{1}{3^n}$ (4) $\displaystyle\sum \frac{n(n-1)(n-2)}{2^n}$

(5) $\displaystyle\sum \frac{n(n-1)(n-2)}{3^n}$ (6) $\displaystyle\sum \frac{1}{n(n+1)2^n}$

(7) $\displaystyle\sum \frac{n^2}{2^n}$ (8) $\displaystyle\sum \frac{(-1)^n n^2}{2^n}$

4. 다음 급수가 수렴하는 x의 범위를 구하라. (이 문제에서도 $n \ge 1$ 이다.)

(1) $\sum x^n/n^n$ (2) $\sum x^n/\log(n+2)$

(3) $\sum nx^n/6^n$ (4) $\sum n^2x^n/(1+n^2)$

(5) $\sum 7^n x^n/n!$ (6) $\sum (-1)^n(x-2)^n/n^n$

(7) $\sum x^n \log n$ (8) $\sum (x-1)^n/(\log(n+1))^n$

(9) $\displaystyle\sum \frac{n(n+1)(n+2)}{3^n} x^n$ (10) $\displaystyle\sum \frac{x^n}{2^{n+(-1)^n}}$

(11) $\displaystyle\sum \frac{\sin(n\pi/2)}{2^n} x^n$ (12) $\displaystyle\sum \frac{\cos n\pi}{n} x^n$

(13) $\displaystyle\sum \left(n \sin \frac{1}{n}\right) x^n$ (14) $\displaystyle\sum \left(n \tan \frac{1}{n}\right) x^n$

(15) $\displaystyle\sum \left(\sin \frac{1}{n}\right) x^n$ (16) $\displaystyle\sum \left(\tan \frac{1}{n}\right) x^n$

(17) $\displaystyle\sum \left(\frac{1}{n} \tan \frac{1}{n}\right) x^n$ (18) $\displaystyle\sum \frac{x^n}{\log(n+1)}$

(19) $\displaystyle\sum \frac{x^n}{n\,2^n}$ (20) $\sum (\sin n)x^n$

5. $|x| < 1$ 이면

$$\log \frac{1+x}{1-x} = 2\sum_{n=1}^{\infty} \frac{x^{2n-1}}{2n-1}$$

임을 보이라. 또 $|x| > 1$ 일 때 다음을 보이라.

$$\log \frac{x}{x-1} = \sum \frac{1}{n\,x^n}, \qquad \log \frac{x}{x+1} = \sum \frac{(-1)^n}{n\,x^n}$$

6. 갑과 을 두 사람이 '가위바위보'를 하여 진 사람이 이긴 사람에게 100원을 주기로 하였다. 이 놀이를 갑이 이길 때까지 하고 종료한다고 하면, 갑이 얻게 되는 기댓값은 얼마인가?

7. 주어진 임의의 자연수 N에 대하여 다음 거듭제곱급수의 수렴반경이 모두 같음을 보이라.
$$\sum_n a_n x^n, \qquad \sum_{n\geq N} a_n x^n, \qquad \sum_n a_n x^{n+N}$$

8. 임의의 자연수 k와 $|x|<1$에 대하여 다음을 밝히라.
$$\frac{x^k}{(1-x)^{k+1}} = \frac{1}{k!}\sum_{n=k}^{\infty} n(n-1)\cdots(n-k+1)x^n$$

9. 거듭제곱급수 $\sum a_n x^n$의 수렴반경과 거듭제곱급수 $\sum a_n x^{2n}$의 수렴반경 사이의 관계를 구하라.

10. 구간 $|x|<1$에서
$$\mathrm{li}_2(x) := \sum_{n=1}^{\infty} \frac{x^n}{n^2}$$
으로 정의하였을 때, 다음을 밝히라.
$$\mathrm{li}_2(x) = -\int_0^x \frac{\log(1-t)}{t}\,dt$$

11. 거듭제곱급수는 반드시 원점 근방에서만 정의되는 것은 아니다. 점 $x=c$ 근방에서 정의된 거듭제곱급수는
$$\sum a_n(x-c)^n$$
의 꼴로 표현된다. 이때 이 거듭제곱급수의 수렴반경 r가 양이면, $|x-c|<r$인 모든 실수 x에 대하여 함수
$$f(x) := \sum a_n(x-c)^n$$
은 무한급함수이다. 이때
$$a_n = \frac{f^{(n)}(c)}{n!}$$
임을 보이라.

12. 피보나치 수열 (f_n)에 대한 거듭제곱급수 $f(x) = \sum f_n x^n$의 수렴반경을 구하고, 이때 $f(1/2)$의 값을 구하라. 또 수렴반경 내에서
$$f(x) = \frac{x}{1-x-x^2}$$
임을 밝히고, $\phi = (1+\sqrt{5})/2$로 두면 $f_n = \frac{1}{\sqrt{5}}\left(\phi^n - (-1)^n/\phi^n\right)$ 임을 보이라.

13. 조화급수 $H_n := 1 + \frac{1}{2} + \cdots + \frac{1}{n}$에 대하여 다음을 밝히라.
$$-\frac{\log(1-x)}{1-x} = \sum_{n=1}^{\infty} H_n x^n \qquad (|x|<1)$$

제 3 절 지수함수와 거듭제곱급수

거듭제곱급수

$$\sum_{n=0}^{\infty} \frac{x^n}{n!} = 1 + x + \frac{x^2}{2!} + \frac{x^3}{3!} + \cdots$$

의 수렴반경은 무한대이므로[20] 함수

$$\exp(x) := \sum_{n=0}^{\infty} \frac{x^n}{n!}$$

은 모든 실수 x 에 대하여 정의된다. 이제 $\exp(0) = 1$ 이고, $\exp'(x) = \exp(x)$ 이므로

$$e^x = \exp(x)$$

를 얻는다.[21] 즉, 모든 실수 x 에 대하여

$$\boxed{e^x = 1 + x + \frac{x^2}{2!} + \frac{x^3}{3!} + \frac{x^4}{4!} + \cdots}$$

이다.[22] 특히 $x = 1$ 을 대입하면

$$\boxed{e = 1 + 1 + \frac{1}{2!} + \frac{1}{3!} + \frac{1}{4!} + \cdots}$$

이다.[23]

---

[20]보기 (2.1.2) 또는 제 1 장의 기본연습문제 (5.0.4) 참고.

[21]$\dfrac{d}{dx}e^x = e^x$ 와 $\dfrac{d}{dx}\left(\exp(x)e^{-x}\right) = 0$ 을 안다면, 바로 얻을 수 있는 결론이다 (제 1 장 부록 참조). 어떤 구간에서 순간변화율이 항등적으로 영인 함수는 그 구간에서 **상수함수**(常數函數, constant function)이다. 다시 말하면, 어떤 함수가 매 순간마다 변화하지 않으면, 전 구간에서 변화하지 않는다. 이러한 원리는 평균값 정리의 응용이다 (이 장 부록 참고). 그러므로 *미분법*은 같은 구간에서 정의된 두 함수 f, g 가

$$f' = g', \quad f(x_0) = g(x_0)$$

이면 $f = g$ 임을 말해 준다.

[22]우리가 얻은 등식 $\exp(x) = e^x$ 는 자연상수 e 와 지수함수 e^x 의 도함수를 구하는 법을 잘 알고 있다는 가정 아래에서 얻은 것이다. 그러나 그렇지 않다면 $e := \exp(1)$ 로 정의하여도 좋다.

오래된 정리는 결코 사라지지 않는다. 단지 정의로 남을 뿐이다. — E. Hewitt (1920–1999)

노병은 죽지 않는다. 단지 사라질 뿐이다. — D. MacArthur (1880–1964)

[23]자연상수 e 의 근삿값은 2.7182818284590452354 . . . 이다. TEX 과 METAFONT 를 만든 것으로 유명한 수학자 커누스(D. Knuth, 1938–)는 이들의 version 수가 각각 3.14159..., 2.71828... 로 발전되지만, 저자가 돌아간 후에는 version 수를 π 와 e 로 한다는 유언을 하였다. 그는 1974 년에 튜링(Turing) 상을 수상하였다. 러시아의 유명한 수학자이자 화가인 포멘코(A. Fomenko, 1945–) 의 작품 "원주율과 자연상수"는 [Fomenko]에 들어 있다.

3.1 자연상수는 무리수

자연상수 $e = \sum_{n=0}^{\infty} \frac{1}{n!}$ 가 무리수임을 보이자.[24]

만약 e 가 유리수라면, 여기에 어떤 자연수 k 를 곱하면 자연수가 된다. 따라서

$$e \cdot k! = k! + k! + \frac{k!}{2!} + \cdots + \frac{k!}{k!} + \sum_{n=k+1}^{\infty} \frac{k!}{n!}$$

도 자연수이다. 그러므로 $\sum_{n=k+1}^{\infty} \frac{k!}{n!} = \frac{k!}{(k+1)!} + \frac{k!}{(k+2)!} + \frac{k!}{(k+3)!} + \cdots$ 도 자연수여야 한다. 그런데 이 수는

$$0 < \sum_{n=k+1}^{\infty} \frac{k!}{n!} < \frac{1}{k+1} + \frac{1}{(k+1)^2} + \frac{1}{(k+1)^3} + \cdots = \frac{1}{k} \leq 1$$

이므로, 0 보다 크고 1 보다 작은 자연수이다. 이러한 모순은 자연상수 e 가 유리수라고 가정하여서 생긴 것이다. 그러므로 e 는 유리수가 아니다.[25] □

---

[24] "유리수"(이성적인 수), "무리수"(비이성적인 수) 등의 용어는 수를 설명하기 어려웠던 시절에 생긴, 아주 낡은 용어이다. 과거의 뜻이 오늘날에도 아주 적합한 것은 아니지만 그냥 전통을 따라서 쓴다. "허수"(상상의 수)라는 용어도 마찬가지이다. 정수계수 다항식의 근인 수를 **대수적 수**(algebraic number)라고 부르는데, 유리수는 당연히 대수적 수이다. **초월수**란 대수적 수가 아닌 수를 뜻한다. 자연상수 e 가 초월수라는 것은 1873 년에 프랑스의 수학자 에르미트(Charles Hermite, 1822–1901)에 의하여 밝혀졌다. 다항식 $p(x)$ 의 **근**(根, root)이란 방정식 $p(x) = 0$ 의 **해**(解, solution)를 뜻한다.

[25] 직관학파(intuitionism)의 창시자로 알려진 네덜란드의 브라우어(L. E. J. Brouwer, 1881–1966) 같은 학자는 이러한 증명법, 즉 **귀류법**을 사용하는 증명을 좋아하지 않는다. 아리스토텔레스 (384–322 BCE)의 시대 이전부터 잘 알려진 논리학의 세 기본율에 의하면 임의의 명제 A 는 다음 성질을 가진다:

> **동일률**(同一律): A 는 A 와 같다.
>
> **무모순율**(無矛盾律): A 와 $\neg A$ 가 동시에 참일 수 없다.
>
> **배중률**(排中律): A 가 참이거나 $\neg A$ 가 참이다.

여기에서 논리기호 $\neg A$ 는 "A 를 부정(否定)한 명제"를 뜻한다. 그러나 브라우어는 이 기본율의 마지막 것, 즉 배중률을 인정하지 않았다. 예를 들면, 브라우어는 힐베르트(D. Hilbert, 1862–1943) 같은 형식론자들에게 "원주율 π 를 십진법으로 표현하였을 때, 123456789 가 나타난다"라는 명제의 진위를 물었다. 브라우어는 "현재까지 이러한 것을 알 수 있는 방법이 없으므로, 배중률을 적용해서 이 명제의 옳고 그름을 판정할 수는 없다"고 주장한다. 브라우어는 그가 귀류법을 써서 증명한 **부동점 정리** "닫힌 공에서 연속인 자기사상은 움직이지 않는 점을 가진다"로 유명하다. 그는 저명한 학술지 Mathematische Annalen 의 편집자로 일하면서 배중률을 사용한 논문의 게재를 불허하여 학계에 큰 파문을 불러일으켰다.

> *Only one who completely resign oneself and sacrifices all,*
>
> *who gives everything, ... will receive all.*
>
> L. E. J. Brouwer, *Leven, Kunst en Mystiek*, 1905.

3.1.1 기본연습문제

등식

$$\frac{1}{e} = \frac{1}{2!} - \frac{1}{3!} + \frac{1}{4!} - \frac{1}{5!} + \cdots \approx 0.368$$

을 보이고, 이를 이용하여 e가 무리수임을 증명하라.

n	$\frac{1}{n!}$	$\sum_{k=2}^{n}(-1)^k \frac{1}{k!}$
2	0.5	0.5
3	$0.1\dot{6}$	$0.\dot{3}$
4	$0.041\dot{6}$	0.375
5	$0.008\dot{3}$	$0.3\dot{6}$
6	$0.0013\dot{8}$	$0.3680\dot{5}$

3.2 지수함수와 증가율

지수함수 e^x 의 거듭제곱급수전개에서, 임의의 자연수 n 에 대하여

$$x > 0 \quad \Rightarrow \quad e^x > \frac{x^n}{n!}$$

을 안다. 이로부터 주어진 자연수 n 에 대하여

$$x > (n+2)! \quad \Rightarrow \quad e^x > \frac{x^{n+2}}{(n+2)!} = \frac{x}{(n+2)!}x^{n+1} > x^{n+1}$$

이다. 그러므로 임의의 다항함수 $p(x) = p_0 + p_1 x + \cdots + p_n x^n$ 에 대하여

$$\lim_{x\to\infty} \frac{|p(x)|}{e^x} \le \lim_{x\to\infty} \frac{|p(x)|}{x^{n+1}} = \lim_{x\to\infty} \left| \frac{p_0}{x^{n+1}} + \cdots + \frac{p_n x^n}{x^{n+1}} \right| = 0$$

을 얻는다. 즉, *지수함수는 임의의 다항함수 $p(x)$보다 빨리 증가하는 함수이다.*

3.2.1 기본연습문제

1. 다음을 보이라.

   (1) $\lim_{x\to\infty} \frac{x^2}{2^x} = 0$ (2) $\lim_{x\to\infty} \frac{x^3}{3^x} = 0$

2. 주어진 자연수 n 에 대하여

   $$x \gg 1 \quad \Rightarrow \quad \log x < \sqrt[n]{x}$$

   임을 보이라.

3. 전자도서관에서 원하는 책을 찾는 프로그램을 짠다고 하자. 컴퓨터가 셈을 할 때 걸리는 시간 $p(n)$ 은 도서관의 책의 수 n 에 의존한다. $p(n) = 10^3 n^2$ 인 프로그램과 $p(n) = 2^n$ 인 프로그램 가운데 어느 것이 잘 짜여진 것인가? 또 $p(n) = 0.1n$ 인 프로그램과 $p(n) = 10^4 \log n$ 인 프로그램 가운데는 어느 것이 잘 짜여진 것인가?

4. 주어진 다항식 $p(x)$ 에 대하여 $\lim_{x\to\infty} p(x)/e^{\sqrt{x}} = 0$ 임을 보이라.

연습문제: 제 2 장 3 절

1. 지수함수 $\exp(x)$ 는 어떤 거듭제곱급수 함수 $u(x)$ 에 대하여

$$\exp(x) = 1 + x + \frac{x^2}{2}u(x)$$

로 표현됨을 보이라.

2. 다음 극한값을 구하라.

$$\lim_{x\to 0}\frac{e^x - 1 - x}{x^2}.$$

3. **베르누이 함수**[26]

$$B(x) := \frac{x}{e^x - 1}$$

의 거듭제곱급수전개를 구하여 보자. 이 함수는 원점에서 값을

$$B(0) := \lim_{x\to 0}\frac{x}{e^x - 1} = 1$$

로 정의한다.[27]

(1) 먼저 $e^x - 1 = x + \frac{1}{2}x^2 + \frac{1}{3!}x^3 + \cdots$ 에서 다음을 보이라:

$$\begin{aligned} B(x) &= \frac{x}{x + \frac{1}{2}x^2 + \frac{1}{3!}x^3 + \cdots} = \frac{1}{1 + \frac{1}{2}x + \frac{1}{6}x^2 + \cdots} \\ &= 1 - \left(\frac{1}{2}x + \frac{1}{6}x^2 + \cdots\right) + \left(\frac{1}{2}x + \frac{1}{6}x^2 + \cdots\right)^2 + \cdots \\ &= 1 - \frac{1}{2}x + \frac{1}{12}x^2 + \cdots. \end{aligned}$$

---

[26] 페르마(Pierre de Fermat, 1601–1665)는 아르키메데스의 생각을 따라가다 임의의 자연수 n, m 에 대하여

$$S_n(m) := 1^m + 2^m + \cdots + n^m$$

을 구하려고 하였다. 베르누이(Jakob Bernoulli)는 $S_n(m)$ 을 구하는 방법을 연구하다 "베르누이 함수"를 발견하였다 [Dieudonné, pp. 72, 98], [Boyer, p. 456], [Havil], [Milnor, Stasheff], [Spivak]. 이때

$$\begin{aligned} f_n(x) &:= S_n(0) + S_n(1)x + \frac{1}{2!}S_n(2)x^2 + \frac{1}{3!}S_n(3)x^3 + \cdots \\ &= e^x + e^{2x} + \cdots + e^{nx} = \frac{e^x(e^{nx} - 1)}{e^x - 1} \end{aligned}$$

로 두면 $f_n(0) = S_n(0),\ f_n{}'(0) = S_n(1),\ f_n{}''(0) = S_n(2),\ \ldots$ 임을 알 수 있다.

[27] 지수함수 $\exp(x) = e^x$ 의 미분법을 알면 $\lim_{x\to 0}\frac{e^x - 1}{x} = \exp'(0) = \exp(0) = 1$ 을 얻는다.

(2) 함수 $B(x) - \left(1 - \frac{1}{2}x\right)$ 는 x 대신에 $-x$ 를 대입하여도 변하지 않는 **짝함수**[28]임을 보이고, 이로부터 이 함수의 거듭제곱급수전개는 모두 짝수 차수항으로만 이루어져 있음을 밝히라.

(3) **베르누이 수** $B_1, B_2, B_3, \ldots$ 은 등식

$$\frac{x}{e^x - 1} = 1 - \frac{x}{2} - \sum_{n=1}^{\infty}(-1)^n \frac{B_n}{(2n)!}x^{2n}$$

을 만족시키는 수이다. 이때 $B_1 = \frac{1}{6}$, $B_2 = \frac{1}{30}$ 임을 보이라.

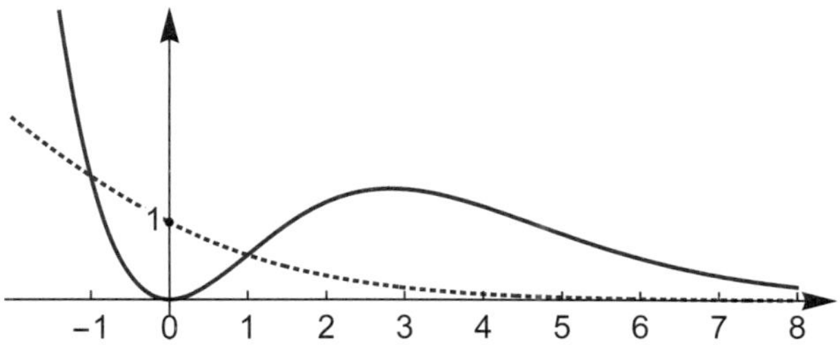

그림: $y = \dfrac{x}{e^x - 1}$ (점선)과 $y = \dfrac{x^3}{e^x - 1}$ (실선)의 그래프

4. 양자역학의 창시자로 알려진 독일의 유명한 물리학자인 막스 플랑크(Max Planck, 1858–1947)는 흑체의 복사를 연구하다 오늘날 **플랑크 공식**이라 부르는 다음 식을 발견하였다.[29]

$$I(\nu) := \frac{2h\nu^3}{e^{h\nu/kT} - 1}$$

이때 다음을 밝히라.

$$\lim_{\nu \to 0} \frac{2kT\nu^2}{I(\nu)} = 1 \qquad \text{(Rayleigh-Jeans 법칙)}$$

$$\lim_{\nu \to \infty} \frac{2h\nu^3 e^{-h\nu/kT}}{I(\nu)} = 1 \qquad \text{(Wien의 법칙)}$$

[28] 우함수(偶函數, even function)라고도 부른다. 직선이 가지는 **대칭**들에는 평행이동들과 점대칭들이 있는데, 이때 원점대칭에 대하여 변하지 않는 함수를 짝함수라 한다. 한 평행이동에 대하여 변하지 않는 함수는 **주기함수**라고 부른다.

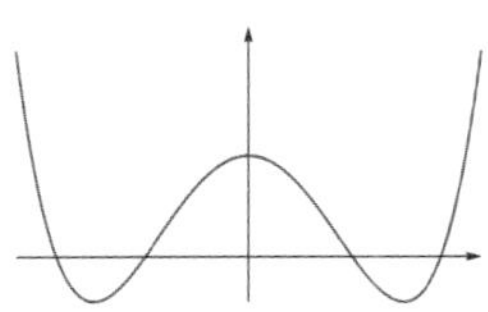

그림: 짝함수의 그래프는 y 축에 대하여 좌우대칭으로 나타난다.

[29] 이 식에서 T 는 온도, h 는 플랑크 상수, k 는 **볼츠만 상수**를 뜻한다 [Penrose].

5. (**이항전개**) 주어진 자연수 r 에 대하여 미지수 x 에 관한 다항식 $(1+x)^r$ 을 전개하면 n 차항 x^n 의 계수(係數, coefficient)는

$$\binom{r}{n} := {}_r\mathrm{C}_n = \frac{r(r-1)\cdots(r-n+1)}{1\cdot 2\cdot\cdots\cdot n} \tag{5}$$

이므로 $(1+x)^r = \sum_{n=0}^{r}\binom{r}{n}x^n$ 이다. 이때 r 가 **임의의 실수**일 때에도 이항전개의 계수를 식 (5)로 정의한다.[30] 만약 r 가 자연수가 아닌 실수이면 거듭제곱급수

$$f(x) := \sum_{n=0}^{\infty}\binom{r}{n}x^n = 1 + rx + \frac{r(r-1)}{2}x^2 + \cdots$$

의 수렴반경이 1 이고, $f(x)$ 는 미분방정식

$$(1+x)f'(x) = rf(x) \qquad (|x|<1)$$

을 만족시킴을 보이라. 그리고 이로부터 다음 **뉴턴의 공식**을 밝히라.

$$(1+x)^r = \sum_{n=0}^{\infty}\binom{r}{n}x^n \qquad (|x|<1)$$

특히 $|x|<1$ 이면 다음을 알 수 있다.

$$\begin{aligned}
\sqrt{1+x} &= 1 + \frac{1}{2}x - \frac{1}{8}x^2 + \frac{1}{16}x^3 + \cdots \\
\sqrt[3]{1+x} &= 1 + \frac{1}{3}x - \frac{1}{9}x^2 + \frac{5}{81}x^3 + \cdots \\
\frac{1}{\sqrt{1-x}} &= \sum_{n=0}^{\infty}\frac{(2n-1)!!}{2^n\, n!}x^n
\end{aligned}$$

6. 다음 부등식을 밝히라.

$$\left|\frac{1}{\sqrt{2\pi}}\int_0^1 e^{-x^2/2}\,dx - 0.341\right| \le 5\times 10^{-4}$$

(참고: $\sqrt{2\pi}\approx 2.50662827463100$)

---

[30]여기에서 n 은 0 이상의 정수이다. 물론 $n=0$ 일 때에는 $\binom{r}{0}=1$ 로 둔다. **이중계승**은 $1!!=1$ 로 두고, 정수 n 에 대하여 점화식 $(2n+1)!! = (2n+1)\times(2n-1)!!$ 으로 정의한다. 예를 들면 $(-1)!!=1$, $(-3)!!=-1$ 이다. 이때 자연수 n 에 대하여

$$\binom{1/2}{n} = \frac{(-1)^{n-1}(2n-3)!!}{2^n\, n!}, \qquad \binom{-1/2}{n} = \frac{(-1)^n(2n-1)!!}{2^n\, n!}$$

임을 알 수 있다.

제 4 절 삼각함수와 거듭제곱급수

이 절에서는 삼각함수 $\sin x$와 $\cos x$를 거듭제곱급수로 표현하는 법을 공부한다.

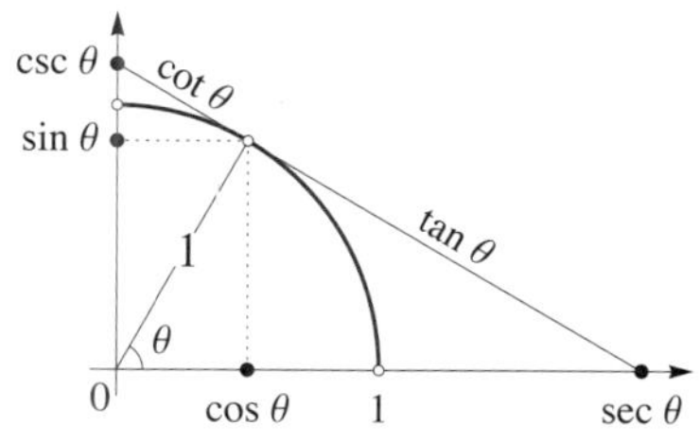

어떤 함수 $f(x)$가 거듭제곱급수전개를 가진다면

$$f(x) = \sum \frac{f^{(n)}(0)}{n!} x^n$$

이다. 그러므로 $\sin x$가 거듭제곱급수전개를 가진다면 이는

$$S(x) := \sum_{n=0}^{\infty} (-1)^n \frac{x^{2n+1}}{(2n+1)!}$$

과 같아야 한다. 마찬가지로 $\cos x$가 거듭제곱급수전개를 가진다면 이는

$$C(x) := \sum_{n=0}^{\infty} (-1)^n \frac{x^{2n}}{(2n)!}$$

과 같아야 한다.[31] 이제 거듭제곱급수함수 $S(x)$와 $C(x)$가 실제로 $\sin x$와 $\cos x$임을 밝힌다.

먼저 두 거듭제곱급수의 수렴반경은, 비율판정법을 사용하면, 모두 무한대임을 쉽게 알 수 있다. 따라서 이 두 거듭제곱급수는 실수 전체에서 정의된 함수이고, 이때

$$S'(x) = C(x), \qquad C'(x) = -S(x)$$

이다. 한편 함수

$$f(x) := (S(x) - \sin x)^2 + (C(x) - \cos x)^2$$

의 도함수는

$$\begin{aligned} f'(x) &= 2(S(x) - \sin x)(S'(x) - \cos x) + 2(C(x) - \cos x)(C'(x) + \sin x) \\ &= 2(S(x) - \sin x)(C(x) - \cos x) + 2(C(x) - \cos x)(-S(x) + \sin x) \\ &= 0 \end{aligned}$$

[31] 이 책의 독자들은

$$\frac{d}{dx} \sin x = \cos x, \qquad \frac{d}{dx} \cos x = -\sin x$$

를 알고 있다 [[삼각함수의 미분]]. 이것은 삼각함수의 **덧셈정리**의 결과라고 생각할 수도 있다. 호도법 대신에 60분법을 사용하면

$$\frac{d}{dx} \sin x^\circ = \frac{\pi}{180} \cos x^\circ, \qquad \frac{d}{dx} \cos x^\circ = -\frac{\pi}{180} \sin x^\circ$$

이다 [[합성함수 미분법]]. 이 식을 보면 미적분학에서 왜 호도법을 즐겨 사용하는지 알 수 있다.

이고, 원점에서의 값이 또한 0 이므로, $f(x)$ 는 항등적으로 0 이다. 그러므로 $S(x) = \sin x$ 이고, $C(x) = \cos x$ 이다. 즉,

$$\sin x = \sum_{n=0}^{\infty}(-1)^n \frac{x^{2n+1}}{(2n+1)!} = x - \frac{x^3}{3!} + \frac{x^5}{5!} - \frac{x^7}{7!} + \cdots$$

$$\cos x = \sum_{n=0}^{\infty}(-1)^n \frac{x^{2n}}{(2n)!} = 1 - \frac{x^2}{2!} + \frac{x^4}{4!} - \frac{x^6}{6!} + \cdots$$

이다.[32] 이 등식에서 x 의 절댓값이 아주 작으면

$$\sin x \approx x, \qquad \cos x \approx 1 - \frac{x^2}{2}$$

등을 알 수 있다.

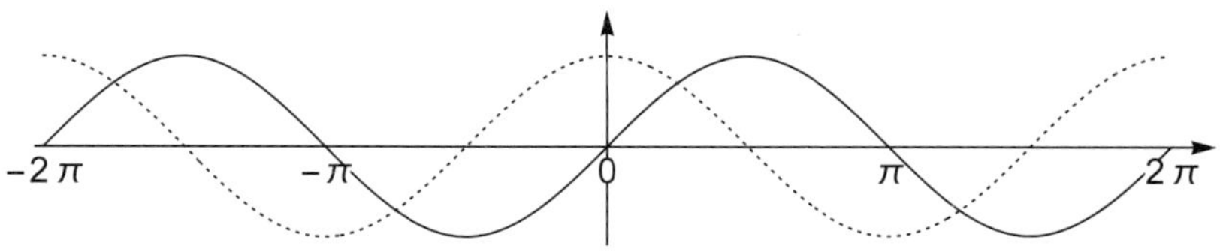

그림: 사인함수(실선)와 그것의 기울기를 나타내는 코사인함수(점선)

4.0.1 기본연습문제

다음 값을 구하라.

$$\sum_{n=0}^{\infty}(-1)^n \frac{\pi^{2n+1}}{(2n+1)!}, \qquad \sum_{n=0}^{\infty}(-1)^n \frac{\pi^{2n}}{2^{2n}(2n)!}$$

4.0.2 보기

$$\sin 1 = 1 - \frac{1}{3!} + \frac{1}{5!} - \frac{1}{7!} + \cdots$$

이므로

$$|\sin 1 - 1| < \tfrac{1}{3!}$$

$$\left|\sin 1 - \left(1 - \tfrac{1}{3!}\right)\right| < \tfrac{1}{5!}$$

$$\left|\sin 1 - \left(1 - \tfrac{1}{3!} + \tfrac{1}{5!}\right)\right| < \tfrac{1}{7!}$$

등을 알 수 있다.

[32] [[바젤 문제]]

4.0.3 기본연습문제

1. 부등식

$$|\sin 1 - 0.841| \leq 10^{-3}$$

을 보이라.

2. $\sin 0.1$ 의 근삿값을 오차의 범위가 10^{-6} 이하가 되도록 구하라.

3. 구간 $\left(0, \frac{\pi}{2}\right]$ 에서

$$\left|\sin x - \left(x - \frac{x^3}{3!} + \frac{x^5}{5!}\right)\right|$$

이 $\frac{x^7}{5040}$ 보다 작음을 보이라.

n	$\frac{1}{n} \pm 10^{-8}$	$n!$	$\frac{1}{n!} \pm 10^{-8}$
1	1	1	1
2	0.5	2	0.5
3	0.33333333	6	0.16666666
4	0.25	24	0.04166666
5	0.2	120	0.00833333
6	0.16666666	720	0.00138888
7	0.14285714	5040	0.00019841
8	0.125	40320	0.00002480
9	0.11111111	362880	0.00000275
10	0.1	3628800	0.0000002

수표와 MATHEMATICA

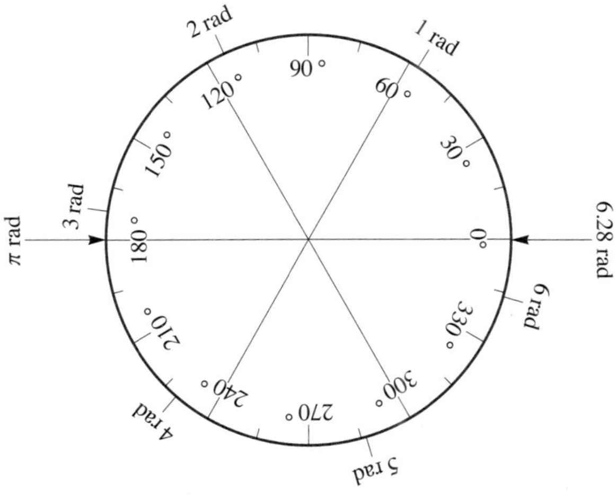

그림: 호도법과 60분법

연습문제: 제 2 장 4 절

1. $\cos 0.1$ 의 값을 오차의 범위가 10^{-3} 이하가 되도록 구하라.

2. 다음을 밝히라.

$$\tan x = x + \frac{x^3}{3} + \frac{2}{15}x^5 + \cdots \qquad \left(|x| < \tfrac{\pi}{2}\right)$$

3. 다음이 성립하는 거듭제곱급수 함수 $u, v : \mathbb{R} \to \mathbb{R}$ 가 있음을 보이라.

$$\sin x = x - \frac{x^3}{6}u(x), \qquad \cos x = 1 - \frac{x^2}{2} + \frac{x^4}{24}v(x).$$

4. 다음 극한값을 구하라.

(1) $\displaystyle\lim_{x\to 0} \frac{\sin x - x}{x^3}$ (2) $\displaystyle\lim_{x\to 0} \frac{\sin x - x + x^3/6}{x^5}$

(3) $\displaystyle\lim_{x\to 0} \frac{\cos x - 1}{x^2}$ (4) $\displaystyle\lim_{x\to 0} \frac{\cos x - 1 + x^2/2}{x^4}$

5. 피타고라스의 **화음**에 관한 이론에 의하면, 기준으로 삼은 현 S_1 보다 길이가 절반인 현 $S_{1/2}$ 이 내는 소리는 한 **옥타브** 높은 소리가 난다.[33] 또 이 두 현과 가장 잘 어울리는 화음을 내는 현은 길이가 1과 1/2의 **조화평균**인 $\frac{1}{\frac{1}{2}\left(\frac{1}{1}+\frac{1}{1/2}\right)} = \frac{2}{3}$ 를 길이로 가지는 현 $S_{2/3}$ 으로 기본현 S_1 보다 완전오도 높은 소리를 낸다. 즉, 기본현이 다(C)음을 내면, 길이가 2/3 인 현은 사(G)음을 내고, 길이가 1/2 인 현은 높은 다(c)음을 낸다.[34] 이러한 소리들은 모두 사인 곡선으로 표현되는데, 현들 S_1, $S_{2/3}$, $S_{1/2}$ 이 같은 크기로 내는 소리는 다음 곡선에 대응된다:

$$S_1(x) = \sin x, \qquad S_{2/3}(x) = \sin\frac{3}{2}x, \qquad S_{1/2}(x) = \sin 2x.$$

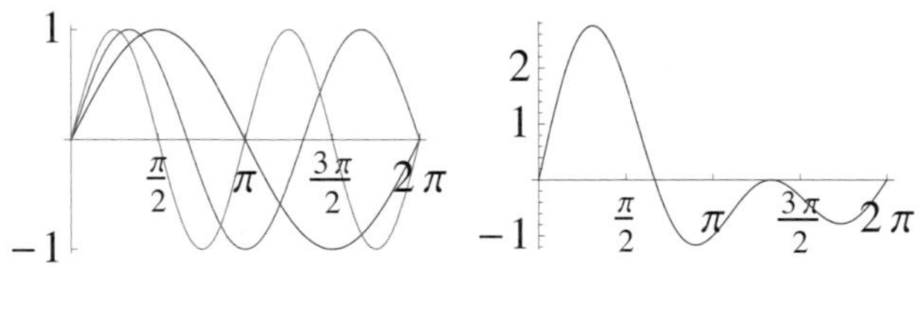

그림: 조화로운 세 음과 합성

[33] 길이의 단위가 무엇이든지 상관없다. 현의 장력 T 와 밀도 μ 가 일정하다고 가정하면 현의 길이 L 과 주파수(초당 진동수, 1/s) f 는 반비례한다. 메르센은 공식 $f = \frac{1}{2L}\sqrt{T/\mu}$ 를 발견하였다 [*Harmonie Universelle*, 1636], [Jean].

[34] 평균율을 이해하고 나서는 반 음정씩 일정한 비율로 열두 번 오르면 한 옥타브 음정을 얻는다는 것을 알게 되었다. 그러므로 완전오도 높은 음정의 주파수는 기준음의 $2^{7/12} \approx 3/2$ 배이다. 음악에서 보통 기본으로 삼는 가(A)음은 초당 440번 진동하는 440 Hertz 이다 [Taylor, p. 11].

이제 C, G, c 음을 동시에 울릴 때 생기는 아름다운 소리

$$\sin x + \sin \frac{3}{2}x + \sin 2x$$

의 거듭제곱급수전개를 구하라.

6. $\cos 1$ 과 $\sin 1$ 이 모두 무리수임을 보이라.

7. 다음 등식을 보이라.

$$\begin{aligned}\sum(-1)^n \frac{x^{2n+1}}{(2n+1)!} &= -\sum(-1)^n \frac{(x+\frac{\pi}{2})^{2n}}{(2n)!} = -\sum(-1)^n \frac{(x+\pi)^{2n+1}}{(2n+1)!} \\ &= \sum(-1)^n \frac{(x+\frac{3\pi}{2})^{2n}}{(2n)!} = \sum(-1)^n \frac{(x+2\pi)^{2n+1}}{(2n+1)!}\end{aligned}$$

8. 두 번 미분가능한 함수 $f : \mathbb{R} \to \mathbb{R}$ 이 미분방정식

$$f''(x) = -f(x), \qquad f(0) = a, \quad f'(0) = b$$

를 만족시킨다고 하자. (여기에서 a 와 b 는 주어진 실수이다.)

(1) $g(x) := (f(x) - a\cos x - b\sin x)^2 + (f'(x) + a\sin x - b\cos x)^2$ 라 하면

$$g'(x) = 0, \qquad g(0) = 0$$

임을 보이라.

(2) $f(x) = a\cos x + b\sin x$ 임을 보이라.

(3) (삼각함수의 **덧셈정리**) 다음을 보이라.

$$\cos(x+y) = \cos x \cos y - \sin x \sin y, \qquad \sin(x+y) = \sin x \cos y + \cos x \sin y$$

9. 새끼손톱으로 딱 가려지는 물체는 시각(視角)이 대략 1° 이다.[35] 태양이나 보름달 등은 모두 새끼손톱의 반으로 가려지므로 시각이 0.5°, 즉 30분($'$) 정도이다. 이때 시각이 0.5° 정도인 물체는 관측자에게서 실제 크기의 $\frac{360}{\pi} \approx 115$ 배 정도 되는 거리에 있음을 설명하라.

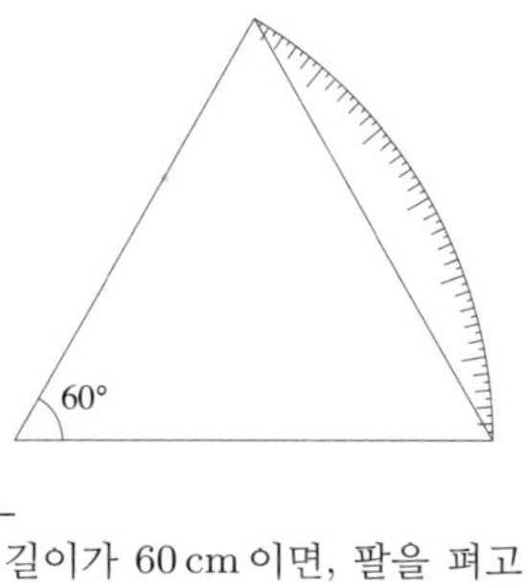

[35] 새끼손톱의 너비가 1cm 이고 팔의 길이가 60 cm 이면, 팔을 펴고 볼 때 새끼손톱의 시각이 대략 1° 이다.

제 5 절 쌍곡함수

쌍곡 코사인함수[36]와 **쌍곡 사인함수**는 다음 식으로 정의한다:[37]

$$\cosh x = \frac{1}{2}\left(e^x + e^{-x}\right), \qquad \sinh x = \frac{1}{2}\left(e^x - e^{-x}\right).$$

특히

$$\cosh 0 = 1, \qquad \sinh 0 = 0$$

임을 알 수 있다. 쌍곡 코사인함수는 짝함수이고, 쌍곡 사인함수는 **홀함수**[38]이다:

$$\cosh(-x) = \cosh x, \qquad \sinh(-x) = -\sinh x.$$

이 두 함수는 양의 구간에서 한없이 증가한다.

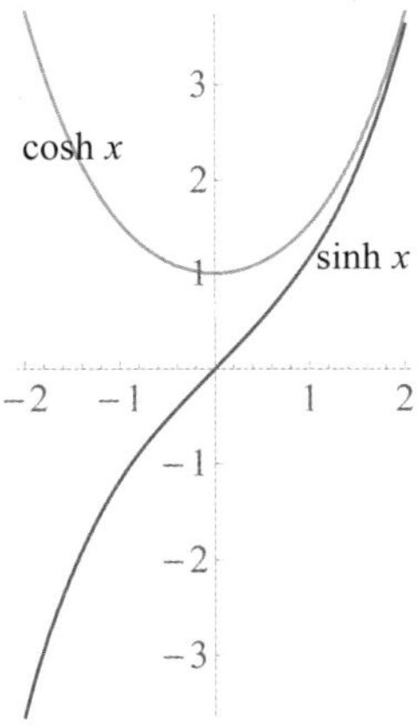

그림: 쌍곡 코사인함수와 쌍곡 사인함수

[36] **현수선**(懸垂線, catenary)이란 실의 양 끝을 고정시키고 중간을 자유로이 늘어뜨렸을 때 실이 이루는 곡선을 뜻한다. 이 곡선이 쌍곡 코사인함수 $y = a\cosh\frac{x}{a}$ 의 그래프로 표현됨은 제 9 장에서 설명한다. 현수선에 달린 다리를 **현수교**라고 부르기도 하지만 현수선에 무게가 달리면 **포물선**(拋物線, parabola)이 되므로 "포물선 다리"라고 부르는 것도 적절하다.

[37] $\cosh x + \sinh x = e^x$, $\cosh x - \sinh x = e^{-x}$

[38] 기함수(奇函數, odd function)라고도 부른다. 홀함수의 그래프는 원점에 대하여 대칭이다. 모든 함수 $f : \mathbb{R} \to \mathbb{R}$ 는 짝함수와 홀함수의 합으로 표현할 수 있고, 이 표현은 오직 한 가지뿐이다 (연습문제 6 번). 지수함수 e^x 의 짝함수 부분이 쌍곡 코사인함수이고, 홀함수 부분이 쌍곡 사인함수이다. 수직선 $\mathbb{R}$ 는 두 종류의 중요한 **대칭**을 가지고 있는데, 하나는 평행이동대칭이고, 또 하나는 점대칭이다. 공간의 대칭성은 그 공간에서 정의된 함수들에 대칭성을 부여한다. 평행이동대칭성을 가진 함수를 **주기함수**라 하는데, 원점을 기준으로 한 점대칭성과 관련된 함수들은 짝함수와 홀함수이다. 대칭성은 현대수학에서 가장 중요한 부분을 차지하고 있다. 대칭성에 대한 연구는 운동량, 에너지 등의 보존 법칙을 설명하고, 입자물리학이나 초끈 이론, 양자장론 등에서 물질의 본성을 밝히는 데 핵심적인 역할을 한다.

쌍곡 코사인함수와 쌍곡 사인함수는 항등식

$$\boxed{\cosh^2 t - \sinh^2 t = 1}$$

을 만족시킨다. 이들은 쌍곡선(雙曲線, hyperbola)

$$x^2 - y^2 = 1$$

의 점들의 좌표를 나타낼 때 유용하게 쓰인다.[39]

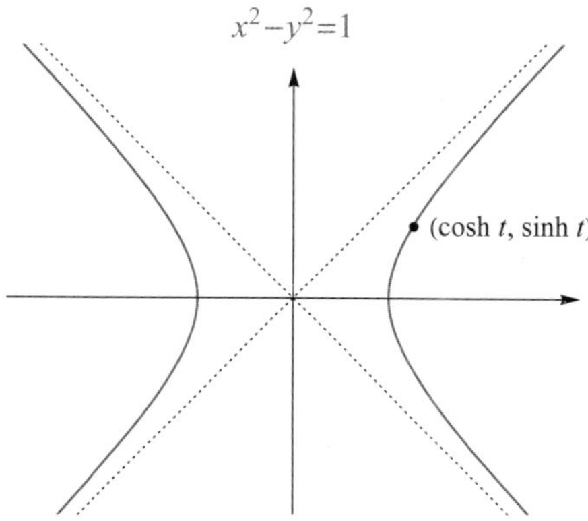

쌍곡함수 $\cosh x$ 와 $\sinh x$ 는 모두 무한급함수이고,

$$\boxed{\frac{d}{dx}\cosh x = \sinh x, \qquad \frac{d}{dx}\sinh x = \cosh x}$$

이다. 또 지수함수의 거듭제곱급수전개에서

$$\begin{aligned}\cosh x &= \sum \frac{x^{2n}}{(2n)!}\\ \sinh x &= \sum \frac{x^{2n+1}}{(2n+1)!}\end{aligned}$$

을 얻는다.

---

[39]마치 코사인함수와 사인함수가 원

$$x^2 + y^2 = 1$$

의 점들의 **매개화**(媒介化, parametrization)에 사용되듯이. 쌍곡함수들은 람베르트(Johann Lambert)가 1768 년에 도입하였다. 이 함수들은 비유클리드 기하학이나 상대성 이론 ($v/c = \tanh u$) 등을 설명할 때에 중요한 역할을 한다.

연습문제: 제 2 장 5 절

1. 쌍곡함수 $\cosh x$ 와 $\sinh x$ 는 모두 미분방정식

$$f''(x) = f(x)$$

를 만족시킴을 보이라.

2. 쌍곡 코사인 cosh 의 역수는 **쌍곡 시컨트**라 하고 sech 로 나타낸다. 또 **쌍곡 탄젠트함수**는

$$\tanh x := \frac{\sinh x}{\cosh x} = \frac{1 - e^{-2x}}{1 + e^{-2x}} = \frac{2}{1 + e^{-2x}} - 1$$

로 정의한다. 이때

$$\tanh' x = 1 - \tanh^2 x = \frac{1}{\cosh^2 x} = \operatorname{sech}^2 x$$

임을 보이라. 또

$$\tanh x = x - \frac{x^3}{3} + \frac{2}{15}x^5 + \cdots$$

임을 보이라.

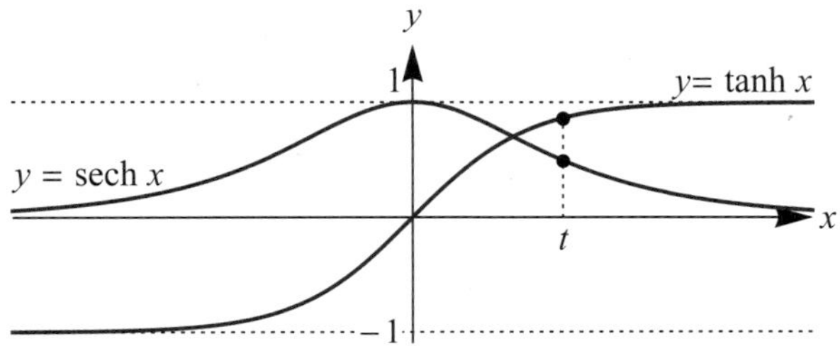

그림: 쌍곡 탄젠트함수와 쌍곡 시컨트함수

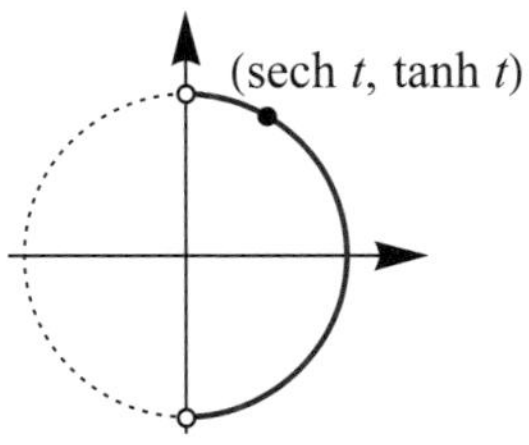

그림: $\operatorname{sech}^2 t + \tanh^2 t = 1$

3. 다음 방정식을 풀어라.

$$\tanh x = \frac{1}{2}$$

4. **지수법칙** $e^{x+y} = e^x e^y$ 을 이용하여 다음 등식을 보이라.

$$\sinh(x + y) = \sinh x \cosh y + \cosh x \sinh y$$

$$\cosh(x + y) = \cosh x \cosh y + \sinh x \sinh y$$

5. 다음 등식을 밝히라.

$$\tanh(x + y) = \frac{\tanh x + \tanh y}{1 + \tanh x \tanh y}$$

$$\cosh^2 x = \frac{1}{2}(\cosh 2x + 1), \qquad \sinh^2 x = \frac{1}{2}(\cosh 2x - 1)$$

6. 실수 전체에서 정의된 함수 $f:\mathbb{R}\to\mathbb{R}$ 는 짝함수와 홀함수의 합으로 표현할 수 있고, 이 표현은 유일함을 보이라.
7. (i) 짝함수와 짝함수의 곱은 짝함수인가?
   (ii) 홀함수와 홀함수의 곱은 짝함수인가?
   (iii) 짝함수와 홀함수의 곱은 홀함수인가?
8. 홀함수의 도함수는 짝함수이고, 짝함수의 도함수는 홀함수임을 보이라.
9. 거듭제곱급수 $\mathbf{f}(x)=\sum f_n x^n$ 에서
   (i) $\mathbf{f}(x)=\mathbf{f}(-x)$ 이면, 모든 n 에 대하여 $f_{2n+1}=0$ 임을 보이라.
   (ii) $\mathbf{f}(x)=-\mathbf{f}(-x)$ 이면, 모든 n 에 대하여 $f_{2n}=0$ 임을 보이라.
10. 다음을 보이라.[40]

$$\begin{aligned} A(x) &:= \frac{x}{\sinh x}=1-\frac{1}{6}x^2+\frac{7}{360}x^4+\cdots \\ L(x) &:= \frac{x}{\tanh x}=1+\frac{1}{3}x^2-\frac{1}{45}x^4+\cdots \end{aligned}$$

11. 좌표평면의 제일사분면에서, 원점과 점 $P=(\cosh t,\sinh t)$ 를 잇는 직선의 아래쪽과, 쌍곡선 $x^2-y^2=1$ 의 왼쪽의 공통부분의 넓이는 $t/2$ 임을 보이라.[41]

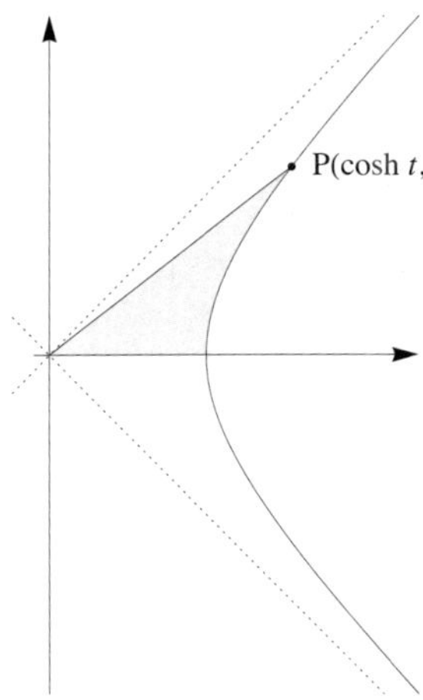

[40]원점에서 $A(x)$ 와 $L(x)$ 의 값은 이 함수들이 연속함수가 되도록 주어진다. 이들은 **특성류**(characteristic classes) 이론에서 나오는 함수들이다.

$$\frac{x}{\sinh x}=\frac{1}{1+x^2\left(\frac{1}{6}+\frac{x^2}{120}+\cdots\right)}=1-x^2\left(\frac{1}{6}+\frac{x^2}{120}+\cdots\right)+x^4\left(\frac{1}{6}+\frac{x^2}{120}+\cdots\right)^2+\cdots$$

을 알면 도움이 됨. 제 3 절 연습문제 3 번 참고.

[41]단위원의 매개화 $(\cos t,\sin t)$ 에서도 비슷한 현상이 있다.

제 6 절 역함수 정리, 역삼각함수와 거듭제곱급수

6.1 역함수 정리

두 집합 A, B 사이의 함수 $f : A \to B$가 전단사 함수이면 공역 B의 임의의 원소 b에 대하여 $f(a) = b$인 A의 원소 a가 오직 하나 존재한다.

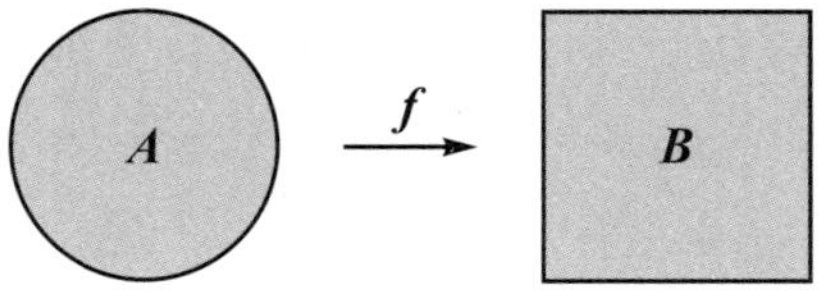

이때 b에 a를 대응시키는 사상을 f의 **역함수**[42](逆函數, inverse function) 또는 **역사상**(inverse mapping)이라 하고

$$f^{-1} : B \to A$$

로 나타낸다:

$$f(a) = b \qquad \Longleftrightarrow \qquad a = f^{-1}(b).$$

역함수의 역함수는 처음 함수이다:

$$\left(f^{-1}\right)^{-1} = f.$$

보기를 들면 지수함수 $\exp x$의 역함수는 로그함수 $\log x$이고, 양수 구간에서 제곱함수 x^2의 역함수는 제곱근 함수 $\sqrt{x}$이다.

6.1.1 기본연습문제

양수 전체 집합에서 항등함수를 x로 두었을 때, 다음 표에서 함수와 역함수를 확인하라. (단, c는 영이 아닌 실수)

함수	x	$x+c$	cx	$\dfrac{1}{x}$	x^2	x^3	x^n	$\dfrac{1}{x^2}$
역함수	x	$x-c$	$\dfrac{1}{c}x$	$\dfrac{1}{x}$	$\sqrt{x}$	$\sqrt[3]{x}$	$\sqrt[n]{x}$	$\dfrac{1}{\sqrt{x}}$

[42] xy-평면에서 역함수의 그래프는 직선 $y = x$에 대하여 처음 함수의 그래프와 대칭으로 나타난다. 역함수를 **거꿀함수**라고 부르는 이가 북쪽에 있다.

6.1.2 기본연습문제

함수 $f : A \to B$ 와 $g : B \to C$ 가 모두 역함수를 가지면 합성함수 $g \circ f : A \to C$ 도 역함수를 가지고 이때

$$(g \circ f)^{-1} = f^{-1} \circ g^{-1}$$

임을 보이라.[43]

6.1.3 보기

사인함수 $\sin x$ 의 정의역을 구간 $\left[-\frac{\pi}{2}, \frac{\pi}{2}\right]$ 로 제한하면, $\sin x$ 는 순증가 함수, 즉 증가하는 일대일 함수이고, 따라서 역함수를 가진다.

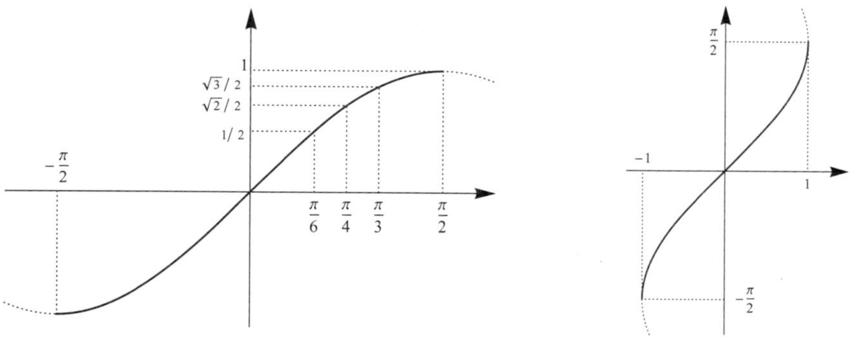

그림: $y = \sin x$ 와 $y = \arcsin x$

이때의 역함수를 **역사인함수**라고 부르고, arcsin 또는 $\sin^{-1}$ 로 나타낸다. 이때 arcsin 의 정의역은 $[-1, 1]$ 이다:

$$\arcsin : [-1, 1] \to \left[-\frac{\pi}{2}, \frac{\pi}{2}\right].$$

다음 표에서

$$\arcsin 0 = 0, \qquad \arcsin \frac{1}{2} = \frac{\pi}{6}, \qquad \arcsin \frac{\sqrt{2}}{2} = \frac{\pi}{4}$$

등을 알 수 있다.

x	0	$\frac{\pi}{6}$	$\frac{\pi}{4}$	$\frac{\pi}{3}$	$\frac{\pi}{2}$	$\arcsin y$
$\sin x$	0	$\frac{1}{2}$	$\frac{\sqrt{2}}{2}$	$\frac{\sqrt{3}}{2}$	1	y

[43] 신을 때에는 양말 신고 신 신고, 벗을 때에는 신 벗고 양말 벗고.

정리 6.1.4 (역함수 정리) *열린 구간 I 에서 정의된 함수 $f : I \to \mathbb{R}$ 가 미분가능하고 정의역의 임의의 점 x 에서 $f'(x) \neq 0$ 이면,*

(i) *f 는 일대일 함수이다.*

(ii) *f 의 치역 $J := f(I)$ 는 열린 구간이다.*

(iii) *f 의 역함수 $f^{-1} : J \to I$ 는 미분가능하다.*

(iv) *$x_0 \in I$ 이고 $y_0 := f(x_0)$ 이면, 다음 등식이 성립한다.*

$$\frac{d}{dy}f^{-1}(y_0) = \frac{1}{\dfrac{d}{dx}f(x_0)}.$$

역함수 정리의 마지막 주장은 간단하게

$$\frac{dx}{dy} = \frac{1}{\dfrac{dy}{dx}}$$

로 표현할 수 있다.[44]

역함수 정리의 증명은 부록에 두지만, 마지막 결론의 등식은 항등식

$$f^{-1}(f(x)) = x$$

에 **합성함수 미분법**을[45] 적용하여 얻은 식

$$\frac{df^{-1}}{dy} \cdot \frac{df}{dx} = 1$$

에서 바로 나온다.

미분계수는 "팽창계수"를 뜻하므로, 역함수의 미분계수가 처음 미분계수의 역수임은 당연하다.

---

[44] 고차원 역함수 정리는 제 12 장에서 배운다.

[45] 합성함수 미분법은 "미분가능한 함수 $y = f(x)$ 와 $z = g(y)$ 의 합성함수 $z = g(f(x))$ 는 미분가능하고 $\frac{dz}{dx} = \frac{dz}{dy}\frac{dy}{dx}$ 이다"를 뜻한다. 이 법칙을 고차원에서 **연쇄법칙**이라 부르는 이유는 제 10 장에서 설명한다.

6.1.5 보기

구간 $-1 < x < 1$ 에서

$$\boxed{\frac{d}{dx}(\arcsin x) = \frac{1}{\sqrt{1-x^2}}}$$

임을 밝혀 보자.

함수 $y = \arcsin x$ 의 역함수는 $x = \sin y$ 이고, $dx/dy = \cos y$ 이므로,[46]

$$\frac{dy}{dx} = \frac{1}{dx/dy} = \frac{1}{\cos y} = \frac{1}{\sqrt{1-\sin^2 y}} = \frac{1}{\sqrt{1-x^2}}$$

이다. □

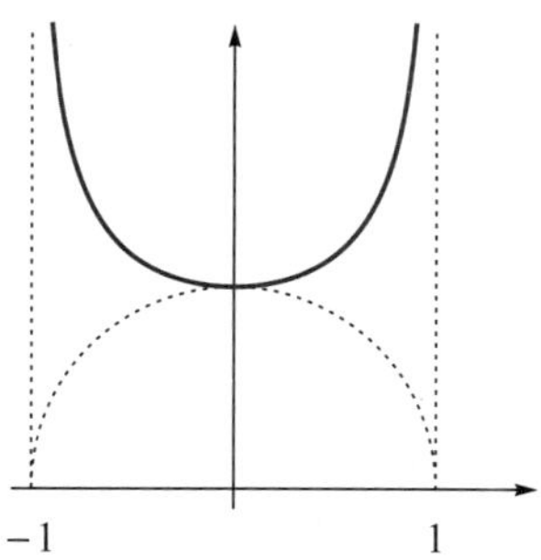

그림: $y = \dfrac{1}{\sqrt{1-x^2}}$

6.1.6 기본연습문제

1. $y = \arcsin x$ 의 그래프에서 $x = 1/3$ 일 때의 접선의 기울기를 구하라.
2. 다음 적분값을 구하라.[47]
$$\int_{-1}^{1} \frac{dx}{\sqrt{1-x^2}}$$
3. 지수함수 $y = e^x$ 의 미분법과 역함수 정리를 이용하여
$$\frac{d}{dx}\log x = \frac{1}{x}$$
임을 밝히라.[48]

---

[46] 구간 $(-\frac{\pi}{2}, \frac{\pi}{2})$ 에서 코사인 값은 양수이다.

[47] π

[48] 로그함수는

$$\log x := \int_1^x \frac{dt}{t} \qquad (x > 0)$$

로 정의할 수도 있다. 이때 자연상수는 등식 $\int_1^e \frac{dt}{t} = 1$ 을 만족시키는 양수 e 로 정의한다.

6.2 역탄젠트 함수와 원주율

탄젠트 함수

$$y = \tan x$$

는 구간 $\left(-\frac{\pi}{2}, \frac{\pi}{2}\right)$ 에서 순증가 함수이고, 따라서 역함수를 가진다.

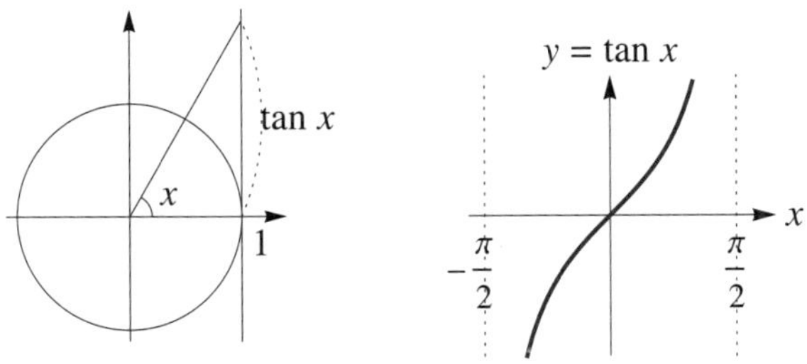

그림: 탄젠트 함수

이 역함수를 **역탄젠트 함수**라고 부르고,

$$x = \arctan y$$

로 나타낸다.[49] 즉, $\arctan y$ 란 구간 $(-\frac{\pi}{2}, \frac{\pi}{2})$ 에서 탄젠트 값이 y 인 실수를 뜻한다.

역탄젠트 함수는 실수 전 구간에서 정의되는 홀함수이고, 치역은 $\left(-\frac{\pi}{2}, \frac{\pi}{2}\right)$ 이다.

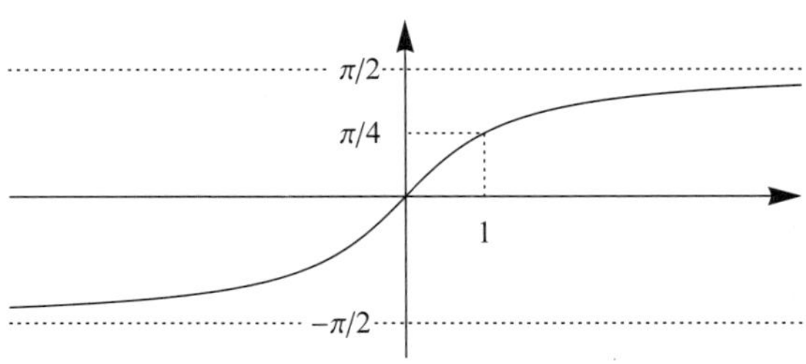

그림: $y = \arctan x$

우리는 $\tan 0 = 0$, $\tan \frac{\pi}{4} = 1$, $\tan \frac{\pi}{3} = \sqrt{3}$ 등에서

$$\arctan 0 = 0, \qquad \arctan 1 = \frac{\pi}{4}, \qquad \arctan \sqrt{3} = \frac{\pi}{3}$$

등을 바로 알 수 있다.

---

[49]역탄젠트 함수를 $\tan^{-1} x$ 로 나타내기도 하는데, 이것은 $1/\tan x$ 를 뜻하는 것은 아니다. 하지만, $\tan^2 x$ 는 보통 $(\tan x)^2$ 을 뜻한다.

6.2.1 기본연습문제

1. $\arctan \dfrac{\sqrt{3}}{3}$ 의 값은 얼마인가?
2. 다음 극한값들을 구하라.

$$\lim_{y\to\infty} \arctan y, \qquad \lim_{y\to-\infty} \arctan y$$

3. 임의의 양수 t 에 대하여 다음을 보이라.

$$\arctan t + \arctan \frac{1}{t} = \frac{\pi}{2}$$

6.2.2 역탄젠트 함수의 미분법

이제 역함수 정리를 이용하여 역탄젠트 함수 $x = \arctan y$ 를 미분하여 보자. 먼저

$$\tan' x = 1 + \tan^2 x = 1 + y^2$$

에서 $\arctan' y = \frac{1}{1+y^2}$ 을 얻는다. 함수를 다룰 때에 정의역의 변수는 보통 x 로 나타내므로, 이 식은 다음과 같이 쓸 수 있다.

$$\boxed{\frac{d}{dx}(\arctan x) = \frac{1}{1+x^2}}$$

즉,

$$\int \frac{dx}{1+x^2} = \arctan x + c$$

이다.

6.2.3 기본연습문제

1. 직선 도로 위를 일정한 속력 v 로 이동하는 차량이 있다. 차량 $P(t)$ 와 $L(t)$ 만큼 떨어진 나무 T 를 바라보는 (진행 방향에 대한) 각도를 $\theta(t)$ 라 하면

$$\frac{d\theta}{dt} = \frac{v \sin\theta}{L}$$

임을 설명하라. (이 등식은 *멀리 있는 나무가 천천히 지나감과, 각속도가 같은 나무들이 같은 원 위에 있는 현상을 설명한다.*)

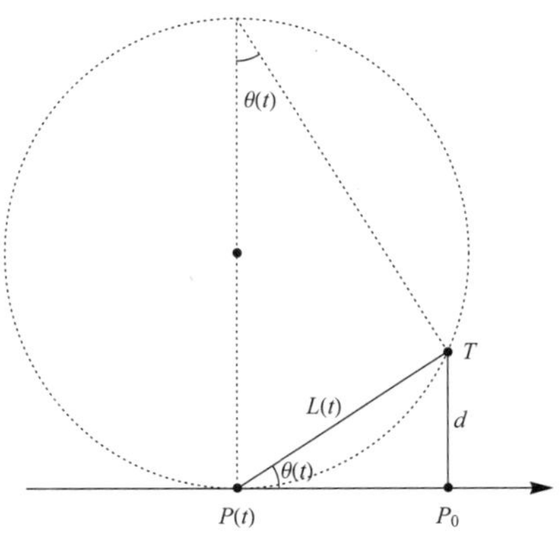

2. 점 $x = 0, \dfrac{1}{\sqrt{3}}, 1, \sqrt{3}$ 등에서 $\arctan x$ 의 미분계수를 구하라.
3. 다음을 밝히라.
$$\int_0^1 \frac{dx}{1+x^2} = \frac{\pi}{4}, \qquad \int_0^\infty \frac{dx}{1+x^2} = \frac{\pi}{2}$$

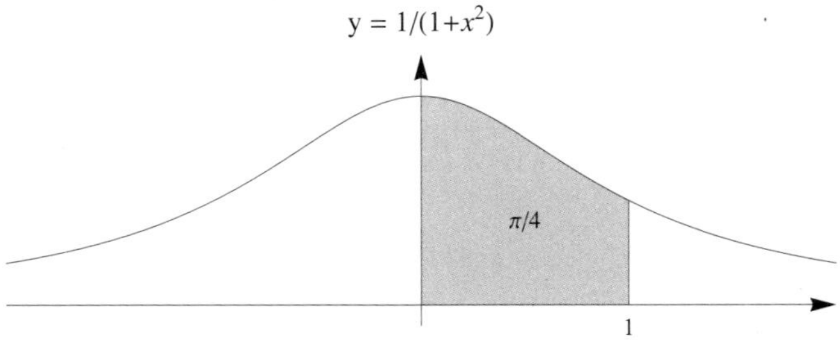

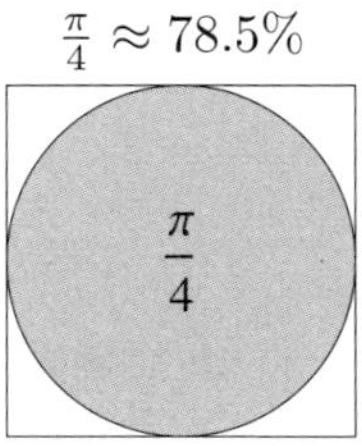

6.2.4 원주율

역탄젠트 함수는 유리함수 $\dfrac{1}{1+x^2}$ 의 한 원시함수이다.[50] 따라서 기하급수

$$\frac{1}{1+x^2} = 1 - x^2 + x^4 - x^6 + \cdots \qquad (|x| < 1)$$

의 양변을 적분하면, 등식

$$\boxed{\arctan x = x - \frac{1}{3}x^3 + \frac{1}{5}x^5 - \frac{1}{7}x^7 + \cdots \qquad (|x| < 1)} \tag{6}$$

을 얻는다.[51]

이 등식에, 예를 들어 $x = \dfrac{1}{\sqrt{3}}$ 을 대입하면,

$$\frac{\pi}{6} = \frac{1}{\sqrt{3}}\left(1 - \frac{1}{3\cdot 3} + \frac{1}{5\cdot 3^2} - \frac{1}{7\cdot 3^3} + \cdots\right)$$

을 얻는다.[52] 즉

$$\pi = 2\sqrt{3}\left(1 - \frac{1}{3\cdot 3} + \frac{1}{5\cdot 3^2} - \frac{1}{7\cdot 3^3} + \cdots\right)$$

---

[50] 단순한 미분방정식 $f'(x) = \dfrac{1}{1+x^2}$ 을 풀기 위해서도 arctan 함수를 도입하는 것이 필요하다. **미분방정식**을 푼다는 것은 "적분한다"는 것을 뜻한다.

[51] 이 급수는 **그레고리 급수**라고 불리는데, 그레고리(James Gregory, 1638–1675)가 1671 년에 발견하였다 [Boyer].

[52] 이 등식은 영국의 수학자이자 천문학자인 샤프(Abraham Sharp, 1651–1742)가 1706 년에 발견하였다.

이다. 이 식에서 원주율 π 의 근삿값, 즉 어림값을 원하는 만큼 오차가 작게 구할 수 있다.[53]

이제 위 등식 (6)이 $|x| = 1$ 일 때에도 성립함을 보이자. 먼저 등식

$$\frac{1}{1+x^2} = \sum_{k=0}^{n}(-1)^k x^{2k} + (-1)^{n+1}\frac{x^{2n+2}}{1+x^2} \qquad (x \in \mathbb{R})$$

을[54] 적분하면

$$\arctan x = \sum_{k=0}^{n}(-1)^k \frac{x^{2k+1}}{2k+1} + (-1)^{n+1}\int_0^x \frac{t^{2n+2}}{1+t^2}\,dt \qquad (x \in \mathbb{R})$$

이므로 부등식

$$\left|\arctan x - \sum_{k=0}^{n}(-1)^k \frac{x^{2k+1}}{2k+1}\right| \le \int_0^{|x|} t^{2n+2}\,dt = \frac{|x|^{2n+3}}{2n+3} \tag{7}$$

이 모든 실수 x 에 대하여 성립한다. 특히 $x = 1$ (또는 $x = -1$) 을 대입하면

$$\left|\frac{\pi}{4} - \sum_{k=0}^{n}\frac{(-1)^k}{2k+1}\right| \le \frac{1}{2n+3}$$

이고, 따라서 **라이프니츠 공식**

$$\boxed{\frac{\pi}{4} = 1 - \frac{1}{3} + \frac{1}{5} - \frac{1}{7} + \cdots}$$

을 얻는다.[55] 그러나 "라이프니츠의 급수"는 너무 느리게 수렴하므로 **효율적인 방법**으로 원주율을 구한 것이 아니다. 라이프니츠 공식으로 π 의 근삿값을 구하려고 한다면, 제 n 차 오차의 한계는 $4 \times \dfrac{1}{2n+3}$ 정도이고, 따라서

$$\pi = 3.14 \pm 4 \times 10^{-3}$$

을 유도하려면 무려 500 항 정도의 셈을 하여야 한다.[56]

[53] $2\pi = 6.28318\,53071\,79586\,47692\,52867\,66559\,00576\,83943\,38798\,75021\,16419\,49889\ldots$

[54] 등식

$$\frac{1}{1-x} = \sum_{k=0}^{n} x^k + \frac{x^{n+1}}{1-x} \qquad (x \ne 1)$$

에 x 대신 $-x^2$ 을 대입하여 얻는다.

[55] 정사각형에서 내접하는 원이 차지하는 넓이의 비율이 $\pi/4$ 이다. 라이프니츠의 생각:

$$\frac{\pi}{4} = \Big[\arctan x\Big]_0^1 = \int_0^1 \frac{dx}{1+x^2} = \int_0^1 (1 - x^2 + x^4 - x^6 + \cdots)dx \overset{?}{=} 1 - \frac{1}{3} + \frac{1}{5} - \frac{1}{7} + \cdots.$$

[56] 서울대학교에도 몇 차례 방문한 적이 있는 필즈 메달 수상자인 스메일(S. Smale, 1930–)에 의하면 21세기에 수학에서 다루어야 할 중요한 문제 중의 하나가 "효율적인 셈"에 관한 것이다.

6.2.5 보기

가파른 언덕을 오르다 보니, 도로 표시판에 10% 라고 쓰여 있었다. 이 표시는 수평 방향으로 100 m 이동하면, 수직 방향으로 10 m 상승한다는 뜻이다. 즉, 언덕의 기울기가 1/10 이라는 말이다. 이러한 언덕은 수평면에 대하여 몇 도의 기울기를 가지는가? 오차가 1% 이내가 되도록 구하라. 단, 1 라디안은

$$\frac{180}{\pi} \approx 57.30 \pm \epsilon_0, \quad \epsilon_0 = 5 \cdot 10^{-3} \qquad (\,^\circ\,)$$

이다 (제 1 장 2절 연습문제 2 번 참고).

풀이. 구하는 각의 크기를 호도법으로 θ^{rad} 라고 하면,

$$\tan\theta = \frac{1}{10}$$

이다. 따라서

$$\theta = \arctan 0.1 = 0.1 \pm \epsilon, \quad \epsilon = \tfrac{1}{3} \cdot 10^{-3} \qquad (\,\text{rad}\,)$$

이다. 그러므로 기울기가 1/10 인 언덕의 각도는 근삿값으로 0.1 라디안이다.[57] 이를 60분법으로 나타내면,

$$57.3 \times 0.1 = 5.73 \;(\,^\circ\,)$$

이다. 한편

$$\begin{aligned}(57.30 \pm \epsilon_0) \cdot (0.1 \pm \epsilon) &= 57.30 \times 0.1 \pm (0.1 \times \epsilon_0 + 57.30 \times \epsilon + \epsilon_0 \epsilon) \\ &= 5.73 \pm 2 \times 10^{-2} \qquad (^\circ)\end{aligned}$$

이므로 오차 범위는 2×10^{-2} 이하이다. 따라서 오차율은

$$\frac{2 \times 10^{-2}}{5.73} = \frac{2}{5.73} \times 10^{-2} < 1\,\%$$

이므로[58] 원하는 평가를 얻는다.[59]

6.2.6 기본연습문제

구간 $0 < x < 1$ 에서 부등식 $\left|\frac{\arctan x - x}{x}\right| < \frac{1}{3}x^2$ 임을 밝히라.

[57] $|x| \ll 1$ 이면, $\tan x \approx x$ 이다.

[58] $1\,\% = 0.01$ 이다. **오차율**을 "|(근삿값−참값)/근삿값|" 으로 이해하지 않고 "|(근삿값−참값)/참값|" 으로 이해하여도 $\dfrac{2 \times 10^{-2}}{5.73 - 0.02} < 1\%$ 를 얻는다.

[59] 해석학(Analysis)에서 **평가**(estimate)라는 말은 주로 "부등식으로 나타내는 것"을 뜻한다.

연습문제: 제 2 장 6 절

1. $ad - bc \neq 0$ 일 때, 함수 $f(x) = \dfrac{ax+b}{cx+d}$ 의 역함수를 구하라.

2. 단사함수와 그 역함수의 그래프는 직선 $y = x$ 에 대하여 대칭임을 보이라.

3. 단사함수 $y = f(x)$ 와 그 역함수의 그래프가 점 (x_0, y_0) 에서 만나면

$$f(f(x_0)) = x_0$$

임을 보이라.

4. 코사인함수 $\cos x$ 의 정의역을 구간 $[0, \pi]$ 에 제한하면, $\cos x$ 는 순감소 함수이고, 따라서 역함수를 가진다. 이 역함수를 **역코사인함수**라고 부르고, arccos 또는 $\cos^{-1}$ 로 나타낸다. 물론 arccos 의 정의역은 $[-1, 1]$ 이다. $-1 < y < 1$ 일 때

$$\boxed{\frac{d}{dy}(\arccos y) = -\frac{1}{\sqrt{1-y^2}}}$$

임을 보이라. 또

$$\arccos y = \frac{\pi}{2} - \arcsin y \qquad (-1 \leq y \leq 1)$$

임을 밝히라.

5. 다음을 밝히라. (3절 연습문제 5 참고)

$$\arcsin x = \sum_{n=0}^{\infty} \frac{(2n-1)!!}{2^n\, n!\,(2n+1)}\, x^{2n+1} = x + \frac{1}{6}x^3 + \frac{3}{40}x^5 + \cdots$$

6. 두 집합 A, B 사이에 정의된 함수 $f : A \to B$ 와 $g : B \to A$ 에 대하여, 이 두 함수가 서로의 역함수이기 위한 필요충분조건은

$$g \circ f = \mathrm{id}_A, \qquad f \circ g = \mathrm{id}_B$$

임을 보이라. 여기에서 $\mathrm{id}_A : A \to A$ 와 $\mathrm{id}_B : B \to B$ 는 모두 **항등사상**을 나타낸다.

7. 임의의 실수 x 에 대하여 등식 $\tan(\arctan x) = x$ 가 성립함을 보이라. 또 등식 $\arctan(\tan x) = x$ 가 성립하는 최대 구간을 구하라.

8. 구간 $[-1, 1]$ 에서 다음 등식이 성립함을 보이라.

$$\sin(\arcsin x) = x, \qquad \cos(\arccos x) = x.$$

또 등식 $\arcsin(\sin x) = x$ 가 성립하는 구간과 등식 $\arccos(\cos x) = x$ 가 성립하는 구간을 구하라.

9. 쌍곡사인함수 $y = \sinh x$ 의 역함수는

$$x = \sinh^{-1} y = \log\left(y + \sqrt{y^2+1}\right)$$

임을 보이고, 다음을 확인하라.[60]

$$\boxed{\frac{d\sinh^{-1} y}{dy} = \frac{1}{\sqrt{y^2+1}}}$$

10. 구간 $x > 0$ 에서 쌍곡코사인함수 $y = \cosh x$ 의 역함수는

$$x = \cosh^{-1} y = \log\left(y + \sqrt{y^2-1}\right) \qquad (y \ge 1)$$

임을 보이고 $y > 1$ 일 때 다음을 확인하라.

$$\boxed{\frac{d\cosh^{-1} y}{dy} = \frac{1}{\sqrt{y^2-1}}}$$

11. 다음 등식을 보이라.

$$\sinh(\cosh^{-1} x) = \sqrt{x^2-1} \qquad (x > 1)$$

$$\cosh(\sinh^{-1} y) = \sqrt{1+y^2}$$

12. 다음 극한을 구하라.

$$\lim_{x\to 0} \frac{\sin x - \arctan x}{x^2 \log(1+x)}$$

13. 연속함수 f 가 모든 실수 x 에 대하여

$$(\exp x - 1) f(x) = x$$

를 만족시킬 때 다음 물음에 답하라. (제3절 연습문제 3 번 참고)

(1) $f(0)$ 의 값을 구하라.

(2) 미분계수 $f'(0)$ 의 값을 구하라.

(3) f 는 일대일 함수임을 밝히라.

(4) 함수 f 의 역함수를 g 라고 할 때, 미분계수 $g'(1)$ 의 값을 구하라.

14. 함수 $f(x) = 3x + \cos x$ 는 모든 실수 y 에 대하여 역함수 $g(y)$ 가 정의됨을 설명하고, 이때 미분계수 $g'(1)$ 과 $g''(1)$ 을 구하라.[61]

---

[60] 이 식을 달리 쓰면 다음과 같다.

$$\int \frac{dy}{\sqrt{y^2+1}} = \sinh^{-1} y + c$$

[61] $y = f(x)$ 이면

$$1 = f'(x)\frac{dx}{dy}, \qquad 0 = f''(x)\left(\frac{dx}{dy}\right)^2 + f'(x)\frac{d^2x}{dy^2}$$

이다.

15. 열린 구간 I_1 과 I_2 사이의 전단사함수 $f : I_1 \to I_2$ 가 두 번 미분가능하고, 모든 $x \in I_1$ 에 대하여 $f'(x) \neq 0$ 이라고 하자. 이때 $y = f(x)$ 의 역함수 $x = g(y)$ 도 두 번 미분가능하고,

$$g''(y) = -\frac{f''(x)}{(f'(x))^3}$$

임을 보이라. 또 $f(x)$ 가 세 번 미분가능하면 역함수 $g(y)$ 도 세 번 미분가능하고,

$$g'''(y) = \frac{3\,(f''(x))^2 - f'''(x)f'(x)}{(f'(x))^5}$$

임을 보이라. 그리고 일반적으로 $f(x)$ 가 n 번 미분가능하면 $g(y)$ 도 n 번 미분가능함을 보이라.

16. 함수 $f(x) = e^x + \log x$ 의 역함수를 $g(y)$ 라고 할 때, $y = e$ 에서 g 의 미분계수 $g'(e)$ 를 구하라. 또 "이계미분계수" $g''(e)$ 를 구하라.

17. 최근 10년간의 통계자료를 분석하여 보았더니 어떤 곡물의 연간 생산량 y 와 경작과정에서 사용하는 비료의 양 x 에 다음 관계가 있다는 것을 알았다: $y = 2x^3+3x^2+4x+4$. 이 곡물의 금년 생산량이 40 이라 하자. 내년에 생산량을 1% 증가시키려면 금년보다 비료를 몇 % 정도 더 많이 사용하여야 하는가?

18. 구간 $\left[-\frac{1}{2}, \frac{1}{2}\right]$ 에서 연속인 함수 $f(x)$ 가 식

$$\arcsin 2x = xf(x)$$

를 만족시킬 때, $f(0)$ 를 구하라.

19. 함수 $y = \tanh x$ 의 역함수를 $x = \tanh^{-1} y$ 로 두었을 때,

$$\boxed{\tanh^{-1} y = \frac{1}{2}\log\frac{1+y}{1-y} = y + \frac{y^3}{3} + \frac{y^5}{5} + \cdots \qquad (|y| < 1)}$$

임을 보이라. 그리고 이 식에서

$$\frac{d}{dy}\left(\tanh^{-1} y\right) = \frac{1}{1-y^2} \tag{8}$$

임을 보이라. 또

$$\frac{d}{dx}\tanh x = 1 - \tanh^2 x$$

을 이용하여 (8)을 보이라.

20. 실수 $c > 1$ 에 대하여 두 함수 $y = x^3 - x$, $y = c$ 의 그래프가 만나는 점의 x 좌표를 $g(c)$ 라 하자. 미분계수 $g'(6)$ 과 이계미분계수 $g''(6)$ 의 값을 구하라.

21. 해발 h 인 지점에서 바다를 바라볼 때 수평선을 넘어가는 배까지의 거리가 d 이면, 지구의 반지름은 대략 $d^2/(2h)$ 임을 설명하라.

제 7 절 부록: 미분방정식, 평균값 정리 등

7.1 미분방정식과 거듭제곱급수

자연과 사회의 여러 가지 변화들은 흔히 미분방정식으로 표현된다. 예를 들어 방사능 물질이 매순간 붕괴하는 양은 현재의 질량에 비례하여 나타나므로

$$m'(t) = -km(t) \tag{9}$$

와 같은 미분방정식으로 나타나고,[62] 은행에 예금한 돈에 이자가 붙어 늘어나는 것은

$$a'(t) = +ka(t) \tag{10}$$

와 같은 미분방정식으로 나타난다. 이와 같이 어떤 함수 $f(t)$ 와 그 도함수 $f'(t)$, 또는 $f''(t)$, $f'''(t)$ 등이 어떤 관계식

$$F\big(t, f(t), f'(t), f''(t), \dots\big) = 0$$

으로 표현될 때, 이 식을 **미분방정식**이라고 부르고, 이러한 식을 만족시키는 함수 $f(t)$ 를 구하는 것을 "미분방정식을 푼다"고 말한다.

예를 들어 미분방정식 (10)을 풀어 보자. 물론 이 식을 만족시키는 함수 $a(t)$ 는 미분가능한 함수이고, 따라서 연속함수일 것이다. 그런데 $a(t)$ 의 도함수 $a'(t)$ 가 $ka(t)$ 이므로, $a'(t)$ 는 연속함수이다. 이와 같이 도함수가 연속인 함수 $a(t)$ 를 일급 미분가능 함수 (differentiable function of class $\mathcal{C}^1$) 또는 줄여서 **일급함수**($\mathcal{C}^1$ 함수)라고 부른다.[63] 한편 $a'(t)$ 가 일급함수 $ka(t)$ 와 같으므로, $a'(t)$ 는 또다시 미분가능하고,

$$a''(t) = ka'(t) = k^2 a(t)$$

이므로 $a(t)$ 는 **이급함수**, 즉 $\mathcal{C}^2$ 함수이다. 이와 같이 처음에 주어진 관계식에서 새로운 관계식

$$a^{(n)}(t) = k^n a(t) \qquad (n = 0, 1, 2, 3, \dots)$$

---

[62] 뜨거운 커피가 식는 것도 유사한 미분방정식으로 나타난다. 시신의 온도를 조사하여 살인 사건이 일어난 시각을 추정하기도 한다.

[63] 자연수 k 에 대하여 도함수가 k 급함수인 함수를 $k+1$ 급함수 또는 $\mathcal{C}^{k+1}$ 함수라고 부른다. 함수

$$f(x) = \begin{cases} x^2 \sin \dfrac{1}{x}, & x \neq 0 \\ 0, & x = 0 \end{cases}$$

는 미분가능함수이지만 일급함수가 아니다 [제 1 장 8.8절 그림 참고]. 그러므로 이 함수의 원시함수는 두 번 미분가능하지만 이급함수는 아니다.

이 얻어지고, 이로부터 미분방정식 (10)의 해는, 만약 존재한다면,[64] **무한급함수** 즉 $\mathcal{C}^\infty$ 함수라는 것을 알 수 있다. 그러므로 처음에 예금한 금액을 $a_0 := a(0)$ 이라고 하면,

$$a^{(n)}(0) = k^n a_0$$

이고, 따라서 $a(t)$ 가 거듭제곱급수 함수라면

$$a(t) := \sum_{n=0}^{\infty} \frac{k^n a_0}{n!} t^n = a_0 e^{kt}$$

이라야 함을 알 수 있다. 이 함수 $a_0 e^{kt}$ 가 원하는 미분방정식을 만족시킨다는 것은 바로 알 수 있다. 특히 미분방정식 (10)의 해가 존재함을 안다.

이제 **초기 조건이 주어진** 미분방정식

$$a'(t) = ka(t), \qquad a(0) = a_0$$

을 만족시키는 함수는 $a_0 e^{kt}$ 뿐임을 보이자. 만약 $a(t)$ 가 위의 초기 조건이 주어진 방정식의 해라면,

$$\frac{d}{dt}\left(a(t)e^{-kt}\right) = a'(t)e^{-kt} + a(t)\left(-ke^{-kt}\right) = 0$$

이고, 따라서 $a(t)e^{-kt}$ 는 상수이다. 이 상수는, $t = 0$ 을 대입하면, a_0 이므로,

$$a(t) = a_0 e^{kt}$$

이다. □

7.1.1 기본연습문제

미분방정식 (9)를 풀라.

7.1.2 보기

미분방정식

$$f''(x) - 2xf'(x) - 2f(x) = 0 \tag{11}$$

을 만족시키는 함수 $f(x)$ 를 하나 구하여 보자.

먼저 이 방정식의 해가 거듭제곱급수

$$f(x) = \sum a_n x^n$$

[64]은행이 부도가 나지 않는다면, 해는 존재하겠지요. 존재하지 않는 것에 관심을 가지나요? [Gardner, 1965]를 읽어 보세요.

으로 주어진다고 가정하면 조건 (11)에서

$$(n+1)(n+2)a_{n+2} - 2na_n - 2a_n = 0$$

을 얻는다. 따라서

$$a_{n+2} = \frac{2}{n+2}\, a_n$$

이다. 만약 초기 조건을

$$a_0 = 1, \qquad a_1 = 0$$

으로 두면

$$a_{2n} = \frac{2}{2n}\, a_{2n-2} = \frac{2}{2n} \cdot \frac{2}{2n-2}\, a_{2n-4} = \cdots = \frac{1}{n!}$$

을 얻고,

$$a_{2n+1} = 0$$

이다. 따라서 초기 조건이 $f(0) = 1$, $f'(0) = 0$ 이면

$$f(x) = \sum a_{2n} x^{2n} = \sum \frac{1}{n!} x^{2n} = e^{x^2}$$

임을 안다.

7.1.3 기본연습문제

앞의 보기에서 만약 초기 조건을

$$a_0 = 0, \qquad a_1 = 1$$

로 두면

$$f(x) = \sum \frac{2^n}{3 \cdot 5 \cdots (2n+1)}\, x^{2n+1}$$

임을 보이라.

일반적으로 미분방정식의 해를 우리가 잘 아는 **초등함수**(初等函數, elementary function)로 표현하는 것은 쉽지 않다. 초등함수란, 다항함수나 유리함수, 지수함수나 로그함수, 삼각함수나 역삼각함수, 또는 이들의 합과 곱, 이들의 합성이나 역함수 등으로 표현되는 함수를 뜻한다 [수학사전]. 이러한 경우에는 수치해석적인 방법을 쓰거나, 거듭제곱급수를 이용하여 구할 수 있다.

7.2 평균값 정리

지수함수의 거듭제곱급수 전개를 밝히면서 평균값 정리를 사용하였고, 이 정리는 거듭제곱급수 기본정리를 증명하는 데에도 사용된다.[65]

정리 7.2.1 (평균값 정리) *연속함수 $f : [a, b] \to \mathbb{R}$ 가 구간 (a, b) 에서 미분가능하면,*

$$f'(c) = \frac{f(b) - f(a)}{b - a}$$

인 점, 즉 그 점에서의 순간변화율이 f 의 평균변화율과 같은 점 c 가 구간 (a, b) 안에 존재한다.[66]

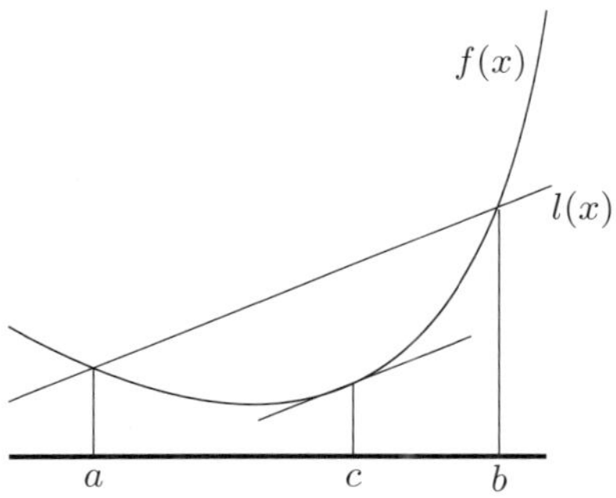

증명. 좌표평면에서 점 $(a, f(a))$ 와 점 $(b, f(b))$ 를 지나는 직선의 방정식을 $y = l(x)$ 라고 하면, 이 직선의 기울기 m 이 바로 $f(x)$ 의 평균변화율 $\frac{f(b)-f(a)}{b-a}$ 이다.

만약 $f = l$ 이면 구간 (a, b) 의 모든 점 c 에서 $f'(c) = l'(c) = m$ 이므로 더 이상 증명할 것이 없다. 그러므로 $f \neq l$ 라고 가정하기로 한다. 이때

$$g(x) := (f(x) - l(x))^2$$

---

[65] 평균값 정리를 누가 처음 발견하였는가에 대하여는 여러 가지 다른 견해가 있지만, 라그랑주를 떠올리는 학자들이 많다 [수학사전]. 그러나 인류의 정신 발전은 "집단의식"의 결과로 보고, 한 개인의 업적으로 보지 않는 것도 매우 오래된 견해이다.

[66] 미분가능한 함수를 이야기할 때에는 정의역이 보통 **열린 구간**이다. 열린 구간에 속하는 한 점은, 그 점뿐만이 아니라 그 점의 조그만 근방이 모두 그 구간에 포함된다. 함수의 변화율을 구하기 위해서는 그러한 구간에서 정의된 함수를 다루는 것이 당연하다. 정의역이 열린 구간이 아닌 경우에 함수 $f : I \to \mathbb{R}$ 가 "미분가능하다"는 것은 "구간 I 를 포함하는 어떤 열린 구간 $\tilde{I}$ 에서 정의된 미분가능한 함수로 f 를 **확장**할 수 있다"는 뜻이다. 평균값 정리를 적용할 수 있는 "구간 $[a, b]$ 에서 연속이고, 구간 (a, b) 에서 미분가능한 함수"의 보기이지만 구간의 한 끝점에서는 미분가능하지 않은 함수의 보기로는 $x \sin \frac{1}{x}$ 을 들 수 있다 (제 1 장 8절 연습문제 5번의 그래프 참고).

이 최대가 되는 점을 c라 하면,[67]

$$f(c) - l(c) \neq 0, \qquad a < c < b$$

이고, 따라서 임계점 정리에[68] 의하여

$$0 = g'(c) = 2\,(f(c) - l(c)) \cdot (f'(c) - m)$$

이다. 그러므로 $f'(c) = m$이다. □

7.2.2 기본연습문제

1. (**롤의 정리**) 연속함수 $f : [a, b] \to \mathbb{R}$가 $f(a) = f(b) = 0$이고 구간 (a, b)에서 미분가능하면, 구간 (a, b) 속에 $f'(c) = 0$인 점 c가 존재함을 밝히라. (수학사전 "평균값 정리" 참고)
2. 만약 f가 이차함수이면[69] 구간 $[a, b]$에서 f의 평균변화율은 구간의 중점 $c := \dfrac{a+b}{2}$에서의 순간변화율과 같음을 보이라.
3. 미분가능한 함수 $f : \mathbb{R} \to \mathbb{R}$가 $f(0) = 1$이고, 임의의 x에 대하여 $f'(x) \leq 0.2$이면 $f(5) \leq 2$임을 보이라.
4. 초속 0.2 km 이내로 달리고 있는 자동차가 현재 1 km 전방을 지나가고 있으면, 5초 후에는 2 km 이내에 있음을 보이라.

(최대최소 정리, 임계점 정리) $\Longrightarrow$ (평균값 정리) $\Longrightarrow$ (항등 정리)

평균값 정리의 응용으로 다음 "항등 정리"를 얻는다.

따름정리 7.2.3 (항등 정리) 1. *구간에서 정의된 함수의 도함수가 항등적으로 영이면, 이 함수는 상수함수이다.*[70]

2. *같은 구간에서 정의된 두 미분가능함수의 도함수가 같으면, 두 함수의 차는 상수함수이다.*

[67]유계인 닫힌 구간에서 정의된 연속함수는 최대점을 가진다 [[최대최소 정리]]. 위의 경우 c는 l과 f 사이의 거리가 최대로 되는 점이다.

[68]극대점이나 극소점을 **극점**이라 하는데, 최대점이나 최소점이 모두 극점이다. 순간변화율, 즉 미분계수가 영인 점을 **임계점**(臨界點, critical point)이라 한다. 페르마의 **임계점 정리**에 의하면 *열린 구간에서 정의된 미분가능함수의 극점에서는 순간변화율이 영이다* [수학사전].

[69]즉, $f(x) = \alpha x^2 + \beta x + \gamma$이고 $\alpha \neq 0$이면

$$f' = g',\ f(x_0) = g(x_0) \quad \Rightarrow \quad f = g$$

평균값 정리의 응용으로 다음 정리도 얻는다.

따름정리 7.2.4 *함수 $f(x)$ 가 구간 $[a, b]$ 에서 연속이고 구간 (a, b) 에서 미분가능하다고 하자. 이때 구간 (a, b) 의 모든 점에서 $f'(x) > 0$ 이면 $f(x)$ 는 순증가함수이다.*

위 정리 덕분에, 만약 $f(x)$ 가 두 번 미분가능하고 $f''(x) > 0$ 이면, $f'(x)$ 는 순증가함수이고, 따라서 $f(x)$ 는 순**볼록함수**이다.[71]

7.3 거듭제곱급수 기본정리의 증명

정리 7.3.1 (거듭제곱급수 기본정리 2.2.1) *거듭제곱급수 $\sum_{n=0}^{\infty} a_n x^n$ 의 수렴반경 r 가 양이면*

(i) *거듭제곱급수 $\sum_{n=1}^{\infty} n a_n x^{n-1}$ 의 수렴반경도 r 이다.*

(ii) *거듭제곱급수 $\sum_{n=0}^{\infty} \frac{a_n}{n+1} x^{n+1}$ 의 수렴반경도 r 이다.*

(iii) *구간 $-r < x < r$ 에서 $f(x) := \sum_{n=0}^{\infty} a_n x^n$ 으로 두면, 함수 $f(x)$ 는 미분가능하고*

(a) $f'(x) = \sum_{n=1}^{\infty} n a_n x^{n-1} \qquad (-r < x < r)$

(b) $\int_0^x f(t)\, dt = \sum_{n=0}^{\infty} \frac{a_n}{n+1} x^{n+1} \qquad (-r < x < r)$

이다.

증명. (i) 먼저 $0 < t < r$ 이면 $\sum n a_n t^{n-1}$ 이 수렴함을 밝힌다. 그러기 위하여 t 와 r 사이에 있는 실수 c 를 하나 잡는다.

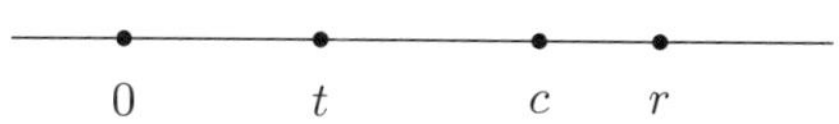

[70]관성의 법칙에 의하면 힘을 받지 않는 물체는 (가속도가 없고) 등속도 운동을 한다.

[71]수학사전 참고.

극한식

$$\lim_{n\to\infty} n^{1/n} = \lim_{n\to\infty} e^{\frac{1}{n}\log n} = 1$$

을 이용하면[72] 아주 큰 n 에 대하여 $n^{1/n}t < c$ 이고, 따라서

$$|na_nt^{n-1}| = |a_n|(n^{1/n}t)^n/t \le |a_n|c^n/t$$

를 얻는다. 이제 비교판정법에 의하여 급수 $\sum na_nt^{n-1}$ 이 절대수렴한다. 즉,

거듭제곱급수 $\sum na_nx^{n-1}$ 의 수렴반경은 r 이상 ....①

이다.

한편, $\sum |na_nx^{n-1}|$ 이 수렴하면 비교판정법에 의하여 $\sum |a_nx^{n-1}|$ 이 수렴하고, 따라서

$$\sum_{n=0}^{\infty} a_nx^n = a_0 + x\sum_{n=1}^{\infty} a_nx^{n-1}$$

이 수렴한다. 그러므로

거듭제곱급수 $\sum na_nx^{n-1}$ 의 수렴반경은 r 이하 ....②

이다. 이제 ①과 ②에서 거듭제곱급수 $\sum a_nx^n$ 과 $\sum na_nx^{n-1}$ 은 같은 수렴반경을 가진다.

(ii) 임의의 수열 (a_n) 에 대하여 거듭제곱급수 $\sum a_nx^n$ 과 $\sum na_nx^{n-1}$ 이 같은 수렴반경을 가진다는 것을 (i) 에서 살펴보았다. 같은 원리로 거듭제곱급수 $\sum \frac{a_n}{n+1}x^{n+1}$ 과 $\sum a_nx^n$ 도 같은 수렴반경을 가진다.

(iii-a) 이제 주어진 점 $x \in (-r, r)$ 에서 함수 $f(x) = \sum a_nx^n$ 의 **미분계수**, 즉 **순간변화율**이 $\sum na_nx^{n-1}$임을 보이자. 이것을 위해서는

$$\left(\lim_{h\to 0}\frac{f(x+h)-f(x)}{h}\right) - \sum na_nx^{n-1} = 0 \tag{12}$$

을 보이면 된다.

먼저 $|x| < c < r$인 c를 하나 고정하자. 그리고 h 의 절댓값이 아주 작아 $|x+h| < c$ 라고 가정하자. 그러면 $x+h$ 도 거듭제곱급수 $\sum a_nx^n$ 의 수렴반경 내부에 속하고, 따라서

$$\begin{aligned} A(h) \;&:=\; \frac{f(x+h)-f(x)}{h} - \sum na_nx^{n-1} \\ &= \frac{\sum a_n(x+h)^n - \sum a_nx^n}{h} - \sum na_nx^{n-1} \\ &= \sum a_n\left(\frac{(x+h)^n - x^n}{h} - nx^{n-1}\right) \end{aligned}$$

[72]함수 $y = x^{1/x}$ 의 그래프는 제 1 장 4절 연습문제 2번 참고. 위 극한식은 로그함수를 이용하면 $\lim_{n\to\infty}\frac{\log n}{n} = 0$ 과 동등한 식이다. 이 식은 뒤에서 다룰 "로피탈 정리" 또는 $\lim_{x\to\infty}\frac{x}{e^x} = 0$ 에서도 유도할 수 있다. 다른 방법으로는 미분법을 응용하여 $\log x < \sqrt{x}$ 를 알 수 있는데, 이로부터 위 극한식을 얻는다.

이다. 한편 평균값 정리에 의하면, x 와 $x+h$ 사이에 $(x+h)^n - x^n = hny_n^{n-1}$ 을 만족시키는 y_n 이 존재한다. 따라서

$$A(h) = \sum na_n \left({y_n}^{n-1} - x^{n-1}\right)$$

이다.

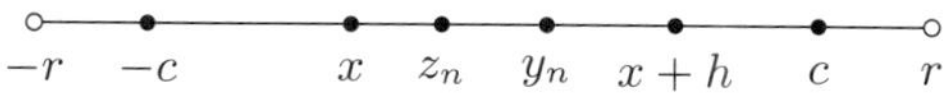

그림: $h > 0$ 인 경우

이제 다시 평균값 정리에 의하여

$${y_n}^{n-1} - x^{n-1} = (y_n - x)(n-1){z_n}^{n-2}$$

이 되도록 z_n 을 y_n 과 x 사이에서 취하면,

$$A(h) = \sum na_n(y_n - x)(n-1){z_n}^{n-2}$$

을 얻는다. 한편 $|y_n - x| \le |h|$, $|z_n| \le c$ 이므로

$$|A(h)| \le |h| \sum n(n-1)|a_n|c^{n-2}$$

이다.[73] 이 식에서 $\lim_{h\to 0} |A(h)| = 0$ 을 알고, 따라서 원하는 결론 (12)를 얻는다.

(iii-b) 마지막으로 **미적분학의 기본정리**에서[74]

$$\frac{d}{dx}\int_0^x \sum_{n=0}^{\infty} a_n t^n \, dt = \sum_{n=0}^{\infty} a_n x^n$$

이고, 또 (iii-a) 의 응용으로

$$\frac{d}{dx}\sum_{n=0}^{\infty} \frac{a_n}{n+1} x^{n+1} = \sum_{n=0}^{\infty} a_n x^n$$

을 안다. 한편 도함수가 같고, 원점에서의 값이 일치하는 두 함수는 같은 함수이므로 원하는 결론을 얻는다. □

[73](i) 을 두 번 적용하면, $\sum n(n-1)|a_n|c^{n-2} < \infty$.

[74]수학사전 참고.

7.4 역함수 정리의 증명

정리 7.4.1 (역함수 정리 6.1.4) *열린 구간 I 에서 정의된 함수 $f : I \to \mathbb{R}$ 가 미분가능하고 정의역의 임의의 점 x 에서 $f'(x) \neq 0$ 이면,*

(i) *f 는 일대일 함수이다.*

(ii) *f 의 치역 $J := f(I)$ 는 열린 구간이다.*

(iii) *f 의 역함수 $f^{-1} : J \to I$ 는 미분가능하다.*

(iv) *$x_0 \in I$ 이고 $y_0 := f(x_0)$ 이면, 다음 등식이 성립한다: $\frac{d}{dy} f^{-1}(y_0) = \frac{1}{\frac{d}{dx} f(x_0)}$.*

증명. 먼저 조건 $f'(x) \neq 0$ 에서, 항상 $f'(x) > 0$ 이거나 또는 항상 $f'(x) < 0$ 임을 안다.[75] 이제 편의상 $f'(x) > 0$ 이라고 가정하자. (그렇지 않은 경우에는 유사한 방법으로 증명하거나, 또는 $f(x)$ 대신에 $-f(x)$ 를 생각하면 된다.) 그러면 $f(x)$ 는 순증가함수이고,[76] 따라서 일대일 함수이다. 한편 **사이값 정리** 덕분에 f 의 치역 J 는 열린 구간임을 알 수 있다. 따라서 역함수 $f^{-1} : J \to I$ 가 존재하고, 이는 연속함수임을 쉽게 알 수 있다.[77] 이제 역함수 $x = f^{-1}(y)$ 의 도함수가 존재함을 밝혀 보자. 정의역의 점 x, x_0 에 대하여 $y := f(x)$, $y_0 := f(x_0)$ 으로 두면,

$$\frac{f^{-1}(y) - f^{-1}(y_0)}{y - y_0} = \frac{x - x_0}{f(x) - f(x_0)} = \frac{1}{\frac{f(x) - f(x_0)}{x - x_0}}$$

이다. 이때 y 가 y_0 에 가까이 가면, x 도 x_0 에 가까이 가고, 따라서 위 식의 극한값이 존재하고, 우리가 원하는 등식을 얻는다. □

---

[75] 이 부분은

> **도함수의 사이값 정리:** *함수 $f : [a, b] \to \mathbb{R}$ 가 미분가능하고 $f'(a)f'(b) < 0$ 이면, $f'(c) = 0$ 인 $c \in (a, b)$ 가 존재한다.*

의 결과이다 [수학사전]. 닫힌 구간 $[a, b]$ 에서 정의된 함수 $f(x)$ 가 **미분가능하다**는 것은 이 구간 $[a, b]$ 를 포함하는 열린 구간에서 정의된 미분가능한 함수 $\tilde{f}(x)$ 가 존재하여 $\tilde{f}(x) = f(x)$ 가 모든 $x \in [a, b]$ 에 대하여 성립한다는 뜻이다.

[76] 함수 $f(x)$ 가 주어진 구간에서

$$x_1 < x_2 \quad \Rightarrow \quad f(x_1) < f(x_2)$$

를 만족시키면, **순증가**한다고 한다. 마찬가지로

$$x_1 < x_2 \quad \Rightarrow \quad f(x_1) > f(x_2)$$

를 만족시키는 함수 $f(x)$ 를 **순감소**함수라고 부른다.

[77] "다변수 역함수 정리"에서는 역함수 $x = f^{-1}(y)$ 가 연속함수라는 것을 증명하는 것이 가장 어려운 부분이다.

제 2 장 탐구문제

1. 연속함수 $f(x)$ 가 모든 실수 x 에 대하여

$$x = \left(1 - e^{-x}\right) f(x)$$

를 만족시킬 때, 극한

$$\lim_{x \to 0} \frac{f(x) - 1 - \frac{1}{2}x}{x^2}$$

을 구하라.

2. (**거듭제곱급수와 복소수**) 지수함수의 거듭제곱급수전개

$$e^x = \sum \frac{x^n}{n!}$$

을 살펴보면, 이 등식의 오른쪽 항은 x 대신에 임의의 복소수[78]를 대입하여도 수렴하는 것을 알 수 있다.[79] 따라서 우리는 임의의 복소수 z 에 대하여

$$e^z := \sum_{n=0}^{\infty} \frac{z^n}{n!}$$

으로 정의한다. 특히 임의의 실수 θ 에 대하여

$$\begin{aligned} e^{i\theta} &= \sum_{n=0}^{\infty} i^n \frac{\theta^n}{n!} = \sum_{k=0}^{\infty} (-1)^k \frac{\theta^{2k}}{(2k)!} + i \sum_{k=0}^{\infty} (-1)^k \frac{\theta^{2k+1}}{(2k+1)!} \\ &= \cos\theta + i \sin\theta \end{aligned}$$

$$\boxed{e^{i\theta} = \cos\theta + i\sin\theta}$$

이다. 이 등식을 **오일러 항등식** 또는 **드므와부르-오일러**(De Moivre-Euler) **항등식**이라고 부른다.[80] 이와 같이 복소수체 안에서는 삼각함수나 지수함수가 모두 한 가족이다. 이제 임의의 복소수 z, w 에 대하여

$$e^{z+w} = e^z \cdot e^w$$

임을 보이라. 또 이 등식에서 삼각함수의 **덧셈정리**를 유도하라.

---

[78] 수학사전 참고.

[79] 복소수열이 수렴한다는 것은 그 수열의 실수부와 허수부가 각각 수렴한다는 뜻이다. 절대수렴하는 복소급수는 수렴한다는 것을 보일 수 있다.

[80] 이 항등식의 특별한 보기로 등식

$$e^{i\pi} + 1 = 0$$

을 얻는다. 이 등식은 가장 중요한 다섯 개의 상수와 가장 중요한 세 가지 연산, 그리고 등호로 이루어져 있는 아름다운 식이다.

3. 임의의 실수 θ에 대하여 등식

$$(\cos\theta + i\sin\theta)^n = \cos n\theta + i\sin n\theta$$

임을 밝히라.

4. 임의의 복소수 z에 대하여

$$\cosh iz = \cos z, \qquad \sinh iz = i\sin z$$

임을 보이라.

5. 등식

$$\tanh iz = i\tan z$$

가 성립하는 복소수 z를 모두 구하라.

6. 수렴반경이 r인 거듭제곱급수 $\sum a_n x^n$에서, 만약 $x > r$이면

$$\sup\{|a_1 x|, |a_2 x^2|, |a_3 x^3|, \dots\} = \infty$$

임을 보이라.[81]

7. (**아다마르**(Hadamard) **정리**) 수열 (a_n)에 대하여

$$\limsup_{n\to\infty}(a_n) := \lim_{n\to\infty} \sup\{a_n, a_{n+1}, a_{n+2}, \dots\}$$

으로 정의한다. 이때 급수 $\sum a_n x^n$의 수렴반경은

$$\left(\limsup_{n\to\infty} |a_n|^{1/n}\right)^{-1}$$

임을 보이라 [Cartan].

8. 다음 미분방정식을 풀어라. (단 $a > 0$이다.)

(1) $\dfrac{dy}{dx} = \dfrac{1}{x^2 + a^2}$　　(2) $\dfrac{dy}{dx} = \dfrac{1}{(x^2 + a^2)^2}$

(3) $\dfrac{dy}{dx} = \dfrac{1}{\sqrt{x^2 - 1}}$　　(4) $\dfrac{dy}{dx} = \dfrac{1}{\sqrt{(x-a)(x-b)}}$　　$(a < b)$

9. $\displaystyle\int_0^1 \frac{dx}{(x^2+1)^2}$의 값을 구하라.

10. $\displaystyle\int_0^1 \frac{2\,dx}{(x+1)(x^2+1)} = \frac{1}{2}\log 2 + \frac{\pi}{4}$ 임을 보이라.

[81] 집합 A의 상한을 $\sup A$로 나타낸다.

11. 이 문제에서는 탄젠트함수의 **덧셈정리**를 이용하여 원주율 π의 근삿값을 효과적으로 구하는 법을 살펴보기로 한다.

먼저 등식[82]

$$\tan(A+B) = \frac{\tan A + \tan B}{1 - \tan A \tan B}$$

의 양변에 arctan를 씌우면 $A + B = \arctan\left(\frac{\tan A+\tan B}{1-\tan A\tan B}\right)$ 이고, 여기에서 $A = \arctan a$, $B = \arctan b$로 두면 다음을 얻는다:[83]

$$\arctan a + \arctan b = \arctan\left(\frac{a+b}{1-ab}\right).$$

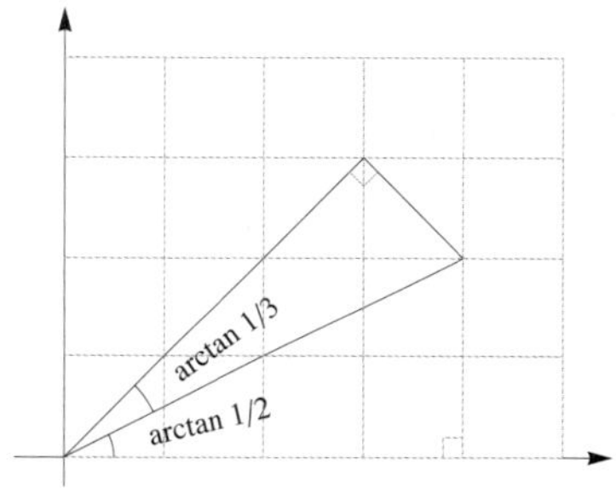

예를 들어 위 식에서 $a = \frac{1}{2}$, $b = \frac{1}{3}$로 두면 $\dfrac{a+b}{1-ab} = 1$ 이므로 **오일러의 등식**

$$\arctan\frac{1}{2} + \arctan\frac{1}{3} = \arctan 1 = \frac{\pi}{4}$$

를 얻는다.

한편 95쪽 식 (7) 에서

$$\left|R_4\left(\frac{1}{2}\right)\right| \le \frac{1}{5\cdot 2^5} = \frac{1}{160}, \qquad \left|R_4\left(\frac{1}{3}\right)\right| \le \frac{1}{5\cdot 3^5} = \frac{1}{1215} \le 10^{-3}$$

를 얻고, 따라서

$$\begin{aligned}
4\cdot\arctan\frac{1}{2} &\approx 4\left(\frac{1}{2} - \frac{1}{3}\cdot\left(\frac{1}{2}\right)^3 \pm \frac{1}{160}\right) = (2 - 0.1\dot{6}) \pm \frac{1}{40} \\
&= 1.8\dot{3} \pm 2.5\times 10^{-2} \\
4\cdot\arctan\frac{1}{3} &\approx 4\left(\frac{1}{3} - \frac{1}{3}\cdot\left(\frac{1}{3}\right)^3 \pm 10^{-3}\right) = \frac{4}{3}\left(1 - \frac{1}{27}\right) \pm 0.4\times 10^{-2} \\
&\approx 1.28 \pm 0.8\times 10^{-2} \qquad \left(\Leftarrow \quad \frac{4\cdot 26}{3\cdot 27} = 1.28 \pm 0.4\times 10^{-2}\right)
\end{aligned}$$

---

[82] $A, B, A+B \in \left(-\frac{\pi}{2}, \frac{\pi}{2}\right)$ 라고 가정한다.

[83] 이 식이 성립하려면

$$|\arctan a + \arctan b| < \frac{\pi}{2}$$

라는 가정이 필요하다. 특히 a, b의 절댓값이 모두 1보다 작으면, 이 가정은 만족된다. 일반적으로 이러한 가정이 없이 모든 실수 a, b에 대하여

$$\arctan a + \arctan b \equiv \arctan\left(\frac{a+b}{1-ab}\right) \qquad \mathrm{mod}\ \pi$$

가 성립한다. (두 실수 x, y의 차가 π의 배수인 경우 $x \equiv y \bmod \pi$로 쓴다.) 위 등식의 우변에서 $1 - ab = 0$인 경우는 $\arctan(\pm\infty) = \pm\dfrac{\pi}{2}$ 로 이해한다.

이다. 이를 이용하여

$$\pi = 4\left(\arctan\frac{1}{2} + \arctan\frac{1}{3}\right) \approx 3.11\dot{3} \pm 3.3 \times 10^{-2}$$

를 보이라.

12. 다음 등식을 보이라.

(1) $\arctan 1 + \arctan 2 + \arctan 3 = \pi$

(2) (마친 등식)[84]

$$\frac{\pi}{4} = 4\arctan\frac{1}{5} - \arctan\frac{1}{239}$$

(3) (**가우스 등식**)

$$\frac{\pi}{4} = 12\arctan\frac{1}{18} + 8\arctan\frac{1}{57} - 5\arctan\frac{1}{239}$$

(4) (샹크스 등식, 1853 년)

$$\frac{\pi}{4} = 6\arctan\frac{1}{8} + 2\arctan\frac{1}{57} + \arctan\frac{1}{239}$$

13. 다음 등식을 보이라.[85]

$$\begin{aligned}\pi &= \sum_{k=0}^{\infty}\frac{(-1)^k}{4^k}\left(\frac{2}{4k+1} + \frac{2}{4k+2} + \frac{1}{4k+3}\right)\\ &= \sum_{k=0}^{\infty}\frac{1}{16^k}\left(\frac{4}{8k+1} - \frac{2}{8k+4} - \frac{1}{8k+5} - \frac{1}{8k+6}\right)\end{aligned}$$

14. 우주의 팽창과 빅뱅에 관한 **허블-르메트르의 법칙**에 의하면 두 성운들 사이의 거리가 멀어지는 속력 v는 그들 사이의 거리 d에 비례한다:

$$v = Hd.$$

이 식을 음미하고 지수함수와의 관계를 설명하라. 또 가속력과 거리 사이의 관계를 구하라.

---

[84]런던대학교 교수인 마친(John Machin, 1680–1751)은 1706 년에 이 등식을 발견하여 π의 값을 소수점 이하 100 자리까지 셈하였다.

[85]두 번째 등식은 1996년에 D. Baily, P. Borwein, S. Pouffe가 발견하였다 [Stewart, 2013], [Adamchik, Wagon]. 이 식을 이용하면, 십육진법을 이용하여 원주율의 소수점 아래 k 번째 숫자를 바로 구할 수 있다.

제 3 장

테일러 전개

Modern science is founded almost entirely upon mathematics.

— J. Barrow, *Theories of Everything*, p.174 에서

함수 중 가장 기본적인 것은 다항함수라고 할 수 있다. 테일러[1] 정리는 미분가능한 함수가 다항함수와 잉여항의 합임을 말한다. 더 나아가 미분가능한 함수의 원점에서의 고계 미분계수들을 알면, 멀리 떨어진 점에서의 함숫값을 근사적으로 알 수 있다. 이러한 이론은 계산기 등이 초월함수의 값을 구할 수 있도록 설계할 때에도 응용된다. 테일러 정리를 증명하기 위하여, 코시(A. Cauchy, 1789–1857)의 평균값 정리와 로피탈(Guillaume de l'Hôpital, 1661–1704)의 정리를 살펴보기로 한다. 평균값 정리는 테일러 정리의 특별한 경우로 이해할 수 있다. 로피탈의 정리 대신에 수학적 귀납법을 사용하여 테일러 정리를 증명할 수도 있다.

(일급함수)	⊃	(이급함수)	⊃ ··· ⊃	(무한급함수)	⊃	(해석함수)	⊃	(대수함수)
∩								∪
(연속함수)								(일차함수)
∩								∪
(적분가능함수)		– – – – – – – – – – – – – – – – →						(상수함수)

그림: 함수 공간들의 포함관계

[1]뉴턴 이후에 영국의 수학계를 이끌었던 테일러(Brook Taylor, 1685–1731)는 1715 년에 테일러 전개에 관한 이론을 발표하였다.

제 1 절 로피탈의 정리

이 책에서는 몇 가지 다른 모양의 로피탈의 정리가 소개되는데, 가장 쉬운 경우를 먼저 살펴보기로 하자.[2]

정리 1.0.1 *실수 a 근방에서 정의된 두 함수 $f(x)$, $g(x)$ 가 $x = a$ 에서 모두 미분가능하고*

$$f(a) = g(a) = 0, \qquad g'(a) \neq 0$$

이라고 하자. 그러면

$$\lim_{x\to a} \frac{f(x)}{g(x)} = \frac{f'(a)}{g'(a)}$$

이다.

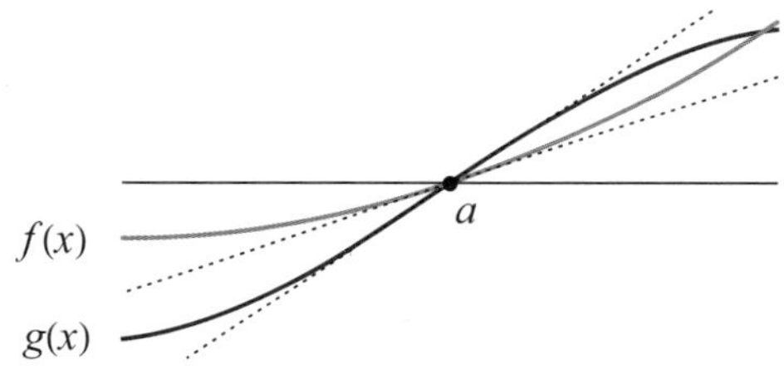

증명.

$$\lim_{x\to a} \frac{f(x)}{g(x)} = \lim_{x\to a} \frac{\dfrac{f(x)-f(a)}{x-a}}{\dfrac{g(x)-g(a)}{x-a}} = \frac{\displaystyle\lim_{x\to a} \frac{f(x)-f(a)}{x-a}}{\displaystyle\lim_{x\to a} \frac{g(x)-g(a)}{x-a}} = \frac{f'(a)}{g'(a)}$$

□

1.0.2 미분계수

위 정리에서 $f(x) := h(x) - h(a)$, $g(x) := x - a$ 로 두면, 미분계수를 정의하는 식

$$\lim_{x\to a} \frac{h(x)-h(a)}{x-a} = h'(a)$$

[2]로피탈이 1696 년에 익명으로 출판한 책에는 "$\frac{0}{0}$ 법칙"으로 이 정리가 소개되는데, 이 정리는 요한 베르누이에 의하여 발견되었다 [Thomas, Finney, p.492]. 로피탈과 베르누이 사이의 계약서에는 베르누이가 발견한 수학적 사실은 로피탈이 대가를 지불하고 독점적으로 사용할 권리를 갖는 것으로 되어 있었다 [Pappas, 1997].

를 얻는다. 예를 들면, 다음 것들이 이러한 보기에 해당된다.

$$\lim_{x\to 0}\frac{e^x-1}{x}=\left[\frac{e^x}{1}\right]_{x=0}=1,\qquad \lim_{x\to 0}\frac{\sin x}{x}=\left[\frac{\cos x}{1}\right]_{x=0}=1$$

$$\lim_{x\to 0}\frac{\log(1+x)}{x}=\left[\frac{1/(1+x)}{1}\right]_{x=0}=1$$

1.0.3 보기

다음 보기는 로피탈의 정리를 여러 번 사용하여 얻은 것이다:

$$\lim_{x\to 0}\frac{x-\sin x}{x^3}=\lim_{x\to 0}\frac{1-\cos x}{3x^2}=\lim_{x\to 0}\frac{\sin x}{6x}=\frac{1}{6}.$$

보기를 한 가지 더 들어 보자.

$$\begin{aligned}\lim_{x\to 1}\left(\frac{1}{\log x}-\frac{1}{x-1}\right) &= \lim_{x\to 1}\frac{x-1-\log x}{(x-1)\log x}\\ &= \lim_{x\to 1}\frac{1-1/x}{\log x+(x-1)/x} && (\Leftarrow \text{ 로피탈의 정리})\\ &= \lim_{x\to 1}\frac{1/x^2}{1/x+1/x^2} && (\Leftarrow \text{ 다시 로피탈의 정리})\\ &= \frac{1}{2}\end{aligned}$$

이제 위의 정리보다 조금 더 일반화된 정리를 소개한다.

정리 1.0.4 (로피탈의 정리) *구간 (a,b) 에서 정의된 미분가능한 함수 $f(x)$, $g(x)$ 에 대하여 $g'(x)\neq 0$ 이고 극한값*

$$l := \lim_{x\searrow a}\frac{f'(x)}{g'(x)}$$

가 존재한다고 하자.[3] *이때*

(i) $\lim_{x\searrow a} f(x)=0,\ \lim_{x\searrow a} g(x)=0$ *이거나 또는*

(ii) $\lim_{x\searrow a} f(x)=\infty,\ \lim_{x\searrow a} g(x)=\infty$

이면

$$\lim_{x\searrow a}\frac{f(x)}{g(x)}=l$$

이다.

이 정리의 증명은 부록에서 다루기로 한다.

무한대에서 일어나는 로피탈 정리는 연습문제 6 번 참고.

1.0.5 보기

$$\lim_{x\searrow 0} x\log x = \lim_{x\searrow 0}\frac{\log x}{1/x} = \lim_{x\searrow 0}\frac{1/x}{-1/x^2} = \lim_{x\searrow 0}(-x) = 0$$

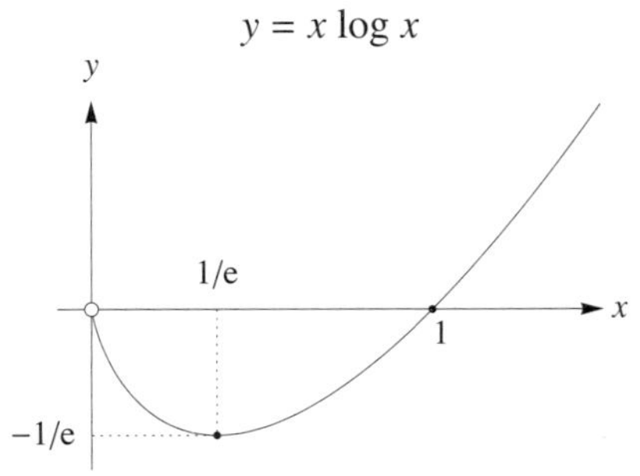

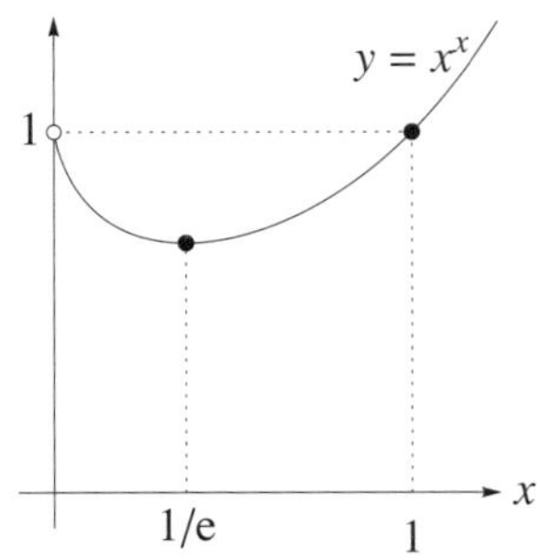

1.0.6 기본연습문제

1. 다음 명제들이 서로 동등함을 확인하라.[4]

   (a) $\lim_{x\searrow 0} x^x = 1$

   (b) $\lim_{x\searrow 0} x\ \log x = 0$

   (c) $\lim_{t\to\infty}\frac{\log t}{t} = 0$ (제1장 4절 그래프 참고)

   (d) $\lim_{t\to\infty} t^{1/t} = 1$ (제1장 4절 연습문제 그래프 참고)

2. $f(x) = \frac{1}{x} + \sin\frac{1}{x}$, $g(x) = \frac{1}{x}$ 일 때, $\lim_{x\searrow 0}\frac{f(x)}{g(x)}$ 와 $\lim_{x\searrow 0}\frac{f'(x)}{g'(x)}$ 가 같지 않음을 밝히라. 이 사실은 왜 로피탈의 정리에 어긋나지 않는가?

3. 로피탈의 정리 1.0.4 에는 무한대 기호(∞)가 두 개 나오는데, 이 중 하나를 $-\infty$ 로 바꾸어도 여전히 참인가? 둘 다 바꾸어도 여전히 참인가?

---

[3]여기에서 기호 $\lim_{x\searrow a}$ 는 "$x > a$ 이면서 x 가 a 에 가까이 갈 때"를 나타낸다. 로피탈 정리는 "$\lim_{x\searrow a}$"를 "$\lim_{x\nearrow b}$"로 바꾸어도 성립한다. 물론 점 $x = a$ 가 함수의 정의역에 속하면 $\lim_{x\searrow a}$ 대신에 $\lim_{x\to a}$ 로 바꾸어 이해하면 된다. 로피탈의 정리는 $l = \infty$ 일 때에도 성립한다.

[4]두 명제 p, q 가 **동등**하다는 것은 p 가 참이라면 q 도 참이고, q 가 참이라면 p 도 참이라는 뜻이다. 진릿값(참, 거짓)이 같다는 뜻에서 **동치**라고도 한다.

연습문제: 제 3 장 1 절

1. 다음 극한을 구하라.

(1) $\lim_{x\to 0}\frac{1-\cos x}{x^2}$ (2) $\lim_{x\to 0}\frac{e^x-1-x}{x^2}$

(3) $\lim_{x\to 0}\frac{x-\tan x}{x-\sin x}$ (4) $\lim_{x\to 0}\frac{e^x-e^{-x}}{\sin x}$

(5) $\lim_{x\to 0}\frac{e^x-1}{\log(1+x)}$ (6) $\lim_{x\to 0}(e^x+x)^{1/x}$

(7) $\lim_{x\to 0}\left(\frac{1}{\sin x}-\frac{1}{x}\right)$ (8) $\lim_{x\to 0}\frac{\tan x-\sin x}{x^3}$

(9) $\lim_{x\searrow 0}\sin x\log x$ (10) $\lim_{x\searrow 0}\sqrt{x}\log x$

(11) $\lim_{x\searrow 0}x^a\log x \quad (a>0)$ (12) $\lim_{x\searrow 0}x^{x^x}$

(13) $\lim_{x\searrow 0}x^{\sin x}$ (14) $\lim_{x\searrow 0}\frac{\sqrt{x}}{\sqrt{x}+\sin\sqrt{x}}$

2. 미분가능한 함수 f 와 정의역의 점 x 에 대하여 다음을 밝히라.

$$f'(x)=\frac{1}{2}\lim_{h\to 0}\frac{f(x+h)-f(x-h)}{h}$$

3. 두 번 미분가능한 함수 f 와 정의역의 점 x 에 대하여 다음을 밝히라.

$$f''(x)=\lim_{h\to 0}\frac{f(x+h)+f(x-h)-2f(x)}{h^2}$$

4. 세 번 미분가능한 함수 f 와 정의역의 점 x 에 대하여 다음을 밝히라.

$$f'''(x)=3\lim_{h\to 0}\frac{f(x+h)-f(x-h)-2f'(x)h}{h^3}$$

5. 열린 구간 I 에서 두 번 미분가능한 함수 $f(x)$ 가 있다고 하자. 이때 구간 I 의 점 a 가 $f(x)$ 의 임계점, 즉 $f'(a)=0$ 이라고 하자.

   (1) 만약 $f''(a)>0$ 이면 $x=a$ 는 $f(x)$ 의 극소점임을 보이라.[5]

   (2) 만약 $f''(a)<0$ 이면 $x=a$ 는 $f(x)$ 의 극대점임을 보이라.[6]

6. (**로피탈의 정리$^\infty$**) 구간 (a,∞) 에서 정의된 두 미분가능한 함수 f,g 에 대하여 극한값

$$l:=\lim_{x\to\infty}\frac{f'(x)}{g'(x)}$$

이 존재한다고 하자.[7] 이때

[5]점 $x=a$ 가 함수 $f(x)$ 의 **극소점**(極小點, local minimum)이라는 것은 a 에 가까운 임의의 점 x 에 대하여 $f(x)\ge f(a)$ 임을 뜻한다.

[6]점 $x=a$ 가 함수 $f(x)$ 의 **극대점**(極大點, local maximum)이라는 것은 a 에 가까운 임의의 점 x 에 대하여 $f(x)\le f(a)$ 임을 뜻한다.

[7]이때 x 가 아주 크면 $g'(x)\ne 0$ 이라고 가정한다. 로피탈의 정리는 $l=\infty$ 일 때에도 참이다.

(i) $\lim_{x\to\infty} f(x) = \lim_{x\to\infty} g(x) = 0$ 이거나, 또는

(ii) $\lim_{x\to\infty} f(x) = \lim_{x\to\infty} g(x) = \infty$

이면, $\lim_{x\to\infty} \frac{f(x)}{g(x)} = l$ 임을 보이라.

7. 로피탈의 정리를 이용하여

$$\lim_{n\to\infty} (1+n)^{1/n} = 1$$

임을 보이라.

8. 로피탈의 정리를 이용하여 다음을 보이라.

$$\lim_{x\to\infty} \frac{x}{e^x} = 0, \qquad \lim_{x\to\infty} \frac{x^2}{e^x} = 0.$$

일반적으로 임의의 다항식 $p(x)$ 에 대하여 다음을 보이라.

$$\lim_{x\to\infty} \frac{p(x)}{e^x} = 0.$$

9. 다음을 보이라.

$$\lim_{x\to\infty} \frac{\log x}{x} = 0, \qquad \lim_{x\to\infty} \frac{\log x}{\sqrt{x}} = 0.$$

일반적으로 임의의 자연수 n 에 대하여

$$\lim_{x\to\infty} \frac{\log x}{\sqrt[n]{x}} = 0$$

임을 보이라.

10. 미분가능한 함수 $f(x)$, $g(x)$ 가 $x=a$ 근방에서 정의되어 있고,

$$\lim_{x\to a} f(x) = \infty = \lim_{x\to a} g(x), \qquad g'(x) \neq 0, \qquad \lim_{x\to a} \frac{f'(x)}{g'(x)} = 2$$

라고 하자. 이때 $\lim_{x\to a} \frac{\log f(x)}{\log g(x)}$ 의 값을 구하라.

11. 영 이상인 임의의 실수 a, b, c 에 대하여 다음을 밝히라.

(1) $\lim_{n\to\infty} \left(\frac{a^{1/n}+b^{1/n}}{2}\right)^n = \sqrt{ab}$

(2) $\lim_{n\to\infty} \left(\frac{a^{1/n}+b^{1/n}+c^{1/n}}{3}\right)^n = \sqrt[3]{abc}$

12. 다음 극한을 구하라.

(1) $\lim_{n\to\infty} \frac{1}{\sqrt{n}} \left(1+\frac{1}{2}+\cdots+\frac{1}{2n-1}+\frac{1}{2n}\right)$

(2) $\lim_{n\to\infty} \frac{1}{n} \left(1+\frac{1}{2}+\cdots+\frac{1}{3n-1}+\frac{1}{3n}\right)^2$

(3) $\lim_{n\to\infty} \frac{1}{n} \left(1+\frac{1}{2}+\cdots+\frac{1}{4n-1}+\frac{1}{4n}\right)^5$

제 2 절 무한소와 근사다항식

다항함수들

$$a_0 + a_1 x + \cdots + a_n x^n$$

은 가장 기초적인 함수들로서 구체적으로 셈을 할 수도 있고, 미분법을 이용하여 그 그래프의 모양을 살펴보거나, 함수의 증감 등 여러 가지 성질을 쉽게 알 수 있다. 이들은 연못의 분수에서 나오는 물의 궤적을 설명하는 데 쓰이기도 하고, 멋있는 곡선을 설계하거나 자동차의 외형이나 글꼴을 디자인할 때에도 매우 유용하게 쓰인다. 이 절에서는 일반적인 (미분가능한) 함수를 다항함수로 근사시키는 법을 알아본다.

실수의 원점 근방에서 정의된 함수 $f(x)$가 $f(0) = 0$이고

$$\lim_{x \to 0} \frac{f(x)}{x} = 0$$

이면, 함수 $f(x)$가 원점 근방에서 0으로 수렴하는 정도는 x가 0으로 수렴하는 정도보다 훨씬 빠르다는 것을 알 수 있다.

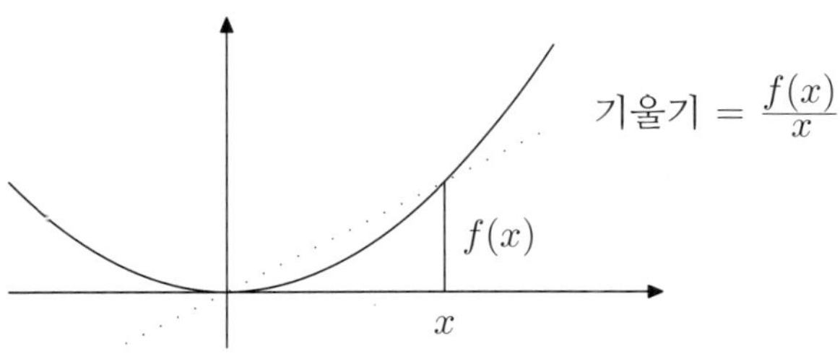

이때 함수 $f(x)$의 그래프를 그려 보면, $f(x)$는 원점에서 기울기가 0이므로, x축에 접하게 된다. 이와 같이 원점 근방에서 **항등함수** x보다 훨씬 빨리 0에 수렴하는 함수 $f(x)$를

$$|f(x)| \ll |x| \qquad \text{또는} \qquad f(x) = o(x)$$

등으로 표시하고,[8] "$f(x)$는 (원점 근방에서) $o(x)$이다" 또는 "$f(x)$는 x보다 절대

[8] $f(x) = o(x)$라는 표현은 논리적으로 썩 좋은 표현은 아니다. 이 표현에 의하면, $f(x) = o(x)$이면 $2f(x) = o(x)$이므로, $2o(x) = o(x)$라는 식을 얻는다. 이러한 식은 '무한소'들이 만족시키는 식이다. 굳이 논리적인 표현을 하자면, $o(x)$라고 부르는 집합을 도입한 다음 $f(x) \in o(x)$라고 쓰거나 또는 $f(x) \equiv 0 \mod o(x)$로 쓸 수 있다. 앞으로 $f(x) - g(x) \in o(x)$이면 $f(x) = g(x) + o(x)$로 쓰기로 한다. 조그만 o는 독일의 정수론 학자인 란다우(Edmund Landau, 1877–1938)가 1909년에 도입하였는데, 역시 독일의 정수론 학자인 바흐만(P. Bachmann, 1837–1920)이 1894년에 도입한 큰 O에서 영향을 받았다. (큰 O에 대해서는 탐구문제 참고.)

적으로 아주 작다"라고 말한다. 따라서 원점 근방에서 정의된 함수 $f(x)$가 $o(x)$일 필요충분조건은 $f(x)$가 원점에서 미분가능하고

$$f(0) = 0, \qquad f'(0) = 0$$

이다.

간단한 보기로 제곱함수 $y = x^2$은 $o(x)$이다.

다른 보기로 $\cos x$는 원점 근방에서 어떤 거듭제곱급수 함수 $u(x)$에 대하여

$$\cos x = 1 - x^2 u(x)$$

로 쓸 수 있으므로[9]

$$1 - \cos x = x^2 u(x) = o(x)$$

이다.

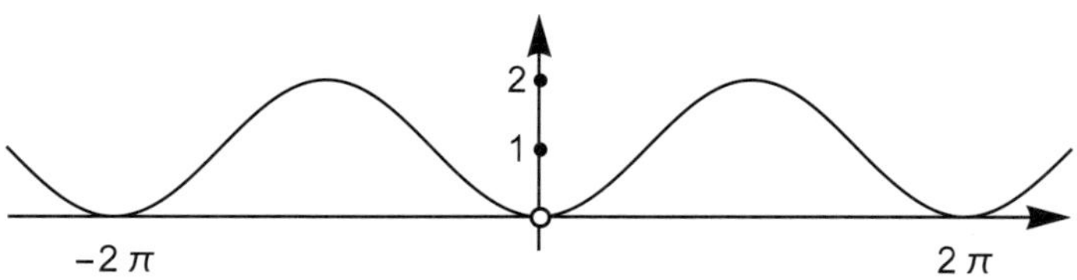

그림: $1 - \cos x$는 $o(x)$

마찬가지로 어떤 거듭제곱급수 함수 $v(x)$에 대하여

$$\sin x = x - x^3 v(x)$$

로 쓸 수 있으므로

$$\sin x = x + o(x)$$

이다.

2.0.1 기본연습문제

원점 근방에서 정의된 두 함수 $f(x)$와 $g(x)$가 모두 $o(x)$이면, $f(x) + g(x)$도 $o(x)$임을 보이라. 또 임의의 실수 c에 대하여 $cf(x)$도 $o(x)$임을 보이라.

[9]제 2 장 4절 연습문제 참고.

2.1 일차 근사다항식

원점 근방에서 함수 $y = \sin x$ 에 가장 가까운 일차함수는 무엇일까?

라는 질문을 생각하여 보자. 사인함수는 그 그래프가 좌표평면의 원점을 지나고, 원점에서의 접선의 기울기가 $\sin'(0) = \cos(0) = 1$ 이다. 따라서 (원점을 지나고) 기울기가 1인 함수 $y = x$ 가 사인함수에 가장 가까운 일차함수라고 말할 수 있다.

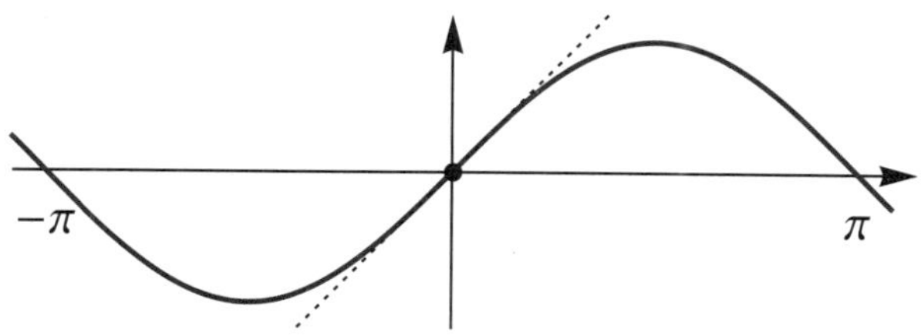

그림: $y = \sin x$ (실선)과 $y = x$ (점선)

일반적으로, 원점 근방에서 정의된 함수 $f(x)$ 에 대하여, 일차 함수 (즉 차수가 1인 다항함수) $p(x) = a + bx$ 가

$$f(x) - p(x) = o(x)$$

를 만족시키면, $p(x)$ 를 '원점 근방에서 $f(x)$ 의 **일차 근사다항식**'이라고 부른다. 이때

$$0 = f(0) - p(0) = f(0) - a$$

이므로 $a = f(0)$ 이고,

$$0 = \lim_{x\to 0} \frac{f(x) - (a + bx)}{x} = \lim_{x\to 0} \left(\frac{f(x) - f(0)}{x} - b \right) = f'(0) - b$$

이므로 $b = f'(0)$ 이다.

따라서 일차 근사다항식 $p(x)$ 는 바로 *접선*의 식 $f(0) + f'(0)x$ 이다. 즉,

$$\boxed{f(x) = f(0) + f'(0)x + o(x)}$$

이다. 이를 보면, 원점에서 주어진 함수에 가장 가까운 일차식이 존재한다는 것은 그 함수가 원점에서 미분가능하다는 것과 같은 뜻임을 알 수 있다.

2.2 이차 근사다항식

원점 근방에서 정의된 미분가능한 함수 $f(x)$ 는

$$\lim_{x\to 0} \frac{f(x) - (f(0) + f'(0)x)}{x} = 0$$

이므로 $f(x) - (f(0) + f'(0)x) = o(x)$ 이다.

이제 $f(x)$ 가 두 번 미분가능한 경우에는, 로피탈의 정리 덕분에

$$\lim_{x\to 0} \frac{f(x) - (f(0) + f'(0)x)}{x^2} = \lim_{x\to 0} \frac{f'(x) - f'(0)}{2x} = \frac{1}{2}f''(0)$$

을 얻는다. 그러므로

$$\lim_{x\to 0} \frac{f(x) - (f(0) + f'(0)x + \frac{1}{2}f''(0)x^2)}{x^2} = 0$$

이다.

원점 근방에서 함수 x^2 보다 훨씬 빨리 0 에 수렴하는 함수를 $o(x^2)$ 이라 하면, 위 식은

$$f(x) - \left(f(0) + f'(0)x + \tfrac{1}{2}f''(0)x^2\right) = o(x^2)$$

으로 나타낼 수 있다. 이때 이차함수 $f(0) + f'(0)x + \frac{1}{2}f''(0)x^2$ 을 (원점 근방에서) $f(x)$ 의 **이차 근사다항식**이라 한다. 그러므로 함수 $f(x)$ 의 값을 이차식으로 근사할 수 있다. (만약 $f''(0) = 0$ 이면, 이차 근사다항식은 일차 근사다항식과 같다.)

만약 $f(x)$ 가 세 번 미분가능하면, 로피탈의 정리를 두 번 사용하여

$$\begin{aligned}\lim_{x\to 0} \frac{f(x) - \left(f(0) + f'(0)x + \frac{1}{2}f''(0)x^2\right)}{x^3} &= \lim_{x\to 0} \frac{f'(x) - (f'(0) + f''(0)x)}{3x^2} \\ &= \lim_{x\to 0} \frac{f''(x) - f''(0)}{3!\,x} \\ &= \frac{1}{3!}f'''(0)\end{aligned}$$

을 얻는다. 그러므로

$$\lim_{x\to 0} \frac{f(x) - \left(f(0) + f'(0)x + \frac{1}{2}f''(0)x^2 + \frac{1}{3!}f'''(0)x^3\right)}{x^3} = 0$$

이다. 이 식을

$$f(x) - \left(f(0) + f'(0)x + \tfrac{1}{2}f''(0)x^2 + \tfrac{1}{3!}f'''(0)x^3\right) = o(x^3)$$

으로 표현한다. 그러므로 $f(0) + f'(0)x + \frac{1}{2}f''(0)x^2 + \frac{1}{3!}f'''(0)x^3$ 가 (원점 근방에서) 함수 $f(x)$ 에 가장 가까운 삼차함수이다.

2.3 $o(x^n)$

실수체의 원점 근방에서 정의된 함수 $f(x)$가 $f(0) = 0$이고, 어떤 자연수 n에 대하여,

$$\lim_{x\to 0}\frac{f(x)}{x^n} = 0$$

이면, 함수 $f(x)$가 원점 근방에서 0으로 수렴하는 정도는 x^n이 0으로 수렴하는 정도보다 훨씬 빠르다. 이와 같은 함수 f를

$$|f(x)| \ll |x^n| \qquad \text{또는} \qquad f(x) = o(x^n) \qquad \text{또는} \qquad f(x) \in o(x^n)$$

등으로 표시하고, "f는 (원점 근방에서) $o(x^n)$이다" 또는 "$f(x)$는 x^n보다 절대적으로 아주 작다"라고 말한다.

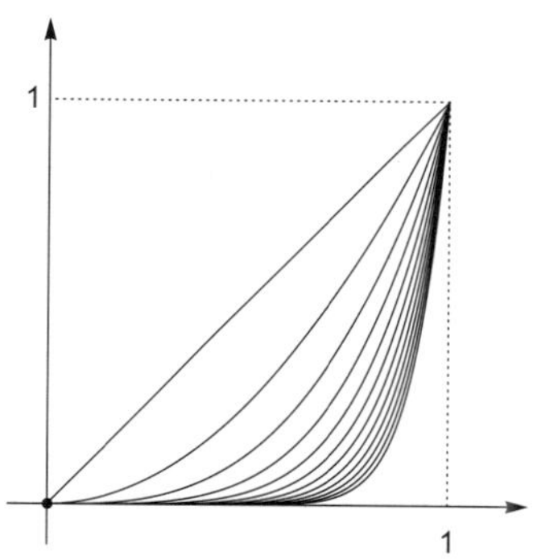

그림: $y = x^n$, $n = 1, 2, \ldots, 12$

보기를 들면, 함수 $x\sqrt{x}$는 $o(x)$이지만, $o(x^2)$은 아니다.

다른 보기로는, 어떤 거듭제곱급수 함수 $u(x)$에 대하여

$$\cos x = 1 - \frac{1}{2}x^2 + x^4u(x)$$

로 쓸 수 있으므로 $\cos x - 1 + \frac{1}{2}x^2 = o(x^3)$이다.

일반적으로 자연수 n에 대하여 함수 $f(x)$가 $o(x^{n+1})$이면, $f(x)$는 $o(x^n)$이다.

$$o(x) \supset o(x^2) \supset o(x^3) \supset \cdots$$

정리 2.3.1 *다음은 원점 근방에서 정의된 n번 미분가능한 함수 $f(x)$가 $o(x^n)$일 필요충분조건이다:*

$$f(0) = 0, \quad f'(0) = 0, \quad \cdots, \quad f^{(n)}(0) = 0.$$

증명. 만약 $f(0) = f'(0) = \cdots = f^{(n-1)}(0) = 0$이면 로피탈의 정리에서

$$\lim_{x\to 0} \frac{f(x)}{x^n} = \lim_{x\to 0} \frac{f'(x)}{nx^{n-1}} = \cdots = \lim_{x\to 0} \frac{f^{(n-1)}(x)}{n!x} = \frac{f^{(n)}(0)}{n!} \tag{1}$$

을 얻는다. 따라서 $f(0) = f'(0) = \cdots = f^{(n-1)}(0) = f^{(n)}(0) = 0$이면

$$\lim_{x\to 0} \frac{f(x)}{x^n} = \frac{f^{(n)}(0)}{n!} = 0,$$

즉 $f(x) = o(x^n)$이다.

역으로

$$f(x) = o(x^n) \qquad \Rightarrow \qquad f(0) = f'(0) = \cdots = f^{(n)}(0) = 0 \qquad (*)$$

임을 자연수 n에 대한 (수학적) **귀납법**(歸納法, induction)[10]을 써서 밝힌다.

$n = 1$일 때에는 이미 앞에서 살펴본 명제이다.

이제 $n > 1$이라고 가정하자. $f(x) = o(x^n)$이면 $f(x) = o(x^{n-1})$이고, 따라서 귀납법의 가정[11]에 의하여

$$f(x) = o(x^{n-1}) \qquad \Rightarrow \qquad f(0) = f'(0) = \cdots = f^{(n-1)}(0) = 0$$

임을 안다. 그러므로 (1)에서

$$0 = \lim_{x\to 0} \frac{f(x)}{x^n} = \frac{f^{(n)}(0)}{n!}$$

을 얻는다. 따라서 $(*)$가 참이다. □

---

[10]도미노를 일렬로 세워 두었을 때, n번째 도미노가 넘어지면 $(n+1)$번째 도미노가 넘어진다고 하자. 이때 첫 번째 도미노가 넘어지면 모든 도미노가 다 넘어진다.

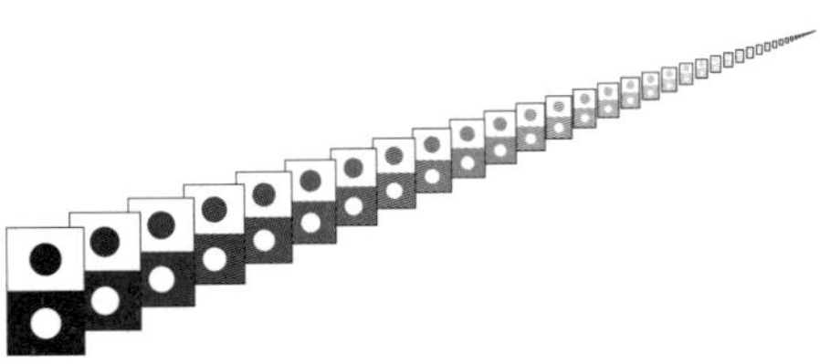

[11]$n-1$번째 명제가 참이라는 가정

2.4 테일러 정리

함수 $f(x)$ 에 대하여 다항함수 $p(x) = p_0 + p_1 x + \cdots + p_n x^n$ 이

$$f(x) - p(x) = o(x^n)$$

을 만족시키면, $p(x)$ 를 "원점에서 $f(x)$ 의 n 차 **근사다항식**" 또는 "원점에서 $f(x)$ 의 n 차 **테일러 다항식**"이라고 부른다.[12]

특별한 말이 없으면, 근사다항식은 원점을 기준으로 한 것을 뜻한다.

다음 정리는 근사다항식의 존재성과 유일성에 대하여 말한다.

정리 2.4.1 (테일러 정리) *원점 근방에서 n 번 미분가능한 함수 $f(x)$ 의 n 차 근사다항식은 오직 하나뿐이고, 그것은*

$$T_n f(x) := f(0) + f'(0)x + \cdots + \frac{f^{(n)}(0)}{n!}x^n$$

이다.

증명. $f(x)$ 와 $T_n f(x)$ 는

$$f(0) = T_n f(0), \quad f'(0) = T_n f'(0), \quad \ldots \quad , \quad f^{(n)}(0) = T_n f^{(n)}(0)$$

이므로 정리 2.3.1 에서

$$\boxed{f(x) - T_n f(x) = o(x^n)}$$

임을 안다. 즉, $T_n f(x)$ 가 $f(x)$ 의 n 차 근사다항식이다.

이제 유일성을 밝히기 위하여 다항식 $p(x) = p_0 + p_1 x + \cdots + p_n x^n$ 이 $f(x)$ 의 n 차 근사다항식이라고 가정하자. 그러면 $f(x) - p(x) = o(x^n)$ 이고, 따라서

$$f(0) - p(0) = f'(0) - p'(0) = \cdots = f^{(n)}(0) - p^{(n)}(0) = 0$$

이다. 한편 $p_0 = p(0)$, $p_1 = p'(0)$, $\ldots$, $p_n = p^{(n)}(0)/n!$ 이므로

$$p(x) = p(0) + p'(0)x + \cdots + \frac{p^{(n)}(0)}{n!}x^n = f(0) + f'(0)x + \cdots + \frac{f^{(n)}(0)}{n!}x^n = T_n f(x)$$

이다. 이로써 증명이 완결된다. □

[12] n 차 근사다항식의 차수(次數, degree)는 n 이하이다.

주어진 함수와 근사다항식의 차

$$R_n f(x) := f(x) - T_n f(x)$$

를 $f(x)$ 의 n 차 테일러 **나머지항**이라고 부른다. 이때

$$f(x) = T_n f(x) + R_n f(x)$$

와 같은 표현을 원점에서 $f(x)$ 의 **테일러 전개**라고 부른다. 나머지항은 당연히

$$R_n f(x) = o(x^n)$$

이다.

앞으로 혼란이 없으면 $T_n f(x)$ 와 $R_n f(x)$ 대신에 간단히 $T_n(x)$ 와 $R_n(x)$ 로 쓰기로 한다.

2.4.2 보기

함수 $f(x) = \cos(x + x^2)$ 의 3 차 근사다항식을 구하여 보자.

먼저

$$\begin{aligned} f'(x) &= -(1+2x)\sin(x+x^2) \\ f''(x) &= -2\sin(x+x^2) - (1+2x)^2\cos(x+x^2) \\ f'''(x) &= -2(1+2x)\cos(x+x^2) - 4(1+2x)\cos(x+x^2) \\ &\quad + (1+2x)^3\sin(x+x^2) \end{aligned}$$

에서 $f(0) = 1$, $f'(0) = 0$, $f''(0) = -1$, $f'''(0) = -6$ 을 얻는다. 그러므로 구하는 근사다항식은

$$T_3(x) = 1 - \frac{1}{2}x^2 - x^3$$

이다.

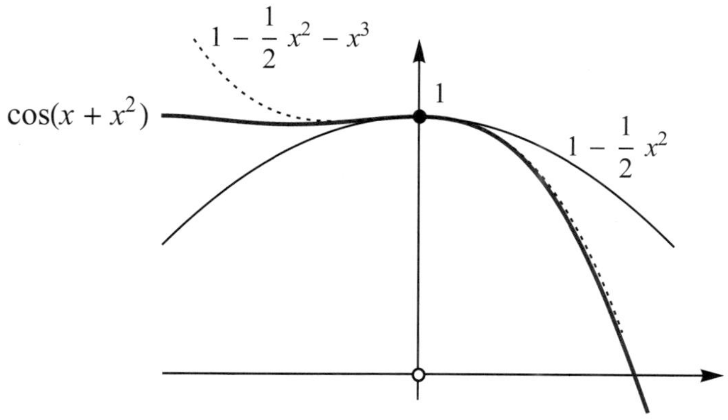

그림: 함수 $\cos(x+x^2)$과 근사함수들

이 문제는 다음과 같이 풀 수도 있다. 먼저

$$\cos x = 1 - \frac{1}{2}x^2 + o(x^3)$$

에서 x 대신에 $x + x^2$ 을 대입하면

$$\begin{aligned}\cos(x+x^2) &= 1 - \frac{1}{2}(x+x^2)^2 + o(x^3) \\ &= 1 - \frac{1}{2}x^2 - x^3 + o(x^3)\end{aligned}$$

을 얻는다. 이때 테일러 전개의 유일성 때문에 원하는 삼차 근사다항식이 $1 - \frac{1}{2}x^2 - x^3$ 임을 바로 안다.

연습문제: 제 3 장 2 절

1. 지수함수 $\exp(x)$ 의 2차 근사다항식을 구하라.

2. 코사인함수 $f(x) = \cos x$ 의 2차 근사다항식을 구하라.

3. 함수 $f(x) = x(x-1)(x-2)$ 의 3차 근사다항식을 구하라.

4. 함수 $f(x)$ 가 n 차 다항함수이면 $f(x)$ 는 자신의 n 차 근사다항식과 일치함을 보이라.

5. 원점 근방에서 정의된 함수 $f(x)$ 와 $g(x)$ 가 모두 $o(x^k)$ 이면, $f(x) + g(x)$ 도 $o(x^k)$ 임을 보이라. 또 임의의 실수 c 에 대하여 $cf(x)$ 도 $o(x^k)$ 임을 보이라.

6. 두 일차 다항함수 $l_1(x)$ 와 $l_2(x)$ 의 차가 $o(x)$ 이면, $l_1(x) = l_2(x)$ 임을 보이라.

7. 두 n 차 다항함수 $p_1(x)$ 와 $p_2(x)$ 의 차가 $o(x^n)$ 이면, $p_1(x) = p_2(x)$ 임을 보이라.

8. 다음 함수의 원점에서의 3차 근사다항식을 구하라.

   (1) $f(x) = e^x \sin x$ (2) $f(x) = x \log(1+x)$

   (3) $f(x) = e^{-x^2}$ (4) $f(x) = \sin \exp x$

   (5) $f(x) = x - \cos x$ (6) $f(x) = 2^x$

   (7) $f(x) = \sqrt{1+x}$ (8) $f(x) = (1+x)^{-1}$

9. 다음을 보이라.

   (1) $\cosh x = \cos x + o(x)$ (2) $\sinh x = \sin x + o(x^2)$

   (3) $\tanh x = \arctan x + o(x^4)$

10. $f(x)$ 가 $o(x^3)$ 이면 $f(x+x^2)$ 도 $o(x^3)$ 임을 보이라.

11. 함수 $f(x)$ 가 $o(x^n)$ 이고, 함수 $g(x)$ 가 $o(x^m)$ 이면, $f(g(x)) = o(x^{mn})$ 임을 밝히라.

12. 원점 근방에서 정의된 연속함수 $f(x)$ 가 $o(x^n)$ 이면 적분함수

$$F(x) := \int_0^x f(t)\, dt$$

    는 $o(x^{n+1})$ 임을 보이라.

13. 원점 근방에서 정의된 n 번 미분가능함수 $f(x)$ 가 $o(x^n)$ 이면 도함수 $f'(x)$ 는 $o(x^{n-1})$ 임을 보이라.

14. 정육면체의 모서리 길이를 각각 1% 씩 증가시키면, 부피는 3% 정도 증가함을 보이라.

15. 수박의 지름이 1% 작으면, 부피는 3% 정도 작음을 보이라.

16. 아주 작은 양수 ε 에 대하여 두 닮은 입체의 닮음비가 $1+\varepsilon$ 이면, 두 입체의 부피의 비는 $1+3\varepsilon$ 정도임을 보이라.

17. 만득이가 열심히 다이어트를 하여 허리띠의 길이가 1% 줄어들었다. 몸무게는 얼마 정도 줄었다고 볼 수 있나? 단, 몸무게는 허리둘레의 제곱에 비례한다고 가정한다.

18. 함수

$$f(x) = \begin{cases} x^3 \sin \frac{1}{x} & (x \neq 0) \\ 0 & (x = 0) \end{cases}$$

에 대하여

(i) $f'(0) = 0$

(ii) $f(x)$ 는 일급함수이다

(iii) $f(x) = o(x^2)$

(iv) $f''(0)$ 은 존재하지 않는다

는 것을 보이고, 정리 2.3.1에 어긋나지 않음을 설명하라.

제 3 절 나머지항에 대한 라그랑주의 정리

테일러 정리에 의하면 원점 근방에서 정의된 n 번 미분가능한 함수 $f(x)$ 는 차수가 n 이하인 다항식 $T_n(x)$ 와 조그마한 $o(x^n)$ 함수인 $R_n(x)$ 의 합임을 알았다.

$$f(x) = T_n(x) + R_n(x), \qquad R_n(x) = o(x^n).$$

이때 n 차 근사다항식은

$$T_n(x) = f(0) + f'(0)x + \cdots + \frac{f^{(n)}(0)}{n!}x^n$$

임도 알았는데, 이 절에서는 나머지항 $R_n(x)$ 에 대한 평가를 한다.

먼저 n 차 다항식은 $n+1$ 번 미분하면 0 이 되므로, f 가 $n+1$ 번 미분가능하면

$$f^{(n+1)}(x) = R_n^{(n+1)}(x) \tag{2}$$

임을 안다.

정리 3.0.1 (라그랑주) *원점 0 을 포함하는 구간 I 에서 정의된 함수 f 가 $n+1$ 번 미분가능하다고 하자. 이때 $x \in I$ 이면,*

$$R_n(x) = \frac{f^{(n+1)}(x_*)}{(n+1)!}x^{n+1}$$

을 만족시키는 x_* 가 0 과 x 사이에 존재한다.[13]

이 정리에서

$$f(x) = f(0) + f'(x_1)x \tag{3}$$

$$f(x) = f(0) + f'(0)x + \frac{1}{2}f''(x_2)x^2 \tag{4}$$

$$f(x) = f(0) + f'(0)x + \frac{1}{2}f''(0)x^2 + \frac{1}{3!}f'''(x_3)x^3 \tag{5}$$

등을 알 수 있다. (물론 처음 등식 (3)은 평균값 정리이다.)

증명. 우리는 $n = 2$ 일 때, 즉 (5)의 증명을 하기로 한다. (일반적인 경우도 유사하게 증명할 수 있다.)

[13] 이 정리에서 x_* 는 x 에 따라 변할 수 있다. 라그랑주 정리의 증명은 수학적 귀납법을 써서 바로 밝힐 수도 있다 (탐구문제 2 번 참고). 다른 모습의 평가는 연습문제 12 번 참고.

$x = 0$ 이면 $T_0(0) = f(0)$ 이고 따라서 $R_0(0) = f(0) - T_0(0) = 0$ 이므로 당연히 성립하는 명제이다.

이제 $x \neq 0$ 이라고 가정하자. 그러면 (x 는 고정하고)

$$g(s) := R_2(x)s^3 - x^3 R_2(s) \qquad (s \in [0, x])$$

라고 할 때,

$$g'(s) = 3R_2(x)s^2 - x^3 R_2'(s), \qquad g''(s) = 3 \cdot 2R_2(x)s - x^3 R_2''(s)$$

임을 안다. 한편 $R_2(0) = R_2'(0) = R_2''(0) = 0$ 이므로 (정리 2.3.1 참고)

$$g(0) = 0, \quad g'(0) = 0, \quad g''(0) = 0 \tag{6}$$

이다. 이제 $g(0) = 0$, $g(x) = 0$ 이므로 평균값 정리(또는 롤의 정리)에서

$$g'(x_1) = 0$$

인 점 x_1 이 0과 x 사이에 존재함을 안다.

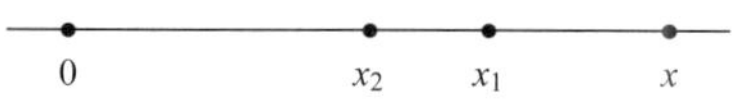

또 $g'(0) = 0$ 과 $g'(x_1) = 0$ 에서 $g''(x_2) = 0$ 인 점 x_2 가 0과 x_1 사이에 존재한다.

또 $g''(0) = 0$ 과 $g''(x_2) = 0$ 에서 $g'''(x_3) = 0$ 인 점 x_3 이 0과 x_2 사이에 존재한다. 한편 $0 = g'''(x_3) = 3!R_2(x) - x^3 R_2'''(x_3)$ 에서 $R_2(x) = \frac{x^3}{3!} R_2'''(x_3) = \frac{x^3}{3!} f'''(x_3)$ 이다. (마지막 등식은 (2)에서 안다.) □

3.0.2 보기

$f(x) = \sin x$ 이면 모든 자연수 n 에 대하여 $f^{(2n)}(0) = (-1)^n \sin 0 = 0$ 이다. 따라서 주어진 x 에 대하여

$$T_{2n-1}(x) = T_{2n-1}(x) + \frac{f^{(2n)}(0)}{(2n)!} x^{2n} = T_{2n}(x)$$

이고

$$R_{2n-1}(x) = R_{2n}(x) = f^{(2n+1)}(x_*) \frac{x^{2n+1}}{(2n+1)!} = ((-1)^n \cos x_*) \frac{x^{2n+1}}{(2n+1)!}$$

인 x_* 가 0과 x 사이에 존재한다. 따라서

$$|R_{2n-1}(x)| = |R_{2n}(x)| \leq \frac{|x|^{2n+1}}{(2n+1)!}$$

을 얻는다. 즉,

$$\left|\sin x - \left(x - \frac{x^3}{3!} + \cdots + (-1)^{n-1}\frac{x^{2n-1}}{(2n-1)!}\right)\right| \le \frac{|x|^{2n+1}}{(2n+1)!}$$

이다.

3.0.3 기본연습문제

모든 실수 x 에 대하여

$$\left|\cos x - \left(1 - \frac{x^2}{2!} + \cdots + (-1)^n\frac{x^{2n}}{(2n)!}\right)\right| \le \frac{|x|^{2n+2}}{(2n+2)!}$$

임을 보이라.

미분가능한 함수 $f(x)$ 의 도함수 $f'(x)$ 가 연속함수이면 $f(x)$ 를 **일급함수**라 부른다. 두 번 미분가능한 함수 $f(x)$ 의 이계도함수 $f''(x)$ 가 연속함수이면 $f(x)$ 를 **이급함수**라 한다.

일반적으로 n 번 미분가능한 함수 $f(x)$ 의 n 번째 도함수 $f^{(n)}(x)$ 가 연속함수이면 $f(x)$ 를 n **급함수**라 한다.

앞에서 든 보기는 다음 정리와 같이 일반화되어 나머지항을 평가하는 법을 알려준다.

따름정리 3.0.4 *원점을 포함하는 구간에서 정의된 $n+1$ 급 함수 $f(x)$ 에 대하여*

$$M_{n+1}(x) := \max\left\{\left|f^{(n+1)}(t)\right| : t \in [0, x]\right\}$$

로[14] *두면, $f(x)$ 의 n 차 테일러 나머지항 $R_n(x)$ 는*

$$|R_n(x)| \le M_{n+1}(x)\,\frac{|x|^{n+1}}{(n+1)!}$$

을 만족시킨다.

이 정리는 미분방정식의 풀이, 계산기나 수치해석적 프로그램에서 나타나는 셈 등에서 오차의 한계를 구할 때에 중요하게 쓰인다.

[14] 여기에서도 $x < 0$ 일 때에 $[0, x] := [x, 0]$ 으로 이해하였다. $x = 0$ 일 때에는, $[0, x]$ 는 구간이라기보다는 **한점집합**(singleton) $\{0\}$ 이다.

3.0.5 보기

2001년 어느 날, 한 라디오 방송국에서 어떤 기자가 말하기를 "*건강한 사람이 이 병의 보균자와 한 번 만나면 감염될 확률이 500분의 1 인데, 두 번 만나면 감염될 확률이 두 배로 증가하고, 세 번 만나면 네 배, 열한 번 만나면 천 배가 넘습니다*" 라고 말하였다. 과연 확률이 1 을 넘을 수 있을까?

한 번 만나서 감염될 확률을 p 라 하고, n 번 만나는 동안 감염될 확률을 $f(p)$ 라 하자. 물론 $p \in [0, 1]$ 이다. 감염될 확률은 감염되지 않을 확률의 여사건이므로,

$$f(p) := 1 - (1 - p)^n \qquad (0 \leq p \leq 1)$$

이다. 그러므로 테일러 정리에 의하면,

$$f(p) = f(0) + f'(0)p + \frac{1}{2}f''(p_*)p^2 = np - \frac{n(n-1)}{2}(1 - p_*)^{n-2}p^2$$

을 만족시키는 $p_* \in [0, p]$ 가 있다. 따라서

$$np - \frac{n(n-1)}{2}p^2 \leq f(p) \leq np$$

이다. 이 식에 $n = 10$, $p = 1/500$ 을 대입하면, 열 번 만나는 동안 감염될 확률은 1/50, 즉 2% 정도임을 알 수 있다.

3.0.6 기본연습문제

1. 함수 $\cosh x = \sum \frac{x^{2n}}{(2n)!}$ 의 테일러 전개에서

$$|R_{2n}(x)| = |R_{2n+1}(x)| \leq (\cosh x)\frac{|x|^{2n+2}}{(2n+2)!}$$

임을 보이라.

2. 함수 $\sinh x = \sum \frac{x^{2n+1}}{(2n+1)!}$ 의 테일러 전개에서

$$|R_{2n-1}(x)| = |R_{2n}(x)| \leq (\cosh x)\frac{|x|^{2n+1}}{(2n+1)!}$$

임을 보이라.

3. $|x| < \frac{\pi}{4}$ 일 때 다음을 밝히라.[15]

$$|\tan x - x| \leq \frac{8}{3}|x|^3$$

[15] 사실은 $\frac{8}{3}$ 대신에 $\frac{1}{2}$을 사용할 수도 있다.

3.1 무리함수와 근삿값

원점 근방에서 함수

$$f(x) := \sqrt{1+x}$$

의 테일러 전개를 구하여 보자.

먼저

$$f'(x) = \frac{1}{2}(1+x)^{-1/2}, \quad f''(x) = -\frac{1}{4}(1+x)^{-3/2}, \quad f'''(x) = \frac{3}{8}(1+x)^{-5/2}$$

에서

$$\boxed{\sqrt{1+x} = 1 + \frac{x}{2} - \frac{x^2}{8} + \frac{x^3}{16} + o(x^3)}$$

이다.[16]

보기를 들어

$$R_1(x) = \sqrt{1+x} - \left(1 + \frac{1}{2}x\right) = \frac{1}{2}f''(x_*)x^2 = -\frac{1}{8}(1+x_*)^{-3/2}x^2 \qquad (x_* \in [0, x])$$

이다. 그러므로 $x > 0$ 이면 $|R_1(x)| \leq \frac{1}{8}x^2$, 즉

$$\left|\sqrt{1+x} - \left(1 + \frac{1}{2}x\right)\right| \leq \frac{x^2}{8}$$

이다. 구체적으로 $x = 0.1$ 이면

$$\sqrt{1.1} = \sqrt{1+0.1} = 1 + \frac{0.1}{2} \pm \frac{0.1^2}{8} = 1.05 \pm \frac{1}{8} \times 10^{-2}$$

이다. 또 $\varepsilon := R_1(1/4)$ 로 두면

$$\sqrt{5} = \sqrt{4+1} = 2\sqrt{1+\tfrac{1}{4}} = 2\left(1 + \frac{1}{2} \times \frac{1}{4} + \varepsilon\right) = 2.25 + 2\varepsilon$$

에서

$$|2\varepsilon| \leq 2 \times \frac{1}{8} \times \left(\frac{1}{4}\right)^2 = \frac{1}{64} < \frac{1}{50} = 0.02$$

이다.

---

[16] 제 2 장 3절 연습문제 5 번 참고.

3.2 테일러 급수

원점 근방에서 정의된 무한 번 미분가능한 함수[17] $f(x)$ 에 대하여 거듭제곱급수

$$Tf(x) := f(0) + f'(0)x + \cdots + \frac{f^{(n)}(0)}{n!}x^n + \cdots$$

을 (원점에서) f 의 **테일러 급수**라고 부른다.[18]

3.2.1 거듭제곱급수 함수의 테일러 급수

예를 들어 거듭제곱급수에서 정의된 함수

$$\exp(x) = \sum_{n=0}^{\infty} \frac{x^n}{n!} \qquad (x \in \mathbb{R})$$

의 테일러 급수는 자신과 일치한다.

일반적으로 수렴반경 r 가 양수인 거듭제곱급수 $\sum_{n=0}^{\infty} a_n x^n$ 에서 정의된 함수

$$f(x) := \sum_{n=0}^{\infty} a_n x^n \qquad (\,|x| < r\,)$$

는 계속 미분하여 보면 $a_n = f^{(n)}(0)/n!$ 임을 안다. 따라서 거듭제곱급수 함수의 테일러 급수는 자신과 일치한다:

$$f(x) = Tf(x).$$

3.2.2 테일러 급수의 수렴조건

거듭제곱급수 함수가 아닌 일반 무한급함수 $f(x)$ 에서는 테일러 급수 $Tf(x)$ 가 $f(x)$ 와 일치할 필요는 없다. 무한급함수 $f(x) = T_n f(x) + R_n f(x)$ 의 테일러 급수가 원래 함수에 수렴하려면[19] 나머지항 $R_n f(x)$ 가 0 에 수렴하여야 한다:

$$\boxed{f(x_0) = Tf(x_0) \qquad \Longleftrightarrow \qquad \lim_{n\to\infty} R_n f(x_0) = 0.}$$

[17]무한 번 미분가능한 함수를 **무한급함수**라고 부르기로 한다.

[18]따라서 T 라는 사상은 무한급함수 전체 집합 $\mathcal{C}^\infty$ 에서 거듭제곱급수 전체 집합 $\mathbb{R}[[x]]$ 로 가는 사상

$$T : \mathcal{C}^\infty \to \mathbb{R}[[x]]$$

로 이해할 수 있다.

[19]함수열에서 수렴의 의미에는 여러 가지 다른 것이 있다. 여기에서는 "각 점마다 수렴(pointwise convergence)"을 뜻한다.

연습문제: 제 3 장 3 절

1. $x > 0$ 일 때 다음을 보이라.

$$\left|\sqrt{1+x} - \left(1 + \frac{x}{2} - \frac{x^2}{8}\right)\right| \le \frac{x^3}{16}$$

2. $0 < x < \frac{1}{2}$ 일 때 다음을 보이라.

$$\left|\sqrt{1-x} - \left(1 - \frac{x}{2}\right)\right| \le \frac{\sqrt{2}}{4}x^2$$

$$\left|\sqrt{1-x} - \left(1 - \frac{x}{2} - \frac{x^2}{8}\right)\right| \le \frac{\sqrt{2}}{4}x^3$$

또 $\sqrt{3} = \sqrt{4-1} = 2\sqrt{1-\frac{1}{4}}$ 의 근삿값을 구하라.

3. 함수 $\sqrt{1+x}$ 의 테일러 전개를 이용하여 $\sqrt{3.8}$ 의 근삿값의 오차가 10^{-3} 이내가 되도록 구하라.

4. $|v| < c$ 일 때 다음을 보이라.

$$f(v) := \sqrt{1 - v^2/c^2} = 1 - \frac{1}{2}\frac{v^2}{c^2} - \frac{1}{8}\frac{v^4}{c^4} + o(v^5)$$

5. 함수

$$f(x) := \frac{1}{\sqrt{1+x}} = 1 - \frac{1}{2}x + \frac{3}{8}x^2 + o(x^2)$$

임을 보이고, $|v| < c$ 일 때

$$m(v) := \frac{m_0}{\sqrt{1 - v^2/c^2}} = m_0 + \left(\frac{1}{2}m_0v^2\right)/c^2 + \frac{3}{8}m_0v^4/c^4 + \cdots$$

임을 보이라.[20]

6. 다음 등식을 보이라.[21]

$$\begin{aligned}\arcsin x &= \int_0^x \frac{dt}{\sqrt{1-t^2}} = \int_0^x \left(1 + \frac{1}{2}t^2 + \frac{3}{8}t^4 + o(t^4)\right) dt \\ &= x + \frac{1}{6}x^3 + \frac{3}{40}x^5 + o(x^5)\end{aligned}$$

7. 지수함수 $\exp x$ 의 테일러 전개에서 n 차 잉여항 $R_n(x)$ 가

$$|R_n(x)| \le \frac{|x|^{n+1}}{(n+1)!}\max\{e^x, 1\}$$

임을 보이고, 이로부터 e 의 값을 오차 범위가 10^{-3} 이하가 되도록 구하라.

---

[20]**상대론**(相對論, theory of relativity)에 의하면, 물체의 질량은 속력 v 의 함수로 나타난다 [Jennings], [Danielson], [Dodson, Poston], [Misner, Thorne, Wheeler].

[21]제 2 장 6절 연습문제 5번 참고.

8. $e^{0.1}$ 의 근삿값을 오차가 10^{-3} 이내가 되도록 구하라.

9. 다음 정적분 값을 오차가 10^{-3} 이하가 되도록 구하라.

(1) $\displaystyle\int_0^{0.3} e^{-x^2}\,dx$ (2) $\displaystyle\int_0^1 \frac{\sinh x}{x}\,dx$ (3) $\displaystyle\int_0^1 \frac{\sin x}{x}\,dx$

10. 무한급함수 $f(x)$ 의 한 임계점[22] x_0 에서 $f''(x_0)=0$ 일 때, $f'''(x_0)\neq 0$ 이면 x_0 는 극소점도 아니고 극대점도 아님을 보이라.[23]

11. 원점을 포함하는 구간에서 정의된 n 번 미분가능한 함수 $f(x)$ 의 $n-1$ 차 나머지항 $R_{n-1}(x)$ 에 대하여

$$\lim_{x\to 0}\frac{R_{n-1}(x)}{x^n}=\frac{f^{(n)}(0)}{n!}$$

임을 보이라.

12. 원점을 포함하는 구간에서 정의된 n 급함수 $f(x)$ 에 대하여

$$R_n(x)=\frac{f^{(n)}(x_*)-f^{(n)}(0)}{n!}x^n$$

을 만족시키는 x_* 가 0과 x 사이에 있음을 보이라. 또

$$B_n(x):=\max\left\{\left|f^{(n)}(t)-f^{(n)}(0)\right| : t\in[0,x]\right\}$$

로 둘 때, 부등식

$$|R_n(x)|\le B_n(x)\,\frac{|x|^n}{n!}$$

을 밝히라.

13. $\sqrt[3]{28}$ 의 근삿값을 오차가 10^{-3} 이내가 되도록 구하라.

14. $x>-1$ 일 때, 다음을 보이라.

$$R_n\log(1+x)=(-1)^n\int_0^x\frac{t^n}{1+t}dt$$

15. 모든 실수 x 에 대하여 다음을 보이라.

$$R_{2n-1}\arctan(x)=R_{2n}\arctan(x)=(-1)^n\int_0^x\frac{t^{2n}}{1+t^2}dt$$

16. 다음 함수의 테일러 급수를 구하라.

(1) $\cosh x$ (2) $\sinh x$

(3) $f(x)=\sin x^2$ (4) $f(x)=1/(1+x^3)$

---

[22]순간변화율 $f'(x)$ 가 영인 점 x 를 **임계점**이라고 부른다.

[23]이와 같이 극대점도 아니고, 극소점도 아닌 임계점을 **안장점**(鞍裝點, saddle point)이라고 부른다.

17. 원점에서 함수
$$f(x) = \frac{1}{1+x^2}$$
의 테일러 급수를 구하고, 그 급수의 수렴반경을 구하라. 이때 점 $x = 1$ 에서 $f(x)$ 의 테일러 급수가 수렴하는가?

18. 함수 $g(x) = \dfrac{x}{1+3x^2}$ 의 테일러 급수의 수렴반경을 구하라.

19. 원점에서 함수
$$f(x) = \begin{cases} \dfrac{e^x - 1}{x} & (x \neq 0) \\ 1 & (x = 0) \end{cases}$$
의 테일러 급수를 구하고, 그 급수의 수렴반경을 구하라.

또 다음을 밝히라.
$$\sum_{n=1}^{\infty} \frac{n}{(n+1)!} = 1.$$

제 4 절 임의의 점을 기준으로 한 테일러 전개

근사다항식을 이야기할 때에는 반드시 원점에서 이를 다룰 필요는 없다.[24] 점 $x = a$ 근방에서 정의된 함수 $f(x)$ 와 자연수 n 에 대하여, $f(x)$ 의 n 차 **근사다항식**은

$$\lim_{x\to a} \frac{f(x) - p(x)}{(x-a)^n} = 0$$

을 만족시키는 다항식 $p(x)$ 를 뜻한다.[25]

구간 I 에서 정의된 n 번 미분가능한 함수 $f(x)$ 와 $a \in I$ 에 대하여

$$T_n^a f(x) := \sum_{k=0}^{n} \frac{f^{(k)}(a)}{k!}(x-a)^k$$

으로 정의하고, 점 a 에서 $f(x)$ 의 n 차 **나머지항**을

$$R_n^a f(x) := f(x) - T_n^a f(x)$$

로 정의하자. 이제 원점을 기준으로 한 경우의 정리를 이용하면[26] 다음을 얻는다.

정리 4.0.1 *구간 I 에서 정의된 n 번 미분가능한 함수 $f(x)$ 에 대하여*

(i) *구간의 점 $x = a$ 에서 $f(x)$ 의 n 차 근사다항식은 $T_n^a f(x)$ 이다.*

(ii) *$x \in I$ 일 때*

$$R_{n-1}^a f(x) = \frac{f^{(n)}(x_*)}{n!}(x-a)^n$$

을 만족시키는 x_* 가 a 와 x 사이에 존재한다.

증명. 함수 $g(t)$ 를 $g(t) := f(a+t)$ 로 두면

$$g^{(k)}(0) = f^{(k)}(a), \qquad 0 \le k \le n$$

[24] 원점을 기준으로 한 테일러 급수는 매클로린(Colin Maclaurin, 1698–1746)의 급수라고도 부른다 [Grabiner]. 매클로린은 이 결과를 1742 년에 발표하였지만, 이미 스털링은 1730 년에, 테일러는 1715 년에 발표하였다 [Ball].

[25] 점 $x = a$ 에서 함수 $f(x)$ 의 근사다항식을 말할 때에는 $f(x)$ 가 $x = a$ 에서 연속인 것을 가정한다. 그러므로 $p(x)$ 가 $f(x)$ 의 근사다항식이면 $f(a) = p(a)$ 이다.

[26] 모든 함수는 평행이동하여 원점이 기준이 되게 할 수 있다. 다시 말하면, 점 $x = a$ 를 기준으로 하여 함수 $f(x)$ 를 살펴보는 것은 원점을 기준으로 하여 함수 $f(x+a)$ 를 살펴보는 것과 같다.

임을 알 수 있다. 이제 원점에서 $g(t)$의 테일러 정리를 쓰고, $x = a + t$로 두면 원하는 결론을 얻는다. □

앞으로 다음과 같은 전개

$$\begin{aligned} & f(x) \\ = \ & f(a) + f'(a)(x-a) + \frac{f''(a)}{2!}(x-a)^2 + \cdots + \frac{f^{(n)}(a)}{n!}(x-a)^n + R_n^a f(x) \end{aligned}$$

를 점 a에서 $f(x)$의 **테일러 전개**라고 부른다. 혼란을 주지 않으면 $T_n^a f(x)$와 $R_n^a f(x)$를 간단히 $T_n(x)$ 및 $R_n(x)$로 쓰기로 한다.

4.0.2 보기

$x = 1$에서 지수함수 e^x의 2차 근사다항식을 구하면

$$T_2(x) = e + e(x-1) + \frac{e}{2}(x-1)^2$$

이다.

4.0.3 보기

$$\begin{aligned} x^2 &= \big(1 + (x-1)\big)^2 \\ &= 1 + 2(x-1) + (x-1)^2 \end{aligned}$$

이므로, $x = 1$에서 함수 $y = x^2$의 근사다항식은

$$T_0(x) = 1, \quad T_1(x) = 1 + 2(x-1), \quad T_2(x) = x^2$$

이다.

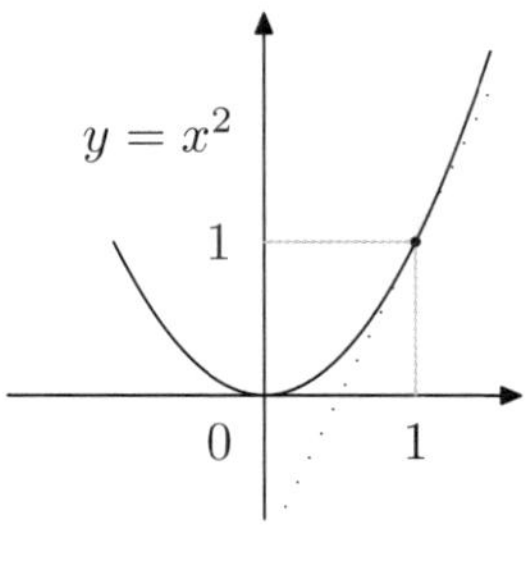

4.0.4 기본연습문제

$x = 2$ 에서 다항식 $f(x) := x^3 + 2x^2 + x + 1$ 의 1차, 2차, 3차 근사다항식을 구하라.[27]

[27]답: $T_1 = 19 + 21(x-2)$, $T_2 = 19 + 21(x-2) + 8(x-2)^2$, $T_3 = 19 + 21(x-2) + 8(x-2)^2 + (x-2)^3 = f(x)$

4.1 임의의 점을 기준으로 한 테일러 급수

점 $x = a$ 근방에서 정의된 무한급함수 $f(x)$ 에 대하여, 점 a 에서 f 의 **테일러 급수**는

$$T^a f(x) := f(a) + f'(a)(x-a) + \frac{f''(a)}{2!}(x-a)^2 + \frac{f'''(a)}{3!}(x-a)^3 + \cdots$$

로 정의한다.

4.1.1 보기

함수

$$f(x) = \frac{1}{x}$$

에서

$$f'(x) = -\frac{1}{x^2}, \quad f''(x) = \frac{2}{x^3}, \quad f'''(x) = -\frac{3!}{x^4}, \quad \cdots$$

이므로, 점 $x = 1$ 을 기준으로 한 $f(x)$ 의 테일러 급수는

$$T^1 f(x) = 1 - (x-1) + (x-1)^2 - (x-1)^3 + \cdots \tag{7}$$

이다.

기하급수를 이용하여 위 급수를 구할 수도 있다:

$$\frac{1}{x} = \frac{1}{1+(x-1)} = 1 - (x-1) + (x-1)^2 - (x-1)^3 + \cdots .$$

이 보기를 보면, 처음 함수 $1/x$ 는 $x \neq 0$ 이면 정의되지만, 그 테일러 급수 (7) 는 $|x-1| < 1$ 일 때에만 수렴한다.

주어진 함수의 정의역에서 임의의 점을 기준으로 한 테일러 급수는 원점을 기준으로 한 테일러 급수와 이론적으로 크게 다를 것이 없으므로, 여기에서는 이 정도만 다루기로 한다.

연습문제: 제 3 장 4 절

1. $x = 1$에서 다음 함수의 3차 근사다항식을 구하라.

   (1) $x^2 + x + 1$ (2) $\sin(\pi x)$

2. 주어진 점 $x = a$에서 다음 함수의 n차 근사다항식을 구하라.

   (1) $\sin x, \quad n = 4, \quad a = \pi/2$

   (2) $\cos x, \quad n = 4, \quad a = \pi/2$

   (3) $\cos x, \quad n = 4, \quad a = \pi/4$

   (4) $\sqrt{1+x}, \quad n = 3, \quad a = 1$

   (5) $\dfrac{1}{1+x}, \quad n = 4, \quad a = 2$

   (6) $\log x, \quad n = 6, \quad a = 1$

3. 다음 함수에 대하여, 점 $x = 3$에서의 테일러 급수를 구하라.

   (1) $f(x) = x^4$ (2) $f(x) = 1/x$

제 5 절　부록: 로피탈 정리의 증명과 비해석함수

로피탈 정리를 증명하기 전에 먼저 코시의 평균값 정리를 소개한다.

5.1　코시의 평균값 정리

미분가능한 함수에 대한 평균값 정리는 평균변화율과 같은 순간변화율을 가지는 점이 있음을 뜻한다 [제 2 장 7.2절 참고].

그러나 같은 구간에서 정의된 두 개의 미분가능한 함수 $f(x)$, $g(x)$ 가 있다면, 오른쪽 그림에서 볼 수 있듯이, $f(x)$ 의 평균변화율을 주는 점과 $g(x)$ 의 평균변화율을 주는 점이 같을 필요는 없다.

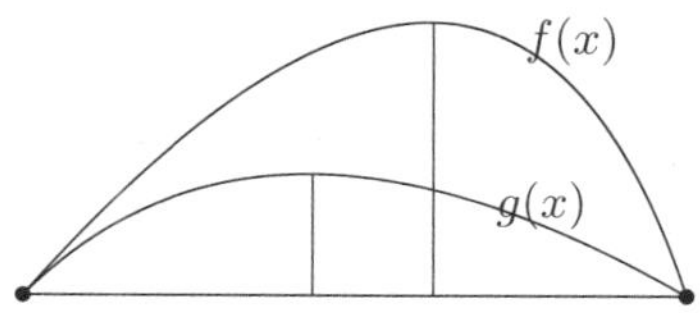

다음 정리는 두 평균변화율의 비와 두 순간변화율의 비가 같은 점이 존재함을 말한다.

도움정리 5.1.1 (코시의 평균값 정리) *구간 $[a,b]$ 에서 연속이고, 구간 (a,b) 에서 미분가능한 함수 $f(x)$, $g(x)$ 에 대하여*

$$\frac{f(b)-f(a)}{b-a} : \frac{g(b)-g(a)}{b-a} = f'(c) : g'(c)$$

인 점 $c \in (a,b)$ 가 존재한다.[28]

증명. 함수 f 와 g 의 평균변화율을 각각 F, G 라고 하자. 즉,

$$F := \frac{f(b)-f(a)}{b-a}, \qquad G := \frac{g(b)-g(a)}{b-a}$$

로 두고

$$h(x) := G \cdot f(x) - F \cdot g(x) \qquad (a \le x \le b)$$

라 하자. 그러면

$$h(b) - h(a) = G \cdot (f(b) - f(a)) - F \cdot (g(b) - g(a)) = 0$$

[28] "평균변화율의 비"와 "변화의 비" $(f(b)-f(a)) : (g(b)-g(a))$ 가 같으므로, 위 식에서 "변화의 비"를 사용하여도 좋다. 여기서 두 비 $A : B$ 와 $C : D$ 가 일치한다는 것은 $AD = BC$ 를 뜻한다. 만약 "$A : B = C : D = E : F$ 이면 $A : B = E : F$ 이다"라는 결론을 얻고 싶으면, "$C \neq 0$ 또는 $D \neq 0$" 이라는 가정을 하면 된다.

이므로, 평균값 정리에 의하여 $h'(c) = 0$ 인 점 c 가 구간 (a, b) 안에 존재한다. 한편

$$h'(c) = G \cdot f'(c) - F \cdot g'(c)$$

이므로 증명이 끝난다. □

코시의 평균값 정리는 기하학적으로는 다음과 같은 의미를 가진다. **좌표평면** $\mathbb{R}^2 := \{(x, y) \mid x, y \in \mathbb{R}\}$ 에서 미분가능한 두 함수 $f, g : [a, b] \to \mathbb{R}$ 에 의하여

$$(f(t), g(t)), \qquad a \le t \le b$$

로 표현되는 **곡선**을 생각하자. 이때 점 $(f(a), g(a))$ 를 **출발점**이라고 부르고, 점 $(f(b), g(b))$ 를 **도착점**이라고 부른다. 또 이 곡선의 각 점에서 접(선)방향은 **속도벡터** $(f'(t), g'(t))$ 에 의하여 정해진다.

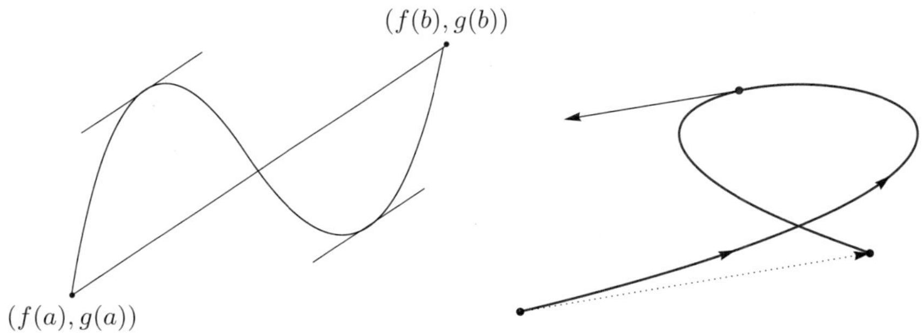

그림: 평면 곡선과 코시의 평균값 정리

이제 코시의 평균값 정리는 다음과 같이 서술할 수 있다.

평면 곡선의 접선 중에는 출발점과 도착점을 잇는 직선과 나란한 것이 있다.[29]

5.1.2

코시의 평균값 정리에서 $g(x) = x$ 로 두면 $\frac{f(b)-f(a)}{b-a} = f'(c)$ 인 점 c 가 존재함을 말하므로,

평균값 정리는 코시의 평균값 정리의 특별한 경우

라고 볼 수도 있다.

---

[29]곡선의 출발점과 도착점이 다르고 모든 t 에 대하여 $(f'(t), g'(t)) \neq (0, 0)$ 이라고 가정한다. (이 가정이 없으면, 다음과 같은 반례를 들 수 있다. 구간 $-1 \le t \le 1$ 에서 정의된 곡선 (t^2, t^3) 에서 양 끝점을 잇는 직선과 나란한 접선은 없다.) 함수 $f(x)$ 와 $g(x)$ 의 평균변화율이 모두 0 인 경우에는 코시의 평균값 정리는 아무런 의미도 가지지 않는다. 제 14 장 2절 연습문제 3번 참고.

5.1.3 보기

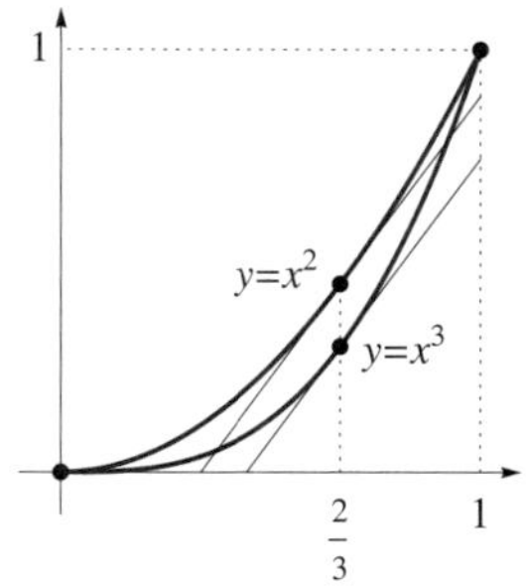

함수 $f(x) = x^2$ 과 $g(x) = x^3$ 에 대하여 구간 $[0, 1]$ 에서 평균변화율의 비가 내부 구간 $(0, 1)$ 의 점 x 에서 순간변화율의 비와 일치하면, 그 점은 방정식

$$(1^2 - 0^2) : (1^3 - 0^3) = 2x : 3x^2$$

을 만족시키는 점이다. 따라서 구간 $(0, 1)$ 에서 방정식 $1 : 1 = 2x : 3x^2$ 을 풀면 $x = \frac{2}{3}$ 이다.

5.1.4 기본연습문제

1. 함수 $f(x) = x^2$ 과 $g(x) = x^3$ 에 대하여 구간 $[1, 2]$ 에서 평균변화율의 비와 순간변화율의 비가 일치하는 점을 구하라.[30]
2. 길동이 지난 일 년 동안 키가 10 cm 커지고 몸무게는 2 kg 늘었다고 하자. 키의 순간변화율과 몸무게의 순간변화율을 각각

   $$h'(t)\ (\text{cm/년}), \qquad w'(t)\ (\text{kg/년}) \qquad (0 \le t \le 1)$$

   로 두었을 때 $0 < c < 1$ 이고 $h'(c)/w'(c) = 5$ (cm/kg) 인 c 가 존재함을 설명하라.
3. 길동이와 동길이의 몸무게가 지난 일 년 동안 각각 2 kg 과 3 kg 이 늘었다고 하자. 길동이 몸무게의 순간변화율과 동길이 몸무게의 순간변화율의 비가 2:3 인 때가 있었음을 설명하라.
4. 함수 $f(x), g(x)$ 가 구간 $(-1, 2)$ 에서 미분가능한 함수이고, $f(0) = g(0) = 0$ 이면 방정식 $f(1) : g(1) = f'(x) : g'(x)$ 는 항상 해를 가지는가?
5. 구간 $[a, b]$ 에서 정의된 미분가능한 함수 $f(x)$, $g(x)$, $h(x)$ 의 평균변화율을 각각 $\bar{f}$, $\bar{g}$, $\bar{h}$ 라 하면 $\bar{f} : \bar{g} : \bar{h} = f'(c) : g'(c) : h'(c)$ 인 점 $c \in (a, b)$ 가 항상 존재하는가?
6. 공간 곡선

   $$(f(t), g(t), h(t)), \qquad a \le t \le b$$

   의 출발점에서 도착점을 바라보는 방향이 어느 순간의 접선 방향과 같을 수 있는가?

---

30 $\frac{14}{9}$

5.2 로피탈 정리

정리 5.2.1 (로피탈의 정리 1.0.4) *구간 (a,b) 에서 정의된 미분가능한 함수 $f(x)$, $g(x)$ 에 대하여 $g'(x) \neq 0$ 이고 극한값*

$$l := \lim_{x \searrow a} \frac{f'(x)}{g'(x)}$$

가 존재한다고 하자. 이때

(i) $\lim_{x \searrow a} f(x) = 0,\ \lim_{x \searrow a} g(x) = 0$ 또는

(ii) $\lim_{x \searrow a} f(x) = \infty,\ \lim_{x \searrow a} g(x) = \infty$

이면

$$\lim_{x \searrow a} \frac{f(x)}{g(x)} = l$$

이다.

증명. (i) 이 경우는 f 와 g 는 모두 구간 $[a,b)$ 에서 정의된 연속함수로 볼 수 있다. 이때 $x \in (a,b)$ 이면 $g'(x) \neq 0$ 이라는 조건 때문에, $g(x) \neq 0$ 임을 (평균값 정리 덕분에) 알 수 있다. 따라서 코시의 평균값 정리에 의하여 $x \in (a,b)$ 이면,

$$\frac{f(x)}{g(x)} = \frac{f(x) - f(a)}{g(x) - g(a)} = \frac{f'(c)}{g'(c)}$$

인 c 가 구간 (a,x) 내에 존재한다. 이제 x 가 충분히 a 에 가까우면 c 도 a 에 가깝고, 따라서 $\frac{f'(c)}{g'(c)}$ 도 l 에 가까우므로, 원하는 결론을 얻는다.

(ii) 이 경우는 $g(x) > 0$ 이고, $g'(x) < 0$ 이라고 가정하여도 좋다. (특히 $g(x)$ 는 일대일 함수이다.) 이제 a 에 아주 가까운 값 $x_0 \in (a,b)$ 를 하나 고정한다. 그러면 $x \in (a,x_0)$ 일 때

$$\begin{aligned}\frac{f(x)}{g(x)} = \frac{f(x) - f(x_0) + f(x_0)}{g(x) - g(x_0) + g(x_0)} &= \frac{\frac{f(x)-f(x_0)}{g(x)-g(x_0)} + \frac{f(x_0)}{g(x)-g(x_0)}}{1 + \frac{g(x_0)}{g(x)-g(x_0)}} \\ &= \frac{\frac{f'(c)}{g'(c)} + \frac{f(x_0)}{g(x)-g(x_0)}}{1 + \frac{g(x_0)}{g(x)-g(x_0)}}\end{aligned}$$

인 $c \in (x, x_0)$ 가 존재한다. 이제 x 가 a 에 가까우면 $\frac{f(x_0)}{g(x)-g(x_0)}$ 과 $\frac{g(x_0)}{g(x)-g(x_0)}$ 은 모두 0 에 가깝고, $\frac{f'(c)}{g'(c)}$ 는 l 에 가까우므로,[31] 원하는 결론을 얻는다.[32] □

[31] x_0 가 a 에 가까우므로

[32] 이 증명에서는 $\lim_{x \searrow a} f(x) = \infty$ 라는 조건을 사용하지 않았다. 하지만 조건 $\lim_{x \searrow a} \frac{f'(x)}{g'(x)} = l$ 에서, $l > 0$ 이면 $\lim_{x \searrow a} f(x) = \infty$ 를 얻는다.

5.3 비해석함수

이 보기는 테일러 급수와 원래 함수가 같지 않은 경우가 있다는 것을 보여 준다. 함수

$$f(x) := \begin{cases} e^{-1/x} & (x > 0) \\ 0 & (x \leq 0) \end{cases}$$

은 무한급함수이고, 모든 n 에 대하여

$$f^{(n)}(0) = 0$$

임을 보여 보자.[33]

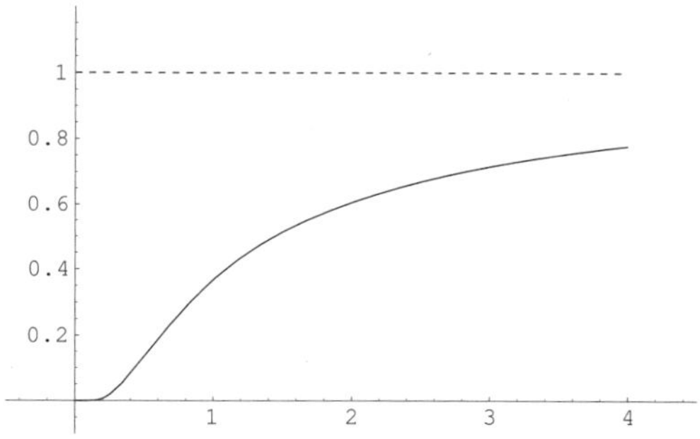

그림: $y = e^{-1/x} \quad (x > 0)$

$x \neq 0$ 일 때에는 함수 $f(x)$ 가 무한급인 것은 당연하므로,[34] $x = 0$ 에서 무한 번 미분가능하다는 것을 보이면 된다.

한편 $x < 0$ 인 구간에서는 항등적으로 영인 함수이고, 따라서 원점에서 $f(x)$ 의 모든 순간변화율 $f'(0)$, $f''(0)$, ... 은 (만약 존재한다면) 모두 영이다. 그러므로

$$f'(0) = 0, \quad f''(0) = 0, \quad \ldots$$

임을 보이기로 하자. 먼저

$$\lim_{x \searrow 0} \frac{f(x) - f(0)}{x} = \lim_{x \searrow 0} \frac{e^{-1/x}}{x} = \lim_{t \to \infty} \frac{t}{e^t} = 0 \qquad (\Leftarrow \ t := 1/x)$$

에서

$$f'(0) = 0$$

---

[33]만약 $f(x)$ 가 무한급함수라는 것을 안다면, 정리 2.3.1 과

$$\lim_{x \to 0} \frac{f(x)}{x^n} = \lim_{x \searrow 0} \frac{e^{-1/x}}{x^n} = \lim_{t \to \infty} t^n/e^t = 0 \qquad (n = 0, 1, 2, \ldots)$$

을 이용하여 위 등식을 얻는다. 그러나 무한급함수임을 먼저 밝혀야 한다.

[34]$x > 0$ 이면, $1/x$ 가 무한급이고, 따라서 무한급함수와 무한급함수의 합성인 $e^{-1/x}$ 도 무한급이다. $x < 0$ 인 구간에서는 상수함수이므로 무한급이다.

을 얻는다. 한편 $x > 0$ 이면

$$f'(x) = \frac{f(x)}{x^2} = f(x)q_1(x) \qquad (\Leftarrow\ q_1(x) := \frac{1}{x^2})$$

이다. 따라서

$$\lim_{x \searrow 0} \frac{f'(x) - f'(0)}{x} = \lim_{x \searrow 0} \frac{f(x)q_1(x)}{x} = \lim_{t \to \infty} \frac{t\, q_1(1/t)}{e^t} = \lim_{t \to \infty} \frac{t^3}{e^t} = 0$$

이고, 이로부터

$$f''(0) = 0$$

을 얻는다. 일반적으로

구간 $x > 0$ 에서 등식

$$f^{(n)}(0) = 0, \qquad f^{(n)}(x) = f(x)q_n(x)$$

를 만족시키는 유리함수 $q_n(x)$ 가 존재한다.[35]

는 것은 귀납법을 사용하면 쉽게 알 수 있다. 따라서

$$\lim_{x \searrow 0} \frac{f^{(n)}(x) - f^{(n)}(0)}{x} = \lim_{x \searrow 0} \frac{f(x)q_n(x)}{x} = \lim_{t \to \infty} \frac{t\, q_n(1/t)}{e^t} = 0$$

이고, 원점에서 f 의 고계미분계수가 모두 영이다. □

그러므로 함수 $f(x)$ 의 테일러 급수는 항등적으로 0 이다:[36]

$$Tf(x) = 0.$$

이와 같이 자기 자신의 테일러 급수와 같지 않은 함수를 *비해석함수*라 한다. (참고로 **해석함수**란 국소적으로 거듭제곱급수로 표현되는 함수를 뜻한다.)

[35] 두 다항식의 비로 표현된 함수를 **유리함수**(rational function)라 한다.

[36] 이때 나머지항 $R_n f(x)$ 는 처음 함수 $f(x)$ 와 일치하고, 따라서 $x > 0$ 이면, $\lim_{n\to\infty} R_n f(x) = e^{-1/x} \neq 0$ 이다.

제 3 장 탐구문제

1. 정적분

$$\int_0^1 \arctan(x^2)\,dx$$

의 값을 오차의 한계가 10^{-3} 이하가 되도록 구하라.

2. 원점 근방에서 정의된 n 급함수 $f(x)$ 의 테일러 전개에서 n 차 나머지항은

$$R_n f(x) = \frac{x^n}{n!}\int_0^1 n(1-t)^{n-1}\left(f^{(n)}(xt) - f^{(n)}(0)\right) dt$$

임을 귀납법을 이용하여 밝히라. 또 f 가 $n+1$ 급함수이면

$$R_n f(x) = \frac{x^{n+1}}{n!}\int_0^1 (1-t)^n f^{(n+1)}(xt)\,dt$$

임을 밝히라. (연습문제 3절 12번 참고)

3. (**푸리에 급수**) 푸리에에 의하면, 모든 **주기함수**(週期函數, periodic function)는 사인함수와 코사인함수의 (무한)합으로 나타난다.[37] 좀 더 자세히 서술하면 다음과 같다. 함수

$$\sin x,\ \sin 2x,\ \sin 3x,\ \ldots\ ,\quad 1,\quad \cos x,\ \cos 2x,\ \cos 3x,\ \ldots$$

는 모두 주기가 2π 인 함수이다.[38] 함수 $f(x)$ 가 주기가 2π 인 함수이면,

$$f(x) = a_0 + \sum_{n=1}^{\infty}\left(a_n \cos nx + b_n \sin nx\right)$$

를 만족시키는 실수 $a_0, a_1, b_1, a_2, b_2, \ldots$ 가 (오직 하나) 존재한다. 이때 위 식의 오른쪽 항을 f 의 푸리에 급수라고 부른다.[39] 이제 급수

$$\sum_{n=1}^{\infty}\frac{\sin nx}{n}$$

가 수렴하기 위한 x 의 범위를 구하라.

---

[37] 함수열이 수렴한다는 개념에는, 보통 수열이 수렴한다는 개념과 달리 무수히 많은 다른 개념들이 존재한다. 그 까닭은 함수들의 집합이 **무한차원**(無限次元, infinite dimension)이기 때문이다. 함수열의 수렴에 대한 개념은 **해석개론**(解析槪論, Mathematical Analysis)이라고 부르는 과목에서 주로 다룬다.

[38] 주기는 "최소 주기"를 뜻하기도 하지만, 여기에서는 넓은 의미로 사용하였다.

[39] 위 등식이 모든 실수 x 에 대하여 성립한다는 뜻으로 이해하기 위해서는 $f(x)$ 가 일급 ($\mathcal{C}^1$) 주기함수라는 가정이 있으면 충분하다 [Dieudonné, 1960]. 20세기에 와서 조화해석학(Harmonic Analysis)이 발전하면서 푸리에 급수는 원(circle)과 정수 집합 $\mathbb{Z}$ 사이의 관계를 뜻하고, 더 나아가 일반적인 대칭성에 적용됨을 이해하게 되었다. 프랑스의 수학자이자 물리학자인 푸리에(J. Fourier, 1768–1830)는 초등학교를 시찰하다 만난 총명한 어린이를 자신의 집으로 초대하여 이집트 원정 때에 로제타에서 발견한 석판의 탁본을 보여 주었는데, 이 어린이는 나중에 거기에 쓰인 고대 이집트어를 해독하여 수천 년 동안 잊혀진 문명을 이해하는 계기를 마련하였다.

4. 함수

$$f(x) := \begin{cases} e^{-\tan^2 x}, & x \in \left(-\frac{\pi}{2}, \frac{\pi}{2}\right) \\ 0, & x \notin \left(-\frac{\pi}{2}, \frac{\pi}{2}\right) \end{cases}$$

가 무한급함수임을 보이라.

5. 다음 조건을 만족시키는 무한급함수 $\beta : \mathbb{R} \to \mathbb{R}$ 의 보기를 하나 들라.

   (i) $|x| \geq 1 \quad \Rightarrow \quad \beta(x) = 0$

   (ii) $|x| < 1 \quad \Rightarrow \quad \beta(x) > 0$

6. (큰 O) 원점을 포함하는 구간에서 정의된 함수 f 와 자연수 n 에 대하여 어떤 상수 B, δ 가 존재하여, $|x| \leq \delta$ 이면, $|f(x)| \leq B|x|^n$ 이라고 하자. 이때 f 를 (원점 근방에서) $O(x^n)$ 이라 하고 $f(x) \in O(x^n)$ 이라고 쓴다. 이때 다음 중 옳은 것은?

   (1) $\sin x \in O(x)$

   (2) $\sin x \notin O(x^2)$

   (3) $f(x), g(x) \in O(x^n)$ 이면 $f(x) + g(x) \in O(x^n)$

   (4) 임의의 실수 c 와 $f(x) \in O(x^n)$ 에 대하여 $cf(x) \in O(x^n)$

   (5) $f(x) \in o(x^n)$ 이면 $f \in O(x^n)$

   (6) $f(x) \in O(x^{n+1})$ 이면 $f \in o(x^n)$

7. 함수 $f(x) = x - \dfrac{1}{e^{1/x} - 1}$ 의 그래프를 도시하라. 또 극한값 $\lim_{x \to \infty} f(x)$ 와 $\lim_{x \to -\infty} f(x)$ 가 존재하는지 밝히고, 존재하면 그 값을 구하라.

8. 두 함수 $f, g : [2, \infty) \to \mathbb{R}$ 에 대하여

$$\lim_{x \to \infty} \frac{f(x)}{g(x)} = 1$$

이면 $f \sim g$ 라고 나타내기로 하자. 이때 로피탈의 정리를 이용하여

$$\frac{x}{\log x} \sim \int_2^x \frac{dt}{\log t}$$

임을 보이라.

9. **정수론**(整數論, number theory)을 연구하는 학자들은

   주어진 자연수 n 에 대하여, n 이하의 소수의 개수가 과연 얼마나 될까?

라는 문제에 관심이 많다. 여기에서 n 이하의 소수의 개수를 $\pi(n)$ 이라고 두면,

$$\pi(1) = 0, \quad \pi(2) = 1, \quad \pi(3) = 2, \quad \pi(4) = 2, \quad \pi(5) = 3, \ldots$$

를 알 수 있다. 1896 년경에 아다마르[40] 와 드라 발레푸생[41] 에 의하여 독자적으로 발견된 **소수 정리**(素數定理, prime number theorem)에 의하면

$$\pi(n) \sim \frac{n}{\log n}$$

임이, 즉

$$\lim_{n\to\infty} \frac{\pi(n)\log n}{n} = 1$$

이 알려졌다.[42] 이를 이용하여 거듭제곱급수

$$\sum_{n=0}^{\infty} \frac{1}{\pi(n)} x^n$$

의 수렴반경을 구하라.

10. 구간 I 에서 정의된 미분가능함수 $f(x)$ 와 주어진 점 $c \in I$ 에 대하여

$$f(x) = f(c) + (x-c)g(x)$$

를 만족시키는 연속함수 $g(x)$ 가 존재함을 보이라. 이때 $g(c) = f'(c)$ 임을 보이라. 그리고 만약 $f(x)$ 의 n 계 도함수 $f^{(n)}(x)$ 가 존재하면, $g(x)$ 의 $(n-1)$ 계 도함수가 존재함을 보이라.

11. 원점에서 함수 $f(x) = \dfrac{1}{1+x+x^2}$ 의 테일러 급수가 수렴하는 x 의 범위를 구하라.[43]

12. 무한급함수 $f : \mathbb{R} \to \mathbb{R}$ 에 대하여 점 $a \in \mathbb{R}$ 에서 f 의 n차 테일러 다항식을 $T_n^a(f)$ 로 나타내기로 하자. 이제 임의의 $g, h \in \mathcal{C}^\infty(\mathbb{R})$ 에 대하여

$$\begin{aligned} T_n^a(gh) &\equiv (T_n^a g)\,(T_n^a h) && \mod (x-a)^{n+1} \\ T_n^a(g \circ h) &\equiv \left(T_n^{h(a)} g\right) \circ T_n^a h && \mod (x-a)^{n+1} \end{aligned}$$

을 보이라.[44]

---

[40] Jacques Salamon Hadamard, 1865–1963.

[41] Charles Jean de la Vallée-Poussin, 1866–1962.

[42] 가우스(Carl Friedrich Gauss, 1777–1855)는 열다섯 살 때 $\frac{\pi(x+1000)-\pi(x)}{1000} \sim \frac{1}{\log x}$ 을 발견하고 소수 정리를 예측하였다. 소수 정리의 쉬운(?) 증명은 1948 년 셀베르그(Atle Selberg, 1917–2007)에 의하여 발견되었다 [Dieudonné, 1992]. 소수에 관한 연구는 암호이론에서 가장 중요한 부분을 차지한다.

[43] **유리함수**(有理函數, rational function)의 테일러 급수의 수렴반경을 구하는 문제에 "**복소수**가 숨어 있다"는 것은 흥미로운 사실이다.

[44] 다항식 $p(x), q(x), r(x)$ 에 대하여 $p(x) - q(x)$ 가 $r(x)$ 의 **배수**이면,

$$p(x) \equiv q(x) \qquad \mod r(x)$$

라고 쓴다 [Smith].

13. 원점 근방에서 정의된 무한급함수 f에 대하여 수열

$$f_0 := f(0), \quad f_1 := f'(0), \quad f_2 := f''(0), \quad \ldots$$

을 대응시키는 사상을 생각하자. 이때 이 사상은 전사임을 보이라.

14. 함수

$$f(x) = \begin{cases} x^{1/x} & (x > 0) \\ 0 & (x \le 0) \end{cases}$$

은 무한급함수임을 밝히고, 이 함수의 테일러 급수를 구하라. (이 함수의 그래프는 제1장 4절 연습문제 2번 참고)

15. 함수

$$g(x) := \begin{cases} e^{-1/x} & (x \ne 0) \\ 0 & (x = 0) \end{cases}$$

은 연속함수인가?

16. 함수

$$f(x) := \begin{cases} e^{-1/x^2} & (x \ne 0) \\ 0 & (x = 0) \end{cases}$$

은 무한급함수임을 보이고, 원점에서 이 함수의 테일러 급수를 구하라.

17. 함수

$$f(x) := \begin{cases} e^{-1/\sin x} & (0 < x < \pi) \\ 0 & (x \le 0 \text{ 또는 } x \ge \pi) \end{cases}$$

는 무한급함수이지만 원점 근방에서 해석함수가 아님을 보이라.[45]

18. 두 번 미분가능한 함수 $f(x)$가

$$f(0) = 0, \quad f'(0) = 0, \quad f''(0) = 1$$

이라 하자. 이때 $|x|$가 아주 작으면 $f(x) \ge \frac{1}{3}x^2$ 임을 밝히라.

19. (누진세) 양수 k에 대하여 연간 "총수입"이 x원인 사람이 내야 할 세금의 세율을 $e^{-k/x}$ 라고 하자.[46] 그러면 개인의 순수입은 $I(x) = x\left(1 - e^{-k/x}\right)$ 이다. 이때 $I(x)$는 증가함수임을 보이라. 또 극한값 $\lim_{x\to\infty} I(x)$을 구하고, 개인의 순수입의 상한을 구하라. 또 세율을 조정하여 $\lim_{x\to\infty} I(x) = \infty$가 되도록 할 수 있는가?

---

[45] 원점 근방에서 정의된 무한급함수의 테일러 급수가 원래 함수와 원점 근방에서 일치하면, 이 함수를 원점 근방에서 **해석함수**(解析函數, analytic function)라고 부른다.

[46] 총수입이 x_0 원 미만인 사람에게는 세금을 부여하지 않는다면, $x > x_0$ 일 때 $f(x) = e^{-k/(x-x_0)}$ 등으로 둘 수 있다.

제II부

벡터와 행렬

제 4 장

좌표공간과 좌표계

해석기하학이라는 것은 존재한 적이 없다. 단지 좌표나 가지고 선형기하학을 어설프게 하는 자들이 그렇게 부를 뿐이다. 다 사라져라! — J. Dieudonné (1906–1992)

인류는 공간을 바르게 이해하기 위하여 아주 오랜 세월을 보내 왔다. 공간의 역사를 살펴보면, 유클리드 공간이 수 천 년을 지배하던 중인 1637 년에 데카르트(R. Descartes, 1596–1650)가 "cogito ergo sum(나는 생각한다. 고로 존재한다)"으로 유명한 방법서설의 세 가지 부록[1] 중의 하나인 "기하학"에서 평면에 좌표계를 도입하는 "혁명적인 개념"을 소개하였다. 그 당시에는 실수의 개념, 특히 음수의 개념이 명확하게 되어 있지 않던 때라, 아무도 실수가 다른 학문의 기초가 되리라고 생각하지 못하였다 [Moise]. 사실 좌표계의 개념은 페르마의 생각에도 나타나고, 고대 그리스 수학자들이 천구를 설명하는 과정에도 나타난다. 페르마와 데카르트의 좌표계를 이용하는 기하학을 **해석기하학**(analytic geometry)이라고 부르는데, 이 해석기하학은 뉴턴과[2] 라이프니츠의 미적분학 발견에 결정적인 역할을 한다. 평면에 도입된 좌표계는 18세기 초반에 라게르(Laguerre)와 클레로(Clairaut)에 의하여 공간의 좌표계로 발전되었다. 리만은 1854 년에 괴팅겐 대학 교수 취임 강연에서 휜 공간의 개념을 정립하였고,[3] 이러한 개념은 후일에 푸앵카레(H. Poincaré, 1854–1912), 민코프스키(H. Minkowski, 1864–1909), 힐베르트(D. Hilbert, 1862–1943), 카르탕(É. Cartan, 1869–1951), 아인슈타인(A. Einstein, 1879–1955) 등의 시공에 대한 이해와 일반 상대론(1915)의 발견에 결정적 역할을 하였다. 한편 유클리드 기하학은 클라인(F. Klein, 1849–1925)의 에를랑겐(Erlangen) 프로그램(1872)에 의하여 현대적인 방법으로 이해되었다. 이와 같이 공간에 관하여 연구하는 학문을 **기하학**(幾何學, geometry)이라고 한다. 미적분학에서 주로 다루는 공간은 가장 기본적이고 단순한 데카르트 공간이다.

수학에서 가장 중요하게 여기는 부분이 '**추론**과 **직관**'이라는 것을 데카르트도 잘 알고 있었지만, 기계적인 해석기하학은 일반인들에게 수학의 중요한 정신을 망각하게 하였다.

---

[1]처음 두 개의 부록은 굴절광학과 기상학에 관한 것이었다.

[2]뉴턴은 자신이 "**거인의 어깨** 위에 서 있다"고 말하였다. 이 말은 12세기 프랑스의 신플라톤주의 철학자인 베르나르(Bernard of Chartres)에게서 유래하였다는 설도 있지만 그리스-로마 신화를 이야기한 오비디우스(43 BCE – 17 CE)의 작품 *metamorphoses*에는 피타고라스가 "거인의 어깨" 위에서 세상을 내려다 보며 "변화 중에 변하지 않는 것"에 대하여 설명하는 장면이 나온다.

[3]그 자리에서 리만의 강연을 이해한 사람은 가우스뿐이었다.

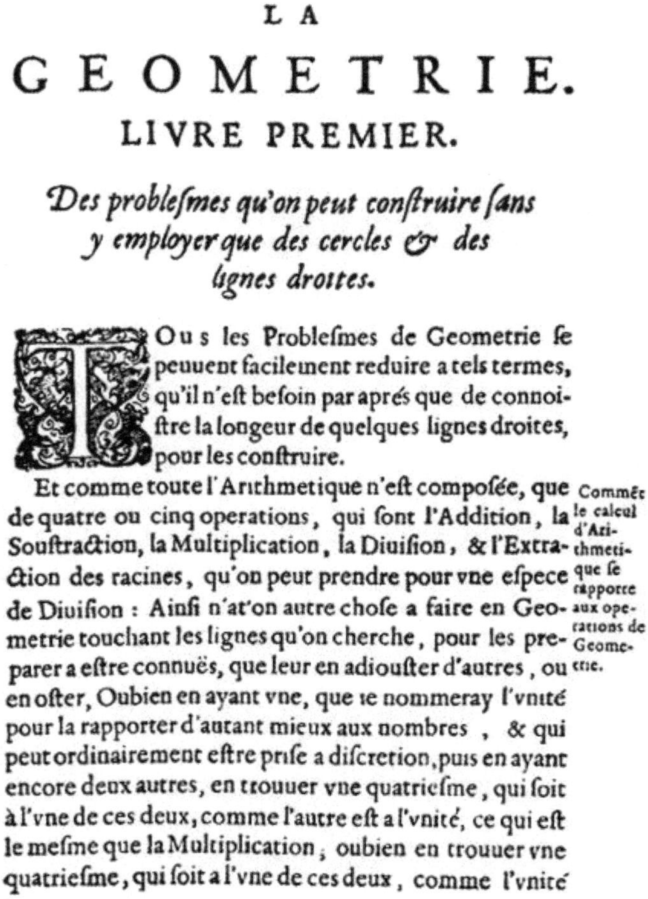

LA

GEOMETRIE.

LIVRE PREMIER.

Des problesmes qu'on peut construire sans y employer que des cercles & des lignes droites.

Tous les Problesmes de Geometrie se peuuent facilement reduire a tels termes, qu'il n'est besoin par aprés que de connoistre la longeur de quelques lignes droites, pour les construire.

Et comme toute l'Arithmetique n'est composée, que de quatre ou cinq operations, qui sont l'Addition, la Soustraction, la Multiplication, la Diuision, & l'Extraction des racines, qu'on peut prendre pour vne espece de Diuision : Ainsi n'at'on autre chose a faire en Geometrie touchant les lignes qu'on cherche, pour les preparer a estre connuës, que leur en adiouster d'autres, ou en oster, Oubien en ayant vne, que ie nommeray l'vnité pour la rapporter d'autant mieux aux nombres, & qui peut ordinairement estre prise a discretion, puis en ayant encore deux autres, en trouuer vne quatriesme, qui soit à l'vne de ces deux, comme l'autre est a l'vnité, ce qui est le mesme que la Multiplication; oubien en trouuer vne quatriesme, qui soit a l'vne de ces deux, comme l'vnité

Commēt le calcul d'Arithmetique se rapporte aux operations de Geometrie.

그림: 데카르트의 “기하학” (1637)

“기하학”의 맨 마지막 구절은 다음과 같다.

이 학문에서 얻을 수 있는 가장 큰 이득은 영혼의 수양입니다.
여러분들이 스스로 발견하는 기쁨을 빼앗지 않겠습니다.

제 1 절 좌표공간

직선에서 원점과 단위길이가 정해지면, 이 직선의 점은 하나의 실수로 표현된다. 이런 직선을 **수직선**(數直線)이라 한다.

마찬가지로, 평면의 각 점은 실수의 **순서쌍** (a, b) 에 대응되게 할 수 있는데, 이런 대응이 주어진 평면을 **좌표평면**이라 말한다.

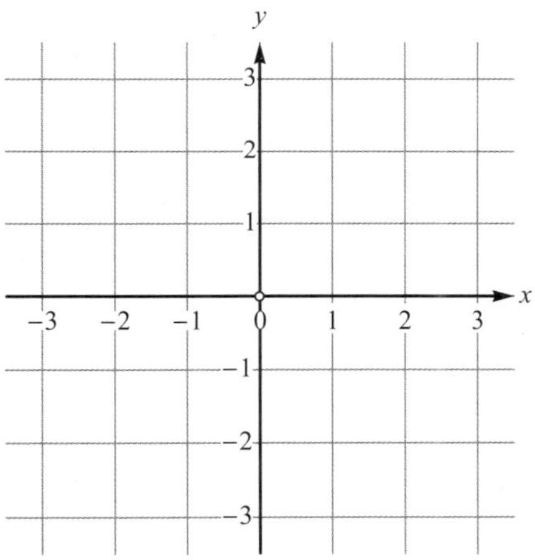

또 삼차원 공간의 각 점은 세 실수의 **순서모음** (a, b, c) 에 대응되게 할 수 있다.

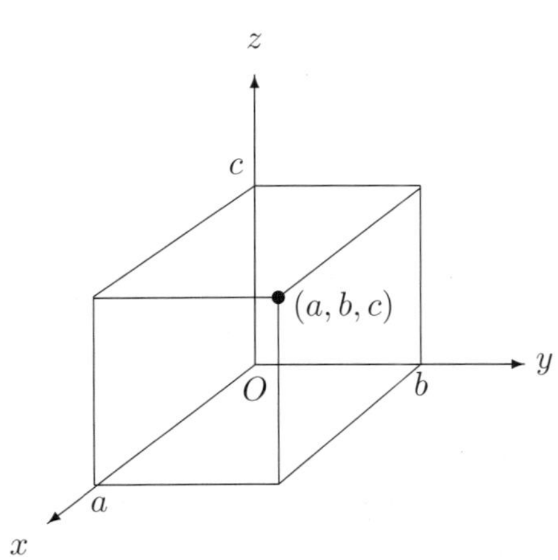

그림: 삼차원 공간과 오른손 좌표계

앞으로 실수의 순서쌍 (a,b) 전체의 집합을 $\mathbb{R}^2$, 세 실수의 순서모음 (a,b,c) 전체의 집합을 $\mathbb{R}^3$ 으로 나타내고, 일반적으로 자연수 n 에 대하여

$$\mathbb{R}^n := \{(a_1, a_2, \ldots, a_n) \mid a_1, a_2, \ldots, a_n \in \mathbb{R}\}$$

로 표시한다.[4] 이때 $\mathbb{R}^n$ 을 n 차원 **실수공간**, n 차원 **좌표공간**, n 차원 **데카르트 공간**[5] 또는 간단히 n-**공간**(n-space)이라고 부르고, 이 공간의 원소를 **점**이라고 부른다.

1.0.1 보기

어떤 학교의 학생들의 신체검사표에는 생년월일, 키, 몸무게, 시력(좌우) 등이 기록되어 있다.

이름	생년월일	키 (cm)	몸무게 (kg)	시력(좌우)	
홍길동	1999 01 24	169.5	52.3	1.0	1.0

이때 각 학생들의 신체검사표는 오차원 공간의 한 점으로 나타난다.

1.0.2 기본연습문제

1. 지구상의 각 지점에서 매 시각마다 풍향,[6] 풍속, 기온, 기압 및 습도를 기록한다면, 이 기록은 몇 차원 공간의 점으로 이해할 수 있는가?
2. 좌표평면의 두 점 (x_1, x_2), (x_3, x_4) 은 사차원 좌표공간의 한 점 (x_1, x_2, x_3, x_4) 으로 볼 수 있음을 설명하라. 또 삼차원 좌표공간 $\mathbb{R}^3$ 속의 k 개의 점의 운동은 $3k$ 차원 공간 $\mathbb{R}^{3k}$ 속에서 한 점의 운동으로 이해할 수 있음을 설명하라.

---

[4] 다음 장에서 행렬이론을 다룰 때에는 점 $(a_1, a_2, \ldots, a_n)$ 을 행렬 $\begin{pmatrix} a_1 \\ a_2 \\ \vdots \\ a_n \end{pmatrix}$ 으로 쓰는 것이 더 편리하다. 이것은 함수를 $f(x)$ 와 같이 나타내던 관습을 $(x)f$ 로 바꾸어 쓰지 않기 위해서이다.

[5] 데카르트 공간은 모든 점이 평등한 유클리드 공간과 달리, **원점**(原點, origin) $O = (0, 0, \ldots, 0)$ 과 축들이 주어져 있고, 각 점들이 고유한 주소를 가지고 있는 아주 조직적인 공간이다. 데카르트 공간에 기하학적 평등 정신이 부여되기 위해서는 좌표의 선택에 따라 변화하지 않는 **불변량**을 추구하여야 한다. 바일(H. Weyl, 1885–1955)은 저서 *Philosophy of Mathematics and Natural Science* (1949) 에서 **좌표계의 도입은 폭력 행위**라고 말하였다. 유명한 기하학자 천(Shing-Shen Chern, 陳省身, 1911–2004)은 "좌표공간"을 심지어 "천사와 악마"에 비유하고 있다 [Chern, 1979].

[6] 극지방을 제외하면 북풍은 12시 방향, 남풍은 6시 방향 등으로 나타낼 수 있다. 풍향을 말할 때에는 바람이 불어오는 방향을 말한다.

n-공간의 점 $(a_1, \ldots, a_n)$ 은 $(n+1)$-공간의 점 $(a_1, \ldots, a_n, 0)$ 으로 볼 수 있다. 이때에는 다음과 같은 포함관계가 성립한다.[7]

$$\mathbb{R} \subset \mathbb{R}^2 \subset \mathbb{R}^3 \subset \cdots \subset \mathbb{R}^\infty.$$

1.1 연산

n-공간에서 **합**과 **스칼라배**는 다음과 같이 정의한다.

$$(a_1, a_2, \ldots, a_n) + (b_1, b_2, \ldots, b_n) := (a_1 + b_1, a_2 + b_2, \ldots, a_n + b_n)$$
$$t(a_1, a_2, \ldots, a_n) := (ta_1, ta_2, \ldots, ta_n)$$
$$(a_1, a_2, \ldots, a_n)t := (a_1 t, a_2 t, \ldots, a_n t)$$

위에서 합을 정의하는 과정에 사용한 '+' 기호는 새로운 개념을 소개하는 기호이지만, 실수들 사이의 합에서와 같은 기호를 사용하고 '합' 또는 '더하기'로 부른다. 그것은 '더하기'의 구실을 하는 것을 모두 다 '더하기'라 하고 '+' 로 나타내는 것이 수학의 관습이기 때문이다. 다시 말하면, 더하기는 **결합법칙**과 **교환법칙**[8]을 만족시키고, **원점**

$$O = (0, \ldots, 0)$$

을 **항등원**[9]으로 가지며 점 $A = (a_1, \ldots, a_n)$ 의 (합에 대한) **역원**[10]은

$$-A = (-a_1, \ldots, -a_n) = (-1)A$$

이다. 물론

$$1A = A$$

이다. 또한 스칼라배는 결합법칙과 교환법칙

$$t(t'A) = (tt')A \qquad (t, t' \in \mathbb{R},\ A \in \mathbb{R}^n)$$
$$tA = At$$

---

[7] $\mathbb{R}^1 = \mathbb{R}$ 이고, $\mathbb{R}^0 = \{0\}$ 이다. $\mathbb{R}^\infty := \lim_{n\to\infty} \mathbb{R}^n = \bigcup_{n=1}^{\infty} \mathbb{R}^n$ 인데, 이는 모든 유한 수열들의 집합이다. 모든 무한 수열들의 집합을 $\mathbb{R}^\omega$ 라 하면 $\mathbb{R}^\infty \subset \mathbb{R}^\omega$ 이다.

[8] 결합법칙(associative law)은 $(A + B) + C = A + (B + C)$ 를 뜻하고, 교환법칙(commutative law)은 $A + B = B + A$ 를 뜻한다. 결합법칙 덕분에 $A + B + C$ 의 의미는 분명해진다. 연습문제: "서울대공원"을 두 가지 뜻으로 해석하라.

[9] 항등원(identity element, neutral element)이란 임의의 원소 A 에 대하여 등식 $A + O = A = O + A$ 를 만족시키는 원소 O 를 뜻한다.

[10] A 의 역원이란 $A + B = O = B + A$ 를 만족시키는 원소 B 를 뜻한다. 이때 B 를 $-A$ 로 나타낸다. 이러한 원소는, 존재한다면, 오직 하나뿐이다.

그리고 **분배법칙**(distributive law)

$$\begin{aligned} t(A+B) &= tA + tB \\ (t+t')A &= tA + t'A \end{aligned} \qquad (t, t' \in \mathbb{R},\ \ A, B \in \mathbb{R}^n)$$

을 만족시킨다.[11]

기하학적으로 tA는 원점과 A를 지나는 직선상의 점이다.

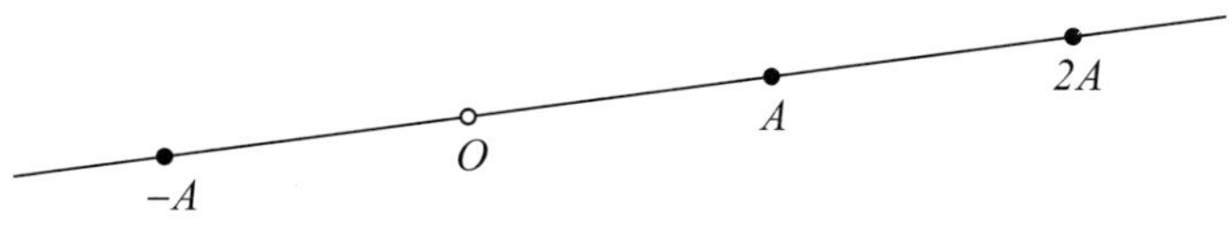

또 $A+B$는 원점과 점 A, B가 만드는 평행사변형의 나머지 꼭짓점에 해당된다.

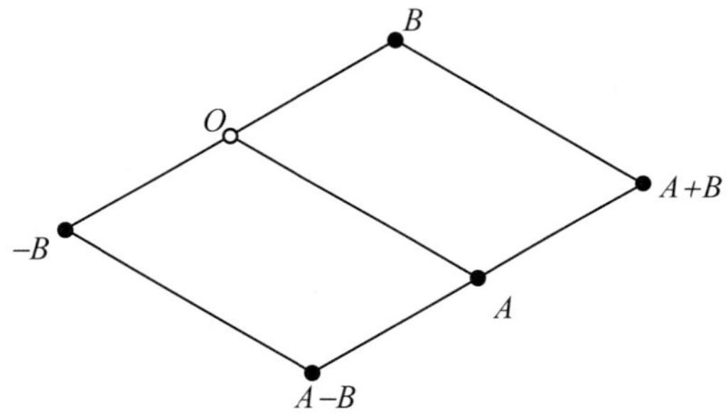

앞으로 좌표공간의 점 A, B에 대하여, $A+(-B)$를 $A-B$로 쓰기로 한다.

$$\boxed{A - B := A + (-B)}$$

좌표계, 즉 수량화 덕분에 공간의 점들을 더하거나 스칼라배 할 수 있었지만, 좌표계 또는 원점이 없다면 공간의 두 점을 더하여 새로운 점을 지정하는 것은 불가능하다.

하지만 공간에 좌표계가 주어져 있지 않더라도 "두 점의 차"는 의미 있는 개념이며, 이를 앞으로 **벡터**라고 부르게 된다.

$$\begin{aligned} (\text{점}) - (\text{점}) &= (\text{벡터}) \\ (\text{점}) + (\text{벡터}) &= (\text{점}) \end{aligned}$$

---

[11] 위와 같은 성질의 더하기와 스칼라배가 정해진 공간을 **벡터공간**이라 하고, 그 원소를 **벡터**라고 한다. 제1장 주석 77 참고.

1.2 두 점 사이의 거리

n-공간 속의 점 $A = (a_1, \ldots, a_n)$ 과 원점 사이의 거리는 피타고라스 정리에 의하여[12]

$$\boxed{|A| := \sqrt{{a_1}^2 + \cdots + {a_n}^2}}$$

이다. 이 값을 A 의 **절댓값**이라고 부른다.

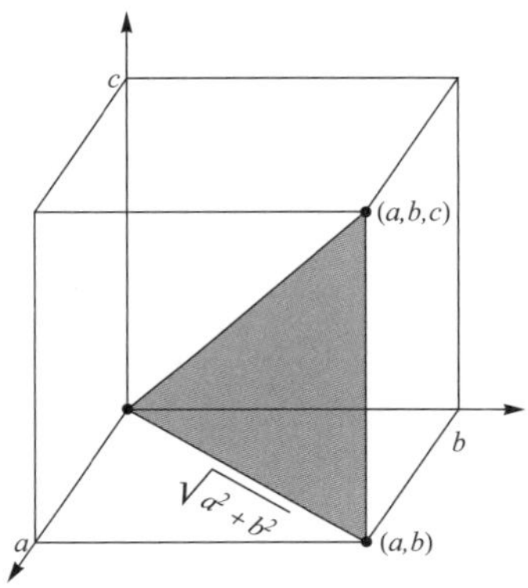

일반적으로, 두 점 $A = (a_1, a_2, \ldots, a_n)$, $B = (b_1, b_2, \ldots, b_n)$ 사이의 **거리**는

$$\mathrm{dist}(A, B) := |A - B| = \sqrt{(a_1 - b_1)^2 + (a_2 - b_2)^2 + \cdots + (a_n - b_n)^2}$$

이다.

예를 들면 점 $(1, 2, 3, 4)$ 와 점 $(4, 3, 2, 1)$ 사이의 거리는 $\sqrt{3^2 + 1^2 + 1^2 + 3^2} = \sqrt{20} = 2\sqrt{5}$ 이다.

---

[12] n-공간의 점 A 를 $\mathbb{R}^{n-1}$ 에 정사영하면 점 $A' = (a_1, \ldots, a_{n-1}, 0)$ 을 얻는다. 이제 직각삼각형 OAA' 의 높이는 $|a_n|$, 밑변의 길이는 (귀납법에 의하여) $\sqrt{{a_1}^2 + \cdots + {a_{n-1}}^2}$ 이므로, 피타고라스 (Pythagoras, c. 570 – c. 490 BCE)의 정리에 의하여 빗변 OA 의 길이는 $\sqrt{{a_1}^2 + \cdots + {a_n}^2}$ 이다. 피타고라스 정리의 근본 원리는 **닮은꼴의 넓이는 닮음비의 제곱에 비례한다**는 것이다.

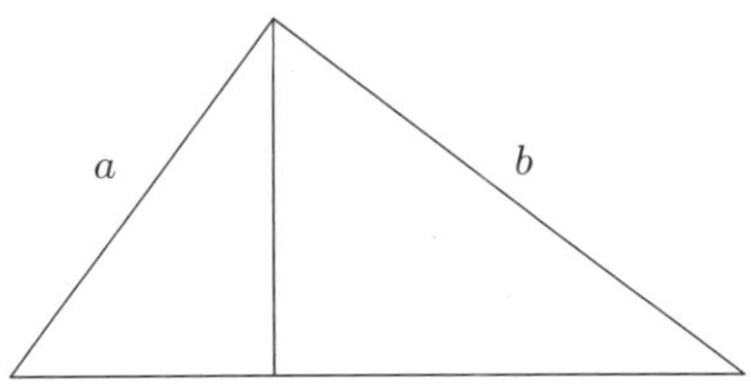

그림: 세 직각삼각형의 닮음비는 $a : b : c$, 넓이의 비는 $a^2 : b^2 : c^2$

연습문제: 제 4 장 1 절

1. 절댓값이 0 인 점은 원점뿐임을 보이라.

2. 실수 t 와 좌표공간의 점 A 에 대하여 $|tA| = |t||A|$ 임을 보이라.

3. 삼차원 좌표공간에서 선분 S 를 yz-평면, zx-평면, xy-평면에 정사영한 것의 길이가 각각 $5, 6, 7$ 이라면, 선분 S 의 길이는 얼마인가?

4. 삼차원 좌표공간에서 길이가 l 인 선분을 yz-평면, zx-평면, xy-평면에 정사영한 것의 길이를 각각 l_1, l_2, l_3 이라고 하면,

$$l_1{}^2 + l_2{}^2 + l_3{}^2 = 2l^2$$

임을 보이라. 이때

$$\left|l_1{}^2 - l_2{}^2\right| \le l_3{}^2 \le l_1{}^2 + l_2{}^2$$

임을 보이라.

5. (a) 화학방정식

$$2\mathrm{NH}_2 + \mathrm{H}_2 = 2\mathrm{NH}_3$$

과 식

$$2(1,2) + (0,2) = 2(1,3)$$

사이의 관계를 설명하라.

(b) 화학결합 $\mathrm{C}_a\mathrm{H}_b\mathrm{O}_c$ 를 좌표공간의 점 (a, b, c) 에 대응시킬 때, 화학식

$$\mathrm{CO} + \mathrm{H}_2\mathrm{O} = \mathrm{H}_2 + \mathrm{CO}_2$$

를 좌표를 써서 나타내어라.

6. 집합 $\{1, 2, \ldots, n\}$ 에서 정의된 함수[13] 전체의 집합은 $\mathbb{R}^n$ 과 일대일 대응이 됨을 보이라.

7. 차수가 3 이하인 다항식 전체의 집합

$$\{a_0 + a_1x + a_2x^2 + a_3x^3 \mid a_0, a_1, a_2, a_3 \in \mathbb{R}\}$$

과 사차원 좌표공간 $\mathbb{R}^4$ 사이의 일대일 대응관계를 서술하라. 이때 두 다항식의 합은 공간의 점들의 합에 대응되는가?

8. 실수열 $(a_1, a_2, a_3, \ldots)$ 의 유한개의 항 이후가 모두 영일 때, 이 수열을 **유한수열**이라고 부른다. 유한수열 전체의 집합을 $\mathbb{R}^\infty$ 로 표시하면, 이 집합은 실계수 다항식 전체의 집합 $\mathbb{R}[x]$ 와 일대일 대응관계가 있음을 밝히라.

[13] 여기에서는 실숫값 함수를 뜻한다.

9. 세계 지도를 펴서 경도·위도 좌표가 (E 127°, N 37.5°)인 점은 어느 도시를 가리키는지 살펴보라.

10. n-공간의 점 $A = (a_1, \ldots, a_n)$에 대하여 $\bar{a} := \frac{1}{n}(a_1 + \cdots + a_n)$이라 하자. 이때 점 A와 $\bar{A} := (\bar{a}, \ldots, \bar{a})$ 사이의 거리는

$$\sqrt{\sum_{i=1}^{n} a_i^2 - n\bar{a}^2}$$

임을 보이라.

11. 100×100 개의 점 각각의 명암을 구간 $[0, 1]$의 한 값으로 나타내어 그림을 그린다고 하자. 이때 그림 한 장은 몇 차원 공간의 점으로 볼 수 있는가?

12. 영[14]과 헬름홀츠[15]의 **색감론**에 의하면, 사람의 망막은 기본적으로 빨강, 초록, 파랑의 빛(또는 파형)을 인식하는 세 가지 조성자의 여러 흥분비율에 의하여 빛의 색을 인식한다고 한다. 이때 각 조성자의 흥분비율을 각각 R, G, B로 두면, 색감의 종류는 좌표 (R, G, B)에 의하여 구분된다. 예를 들면, $(1, 0, 0)$, $(0, 1, 0)$, $(0, 0, 1)$은 각각 빨강, 초록, 파랑을 뜻한다.[16] 그러면 $(0, 0, 0)$, $(1, 1, 1)$, $(1, 1, 0)$이 나타내는 색은 무엇인가?

[14] Thomas Young, 1773–1829.

[15] Hermann Ludwig Ferdinand von Helmholtz, 1821–1894.

[16] 빛의 삼원색 R = $(1, 0, 0)$, G = $(0, 1, 0)$, B = $(0, 0, 1)$의 보색은 물감의 삼원색으로 Cyan = $(0, 1, 1)$, Magenta = $(1, 0, 1)$, Yellow = $(1, 1, 0)$이다.

제 2 절 극좌표계

평면에서 한 점 O와 그 점을 시점으로 하는 반직선 l을 정하면, 평면의 임의의 점 P를 한 쌍의 실수

$$(r,\theta)$$

로 나타낼 수 있다.[17]

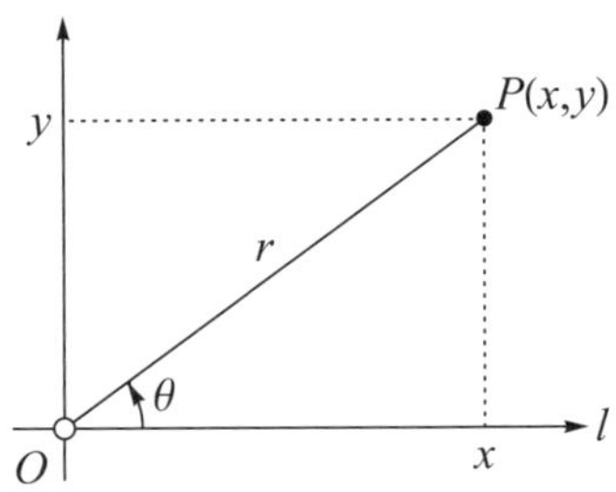

이때 r는 O와 P 사이의 거리이고, θ는 반직선 OP가 반직선 l과 이루는 각의 크기이다.[18] 이 실수쌍 (r,θ)를 P의 **극좌표**라 하고, 이와 같이 평면의 점을 한 쌍의 실수로 표현하는 방법을 **극좌표계**(polar coordinate system)라 한다. 또 극좌표계에서 기준으로 삼는 점 O를 **극점**(pole), 기준으로 삼는 반직선 l을 **극축**(polar axis)이라 한다.

직교좌표계가 미리 주어진 평면에서는 주로 원점을 극점으로, 제일축인 x축의 양의 방향을 극축으로 하여 극좌표계를 정한다. 이때 점 P의 직교좌표 (x,y)와 극좌표 (r,θ) 사이에는 다음과 같은 관계가 있다:[19]

$$x = r\cos\theta, \qquad y = r\sin\theta.$$

또한 다음 관계도 자명하다.

$$r^2 = x^2 + y^2, \qquad \cos\theta = \frac{x}{r}, \qquad \sin\theta = \frac{y}{r}\ .$$

평면에서는 같은 중심을 가지는 원들, 즉 동심원들은 평면을 가득 채운다. 또 그 중심점을 지나는 직선들도 평면을 가득 채운다. 극좌표계는 이 두 곡선 족(族, famaily)을 활용하여 평면의 점들을 수치화(數値化)한 것이다.

[17] $P \neq O$

[18] 극점 O에서는 θ의 값이 정해지지 않는다. 평면에 향을 정하면, θ가 증가하는 방향과 감소하는 방향이 있으며, 음(negative)의 각을 말할 수도 있다.

[19] 각의 크기, 즉 각도가 증가하는 방향은 "반시계 방향"으로 한다.

2.0.1 보기

직교좌표가 $(1,1)$ 인 점에서

$$r^2 = 1^2 + 1^2 = 2, \qquad \theta = \frac{\pi}{4}$$

이므로 이 점의 극좌표는 $\left(\sqrt{2}, \frac{\pi}{4}\right)$ 로 둘 수 있다.

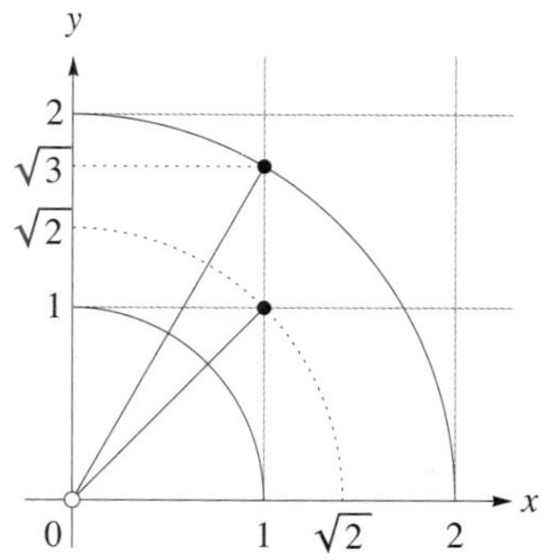

2.0.2 보기

직교좌표로 $(1, \sqrt{3})$ 인 점 P 의 극좌표를 구하라.

풀이. 우선 $r = \sqrt{1+3} = 2$ 이고,

$$\cos\theta = \frac{x}{r} = \frac{1}{2}, \qquad \sin\theta = \frac{y}{r} = \frac{\sqrt{3}}{2}$$

이므로

$$\theta \equiv \frac{\pi}{3} \mod 2\pi$$

이다.[20] 따라서 P 의 극좌표는 $(2, \frac{\pi}{3})$ 로 둘 수 있다.

2.0.3 $\theta \equiv \theta + 2\pi$

극좌표계에서 각의 값 θ 는 하나로 정해지지 않고, 2π 의 정수배로 차이가 날 수 있다. 그러나 좌표계의 정의역을 조금 제한하면, 각의 값을 하나로 정할 수 있다.

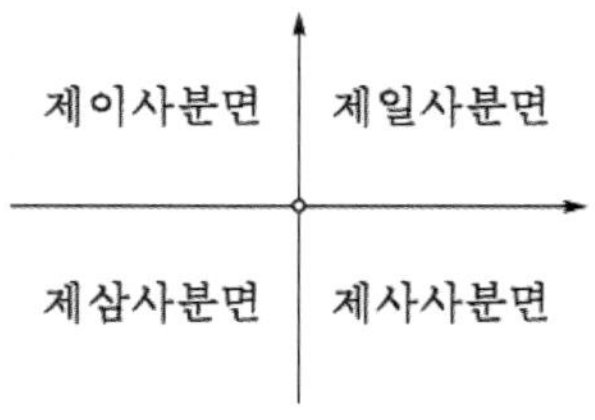

보기를 들어 **제일사분면**(the first quadrant)에서는

$$\theta = \arctan\frac{y}{x}$$

로 둘 수 있고, 따라서 제일사분면은

$$r > 0, \qquad 0 < \theta < \tfrac{\pi}{2}$$

와 같이 표현된다.

[20]세 실수 a, b, c 에 대하여

$$a \equiv b \mod c$$

는 $a - b$ 가 c 의 정수배라는 뜻이다.

2.0.4 $r < 0$ 인 경우

$r < 0$ 일 때, 극좌표 (r, θ)가 나타내는 점은 θ가 가리키는 방향과 반대 방향으로 거리 $|r|$ 만큼 떨어진 점을 뜻한다. 즉,

$$\boxed{(r, \theta) = (|r|, \theta + \pi)}$$

이다.

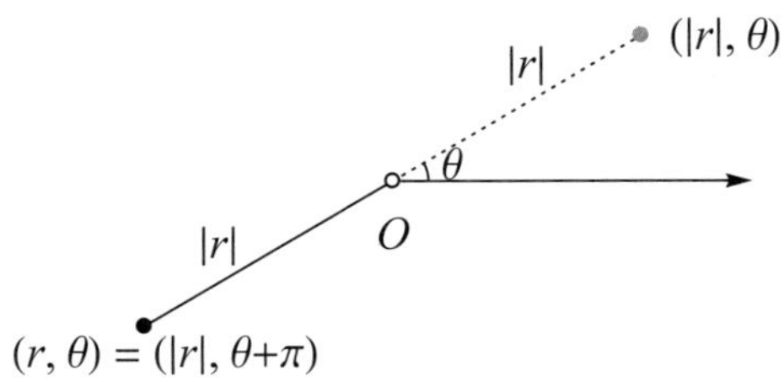

2.0.5 기본연습문제

1. 극좌표계에서 다음과 같이 주어진 점의 직교좌표를 구하라.
   (1) $(3, \frac{\pi}{6})$ (2) $(1, -\frac{\pi}{4})$ (3) $(-1, \frac{\pi}{3})$
2. 직교좌표계에서 다음과 같이 주어진 점의 극좌표를 구하라.
   (1) $(3, 3\sqrt{3})$ (2) $(-1, 1)$ (3) $(-1, 0)$

2.1 직선의 방정식

극좌표계에서, 주어진 실수 θ_0 에 대하여 방정식

$$\theta = \theta_0$$

은 원점을 지나고 극축과 이루는 각이 θ_0 인 직선을 나타낸다.

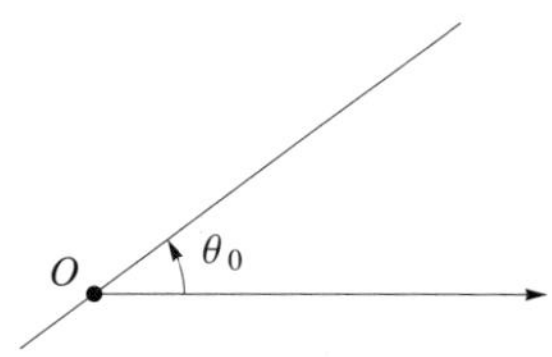

2.1.1 기본연습문제

좌표평면에서 직선 $ax + by = c$ 는 극좌표계로

$$r(a\cos\theta + b\sin\theta) = c$$

와 같이 표현됨을 보이라.

2.2 원의 방정식

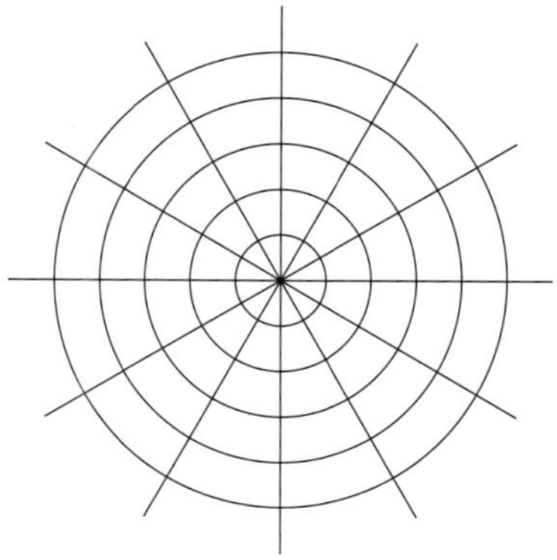

원점을 중심으로 하고, 반지름이 $a > 0$ 인 원의 방정식은

$$r = a$$

로 표현된다.[21] 또 이 원의 내부는

$$0 \le r < a$$

로, 이 원의 외부는

$$r > a$$

로 표현할 수 있다.

2.2.1 보기

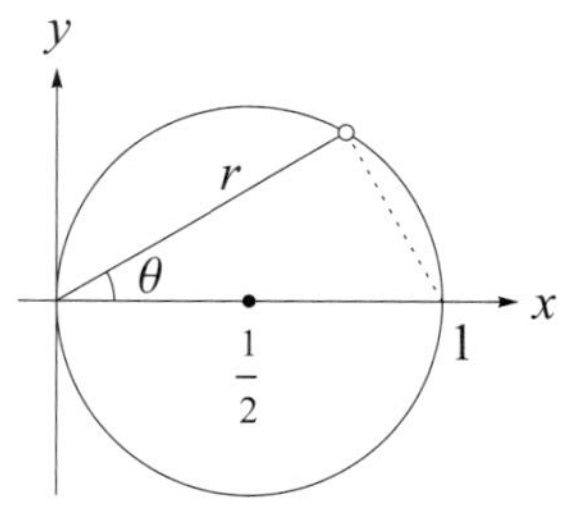

극좌표계에서

$$r = \cos\theta \qquad \left(-\tfrac{\pi}{2} \le \theta \le \tfrac{\pi}{2}\right)$$

로 표현된 곡선은 원을 나타냄을 보이라.[22]

풀이. 주어진 식에 r를 곱하면

$$r^2 = r\cos\theta$$

이다. 이 식을 직교좌표계로 바꾸면

$$x^2 + y^2 = x$$

이고, 이를 변형하면

$$(x - \tfrac{1}{2})^2 + y^2 = \frac{1}{2^2}$$

이 되어, 중심이 $(\frac{1}{2}, 0)$ 이고 반지름이 $\frac{1}{2}$ 인 원의 방정식이다.

[21] 일반 원의 방정식은 연습문제 6번 참고.

[22] 탈레스(Thales of Miletus, c. 624/623 – c. 548/545 BCE)의 정리: *원에서 한 지름의 양 끝점과 그 원의 다른 한 점을 이으면, 직각삼각형을 얻는다.* 또 모든 직각삼각형은 이런 성질을 가진다.

2.3 원뿔곡선

원뿔의 단면으로 나타나는 타원, 포물선, 쌍곡선 등의 곡선을 **원뿔곡선**이라 한다.[23]

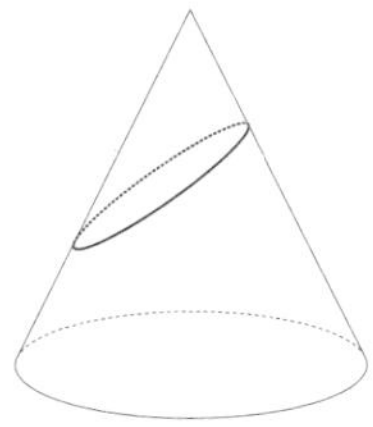

좌표계를 사용하면 원뿔곡선은 이원 이차다항식[24]

$$g(x, y) := ax^2 + bxy + cy^2 + dx + ey + f$$

의 근들의 집합으로 나타낼 수 있다.

이때 좌표축을 *잘 정하면* 원뿔곡선은 다음 세 가지 형태로 표현할 수 있다:

$$\frac{x^2}{a^2} + \frac{y^2}{b^2} = 1 \text{ (타원)}, \qquad y = ax^2 \text{ (포물선)}, \qquad \frac{x^2}{a^2} - \frac{y^2}{b^2} = 1 \text{ (쌍곡선)}.$$

2.3.1 쌍곡선의 방정식

직교좌표계로 주어진 쌍곡선

$$x^2 - y^2 = a^2$$

을 극좌표계에서의 식으로 바꾸어 보자.

주어진 식에 $x = r\cos\theta$, $y = r\sin\theta$ 를 대입하면

$$r^2(\cos^2\theta - \sin^2\theta) = a^2$$

을 얻는다. 따라서 구하는 식은

$$r^2 = a^2/\cos 2\theta$$

이다.

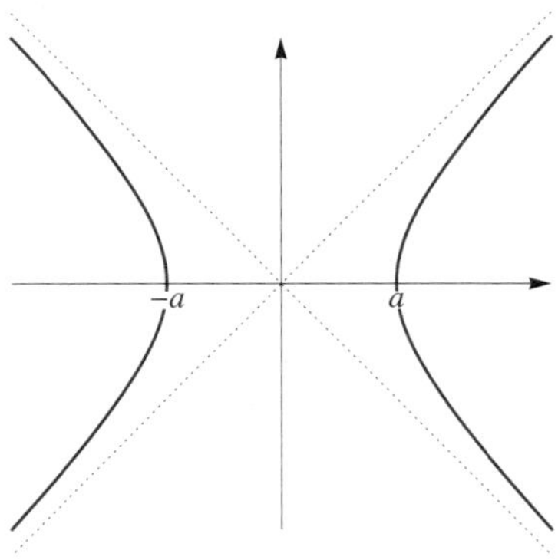

그림: $x^2 - y^2 = a^2$

[23]원뿔의 꼭짓점을 지나지 않는 평면과 원뿔(면)의 공통부분을 원뿔곡선이라 한다. 이 곡선은 알렉산더 대왕의 스승이던 메나에크무스(Menaechmus, c. 380 – c. 320 BCE)가 처음 연구하였는데, 타원, 포물선, 쌍곡선 등의 이름은 고대 그리스의 '위대한 기하학자' 아폴로니우스(Apollonius of Perga, c. 262 – c. 190 BCE)의 저서 "원뿔곡선"에서 유래하였다. 원뿔곡선들은 (데카르트 이후에) 이차방정식 $f(x, y) = 0$ 으로 표현할 수 있으므로, **이차곡선**이라고도 한다. 케플러는 원뿔곡선에 '초점'이라는 용어를 도입하였고 [Ball], 행성의 운행이 타원과 밀접한 관련이 있음을 발견하였는데, 이 발견은 후일 뉴턴이 만유인력(萬有引力)의 법칙을 발견하는 데 큰 역할을 한다. 타원은 많은 기업에서 '로고'로 사용하기도 한다. 원뿔 또는 일반적인 뿔(cone)은 유클리드나 중세의 화가들에게는 관찰자가 사물을 바라보는 것으로 이해되었고, 이러한 관점은 원근법의 발전과 사영기하학의 발전에 크게 공헌하였다.

[24]차수가 2이므로 이차항의 계수 a, b, c 중에 영이 아닌 것이 있다. 더 나아가서 인수분해가 되지 않는 이차식, 즉 기약이차식이라고 가정한다.

2.4 아르키메데스 와선

극좌표계에서 상수 k에 대하여 식 $r = k\theta$로 나타내는 곡선을 **아르키메데스 와선**(渦線, spiral)이라 한다.[25]

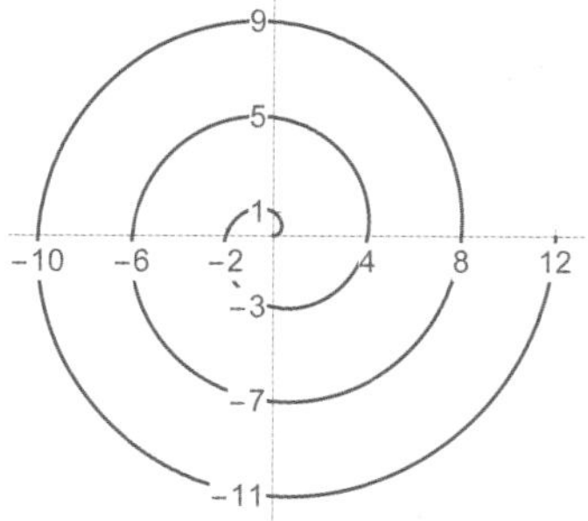

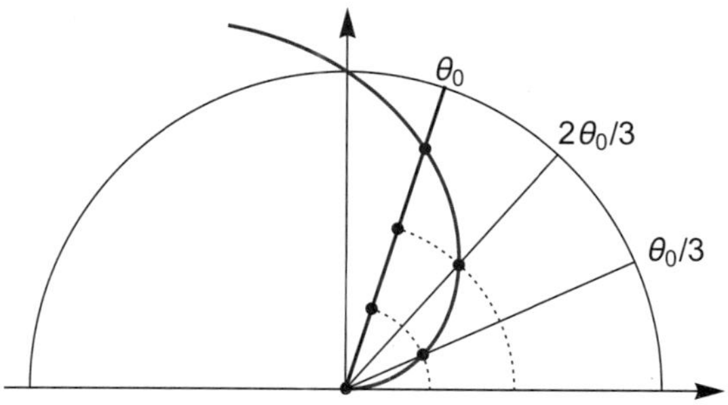

그림: 아르키메데스 와선 ($k = \frac{2}{\pi}$, $0 \le \theta \le 6\pi$)

2.4.1 기본연습문제

1. 아르키메데스 와선을 이용하면 임의의 각을 n등분할 수 있음을 설명하라.[26]

2. 원판의 중심에서 가장자리에 놓인 꿀을 향하여 개미가 일정한 속력으로 움직인다고 하자. 이때 원판이 그 중심을 수직으로 지나는 축에 대하여 일정한 각속도로 돌면, 하늘에서 내려다본 개미의 궤적은 아르키메데스 와선임을 설명하라.

3. 다음 그림을 보고 아르키메데스 와선을 이용하면 등속 회전운동을 등속 직선운동으로 바꿀 수 있음을 설명하라.

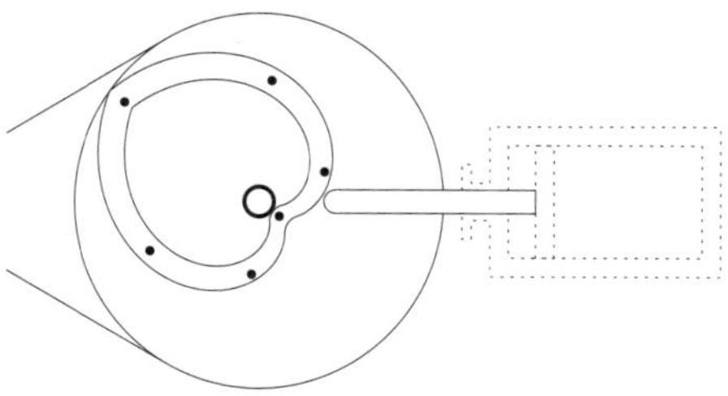

[25]극좌표계에서 식 $r = f(\theta)$로 표현된 곡선을 원점을 기준으로 하여 k배 확대하면 식 $r = kf(\theta)$로 표현되는 '닮은 곡선'을 얻는다. 또 식 $r = f(\theta)$로 표현된 곡선을 원점 주위로 각의 크기 α만큼 회전시킨 곡선은 식 $r = f(\theta - \alpha)$로 표현된다.

[26]주어진 선분을 n등분하는 작도법을 중학교 교육을 받은 사람은 대부분 잘 알던 시절이 있었다.

2.5 쌍곡 와선

쌍곡 와선은 식

$$r = \frac{k}{\theta}$$

로 표현된다.

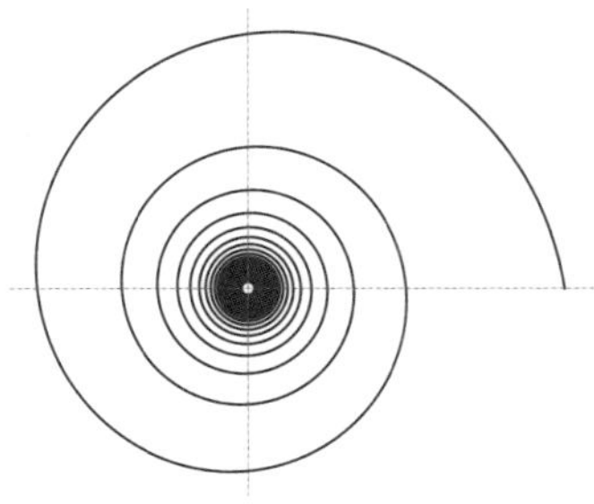

그림: 쌍곡 와선 $r = k/\theta$ $(\theta \geq 2\pi)$

2.6 로그 와선

데카르트가 1638 년에 발견한 **로그 와선**(logarithmic spiral)은 소라껍질이나, 해바라기, 산양의 뿔, 코끼리 이빨 등에서 자연스럽게 나타난다. 로그 와선은 식

$$r = r_0 e^{k\theta}$$

로 표현된다. (여기에서 r_0 과 k 는 영이 아닌 상수이다.)

로그 와선은 한 바퀴씩 돌 때마다, 원점에서의 거리가 일정한 비율로 나타난다. 또 원점을 지나는 직선과 와선의 각 점에서의 접선은 항상 일정한 각을 이루고 있어서, 이 곡선을 **등각 와선**(equi-angular spiral)이라고도 부른다.[27]

2.6.1 기본연습문제

로그 와선 $r = r_0 e^{k\theta}$ 를 배율이 e^{tk} 인 돋보기로 들여다보면 원래 와선이 $-t^{\text{rad}}$ 만큼 회전된 모양으로 나타남을 설명하라.

---

[27] 이 사실은 제 9 장의 연습문제에 나온다.

야콥 베르누이(Jakob Bernoulli)는 로그 와선에 대하여 많은 연구를 하였고 이 곡선을 "기적의 와선(spira mirabilis)"이라고 불렀다. 그는 자신의 묘비에 로그 와선을 새겨 넣고 다음과 같은 비문을 넣기를 바랐다:

EADEM MUTATA RESURGO

(비록 바뀌었지만, 똑같을 것이다)

애석하게도 바젤 대성당에 있는 그의 묘비를 새긴 조각가는 로그 와선 대신에 아르키메데스 와선을 새겼다 [Maor, p.121].

2.7 꽃잎

극좌표계에서

$$r = \sin 2\theta, \qquad r = \sin 4\theta, \qquad r = \sin 6\theta$$

로 주어진 곡선들의 개형은 아래 그림과 같다.

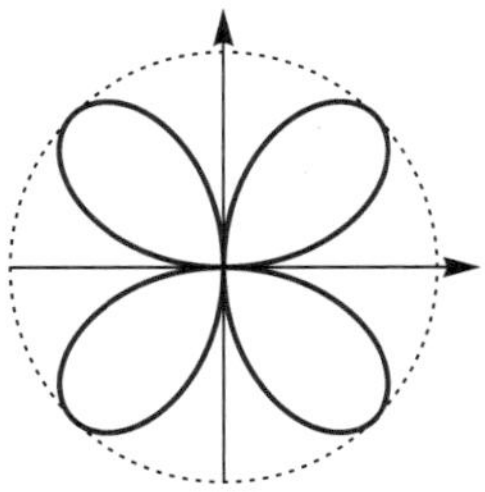

$r = \sin 2\theta$

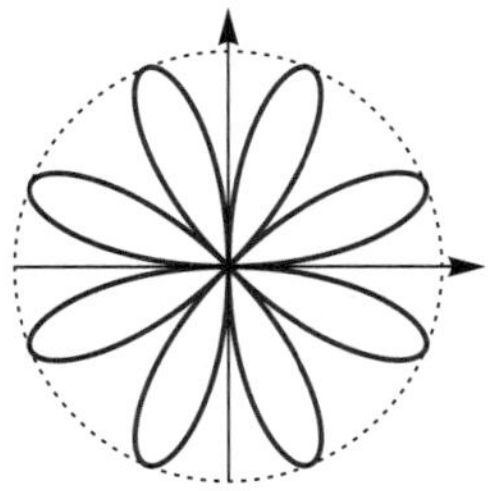

$r = \sin 4\theta$

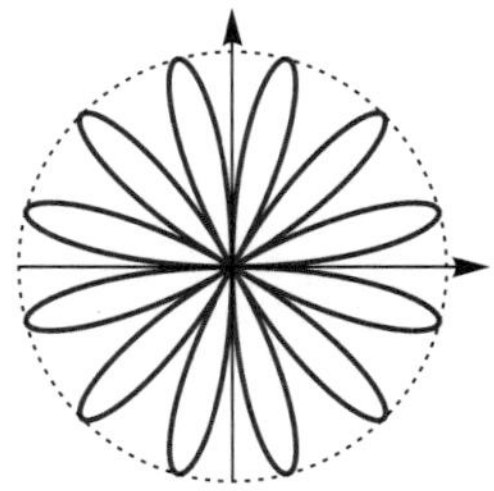

$r = \sin 6\theta$

2.7.1 기본연습문제

극좌표계에서

$$r = \sin n\theta$$

로 표현된 곡선은 n이 짝수이면 $2n$개의 잎을 가지고 있고, n이 홀수이면 n개의 잎을 가지고 있음을 확인하라.

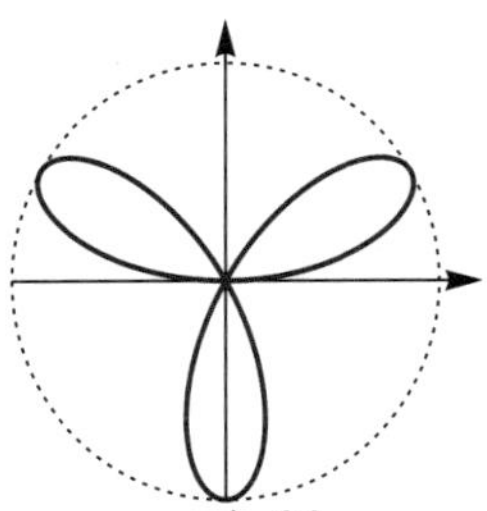

$r = \sin 3\theta$

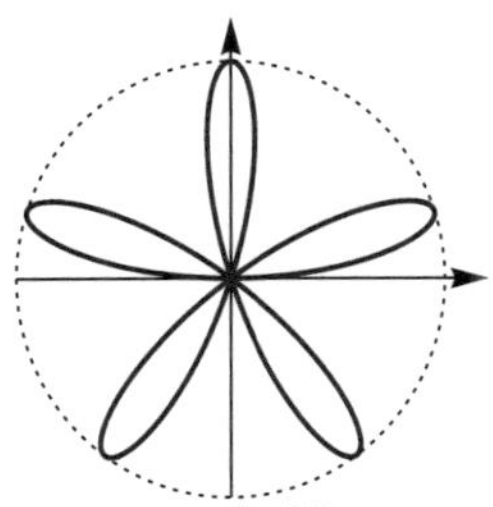

$r = \sin 5\theta$

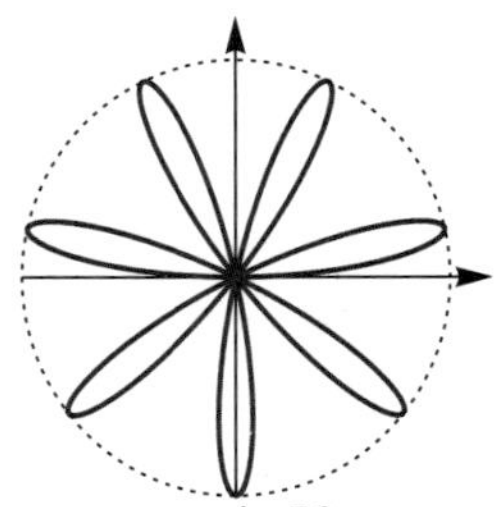

$r = \sin 7\theta$

연습문제: 제 4 장 2 절

1. 좌표평면에서 극좌표가 (r_1, θ_1), (r_2, θ_2) 로 주어진 두 점 사이의 거리를 구하라.
2. 극좌표계로 주어진 다음 곡선의 방정식을 직교좌표계의 방정식으로 바꾸고, 곡선의 개형을 그리라.

   (1) $r = \sin\theta$ (2) $r = 2\cos\theta$ (3) $r = \sin 3\left(\theta + \frac{\pi}{2}\right)$
3. (야콥 베르누이의 리본(lemniscate), 1694) 양수 a 에 대하여, 극좌표계에서 식

$$r^2 = a^2 \cos 2\theta$$

   로 표현되는 곡선의 모양이 다음과 같음을 보이라. 또 이 곡선은 평면에서 주어진 두 정점까지의 거리의 곱이 일정한 점들로 이루어져 있음을 밝히라.

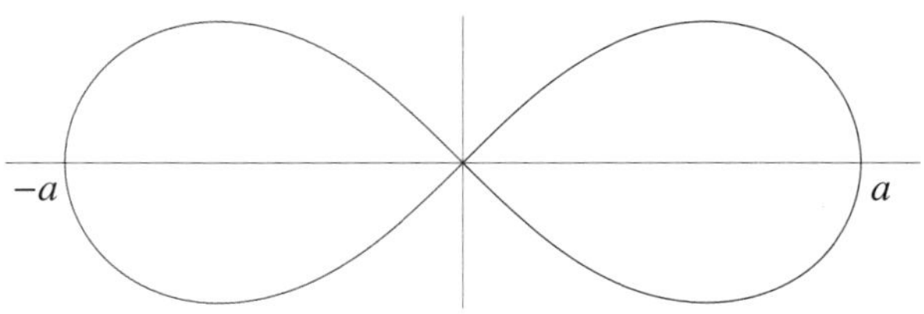

4. 극좌표계로 다음과 같이 주어진 곡선의 개형을 그리라.

   (1) $r = |\cos 2\theta|$ (2) $r = \cos 3\theta$

   (3) $r = |\cos 3\theta|$ (4) $r = 1 + 2\cos\theta$

   (5) $r = 1 + \sin\theta$ (6) $r = 1 + \frac{1}{2}\sin\theta$

   (7) $r^2 = \sin\theta$ (8) $r^2 = \cos 2\theta$

   (9) $r = \dfrac{2}{2 + \sin\theta}$ (10) $r = \dfrac{2}{2 - \cos\theta}$
5. (**헤세 표준형**) 주어진 실수 θ_0 과 양수 r_0 에 대하여 극좌표계에서 식

$$r\cos(\theta - \theta_0) = r_0$$

   로 표현되는 직선과 직교좌표계에서

$$x\cos\theta_0 + y\sin\theta_0 = r_0$$

   로 표현되는 직선은 같음을 보이라.

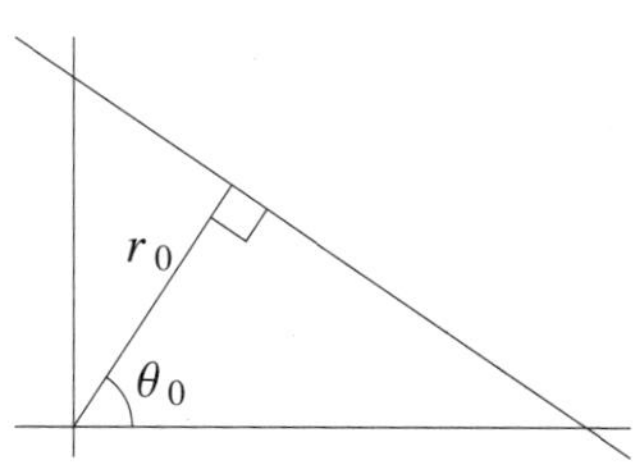

6. 직교좌표계에서 중심이 $R(\cos\theta_0, \sin\theta_0)$ 이고 반지름이 r_0 인 원의 방정식은 극좌표계로는

$$r^2 - 2rR\cos(\theta - \theta_0) + R^2 - r_0^2 = 0$$

임을 보이라.[28]

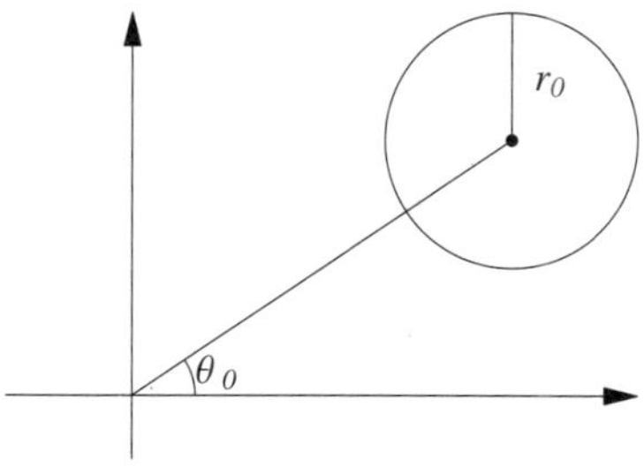

7. (a) 오른쪽 반평면 $x > 0$ 에서 $\theta(x, y) := \arctan \frac{y}{x}$ 로 두면 다음 식이 성립함을 보이라.

$$x = r\cos\theta(x, y), \qquad y = r\sin\theta(x, y) \tag{1}$$

(b) 왼쪽 반평면 $x < 0$ 에서

$$\theta(x, y) := \pi + \arctan \frac{y}{x}$$

로 두면 등식 (1)이 성립함을 보이라.

(c) 상반평면 $y > 0$ 에서

$$\theta(x, y) := \frac{\pi}{2} + \arctan \frac{-x}{y} = \frac{\pi}{2} - \arctan \frac{x}{y}$$

로 두면 등식 (1)이 성립함을 보이라.

(d) 하반평면 $y < 0$ 에서

$$\theta(x, y) := -\frac{\pi}{2} + \arctan \frac{x}{-y} = -\frac{\pi}{2} - \arctan \frac{x}{y}$$

로 두면 등식 (1)이 성립함을 보이라.

(e) 어떤 함수 $\theta(x, y)$ 가 등식 (1)을 만족시키면, 임의의 정수 n 에 대하여 함수 $\tilde{\theta}(x, y) := \theta(x, y) + 2n\pi$ 도 같은 등식을 만족시킴을 보이라.

8. 여섯 개의 꽃잎을 가진 곡선을 설계하라.

9. 극좌표에서 식

$$r = |\tan\theta|^{1/|\tan\theta|} \qquad (0 \le t \le \pi)$$

로 표현된 곡선을 도시하라.

[28]특히 $R = r_0$ 이면 $r = 2r_0\cos(\theta - \theta_0)$ 이 원의 방정식이다.

제 3 절 원기둥좌표계와 구면좌표계

3.1 원기둥좌표계

삼차원 좌표공간에서 점 $P = (x, y, z)$ 에 대하여 등식

$$x = r\cos\theta$$
$$y = r\sin\theta$$
$$z = z$$

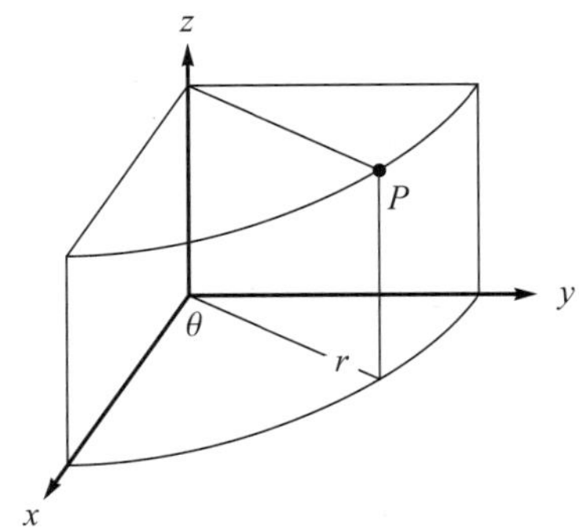

를 만족시키는 값 (r, θ, z) 를 대응시키는 방법을 **원기둥좌표계**(cylindrical coordinate system) 라고 부른다.

원기둥좌표계는 직교좌표계에서 x, y 성분만 극좌표계로 바꾼 것이다. 이때 r 는 z 축과의 거리를 나타낸다.

평면의 극좌표계에서 원점에 대하여 θ 값을 정하지 않는 것처럼, 원기둥좌표계에서는 z 축 위의 점들에 대하여는 θ 값을 정하지 않는다.

삼차원 공간에서는 주어진 직선을 중심축으로 하는 원기둥면들이 공간을 가득 채운다. 또 그 직선을 포함하는 평면들도 공간을 가득 채우며, 그 직선에 수직인 평면들도 공간을 가득 채운다. 원기둥 좌표계는 이 세 가지 곡면족(族, family)을 활용하여 공간의 점들을 수치화(數値化)한 것이다.

3.1.1 보기

원기둥좌표계에서

$$r = 1$$

로 주어지는 점들의 집합은 반지름이 1인 원기둥이다.

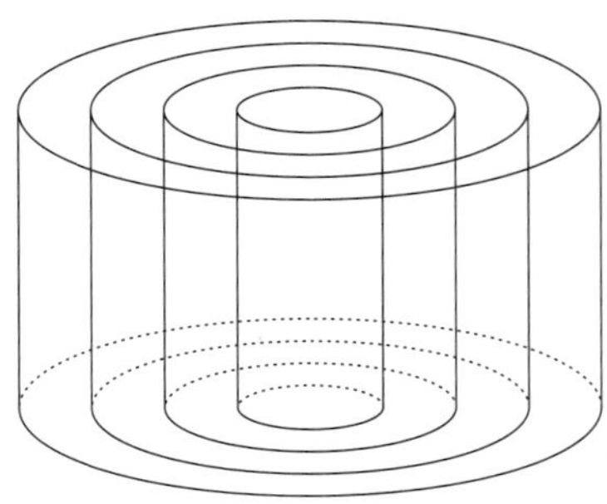

그림: 원기둥좌표계에서 r 의 값이 상수인 곡면

3.1.2 기본연습문제

원기둥좌표계 (r, θ, z) 에서 $\theta = \pi/2$ 인 집합은 yz-평면을 나타냄을 설명하라.

3.2 구면좌표계

삼차원 좌표공간에서 점 $P = (x, y, z)$와 원점 O 사이의 거리를 ρ, 선분 OP가 z축의 방향과 이루는 각의 크기를 φ, 점 P를 xy 평면으로 정사영한 점 $(x, y, 0)$을 P', 선분 OP'이 x축의 방향과 이루는 각의 크기를 θ라 하면,

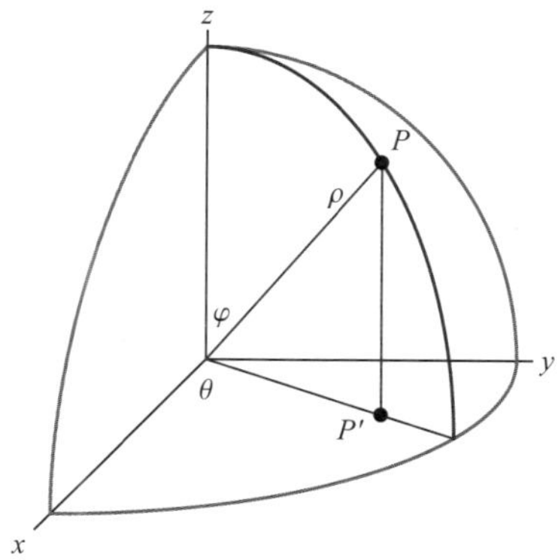

$$\begin{aligned} x &= \rho\sin\varphi\cos\theta \\ y &= \rho\sin\varphi\sin\theta \\ z &= \rho\cos\varphi \end{aligned}$$

이다. 이때

$$(\rho, \varphi, \theta)$$

를 **구면좌표계**(spherical coordinate system)라고 부르고, θ를 **경도**, φ를 "천정의 방향과 이루는 각" 또는 **천정각**이라 한다.[29]

구면좌표계에서는 보통

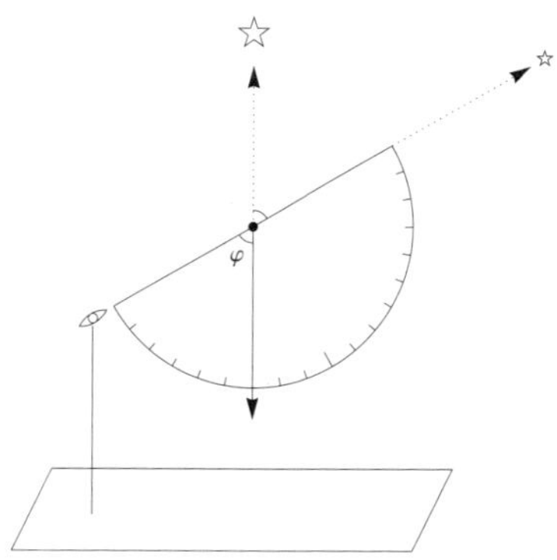

$$\rho \ge 0, \quad 0 \le \varphi \le \pi, \quad 0 \le \theta \le 2\pi$$

또는

$$\rho \ge 0, \quad 0 \le \varphi \le \pi, \quad -\pi \le \theta \le \pi$$

로 둔다.

구면좌표계에서도 z축 위의 점들에 대하여는 θ 값을 정하지 않는다.

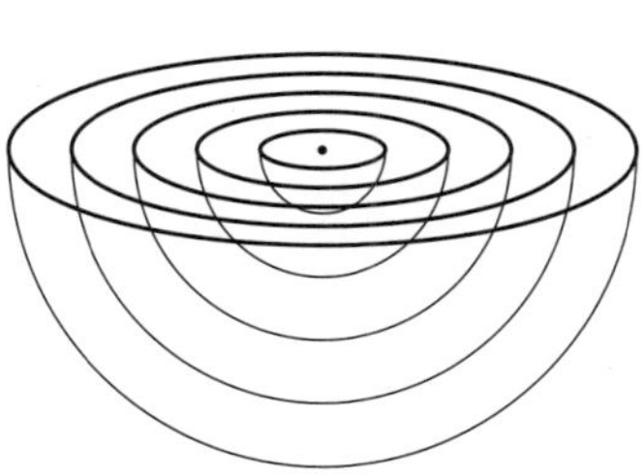

삼차원 공간에서는 주어진 직선을 포함하는 평면들이 공간을 가득 채우고, 그 직선을 회전축으로 하고 꼭짓점이 일정한 각뿔들이 공간을 가득 채운다. 또 그 꼭짓점을 중심으로 하는 구들도 공간을 가득 채운다. 구면좌표계는 이 세 가지 곡면족을 활용하여 공간의 점들을 수치화한 것이다.

[29] φ는 위도의 $\pi/2$-여각이므로 **여위도**라고 부를 수 있다.

3.2.1 보기

구면좌표계에서 식

$$\rho = 1$$

로 표현되는 점 전체의 집합은 원점을 중심으로 하고 반지름이 1인 **구면**이다.

또 식 $\rho \le 1$로 표현되는 점들의 집합은 반지름이 1인 **공**이다.[30]

3.2.2 보기

구면좌표계에서

$$\varphi = \frac{\pi}{6}$$

로 표현된 점들의 집합은 **원뿔각**이 2φ, 즉 $\pi/3$인 원뿔면이다.[31]

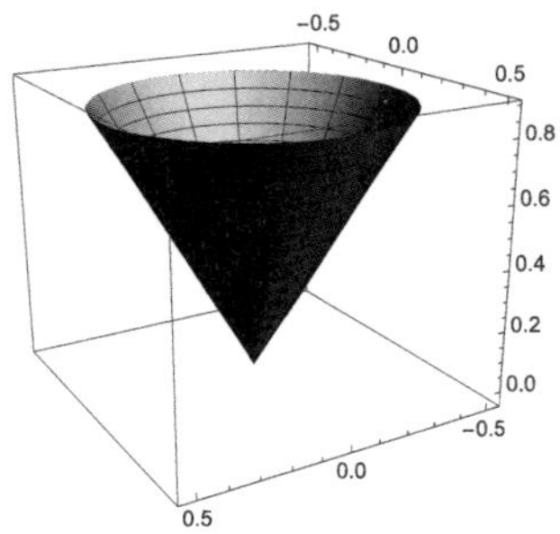

[30]좌표공간에서 집합

$$\mathbb{S}^{n-1}(C,r) := \{X \in \mathbb{R}^n : |X - C| = r\}$$

를 중심이 C이고 반지름이 r인 $(n-1)$차원 **구** 또는 **구면**(球面, sphere)이라 하고, 집합

$$\bar{\mathbb{B}}^n(C,r) := \{X \in \mathbb{R}^n : |X - C| \le r\}$$

는 중심이 C이고 반지름이 r인 n차원 (닫힌) **공**(ball)이라고 한다. 보통 $n = 2$인 경우에는 구와 공을 각각 **원**과 **원판**이라고 부른다.

[31]원뿔각을 다른 뜻으로 사용하기도 하는데, 원뿔의 펼친 도형인 부채꼴의 중심각 $\theta = 2\pi\sin(\alpha/2)$를 원뿔의 **뿔각**(cone angle)이라 부를 때도 있다.

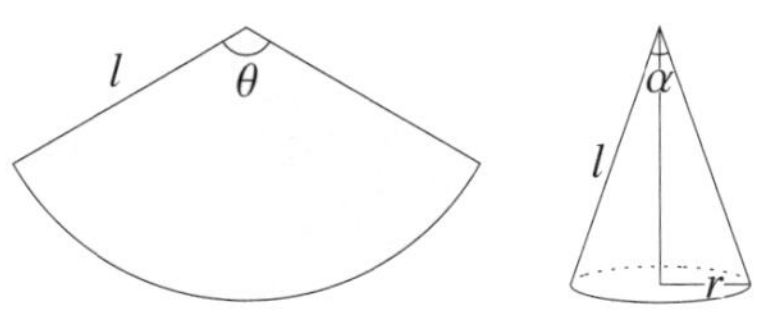

3.2.3 기본연습문제

구면좌표계 (ρ, φ, θ) 와 직교좌표계 (x, y, z) 사이에는 다음 관계가 있음을 보이라.

$$\rho = \sqrt{x^2 + y^2 + z^2}$$

$$\sin\varphi = \sqrt{x^2 + y^2} \Big/ \sqrt{x^2 + y^2 + z^2}$$

$$\cos\theta = x \Big/ \sqrt{x^2 + y^2}\,, \qquad \sin\theta = y \Big/ \sqrt{x^2 + y^2}\,.$$

또 구면 좌표계에서 두 점 $(\rho_1, \varphi_1, \theta_1)$, $(\rho_2, \varphi_2, \theta_2)$ 사이의 거리는

$$\sqrt{\rho_1^2 + \rho_2^2 - 2\rho_1\rho_2 \{\sin\varphi_1 \sin\varphi_2 \cos(\theta_1 - \theta_2) + \cos\varphi_1 \cos\varphi_2\}}$$

임을 보이라.

3.2.4 경도-위도 좌표계

경도 θ 와 **위도**

$$\psi := \frac{\pi}{2} - \varphi$$

를 사용하여 구면의 점들을 구별하는 방법도 많이 쓰이고 있다.

예를 들어 북극의 위도는 $\psi = \frac{\pi}{2}$ 이고, 적도의 위도는 $\psi = 0$, 남극의 위도는 $\psi = -\frac{\pi}{2}$ 이다.

이때 좌표공간의 점 (x, y, z) 는 식

$$x = \rho\cos\theta\cos\psi$$

$$y = \rho\sin\theta\cos\psi$$

$$z = \rho\sin\psi$$

를 만족시킨다. 이와 같은 좌표계

$$(\rho, \theta, \psi)$$

를 **구면좌표계**라고 부르는 저자들도 많이 있다.[32] 이때에는 주로

$$\rho \geq 0, \qquad |\theta| \leq \pi, \qquad |\psi| \leq \tfrac{\pi}{2}$$

로 둔다.

[32] 좌표들의 순서는 '옳은 향'이 되도록 정한다.

연습문제: 제 4 장 3 절

1. 다음 직교좌표계로 표현된 점들을 원기둥좌표계와 구면좌표계로 표시하라.

   (1) $(1, \sqrt{3}, 0)$ (2) $(-1, -1, -1)$

2. 다음 직교좌표계로 표현된 식들을 원기둥좌표계와 구면좌표계로 표시하라.

   (1) $x^2 + y^2 = z^2$ (2) $1 \le x^2 + y^2 + z^2 \le 4$

3. 직교좌표계에서 원뿔 $x^2 + y^2 \le z^2$ 과 공 $x^2 + y^2 + z^2 \le z$ 의 공통 부분으로 이루어진 영역을 (1) 원기둥좌표계와 (2) 구면좌표계로 나타내라.

4. 구면좌표계로 표현된 두 점 사이의 거리를 구하라.

   (1) $\left(1, \frac{2\pi}{3}, \frac{\pi}{4}\right), \left(1, \frac{\pi}{3}, \frac{\pi}{4}\right)$ (2) $\left(10, \frac{\pi}{6}, \frac{\pi}{3}\right), \left(10, \frac{2\pi}{3}, \frac{\pi}{5}\right)$

5. 런던의 경도는 0°, 위도는 51.5° 이고, 서울의 경도는 127°, 위도는 37.5° 이다. 서울과 런던 사이의 (지표를 따르는 최단) 거리는 얼마인가? 단, 지구는 반지름이 6,373 km 인 구로 간주한다.[33] (계산기 또는 수표를 사용하는 문제로 부록의 삼각함수표를 이용한다.)

6. 공간의 점 A, B 를 구면좌표계 (ρ, φ, θ) 로 나타내면, $A = \left(1, \frac{\pi}{2}, \frac{\pi}{3}\right)$, $B = \left(2, \frac{\pi}{6}, \frac{\pi}{3}\right)$ 라 하자. 이때 선분 AB 의 길이는 얼마인가?

7. 구면좌표계에서 $\rho = \cos\varphi$ 는 구면을 나타냄을 설명하라.

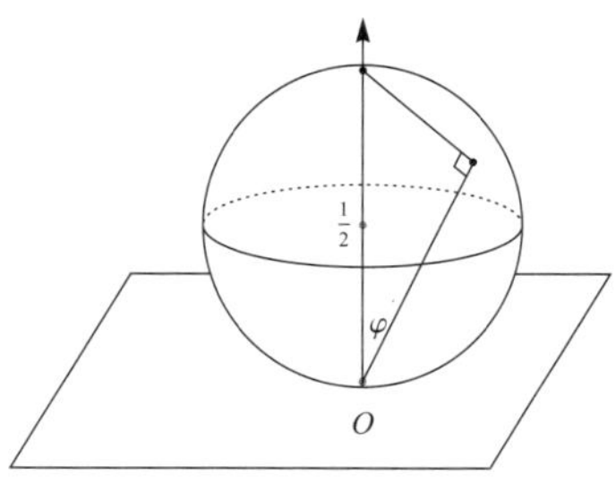

8. 원기둥좌표계에서 $z = r^2$ 이 나타내는 곡면을 그려 보라.

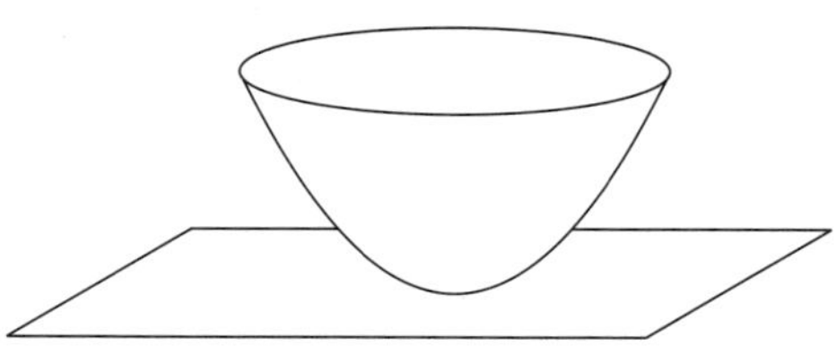

[33] 역사적으로는 프랑스 혁명이 일어나던 18세기 말에 지구의 북극에서 적도까지의 거리를 '십진법'을 따라 10,000 km 로 약속하였다. 그러므로 지구의 반지름을 r km 라고 하면, $2\pi r/4 = 10^4$ (km) 이다. 즉, $r = \frac{2}{\pi} \times 10^4 \approx 6366$ (km) 이다. 물론 지구는 완전한 구형이 아니고, 극 반지름은 6,357 km, 적도 반지름은 6,378 km 정도이다. 오늘날은 길이를 정의하는 방법이 다르다.

제 4 절 부록: 유클리드 공간

유클리드 공간은 우리에게 가장 익숙한 공간임에도 불구하고, 그것을 정의하기는 쉽지 않다. 간단히 말하면 유클리드 공간은 "좌표계가 없는 데카르트 공간"이라고 말할 수 있다. 유클리드 공간은 모든 점이 다 같이 평등하며, 기준점이 없고, 좌표축도 주어져 있지 않다.

그림: 데카르트 평면, 유클리드 평면, 다른 관측자가 사용한 좌표계

앞에서 살펴보았듯이 데카르트 공간에서는 기준점, 즉 원점이 정해져 있고, 기준이 되는 좌표축이 정해져 있으며, 모든 점들이 자기 고유의 주소를 가지고 있다. 따라서 데카르트 공간에서는 두 점의 각 주소를 알면, 이 두 점 사이의 거리를 쉽게 구할 수 있다. 데카르트 공간처럼 두 점 사이의 거리를 잴 수 있는 방법

$$\text{dist} : \mathbb{R}^n \times \mathbb{R}^n \to \mathbb{R}$$

이 주어진 집합을 **거리공간**이라고 부른다.

4.1 거리공간

어떤 집합 U 에 대하여 함수

$$d : U \times U \to \mathbb{R}$$

가 성질

(1) $d(x,y) = 0 \quad \Leftrightarrow \quad x = y$

(2) $d(x,y) = d(y,x)$ (**대칭성**)

(3) $d(x,y) \leq d(x,z) + d(z,y)$ (**삼각부등식**)

를 가지면, 함수 d 를 **거리함수**라고 부르고 순서쌍 (U,d) 를 **거리공간**(metric space)이라고 부른다.[34] 이때 $d(x,y) \geq 0$ 임을 알 수 있다.

이와 같은 뜻에서 좌표공간은 거리공간의 한 보기이다.

[34]거리함수(metric 또는 distance function)의 개념은 1906 년 프레셰(M. Fréchet, 1878–1973)가 도입하였다. 이는 우리의 **상상**을 구체적으로 구현하는 수학의 한 모습이다. 성질 (2)와 (3)은 묶어서 하나의 '삼각부등식' $d(x,y) \leq d(x,z) + d(y,z)$ 로 쓸 수 있다.

4.1.1 보기

행렬 $A := \begin{pmatrix} a & b \\ c & d \end{pmatrix}$ 와 $A' := \begin{pmatrix} a' & b' \\ c' & d' \end{pmatrix}$ 사이의 거리를

$$d(A, A') := \sqrt{(a-a')^2 + (b-b')^2 + (c-c')^2 + (d-d')^2}$$

로 정의하면, 2×2 행렬 전체의 집합은 거리공간이 된다.[35]

4.1.2 보기

친척들 사이에 일촌끼리(즉, 부모와 자식 사이)의 거리는 1, 이촌끼리의 거리는 2, 삼촌끼리의 거리는 3, 자신과의 거리는 0 등으로 정하면, 이는 거리함수이다.

4.1.3 보기

임의의 집합 U 에서

$$d(x, y) := \begin{cases} 1, & x \neq y \\ 0, & x = y \end{cases}$$

로 정의하면 이것은 거리함수이다.

4.1.4 기본연습문제

1. 좌표평면의 임의의 두 점 $(x_1, y_1), (x_2, y_2)$ 에 대하여

   $$d\big((x_1, y_1), (x_2, y_2)\big) := |x_1 - x_2| + |y_1 - y_2|$$

   로 정의한 것은 거리함수임을 보이라.

2. 구간 $[0, 1]$ 에서 연속이고 실숫값만을 가지는 함수 전체의 집합을 $\mathcal{C}^0[0, 1]$ 이라고 하자. 이때 두 함수 $f, g \in \mathcal{C}^0[0, 1]$ 에 대하여

   $$d(f, g) := \max\{|f(x) - g(x)| : x \in [0, 1]\}$$

   로 정의하면 이것은 거리함수임을 보이라.

---

[35]이 보기는 KIST 의 한 연구원이 땅굴을 발견하는 법을 연구하는 과정에서 저자에게 질문한 것이다. 2×2 행렬 전체의 집합은 사차원 좌표공간 $\mathbb{R}^4$ 과 크게 다르지 않다. 일반적으로 **벡터공간**에 거리함수를 주는 방법에는 여러 가지가 있지만, 유한차원인 경우에는 각각의 거리함수가 만들어 내는 "가깝다는 개념", 즉 **위상**(位相, topology)이 모두 일치한다. 행렬에 대해서는 제 6 장에서 자세히 다룬다.

4.2 등장사상

두 거리 공간 (U_1, d_1), (U_2, d_2) 사이의 전단사 함수 $f : U_1 \to U_2$ 가 임의의 두 점 사이의 거리를 보존하면, 즉

$$d_2(f(x), f(y)) = d_1(x, y)$$

이면, f 를 **거리 보존 사상** 또는 **등장사상**(isometry)이라고 부른다. 앞으로, 두 거리공간[36] U_1, U_2 사이에 등장사상이 존재하면 U_1 과 U_2 는 서로 **등장**이라고 부른다.

이제 다음과 같은 정의를 내린다:[37]

> n 차원 **유클리드 공간**이란 n 차원 데카르트 공간 $\mathbb{R}^n$ 과 등장인 거리공간을 뜻한다.

앞으로 n 차원 유클리드 공간을 $\mathbb{E}^n$ 으로 나타내기로 한다. 물론 데카르트 공간 $\mathbb{R}^n$ 은 유클리드 공간의 한 보기이고, 미적분학에서 주로 사용하는 것도 이 데카르트 공간이다. 하지만 좌표계라는 인위적인 체계와 상관없는 본연의 대상을 이해하는 것은 매우 중요하다.

4.2.1 보기

삼차원 좌표공간에서, 식 $z = 1$ 로 표현되는 평면 p 를 xy-평면 $\mathbb{R}^2$ 로 정사영하는 사상은 등장사상이므로 p 는 유클리드 평면이다.

4.2.2 기본연습문제

삼차원 좌표공간에서 식

$$x + y + z = 1$$

로 표현되는 평면 $\mathbb{E}$ 가 유클리드 평면임을 보이라. 이때, $\mathbb{E}$ 에 "자연스러운 원점"이 있는지에 대하여 논하라.

---

[36]혼란이 없으면, 거리공간 (U, d) 를 간단히 U 로 나타내기도 한다.

[37]이 정의는 낙성대 지하철역에서 발견하였다. 이 정의가 좋은 이유는, 이로부터 평행이동의 개념과 벡터의 개념이 자연스럽게 나오기 때문이다. 유클리드 공간 $(\mathbb{E}, d)$ 에서 자기사상 $T : \mathbb{E} \to \mathbb{E}$ 가 등장사상이고, 모든 $P \in \mathbb{E}$ 에 대하여 $d(P, T(P))$ 가 일정한 상수이면, T 를 **평행이동**이라고 부른다. 이때 이 일정한 상수를 평행이동 T 의 **크기**라고 부른다. 위 정의의 맹점으로 보이는 부분은 공간이라는 기하학적인 개념을 대스학적인 수의 체계를 이용하여 정의한 것처럼 보이는 부분인데, 이 부분은 실수체 대신 '직선'을 사용하여 보완할 수 있다. 어떤 책에서는 유클리드 공간을 "내적공간이 단순 추이적으로 작용하는 집합"이라고 정의한다. 하지만 미적분학 시간이 아니더라도 이러한 정의를 좋아하는 사람이 있을까?

4.3 좌표계

어떤 집합 U 의 원소를 표현하는 방법으로 **단사**(injective)함수, 즉 **일대일**(one-to-one) 함수

$$f : U \to \mathbb{R}^n$$

가 있으면, U 의 각 원소 p 는 함숫값

$$f(p) = (f_1(p), f_2(p), \ldots, f_n(p))$$

에 의하여 구별된다. 이때 함수 f 를 U 의 한 **좌표계**라고 부르고, $f(p)$ 는 점 p 의 f-**좌표**라고 부른다.[38] 또 $f_1(p)$ 는 p 의 **첫 번째 성분**(또는 f_1 성분), $f_2(p)$ 는 p 의 **두 번째 성분**(또는 f_2 성분), …, $f_n(p)$ 는 p 의 n **번째 성분**(또는 f_n 성분)이라고 부른다.

4.3.1 구면과 좌표계

보기를 들어 삼차원 공간 $\mathbb{R}^3$ 속의 북반구면

$$S \quad : \quad x^2 + y^2 + z^2 = 1, \quad z \geq 0$$

에서 함수

$$(x, y) : S \to \mathbb{R}^2$$

은 좌표계이다.

일반적으로 어떤 '공간'에 좌표계를 주는 방법은 한 가지만 있는 것이 아니라 여러 가지 다른 방법이 있다. 어떤 경우에는 이 좌표계가 좋기도 하고, 다른 경우는 다른 좌표계가 유용하게 쓰이기도 한다.

지도를 제작할 때에도 좌표계의 개념이 필수적으로 쓰인다. 이때 주로 쓰는 방법은 일정한 축척으로 지도를 만드는 것인데, 이 방법은 조그만 영역을 다룰 때에는 큰 문제가 아니지만, 지구 전체의 지도를 제작할 때에는 쉽게 해결할 수 있는 문제가 아니다. 가우스의 '**주목할 만한 정리**(Theorema Egregium)'에 의하면 일정한 축척으로 지구의 지도를 만드는 것은 불가능하다.[39] 그래서 항해지도에는 각을 보존하는 좌표계를 주로 사용한다. 그러나 부동산업자들은 면적을 보존하는 좌표계에 더욱 관심을 가질 것이다.

오늘날은 GPS 를 통하여 **지금-이자리**(now-here)의 좌표

$$(t, \rho, \theta, \psi)$$

를 얻는다.

---

[38]사실은 f 가 '국소적'으로 전단사인 경우에 '좌표계'라고 부르는 것이 더욱 바람직하다.

[39]그 이유는 평면과 구면의 곡률이 다르기 때문이다.

4.4 직교좌표계

n차원 유클리드 공간 $\mathbb{E}^n$ 과 $\mathbb{R}^n$ 사이의 등장사상

$$x = (x_1, \ldots, x_n) : \mathbb{E}^n \to \mathbb{R}^n$$

을 (**정규**)**직교좌표계**라고 부른다.

이때 $x_2, \ldots, x_n$ 성분이 모두 0 인 점들의 집합을 x_1 **축**(또는 **첫 번째 축**)이라고 부르고, 일반적으로 i번째 성분을 제외한 나머지 성분이 모두 0 인 점들의 집합을 x_i **축**(또는 i**번째 축**)이라고 부른다. 각 축들은 "증가하는 방향"을 가지고 있다.

좌표계가 주어진 유클리드 공간의 **원점**

$$O := x^{-1}(0, \ldots, 0)$$

은 모든 성분이 0 이다. 흔히 공간의 점 A 의 좌표가 좌표계 $(x_1, \ldots, x_n)$ 에 의하여 $(a_1, \ldots, a_n)$ 으로 나타나면 이것을 $A(a_1, \ldots, a_n)$ 으로 표현하기도 한다. (직교)좌표계가 주어진 유클리드 공간 $\mathbb{E}^n$ 은 데카르트 공간 $\mathbb{R}^n$ 과 같은 것으로 보아도 좋다.

4.4.1 데카르트 공간

데카르트 공간은 유클리드 공간의 한 종류임을 이미 말하였다. 이때 **항등사상**

$$x = (x_1, \ldots, x_n) : \mathbb{R}^n \to \mathbb{R}^n$$

을 **표준좌표계**(standard coordinate system)라고 부른다.[40] 표준좌표계의 i 번째 성분함수 x_i 는 i 번째 축으로의 **정사영**을 뜻한다.

$n = 3$ 일 때에는 표준좌표계를 흔히 (x, y, z) 로 나타낸다. 즉,

$$x(a, b, c) = a, \qquad y(a, b, c) = b, \qquad z(a, b, c) = c$$

이다.

공간의 점을 표현하는 데에는 직교좌표계 이외에도 여러 가지 다른 방법들이 유용하게 쓰인다. 그 대표적인 예가 극좌표계, 원기둥좌표계, 구면좌표계 등이다. 그러나 특별한 언급이 없는 한 모든 좌표는 직교좌표로 이해한다. 좌표계는 대체로 인위적으로 정해지고, 따라서 좌표의 선택과 무관하게 정해지는 양들, 즉 **불변량**(invariants)이 중요한 의미를 가진다.[41]

---

[40]따라서

$$x_i(a_1, \ldots, a_n) = a_i \qquad (i = 1, \ldots, n)$$

이다.

[41]이러한 불변량의 보기로는, 뒤에서 다루게 되는 질량중심이나 정사각행렬의 고윳값, 대각합 및 행렬식 등을 들 수 있다. 곡선의 길이, 곡률, 접선과 접평면도 중요한 불변량이다.

제 4 장 탐구문제

1. (**순서쌍**) 집합 x, y에 대하여 순서쌍 (x, y)는 집합

$$\{\{x\}, \{x, y\}\}$$

로 해석한다.[42] 이때 $(x, y) = (x', y')$일 필요충분조건은 $x = x'$, $y = y'$임을 보이라.

2. (**나비**) 다음은 극좌표계에서 방정식

$$r = \left(e^{\sin\theta} - 2\cos 4\theta\right)\sin^4(a\theta), \quad a = 40$$

으로 주어진 나비이다 [Fay].

이때 a의 값을 다른 것으로 바꾸면 곡선의 모양이 어떻게 바뀌는지에 대하여 설명하라.

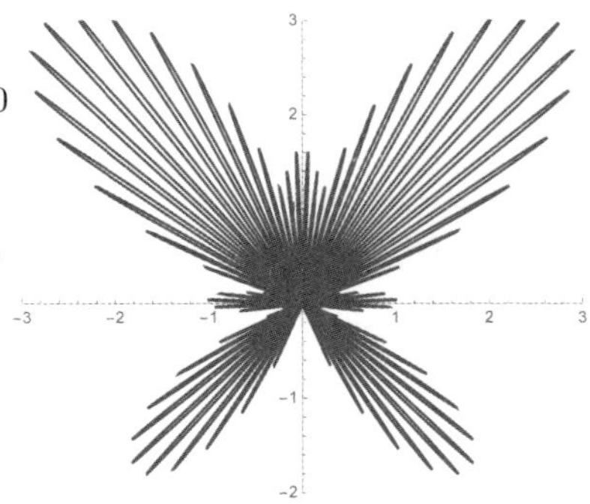

3. 구간 $[0, 1]$에서 연속인 함수 전체의 집합을 $\mathcal{C}^0[0, 1]$이라고 하자. 이때 두 함수 $f, g \in \mathcal{C}^0[0, 1]$에 대하여

$$\begin{aligned} \mathrm{dist}_1(f, g) &:= \int_0^1 |f(x) - g(x)|\, dx, \\ \mathrm{dist}_2(f, g) &:= \left(\int_0^1 |f(x) - g(x)|^2\, dx\right)^{1/2} \end{aligned}$$

로 정의하면, 이들은 모두 거리함수임을 보이라.

4. 거리공간 (X, d_X)와 거리공간 (Y, d_Y)에 대하여 곱집합 $Z := X \times Y$의 임의의 두 원소 $z_1 := (x_1, y_1)$, $z_2 := (x_2, y_2)$에 다음과 같이 실수를 대응시키자:

$$d(z_1, z_2) := \sqrt{d_X(x_1, x_2)^2 + d_Y(y_1, y_2)^2}\ .$$

이때 d는 Z의 거리함수임을 밝히라 (제4장 4.1절 참고).

또 세 거리공간 (X_1, d_1), (X_2, d_2), (X_3, d_3)의 곱집합 $X_1 \times X_2 \times X_3$에 대하여도 유사한 방법으로 거리함수를 정의할 수 있는가?

---

[42]폴란드 수학자 쿠라토프스키(K. Kuratowski, 1896–1980)의 해석 (1912).

제 5 장

벡터

Das Wesen der Mathematik liegt in ihrer Freiheit. (수학의 본질은 그 자유성에 있다.)

— 칸토어(G. Cantor, 1845–1918)

이 장에서는 벡터의 개념과 벡터의 내적, 직선과 평면의 방정식 등을 살펴본다. 벡터의 개념은 라그랑주가 1788 년에 출판한 "Mechanique Analytique"에서 처음 발견된다. 데카르트가 점들을 대수화하였듯이, 라그랑주는 힘, 속도 및 가속도 등을 대수화하였다. 라그랑주 이후에 벡터의 개념이 수학, 역학, 물리학, 공학 등에서 보편화되는 데에는 백여 년이 걸렸다.[1]

오늘날에는 문장을 구성하는 단어, 얼굴이나 사물의 형태, 소립자들의 상태 등 온갖 것들을 벡터로 해석한다.

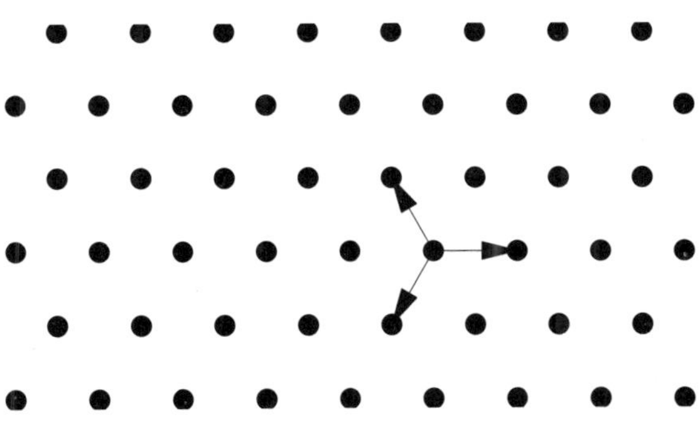

[1] [Aleksandrov et al.]

제 1 절 평행이동

좌표공간 $\mathbb{R}^n$ 의 한 점 $\mathbf{v}$ 에 대하여 함수

$$T_{\mathbf{v}} : \mathbb{R}^n \to \mathbb{R}^n, \qquad T_{\mathbf{v}}(X) := X + \mathbf{v}$$

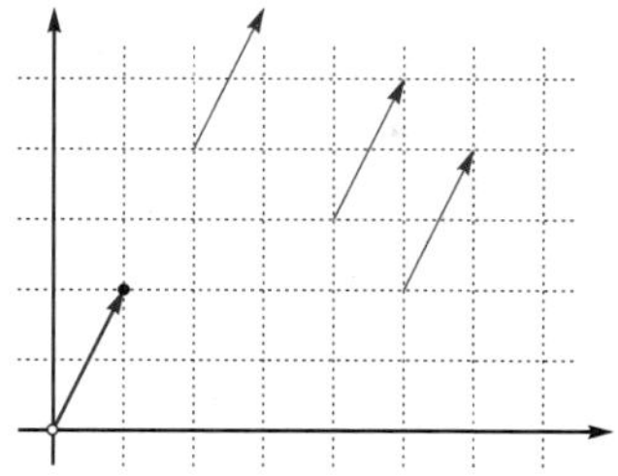

를 $\mathbf{v}$ 만큼 **평행이동**하는 사상이라고 부른다.

보기를 들면, 좌표평면에서 사상

$$(x, y) \mapsto (x+1, y+2)$$

는 각 점들을 오른쪽으로 1, 위쪽으로 2 만큼 평행이동하는 사상이다.

1.0.1 기본연습문제

좌표공간 $\mathbb{R}^3$ 에서 평행이동 T 에 의하여 점 $A = (1,2,3)$ 이 점 $B = (2,3,4)$ 로 옮겨 간다고 하자. 이때 점 B 는 T 에 의하여 어느 점으로 옮겨 가는가?

일반적으로 두 점 $\mathbf{v}, \mathbf{w} \in \mathbb{R}^n$ 에 대하여 평행이동 $T_{\mathbf{v}}$ 와 평행이동 $T_{\mathbf{w}}$ 의 합성은 평행이동이고,

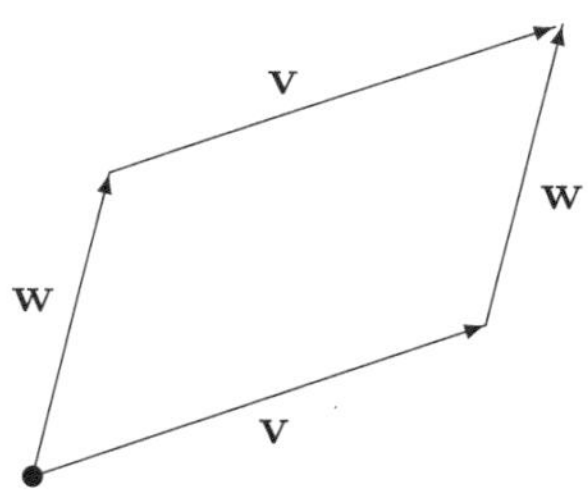

$$T_{\mathbf{v}} \circ T_{\mathbf{w}} = T_{\mathbf{v}+\mathbf{w}} = T_{\mathbf{w}} \circ T_{\mathbf{v}}$$

이다.

원점에 의하여 정의되는 평행이동 $T_{\mathbf{0}}$ 은 항등사상 $\mathrm{id} : \mathbb{R}^n \to \mathbb{R}^n$ 과 같고,

$$T_{-\mathbf{v}} = {T_{\mathbf{v}}}^{-1}$$

이다.

1.0.2 기본연습문제

사상 $T : \mathbb{R}^n \to \mathbb{R}^n$ 이 평행이동사상이면, 임의의 $X, Y \in \mathbb{R}^n$ 에 대하여

$$|T(X) - T(Y)| = |X - Y|$$

임을 보이라.[2]

[2]이러한 사상을 **거리를 보존하는 사상** 또는 **등장사상**(isometry)이라고 부른다. 제4장 부록 참고.

연습문제: 제 5 장 1 절

1. 다음 중에서 옳은 것을 모두 고르라.

   (1) 평행이동은 전단사 함수이다.

   (2) 평행이동에서는 한 점이 어디로 가는가를 알면, 임의의 점이 어디로 가는가를 알 수 있다.

   (3) 임의의 두 점 A, B 에 대하여 A 를 B 로 옮기는 평행이동이 존재하고, 오직 하나 뿐이다.

   (4) 사상 $T : \mathbb{R}^n \to \mathbb{R}^n$ 이 평행이동이면,
   $$X \mapsto \operatorname{dist}(X, T(X)) \qquad (X \in \mathbb{R}^n)$$
   는 상수함수이다.

   (5) 거리를 보존하는 변환 $T : \mathbb{R}^n \to \mathbb{R}^n$ 이 모든 $X \in \mathbb{R}^n$ 에 대하여
   $$\operatorname{dist}(X, T(X))$$
   가 상수이면, T 는 평행이동이다.

2. n-공간에서 점 P 에 대한 **점대칭변환**(central symmetry)[3]
   $$s_P : X \mapsto s_P(X)$$
   는 등식 $\frac{1}{2}(X + s_P(X)) = P$ 를 만족하도록 주어진다. 즉,
   $$s_P(X) = 2P - X \qquad (X \in \mathbb{R}^n)$$
   이다. 이때 두 점 P_1, P_2 에 대하여 점대칭변환의 합성 $s_{P_2} \circ s_{P_1}$ 은 어떠한 변환인가?

3. n-공간에서 점 P 를 중심으로 하고, 닮음비가 $c \in \mathbb{R}$ 인 **닮음변환** $S_{P,c} : \mathbb{R}^n \to \mathbb{R}^n$ 은
   $$S_{P,c}(X) = P + c(X - P)$$
   로 정의된다. 이제 점 Q 를 중심으로 하고 닮음비가 c 인 닮음변환 $S_{Q,c}$ 는 닮음변환 $S_{P,c}$ 를 실행한 다음 $(1 - c)(Q - P)$ 만큼 평행이동하는 사상과 같음을 보이라.

[3]공간이 가지는 **대칭성**은 그 공간에서 자라는 함수들에 대칭성을 부여한다. 예를 들어 실수체 $\mathbb{R}$ 에서 정의된 실함수들에서 **짝함수**, **홀함수**라는 개념은 모두 점대칭변환에서 나온 것이고, 삼각함수 등의 **주기함수**라는 개념은 평행이동이라는 대칭성에서 나온 것이다.

제 2 절 유향선분과 벡터

유클리드 공간 속의 두 점 A와 B를 잇는 **유향선분**을

$$\overrightarrow{AB}$$

로 표시한다. 이때 A를 **시점**, B를 **종점**이라고 한다.

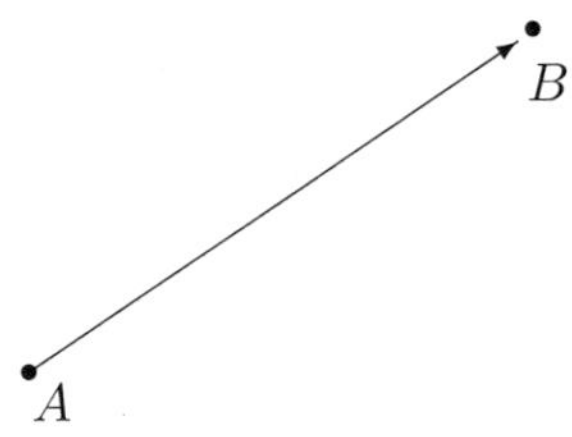

공간에서 평행이동 T는 점들을 이동시킬 뿐 아니라 유향선분들도 이동시킨다. 즉,

$$T(A) = A', \quad T(B) = B'$$

이면

$$T(\overrightarrow{AB}) = \overrightarrow{A'B'}$$

이다.

이제 유향선분 $\overrightarrow{AB}$를 평행이동하여 유향선분 $\overrightarrow{A'B'}$을 얻으면, 이 두 유향선분은 **동등하다**고 하고

$$\overrightarrow{AB} \equiv \overrightarrow{A'B'}$$

으로 쓴다.

정리 2.0.1 *n-공간의 유향선분들에 대하여 다음이 성립한다.*

(1) $\overrightarrow{AB} \equiv \overrightarrow{AB}$

(2) $\overrightarrow{AB} \equiv \overrightarrow{A'B'} \quad \Longrightarrow \quad \overrightarrow{A'B'} \equiv \overrightarrow{AB}$

(3) $\overrightarrow{AB} \equiv \overrightarrow{A'B'},\ \overrightarrow{A'B'} \equiv \overrightarrow{A''B''} \quad \Longrightarrow \quad \overrightarrow{AB} \equiv \overrightarrow{A''B''}$

증명. 처음 명제는 항등변환이 평행이동이라는 것에서 얻는다. 두 번째 명제는 평행이동의 역변환도 평행이동이라는 명제이다. 마지막 것은 평행이동의 합성이 평행이동이라는 명제이다. □

2.1 벡터

서로 동등한 유향선분을 같은 것으로 보아[4] 이것을 **벡터**(vector)[5] 또는 **자유 벡터**(free vector)라고 부른다. 벡터에는 시점도 없고 종점도 없다.

임의의 유향선분은 원점을 시점으로 하는 한 유향선분과 동등하므로, 벡터 전체의 집합은 원점을 시점으로 하는 유향선분 전체의 집합과 같다.[6]

한편, 원점을 시점으로 하는 유향선분의 종점은 $\mathbb{R}^n$ 의 한 점을 나타내므로, $\mathbb{R}^n$ 의 한 점을 때로는 벡터로 이해하기도 한다. 즉 $\mathbb{R}^n$ 의 벡터 전체 집합은 $\mathbb{R}^n$ 과 일대일 대응을 이룬다. 이런 입장에서 보면 유향선분 $\overrightarrow{AB}$ 가 **표현하는** 벡터는 점 $B-A$ 에 대응된다. 앞으로 $\mathbb{R}^n$ 의 원소를 때로는 **점**, 때로는 **벡터**(또는 n-**벡터**)라고 부르기로 한다. 즉, $\mathbb{R}^n$ 의 한 원소

$$A = (a_1, \ldots, a_n)$$

은, 상황에 따라서, A 가 위치한 점을 뜻하기도 하고, 유향선분 $\overrightarrow{OA}$ 가 표현하는 벡터를 뜻하기도 한다. 이때 원점은 **영벡터**에 대응된다. 좌표공간의 점을 벡터로 이해할 때에는 **위치벡터**라고 부르기도 한다.

점과 벡터를 분명히 구분하기 위해서는 벡터를

$$\mathbf{a} = \langle a_1, \ldots, a_n \rangle$$

과 같이 나타내어도 좋다.

벡터와 유향선분 사이의 관계는 마치 가족과 가족구성원 사이의 관계와 같다. 그러나 이러한 구별이 뚜렷하게 되고 나면, 가족구성원을 그냥 '가족'이라고 부르듯이, 유향선분을 그냥 '벡터'라고 부르기도 한다.

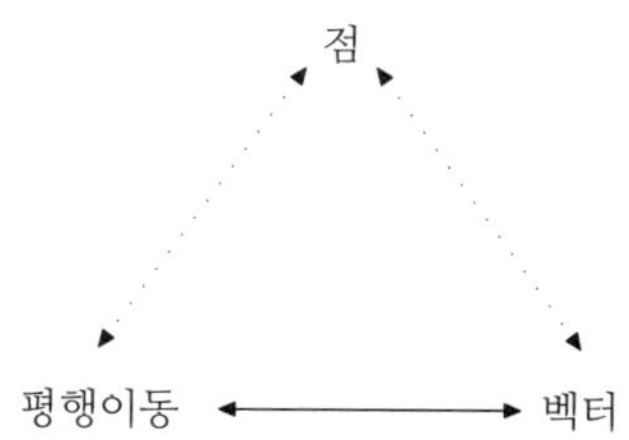

[4]수학에서는 서로 표현 방법이 다르더라도 **동등한 것**을 **같다**고 볼 때가 많다. 예를 들면, $\frac{2}{3}$ 나 $\frac{4}{6}$ 는 그 표현 방법이 다르지만, 같은 분수(값)를 나타낸다. 서로 다른 위치에 놓인 두 삼각형도 서로 포개어 놓을 수 있으면 같다(또는 합동이다)고 한다. "무엇이 같은가?"라는 질문은 매우 단순한 개념이고, 동시에 매우 심오한 개념이다. 유클리드는 이 개념을 제일명제로 선언하였다.

[5]라틴어로 "운반하는 설비"를 뜻한다 [Schwartzman].

[6]이것은 마치 유리수를 표현할 때, 분모와 분자가 **서로 소**(relatively prime)가 되게 표현할 수 있고, 각의 크기를 표현할 때 360° 미만으로 표현할 수 있는 것과 마찬가지이다. 동아리에 대표가 있듯이.

2.1.1 기본연습문제

공간에서 평행이동 전체 집합과 벡터 전체 집합은 일대일 대응관계가 있음을 보이라.

공간에서 두 평행이동의 합성이 여전히 평행이동이듯이, 두 벡터의 합도 벡터이다. 두 벡터 $\mathbf{v}, \mathbf{w}$의 합은 이 두 벡터에 대응되는 점들의 합과 같다. 다시 말하면, 만약 유향선분 $\overrightarrow{OA}, \overrightarrow{OB}$가 벡터 $\mathbf{v}, \mathbf{w}$를 표현하면, $\mathbf{v}+\mathbf{w}$는 유향선분 $\overrightarrow{O(A+B)}$가 표현하는 벡터이다. 마찬가지로 벡터에 스칼라를 곱하는 것은 대응하는 점의 스칼라배로 정의한다. 즉, 실수 t에 대하여 $t\mathbf{v}$는 유향선분 $\overrightarrow{O(tA)}$가 표현하는 벡터로 정의한다.[7] 이때 영벡터는 합에 대한 항등원이다. 즉, 모든 벡터 $\mathbf{v}$에 대하여

$$\mathbf{v} + \mathbf{0} = \mathbf{v} = \mathbf{0} + \mathbf{v}$$

니다. 또 벡터 $\mathbf{v}$의 역원은

$$-\mathbf{v} = (-1)\mathbf{v}$$

이다. 또 벡터 $\mathbf{w}$에 대하여

$$\mathbf{v} - \mathbf{w} := \mathbf{v} + (-\mathbf{w})$$

로 정의한다.

2.1.2 기본연습문제

다음 그림에서 벡터 $\mathbf{v}, \mathbf{w}$를 좌표를 써서 나타내고, $\mathbf{v}+\mathbf{w}, \mathbf{v}-\mathbf{w}, 2\mathbf{v}-\mathbf{w}$를 도시하라.

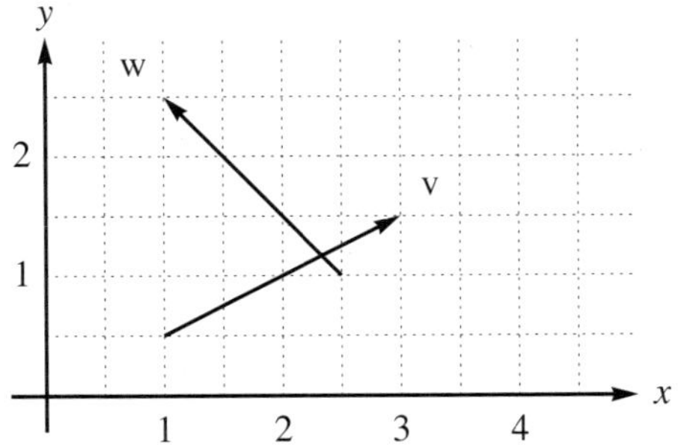

[7]현대수학에서는 합과 스칼라배가 정의되는 집합을 **벡터공간**(vector space)이라고 부르고, 이 공간의 원소를 **벡터**라고 부른다. 예를 들면, 연속함수 전체의 집합, 유계인 함수 전체의 집합, 미분가능한 함수 전체의 집합, 적분가능한 함수 전체의 집합, 다항식 전체의 집합, $m \times n$ 행렬 전체의 집합 등은 모두 벡터공간이다. 벡터공간을 연구하는 학문을 **선형대수학**(linear algebra)이라고 부른다.

2.1.3 벡터의 크기

유향선분 $\overrightarrow{AB}$ 의 **크기**, **길이** 또는 **절댓값**은

$$|\overrightarrow{AB}| := |B - A|$$

로 정의한다. 그러면 서로 동등한 유향선분은 같은 크기를 가지고, 따라서 **벡터의 크기**를 잘 정의할 수 있다. 즉, 한 벡터의 크기는 그 벡터에 대응되는 점의 절댓값과 같다. 다시 말하면, 벡터 $\mathbf{v}$ 를 좌표로 표현한 것이 $(v_1, \ldots, v_n)$ 일 때

$$|\mathbf{v}| = \sqrt{{v_1}^2 + \cdots + {v_n}^2}$$

이다. 이때 임의의 실수 t 에 대하여

$$|t\mathbf{v}| = |t| \cdot |\mathbf{v}|$$

이다. 영벡터의 크기는 영이고, 크기가 영인 벡터는 영벡터이다.

2.1.4 벡터 사이의 거리

두 벡터 $\mathbf{v}, \mathbf{w}$ 사이의 **거리**는 $|\mathbf{v} - \mathbf{w}|$ 로 정의한다. 이 값은 두 벡터에 대응되는 점들 사이의 거리와 같다.

2.2 표준단위벡터

크기가 1 인 벡터를 **단위벡터**(unit vector)라고 부른다. 삼차원 좌표공간에서는

$$\mathbf{i} := (1,0,0), \quad \mathbf{j} := (0,1,0), \quad \mathbf{k} := (0,0,1)$$

을 **표준단위벡터**라고 부른다.[8] 벡터 $\mathbf{i}$, $\mathbf{j}$, $\mathbf{k}$ 를 각각 $\mathbf{e}_1$, $\mathbf{e}_2$, $\mathbf{e}_3$ 으로 쓰기도 한다.

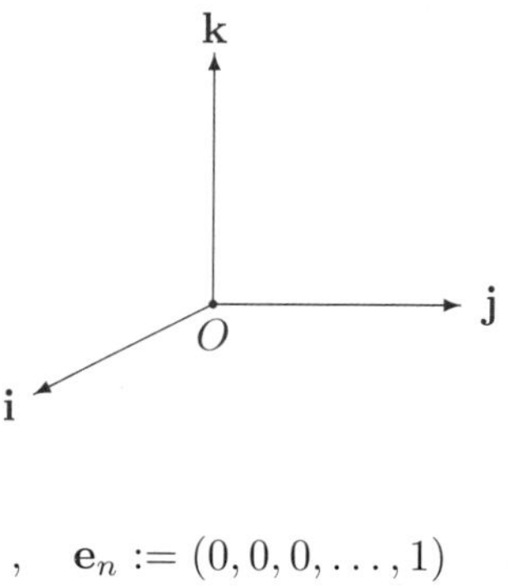

일반적으로 n-공간에서

$$\mathbf{e}_1 := (1,0,0,\ldots,0), \quad \mathbf{e}_2 := (0,1,0,\ldots,0), \quad \cdots, \quad \mathbf{e}_n := (0,0,0,\ldots,1)$$

은 모두 단위벡터이다. 이들을 **표준단위벡터**라고 부른다.

[8]좌표평면에서는

$$\mathbf{i} := (1,0), \qquad \mathbf{j} := (0,1)$$

을 뜻한다. 벡터 $\mathbf{i}$, $\mathbf{j}$, $\mathbf{k}$ 는 **사원수**(四元數, quaternion)체에서 허수부의 기저이다.

2.3 나란한 벡터

영이 아닌 두 벡터 $\mathbf{v}, \mathbf{w}$ 에 대하여,

$$\mathbf{v} = t\mathbf{w}$$

인 실수 t 가 존재하면, $\mathbf{v}$ 와 $\mathbf{w}$ 는 **나란하다**고 말한다. 이때 $t > 0$ 이면 $\mathbf{v}$ 와 $\mathbf{w}$ 는 **같은 방향**이라고 하고, $t < 0$ 이면 $\mathbf{v}$ 와 $\mathbf{w}$ 는 **반대 방향**이라고 한다.

영벡터는 모든 벡터와 나란한 것으로 여긴다.[9]

2.3.1 보기

벡터 $(1,2,3)$ 과 같은 방향의 단위벡터를 구하여 보자. 이 단위벡터를 $\mathbf{a}$ 라 두면,

$$(1,2,3) = t\mathbf{a}, \qquad t > 0$$

이 성립한다. 양변에 절댓값을 취하면 $\sqrt{1^2+2^2+3^2} = t$ 이고, 따라서

$$\mathbf{a} = \frac{1}{t}(1,2,3) = \frac{1}{\sqrt{14}}(1,2,3)$$

이다.

일반적으로 벡터 $\mathbf{v}$ 가 영벡터가 아니면, $\mathbf{v}$ 와 같은 방향의 단위벡터는 $\mathbf{v}/|\mathbf{v}|$ 이고, 반대 방향의 단위벡터는 $-\mathbf{v}/|\mathbf{v}|$ 이다.

2.3.2 기본연습문제

벡터 $\mathbf{a}, \mathbf{b}, \mathbf{c}$ 가 모두 영벡터가 아니라고 하자. 이때 $\mathbf{a}$ 와 $\mathbf{b}$ 가 나란하고, $\mathbf{b}$ 와 $\mathbf{c}$ 가 나란하면, $\mathbf{a}$ 와 $\mathbf{c}$ 는 나란한가? 또 영벡터가 아니라는 조건이 없을 때에는 어떠한가?

[9] 제 5 절에서 두 벡터가 나란할 필요충분조건은 두 벡터가 일차종속임을 안다.

연습문제: 제 5 장 2 절

1. 다음 벡터와 나란한 방향의 단위벡터를 모두 구하라.
   (1) $\mathbf{a} = (-1, -2, -3)$ (2) $\mathbf{b} = (4, -5, 6)$
   (3) $\mathbf{c} = (2023, 2023, 2023)$ (4) $\mathbf{d} = (3, 4, 0)$
2. 모든 벡터는 단위벡터의 스칼라배로 나타낼 수 있음을 보이라.
3. (**동등관계**) 어떤 집합 X에 대하여 (**제**)**곱집합**

$$X \times X = \{(x, y) \mid x \in X,\ y \in X\}$$

   의 부분집합 R가 주어졌다고 하고, $(x, y) \in R$일 때 $x \equiv y$로 쓰기로 하자. 이때 R가 다음 세 조건을 만족시키면 R를 **동등관계**라고 부른다.

   (**반사율**) $x \equiv x$
   (**대칭률**) $x \equiv y \quad \Longrightarrow \quad y \equiv x$
   (**추이율**) $x \equiv y,\ y \equiv z \quad \Longrightarrow \quad x \equiv z$

   이제 주어진 실수 c에 대하여 두 실수 a, b의 차가 c의 정수배일 때

$$a \equiv b \qquad \mathrm{mod}\ \ c$$

   로 쓰기로 한다. 이때 이 관계가 동등관계임을 보이라.
4. 사람 전체의 집합에서 '친구'라는 관계는 동등관계인가? 또 '친척'이라는 관계는 동등관계인가? '동창'이라는 관계는 어떤가?
5. 실수 d에 대하여

$$d^\circ := \{x \in \mathbb{R} \mid x \equiv d \quad \mathrm{mod}\ \ 360\}$$

   으로 정의하자. 이때 임의의 실수 a, b에 대하여

$$a^\circ = b^\circ \quad \text{또는} \quad a^\circ \cap b^\circ = \varnothing$$

   임을 보이라.[10]
6. n-공간의 임의의 한 점 P에 대하여, n-벡터 전체의 집합은 P를 시점으로 하는 유향선분 전체의 집합과 일대일 대응관계가 있음을 설명하라.
7. n-공간의 임의의 벡터 $\mathbf{a}$와 실수 t에 대하여

$$0\mathbf{a} = \mathbf{0}, \quad t\mathbf{0} = \mathbf{0}$$

   임을 보이라. 또 $t\mathbf{a} = \mathbf{0}$이면 $t = 0$ 또는 $\mathbf{a} = \mathbf{0}$임을 보이라.

[10]**공집합**(empty set)을 $\varnothing$으로 나타내고, '공집합'이라 읽는다.

제 3 절 벡터의 내적

n-공간 속의 두 벡터 $\mathbf{a} = (a_1, a_2, \ldots, a_n)$, $\mathbf{b} = (b_1, b_2, \ldots, b_n)$ 에 대하여 이들의 **내적**(inner product) $\mathbf{a} \cdot \mathbf{b}$ 는 다음과 같이 정의되는 스칼라이다.[11]

$$\mathbf{a} \cdot \mathbf{b} := a_1 b_1 + a_2 b_2 + \cdots + a_n b_n.$$

보기를 들면 벡터 $(0, 1, 2)$ 와 $(3, 4, 5)$ 의 내적은

$$(0, 1, 2) \cdot (3, 4, 5) = 0 \times 3 + 1 \times 4 + 2 \times 5 = 14$$

이다.

3.1 내적의 성질

n-공간의 벡터 $\mathbf{a}, \mathbf{b}, \mathbf{c}$ 와 실수 t 에 대하여, 내적은 다음 성질을 가지고 있다.

$$\mathbf{a} \cdot \mathbf{b} = \mathbf{b} \cdot \mathbf{a}$$
$$(t\mathbf{a}) \cdot \mathbf{b} = t(\mathbf{a} \cdot \mathbf{b}) = \mathbf{a} \cdot (t\mathbf{b})$$
$$(\mathbf{a} + \mathbf{b}) \cdot \mathbf{c} = \mathbf{a} \cdot \mathbf{c} + \mathbf{b} \cdot \mathbf{c}$$

또, 벡터의 내적과 절댓값은 다음과 같은 관계를 가진다.

$$\mathbf{a} \cdot \mathbf{a} = |\mathbf{a}|^2 \geq 0$$

$$\mathbf{a} \cdot \mathbf{b} = \frac{1}{2} \left(|\mathbf{a} + \mathbf{b}|^2 - |\mathbf{a}|^2 - |\mathbf{b}|^2 \right)$$

이 식에서 내적은 벡터의 크기 또는 "벡터의 제곱 크기"로부터 유도된다는 것을 알 수 있다.[12]

---

[11] 여러 가지 대수적인(代數的, algebraic) 체계에서 기본으로 삼고 있는 수의 체계, 즉 기본체(basic field)의 원소를 **스칼라**(scalar)라고 부른다. 미적분학에서는 실수체가 기본체이고, 이때 실수가 스칼라이다. 이 단어는 라틴어 *scala* 에서 유래하였는데, 그것은 처음에는 사다리를 뜻하다가 나중에는 그 뜻이 넓어져서 사다리의 계단과 같이 일정한 간격의 표시를 뜻하기도 하였다 [Schwartzman]. '내적' 개념은 독일의 그라스만(Hermann Günther Grassmann, 1809–1877)에게서 유래되었다. 그는 직각삼각형에 관한 피타고라스의 정리에서 이 개념을 얻었다고 하였다.

[12] 이러한 입장은 "좌표계를 사용하지 않는다는 장점"을 가지고 있다. 좌표계는 자연적인 경우보다 인위적인 경우가 많다. 네가 선택한 좌표계가 내가 선택한 좌표계와 같을 필요는 없다. 그러나 좌표계와 무관한 표현을 가지고 있으면, 너와 나가 같은 이야기를 한다는 것을 안다. 벡터의 내적도 처음에는 좌표계를 써서 나타내었지만, 다른 좌표계를 사용하더라도 같은 식을 얻는다.

위 식은

$$|\mathbf{a}+\mathbf{b}|^2 = |\mathbf{a}|^2 + 2\,\mathbf{a}\cdot\mathbf{b} + |\mathbf{b}|^2$$

과 같은 식이다.

정리 3.1.1 *n-벡터 $\mathbf{a}$, $\mathbf{b}$ 에 대하여*

(1) *모든 n-벡터 $\mathbf{x}$ 에 대하여 $\mathbf{a}\cdot\mathbf{x} = 0$ 이면, $\mathbf{a} = \mathbf{0}$ 이다.*

(2) *모든 n-벡터 $\mathbf{x}$ 에 대하여 $\mathbf{a}\cdot\mathbf{x} = \mathbf{b}\cdot\mathbf{x}$ 이면, $\mathbf{a} = \mathbf{b}$ 이다.*

증명. (1) 모든 n-벡터 $\mathbf{x}$ 에 대하여 $\mathbf{a}\cdot\mathbf{x} = 0$ 이면, 특히 $\mathbf{a}\cdot\mathbf{a} = 0$ 이고, 따라서 $|\mathbf{a}|^2 = 0$ 이다. 그러므로 $\mathbf{a} = \mathbf{0}$ 이다.

(2) 주어진 조건에서 $(\mathbf{a}-\mathbf{b})\cdot\mathbf{x} = 0$ 을 얻는다. 따라서 (1)에 의하여 $\mathbf{a}-\mathbf{b} = 0$, 즉 $\mathbf{a} = \mathbf{b}$ 이다. □

3.1.2 기본연습문제

1. 벡터 $\mathbf{a}, \mathbf{b}$ 에 대하여 다음 등식을 밝히라.

$$\mathbf{a}\cdot\mathbf{b} = \frac{1}{4}\left(|\mathbf{a}+\mathbf{b}|^2 - |\mathbf{a}-\mathbf{b}|^2\right).$$

2. **평행사변형 법칙**

$$|\mathbf{a}+\mathbf{b}|^2 + |\mathbf{a}-\mathbf{b}|^2 = 2(|\mathbf{a}|^2 + |\mathbf{b}|^2)$$

을 밝히라.

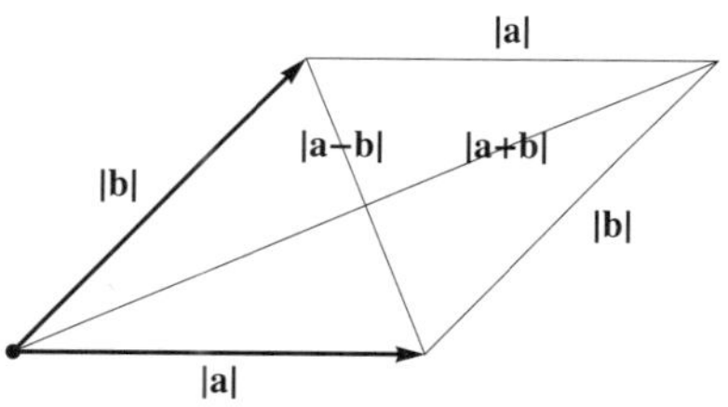

3. 평행사변형의 두 대각선은 서로 이등분함을 보이라. 또 두 대각선이 서로 이등분하는 사각형은 평행사변형임을 밝히라.

4. 공간에 네 점 A_0, A_1, A_2, A_3 이 주어졌을 때, 선분 A_0A_1, A_1A_2, A_2A_3, A_3A_0, A_0A_1 의 각 중점을 차례로 (선분으로) 이은 도형은 평행사변형인가?

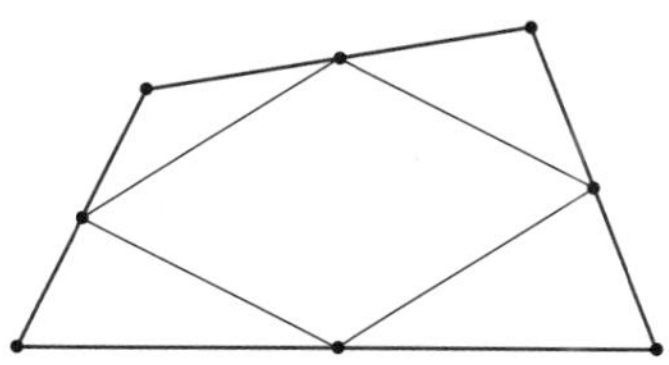

3.2 정사영

두 벡터 $\mathbf{a}, \mathbf{b}$ 에 대하여, $\mathbf{a} \neq \mathbf{0}$ 이라고 하자. 이 때 $\mathbf{a}$ 와 나란한 벡터 중에서 $\mathbf{b}$ 와의 거리가 가장 가까운 벡터(즉, 벡터 $\mathbf{b}$ 를 직선 $\{t\mathbf{a} \mid t \in \mathbb{R}\}$ 에 내린 수선의 발을 가리키는 벡터)를 $p_{\mathbf{a}}(\mathbf{b})$ 로 나타내고, 이를 $\mathbf{a}$ 에 대한 $\mathbf{b}$ 의 **정사영**(正射影, orthogonal projection)이라고 한다.

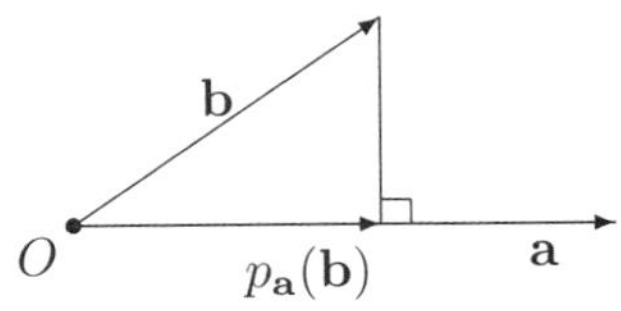

정리 3.2.1 *영벡터가 아닌 벡터* $\mathbf{a}$ *에 대하여 벡터* $\mathbf{b}$ *의 정사영은*

$$p_{\mathbf{a}}(\mathbf{b}) = \frac{\mathbf{a} \cdot \mathbf{b}}{\mathbf{a} \cdot \mathbf{a}} \mathbf{a}$$

이다.

증명. 벡터 $\mathbf{a}$ 와 나란한 벡터 $t\mathbf{a}$ 중에서 $\mathbf{b}$ 와 거리가 가장 가까운 것을 구하면 된다. 벡터 $\mathbf{b}$ 와 $t\mathbf{a}$ 사이의 거리의 제곱은

$$\begin{aligned} f(t) &= |t\mathbf{a} - \mathbf{b}|^2 = (t\mathbf{a} - \mathbf{b}) \cdot (t\mathbf{a} - \mathbf{b}) \\ &= (\mathbf{a} \cdot \mathbf{a})t^2 - 2(\mathbf{a} \cdot \mathbf{b})t + \mathbf{b} \cdot \mathbf{b} \end{aligned}$$

이다. 이제 $f(t)$ 는 실수 t 에 대한 2차 다항함수이고, 최고차 항의 계수가 양이므로, $f(t)$ 는 $0 = f'(t) = 2(\mathbf{a} \cdot \mathbf{a})t - 2(\mathbf{a} \cdot \mathbf{b})$ 일 때, 즉 $t = (\mathbf{a} \cdot \mathbf{b})/(\mathbf{a} \cdot \mathbf{a})$ 일 때 최솟값을 가진다. 따라서 원하는 등식을 얻는다. □

앞으로 실수

$$\frac{\mathbf{a} \cdot \mathbf{b}}{\mathbf{a} \cdot \mathbf{a}}$$

를 벡터 $\mathbf{b}$ 의 $\mathbf{a}$ **성분**(成分, component)이라고 부른다. $\mathbf{a}$ 가 단위벡터일 때에는 내적

$$\mathbf{a} \cdot \mathbf{b}$$

가 $\mathbf{b}$ 의 $\mathbf{a}$ 성분이다.

3.2.2 보기

벡터 $\mathbf{a} = (1,1,1)$, $\mathbf{b} = (1,2,3)$ 에 대하여 $\mathbf{b}$ 의 $\mathbf{a}$ 성분을 구하고 $\mathbf{a}$ 에 대한 $\mathbf{b}$ 의 정사영을 구하라.

풀이. $\mathbf{a}\cdot\mathbf{b} = 1+2+3 = 6$, $\mathbf{a}\cdot\mathbf{a} = 3$ 이므로, $\mathbf{b}$ 의 $\mathbf{a}$ 성분은 $\frac{\mathbf{a}\cdot\mathbf{b}}{\mathbf{a}\cdot\mathbf{a}} = \frac{6}{3} = 2$ 이고, 따라서 구하는 정사영은 $2\mathbf{a}$ 이다.

3.2.3 기본연습문제

1. 좌표평면에서 벡터 $\mathbf{a} = (1,1)$ 에 대하여
   (1) $\mathbf{a}$ 성분이 1 인 "점"들을 도시하라.
   (2) $\mathbf{a}$ 성분이 2 인 "점"들을 도시하라.
   (3) $\mathbf{a}$ 성분이 -1 인 "점"들을 도시하라.
2. 좌표공간에서 $\mathbf{a} = (1,1,1)$ 일 때, 위의 질문에 답하라.
3. 공간에서 $\mathbf{v}$ 방향으로 진행하던 빛이 벡터 $\mathbf{n} \neq \mathbf{0}$ 에 수직인 평면에 반사되어 나가는 방향을 $\mathbf{v}_*$ 라 하면 $\mathbf{v}_* = \mathbf{v} - 2\dfrac{\mathbf{v}\cdot\mathbf{n}}{\mathbf{n}\cdot\mathbf{n}}\mathbf{n}$ 임을 보이라.

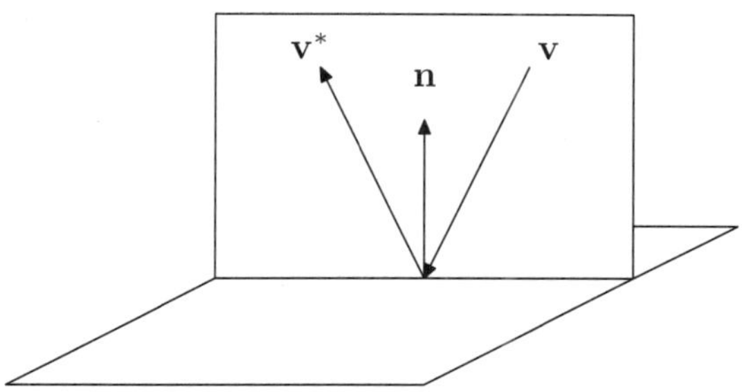

정리 3.2.4 *영이 아닌 두 벡터 $\mathbf{a}, \mathbf{b}$ 가 이루는 각의 크기를 θ 라고 하면,*

$$\mathbf{a}\cdot\mathbf{b} = |\mathbf{a}|\,|\mathbf{b}|\cos\theta$$

이다.[13]

[13]공간에서 두 벡터 $\mathbf{a}, \mathbf{b}$ 가 나란하지 않으면 이들은 평면을 결정하고, 따라서 이 평면에서 벡터 $\mathbf{a}$ 와

증명. 벡터 $\mathbf{a}$에 대한 $\mathbf{b}$의 정사영은

$$p_{\mathbf{a}}(\mathbf{b}) = (|\mathbf{b}|\cos\theta)\frac{\mathbf{a}}{|\mathbf{a}|}$$

이다. 한편 정리 (3.2.1)에서 $p_{\mathbf{a}}(\mathbf{b}) = \dfrac{\mathbf{a}\cdot\mathbf{b}}{|\mathbf{a}|^2}\mathbf{a}$ 이므로

$$\frac{\mathbf{a}\cdot\mathbf{b}}{|\mathbf{a}|^2} = \frac{|\mathbf{b}|\cos\theta}{|\mathbf{a}|}$$

를 얻는다. 이를 정리하면 원하는 결론이 나온다. □

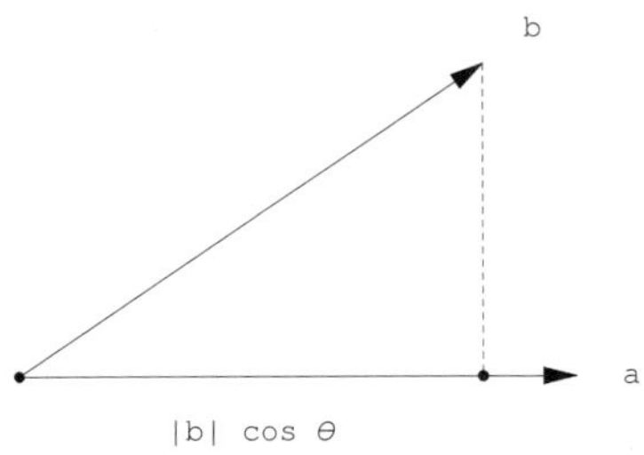

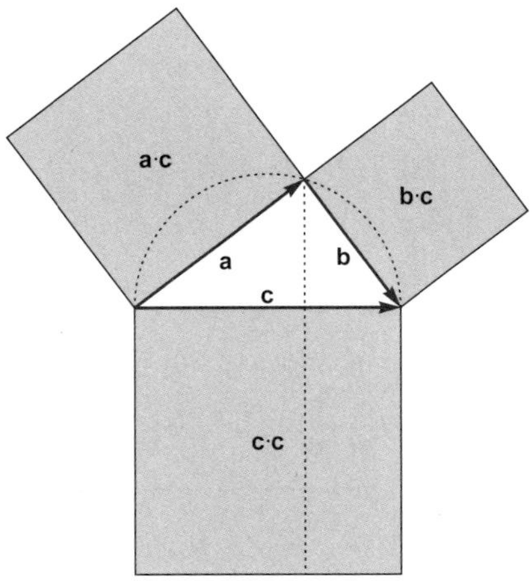

그림: 유클리드의 "원론" 제 1 권 마지막 정리와 내적의 분배법칙

따름정리 3.2.5 *영이 아닌 두 벡터* $\mathbf{a}, \mathbf{b}$ *의 사잇각이*

(i) *예각일 필요충분조건은* $\mathbf{a}\cdot\mathbf{b} > 0$ *이다.*

(ii) *둔각일 필요충분조건은* $\mathbf{a}\cdot\mathbf{b} < 0$ *이다.*

(iii) *직각일 필요충분조건은* $\mathbf{a}\cdot\mathbf{b} = 0$ *이다.*

$\mathbf{b}$ 사이의 각을 이야기할 수 있다. 두 벡터가 같은 방향이면 이들 사이의 각은 0^{rad} 이고, 두 벡터가 반대 방향이면 이들 사이의 각은 π^{rad} 이다. 순서를 무시한 두 벡터 사이의 각의 크기는 구간 $[0,\pi]$ 의 한 값으로 정하는 것이 보통이다. 위 정리를 싫어하는 사람들이 있는데, 그들은 두 벡터 사이의 각을 식 $\cos\theta := \frac{\mathbf{a}\cdot\mathbf{b}}{|\mathbf{a}|\,|\mathbf{b}|}$ 를 사용하여 정의한다. 이러한 입장이 장점이 없는 것은 아니다.

3.2.6 보기

표준단위벡터 $\mathbf{e}_1, \ldots, \mathbf{e}_n$ 은

$$\mathbf{e}_i \cdot \mathbf{e}_j = 0 \qquad (i \neq j)$$

이므로 서로 수직이다.

3.2.7 기본연습문제

(**피타고라스 정리**) 벡터 $\mathbf{a}$ 와 $\mathbf{b}$ 에 대하여 다음 명제가 동등함을 보이라.

(i) $\mathbf{a}$ 와 $\mathbf{b}$ 가 서로 수직이다.[14]

(ii) $|\mathbf{a}+\mathbf{b}| = |\mathbf{a}-\mathbf{b}|$

(iii) $|\mathbf{a}+\mathbf{b}|^2 = |\mathbf{a}|^2 + |\mathbf{b}|^2$

3.2.8 보기

메탄분자 CH_4 는 정사면체의 각 꼭짓점에 수소원자 H 가 놓여 있고, 중심[15]에 탄소원자 C 가 놓여 있다.[16] 이때 탄소원자에서 두 수소원자를 바라보는 각의 크기를 구하라.

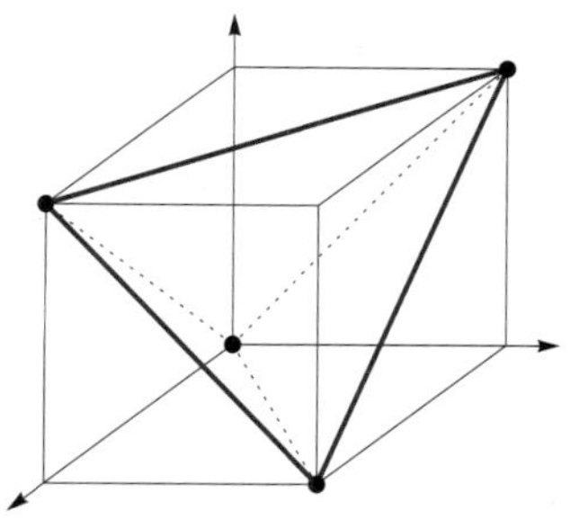

풀이 정육면체 $[0,1]^3 := [0,1] \times [0,1] \times [0,1]$ 의 여덟 개의 꼭짓점 중에서 서로 인접해 있지 않은 네 개의 꼭짓점을 선택하면, 정사면체의 꼭짓점을 얻는다. 수소원자들을 정사면체의 꼭짓점들

$$H_0 = (0,0,0), \quad H_1 = (0,1,1), \quad H_2 = (1,0,1), \quad H_3 = (1,1,0)$$

에 두면, 탄소원자는

$$C = \tfrac{1}{4}(H_0 + H_1 + H_2 + H_3) = \left(\tfrac{1}{2}, \tfrac{1}{2}, \tfrac{1}{2}\right)$$

에 놓여 있다. 이 탄소원자 C 에서, 예를 들어, H_0 과 H_1 을 바라보는 벡터는

$$\begin{aligned} \mathbf{a} &:= H_0 - C = (0,0,0) - \left(\tfrac{1}{2}, \tfrac{1}{2}, \tfrac{1}{2}\right) = -\tfrac{1}{2}(1,1,1) \\ \mathbf{b} &:= H_1 - C = (0,1,1) - \left(\tfrac{1}{2}, \tfrac{1}{2}, \tfrac{1}{2}\right) = \tfrac{1}{2}(-1,1,1) \end{aligned}$$

---

[14] 영벡터는 모든 벡터와 수직인 것으로 여긴다.

[15] n 개의 점 $P_1, \ldots, P_n$ 의 중심은 $\frac{1}{n}(P_1 + \cdots + P_n)$ 이다.

[16] 방파제에 쌓인 돌(tetrapod)의 형태와 비슷하다.

이다. 이때

$$\mathbf{a} \cdot \mathbf{b} = -\frac{1}{4} < 0$$

이므로, $\mathbf{a}$와 $\mathbf{b}$가 이루는 각이 둔각임을 알 수 있다. 또 $|\mathbf{a}| = \frac{\sqrt{3}}{2} = |\mathbf{b}|$ 이므로, 벡터 $\mathbf{a}, \mathbf{b}$가 이루는 각 θ의 코사인 값은

$$\cos\theta = \frac{\mathbf{a} \cdot \mathbf{b}}{|\mathbf{a}|\,|\mathbf{b}|} = -\frac{1}{3}$$

이고, 따라서

$$\theta = \arccos\left(-\frac{1}{3}\right) \approx 109.5^\circ$$

이다 (부록의 삼각함수표 참고: $\arccos(-1/3) = 90^\circ + \arcsin(1/3)$).

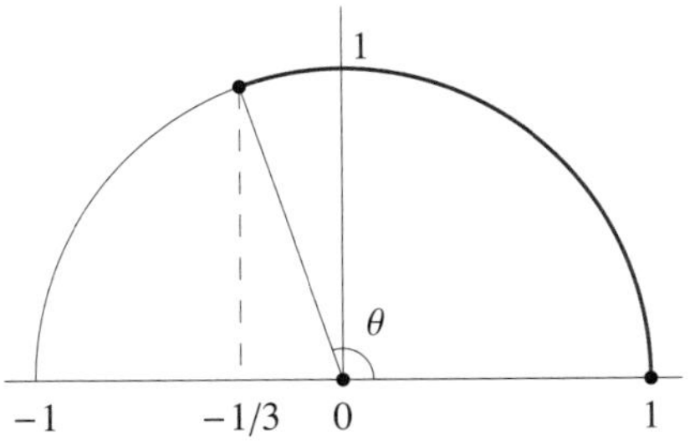

지금까지 살펴본 벡터의 내적 $\mathbf{a} \cdot \mathbf{b}$의 여러 가지 모습을 다음과 같이 정리할 수 있다.

수량화: $\mathbf{a} \cdot \mathbf{b} = a_1b_1 + \cdots + a_nb_n$

대수학적인 관점: 분배법칙을 따르는 함수

$$\mathbb{R}^n \times \mathbb{R}^n \to \mathbb{R}, \quad (\mathbf{a}, \mathbf{b}) \mapsto \mathbf{a} \cdot \mathbf{b}, \quad \mathbf{e}_i \cdot \mathbf{e}_j = \delta_{ij}$$

기하학적인 관점: $\mathbf{a} \cdot \mathbf{b} = |\mathbf{a}|\,|\mathbf{b}| \cos\theta$

절댓값 제곱 또는 이차형식으로 보는 관점: $\mathbf{a} \cdot \mathbf{b} = \frac{1}{2}\left(|\mathbf{a}+\mathbf{b}|^2 - |\mathbf{a}|^2 - |\mathbf{b}|^2\right)$

미분으로 보는 관점: $\mathbf{a} \cdot \mathbf{b} = \left.\frac{d}{dt}\right|_0 \frac{1}{2}|\mathbf{a} + t\mathbf{b}|^2$

이와 같이 서로 다른 관점은 각각 장점을 가지고 있다.[17]

[17]사물을 보는 관점은 매우 다양하다. 서로 다르게 보이는 것이 같은 것이라는 사실을 알 때 한층 더 성장할 수 있다.

정리 3.2.9 (CBS 부등식[18]) *임의의 두 n-벡터* $\mathbf{a}$, $\mathbf{b}$ *에 대하여*

$$|\mathbf{a}\cdot\mathbf{b}| \le |\mathbf{a}|\cdot|\mathbf{b}|$$

이다. 또 등호가 성립하는 경우는 $\mathbf{a}, \mathbf{b}$ *가 나란할 때이다.*

증명. 두 가지 증명을 소개한다.[19] 먼저 벡터 $\mathbf{a}, \mathbf{b}$ 사이의 각을 θ로 두면, $\mathbf{a}\cdot\mathbf{b} = |\mathbf{a}|\,|\mathbf{b}|\cos\theta$이다. 한편 $|\cos\theta| \le 1$이므로 원하는 부등식을 얻는다. 또 등호가 성립하는 경우는 $|\cos\theta| = 1$일 때이므로, $\theta = 0$ 또는 $\theta = \pi$, 즉 두 벡터가 나란한 경우이다.

다른 증명 방법을 살펴보자. 만약 $\mathbf{a}$가 영벡터이면 위 정리가 자명하므로, $\mathbf{a}$가 영벡터가 아니라고 가정한다. 그러면 실수 t에 대한 이차 다항함수

$$f(t) = |\mathbf{b} - t\mathbf{a}|^2 = t^2|\mathbf{a}|^2 - 2t(\mathbf{a}\cdot\mathbf{b}) + |\mathbf{b}|^2$$

가 항상 영 이상의 값을 가지므로, (판별식)/4 가 영 이하여야 한다:[20] $\frac{D}{4} = (\mathbf{a}\cdot\mathbf{b})^2 - |\mathbf{a}|^2|\mathbf{b}|^2 \le 0$. 이로부터 원하는 부등식을 얻는다. 등호가 성립하는 경우는 판별식이 영인 경우이고, 이때는 $f(t)$가 근을 가지는 경우이다. 따라서 $\mathbf{b} - t_0\mathbf{a} = \mathbf{0}$인 실수 t_0이 존재하고, 그러므로 $\mathbf{b}$가 $\mathbf{a}$에 비례한다. □

이 부등식의 증명 과정을 살펴보면,

$$\mathbf{a}\cdot\mathbf{b} = |\mathbf{a}|\cdot|\mathbf{b}|$$

인 경우는 $\mathbf{a}$와 $\mathbf{b}$가 같은 방향일 때이고,

$$\mathbf{a}\cdot\mathbf{b} = -|\mathbf{a}|\cdot|\mathbf{b}|$$

인 경우는 $\mathbf{a}$와 $\mathbf{b}$가 반대 방향일 때임을 알 수 있다.

CBS 부등식은 좌표의 성분을 써서 다음과 같이 표현할 수 있다.

---

[18] CBS 부등식은 프랑스의 수학자 코시(Cauchy), 러시아의 수학자 부냐코프스키(Viktor Yakovlevich Bunyakovskii, 1804–1889), 독일의 수학자 슈바르츠(Hermann Amandus Schwarz, 1843–1921)에 의하여 독립적으로 발견되었다. 코시는 700 여 편의 방대한 논문을 남겼으며, 그 업적은 현대 **해석학**(analysis)의 기초가 되었다.

[19] 기하적인 증명과 대수적인 증명이라고 할 수 있다. 많은 중요한 업적들이 "다른 방법을 사용하여도 같은 결과가 나온다"는 것을 발견하였을 때 얻어졌다 — 異中同求.

[20] 라그랑주는 이차다항식 $at^2 + bt + c$의 **판별식**(discriminant)을 $D := b^2 - 4ac$로 정의하였다. 판별식은 근의 개수를 판정하는 데 도움을 준다. 가우스는 이차식 $ax^2 + 2bxy + cy^2$ 의 **판별식**을 $b^2 - ac$로 정의하였다.

$$\left(a_1b_1+\cdots+a_nb_n\right)^2 \le \left({a_1}^2+\cdots+{a_n}^2\right)\left({b_1}^2+\cdots+{b_n}^2\right)$$

3.2.10 기본연습문제

1. 임의의 실수 $a_1, a_2, \ldots, a_n$ 에 대하여 부등식

$$(a_1+a_2+\cdots+a_n)^2 \le n({a_1}^2+{a_2}^2+\cdots+{a_n}^2)$$

   이 성립함을 보이라.[21] 또 등호가 성립하는 경우는 언제인가?
   그리고 평균의 제곱은 제곱의 평균보다 이하임을 보이라.

2. 실수 $a_1, \ldots, a_n$ 이 $a_1+\cdots+a_n=1$ 을 만족시킬 때, ${a_1}^2+\cdots+{a_n}^2$ 의 최솟값을 구하라.

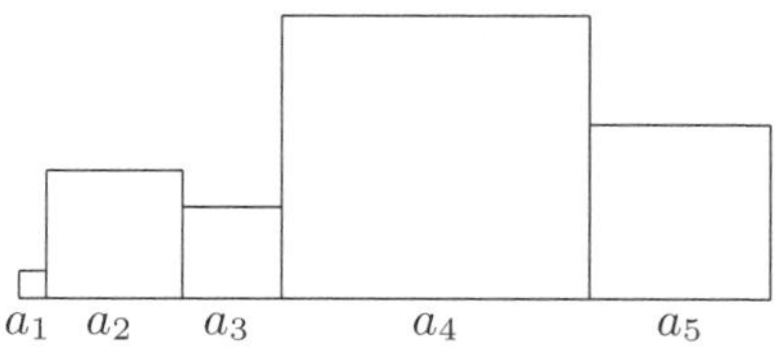

3. (**라그랑주 항등식**) 다음 항등식을 증명하라.

$$\left(\sum_{k=1}^{n} a_k^2\right)\left(\sum_{k=1}^{n} b_k^2\right) = \left(\sum_{k=1}^{n} a_kb_k\right)^2 + \frac{1}{2}\sum_{i,j=1}^{n}(a_ib_j-a_jb_i)^2$$

정리 3.2.11 (삼각부등식) *임의의 벡터* $\mathbf{a}, \mathbf{b}$ *에 대하여*

$$|\mathbf{a}+\mathbf{b}| \le |\mathbf{a}|+|\mathbf{b}|$$

가 성립한다. 또 등호가 성립하는 경우는 $\mathbf{a}$ *와* $\mathbf{b}$ *가 같은 방향일 때이다.*

증명. 위 정리(CBS 부등식)에서

$|\mathbf{a}+\mathbf{b}|^2-(|\mathbf{a}|+|\mathbf{b}|)^2 = 2(\mathbf{a}\cdot\mathbf{b}-|\mathbf{a}|\cdot|\mathbf{b}|) \le 0$

이므로 원하는 결론을 얻는다. □

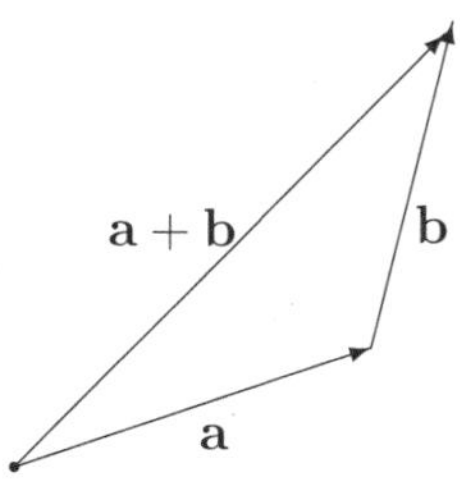

[21] 이 부등식을 수학적 귀납법 또는 11 장에 나오는 라그랑주 승수법 등 다른 방법을 이용하여 증명할 수도 있지만, $\bar{a} := \frac{1}{n}(a_1+\cdots+a_n)$ 으로 두면 $(a_1-\bar{a})^2+\cdots+(a_n-\bar{a})^2 \ge 0$ 이라는 자명한 부등식이다.

연습문제: 제 5 장 3 절

1. 다음 두 벡터가 이루는 각의 코사인 값을 구하라.
   (1) $(2,-1),\ (-1,1)$　　(2) $(1,1),\ (1,\sqrt{3})$
   (3) $(1,2,3),\ (3,2,1)$　　(4) $(-1,-2,3),\ (4,5,6)$
   (5) $(1,1,1,1),\ (1,2,3,4)$　　(6) $(0,1,2,3,4),\ (0,0,0,0,1)$
2. 다음 점들을 꼭짓점으로 가지는 삼각형의 세 각의 코사인 값을 구하라.
   (1) $(2,-1,1),\quad (1,-3,-5),\quad (3,-4,-4)$
   (2) $(3,1,1),\quad (-1,2,1),\quad (2,-2,5)$
3. 다음에서 벡터 $\mathbf{a}$ 에 대한 벡터 $\mathbf{b}$ 의 정사영을 구하라.
   (1) $\mathbf{a}=(1,-1,1),\ \mathbf{b}=(2,1,5)$　　(2) $\mathbf{a}=(1,-1,1),\ \mathbf{b}=(2,3,1)$
   (3) $\mathbf{a}=(-5,2,7),\ \mathbf{b}=(3,-1,2)$　　(4) $\mathbf{a}=(3,4),\ \mathbf{b}=(-4,3)$
4. $\mathbf{v}_1,\mathbf{v}_2,\ldots,\mathbf{v}_k$ 가 서로 수직인 단위벡터들이면, 임의의 실수 $a_1,a_2,\ldots,a_k$ 에 대하여
   $$|a_1\mathbf{v}_1+a_2\mathbf{v}_2+\cdots+a_k\mathbf{v}_k|^2={a_1}^2+{a_2}^2+\cdots+{a_k}^2$$
   임을 보이라.
5. n-공간에서 벡터 $\mathbf{a}_1,\ldots,\mathbf{a}_k$ 가 이루는 **나란히꼴**은
   $$\{t_1\mathbf{a}_1+\cdots+t_k\mathbf{a}_k \mid 0\le t_1,\ldots,t_k\le 1\}$$
   로 정의한다. 이때 두 벡터 $\mathbf{a},\mathbf{b}$ 가 이루는 나란히꼴의 넓이는
   $$\sqrt{|\mathbf{a}|^2|\mathbf{b}|^2-(\mathbf{a}\cdot\mathbf{b})^2}$$
   임을 보이라. 또 $\mathbf{a}$ 와 $\mathbf{b}$ 사이의 각을[22] θ 로 두면, 이 넓이는 $|\mathbf{a}|\,|\mathbf{b}|\sin\theta$ 와 같음을 보이라.
6. (**정사영과 피타고라스 정리**) 삼차원 좌표공간에서 두 벡터 A,B 가 이루는 나란히꼴 P 를 yz-평면에 정사영한 것의 넓이를 a_1, zx-평면에 정사영한 것의 넓이를 a_2, xy-평면에 정사영한 것의 넓이를 a_3 이라고 하자. 이때 P 의 넓이 a 는
   $$a^2={a_1}^2+{a_2}^2+{a_3}^2$$
   을 만족시킴을 보이라. 또 P 와, yz-평면 사이의 각을 θ_1, zx-평면 사이의 각을 θ_2, xy-평면 사이의 각을 θ_3 이라고 하면 $a_i=a\cos\theta_i\ (i=1,2,3)$ 임을 보이라. 이때 $(\cos\theta_1,\cos\theta_2,\cos\theta_3)$ 은 단위벡터인가?

[22]'각'은 '각의 크기'라는 뜻으로도 사용한다.

7. 삼차원 좌표공간에서 한 나란히꼴 P를 yz-평면, zx-평면, xy-평면에 정사영한 것의 넓이가 각각 $1, 2, 3$ 이었다고 하자. 이때 P의 넓이는 얼마인가?

8. 모든 벡터와 수직인 벡터는 영벡터임을 보이라.

9. 내적이 주어진 공간, 즉 내적공간에서는 벡터 $\mathbf{v}$는 함수의 역할을 한다:

$$\mathbf{v}^* : \ \mathbf{w} \mapsto \mathbf{v} \cdot \mathbf{w}.$$

이제 두 함수 $\mathbf{v}_1^*$ 와 $\mathbf{v}_2^*$ 가 같은 함수이면 $\mathbf{v}_1 = \mathbf{v}_2$ 임을 보이라.[23]

10. 네 변의 길이의 제곱의 합이 대각선의 길이의 제곱의 합과 같은 사각형은 평행사변형임을 증명하라. 즉, 사각형 $ABCD$ 에서

$$\overline{AB}^2 + \overline{BC}^2 + \overline{CD}^2 + \overline{DA}^2 = \overline{AC}^2 + \overline{BD}^2$$

이면 두 대각선이 서로 이등분함을, 즉 $\frac{1}{2}(A + C) = \frac{1}{2}(B + D)$ 임을 보이라.

11. 영이 아닌 벡터 $\mathbf{a} = (a_1, \ldots, a_n)$ 이 표준단위벡터 $\mathbf{e}_1, \ldots, \mathbf{e}_n$ 과 이루는 각을 각각 $\theta_1, \ldots, \theta_n$ 이라고 할 때, 다음을 보이라.

    (1) $\cos\theta_1 = a_1/|\mathbf{a}|, \ \ldots, \ \cos\theta_n = a_n/|\mathbf{a}|$

    (2) $\cos^2\theta_1 + \cdots + \cos^2\theta_n = 1$

    (3) 벡터 $(\cos\theta_1, \ldots, \cos\theta_n)$ 은 $\mathbf{a}$ 와 같은 방향의 단위벡터이다.

12. 좌표공간 $\mathbb{R}^3$ 에서 단위벡터 $\mathbf{v}$ 가 x-축과 이루는 각을 θ_x, y-축과 이루는 각을 θ_y 라고 하였을 때, $\mathbf{v}$ 가 xy-평면과 이루는 각 α 는 얼마인가? 또 $\theta_x = \theta_y = 60°$ 이면 α 는 얼마인가?

13. 좌표평면에서 $A = (1, 1)$, $A' = (-1, 1)$ 이라 하자. 또 포물선 $y = x^2$ 위의 동점 $P = P(t) = (t, t^2)$ 에 대하여 벡터 $\overrightarrow{PA}$ 와 $\overrightarrow{PA'}$ 이 이루는 각의 크기를 $\theta(t)$ 라고 두면, $\lim_{t \searrow 1} \cos\theta(t) = \frac{1}{\sqrt{5}}$, $\quad \lim_{t \nearrow 1} \cos\theta(t) = -\frac{1}{\sqrt{5}}$ 임을 보이라.

14. (**코사인 법칙**) 변의 길이가 각각 a, b, c 인 삼각형에서 'a-변'과 'b-변' 사이의 각을 θ 라 할 때 $c^2 = a^2 + b^2 - 2ab\cos\theta$ 임을 보이라.[24]

15. $x^2 + 2y^2 + 3z^2 = 1$ 일 때 $x + y + z$ 의 최댓값과 최솟값을 구하라.

---

[23] 이러한 함수를 **코벡터**(co-vector)라고 부른다. 내적공간에서는 벡터와 코벡터를 혼용하여 사용한다.

[24] **삼각법**이라고도 부른다. 땅이나 별들의 측량에서 매우 중요하게 여기는 등식이다. 유클리드의 원론 제2권은 이 식을 증명하는 것을 목표로 하였다. (제1권은 피타고라스 정리를 목표로 하였다.) 비유클리드 공간에서도 유사한 공식이 있다.

16. 다음은 중심의 위치가 P_0, P_1, P_2 이고 크기와 질량이 같은 세 개의 당구공이 당구대 위에 놓여 있는 것을 위에서 본 그림이다. 이때 당구공 P_0 을 때려, 이것이 당구공 P_1 을 맞춘 다음 당구공 P_2 와 속력 v_2 로 정면 충돌하기 위해서는 처음에 당구공 P_0 을 어느 방향으로, 얼마만큼의 속력으로 때려야 하는가?

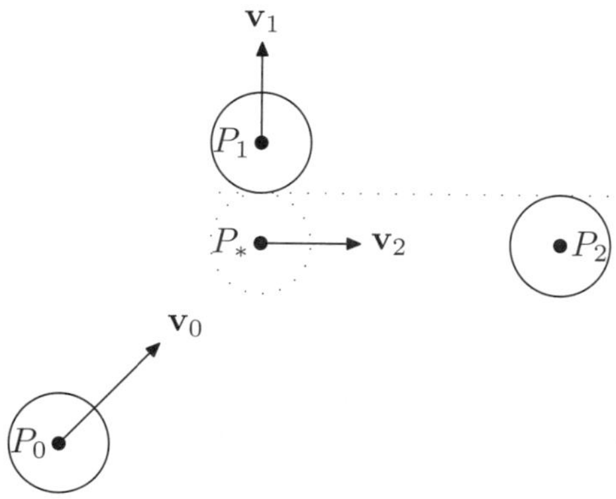

17. 정사면체에서 두 면 사이의 각의 크기를 θ_4 라 하고, 정팔면체에서 이웃한 두 면 사이의 각의 크기를 θ_8 이라 하였을 때, $\cos\theta_4 = \frac{1}{3}$, $\cos\theta_8 = -\frac{1}{3}$ 임을 보이라. 또 $\theta_4 + \theta_8 = \pi$ 임을 보이고, 이로부터 정사면체와 정팔면체로 공간을 채울 수 있음을 설명하라.

사진: 지하철 3호선 학여울역

18. 세 벡터 $\mathbf{a}, \mathbf{b}, \mathbf{c}$ 에 대하여 다음을 밝히라.

$$|\mathbf{a}+\mathbf{b}+\mathbf{c}|^2 - |\mathbf{a}+\mathbf{b}|^2 - |\mathbf{b}+\mathbf{c}|^2 - |\mathbf{c}+\mathbf{a}|^2 + |\mathbf{a}|^2 + |\mathbf{b}|^2 + |\mathbf{c}|^2 = 0$$

19. 다음 등식을 밝히라.

$$\big||\mathbf{b}|^2\mathbf{a} - |\mathbf{a}|^2\mathbf{b}\big| = |\mathbf{a}|\cdot|\mathbf{b}|\cdot|\mathbf{a}-\mathbf{b}|, \qquad \left|\frac{\mathbf{a}}{|\mathbf{a}|^2} - \frac{\mathbf{b}}{|\mathbf{b}|^2}\right| = \frac{|\mathbf{a}-\mathbf{b}|}{|\mathbf{a}|\cdot|\mathbf{b}|}$$

20. 세 단위 벡터 $\mathbf{a}, \mathbf{b}, \mathbf{c}$ 의 합이 영이면, $\mathbf{a}, \mathbf{b}$ 사이의 각은 $120°$ 임을 밝히라.

21. 평면에서 벡터 $\mathbf{a}, \mathbf{b}$ 를 $+90°$ 회전시킨 것을 각각 $\mathbf{a}^*, \mathbf{b}^*$ 라고 하면, $\mathbf{a}\cdot\mathbf{b} = \mathbf{a}^*\cdot\mathbf{b}^*$ 인가?

22. 공간에서 서로 다른 네 점 A, B, C, D 에 대하여 $\overline{AB} = \overline{AC}$, $\overline{BD} = \overline{CD}$ 이면 $\angle BAD = \angle CAD$ 임을 밝히라. 또 마름모에서는 대각선이 꼭짓각을 이등분함을 설명하라.

제 4 절 평면과 직선의 방정식, 무게중심

4.1 평면의 방정식

삼차원 공간 속에서 평면은 그 평면의 한 점 (a,b,c) 와 그 평면에 수직인 방향 (l,m,n) 에 의하여 결정된다. 따라서 이 **평면의 방정식**은

$$(l,m,n)\cdot((x,y,z)-(a,b,c))=0$$

이다. 즉,

$$l(x-a)+m(y-b)+n(z-c)=0$$

이다. 위 방정식은 세 개의 미지수 x,y,z 에 대한 방정식이다.

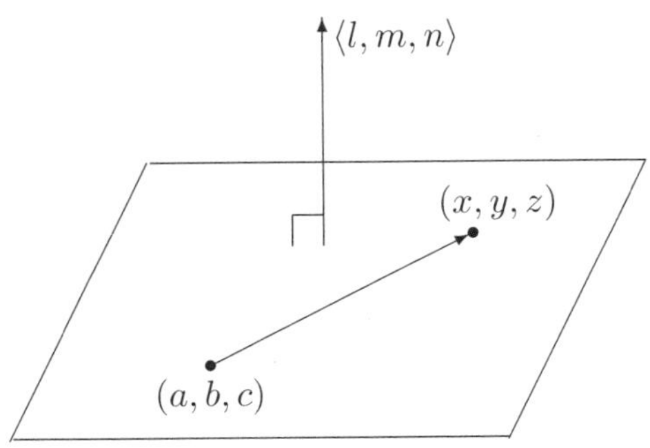

4.1.1 기본연습문제

평면 $x+2y+3z=1$ 에 수직인 벡터를 구하라.

n-공간 속의 $n-1$ 차원 공간, 즉 하나의 일차방정식을 만족시키는 점들의 집합을 **초평면**(超平面, hyperplane)이라고 부른다.[25]

n-공간의 점 P 를 지나고, 벡터 $\mathbf{a}\neq\mathbf{0}$ 에 수직인 초평면 H 의 방정식은

$$\mathbf{a}\cdot(X-P)=0$$

[25] 일반적으로 n 개의 미지수 $x_1,x_2,\ldots,x_n$ 는 n 차원 공간의 점을 나타내고, 방정식이 하나씩 주어짐에 따라 그 방정식을 만족시키는 점들의 집합은 **차원**이 하나씩 줄어든다. 부록에서 **차원**에 대하여 다룬다.

이다. 이 방정식을 좌표를 써서 나타내면, $\mathbf{a} = (a_1, \ldots, a_n)$, $P = (p_1, \ldots, p_n)$, $X = (x_1, \ldots, x_n)$ 일 때

$$a_1(x_1 - p_1) + \cdots + a_n(x_n - p_n) = 0$$

과 같이 나타난다. 또 $c := a_1p_1 + \cdots + a_np_n$ 로 두면

$$a_1x_1 + \cdots + a_nx_n = c \qquad \text{또는} \qquad \mathbf{a} \cdot \mathbf{x} = c$$

와 같이 나타낼 수도 있다. 이때 $\mathbf{a}$가 단위벡터이면 c는 초평면 H가 원점에서 $\mathbf{a}$방향으로 떨어져 있는 (음양이 있는) 거리를 뜻한다.

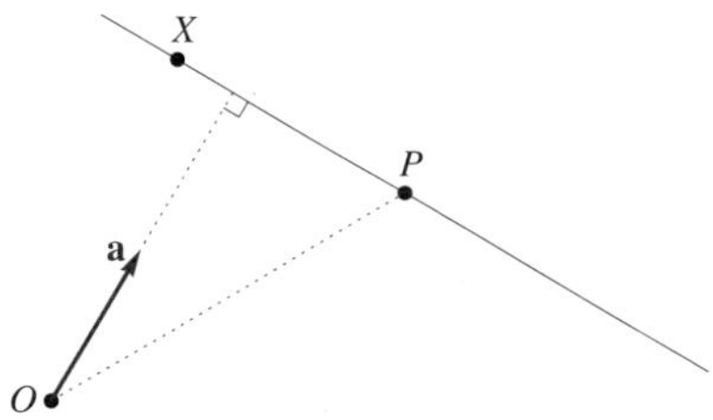

4.1.2 기본연습문제

1. n-공간의 한 점 Q와 초평면 $\mathbf{a} \cdot (X - P) = 0$ 사이의 거리는

$$\frac{|\mathbf{a} \cdot (Q - P)|}{|\mathbf{a}|}$$

임을 보이라.[26]

2. 원점과 평면 $ax + by + cz = d$ 사이의 거리를 구하라.

3. 좌표평면에서 직선 $lx + my = c$는 벡터 (l, m) 에 수직임을 보이라.

4. 삼차원 좌표공간에서 연립방정식

$$ax + by + cz = d$$
$$a'x + b'y + c'z = d'$$

의 해집합은 두 평면의 교선임을 보이라. (단 벡터 (a, b, c) 와 (a', b', c') 이 나란하지 않다고 가정한다.)

[26]물론 $\mathbf{a} \neq \mathbf{0}$ 이다. 점 Q 에서 초평면에 내린 수선의 발을 Q^* 라 하면 구하는 값은 $\left|\overrightarrow{QQ^*}\right|$ 이다. 한편 $\mathbf{a}$ 가 단위벡터이면 이 값은 $\overrightarrow{QP}$ 의 $\mathbf{a}$ 성분의 절댓값이다.

4.2 직선의 방정식

공간에서 점 P를 지나고 방향이[27] $\mathbf{v}$인 직선의 방정식은

$$X = X(t) = P + t\mathbf{v} \qquad (t \in \mathbb{R})$$

로 나타낼 수 있다. 이때 t를 **매개변수**(媒介變數, parameter)라고 부른다.

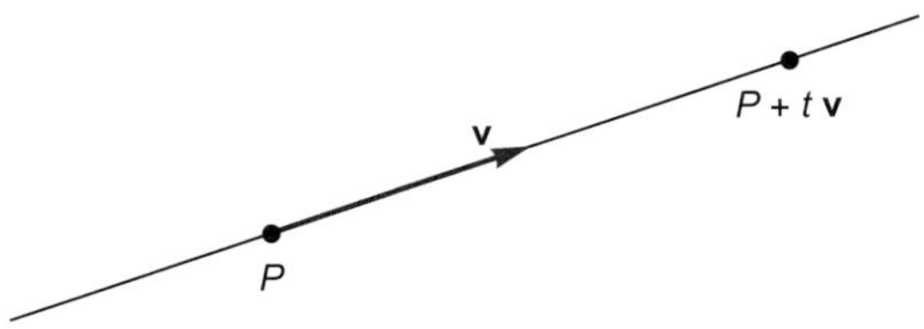

여기에서 $X = (x_1, \ldots, x_n)$, $P = (p_1, \ldots, p_n)$, $\mathbf{v} = (v_1, \ldots, v_n)$으로 두면, 직선의 식은

$$\begin{aligned} x_1 &= p_1 + tv_1 \\ &\vdots \\ x_n &= p_n + tv_n \end{aligned}$$

이다. 이 식에서 매개변수 t를 소거하면

$$\frac{x_1 - p_1}{v_1} = \cdots = \frac{x_n - p_n}{v_n}$$

이 된다.[28] 따라서 n-공간 속의 직선의 방정식은 $n-1$개의 일차방정식을 만족시키는 점들의 집합, 즉 $n-1$개의 초평면의 공통부분이다.

초평면이 하나 있을 때마다 차원이 하나씩 줄어서, $n-1$개 초평면의 공통부분의 차원은 $n-(n-1)$, 즉 1차원이 된다.

---

[27]단위벡터를 **방향**이라고 부르는 것이 좋지만, 여기서는 영이 아닌 벡터를 방향이라고 부르기로 한다. 직선의 식을

$$X(t) = P + t^3\mathbf{v}$$

처럼 둘 수도 있지만, 가능하면 등속운동이 되도록 매개화한다.

[28]이때 분모가 0인 항은 분자도 0인 것으로 이해한다.

4.2.1 보기

두 점 $(1,2,3)$ 과 $(4,5,6)$ 을 지나는 직선의 방정식을 구하라.

풀이. 먼저 이 직선의 방향이

$$(4,5,6)-(1,2,3)=3(1,1,1)$$

임을 안다. 따라서 구하는 직선의 방정식은

$$(x,y,z)=(1,2,3)+t(1,1,1) \qquad (t\in\mathbb{R})$$

이다. 이 식은

$$x-1=y-2=z-3 \tag{1}$$

으로 쓸 수 있다. 여기서 처음 등식

$$x-1=y-2$$

는 평면을 나타내는 식이고, 다음 등식

$$y-2=z-3$$

도 평면을 나타내는 식이다. 식 (1)은 이 두 평면이 만나는 직선을 나타낸다.

4.2.2 기본연습문제

다음은 공간의 두 점 A,B 를 지나는 직선의 방정식임을 밝히라.

$$X=(1-t)A+tB \qquad (t\in\mathbb{R}).$$

이때 $0\le t\le 1$ 이면, 이 식은 유향선분 AB 를 $t:(1-t)$ 로 내분하는 점임을 보이라.

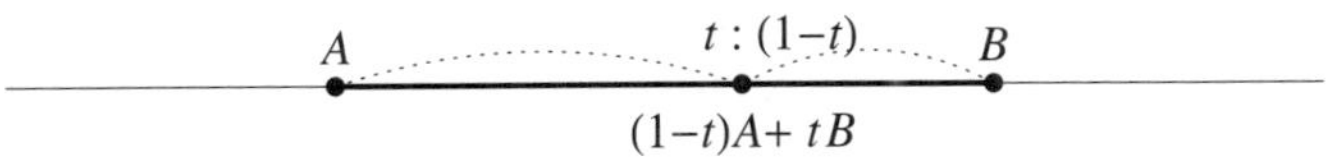

4.3 무게중심

공간에서 k 개의 점 $A_1, \ldots, A_k$ 의 (기하학적) **중심**(centroid) $\bar{A}$ 는 등식

$$\sum_{i=1}^{k}(A_i - \bar{A}) = \mathbf{0}$$

을 만족시키는 점이다. 즉, 중심은

$$\bar{A} = \frac{1}{k}(A_1 + \cdots + A_k)$$

이고 **평균점**과 일치한다.

4.3.1 질량중심

공간에서 점 $A_1, \ldots, A_k$ 의 질량이 각각 $m_1, \ldots, m_k$ 일 때, 이들의 **질량중심**(center of mass) $\bar{A}$ 는 등식

$$\sum_{i=1}^{k} m_i(A_i - \bar{A}) = \mathbf{0}$$

을 만족시키는 점이다. 즉, 질량중심은

$$\bar{A} = \frac{m_1A_1 + \cdots + m_kA_k}{m_1 + \cdots + m_k}$$

이다. 모든 질량이 같을 때, 즉 $m_1 = \cdots = m_k$ 일 때의 질량중심은 (기하학적) 중심과 일치한다.

4.3.2 지렛대 원리

좌표공간 속의 서로 다른 두 점 A, B 의 질량이 각각 $a > 0,\ b > 0$ 일 때, 이 두 점의 질량중심 C 는 선분 AB 를 $b : a$ 로 내분하는 점임을 보이자.

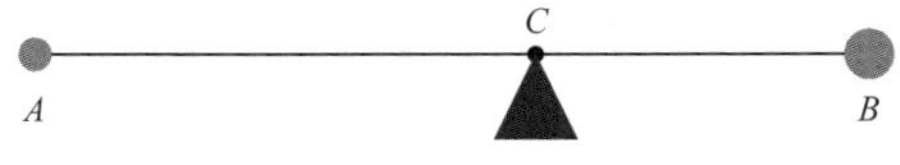

먼저

$$C = \frac{a}{a+b}A + \frac{b}{a+b}B$$

에서, A, B 의 "계수"의 합이 $\frac{a}{a+b} + \frac{b}{a+b} = 1$ 이므로 C 는 선분 AB 의 점이다 (기본연습문제 4.2.2). 한편

$$\begin{aligned} |A-C| : |B-C| &= \left|\frac{b}{a+b}A - \frac{b}{a+b}B\right| : \left|-\frac{a}{a+b}A + \frac{a}{a+b}B\right| \\ &= \frac{b}{a+b}|A-B| : \frac{a}{a+b}|A-B| \\ &= b : a \end{aligned}$$

이므로 원하는 결론을 얻는다.[29]

다음 그림은 점 P, Q, R 의 질량비가 $1 : 2 : 3$ 일 때 이 세 점의 질량중심 C 를 구하는 방법을 보인 것이다 (연습문제 21 번 참고).

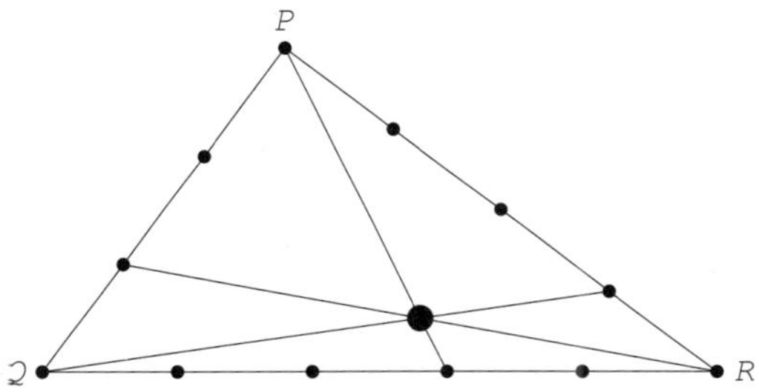

Q 와 R 의 질량중심을 C_1 이라 하면 C 는 선분 C_1P 의 점이다. 마찬가지로 R 와 P 의 질량중심을 C_2 라 하면 C 는 선분 C_2Q 의 점이고, P 와 Q 의 질량중심을 C_3 이라 하면 C 는 선분 C_3R 의 점이다.

4.3.3 기본연습문제

1. 공간의 세 점 P, Q, R 의 질량중심을 C 라고 하자. 점 P 의 질량을 증가시킬 때, 질량중심 C 가 직선운동함을 설명하라. 또 이 직선은 Q, R 의 질량중심과 P 를 지나는 직선임을 설명하라 (연습문제 21번 참고).
2. 다음 그림은 어느 나라의 인구분포를 흰 점(∘)으로 나타낸 것이다. 노년층은 얼마나 많은가?

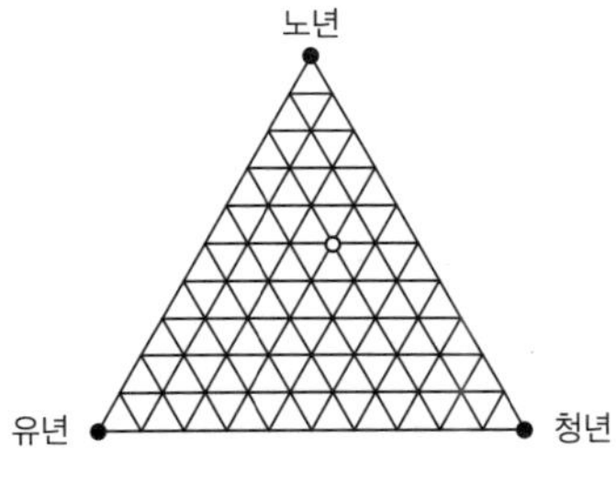

[29]아르키메데스가 어떻게 지렛대의 원리를 발견하였는지에 관심 있으면 [Schiffer, Bowden]을 참고.

연습문제: 제 5 장 4 절

1. 좌표평면의 두 직선 $y = mx + b$ 와 $y = m'x + b'$ 이 서로 수직일 필요충분조건은

$$mm' = -1$$

임을 보이라.

2. 좌표평면에서 다음 두 직선이 서로 수직인지를 판별하라.

(a) $3x - 5y = 1, \quad 2x + 3y = 5$

(b) $3x - 5y = 1, \quad 2x + y = 1$

(c) $2x + 7y = 1, \quad x - y = 5$

(d) $x + y = 9, \quad x - y = 2$

3. 삼차원 공간에서 원점에 광원이 위치하고, 스크린이 평면

$$ax + by + cz = d \qquad (a^2 + b^2 + c^2 \neq 0,\ d \neq 0)$$

로 주어졌을 때 점 $P = (p, q, r)$ 의 상의 위치를 구하라.[30]

4. (**복비**(複比, cross ratio)) 평면상에서 두 직선 l, l' 과 이 직선 밖의 한 점 O 를 생각하자. 이제 l 의 한 점 P 와 O 를 잇는 직선이 l' 과 만나는 점을 P' 이라고 하자.

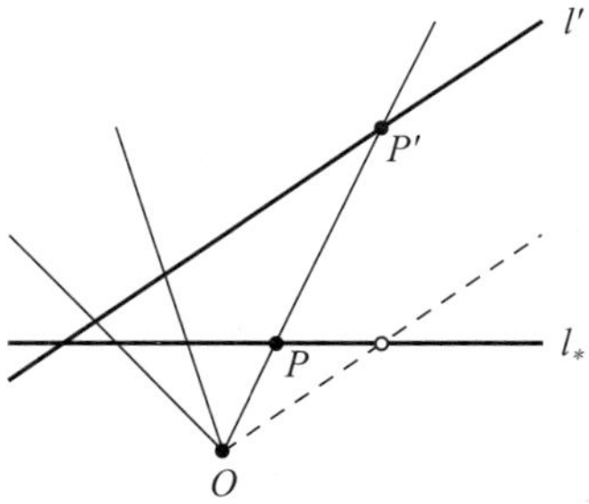

이때 P' 이 존재하는 $P \in l$ 의 집합을 l_* 라고 하였을 때, l_* 의 임의의 네 점 P_1, P_2, P_3, P_4 에 대하여

$$\frac{\overline{P_1P_3} \cdot \overline{P_2P_4}}{\overline{P_1P_4} \cdot \overline{P_2P_3}} = \frac{\overline{P_1'P_3'} \cdot \overline{P_2'P_4'}}{\overline{P_1'P_4'} \cdot \overline{P_2'P_3'}}$$

임을 보이라. 여기서 $\overline{PQ}$ 는 선분 PQ 의 길이를 나타낸다.[31]

---

[30] P 가 평면 $ax + by + cz = 0$ 에 속하면 상은 생기지 않는다. **사영기하학**은 회화나 만화영화 제작, 컴퓨터 애니메이션, 단층촬영, 항공사진 등에 긴요하게 쓰인다.

[31] l 의 식을 $ax + by = 1$ 로, l' 의 식을 $x = 1$ 로 두면 쉽게 보일 수 있다.

5. (a) 공간 속의 한 점 A 에서 평면 $\mathbf{n} \cdot (X - P) = 0$ 에 내린 수선의 발을 구하라.

   (b) (반사변환)[32] 초평면 $\mathbf{n} \cdot (X - P) = 0$ 에 대한 점 A 의 대칭점 A' 을 구하라.

6. 좌표공간에서 평면 $x + y + 2z = 1$ 에 대하여 점 $P = (1, 1, 1)$ 의 대칭점을 구하라.

7. 삼차원 좌표공간에서 두 평면

$$2x + 4y + z = 5, \qquad x - 3y + 2z = 0$$

   이 이루는 교각의 코사인 값을 구하라.[33]

8. 영이 아닌 벡터 $\mathbf{n}$ 에 수직인 두 평면 $\mathbf{n} \cdot \mathbf{x} = c_1$ 과 $\mathbf{n} \cdot \mathbf{x} = c_2$ 사이의 거리는 $|c_1 - c_2|/|\mathbf{n}|$ 임을 보이라.

9. (**입체사영**(stereographic projection)) 구면 $x^2 + y^2 + z^2 = 1$ 의 점 $N = (0, 0, 1)$ 과 xy-평면의 점 $X = (x, y, 0)$ 을 지나는 직선이 구면과 만나는 새로운 점 X' 의 좌표를 구하라.

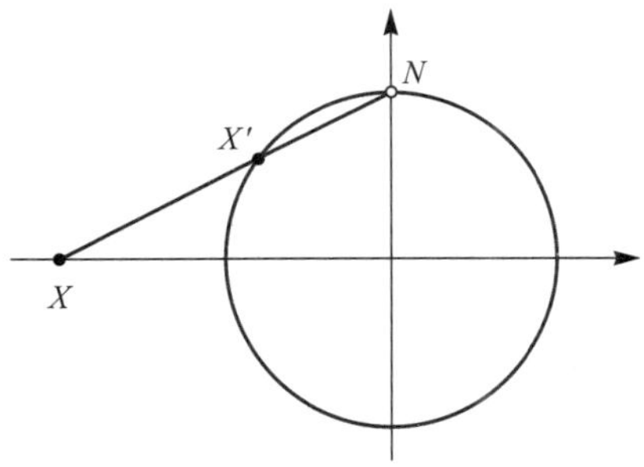

10. 삼차원 공간의 원점에서 $(1, 2, 3)$ 방향으로 발사된 빛이 평면 $x + y + z = 1$ 에 위치한 거울에 반사되었을 때, 반사된 빛이 xy-평면과 만나는 점을 구하라.

11. 공간의 세 점 P_0, P_1, P_2 가 동일 직선상에 있으면, 방정식

$$t_0 + t_1 + t_2 = 0, \quad (t_0, t_1, t_2) \neq (0, 0, 0), \quad t_0 P_0 + t_1 P_1 + t_2 P_2 = \mathbf{0}$$

   을 만족시키는 실수 t_0, t_1, t_2 가 존재함을 보이라. 또 이 명제의 역이 성립함을 보이라.

12. 공간의 부분집합 A 에 속하는 임의의 두 점 P, Q 에 대하여 선분

$$PQ := \{(1 - t)P + tQ \mid 0 \leq t \leq 1\}$$

[32] **대칭변환**에는 **점대칭**변환, 회전변환 등 여러 가지가 있다. 이 중에서 초평면에 대한 대칭변환을 **반사변환**(reflection)이라고 부르기로 한다. 반사변환을 평면에서는 **선대칭**변환이라 하고, 삼차원 공간에서는 **면대칭**변환이라고도 한다. 반사변환은 마치 거울상처럼 향을 바꾸는 변환이다.

[33] 일반적으로 두 평면 사이의 각은 각 평면에 수직인 직선들 사이의 각과 같다.

이 여전히 A에 속하면, A를 **볼록집합**(convex set)이라고 부른다. 이제 공간의 임의의 점 $P_0, P_1, \ldots, P_k$에 대하여 집합

$$K := \{t_0P_0 + t_1P_1 + \cdots + t_kP_k \mid t_0, \ldots, t_k \geq 0,\ t_0 + t_1 + \cdots + t_k = 1\}$$

이 볼록집합임을 보이라. 또 K는 $P_0, \ldots, P_k$를 포함하는 최소의 볼록집합임을 보이라.

13. 볼록집합과 볼록집합의 교집합은 볼록집합임을 보이라.

14. n-공간 속의 공(ball)

$$\begin{aligned} \mathbb{B}^n(C, r) &:= \{X \in \mathbb{R}^n : |X - C| < r\} \\ \overline{\mathbb{B}}^n(C, r) &:= \{X \in \mathbb{R}^n : |X - C| \leq r\} \end{aligned}$$

은 모두 볼록집합임을 보이라.

15. n-공간의 단위벡터 $\mathbf{n}$에 대하여, 초평면 $\mathbf{n} \cdot (X - X_0) = 0$과 점 $P_1, \ldots, P_k$ 사이의 거리의 제곱합은

$$\sum_{i=1}^{k} (\mathbf{n} \cdot (P_i - X_0))^2$$

이다. 이 값이 최소인 초평면을, 주어진 점 $P_1, \ldots, P_k$에서 **가장 가까운 초평면**이라고 부를 때, 주어진 점들에 가장 가까운 초평면은 그 점들의 중심을 지남을 밝히라.

16. 어떤 보물섬의 지도에는 n개의 마을이 그려져 있고, 보물을 찾아 갈 수 있는 지시가 다음과 같이 쓰여 있다:

> 마을 A_1에서 출발하여 마을 A_2쪽으로 $\frac{1}{2}$만큼 간 다음, 마을 A_3쪽으로 $\frac{1}{3}$만큼 가고, 계속해서 마을 A_4쪽으로 $\frac{1}{4}$만큼 가고, $\ldots$, 마을 A_n쪽으로 $\frac{1}{n}$만큼 간 곳에 보물이 묻혀 있다.

그러나 지도에는 마을의 이름이 모두 지워져 있었다. 이때 보물이 묻힌 곳을 알 수 있는가?

17. 두 평면 $x + y + z = 1$과 $x - y - z = 5$의 교선의 식을 구하라.

18. 다음 점들의 중심을 구하라.
    (a) $A = (1, 2)$, $B = (3, 4)$, $C = (6, 5)$
    (b) $A = (2, -1, 5)$, $B = (-1, 1, 1)$, $C = (3, 2, 1)$
    (c) $A = (0, 1, 1, 1)$, $B = (1, 0, 1, 1)$, $C = (1, 1, 0, 1)$, $D = (1, 1, 1, 0)$

19. 공간 속의 점 $P_1, \ldots, P_k$에 대하여

$$|P_1 - Q|^2 + \cdots + |P_k - Q|^2$$

의 값을 최소로 하는 점 Q는 $P_1, \ldots, P_k$의 중심임을 보이라.

20. 세 점 $A = (1, 2, 3)$, $B = (4, 5, 6)$, $C = (7, 8, 9)$ 의 질량중심이 $(3, 4, 5)$ 가 되도록 점들의 질량의 비를 구하라. 단, 점 C 의 질량은 총질량의 $\frac{1}{6}$ 이라고 가정한다.

21. 공간에서 점과 실수의 쌍 (P, m) 을 **질점**이라 부르기로 하자. 질점들의 집합

$$A := \{(P_1, m_1), (P_2, m_2), \ldots, (P_n, m_n)\}$$

에 대하여 $m := m_1 + m_2 + \cdots + m_n$ 을 A 의 **질량**이라 한다. 그리고 A 의 질량 m 이 영이 아닐 때, A 의 **질량중심**을

$$\mathrm{C}_A := \left(\frac{m_1}{m}P_1 + \frac{m_2}{m}P_2 + \cdots + \frac{m_n}{m}P_n, m\right)$$

으로 정의한다. 질점들의 유한집합 A 와 B 가 서로 공통부분이 없을 때

$$\mathrm{C}_{A \cup B} = \mathrm{C}_{\{\mathrm{C}_A, \mathrm{C}_B\}}$$

임을 보이라. (편의상 A, B 의 각 질량이 모두 양수라 가정한다.)

22. 삼각형 $\triangle ABC$ 에서 변 AB 를 $2:1$ 로 내분한 점을 D, 변 BC 의 중점을 E 라 하고, 선분 AE 와 선분 CD 의 교점을 F 라 하자. 이때 F 는 선분 AE 와 선분 CD 를 각각 어떤 비율로 내분하는가?

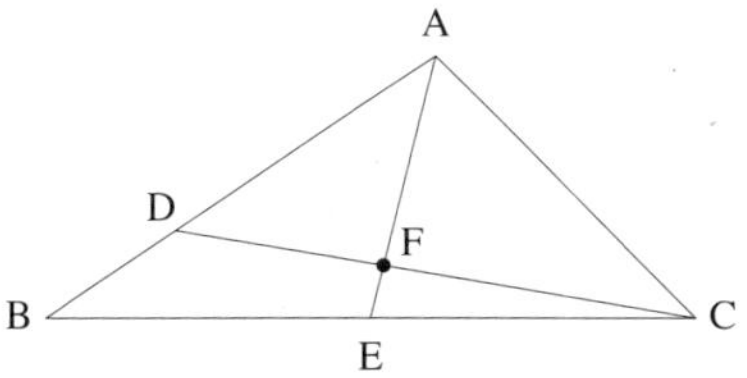

23. 공간 속의 점들의 질량중심은 평행이동에 대하여 보존됨을 보이라.[34]

24. (a) 두 점 (a, b, c) 와 (a', b', c') 을 잇는 직선이 yz-평면과 만나는 점은

$$\left(0, \frac{ab' - a'b}{a - a'}, \frac{ac' - a'c}{a - a'}\right)$$

임을 보이라.[35]

---

[34]벡터 $\mathbf{v}$ 에 의한 **평행이동**은 $X \mapsto X + \mathbf{v}$ 이다.

[35]왜냐하면, 두 점을 잇는 직선의 식은

$$(a, b, c) + t(a' - a, b' - b, c' - c)$$

이고, 이 직선이 $t = a/(a - a')$ 일 때에 yz-평면을 지나므로

$$y = b + \frac{a(b' - b)}{a - a'} = \frac{ab' - a'b}{a - a'}, \quad z = c + \frac{a(c' - c)}{a - a'} = \frac{ac' - a'c}{a - a'}$$

이다.

(b) **나선**(螺線, helix)

$$(\cos t, \sin t, t), \qquad 0 \le t \le 2\pi$$

를 위치 $(3, 0, 0)$ 에서 바라보았을 때, yz-평면에 맺어지는 상을 서술하라.[36]

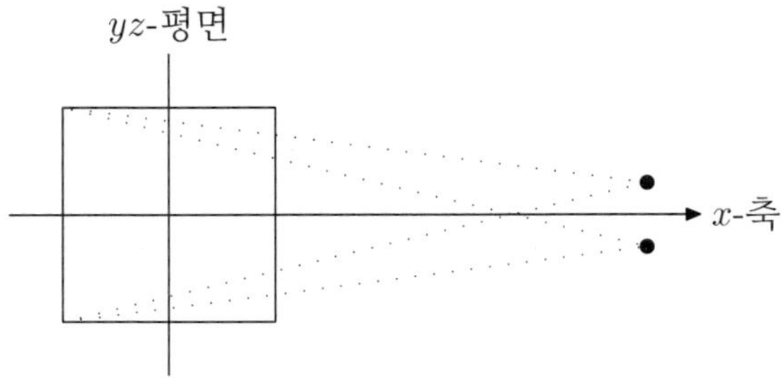

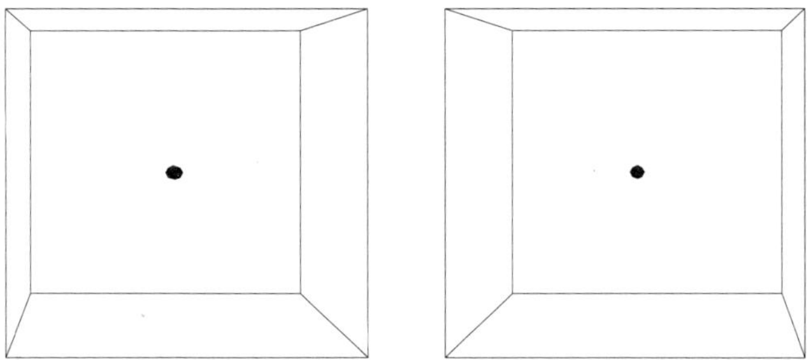

입체 그림: 삼차원 좌표공간에서 여덟 개의 점 $(\pm1, \pm1, \pm1)$ 을 꼭짓점으로 하는 정육면체를 왼쪽 눈과 오른쪽 눈이 바라보았을 때의 모습[37]

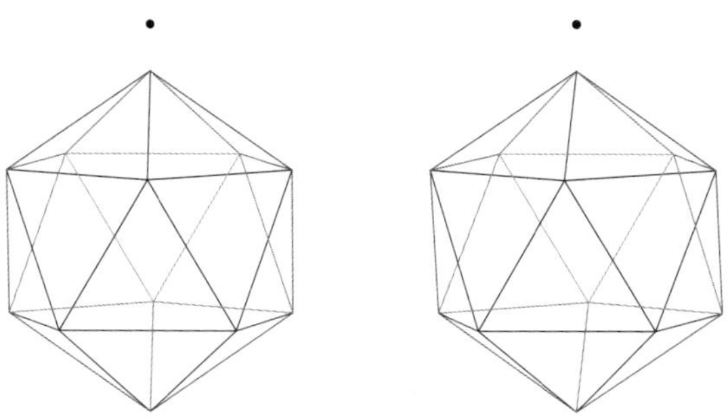

입체 그림: 정이십면체

[36]투영도는 의료기구나 만화영화 등의 제작 시에 중요하게 이용된다.

[37]BCC 격자와의 관계는 부록을 볼 것.

제 5 절　일차독립과 일차종속

삼차원 좌표공간의 임의의 벡터 $\mathbf{a} = (a_1, a_2, a_3)$ 은 표준단위벡터

$$\mathbf{i} = (1,0,0), \quad \mathbf{j} = (0,1,0), \quad \mathbf{k} = (0,0,1)$$

에 의하여

$$\mathbf{a} = a_1\mathbf{i} + a_2\mathbf{j} + a_3\mathbf{k}$$

로 표현된다. 이와 같은 표현을 $\mathbf{i}$, $\mathbf{j}$, $\mathbf{k}$ 의 **일차결합**이라고 부른다.

마찬가지로 좌표평면에서는 임의의 벡터가 $\mathbf{i} = (1,0)$ 과 $\mathbf{j} = (0,1)$ 의 일차결합으로 표현된다.

보기를 들어, 벡터 $\mathbf{i}$ 와 $\mathbf{j}$ 를 '한 시 방향 벡터'

$$\mathbf{h}_1 := (\cos 60°, \sin 60°) = \frac{1}{2}(1, \sqrt{3})$$

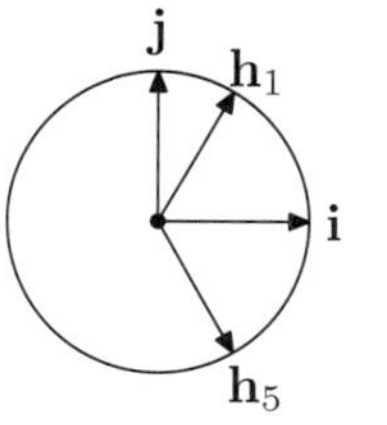

과 '다섯 시 방향 벡터'

$$\mathbf{h}_5 := (\cos 60°, -\sin 60°) = \frac{1}{2}(1, -\sqrt{3})$$

의 일차결합으로 표현하면

$$\mathbf{i} = \mathbf{h}_1 + \mathbf{h}_5, \qquad \mathbf{j} = \frac{1}{\sqrt{3}}\mathbf{h}_1 - \frac{1}{\sqrt{3}}\mathbf{h}_5$$

이다.

일반적으로, k 개의 벡터 $\mathbf{a}_1, \ldots, \mathbf{a}_k$ 가 주어졌을 때

1. 임의의 실수 $t_1, \ldots, t_k$ 에 대하여 벡터

$$t_1\mathbf{a}_1 + \cdots + t_k\mathbf{a}_k$$

를 $\mathbf{a}_1, \ldots, \mathbf{a}_k$ 의 **일차결합**[38]이라고 부른다.

2. $\mathbf{a}_1, \ldots, \mathbf{a}_k$ 중에서 어느 하나가 나머지 벡터들의 일차결합이면, $\mathbf{a}_1, \ldots, \mathbf{a}_k$ 를 **일차종속**[39]이라고 한다. 예를 들어 $\mathbf{a}_1$ 이 $\mathbf{a}_2, \ldots, \mathbf{a}_k$ 의 일차결합이면, $\mathbf{a}_1, \ldots, \mathbf{a}_k$ 는 일차종속이다.

---

[38]일차결합(一次結合)은 **선형결합**(線型結合, linear combination)이라고도 한다.

[39]일차종속(一次從屬)은 **선형종속**(線型從屬, linearly dependent)이라고도 한다.

3. 벡터 $\mathbf{a}_1, \ldots, \mathbf{a}_k$ 가 일차종속이 아니면, 이들을 **일차독립**[40]이라고 한다. 하나의 벡터 $\mathbf{a}$가 일차독립이라는 것은 $\mathbf{a} \neq \mathbf{0}$을 뜻한다.

예를 들면

(i) 벡터 $\mathbf{i}, \mathbf{j}$는 일차독립이다.

(ii) 벡터 $\mathbf{i}, \mathbf{j}, \mathbf{k}$도 일차독립이다.

(iii) 벡터 $\mathbf{a} = (1, 2, 3)$과 $\mathbf{b} = (2, 4, 6)$은, $\mathbf{b} = 2\mathbf{a}$ 이므로, 일차종속이다.

일반적으로 두 벡터가 일차종속일 필요충분조건은 두 벡터가 나란한 것이다.

5.0.1 쐐기곱

앞으로 몇 개의 벡터 $\mathbf{a}_1, \ldots, \mathbf{a}_k$ 가 일차종속이면

$$\mathbf{a}_1 \wedge \cdots \wedge \mathbf{a}_k = \mathbf{0}$$

으로 쓰기로 한다. 그러므로

$$\mathbf{a}_1 \wedge \cdots \wedge \mathbf{a}_k \neq \mathbf{0}$$

은 벡터 $\mathbf{a}_1, \ldots, \mathbf{a}_k$ 가 일차독립이라는 뜻이다.

5.0.2 기본연습문제

1. 삼차원 좌표공간에서 벡터 $(0, 1, 1)$, $(1, 0, 1)$, $(1, 1, 0)$은 일차독립임을 보이라.
2. 방정식
$$\begin{aligned} x + y + z &= 0 \\ x + 2y + 3z &= 0 \\ 3x + 4y + 5z &= 0 \end{aligned}$$
에서 마지막 식은 처음 두 식의 일차결합으로 볼 수 있음을 설명하라.
3. 다음은 행의 합과 열의 합을 나타낸 방정식이다.
$$\begin{array}{cc|c} \square & \square & 3 \\ \square & \square & 7 \\ \hline 4 & 6 & \end{array}$$
이 네 개의 방정식은 독립적인가?

[40]일차독립(一次獨立)을 **선형독립**(線型獨立, linearly independent)이라고도 한다.

다음 정리는 주어진 벡터들이 일차독립인지를 쉽게 판정하는 법을 알려 준다.

정리 5.0.3 *벡터 $\mathbf{a}_1, \mathbf{a}_2, \ldots, \mathbf{a}_k$ 가 일차독립일 필요충분조건은 방정식*

$$x_1\,\mathbf{a}_1 + x_2\,\mathbf{a}_2 + \cdots + x_k\,\mathbf{a}_k = \mathbf{0} \tag{2}$$

의 해가 자명한 해[41]*뿐인 것이다.*

증명. 위 명제의 대우[42]를 증명하면 된다. 방정식 (2) 가 자명하지 않은 해 $(x_1, \ldots, x_k)$ 를 가진다고 가정해 보자. 그러면 어떤 $i \in \{1, \ldots, k\}$ 에 대하여 $x_i \neq 0$ 이다. 따라서

$$\mathbf{a}_i = -\frac{x_1}{x_i}\mathbf{a}_1 - \cdots - \frac{x_{i-1}}{x_i}\mathbf{a}_{i-1} - \frac{x_{i+1}}{x_i}\mathbf{a}_{i+1} - \cdots - \frac{x_k}{x_i}\mathbf{a}_k$$

이므로 $\mathbf{a}_1, \ldots, \mathbf{a}_k$ 는 일차종속이다.

역으로 $\mathbf{a}_1, \ldots, \mathbf{a}_k$ 가 일차종속이라고 하자. 그러면 어떤 $i \in \{1, \ldots, k\}$ 에 대하여 $\mathbf{a}_i$ 가 나머지 벡터의 일차결합

$$\mathbf{a}_i = t_1\mathbf{a}_1 + \cdots + t_{i-1}\mathbf{a}_{i-1} + t_{i+1}\mathbf{a}_{i+1} + \cdots + t_k\mathbf{a}_k$$

이고, 따라서 $(x_1, \ldots, x_k) = (t_1, \ldots, t_{i-1}, -1, t_{i+1}, \ldots, t_k)$ 는 방정식 (2)의 자명하지 않은 해이다. □

5.0.4 기본연습문제

1. 서로 다른 세 실수 a, b, c 에 대하여 다음 벡터들이 일차독립임을 보이라.

$$(1, a, a^2), \quad (1, b, b^2), \quad (1, c, c^2)$$

2. 영이 아닌 벡터 $\mathbf{a}_1, \ldots, \mathbf{a}_k$ 가 서로 수직이면, 이들은 일차독립임을 보이라.

3. 일차독립인 벡터 $\mathbf{a}_1, \ldots, \mathbf{a}_k$ 와 실수 $t_1, \ldots, t_k, t'_1, \ldots, t'_k$ 에 대하여

$$t_1\mathbf{a}_1 + \cdots + t_k\mathbf{a}_k = t'_1\mathbf{a}_1 + \cdots + t'_k\mathbf{a}_k$$

이면 $t_1 = t'_1$, …, $t_k = t'_k$ 임을 보이라.

[41] $x_1 = x_2 = \cdots = x_k = 0$ 이면 당연히 $\mathbf{a}_i$ 들의 일차결합이 $\mathbf{0}$ 이다. 이러한 해를 **자명한 해**(自明한 解, trivial solution)라고 부른다. trivial 이라는 단어는 플라톤과 아리스토텔레스를 계승한 중세 대학의 일곱 가지 교양과목(Liberal Arts) 중에서 신입생들이 배우는 trivium(문법, 수사법(修辭法), 논리)에서 유래하였다. 나머지 상위교과(quadrivium)는 산술, 기하, 천문학, 음악이다.

[42] 명제 "$p \to q$"의 **대우**(對偶, contrapositive)는 "$\neg q \to \neg p$"이다.

연습문제: 제5장 5절

1. 좌표평면에서 두 벡터 $\mathbf{a}_1 = (a_{11}, a_{12})$, $\mathbf{a}_2 = (a_{21}, a_{22})$가 일차독립일 필요충분조건은 $a_{11}a_{22} - a_{12}a_{21} \neq 0$임을 보이라.

2. 벡터 $(0,1,1)$, $(1,0,1)$, $(1,1,0)$, $(1,1,1)$은 일차독립인가?

3. 다음 벡터들의 일차독립, 일차종속을 조사하라.

   (1) $\mathbf{a} = (1,2)$, $\mathbf{b} = (3,4)$, $\mathbf{c} = (5,6)$

   (2) $\mathbf{a} = (1,2,3)$, $\mathbf{b} = (2,3,4)$, $\mathbf{c} = (7,5,6)$

   (3) $\mathbf{a} = (1,2,3)$, $\mathbf{b} = (2,3,1)$, $\mathbf{c} = (3,1,2)$

   (4) $\mathbf{a} = (0,0,0)$, $\mathbf{b} = (1,1,1)$, $\mathbf{c} = (-1,2,-1)$

   (5) $\mathbf{a} = (0,1,1)$, $\mathbf{b} = (1,0,1)$, $\mathbf{c} = (1,1,0)$, $\mathbf{d} = (1,1,1)$

   (6) $\mathbf{a} = (0,1,1,1)$, $\mathbf{b} = (1,0,1,1)$, $\mathbf{c} = (1,1,0,1)$, $\mathbf{d} = (1,1,1,0)$

4. 세 벡터 $\mathbf{u}, \mathbf{v}, \mathbf{w}$가 일차독립일 때, 벡터

$$\begin{aligned}\mathbf{a} &= a_1\mathbf{u} + a_2\mathbf{v} + a_3\mathbf{w} \\ \mathbf{b} &= b_1\mathbf{u} + b_2\mathbf{v} + b_3\mathbf{w} \\ \mathbf{c} &= c_1\mathbf{u} + c_2\mathbf{v} + c_3\mathbf{w}\end{aligned}$$

   가 일차독립일 필요충분조건은 벡터 (a_1, a_2, a_3), (b_1, b_2, b_3), (c_1, c_2, c_3)가 일차독립임을 보이라.

5. 벡터 $\mathbf{a}_1, \ldots, \mathbf{a}_k$가 일차독립이면, 모든 $i \in \{1, \ldots, k\}$에 대하여 $\mathbf{a}_i \neq \mathbf{0}$임을 보이라.

6. 자연수 k가 자연수 l보다 작을 때, n-벡터 $\mathbf{a}_1, \ldots, \mathbf{a}_l$이 일차독립이면, $\mathbf{a}_1, \ldots, \mathbf{a}_k$도 일차독립임을 보이라.

7. 벡터 $\mathbf{a}$가 벡터 $\mathbf{b}_1, \ldots, \mathbf{b}_k$의 일차결합이고, 벡터 $\mathbf{b}_i$ $(i = 1, \ldots, k)$가 각각 벡터 $\mathbf{c}_1, \ldots, \mathbf{c}_l$의 일차결합이면, 벡터 $\mathbf{a}$는 $\mathbf{c}_1, \ldots, \mathbf{c}_l$의 일차결합으로 나타낼 수 있음을 보이라.

8. 시계의 시침과 분침이 가리키는 방향이 일차종속인 경우가 하루에 몇 번이나 있는가?

제 6 절 부록: 좌표공간의 기저와 차원

6.1 생성집합

삼차원 좌표공간에서는 임의의 벡터가 벡터 $\mathbf{i}, \mathbf{j}, \mathbf{k}$ 의 일차결합이다. 이때 $\mathbf{i}, \mathbf{j}, \mathbf{k}$ 는 삼차원 좌표공간을 **생성**한다고 말한다.

일반적으로, 주어진 공간의 임의의 벡터가 벡터 $\mathbf{a}_1, \ldots, \mathbf{a}_k$ 의 일차결합으로 표현되면, $\mathbf{a}_1, \ldots, \mathbf{a}_k$ 는 이 공간을 **생성한다**고 한다.

좌표평면에서는 $\mathbf{i}, \mathbf{j}$ 가 평면을 생성한다.

6.1.1 기본연습문제

벡터 $\mathbf{i}$, $\mathbf{j}$, $\mathbf{i}+\mathbf{j}+\mathbf{k}$ 는 $\mathbb{R}^3$ 을 생성함을 보이라.

6.2 기저

n-공간에서 임의의 벡터 $\mathbf{a} = (a_1, \ldots, a_n)$ 은 표준단위벡터들의 일차결합으로 표시된다:

$$\mathbf{a} = a_1\mathbf{e}_1 + \cdots + a_n\mathbf{e}_n.$$

따라서

$$\mathbf{e}_1, \quad \ldots, \quad \mathbf{e}_n$$

은 n-공간을 생성한다. 한편 표준단위벡터들은 일차독립이다.[43] 이와 같이 일차독립이면서, 동시에 n-공간을 생성하는 벡터들의 모임을 n-공간의 **기저**(基底, basis)라고 한다. 어떤 벡터들의 모임이 기저가 되기 위해서는 모든 벡터를 생성할 수 있도록 충분히 많은 수의 벡터가 있어야 하고, 이 모임이 일차독립을 유지하기 위해서 벡터가 너무 많이 있어도 곤란하다.

기저를 말할 때에는 보통 그것을 구성하는 벡터들의 순서를 가정한다.

6.2.1 기본연습문제

삼차원 좌표공간에서 벡터 $(0,1,1)$, $(1,0,1)$, $(1,1,0)$ 이 기저임을 보이라.

[43]벡터 $\mathbf{e}_2, \ldots, \mathbf{e}_n$ 의 어떠한 일차결합도 첫 번째 성분이 0 이다. 따라서 $\mathbf{e}_1$ 은 $\mathbf{e}_2, \ldots, \mathbf{e}_n$ 의 일차결합이 될 수 없다. 마찬가지로 $\mathbf{e}_i$ 는 $\mathbf{e}_1, \ldots, \mathbf{e}_{i-1}, \mathbf{e}_{i+1}, \ldots, \mathbf{e}_n$ 의 일차결합일 수 없다. 그러므로 $\mathbf{e}_1, \ldots, \mathbf{e}_n$ 은 일차독립이다.

6.3 격자

벡터는 **결정**(結晶, crystal)을 이해하는 데에도 중요하게 사용된다. 결정은 **격자**(格子, lattice)를 결정(決定)하는데, 일차독립인 벡터 $\mathbf{v}_1, \ldots, \mathbf{v}_k$ 에 의하여 생성된 격자란 집합

$$\{n_1\mathbf{v}_1 + \cdots + n_k\mathbf{v}_k \mid n_1, \ldots, n_k \in \mathbb{Z}\}$$

를 뜻한다. 이때 벡터 $\mathbf{v}_1, \ldots, \mathbf{v}_k$ 를 격자의 **기저**라고 한다.

격자의 한 보기로는, 모든 점들이 **정수점**인

$$\mathbb{Z}^3 := \{(n_1, n_2, n_3) \mid n_1, n_2, n_3 \in \mathbb{Z}\}$$

를 들 수 있다. 이 격자를 **정육면체 격자**라고 부른다.[44] 정육면체 격자의 기저로는 표준단위벡터

$$\mathbf{i},\ \mathbf{j},\ \mathbf{k}$$

를 들 수 있다. 물론 기저는 한 가지만 있는 것은 아니다. 예를 들면, $\mathbf{i}, \mathbf{j}, \mathbf{k} - \mathbf{j}$ 도 정육면체 격자의 기저이다.

6.3.1 보기

정육면체 격자의 각 정육면체의 중심들로 이루어진 집합을

$$\mathrm{BC} := \left(\frac{1}{2}, \frac{1}{2}, \frac{1}{2}\right) + \mathbb{Z}^3 = \left\{ \left(\frac{1}{2} + n_1, \frac{1}{2} + n_2, \frac{1}{2} + n_3\right) \middle|\ n_1, n_2, n_3 \in \mathbb{Z}\right\}$$

라고 부르자.

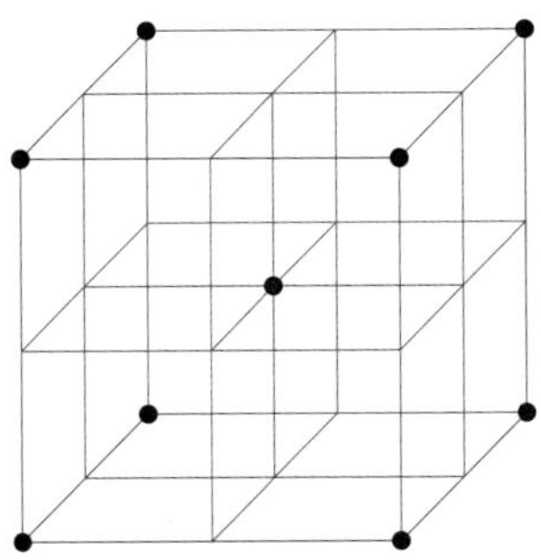

이때 BCC(body centered cubic) 격자

$$\mathbb{Z}^3 \cup \mathrm{BC}$$

의 기저로는

$$\mathbf{i}, \quad \mathbf{j}, \quad \mathbf{b} := \left(\frac{1}{2}, \frac{1}{2}, \frac{1}{2}\right)$$

을 잡을 수 있다.

[44] 소금(NaCl)의 결정은 직육면체 격자이다.

6.4 좌표공간의 차원

정리 6.4.1 *n-공간에서 n 개의 벡터 $\mathbf{a}_1, \ldots, \mathbf{a}_n$ 이 일차독립이면, 이들은 n-공간의 기저이다.*

증명. 이 정리의 증명을 위해서는 $\mathbf{a}_1, \ldots, \mathbf{a}_n$ 이 n-공간을 생성한다는 것을 보이면 된다. 그런데 표준단위벡터 $\mathbf{e}_1, \ldots, \mathbf{e}_n$ 들이 n-공간을 생성하므로, 표준단위벡터들이 $\mathbf{a}_1, \ldots, \mathbf{a}_n$ 의 일차결합이라는 것을 보이면 된다. 이것을 자연수 n 에 대한 **귀납법**을 써서 증명하기로 한다.

$n = 1$ 일 때에는 자명하다.

이제 $n \geq 2$ 라고 가정하고 $n-1$ 차원의 경우는 위의 명제가 참이라고 하자. 주어진 일차독립인 벡터를

$$\begin{aligned} \mathbf{a}_1 &= (a_{11}, a_{12}, \ldots, a_{1n}) \\ \mathbf{a}_2 &= (a_{21}, a_{22}, \ldots, a_{2n}) \\ &\vdots \\ \mathbf{a}_n &= (a_{n1}, a_{n2}, \ldots, a_{nn}) \end{aligned}$$

으로 두면

(일단계) 벡터 $\mathbf{a}_i$ 들의 마지막 성분이 모두 영이 될 수 없다.[45]

(이단계) 이제 편의상 $\mathbf{a}_n$ 의 마지막 성분 a_{nn} 이 영이 아니라고 하자.

(삼단계)

$$\mathbf{a}_1' := \mathbf{a}_1 - \frac{a_{1n}}{a_{nn}}\mathbf{a}_n, \quad \ldots, \quad \mathbf{a}_{n-1}' := \mathbf{a}_{n-1} - \frac{a_{(n-1)n}}{a_{nn}}\mathbf{a}_n$$

으로 두자. 그러면 $\mathbf{a}_1', \ldots, \mathbf{a}_{n-1}'$ 은 모두 $(n-1)$-벡터로 볼 수 있고, 일차독립이다.[46]

(사단계) 다시 귀납법 가정에 의하여 $\mathbf{e}_1, \ldots, \mathbf{e}_{n-1}$ 은 모두 $\mathbf{a}_1', \ldots, \mathbf{a}_{n-1}'$ 의 일차결합이고, 따라서 $\mathbf{a}_1, \ldots, \mathbf{a}_n$ 의 일차결합이다.

(마지막 단계) $\mathbf{a}_n = a_{n1}\mathbf{e}_1 + \cdots + a_{nn}\mathbf{e}_n$ 에서

$$\mathbf{e}_n = -\frac{a_{n1}}{a_{nn}}\mathbf{e}_1 - \cdots - \frac{a_{n(n-1)}}{a_{nn}}\mathbf{e}_{n-1} + \frac{1}{a_{nn}}\mathbf{a}_n$$

은 $\mathbf{a}_1, \ldots, \mathbf{a}_n$ 의 일차결합이다. □

[45] 만약 $a_{1n} = a_{2n} = \cdots = a_{nn} = 0$ 이면, $\mathbf{a}_1, \mathbf{a}_2, \ldots, \mathbf{a}_n$ 이 모두 $(n-1)$-벡터이고, 그러면 귀납법의 가정에 의하여 $(n-1)$-공간의 임의의 벡터, 특히 $\mathbf{a}_n$ 이 $\mathbf{a}_1, \ldots, \mathbf{a}_{n-1}$ 의 일차결합으로 표현된다. 그러나 이것은 $\mathbf{a}_1, \ldots, \mathbf{a}_n$ 이 일차독립이라는 가정에 모순된다.

[46] 만일 실수 $t_1, \ldots, t_{n-1}$ 에 대하여 $\mathbf{0} = t_1\mathbf{a}_1' + \cdots + t_{n-1}\mathbf{a}_{n-1}'$ 이면, $t_1 = \cdots = t_{n-1} = 0$ 이라는 것을 쉽게 보일 수 있다.

따름정리 6.4.2 (1) *n-공간에서 $n+1$ 개 이상의 벡터들은 일차종속이다.*

(2) *n-공간에서 k 개의 벡터 $\mathbf{a}_1, \ldots, \mathbf{a}_k$ 가 일차독립이면 $k \le n$ 이다.*

(3) *k 개의 벡터 $\mathbf{a}_1, \ldots, \mathbf{a}_k$ 가 n-공간을 생성하면, $k \ge n$ 이다.*

(4) *k 개의 벡터 $\mathbf{a}_1, \ldots, \mathbf{a}_k$ 가 n-공간의 기저이면, $k = n$ 이다.*

증명. (1) 만약 $k \ge n+1$ 에 대하여 n-공간의 벡터 $\mathbf{a}_1, \ldots, \mathbf{a}_n, \ldots, \mathbf{a}_k$ 가 일차독립이라고 하면, $\mathbf{a}_1, \ldots, \mathbf{a}_n$ 이 여전히 일차독립이고, 따라서 위 정리에 의하여 임의의 n-벡터가 $\mathbf{a}_1, \ldots, \mathbf{a}_n$ 의 일차결합으로 표현된다. 특히 $\mathbf{a}_k$ 가 $\mathbf{a}_1, \ldots, \mathbf{a}_n$ 의 일차결합으로 나타나므로, $\mathbf{a}_1, \ldots, \mathbf{a}_k$ 가 일차독립이라는 가정에 모순된다. 그러므로 $k \le n$ 이라야 한다.

(2) 는 (1) 의 대우이다.

(3) 의 경우는

$$\begin{aligned} \mathbf{e}_1 &= a_{11}\mathbf{a}_1 + \cdots + a_{1k}\mathbf{a}_k \\ &\vdots \\ \mathbf{e}_n &= a_{n1}\mathbf{a}_1 + \cdots + a_{nk}\mathbf{a}_k \end{aligned}$$

인 $a_{ij} \in \mathbb{R}$ 가 존재한다. 이제 만약 $k < n$ 이면 n 개의 k-벡터

$$(a_{11}, \ldots, a_{1k}), \quad \ldots, \quad (a_{n1}, \ldots, a_{nk})$$

는 (1) 에 의하여 일차종속이고, 따라서 $(x_1, \ldots, x_n) \ne (0, \ldots, 0)$ 이 존재하여

$$x_1(a_{11}, \ldots, a_{1k}) + \cdots + x_n(a_{n1}, \ldots, a_{nk}) = \mathbf{0}$$

즉,

$$\sum_{i=1}^{n} x_i a_{ij} = 0 \qquad (j = 1, \ldots, k)$$

이다. 그러므로

$$\begin{aligned} \mathbf{0} &\ne (x_1, \ldots, x_n) = x_1\mathbf{e}_1 + \cdots + x_n\mathbf{e}_n \\ &= \sum_{i=1}^{n} x_i \left(\sum_{j=1}^{k} a_{ij}\mathbf{a}_j \right) = \sum_{j=1}^{k} \left(\sum_{i=1}^{n} x_i a_{ij} \right) \mathbf{a}_j = \mathbf{0} \end{aligned}$$

이라는 모순이 일어난다. 따라서 $k \ge n$ 이라야 한다.

(4) 는 (2) 와 (3) 에서 얻는다. □

6.5 벡터공간의 차원

벡터공간이란 $\mathbb{R}^n$ 처럼 원소의 합과 스칼라배가 정의되어 있는 집합을 말한다.[47] 이때 이 집합의 원소를 **벡터**라고 부른다. 좌표공간에서처럼 일반적인 벡터공간 V 에서도 **기저**를 말할 수 있다. 이때 벡터

$$\mathbf{v}_1, \ \ldots, \ \mathbf{v}_n$$

이 V 의 기저이고, 또 벡터

$$\mathbf{w}_1, \ \ldots, \ \mathbf{w}_k$$

도 V 의 기저이면,

$$n = k$$

이다.[48] 이 공통값을 V 의 **차원**이라고 부른다.

특히, $\mathbb{R}^n$ 의 차원은 n 이다.

6.5.1 기본연습문제

1. 벡터공간의 차원은 일차독립인 벡터들의 최대 개수와 같음을 보이라.
2. $V := \{(x, y, z) \in \mathbb{R}^3 \mid x + 2y + 3z = 0\}$ 은 벡터공간임을 설명하고, 기저를 하나 구하라. 또 V 의 차원은 얼마인가?

6.6 기저와 좌표계

공간에서 점의 좌표는 좌표계를 선택함에 따라 여러 가지로 다르게 표현된다. 여기에서는 벡터 공간의 기저가 (선형)좌표계를 준다는 것을 살펴보기로 한다. 벡터 공간의 한 기저

---

[47] 벡터공간이 만족시켜야 할 공리계는 1932 년 폴란드의 수학자인 바나흐(Stefan Banach, 1892–1945)의 저서 "Théorie des opérations linéaires"에 처음으로 소개되었다.

[48] 그 까닭은 다음과 같다. $\mathbf{v}_1, \ldots, \mathbf{v}_n$ 이 V 를 생성하므로

$$\mathbf{w}_i = \sum_{j=1}^{n} a_{ij}\mathbf{v}_j \quad (i = 1, \ldots, k)$$

와 같이 쓸 수 있다. 한편 방정식

$$\mathbf{0} = \sum_{i=1}^{k} x_i \mathbf{w}_i = \sum_{j=1}^{n} \left(\sum_{i=1}^{k} x_i a_{ij} \right) \mathbf{v}_j$$

의 해는 자명한 것뿐이므로

$$(a_{11}, \ldots, a_{1n}), \ \ldots, \ (a_{k1}, \ldots, a_{kn})$$

이 일차독립임을 안다. 그러므로 따름정리 6.4.2 (2) 에서 $n \le k$ 를 얻는다. 마찬가지로 $k \le n$ 이므로, 원하는 등식을 얻는다.

$\mathcal{B} = (\mathbf{b}_1, \ldots, \mathbf{b}_n)$ 에 대하여, 임의의 벡터 $\mathbf{v}$ 를 $\mathcal{B}$ 의 일차결합으로 표현하는 방법이 유일하다:

$$\mathbf{v} = c_1\mathbf{b}_1 + \cdots + c_n\mathbf{b}_n.$$

이때 $(c_1, \ldots, c_n) \in \mathbb{R}^n$ 을 기저 $\mathcal{B}$ 에 대한 벡터 $\mathbf{v}$ 의 **좌표**(座標, coordinates)라고 부른다.

6.6.1 기본연습문제

기저 $\big((0,1,1),\ (1,0,1),\ (1,1,0)\big)$ 에 대한 벡터 $(1,1,1)$ 의 좌표를 구하라.

6.6.2 보기

주어진 실수 c_0, c_1, c_2, c_3 와 $x_0 < x_1 < x_2 < x_3$ 에 대하여

$$f(x_0) = c_0, \quad f(x_1) = c_1, \quad f(x_2) = c_2, \quad f(x_3) = c_3 \tag{3}$$

이고 차수가 3 이하인 다항식 $f(x)$ 를 구하여 보자.[49] 이때 $f(x) = a_0 + a_1x + a_2x^2 + a_3x^3$ 으로 두면 방정식 (3)은 미지수 (a_0, a_1, a_2, a_3) 에 대한 연립방정식이므로 이로부터 (a_0, a_1, a_2, a_3) 을 구할 수 있다. 그러나 여기에서는 그러한 방법 대신에 새로운 "기저"를 도입하여 이 문제를 쉽게 푸는 방법[50]을 소개한다. 먼저

$$\begin{aligned}
p_0(x) &:= \frac{(x-x_1)(x-x_2)(x-x_3)}{(x_0-x_1)(x_0-x_2)(x_0-x_3)} \\
p_1(x) &:= \frac{(x-x_0)(x-x_2)(x-x_3)}{(x_1-x_0)(x_1-x_2)(x_1-x_3)} \\
p_2(x) &:= \frac{(x-x_0)(x-x_1)(x-x_3)}{(x_2-x_0)(x_2-x_1)(x_2-x_3)} \\
p_3(x) &:= \frac{(x-x_0)(x-x_1)(x-x_2)}{(x_3-x_0)(x_3-x_1)(x_3-x_2)}
\end{aligned}$$

로 두면

$$p_i(x_j) = \delta_{ij} := \begin{cases} 1 & (i = j) \\ 0 & (i \neq j) \end{cases}$$

이고, $p_0(x), p_1(x), p_2(x), p_3(x)$ 는 기저이다. 따라서 구하는 다항식은

$$f(x) = c_0\,p_0(x) + c_1\,p_1(x) + c_2\,p_2(x) + c_3\,p_3(x)$$

이다. 이처럼 차수가 3 이하인 다항식 전체로 이루어진 공간에서는 "표준적인 기저" $(1, x, x^2, x^3)$ 보다 새로운 기저 $(p_0(x), p_1(x), p_2(x), p_3(x))$ 가 "글꼴 디자인" 등에서는 더 유용하게 쓰인다.

[49] 네 개의 조건이 주어진 삼차다항식은 잘 구할 수 있다.

[50] 이 방법을 **라그랑주 보간법**(interpolation)이라고 부른다.

연습문제: 제 5 장 6 절

1. n-공간의 단위벡터 $\mathbf{v}_1, \ldots, \mathbf{v}_n$ 이 서로 수직이면, 이들을 **정규직교기저**(正規直交基底, orthonormal basis)라고 부른다. 임의의 n-벡터 $\mathbf{a}$와 정규직교기저 $\mathbf{v}_1, \ldots, \mathbf{v}_n$ 에 대하여

$$\mathbf{a} = (\mathbf{a} \cdot \mathbf{v}_1)\mathbf{v}_1 + \cdots + (\mathbf{a} \cdot \mathbf{v}_n)\mathbf{v}_n$$

임을 보이라.[51]

2. 정육면체 격자의 각 정육면체의 각 면의 중점들로 이루어진 집합을

$$\mathrm{FC} := \left\{ \left(\frac{1}{2}, \frac{1}{2}, 0\right), \left(\frac{1}{2}, 0, \frac{1}{2}\right), \left(0, \frac{1}{2}, \frac{1}{2}\right) \right\} + \mathbb{Z}^3$$

라고 하자.[52]

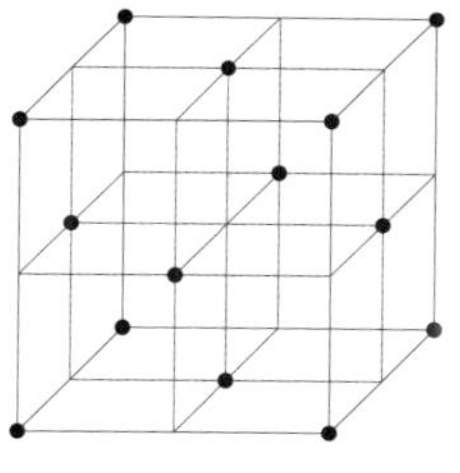

이제 FCC(face centered cubic) 격자[53]

$$\mathbb{Z}^3 \cup \mathrm{FC}$$

에서

$$\mathbf{i} = (1, 0, 0), \quad \left(\frac{1}{2}, \frac{1}{2}, 0\right), \quad \left(0, \frac{1}{2}, \frac{1}{2}\right)$$

이 기저임을 보이라.[54]

---

[51]어떤 벡터 $\mathbf{a}$를 일반기저 $(\mathbf{v}_1, \ldots, \mathbf{v}_n)$ 의 일차결합으로 표현할 때, 그 계수를 구하는 것은 쉽지 않지만, 정규직교기저를 사용하는 경우에는 계수를 구하는 것이 쉽다.

[52]벡터공간의 두 부분집합 A, B 에 대하여

$$A + B := \{a + b \mid a \in A,\, b \in B\}$$

로 두었다.

[53]케플러(Johannes Kepler, 1571–1630)는 이러한 격자점이 가장 밀도가 높은 격자점이라고 믿었고, 이 격자점에 위치한 씨들이 자라면 석류씨처럼 **마름모12면체**(rhombic dodecahedron)가 된다는 것을 발견하였다 [Delvin, p.158]. 케플러의 가설은 최근에 증명되었다.

[54]격자가 하나 주어지면, 그것의 **쌍대 격자**(dual lattice)라는 것이 정해지는데, FCC 격자와 BCC 격자는 서로 쌍대적인 것으로 볼 수 있다.

제 5 장 탐구문제

1. 공간의 점 $P_0, P_1, \ldots, P_k$ 에 대하여 "벡터"

$$\overrightarrow{P_0P_1},\ \cdots,\ \overrightarrow{P_0P_k}$$

가 일차독립이면, 점 $P_0, P_1, \ldots, P_k$ 는 **일반위치**(general position)에 있다고 한다. 공간의 점 $P_0, \ldots, P_k$ 가 일반위치에 있기 위한 필요충분조건은 벡터

$$\overrightarrow{P_0P_1},\ \overrightarrow{P_1P_2},\ \ldots,\ \overrightarrow{P_{k-1}P_k}$$

가 일차독립인 것임을 보이라.

2. 평면에서 일반위치에 있는 세 점 P_1, P_2, P_3 과 $m_1 + m_2 + m_3 = 1$ 인 실수 m_1, m_2, m_3 에 대하여

$$Q := m_1P_1 + m_2P_2 + m_3P_3$$

로 두자.

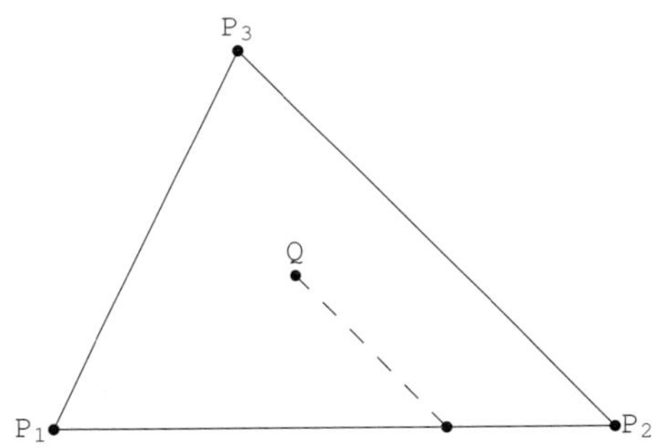

이때 점 Q 를 지나고 직선 P_2P_3 과 나란한 직선이 직선 P_1P_2 와 만나는 점은

$$m_1P_1 + (m_2 + m_3)P_2$$

임을 보이라.

3. 공간의 점 $P_0, P_1, \ldots, P_k$ 가 일반위치에 있지 않으면, 방정식

$$t_0 + \cdots + t_k = 1 = t'_0 + \cdots + t'_k$$
$$(t_0, \ldots, t_k) \neq (t'_0, \ldots, t'_k)$$
$$t_0P_0 + \cdots + t_kP_k = t'_0P_0 + \cdots + t'_kP_k$$

를 만족시키는 실수 $t_0, \ldots, t_k, t'_0, \ldots, t'_k$ 이 존재함을 보이라.

4. 삼차원 좌표공간에서 식

$$x + y + z = 0, \qquad x - y - z = 0$$

을 만족시키는 점들의 집합은 벡터공간임을 보이고, 그 벡터공간의 기저를 구하라.

5. 벡터 $\mathbf{v}_1, \ldots, \mathbf{v}_k$ 에 의하여 생성된 (**선형**)**부분공간**이란

$$\langle\!\langle \mathbf{v}_1, \ldots, \mathbf{v}_k \rangle\!\rangle := \{t_1\mathbf{v}_1 + \cdots + t_k\mathbf{v}_k \mid t_1, \ldots, t_k \in \mathbb{R}\}$$

를 뜻한다. 이때 $\langle\!\langle \mathbf{v}_1, \ldots, \mathbf{v}_k \rangle\!\rangle$ 의 차원은 k 를 넘지 않음을 보이라.

6. (**그람-슈미트**[55] **방법**) 일차독립인 벡터 $\mathbf{v}_1, \ldots, \mathbf{v}_k$ 에 대하여

$$\mathbf{w}_i := \mathbf{v}_i - \frac{\mathbf{v}_i \cdot \mathbf{w}_1}{\mathbf{w}_1 \cdot \mathbf{w}_1}\mathbf{w}_1 - \cdots - \frac{\mathbf{v}_i \cdot \mathbf{w}_{i-1}}{\mathbf{w}_{i-1} \cdot \mathbf{w}_{i-1}}\mathbf{w}_{i-1} \qquad (i = 1, \ldots, k)$$

로 정의하자.[56] 이때 $\mathbf{w}_i \neq \mathbf{0}$ 임을 보이라. 또

$$\mathbf{u}_i = \mathbf{w}_i / |\mathbf{w}_i| \qquad (i = 1, \ldots, k)$$

로 두면, 임의의 $i \in \{1, \ldots, k\}$ 에 대하여

$$\langle\!\langle \mathbf{u}_1, \ldots, \mathbf{u}_i \rangle\!\rangle = \langle\!\langle \mathbf{v}_1, \ldots, \mathbf{v}_i \rangle\!\rangle$$

$$\mathbf{u}_i \perp \langle\!\langle \mathbf{u}_1, \ldots, \mathbf{u}_{i-1} \rangle\!\rangle, \quad \mathbf{u}_i \cdot \mathbf{v}_i > 0, \quad |\mathbf{u}_i| = 1$$

임을 보이라.[57] 따라서 $\mathbf{u}_1, \ldots, \mathbf{u}_k$ 는 서로 수직인 단위벡터이다.

7. 두 연속함수 $f, g : [0,1] \to \mathbb{R}$ 에 대하여

$$\langle f, g \rangle := \int_0^1 f(t)g(t)\,dt, \quad ||f|| := \sqrt{\langle f, f \rangle}$$

로 정의하자. 이때

$$\langle f, g \rangle \leq ||f|| \cdot ||g||$$

임을 보이라. 이 식에서 등호가 성립할 때는 언제인가? 또

$$\left(\int_0^1 f(t)\,dt\right)^2 \leq \int_0^1 f(t)^2\,dt$$

임을 보이라.

8. 다음 네 행렬은 일차독립인가? (행렬의 연산에 대하여는 제 6 장 참고)

$$\begin{pmatrix} 0 & 1 \\ 1 & 1 \end{pmatrix}, \quad \begin{pmatrix} 1 & 0 \\ 1 & 1 \end{pmatrix}, \quad \begin{pmatrix} 1 & 1 \\ 0 & 1 \end{pmatrix}, \quad \begin{pmatrix} 1 & 1 \\ 1 & 0 \end{pmatrix}$$

---

[55] Jϕrgen Pedersen Gram(1850–1916)은 덴마크의 보험계리사.
Erhard Schmidt(1876–1959)는 독일의 수학자로 D. Hilbert 의 제자였다.

[56] $i = 1$ 일 때에는 $\mathbf{w}_1 := \mathbf{v}_1$ 이다.

[57] 공집합에 의하여 생성된 선형 부분공간은 영벡터만으로 이루어져 있다.

9. 미분방정식

$$f''(x) - f(x) = 0$$

을 만족시키는 함수 $f : \mathbb{R} \to \mathbb{R}$ 전체의 집합을 V 라고 하자. 이때

(1) V 는 벡터공간임을 설명하라.

(2) V 의 한 원소 f 가 서로 다른 두 실수 a, b 에 대하여 $f(a) = f(b) = 0$ 이면

$$\int_a^b f(x)^2\,dx = -\int_a^b f'(x)^2\,dx$$

임을 보이라.

(3) 함수 e^x 와 e^{-x} 는 V 의 기저임을 보이라.

(4) V 의 차원을 구하라.

10. 실수 c_1, c_2, c_3, c_4 에 대하여, 미지수 x, y, z 에 관한 방정식

$$\begin{aligned} x + y + z &= c_1 \\ x + 2y + 3z &= c_2 \\ x + 4y + 9z &= c_3 \\ x + 8y + 27z &= c_4 \end{aligned}$$

는 일반적으로 해를 가지지 않음을 설명하라.

11. 차수가 n 이하인 다항식 전체로 이루어진 “공간”의 차원은 $n+1$ 임을 설명하라.

12. 다음 정수방정식을 풀라.

							1	5
			8	3				
						2		
	2	6				8		
					1			
	8							
1		5		4				
			3			7	2	
9								

제 6 장

행렬과 선형사상

수학은 아름다워야 한다.

— 하디(G. Hardy, 1877–1947), 영국 수학자

행렬(*行列*, matrix)에 관한 이론은 영국의 대수학자(algebraist)인 캐일리(Arthur Cayley, 1821–1895)의 1858년 논문에 의하여 처음으로 크게 발전하였지만 "matrix"라는 용어는 그의 좋은 친구인 실베스터(James Sylvester, 1814–1897)가 1850년부터 쓰기 시작했다 [강, 이]. 후에 에르미트(Charles Hermite, 1822–1901), 프로베니우스(Georg Frobenius, 1849–1917), 조르당(Camille Jordan, 1838–1922) 등이 행렬 이론에 많은 공헌을 하였다. 행렬은 여러 가지 다른 용도로 쓰이기도 하지만, 이 장에서는 행렬과 선형사상을 같은 것으로 볼 수 있음을 이해하는 것이 목표이다. 또 유클리드 운동을 서술하는 변환, 즉 등장변환과 행렬의 극한에 대하여 공부한다. 행렬이론은 제2권에서 다루는 다변수 벡터함수의 미분법과 다변수 치환적분법에서 중요하게 쓰인다. 미분법이란 "비선형현상을 선형현상으로 변형하는 법"이라 할 수 있다.

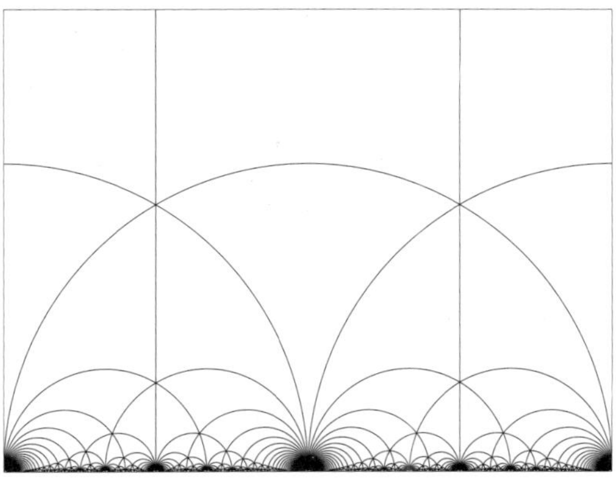

그림: 행렬과 비유클리드 공간

제 1 절 행렬

일차 연립방정식

$$ax + by = u$$
$$cx + dy = v$$

를 풀 때에는 방정식의 계수

$$\begin{pmatrix} a & b & u \\ c & d & v \end{pmatrix}$$

를 잘 이해하면 쉽게 해결할 수 있다.[1] 이와 같이 직사각형 모양으로 수 또는 어떤 개체들을 배열한 것을 **행렬**(行列, matrix)이라고 한다.

다음은 어느 유치원에서 열여섯 명의 어린이를 네 명 한 조가 되도록 하고, 매일 조를 달리 편성하여 닷새 동안 서로 모두 한 번씩 같은 조에 속하도록 한 것을 나타낸 행렬들이다.

월			
○	○	○	○
★	★	★	★
△	△	△	△
□	□	□	□

화			
○	★	△	□
○	★	△	□
○	★	△	□
○	★	△	□

수			
○	★	△	□
★	○	□	△
△	□	○	★
□	△	★	○

목			
○	★	△	□
△	□	○	★
□	△	★	○
★	○	□	△

금			
○	★	△	□
□	△	★	○
★	○	□	△
△	□	○	★

[1] 연립방정식을 잘 푸는 기법은 `Search Algorithm`에서 매우 중요한 역할을 한다. Google이 1998년에 창업될 때에도 이런 알고리즘이 큰 역할을 하였다. 고대 중국의 수학책 중 하나인 九章算術(구장산술)은 당연히 아홉 개의 장으로 이루어져 있는데, 이 책의 제8장 "방정(方程)"에서 오늘날 방정식이라는 용어가 유래하였다. 여기에는 일차 연립방정식을 푸는 방법으로 숫자들을 사각형(方)으로 배열하였다. 구장산술의 마지막 장은 직각삼각형을 다루는 勾股(구고)인데, 유클리드의 원론 1권의 마지막 정리처럼 피타고라스 정리를 다룬다. 또한 조선시대 영의정을 지낸 최석정(崔錫鼎, 1646–1715)의 저서 九數略(구수략)에는 다양한 마방진(魔方陣, magic square)이 소개되어 있다.

우리는 주로 수를 배열한 행렬을 다루기로 한다. 일반적으로 $m \times n$ 개의 수를

$$\begin{pmatrix} a_{11} & a_{12} & \cdots & a_{1j} & \cdots & a_{1n} \\ a_{21} & a_{22} & \cdots & a_{2j} & \cdots & a_{2n} \\ \vdots & \vdots & \ddots & \vdots & \ddots & \vdots \\ a_{i1} & a_{i2} & \cdots & a_{ij} & \cdots & a_{in} \\ \vdots & \vdots & \ddots & \vdots & \ddots & \vdots \\ a_{m1} & a_{m2} & \cdots & a_{mj} & \cdots & a_{mn} \end{pmatrix}$$

과 같이 나열한 것을 $m \times n$ **행렬**이라고 한다.[2]

이때 $(a_{i1}\ a_{i2}\ \cdots\ a_{in})$을 i 번째 **행**(row), $\begin{pmatrix} a_{1j} \\ \vdots \\ a_{mj} \end{pmatrix}$를 j 번째 **열**(column)이라 하며, m을 **행의 수**, n을 **열의 수**라 한다.

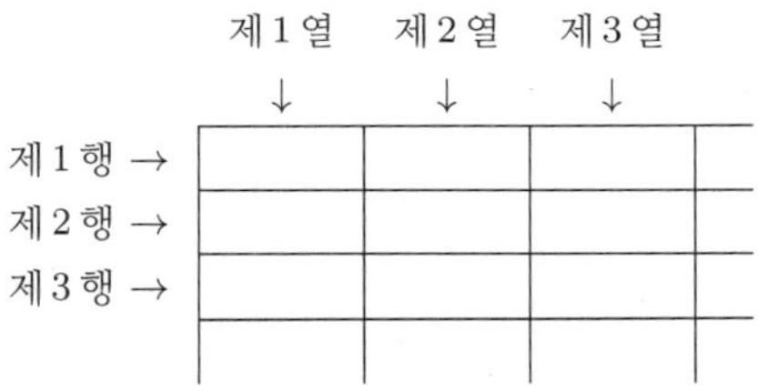

또 i 번째 행과 j 번째 열의 공통부분인 a_{ij}를 (i, j) **항**이라고 부른다.

위 행렬을 간단히

$$(a_{ij})$$

로 쓰기도 한다.

지금까지 벡터 또는 점을 나타내던 $(a_1, \ldots, a_n)$도 쉼표를 버리면 행의 수가 1인 행렬, 즉 **행벡터**가 된다.

또, 열의 수가 1인 행렬 $\begin{pmatrix} a_1 \\ \vdots \\ a_m \end{pmatrix}$은 **열벡터**라고 부르기로 한다.

위대한 오일러를 따라 함수를 $f(x)$로 나타내는 전통은 잘 계승되고 있는데[3] 그 때문에 (곧 이유를 알게 된다) 벡터의 성분들을 행으로 쓰는 대신 열로 써야 하는 불편함이 생겼다.[4] 우리는 불편하지만 전통을 따라, 또 현재 유통되는 대부분의

[2] $m \times n$에서 기호 "×"는 곱하기 연산을 뜻하는 것은 아니다. 그러므로 2×3 행렬과 3×2 행렬은 다른 뜻이다.

[3] 이 기호에서는 함수 f를 시행하고 나서 함수 g를 시행하는 것은 $g \circ f$로 표현된다. 현대적인 관점에서 보면, 글을 왼쪽에서 오른쪽으로 쓰는 문화권에서는 $f(x)$ 대신 $(x)f$ 라고 쓰는 것이 더 적절하다고 할 수 있다.

[4] 하지만, 새로운 세상, 편리한 세상을 원하면 행으로 쓰는 벡터들을 고집할 수도 있다. 실제로 저자가 혼자서 쓰는 알고리즘에는 벡터들이 주로 행으로 표현된다.

고전적인 수학책들처럼, 벡터를 세워서 쓰기로 한다. 그러면

$$\mathbb{R}^m := \left\{ \begin{pmatrix} a_1 \\ \vdots \\ a_m \end{pmatrix} \mid a_1, \ldots, a_m \in \mathbb{R} \right\}$$

이다. 또 행벡터들의 집합을

$$\mathbb{R}_m := \{(a_1 \ \cdots \ a_m) \mid a_1, \ldots, a_m \in \mathbb{R}\}$$

로 나타내어 열벡터들과 구별할 수도 있지만, 우리는 $\mathbb{R}^m$ 과 $\mathbb{R}_m$ 을 가끔 혼용하여 쓰기로 한다.[5] (이들은 모두 차원이 같은 벡터공간이다.)

열벡터들의 공간에서 표준단위벡터들은

$$\mathbf{e}_1 = \begin{pmatrix} 1 \\ 0 \\ 0 \\ \vdots \end{pmatrix}, \qquad \mathbf{e}_2 = \begin{pmatrix} 0 \\ 1 \\ 0 \\ \vdots \end{pmatrix}, \qquad \mathbf{e}_3 = \begin{pmatrix} 0 \\ 0 \\ 1 \\ \vdots \end{pmatrix}, \qquad \cdots$$

등이다.

행으로 쓰여진 벡터들을 서로 더할 수 있듯이, 열벡터들도 서로 더하면 열벡터가 된다. 이때 벡터에 스칼라를 곱하는 연산도 결합법칙과 분배법칙을 만족시킨다. 또 열벡터들 사이에 **내적**도 마찬가지로 정의된다.

앞으로 1×1 행렬은 (a) 처럼 쓰기도 하고, 또는 괄호를 버리고 그냥 a 로 쓰기도 한다. 그러므로

$$\mathbb{R} = \mathbb{R}^1 = \mathbb{R}_1$$

이다.

---

[5]사실 벡터는 행도 아니고 열도 아니다. 벡터는 그냥 벡터이다. 하지만 정해진 기저에 따라 벡터는 성분을 가지게 된다. 벡터의 성분들을 열 또는 행으로 쓰는 방법은 고전적인 **텐서**(tensor) 셈법에서 크게 발전한 것이다. 이때 열로 세워서 쓰는 벡터들은 첨자를 올려 쓰기 때문에 열벡터들의 집합을 $\mathbb{R}^m$ 으로 나타내고, 행으로 뉘어 쓰는 벡터들의 집합은 $\mathbb{R}_n$ 으로 나타내는 것은 적절하다고 할 수 있다. (또 행렬을 선형사상으로 이해하면 $m \times n$ 행렬 (a^i_j) 들 전체 집합은 $\mathbb{R}^m_n$ 으로 나타낼 수도 있다.) 열벡터나 행벡터 중 어느 한쪽을 **벡터**라고 할 때에는 다른 쪽을 **코벡터**(covector)라고 부르기도 한다. 지금까지 사용하던 기호와 모순되지 않으려면 $(a_1, \ldots, a_m) = \begin{pmatrix} a_1 \\ \vdots \\ a_m \end{pmatrix}$ 이고, $(a_1, \ldots, a_m) \neq (a_1 \ \cdots \ a_m)$ 이라고 할 수 있다. 하지만 $(a_1, \ldots, a_m) = (a_1 \ \cdots \ a_m)$ 이라고 보는 견해가 강하면, $\mathbb{R}^m$ 과 $\mathbb{R}_m$ 을 서로 바꾸어 부르면 된다.

1.0.1 기본연습문제

다음 행렬에서 행의 수와 열의 수를 구하라.

$$\begin{pmatrix} 1 & 2 & 3 \\ 4 & 5 & 6 \end{pmatrix}, \qquad (1 \quad 2 \quad 3), \qquad \begin{pmatrix} 1 \\ 2 \\ 3 \end{pmatrix}$$

1.1 행렬과 연산

모든 항이 0 인 행렬을 **영행렬**이라 한다. 기호로는 O 으로 나타내고, "영"이라 읽는다:

$$O = \begin{pmatrix} 0 & \cdots & 0 \\ \vdots & \ddots & \vdots \\ 0 & \cdots & 0 \end{pmatrix}.$$

그리고 스칼라 c 에 대하여 $c(a_{ij})$ 는 각 (i,j) 항이 ca_{ij} 인 행렬을 뜻한다:

$$c(a_{ij}) = (ca_{ij}).$$

행렬 $(a_{ij})c$ 는 $c(a_{ij})$ 와 같은 뜻이다.

또 (a_{ij}) 와 (b_{ij}) 가 '같은 크기(size)', 즉 행의 수가 같고 열의 수도 같으면,

$$(a_{ij}) + (b_{ij}) := (a_{ij} + b_{ij})$$

로 정의한다.[6]

보기를 들면

$$2\begin{pmatrix} 0 & 1 \\ 2 & 3 \end{pmatrix} = \begin{pmatrix} 0 & 2 \\ 4 & 6 \end{pmatrix}$$

$$\begin{pmatrix} 0 & 1 & 2 \\ 3 & 4 & 5 \end{pmatrix} + \begin{pmatrix} 1 & 2 & 3 \\ 4 & 5 & 6 \end{pmatrix} = \begin{pmatrix} 1 & 3 & 5 \\ 7 & 9 & 11 \end{pmatrix}$$

이다.

행렬의 합과 스칼라배는 벡터의 합과 스칼라배가 가지고 있는 성질을 모두 가지고 있음을 알 수 있다 (제 4 장 1.1 참고).

또한 행렬들은 서로 곱할 수 있다.

[6] 두 행렬을 더할 때에는 행의 개수가 같고 열의 개수도 같으면 좋다. 하지만 모든 행렬은 행과 열의 수가 무한히 많지만, 그중 유한개를 제외한 나머지 항들이 모두 영이라고 볼 수도 있다.

1.2 행렬의 곱

먼저 행벡터에 열벡터를 곱하면 실수를 얻는다.[7]

$$(a_1 \ \dots \ a_n)\begin{pmatrix} b_1 \\ \vdots \\ b_n \end{pmatrix} = a_1b_1 + \cdots + a_nb_n$$

일반적으로 $m \times n$ 행렬 $A = (a_{ij})$ 와 $n \times l$ 행렬 $B = (b_{jk})$ 에 대하여 **곱** AB 는 $m \times l$ 행렬로서 이 행렬의 (i,k) 항은 A 의 i 번째 행벡터와 B 의 k 번째 열벡터를 곱한

$$\sum_{j=1}^{n} a_{ij}b_{jk} = a_{i1}b_{1k} + a_{i2}b_{2k} + \cdots + a_{in}b_{nk}$$

로 정의한다.

$$\begin{pmatrix} a_{11} \ a_{12} \ \cdots \ a_{1n} \\ \vdots \\ \boxed{a_{i1} \ a_{i2} \ \cdots \ a_{in}} \\ \vdots \\ a_{m1} \ a_{m2} \ \cdots \ a_{mn} \end{pmatrix} \begin{pmatrix} b_{11} & & \boxed{\begin{matrix} b_{1k} \\ b_{2k} \\ \vdots \\ b_{nk} \end{matrix}} & & b_{1l} \\ b_{21} & \cdots & & \cdots & b_{2l} \\ \vdots & & & & \vdots \\ b_{n1} & & & & b_{nl} \end{pmatrix}$$

행렬 A 의 행벡터들을 (첨자를 올려 써서) $\mathbf{a}^1, \dots, \mathbf{a}^m$ 이라 하고, 행렬 B 의 열벡터들을 $\mathbf{b}_1, \dots, \mathbf{b}_l$ 이라 하면,

$$AB = \begin{pmatrix} \mathbf{a}^1 \\ \vdots \\ \mathbf{a}^m \end{pmatrix} (\mathbf{b}_1 \ \dots \ \mathbf{b}_l) = \begin{pmatrix} \mathbf{a}^1\,\mathbf{b}_1 & \mathbf{a}^1\,\mathbf{b}_2 & \dots & \mathbf{a}^1\,\mathbf{b}_l \\ \mathbf{a}^2\,\mathbf{b}_1 & \mathbf{a}^2\,\mathbf{b}_2 & \dots & \mathbf{a}^2\,\mathbf{b}_l \\ \vdots & \vdots & \ddots & \vdots \\ \mathbf{a}^m\,\mathbf{b}_1 & \mathbf{a}^m\,\mathbf{b}_2 & \dots & \mathbf{a}^m\,\mathbf{b}_l \end{pmatrix}$$

이다.[8]

---

[7] 하지만 열벡터에 행벡터를 곱하면 실수를 얻는 것은 아니다.

[8] 이처럼 두 행렬을 곱하는 데에는 mnl 번 곱하기를 하여야 하는데, 최근에는 이를 빠르게 셈하는 방법들이 연구·개발되고 있다. 행렬들을 활용해 셈하는 법은 **빅데이터** 처리에 핵심적인 역할을 한다.

1.2.1 보기

$$\begin{pmatrix} 1 & 2 \end{pmatrix} \begin{pmatrix} 3 \\ 4 \end{pmatrix} = 1 \cdot 3 + 2 \cdot 4 = 11, \qquad \begin{pmatrix} 3 \\ 4 \end{pmatrix} \begin{pmatrix} 1 & 2 \end{pmatrix} = \begin{pmatrix} 3 & 6 \\ 4 & 8 \end{pmatrix}$$

$$\begin{pmatrix} 0 & -1 \\ 1 & 0 \end{pmatrix} \begin{pmatrix} x \\ y \end{pmatrix} = \begin{pmatrix} -y \\ x \end{pmatrix}, \qquad \begin{pmatrix} x & y \end{pmatrix} \begin{pmatrix} 0 & 1 \\ -1 & 0 \end{pmatrix} = \begin{pmatrix} -y & x \end{pmatrix}$$

$$\begin{pmatrix} a & b \\ c & d \end{pmatrix} \begin{pmatrix} x \\ y \end{pmatrix} = \begin{pmatrix} ax + by \\ cx + dy \end{pmatrix}$$

$$\begin{pmatrix} 0 & 1 & 2 \\ 3 & 4 & 5 \end{pmatrix} \begin{pmatrix} 0 & 1 \\ 2 & 3 \\ 4 & 5 \end{pmatrix} = \begin{pmatrix} 10 & 13 \\ 28 & 40 \end{pmatrix}, \qquad \begin{pmatrix} 0 & 1 \\ 2 & 3 \\ 4 & 5 \end{pmatrix} \begin{pmatrix} 0 & 1 & 2 \\ 3 & 4 & 5 \end{pmatrix} = \begin{pmatrix} 3 & 4 & 5 \\ 9 & 14 & 19 \\ 15 & 24 & 33 \end{pmatrix}$$

1.2.2 기본연습문제

1. 행렬 A, B, C 에 대하여 곱 AB 와 곱 BC 가 정의될 때,[9] 다음 **결합법칙**을 밝히라.

$$(AB)C = A(BC)$$

   이 성질 때문에 앞으로는 괄호가 없는 표현 ABC 를 주로 쓰기로 한다.

2. 다음을 밝히라.

$$\begin{pmatrix} x & y \end{pmatrix} \begin{pmatrix} a & b \\ c & d \end{pmatrix} \begin{pmatrix} x \\ y \end{pmatrix} = ax^2 + (b + c)xy + dy^2$$

3. A, A' 이 $m \times n$ 행렬이고, B, B' 이 $n \times l$ 행렬일 때, 실수 t 에 대하여 다음을 밝히라.

$$(A + A')B = AB + A'B, \qquad A(B + B') = AB + AB'$$
$$(tA)B = t(AB) = A(tB)$$

[9]두 행렬의 곱은 항상 정의된다고 볼 수도 있다. 주석 6 참고.

1.3 전치행렬

$m \times n$ 행렬 $A = (a_{ij})$ 의 각 항들을 다시 배열하여 (i, j) 항을 (j, i) 항이 되도록 만든 $n \times m$ 행렬을 A 의 **전치행렬**(transpose)이라 하고 A^{t} 로 쓴다. 예를 들면

$$\begin{pmatrix} 1 & 2 & 3 \\ 4 & 5 & 6 \end{pmatrix}^{\mathrm{t}} = \begin{pmatrix} 1 & 4 \\ 2 & 5 \\ 3 & 6 \end{pmatrix}, \qquad (a_1 \ \cdots \ a_n) = \begin{pmatrix} a_1 \\ \vdots \\ a_n \end{pmatrix}^{\mathrm{t}}$$

이다.

열벡터 $\mathbf{a} = \begin{pmatrix} a_1 \\ \vdots \\ a_n \end{pmatrix}$ 과 $\mathbf{b} = \begin{pmatrix} b_1 \\ \vdots \\ b_n \end{pmatrix}$ 의 내적 $\mathbf{a} \cdot \mathbf{b}$ 는, 행벡터 $\mathbf{a}^{\mathrm{t}}$ 와 열벡터 $\mathbf{b}$ 의 곱과 같다. 즉

$$\mathbf{a} \cdot \mathbf{b} = \mathbf{a}^{\mathrm{t}} \ \mathbf{b}$$

이다.[10]

1.3.1 기본연습문제

1. $m \times n$ 행렬 A, B 와 $n \times l$ 행렬 C 에 대하여 다음을 밝히라.

   (1) $(A + B)^{\mathrm{t}} = A^{\mathrm{t}} + B^{\mathrm{t}}$

   (2) $(cA)^{\mathrm{t}} = cA^{\mathrm{t}} \qquad (c \in \mathbb{R})$

   (3) $\left(A^{\mathrm{t}}\right)^{\mathrm{t}} = A$

   (4) $(AC)^{\mathrm{t}} = C^{\mathrm{t}} A^{\mathrm{t}}$

2. $m \times n$ 행렬 M, m-행벡터 $\boldsymbol{\xi}$, 그리고 n-열벡터 $\mathbf{a}$ 에 대하여

   $$\boldsymbol{\xi}^{\mathrm{t}} \cdot M\mathbf{a} = M^{\mathrm{t}} \boldsymbol{\xi}^{\mathrm{t}} \cdot \mathbf{a}$$

   임을 밝히라.[11]

---

[10] 벡터의 내적을 나타내는 점(·)과 행렬의 곱을 나타내는 기호가 혼란을 줄 수 있으므로, 두 벡터 $\mathbf{a}, \mathbf{b}$ 의 내적을 $\langle \mathbf{a}, \mathbf{b} \rangle$ 처럼 나타내기도 한다.

[11] 탐구문제 13 번 참고.

1.4 정사각행렬

행의 수와 열의 수가 같은 행렬을 **정사각행렬** 또는 **정방행렬**(square matrix)이라고 부른다. 이때 행(또는 열)의 수가 n 이면 n **차 정사각행렬**이라고 한다.

또 **대각선**(diagonal)의 항들, 즉 (i,i) 항들이 모두 1 이고 나머지 항이 0 인 n 차 정사각행렬을 n **차 단위**(또는 **항등**)**행렬**이라고 부르고, I_n 또는 간단히 I 로 나타낸다. 예를 들면

$$I_2 = \begin{pmatrix} 1 & 0 \\ 0 & 1 \end{pmatrix}, \qquad I_3 = \begin{pmatrix} 1 & 0 & 0 \\ 0 & 1 & 0 \\ 0 & 0 & 1 \end{pmatrix}$$

이다.

행렬 $A = (a_{ij})$ 가 자신의 전치행렬 $A^{\mathrm{t}} = (a_{ji})$ 와 같을 때, 즉 $a_{ij} = a_{ji}$ 일 때 A 를 **대칭행렬**이라고 부른다. 대칭행렬은 당연히 정사각행렬이다.

1.4.1 기본연습문제

$m \times n$ 행렬 A 에 대하여

$$AI_n = A = I_m A$$

임을 보이라.

앞으로 정사각행렬 A 에 대하여

$$A^1 = A, \quad A^2 = AA, \quad A^3 = AA^2, \quad A^4 = AA^3, \quad \ldots$$

등으로 나타내고, $A^0 = I$ 로 둔다.[12]

1.4.2 기본연습문제

1. 행렬 $A = \begin{pmatrix} 1 & 0 & 0 \\ 0 & 2 & 0 \\ 0 & 0 & 3 \end{pmatrix}$ 에 대하여 A^0, A^1, A^2, A^3 을 구하라.

2. $A = \begin{pmatrix} 0 & 1 \\ 0 & 0 \end{pmatrix}$, $B = \begin{pmatrix} 0 & 0 \\ 1 & 0 \end{pmatrix}$ 일 때, $AB = BA$ 인가?

[12] 연습문제: $\begin{pmatrix} 0 & 0 \\ 0 & 0 \end{pmatrix}^0 = ?$

3. A, B가 2차 정사각행렬일 때, 등식

$$(A+B)^2 = A^2 + 2AB + B^2$$

은 참인가? 또 등식

$$(A+B)(A-B) = A^2 - B^2$$

은 참인가?

위 기본연습문제에서 보았듯이 정사각행렬들의 곱셈에서는 *교환법칙이 없다*.

1.4.3 보기

아래 그림과 같이 네 개의 도시 A, B, C, D를 연결하는 도로[13]가 있다.

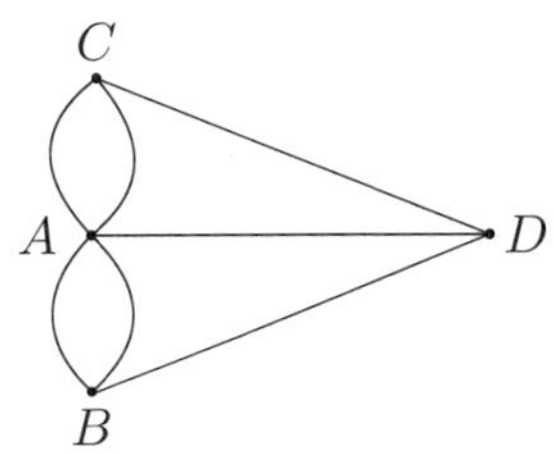

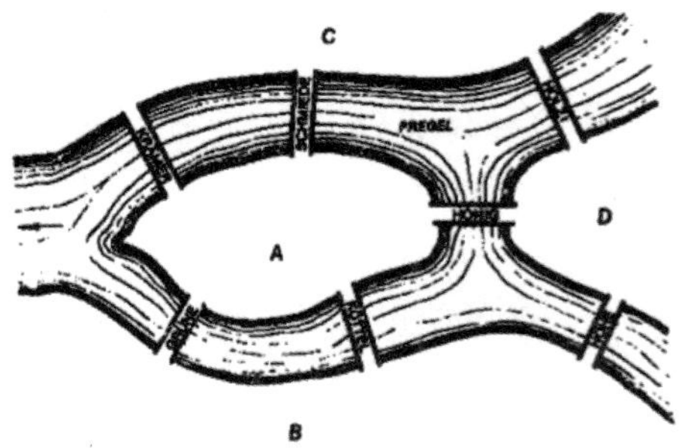

그림: 쾨니히스베르크의 일곱 개 다리[14]

이때 두 도시 사이에 놓인 도로의 개수를 나타내는 행렬을

$$M := \begin{pmatrix} 0 & 2 & 2 & 1 \\ 2 & 0 & 0 & 1 \\ 2 & 0 & 0 & 1 \\ 1 & 1 & 1 & 0 \end{pmatrix}$$

[13] 여기서는 "양방 통행" 도로를 뜻한다.

[14] 오일러는 쾨니히스베르크(Königsberg)에 있는 일곱 개의 다리를 오직 한 번씩만 모두 건너는 것이 왜 불가능한가를 밝혔다. 이러한 관찰은 후에 **위상수학**(位相數學, topology)과 **네트워크** 이론이 발전하는 계기가 된다. 쾨니히스베르크는 칸트와 힐베르트가 태어난 곳이다. 이곳에서 1930년 9월 힐베르트의 은퇴를 기념하는 학술 회의가 열렸는데, 그때 괴델은 "모순이 없는 유한 형식체계가 자연수를 설명할 수 있다면, 그 체계로는 증명이나 반증이 불가능한 명제가 있다"는 정리를 발표하여 모든 이론을 형식화하려던 '힐베르트의 꿈'이 실현 불가능함을 발표하였다. 이날이 디지털 혁명을 예고한 날이라 볼 수 있다. 그날 저녁 힐베르트는 라디오 방송에서

"Wir müssen wissen. Wir werden wissen."(우리는 알아야 한다. 우리는 알게 될 것이다.)

라는 유명한 말을 하였고, 이 말은 그의 묘비에 새겨져 있다 [Davis], [김,김,김].

으로 두자. 여기에서 첫 번째 행은 A 도시와 연결된 도로들의 개수를 나타내고, 두 번째 행은 B 도시와, 세 번째 행은 C 도시와, 마지막 행은 D 도시와 연결된 도로들의 개수를 나타낸다. 이때

$$M^2 = MM = \begin{pmatrix} 9 & 1 & 1 & 4 \\ 1 & 5 & 5 & 2 \\ 1 & 5 & 5 & 2 \\ 4 & 2 & 2 & 3 \end{pmatrix}$$

이다. 이 행렬에서 $(1,1)$ 항은 9 인데 이것은 A를 출발하여 다른 도시를 한 번 거쳐서 다시 A에 돌아오는 방법의 개수를 의미한다. 마찬가지로 $(1,2)$ 항은 1 인데 이것은 A를 출발하여 다른 도시를 한 번 거쳐 B에 도착하는 방법이 오직 한 가지임을 의미한다.

1.4.4 기본연습문제

1. 위 보기에서 M^3의 의미를 설명하라.
2. n개의 도시 $P_1, \ldots, P_n$들 사이에 놓여 있는 도로망에서, 도시 P_i에서 출발하여 다른 도시를 거치지 않고 도시 P_j에 바로 도착하는 도로의 개수를 a_{ij}로 두면, $n \times n$ 행렬 $A = (a_{ij})$를 얻는다.[15] 이때

$$\sum_{i=1}^{n} a_{ij}, \qquad \sum_{j=1}^{n} a_{ij}$$

의 의미를 설명하라. 또 $A^2 := AA$의 각 항들의 의미를 설명하라.

[15] 어떤 도로는 일방통행일 수도 있으므로 반드시 $a_{ij} = a_{ji}$일 필요는 없다. 어떤 도시에는 그 도시로 되돌아오는 도로가 여러 개 있을 수 있으므로 a_{ii}는 일반적으로 0 이상의 정수이다.

연습문제: 제 6 장 1 절

1. 동대문, 남대문, 영등포 시장의 과일 가격과 갑, 을, 병이 사려고 하는 과일의 수가 다음과 같이 주어졌다고 하자.

$A =$

	사과	배	복숭아
동대문	30	50	20
남대문	35	50	25
영등포	40	50	30

$B =$

	갑	을	병
사과	30	50	40
배	10	20	20
복숭아	50	50	100

이때 두 '행렬'의 곱 AB 의 각 항이 나타내는 의미를 설명하라.

2. $m \times n$ 행렬 $A_0, A_1, \ldots, A_k$ 가 임의의 실수 x 에 대하여

$$A_0 + A_1 x + \cdots + A_k x^k = O$$

이면 $A_0 = A_1 = \cdots = A_k = O$ 임을 보이라.

3. (**마르코프 연쇄**(Markov chain)) 어떤 나라의 인구동태를 조사한 결과, 매년 도시에서 농촌으로 이주하는 사람은 도시 인구의 2%, 농촌에서 도시로 이주하는 사람은 농촌 인구의 5% 였다고 하자.[16] 이러한 상황을 행렬로 나타낸 것이

$$P = \begin{pmatrix} p_{11} & p_{12} \\ p_{21} & p_{22} \end{pmatrix} = \begin{pmatrix} 0.98 & 0.02 \\ 0.05 & 0.95 \end{pmatrix}$$

이다. 즉, $p_{11} = 0.98$ 은 도시인이 다음 해에도 계속 도시에 거주할 확률, $p_{12} = 0.02$ 는 도시인이 다음 해에 농촌인이 될 확률을 나타내고, 마찬가지로 p_{21}, p_{22} 도 비슷한 의미로 주어진다. 이때 P^2 의 각 항의 의미를 설명하라. 또 P^3 의 각 항은 어떤 의미를 가지는가?

4. $m \times n$ 행렬 전체의 집합은 $\mathbb{R}^{mn}$ 과 일대일 대응함을 보이라.

5. (**야코비 항등식**) n 차 정사각행렬 A, B 에 대하여

$$[A, B] := AB - BA$$

로 정의하자. 이때 n 차 정사각행렬 C 에 대하여

$$[[A, B], C] + [[B, C], A] + [[C, A], B] = O$$

임을 보이라.

---

[16] 단, 이 나라 사람들은 도시 또는 농촌에 살고 있고, 다른 나라와의 교류가 없다고 가정한다.

6. (**불확정성 원리**) n차 대칭행렬 A, B와 n-벡터 ψ에 대하여

$$|\psi \cdot [A, B]\psi| \le 2|A\psi| \cdot |B\psi|$$

임을 보이라.

7. 행렬

$$\sigma_0 := \begin{pmatrix} 1 & 0 \\ 0 & -1 \end{pmatrix}, \qquad \sigma_+ := \begin{pmatrix} 0 & 1 \\ 0 & 0 \end{pmatrix}, \qquad \sigma_- := \begin{pmatrix} 0 & 0 \\ 1 & 0 \end{pmatrix}$$

에 대하여

$$[\sigma_-, \sigma_-] = \sigma_0, \qquad [\sigma_0, \sigma_+] = 2\sigma_+, \qquad [\sigma_0, \sigma_-] = -2\sigma_-$$

임을 보이라.

8. n차 정사각행렬 중 (i, j)항만 1이고, 나머지 항은 0인 행렬을 E_{ij}라고 하자. 그러면

$$E_{ij}E_{kl} = \delta_{jk}E_{il} \qquad (i, j, k, l \in \{1, 2, \ldots, n\})$$

임을 보이라. 여기서 $\delta_{jk} = \begin{cases} 1 & (j = k) \\ 0 & (j \neq k) \end{cases}$ 이다.[17]

9. 정사각행렬 중에서 대각선(즉 행수와 열수가 같은 항들) 이외의 항이 모두 영인 행렬을 **대각행렬**(diagonal matrix)이라고 부른다. 이때 임의의 n차 대각행렬 A, B에 대하여 $AB = BA$임을 보이라.

10. (**복소수**와 행렬) 행렬 $I = \begin{pmatrix} 1 & 0 \\ 0 & 1 \end{pmatrix}$, $J = \begin{pmatrix} 0 & -1 \\ 1 & 0 \end{pmatrix}$에 대하여,

$$J^2 = -I$$

임을 보이라. 또 임의의 실수 a, b, c, d에 대하여

$$(aI + bJ)(cI + dJ) = (ac - bd)I + (bc + ad)J$$

임을 보이라.

11. $m \times n$ 행렬 A에 $n \times n$ 행렬 B를 곱한 행렬 AB가 A의 열들의 순서를 거꾸로 배열한 행렬일 때, B는 어떤 행렬인가? 또 $m \times m$ 행렬 C에 대하여 CA가 A의 행들의 순서가 거꾸로 배열된 행렬일 때, C는 어떤 행렬인가?

---

[17] 집합 X에 대하여 크로네커(L. Kronecker, 1823–1891)의 **델타함수** $\delta : X \times X \to \{0, 1\}$은

$$\delta(x, y) = \begin{cases} 1 & (x = y) \\ 0 & (x \neq y) \end{cases}$$

로 정의한다.

제 2 절 선형사상

좌표평면에서 벡터 (x,y)와 벡터 $(-y,x)$는 내적이 영이고, 따라서 서로 수직이다. 그러므로 변환

$$\begin{aligned}\tilde{x} &= -y \\ \tilde{y} &= x\end{aligned}$$

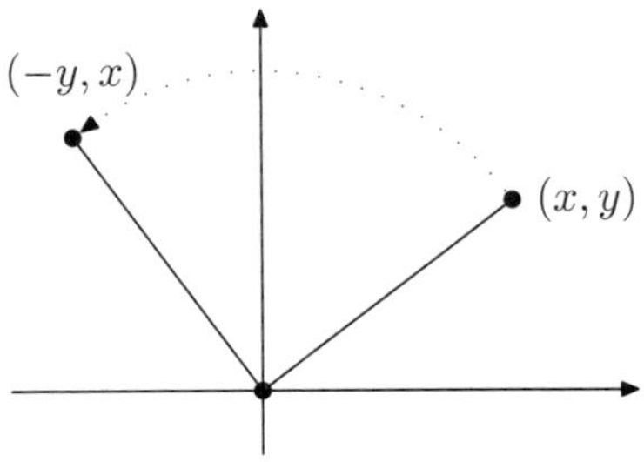

는 점 $\begin{pmatrix} x \\ y \end{pmatrix}$를 원점 주위로 $90°$ 만큼 회전이동시키는 변환을 나타낸다.[18]

이러한 변환을 행렬로 나타내면

$$\begin{pmatrix} \tilde{x} \\ \tilde{y} \end{pmatrix} = \begin{pmatrix} 0 & -1 \\ 1 & 0 \end{pmatrix} \begin{pmatrix} x \\ y \end{pmatrix}$$

이다. 이와 같이 행렬은 공간의 점들을 다른 곳으로 옮기는 변환으로 생각할 수 있다.

2.0.1 기본연습문제

1. 다음 행렬 중 좌표평면의 점을 x축에 대하여 대칭변환하는 것을 나타내는 것은? 또 y축에 대한 대칭변환을 나타내는 것은? 또 직선 $y=x$에 대한 대칭변환을 나타내는 것은?

$$\begin{pmatrix} 1 & 0 \\ 0 & -1 \end{pmatrix} \qquad \begin{pmatrix} -1 & 0 \\ 0 & 1 \end{pmatrix} \qquad \begin{pmatrix} 0 & 1 \\ 1 & 0 \end{pmatrix}$$

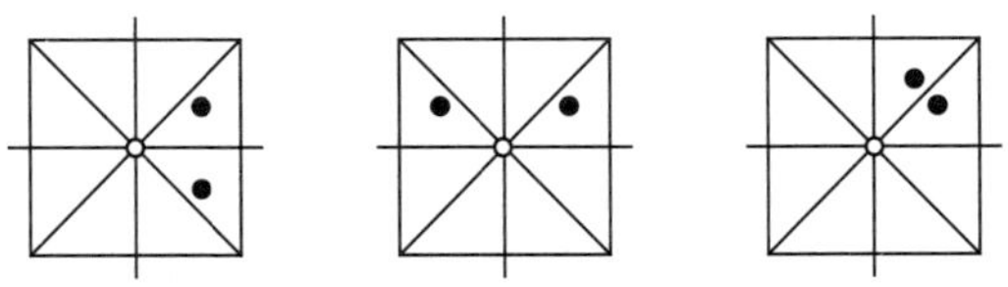

2. 삼차원 좌표공간에서 원점에 대한 **점대칭변환**을 나타내는 행렬을 구하라.

[18] 이 변환은 제일사분면을 제이사분면으로 옮긴다.

2.1 행렬은 선형사상

n-공간의 원소를 열벡터 $\mathbf{x} = \begin{pmatrix} x_1 \\ \vdots \\ x_n \end{pmatrix}$ 으로 나타내면, $m \times n$ 행렬 $A = (a_{ij})$ 와 곱하여 m-공간의 원소를 얻는다. 즉,

$$\begin{pmatrix} a_{11} & \cdots & a_{1n} \\ \vdots & \ddots & \vdots \\ a_{m1} & \cdots & a_{mn} \end{pmatrix} \begin{pmatrix} x_1 \\ \vdots \\ x_n \end{pmatrix} = \begin{pmatrix} a_{11}x_1 + \cdots + a_{1n}x_n \\ \vdots \\ a_{m1}x_1 + \cdots + a_{mn}x_n \end{pmatrix} \in \mathbb{R}^m$$

이다. 이와 같이, $m \times n$ 행렬 A는 사상[19]

$$L_A : \mathbb{R}^n \to \mathbb{R}^m, \qquad \mathbf{x} \mapsto A\mathbf{x}$$

로 이해할 수 있다.

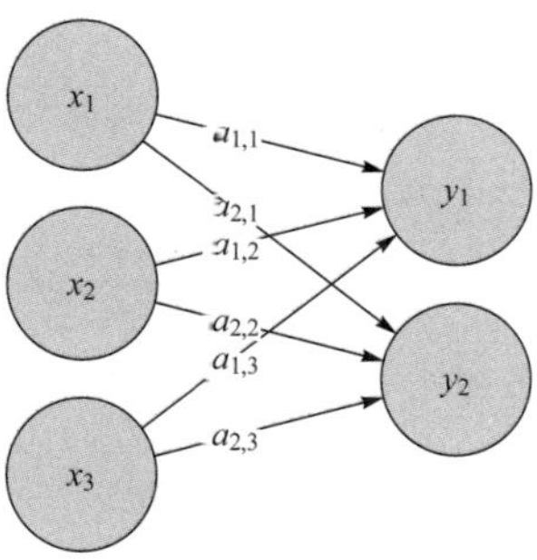

$$\begin{pmatrix} y_1 \\ y_2 \end{pmatrix} = \begin{pmatrix} a_{11} & a_{12} & a_{13} \\ a_{21} & a_{22} & a_{23} \end{pmatrix} \begin{pmatrix} x_1 \\ x_2 \\ x_3 \end{pmatrix}$$

2.1.1

보기를 들어 1×1 행렬 (a) 에 대응되는 사상은

$$\mathbb{R} \to \mathbb{R}, \qquad x \mapsto ax$$

이다. 또 1×2 행렬 $(a \quad b)$ 에 대응되는 사상은

$$\mathbb{R}^2 \to \mathbb{R}, \qquad \begin{pmatrix} x \\ y \end{pmatrix} \mapsto ax + by$$

[19]공역이 일반집합인 함수를 공역이 실수체인 실숫값 **함수**와 구별하여 **사상**(寫像, map, mapping)이라고도 한다. 정의역과 공역이 일치하는 사상을 **변환**(transformation)이라고도 부른다.

이다. 이 사상은 고정된 벡터 $\mathbf{v} := (a, b)$ 와 일반벡터 $\mathbf{x} = (x, y)$ 사이의 내적이다. 이 때 $\mathbf{v}$ 가 단위벡터이면, 이 사상은 직선 $ax + by = 0$ 과 일반점 (x, y) 사이의 (부호가 있는) 거리라고 보아도 좋다. 이는 어떤 "자료" (x, y) 가 기준직선 $ax + by = 0$ 에서 얼마나 떨어져 있는가를 판정하는 함수이다.

2.1.2

행렬에서 얻어지는 사상 $L : \mathbb{R}^n \to \mathbb{R}^m$ 은 다음과 같은 특징이 있다:

벡터 $\mathbf{x}, \mathbf{y} \in \mathbb{R}^n$ 과 스칼라 t 에 대하여

$$L(\mathbf{x} + \mathbf{y}) = L(\mathbf{x}) + L(\mathbf{y}), \qquad L(t\mathbf{x}) = t\,L(\mathbf{x}) .$$

이와 같은 성질을 가지고 있는 사상을 **선형사상**(linear map)이라고 부른다.[20]

항등사상(identity map)

$$\mathrm{id} : \mathbb{R}^n \to \mathbb{R}^n, \qquad \mathbf{x} \mapsto \mathbf{x}$$

는 당연히 선형사상이다. 원점에 대한 **점대칭변환**

$$-\mathrm{id} : \mathbb{R}^n \to \mathbb{R}^n, \qquad \mathbf{x} \mapsto -\mathbf{x}$$

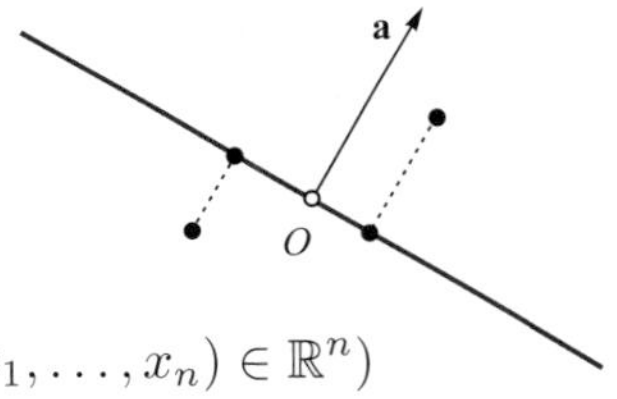

도 선형사상이다. 또 다른 보기로는 주어진 실수 $a_1, \ldots, a_n$ 에 대하여 함수

$$l(x_1, \ldots, x_n) := a_1x_1 + \cdots + a_nx_n \qquad ((x_1, \ldots, x_n) \in \mathbb{R}^n)$$

은 선형사상이다.[21] 이 선형사상은 $1 \times n$ 행렬 $(a_1 \ \cdots \ a_n)$ 에서 얻어진다. 이 사상은 입력된 자료 $(x_1, \ldots, x_n)$ 이 기준으로 삼고 있는 초평면 $a_1x_1 + \cdots + a_nx_n = 0$ 에서 얼마나 멀리 있는가를 판정하는 함수이다.

2.1.3

행렬

$$A = \begin{pmatrix} 3 & 1 \\ 1 & 2 \end{pmatrix}$$

---

[20] 바나흐는 1922 년에 선형사상의 개념을 확립하였다 [Ostermann, Wanner, p. 293]. 스칼라를 벡터의 오른쪽에 곱하면 결합법칙 $L(\mathbf{x}\,t) = (L\mathbf{x})t$ 를 얻는다.

[21] 점 $(x_1, \ldots, x_n)$ 에서 함수 l 의 값은 $l\,((x_1, \ldots, x_n))$ 으로 쓰기보다는 $l(x_1, \ldots, x_n)$ 으로 쓴다. 불필요한 괄호는 생략한다. 수학은 형식에 크게 얽매이지 않는다.

는 벡터 $\mathbf{e}_1 = \begin{pmatrix} 1 \\ 0 \end{pmatrix}$ 과 $\mathbf{e}_2 = \begin{pmatrix} 0 \\ 1 \end{pmatrix}$ 을 각각 $\mathbf{a}_1 := \begin{pmatrix} 3 \\ 1 \end{pmatrix}$, $\mathbf{a}_2 := \begin{pmatrix} 1 \\ 2 \end{pmatrix}$ 로 보내는 선형사상 $L_A : \mathbb{R}^2 \to \mathbb{R}^2$ 에 대응된다.

이 사상은 정사각형 $[0,1]^2 := [0,1] \times [0,1]$ 을 평행사변형

$$P(\mathbf{a}_1, \mathbf{a}_2) := \{t_1\,\mathbf{a}_1 + t_2\,\mathbf{a}_2 \mid 0 \le t_1, t_2 \le 1\}$$

로 보낸다.[22]

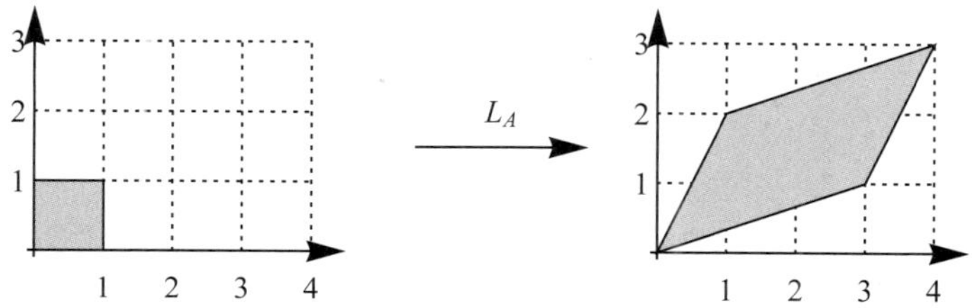

2.1.4 기본연습문제

1. 선형사상에 의한 영벡터의 상은 영벡터임을 보이라.
2. 평행이동은 선형사상인가? 상수함수는 선형사상인가?
3. 함수 $L : \mathbb{R}^n \to \mathbb{R}^m$ 이 선형일 필요충분조건은 임의의 벡터 $\mathbf{x}, \mathbf{y} \in \mathbb{R}^n$ 과 임의의 실수 a 에 대하여

   $$L(a\mathbf{x} + \mathbf{y}) = aL(\mathbf{x}) + L(\mathbf{y})$$

   가 성립하는 것임을 보이라.

   또 $k \ge 2$ 일 때 임의의 벡터 $\mathbf{v}_1, \ldots, \mathbf{v}_k$ 와 실수 $a_1, \ldots, a_k$ 에 대하여

   $$L\left(\sum_{i=1}^{k} a_i \mathbf{v}_i\right) = \sum_{i=1}^{k} a_i L(\mathbf{v}_i)$$

   가 성립하는 것도 L 이 선형사상이 되기 위한 필요충분조건임을 보이라. 즉, 선형사상은 일차결합을 보존하는 사상이다.
4. $m \times n$ 행렬 A 의 열벡터들을 차례로 $\mathbf{a}_1, \ldots, \mathbf{a}_n$ 으로 두면, 표준단위벡터 $\mathbf{e}_1, \ldots, \mathbf{e}_n$ 에 대하여 다음을 보이라.

   $$L_A(\mathbf{e}_i) = A\mathbf{e}_i = \mathbf{a}_i \qquad (i = 1, \ldots, n)$$

5. $m \times n$ 행렬 A, B 에 대하여 $L_A = L_B$ 이면 $A = B$ 임을 보이라.[23]

---

[22] 선형사상은 *나란히꼴을 보존한다.*

[23] 두 함수가 같다는 것은 정의역과 공역이 같고, 정의역의 각 점에 대응하는 함숫값이 일치한다는 뜻이다.

2.2 선형사상은 행렬

이제 역으로

모든 선형사상은 행렬에서 얻어진다

는 것을 알아보기로 하자.

> 선형사상 $L : \mathbb{R}^n \to \mathbb{R}^m$ 이 주어졌을 때, 표준단위벡터 $\mathbf{e}_1, \ldots, \mathbf{e}_n$ 의 상을 각각 $\mathbf{a}_1, \ldots, \mathbf{a}_n$ 으로 두고 $\mathbf{a}_1, \ldots, \mathbf{a}_n$ 을 열벡터로 가지는 행렬을 A 로 두자. 즉,
>
> $$A = (\mathbf{a}_1 \ \cdots \ \mathbf{a}_n)$$
>
> 이다. 그러면, 임의의 벡터 $\mathbf{x} = \begin{pmatrix} x_1 \\ \vdots \\ x_n \end{pmatrix} = \mathbf{e}_1 x_1 + \cdots + \mathbf{e}_n x_n$ 에 대하여
>
> $$L(\mathbf{x}) = L(\mathbf{e}_1)x_1 + \cdots + L(\mathbf{e}_n)x_n = \mathbf{a}_1 x_1 + \cdots + \mathbf{a}_n x_n \overset{24}{=} A\mathbf{x} = L_A(\mathbf{x})$$
>
> 이다. 따라서 $L = L_A$ 를 얻는다. 이로써 **행렬과 선형사상은 같은 것**으로 볼 수 있다.

더 나아가

두 선형사상의 합성은 대응되는 두 행렬의 곱에 대응된다

는 것을 보이는 것은 연습문제 3번에 두었다. 즉

$$L_{AB} = L_A \circ L_B$$

이다.

2.2.1 보기

삼차원 공간에서 변환 $(a, b, c) \mapsto (b, c, a)$ 는 선형사상이고, 이때 대응되는 행렬은 $\begin{pmatrix} 0 & 1 & 0 \\ 0 & 0 & 1 \\ 1 & 0 & 0 \end{pmatrix}$ 이다.[25]

---

[24] 각 성분을 비교하면 된다.

[25] 이처럼 행렬은 주어진 "문장"을 재배열하여 "암호"를 만드는 데에도 크게 응용된다. 이때 암호를 해독하는 과정에서는 **역행렬**이 쓰인다.

2.2.2 보기: 정사영

n-공간에서 단위벡터 $\mathbf{v} = \begin{pmatrix} v_1 \\ \vdots \\ v_n \end{pmatrix}$ 에 대한 일반벡터 $\mathbf{x} = \begin{pmatrix} x_1 \\ \vdots \\ x_n \end{pmatrix}$ 의 정사영은 $(\mathbf{v} \cdot \mathbf{x})\mathbf{v}$ 이고,[26] 이 선형사상

$$\mathbf{x} \mapsto (\mathbf{v} \cdot \mathbf{x})\mathbf{v} = \mathbf{v}(\mathbf{v} \cdot \mathbf{x}) = \mathbf{v}(\mathbf{v}^{\mathrm{t}}\,\mathbf{x}) = (\mathbf{v}\mathbf{v}^{\mathrm{t}})\mathbf{x}$$

에 대응되는 행렬은

$$\mathbf{v}\mathbf{v}^{\mathrm{t}} = \begin{pmatrix} v_1 \\ \vdots \\ v_n \end{pmatrix} (v_1 \ \cdots \ v_n) = (v_i v_j)$$

이다. 행렬 $\mathbf{v}\mathbf{v}^{\mathrm{t}}$ 의 첫 번째 열은 $\mathbf{v}\,v_1$, 두 번째 열은 $\mathbf{v}\,v_2, \ldots,$ 마지막 열은 $\mathbf{v}\,v_n$ 이다.

또 행렬

$$I_n - \mathbf{v}\mathbf{v}^{\mathrm{t}}$$

는 $\mathbf{v}$ 에 수직인 초평면에 대한 정사영을 나타낸다. 그 까닭은 이 행렬이 $\mathbf{v}$ 에 수직인 벡터들은 고정하고, $\mathbf{v}$ 는 영벡터로 보내기 때문이다.

2.2.3 보기: 반 바퀴 회전

n-공간에서 단위벡터 $\mathbf{v}$ 에 대하여 대칭행렬

$$H_{\mathbf{v}} := 2\mathbf{v}\mathbf{v}^{\mathrm{t}} - I_n$$

은 $\mathbf{v}$ 를 보존하고, $\mathbf{v}$ 에 수직인 벡터 $\mathbf{w}$ 는 $-\mathbf{w}$ 로 보내는 선형변환을 나타낸다. 그러므로 $H_{\mathbf{v}}$ 는 $\mathbf{v}$ 축 주위로 180° 회전하는 변환이다.

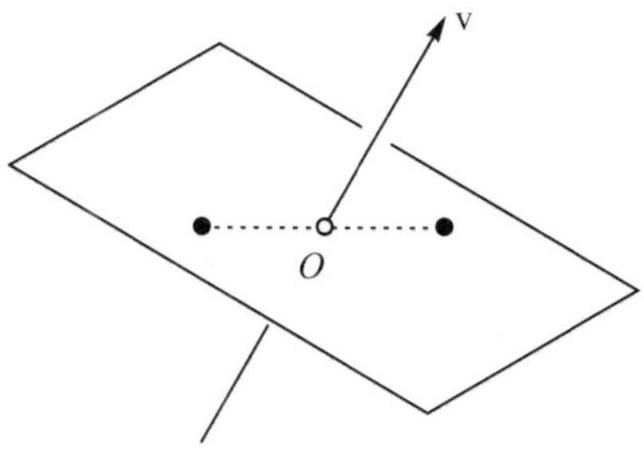

물론 $\mathbf{v}$ 축 주위로 반 바퀴 도는 것이나, $-\mathbf{v}$ 축 주위로 반 바퀴 도는 것은 같다.

2.2.4 기본연습문제

1. 항등행렬에 대응되는 선형사상은 항등사상임을 보이라.
2. 행렬 A 에서 얻은 선형사상 L_A 의 치역에 속하는 벡터는 A 의 열벡터들의 일차결합임을 보이라.

---

[26] 제 5 장 3.2 참고

연습문제: 제 6 장 2 절

1. 사차원 공간에서 사상

$$(x_1, x_2, x_3, x_4) \mapsto (x_2, x_3, x_4, x_1)$$

에 대응되는 행렬을 구하라.

2. 행렬 $\begin{pmatrix} 2 & 0 \\ 0 & 1 \end{pmatrix}$ 은 어떤 변환을 나타내는가?

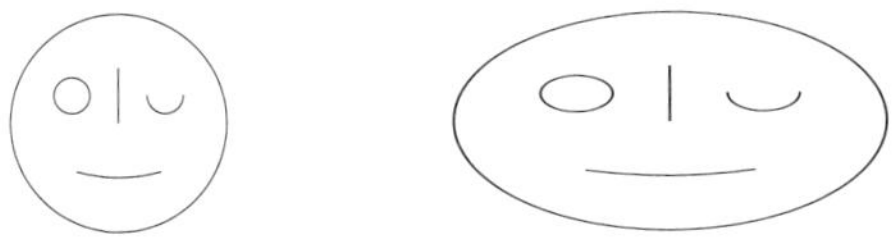

3. 삼차원 공간에서 xy-평면으로의 정사영에 대응되는 행렬을 구하라. 또 yz-평면, zx-평면으로의 정사영에 대응되는 행렬을 각각 구하라.

4. $m \times n$ 행렬 A, B 와 실수 c 에 대하여 다음을 보이라.[27]

$$L_{A+B} = L_A + L_B, \qquad L_{cA} = c\,L_A$$

5. $m \times n$ 행렬 A 와 $n \times l$ 행렬 B 에 대하여 두 선형사상 $L_B : \mathbb{R}^l \to \mathbb{R}^n$ 과 $L_A : \mathbb{R}^n \to \mathbb{R}^m$ 의 합성

$$L_A \circ L_B : \mathbb{R}^l \to \mathbb{R}^m$$

은 $L_{AB} : \mathbb{R}^l \to \mathbb{R}^m$ 과 일치함을 보이라. 즉 *행렬의 곱은 선형사상의 합성에 대응된다.*

6. 선형사상 $L : \mathbb{R}^n \to \mathbb{R}^m$ 이 일대일 함수일 필요충분조건은 방정식 $L(X) = O$ 의 해가 자명한 것뿐임을 보이라.

7. 공간의 점들의 질량중심은 선형사상에 의하여 보존됨을 보이라. 즉, 점 $P_1, \ldots, P_k$ 의 질량이 각각 $m_1, \ldots, m_k$ 이고, 이들의 질량중심이 $\overline{P}$ 일 때, 선형사상 L 에 의한 이들의 상 $L(P_1), \ldots, L(P_k)$ 의 질량중심은 $L(\overline{P})$ 임을 보이라. (단, $L(P_i)$ 의 질량은 m_i 의 상수배라고 가정한다.)

8. 차수가 n 이하인 다항식 전체 집합을 P_n 이라 두고,

$$p(x) = a_0 + a_1 x + \cdots + a_n x^n$$

[27] 집합 X 에서 정의된 두 함수 $f, g : X \to \mathbb{R}^m$ 의 합 $f + g$ 와 f 의 스칼라배 cf 는

$$(f+g)(x) := f(x) + g(x), \qquad (cf)(x) = cf(x) \qquad (x \in X)$$

라고 정의한다.

을 열벡터 $(a_0\ a_1\ \ldots\ a_n)^{\mathrm{t}}$ 와 같이 보았을 때, 미분사상

$$D : P_3 \to P_2, \qquad p(x) \mapsto p'(x)$$

에 대응되는 행렬을 구하라. 또 사상

$$S : P_2 \to P_3, \qquad q(x) \mapsto x\,q(x)$$

에 대응되는 행렬을 구하라.

9. $m \times n$ 행렬 A, B 가 임의의 $n \times l$ 행렬 X 에 대하여 $AX = BX$ 이면, $A = B$ 임을 보이라.

10. 삼차원 공간에서 벡터 $(1, 2, 3)$ 에 대한 정사영을 나타내는 행렬을 구하라.

11. 행렬 $\begin{pmatrix} 1 & 1 & 1 \\ 1 & 1 & 1 \\ 1 & 1 & 1 \end{pmatrix}$ 로 표현되는 선형변환의 기하학적 의미를 설명하라.

12. 삼차원 좌표공간에서 제일축을 기준으로 반 바퀴($180°$) 회전하는 변환을 H_1, 제이축을 기준으로 반 바퀴 회전하는 변환을 H_2, 제삼축을 기준으로 반 바퀴 회전하는 변환을 H_3 이라 하자. 이때 "H_1 변환을 한 다음에 H_2 변환을 한 것"은 "H_2 변환을 한 다음에 H_1 변환을 한 것"과 같은가? 또 $\{i, j, k\} = \{1, 2, 3\}$ 이면

$$H_i \circ H_j = H_k$$

인가? (제 1 절 연습문제 9 번 참고)

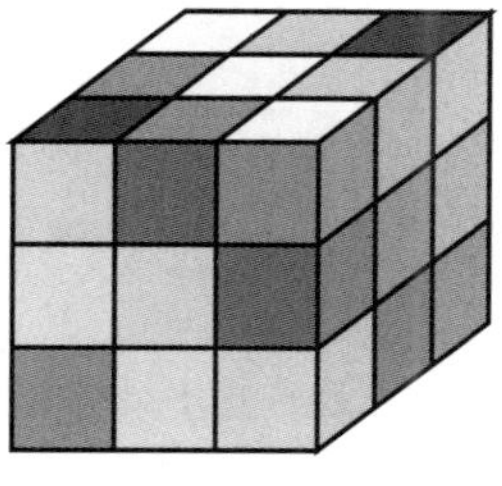

13. n-공간에서 서로 수직인 단위벡터 $\mathbf{v}_1, \ldots, \mathbf{v}_n$ 에 대하여 $n \times n$ 행렬

$$\mathbf{v}_1 \mathbf{v}_1{}^{\mathrm{t}} + \cdots + \mathbf{v}_n \mathbf{v}_n{}^{\mathrm{t}}$$

은 항등행렬인가?

14. 행렬 $\begin{pmatrix} 1 & 1 \\ 0 & 1 \end{pmatrix}$ 이 나타내는 선형사상은 정사각형

$$[0,1]^2 := [0,1] \times [0,1] = \{(x, y) \in \mathbb{R}^2 \mid 0 \le x \le 1,\ 0 \le y \le 1\}$$

을 어떤 도형으로 보내는가?

제 3 절 부록: 등장변환과 행렬의 극한

3.1 등장변환

좌표평면에서 벡터 $\mathbf{e}_1$ 을 각의 크기 θ 만큼 회전시키면 벡터 $(\cos\theta, \sin\theta)$ 가 된다. 이때 벡터 $\mathbf{e}_2$ 를 θ 만큼 회전시킨 것은 $(-\sin\theta, \cos\theta)$ 이다.

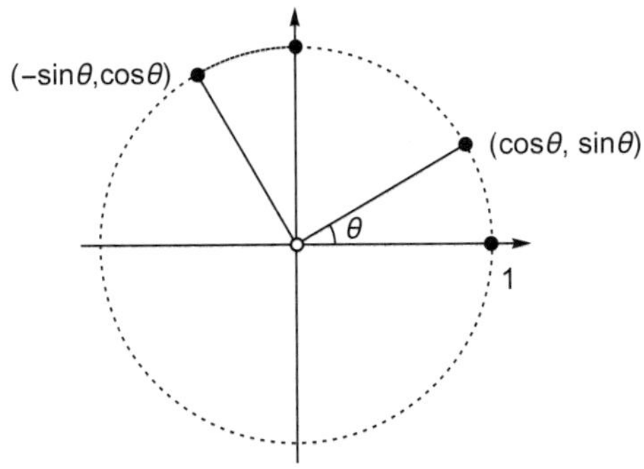

그러므로 좌표평면에서 점들을 원점 주위로 θ 만큼 회전시키는 변환은 다음 행렬로 나타난다:

$$\begin{pmatrix} \cos\theta & -\sin\theta \\ \sin\theta & \cos\theta \end{pmatrix}.$$

이런 회전변환은 삼차원 공간에서는 z 축을 중심으로 회전시키는 것으로 볼 수 있고, 이때의 행렬은

$$R_3(\theta) := \begin{pmatrix} \cos\theta & -\sin\theta & 0 \\ \sin\theta & \cos\theta & 0 \\ 0 & 0 & 1 \end{pmatrix}$$

로 표현된다. 마찬가지로 x 축을 중심으로 θ 만큼 회전시키는 변환 $R_1(\theta)$ 와, y 축을 중심으로 θ 만큼 회전시키는 변환 $R_2(\theta)$ 는 각각 다음의 행렬로 표현된다.[28]

$$R_1(\theta) := \begin{pmatrix} 1 & 0 & 0 \\ 0 & \cos\theta & -\sin\theta \\ 0 & \sin\theta & \cos\theta \end{pmatrix}, \qquad R_2(\theta) := \begin{pmatrix} \cos\theta & 0 & \sin\theta \\ 0 & 1 & 0 \\ -\sin\theta & 0 & \cos\theta \end{pmatrix}$$

회전변환은 두 점 사이의 거리를 보존한다.

[28]회전시킬 때에는 항상 양의 방향으로 회전시킨다. 좌표평면에서는 반시계 방향이 항상 양이고, 삼차원 좌표공간에서는 오른손 법칙에 따라 **양의 방향**이 주어진다.

n-공간에서 평행이동, 회전이동 또는 (초평면에 대한) 반사이동 등은 모두 두 점 사이의 **거리를 보존하는 변환**들이다. 이러한 변환을 **등장변환**(isometry)이라고 부른다. 다시 말하면, 변환 $T : \mathbb{R}^n \to \mathbb{R}^n$ 이

$$|T(X) - T(Y)| = |X - Y| \qquad (X, Y \in \mathbb{R}^n)$$

을 만족시키면 T 를 등장변환이라고 부른다.[29]

3.1.1 기본연습문제

1. 항등변환은 등장변환임을 확인하라.
2. 두 등장변환의 합성은 등장변환임을 설명하라.
3. 등장변환은 일대일 함수임을 밝히라.[30]
4. 변환 $R_1(\frac{\pi}{2}) \circ R_2(\frac{\pi}{2})$ 는 "축" $(1,1,1)$ 주위로 $120°$ 회전하는 변환임을 설명하라. 또 $R_1(\frac{\pi}{2}) \circ R_2(\frac{\pi}{2}) \circ R_3(\frac{\pi}{2})$ 는 축 $(1,0,1)$ 주위로 반 바퀴$(180°)$ 회전하는 변환임을 설명하라.

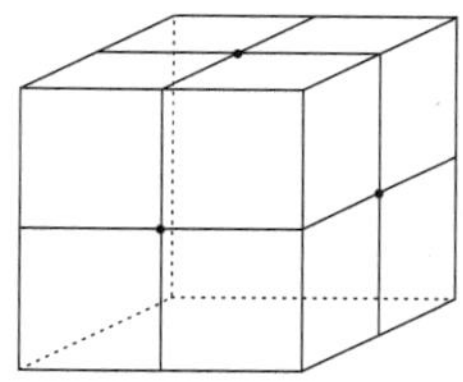

정리 3.1.2 *변환 $T : \mathbb{R}^n \to \mathbb{R}^n$ 이 원점을 보존하는 등장변환이면, 임의의 $X, Y \in \mathbb{R}^n$ 에 대하여 다음이 성립한다.*

(i) $|TX| = |X|$

(ii) $TX \cdot TY = X \cdot Y$

(iii) $T(aX + bY) = a\,TX + b\,TY \qquad (a, b \in \mathbb{R})$

특히 원점을 보존하는 등장변환은 선형변환이다.[31]

---

[29] 유클리드 공간에서 기하학적인 두 도형이 (넓은 의미로) **합동**이라는 것은 등장변환에 의하여 한 도형이 다른 도형의 상이라는 뜻이다. 독일의 클라인은 1872 년 에를랑겐 대학 취임 강연에서 "**유클리드 기하학**이란 등장변환에 대한 불변량을 연구하는 학문이다"라고 말하였다. 각을 보존하는 변환은 **등각변환**, 넓이 또는 부피를 보존하는 변환은 **등적변환**이라고 부른다. 등각변환은 지도 제작에 많이 쓰인다. 배에서 등대와 섬을 바라본 각이 지도에 나타나는 각과 크기가 같아야 항해하는 데 편하기 때문이다. 등장변환은 등각변환이고 또한 등적변환이다. 역으로 등적변환이고 또한 등각변환이면 등장변환이다.

[30] n-공간의 등장변환은 자동으로 전사함수임은 다음 장에서 행렬식을 이해하고 나면 알 수 있다. 일반적인 거리공간 사이의 등장변환은 전사함수인 등장변환을 뜻한다. 공역의 모든 값이 상으로 나타나는 사상을 **전사**(全射, surjection)라고 부른다. 단사이고 동시에 전사인 사상을 **전단사**(全單射, bijection)라고 부른다.

[31] 혼동할 우려가 없으면 $T(X)$ 를 간단히 TX 로 쓰기로 한다. 우리가 이 정리를 증명하는 방법은

증명. 식

$$|TX - TY| = |X - Y| \tag{1}$$

에서 $Y = O$ 으로 두면 (i) 의 식을 얻는다.

이제 식 (1) 을 제곱하면

$$|TX|^2 - 2TX \cdot TY + |TY|^2 = |X|^2 - 2X \cdot Y + |Y|^2$$

이 되고, 여기서 (i) 을 이용하면 (ii) 를 얻는다.

또 (i) 과 (ii) 덕분에, 임의의 $Z \in \mathbb{R}^n$ 에 대하여

$$|TZ - aTX - bTY|^2 = |Z - aX - bY|^2$$

임을 안다. 이 식에 $Z = aX + bY$ 를 대입하면 (iii) 을 얻는다. □

정리 3.1.3 *n 차 정사각행렬 A 에서 얻은 n-공간의 선형변환 L_A 가 등장변환일 필요충분 조건은*

$$A^{\mathrm{t}}A = I \tag{2}$$

이다.

증명. L_A 가 등장이면, 임의의 $X, Y \in \mathbb{R}^n$ 에 대하여

$$X \cdot Y = AX \cdot AY = (AX)^{\mathrm{t}}AY = X^{\mathrm{t}}A^{\mathrm{t}}AY = X \cdot A^{\mathrm{t}}AY$$

이다. 따라서 임의의 Y 에 대하여

$$Y = A^{\mathrm{t}}AY$$

이고,[32] 그러므로 식 (2)를 얻는다.

역으로 식 (2)가 성립하면, 임의의 $X \in \mathbb{R}^n$ 에 대하여

$$|X|^2 = X \cdot X = X \cdot A^{\mathrm{t}}AX = AX \cdot AX = |AX|^2$$

이고, 따라서 $|X| = |AX|$ 이다. 그러므로 임의의 $X, Y \in \mathbb{R}^n$ 에 대하여

$$|L_A(X) - L_A(Y)| = |AX - AY| = |A(X - Y)| = |X - Y|$$

이므로, L_A 가 등장변환임을 안다. □

주어진 **절댓값**(norm) 함수 $|\ |$가 내적으로부터 유도되었다는 사실을 이용하였다. "원점을 보존하는 두 바나흐 공간 사이의 등장사상은 선형사상이다"라는 근본적인 원리가 있다 [Mazur, Ulam]. 각의 크기는 내적에 의하여 판정할 수 있으므로, 위 정리는 등장변환이면 등각변환임을 밝혀 준다.

[32] 모든 벡터와 수직인 벡터는 영벡터이다.

식 (2)를 만족시키는 정사각행렬 A를 **직교행렬**(orthogonal matrix)이라고 부른다. 즉 정사각행렬 A가 직교행렬이라는 것은 A의 각 열벡터들이 n-공간의 정규직교기저를 이룬다는 뜻이다. 직교행렬에 의하여 얻어지는 변환을 **직교변환**이라고 부른다.

따름정리 3.1.4 *n-공간의 등장변환은 직교변환과 평행이동의 합성이다.*

증명. 만약 $T:\mathbb{R}^n\to\mathbb{R}^n$이 등장변환이면

$$L(X) := T(X) - T(O) \qquad (X\in\mathbb{R}^n)$$

은 원점을 보존하므로 직교변환이다. 따라서

$$T(X) = L(X) + T(O) \qquad (X\in\mathbb{R}^n)$$

이다. □

3.2 대각합

n차 정사각행렬 $A=(a_{ij})$의 **대각합**(trace)을

$$\operatorname{tr} A := \sum_{i=1}^{n} a_{ii}$$

로 정의한다. 특히 n차 항등행렬의 대각합은 n이다:

$$\operatorname{tr} I_n = n.$$

3.2.1 기본연습문제

임의의 n차 정사각행렬 A, B에 대하여 다음을 밝히라.

(1) $\operatorname{tr}(A+B) = \operatorname{tr} A + \operatorname{tr} B$

(2) $\operatorname{tr}(cA) = c\operatorname{tr} A \qquad (c\in\mathbb{R})$

(3) $\operatorname{tr}(A^{\mathrm{t}}) = \operatorname{tr} A$

(4) $\operatorname{tr}(AB) = \operatorname{tr}(BA)$

(5) $A\neq O \quad\Rightarrow\quad \operatorname{tr}(A^{\mathrm{t}}A) > 0$

3.3 정사각행렬과 다항식

다항식

$$p(x) = a_k x^k + a_{k-1} x^{k-1} + \cdots + a_1 x + a_0$$

과 정사각행렬 A에 대하여

$$p(A) := a_k A^k + a_{k-1} A^{k-1} + \cdots + a_1 A + a_0 I$$

로 정의한다. 여기서 I는 A와 차수가 같은 항등행렬이다.

3.3.1 기본연습문제

다항식 $p(x) = x^2 + x + 1$과 행렬 $A = \begin{pmatrix} 0 & 1 \\ 2 & 3 \end{pmatrix}$에 대하여 $p(A)$를 구하라.

3.4 행렬의 극한

이 절에서 다루는 것은 첫째로 **연속 회전변환군**을 조금 더 이해하기 위함이고, 둘째로는 제2권에 나오는 벡터장의 흐름과 발산정리의 이해를 돕기 위함이다.

먼저 $m \times n$ 행렬 $A = (a_{ij})$의 **크기** 또는 **절댓값**을

$$|A| := \sqrt{\sum_{i=1}^{m} \sum_{j=1}^{n} a_{ij}{}^2} = \sqrt{\operatorname{tr}(A^{\mathrm{t}} A)}$$

로 정의한다.[33] 그러므로

$$|A|^2 = \operatorname{tr}(A^{\mathrm{t}} A) = \operatorname{tr}(A A^{\mathrm{t}})$$

이다. 예를 들어, 항등행렬 I_n의 절댓값은

$$|I_n| = \sqrt{n}$$

이다.

3.4.1 보기

행렬 $A = \begin{pmatrix} 0 & 1 & 2 \\ 3 & 4 & 5 \end{pmatrix}$에 대하여

$$|A| = \sqrt{1 + 4 + 9 + 16 + 25} = \sqrt{55}$$

이다.[34]

---

[33] $m \times n$ 행렬 전체의 집합은 $\mathbb{R}^{mn}$과 일대일 대응관계를 가진다. 이 대응관계에서 두 행렬 A와 B의 **내적**은 $\operatorname{tr}(A^{\mathrm{t}} B)$로 나타난다.

[34] $1^2 + 2^2 + \cdots + n^2 = \frac{1}{6} n(n+1)(2n+1) = (1 + 2 + 3 + \cdots + 2n) \cdot \frac{n+1}{6}$

정리 3.4.2 *$m \times n$ 행렬 A 와 $n \times l$ 행렬 B 에 대하여*

$$|AB| \le |A| \cdot |B|$$

가 성립한다. 특히 A 가 정사각행렬이면,

$$|A^k| \le |A|^k \qquad (k = 1, 2, 3, \dots)$$

이다.

증명. $A = (a_{ij})$, $B = (b_{jk})$ 로 두면 AB 의 (i,k) 항은 $\sum_{j=1}^{n} a_{ij} b_{jk}$ 이다. 이제 CBS 부등식을 쓰면

$$\begin{aligned} |AB|^2 &= \sum_{i,k} \left(\sum_{j=1}^{n} a_{ij} b_{jk} \right)^2 \le \sum_{i,k} \left(\sum_{j=1}^{n} a_{ij}^2 \right) \left(\sum_{j=1}^{n} b_{jk}^2 \right) \\ &= \left(\sum_{i,j} a_{ij}^2 \right) \left(\sum_{j,k} b_{jk}^2 \right) = |A|^2 \, |B|^2 \end{aligned}$$

이다. 이로부터 원하는 부등식을 얻는다. □

이제 $m \times n$ 행렬들의 **서열**(sequence)

$$A_1, \ A_2, \ A_3, \ \dots$$

이 $m \times n$ 행렬 $B = (b_{ij})$ 에 **수렴한다**는 것은 임의의 i, j 에 대하여 행렬 $A_1, A_2, A_3, \dots$ 의 (i,j) 항으로 이루어진 수열

$$a_{1,ij}, \ a_{2,ij}, \ a_{3,ij}, \ \dots$$

이 b_{ij} 에 수렴한다는 뜻이다. 이때

$$\lim_{k \to \infty} A_k = B$$

로 쓰기로 한다.

정리 3.4.3 *$m \times n$ 행렬의 서열 $(A_k : k = 1, 2, 3, \dots)$ 이 행렬 B 에 수렴할 필요충분조건은*

$$\lim_{k \to \infty} |A_k - B| = 0$$

이다.

증명. 만약 $(A_k : k = 1, 2, 3, \dots)$ 이 B 에 수렴하면, 각 항으로 이루어진 수열 $(a_{k,ij} : k = 1, 2, 3, \dots)$ 이 b_{ij} 에 수렴하고, 따라서 주어진 임의의 $\varepsilon > 0$ 에 대하여, k 가 아주 크면

$$|a_{k,ij} - b_{ij}| \le \varepsilon$$

이다. 따라서 아주 큰 k에 대하여

$$|A_k - B| = \sqrt{\sum_{i,j}(a_{k,ij} - b_{ij})^2} \le \varepsilon\sqrt{mn}$$

이고,

$$\lim_{k\to\infty} |A_k - B| = 0 \tag{3}$$

을 얻는다. 역으로 (3)이 성립하면 주어진 임의의 $\varepsilon > 0$에 대하여

$$|A_k - B| \le \varepsilon$$

이 아주 큰 k에 대하여 성립한다. 따라서 그러한 k에 대하여

$$|a_{k,ij} - b_{ij}| \le |A_k - B| \le \varepsilon$$

이 성립하므로

$$\lim_{k\to\infty} a_{k,ij} = b_{ij} \qquad (i = 1, \ldots, m,\ j = 1, \ldots, n),$$

즉 $\lim_{k\to\infty} A_k = B$라는 결론을 얻는다. □

3.4.4 기본연습문제

1. $A = \begin{pmatrix} \frac{1}{2} & \frac{1}{3} \\ \frac{1}{4} & \frac{1}{5} \end{pmatrix}$에 대하여 $\lim_{k\to\infty} A^k$를 구하라.

2. 정사각행렬 A의 절댓값이 1 미만이면 $\lim_{k\to\infty} A^k = O$임을 보이라.

3.5 행렬 급수

$m \times n$ 행렬의 급수

$$\sum_{k=0}^{\infty} A_k$$

가 행렬 B 에 수렴한다는 것은 유한 합으로 이루어진 행렬의 서열

$$\sum_{k=0}^{n} A_k, \qquad n = 0, 1, 2, 3, \ldots$$

이 B 에 수렴한다는 뜻이다. 이때

$$\sum_{k=0}^{\infty} A_k = B$$

로 쓰기로 한다.

3.5.1 기본연습문제

행렬 $A = \begin{pmatrix} \frac{1}{2} & 0 \\ 0 & \frac{1}{3} \end{pmatrix}$ 에 대하여 $I + A + A^2 + A^3 + \cdots = \begin{pmatrix} 2 & 0 \\ 0 & \frac{3}{2} \end{pmatrix}$ 임을 밝히라.

정리 3.5.2 *임의의 정사각행렬 A 에 대하여 급수*

$$I + A + \frac{1}{2!}A^2 + \frac{1}{3!}A^3 + \cdots + \frac{1}{k!}A^k + \cdots$$

은 항상 수렴한다.

증명. 주어진 행렬의 급수가 수렴함을 보이는 것은 각항으로 이루어진 급수가 수렴한다는 것을 보이는 것과 같다. 한편 각항의 절댓값으로 이루어진 급수는 급수

$$|I| + |A| + \frac{1}{2}|A|^2 + \frac{1}{3!}|A|^3 + \cdots < \infty$$

에 지배되므로,[35] 원하는 결론을 얻는다. □

위 정리에서 극한값을 $\exp A$ 또는 e^A 로 나타낸다:

$$\boxed{\exp A = e^A = I + A + \frac{1}{2!}A^2 + \frac{1}{3!}A^3 + \cdots + \frac{1}{k!}A^k + \cdots}$$

[35]급수 $\sum_k a_k$ 가 급수 $\sum_k b_k$ 에 **지배된다**는 것은, 모든 k 에 대하여 $|a_k| \leq |b_k|$ 라는 뜻이다.

3.5.3 기본연습문제

1. 다음을 밝히라.

$$\exp O = I, \qquad \exp I = eI.$$

또 더 일반적으로

$$\exp\begin{pmatrix} \lambda_1 & 0 & 0 \\ 0 & \lambda_2 & 0 \\ 0 & 0 & \lambda_3 \end{pmatrix} = \begin{pmatrix} e^{\lambda_1} & 0 & 0 \\ 0 & e^{\lambda_2} & 0 \\ 0 & 0 & e^{\lambda_3} \end{pmatrix}$$

임을 밝히라.

2. 벡터함수 $X(t) = \begin{pmatrix} x_1(t) \\ \vdots \\ x_n(t) \end{pmatrix}$ 에 대하여 $X'(t) = \begin{pmatrix} x_1'(t) \\ \vdots \\ x_n'(t) \end{pmatrix}$ 로 정의한다. 이때 n차 정사각행렬 A와 n-벡터 $\mathbf{v}$에 대하여, 미분 방정식

$$X'(t) = AX(t), \qquad X(0) = \mathbf{v}$$

의 해는

$$X(t) = e^{tA}\mathbf{v}$$

임을 보이라.

연습문제: 제 6 장 3 절

1. 차수가 같은 두 직교행렬의 곱은 직교행렬임을 보이라.

2. 영이 아닌 벡터 $\mathbf{v} \in \mathbb{R}^n$ 에 대하여 $n \times n$ 행렬

$$H_{\mathbf{v}} := \frac{2}{|\mathbf{v}|^2}\mathbf{v}\mathbf{v}^{\mathrm{t}} - I_n$$

은 직교행렬임을 보이라 (반 바퀴 회전 2.2.3 참고).

3. 좌표평면의 점들을 원점 주위로 각의 크기 α 만큼 회전시키는 변환을 한 다음, 다시 각의 크기 β 만큼 회전시키는 변환은 각의 크기 $\alpha + \beta$ 만큼 회전시키는 변환과 같음을 이용하여

$$\begin{aligned}\cos(\alpha+\beta) &= \cos\alpha\cos\beta - \sin\alpha\sin\beta \\ \sin(\alpha+\beta) &= \sin\alpha\cos\beta + \cos\alpha\sin\beta\end{aligned}$$

를 유도하라.

4. 삼차원 공간에서 회전변환 R_1, R_2, R_3 이 다음 관계를 가짐을 보이라.

$$R_1\left(-\frac{\pi}{2}\right) \circ R_3(\theta) \circ R_1\left(\frac{\pi}{2}\right) = R_2(\theta).$$

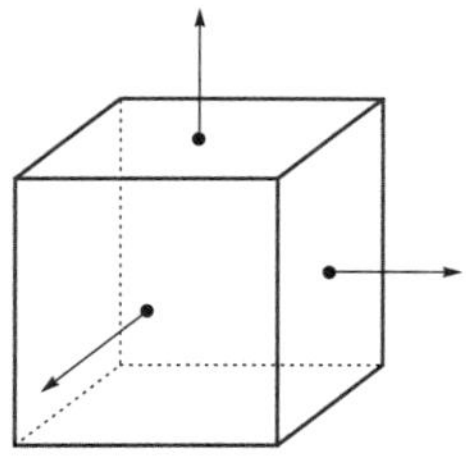

5. 좌표평면에서 “곡선” $ax^2 + 2bxy + cy^2 = 1$ 을 회전이동하여 얻은 곡선이 $a'x^2 + 2b'xy + c'y^2 = 1$ 이라고 하자. 이때

$$ac - b^2 = a'c' - b'^2$$

임을 보이라.

6. 좌표평면에서 두 직선 $ax + by + c_1 = 0$, $ax + by + c_2 = 0$ 에 대한 반사변환을 각각 T_1, T_2 라고 두자. (단 $a^2 + b^2 = 1$ 이라고 가정한다.) 이때 합성변환 $T_1 \circ T_2$ 는 어떤 변환인가?

7. 포물선 $y = x^2$ 과 $y = 2x^2$ 은 닮은 꼴임을 보이라.

8. 좌표평면에서 곡선

$$x^2 + 4xy + 3y^2 = 1$$

은 타원, 쌍곡선, 포물선 중의 어느 것인지를 판정하라.

9. 좌표평면의 점 (x, y) 를 x-축에 대하여 대칭이동시키고, 원점을 중심으로 하여 반시계방향으로 $60°$ 회전시킨 다음, 다시 x 축에 대하여 대칭이동시키는 선형사상을 T 라고 두자. 이 사상을 2022 회 시행하였을 때, 점 $(1, 1)$ 의 상을 구하라.

10. (**오일러**[36]**항등식**) 임의의 실수 t 에 대하여

$$\exp\begin{pmatrix} 0 & -t \\ t & 0 \end{pmatrix} = \begin{pmatrix} \cos t & -\sin t \\ \sin t & \cos t \end{pmatrix}$$

임을 보이라.

11. 다음을 보이라.

$$\exp\begin{pmatrix} 0 & t & 0 & 0 \\ 0 & 0 & t & 0 \\ 0 & 0 & 0 & t \\ 0 & 0 & 0 & 0 \end{pmatrix} = \begin{pmatrix} 1 & t & \frac{t^2}{2} & \frac{t^3}{3!} \\ 0 & 1 & t & \frac{t^2}{2} \\ 0 & 0 & 1 & t \\ 0 & 0 & 0 & 1 \end{pmatrix}$$

12. 행렬 $\sigma_0 := \begin{pmatrix} 1 & 0 \\ 0 & -1 \end{pmatrix}$ 에 대하여

$$e^{t\sigma_0}\begin{pmatrix} a & b \\ c & d \end{pmatrix} e^{-t\sigma_0} = \begin{pmatrix} a & e^{2t}b \\ e^{-2t}c & d \end{pmatrix}$$

임을 보이고, 이 식을 미분하여[37]

$$\left[\sigma_0, \begin{pmatrix} a & b \\ c & d \end{pmatrix}\right] = 2\begin{pmatrix} 0 & b \\ -c & 0 \end{pmatrix}$$

임을 보이라 (1절 연습문제 7 번 참고).

---

[36] 오일러의 항등식은 흔히 허수단위 i 를 도입하여

$$e^{\mathrm{i}t} = \cos t + \mathrm{i}\sin t$$

로 표현된다. 이 항등식을 코츠(R. Cotes, 1682–1716)와 드무아브르(A. de Moivre, 1667–1754)도 알고 있었다. 이 식을 이용하면

$$\cos t = \frac{1}{2}\left(e^{\mathrm{i}t} + e^{-\mathrm{i}t}\right) = \cosh \mathrm{i}t, \qquad \sin t = \frac{1}{2\mathrm{i}}\left(e^{\mathrm{i}t} - e^{-\mathrm{i}t}\right) = \frac{1}{\mathrm{i}}\sinh \mathrm{i}t$$

등을 얻는다.

[37] 행렬함수 $A(t) = (a_{ij}(t))$ 의 미분은 $A'(t) := (a'_{ij}(t))$ 로 정의한다.

제 6 장 탐구문제

1. 다항식 $p(x), q(x), r(x)$ 에 대하여 $p(x) = q(x)r(x)$ 이면, 임의의 정사각행렬 A 에 대하여 $p(A) = q(A)r(A)$ 임을 보이라.

2. $m \times n$ 행렬 A 와 $n \times l$ 행렬 B 에 대하여 B 의 각 열벡터를 차례로 $B_1, \ldots, B_l$ 이라고 하자. 이때 AB 의 각 열벡터는 $AB_1, \ldots, AB_l$ 임을 보이라. 또 A 의 각 행벡터를 $A^{(1)}, \ldots, A^{(n)}$ 이라 하면, AB 의 각 행벡터는 $A^{(1)}B, \ldots, A^{(n)}B$ 임을 보이라.

3. $m \times n$ 행렬 A 와 $n \times l$ 행렬 B 에 대하여, AB 의 각 행벡터는 B 의 행벡터들의 일차결합임을 보이라. 또 AB 의 각 열벡터는 A 의 열벡터들의 일차결합임을 보이라.

4. $m \times n$ 행렬 A 의 열벡터 $A_1, \ldots, A_n$ 이 일차종속이면, $A\mathbf{v} = \mathbf{0}$ 인 영이 아닌 n-벡터 $\mathbf{v}$ 가 존재함을 보이라. 또 이 명제의 역이 성립함을 보이라.

5. 자연수 $m_1, m_2, n_1, n_2, l_1, l_2$ 에 대하여 $m = m_1 + m_2$, $n = n_1 + n_2$, $l = l_1 + l_2$ 라고 하자. 이제 $m \times n$ 행렬 A 와 $n \times l$ 행렬 B 를 $m_i \times n_j$ 행렬 A_{ij} 와 $n_j \times l_k$ 행렬 B_{jk} 로 분해하여

$$A = \begin{pmatrix} A_{11} & A_{12} \\ A_{21} & A_{22} \end{pmatrix}, \qquad B = \begin{pmatrix} B_{11} & B_{12} \\ B_{21} & B_{22} \end{pmatrix}$$

로 두면

$$AB = \begin{pmatrix} A_{11}B_{11} + A_{12}B_{21} & A_{11}B_{12} + A_{12}B_{22} \\ A_{21}B_{11} + A_{22}B_{21} & A_{21}B_{12} + A_{22}B_{22} \end{pmatrix}$$

임을 보이라.

6. n 차 정사각행렬 A 가 임의의 n 차 정사각행렬 B 에 대하여 $AB = BA$ 이면 A 는 항등행렬의 상수배, 즉 상수행렬임을 보이라.

7. **대각선**이 $(a_1, \ldots, a_n)$ 인 정사각행렬과 **반대각선**이 $(b_1, \ldots, b_n)$ 인 정사각행렬을 각각 $D_{a_1,\ldots,a_n}$ 과 $E_{b_1,\ldots,b_n}$ 으로 나타내기로 하자. 즉,

$$D_{a_1,\ldots,a_n} := \begin{pmatrix} a_1 & & 0 \\ & \ddots & \\ 0 & & a_n \end{pmatrix}, \qquad E_{b_1,\ldots,b_n} := \begin{pmatrix} 0 & & b_1 \\ & \cdot^{\cdot^{\cdot}} & \\ b_n & & 0 \end{pmatrix}$$

으로 두자. 이때 다음을 보이라.

$$D_{a_1,\ldots,a_n} E_{b_1,\ldots,b_n} = E_{a_1b_1,\ldots,a_nb_n}$$

$$E_{b_1,\ldots,b_n} E_{c_1,\ldots,c_n} = D_{b_1c_n, b_2c_{n-1},\ldots,b_nc_1}$$

8. $m \times n$ 행렬 A와 B에 대하여 다음을 보이라.

$$|\mathrm{tr}(A^{\mathrm{t}}B)| \le |A| \cdot |B|$$

9. 단사인 선형사상에 대하여 일차독립인 벡터들의 상은 여전히 일차독립임을 보이라.

10. 단사인 선형사상에 의한 직선의 상은 직선임을 보이라.

11. 선형변환 $L : \mathbb{R}^n \to \mathbb{R}^n$ 이 단사일 필요충분조건은 L이 전사임을 보이라.

12. 선형사상 $L : \mathbb{R}^n \to \mathbb{R}^n$ 이 역사상[38]을 가지면, 그 역사상 역시 선형임을 보이라.

13. 선형사상 $L : \mathbb{R}^n \to \mathbb{R}^m$ 에 대응되는 $m \times n$ 행렬을 A라고 하자. 또 A의 전치행렬 A^{t} 에 대응되는 선형사상을 $L^{\mathrm{t}} : \mathbb{R}^m \to \mathbb{R}^n$ 으로 두자. 이때 다음을 보이라.

$$\mathbf{w} \cdot L\mathbf{v} = L^{\mathrm{t}}\mathbf{w} \cdot \mathbf{v} \qquad (\mathbf{v} \in \mathbb{R}^n,\ \mathbf{w} \in \mathbb{R}^m)$$

14. m-행벡터 $\langle \mathbf{w}|$ 와 $m \times n$ 행렬 A에 대하여, 사상

$$\langle \mathbf{w}| \mapsto \langle \mathbf{w}|A$$

는 선형사상임을 보이라. 또 주어진 n-열벡터 $|\mathbf{v}\rangle$ 에 대하여 사상

$$\langle \mathbf{w}| \mapsto \langle \mathbf{w}|A|\mathbf{v}\rangle$$

도 선형사상임을 보이라.[39]

15. 열벡터들이 일차독립인 $m \times n$ 행렬 A와 $Y \in \mathbb{R}^m$ 에 대하여 $m > n$이면 방정식

$$AX = Y \qquad (X \in \mathbb{R}^n)$$

은 일반적으로 해를 가지지 않음을 설명하라. 이때

$$A^{\mathrm{t}}AX = A^{\mathrm{t}}Y \qquad (X \in \mathbb{R}^n)$$

은 항상 해를 가짐을 설명하라.

16. 두 벡터공간 사이에 정의된 선형사상

$$L : X \to Y$$

[38] 두 집합 사이의 사상 $f : A \to B$에 대하여

$$g \circ f = \mathrm{id}_A, \qquad f \circ g = \mathrm{id}_B$$

인 사상 $g : B \to A$를 f의 **역사상**이라고 부른다.

[39] $\langle \mathbf{w}|$ 와 $|\mathbf{v}\rangle$ 는 디랙(P. Dirac, 1902–1984)이 1939년에 도입한 bra-ket 기호이다.

가, 주어진 $y_0 \in Y$ 에 대하여 방정식

$$L(x) = y_0$$

을 만족시키는 해 $x_0 \in X$ 를 가진다고 하자. 이때 주어진 방정식의 해집합은

$$x_0 + \ker L := \{x_0 + x \mid x \in X,\ L(x) = 0\}$$

임을 보이라.

17. $\mathbb{R}^n$ 의 부분집합 $\mathcal{V}$ 와 n 차 정사각행렬 A 에 대하여

$$A\mathcal{V} := \{A\mathbf{v} \mid \mathbf{v} \in \mathcal{V}\}$$

가 $\mathcal{V}$ 에 포함되면, A 가 $\mathcal{V}$ 를 **보존한다**고 말한다. 이제 A 가 $\mathcal{V}$ 를 보존하면, A^{t} 는

$$\mathcal{V}^{\perp} := \{\mathbf{w} \in \mathbb{R}^n \mid \mathbf{w} \cdot \mathbf{v} = 0,\ \forall \mathbf{v} \in \mathcal{V}\}$$

를 보존함을 보이라.

18. 정사각행렬 A 가 $A^{\mathrm{t}}A = I$ 이면 $AA^{\mathrm{t}} = I$ 임을 보이라.[40]

19. 삼차원 좌표공간 $\mathbb{R}^3$ 에서 점 P 를 지나고, 단위벡터 $\mathbf{v}$ 에 수직인 평면으로의 **정사영**[41] 을 E 라고 하면

$$E(X) = X + ((P - X) \cdot \mathbf{v})\mathbf{v}, \qquad X \in \mathbb{R}^3$$

임을 보이라. 또 $E^2 = E$ 임을 보이라.

20. 좌표공간 $\mathbb{R}^3$ 에서 서로 다른 두 평면 π_1, π_2 로의 정사영을 각각 E_1, E_2 라고 할 때, $E_1E_2 = E_2E_1$ 일 필요충분조건은 π_1 과 π_2 가 서로 수직으로 만나는 것임을 보이라.[42]

21. 좌표공간에서 원점을 지나는 한 평면으로의 정사영을 E 라고 하자. 이때 임의의 벡터 $\mathbf{v}$ 에 대하여

$$\langle \mathbf{v}, E\mathbf{v} \rangle = |E\mathbf{v}|^2$$

임을 보이라.

---

[40]따라서 직교행렬의 **역행렬**은 자신의 전치행렬과 일치한다. 직교행렬의 행벡터들은 서로 수직인 단위벡터들이다.

[41]내적공간에서는 부분공간은 정사영을 만들고, 역으로 정사영의 상은 부분공간이다. 양자역학에서 "물질의 성질"은 "부분공간"으로 표현된다 [Faris].

[42]π_i 가 점 P_i 를 지나고 단위벡터 $\mathbf{v}_i$ 에 수직이라고 하면,

$$E_1E_2(X) - E_2E_1(X) = (\mathbf{v}_1 \cdot \mathbf{v}_2)\,(((X - P_2) \cdot \mathbf{v}_2)\mathbf{v}_1 - ((X - P_1) \cdot \mathbf{v}_1)\mathbf{v}_2)$$

이다.

22. 벡터 $\mathbf{v} = (v_1, v_2, v_3)$ 에 대하여

$$\dot{R}_{\mathbf{v}} := \begin{pmatrix} 0 & -v_3 & v_2 \\ v_3 & 0 & -v_1 \\ -v_2 & v_1 & 0 \end{pmatrix}$$

이라고 하자 (제 8 장 부록 참고). 이때 임의의 벡터 $\mathbf{w} \in \mathbb{R}^3$ 에 대하여 $\dot{R}_{\mathbf{v}}\mathbf{w}$ 는 $\mathbf{v}$ 에 수직이고, 또 $\mathbf{w}$ 에도 수직임을 밝히라.

23. 삼차원 좌표공간에서 단위벡터 $\mathbf{v} = (v_1, v_2, v_3)$ 가 만드는 축의 주위로 θ 만큼 회전이동하는 변환의 행렬을 $R_{\mathbf{v}}(\theta)$ 라 하면 $R_{-\mathbf{v}}(-\theta) = R_{\mathbf{v}}(\theta)$ 인가? 또

$$R_{\mathbf{v}}(\theta) = \mathbf{v}\mathbf{v}^{\mathrm{t}} + (\cos\theta)\left(I_3 - \mathbf{v}\mathbf{v}^{\mathrm{t}}\right) + (\sin\theta)\dot{R}_{\mathbf{v}}$$

임을 밝히라.[43] 이때 등호의 오른쪽에 있는 세 항의 의미를 각각 설명하라.

또 다음 등식을 밝히라.[44]

$$R_{\mathbf{v}}(\theta) - R_{\mathbf{v}}(\theta)^{\mathrm{t}} = 2(\sin\theta)\dot{R}_{\mathbf{v}}$$

$$\operatorname{tr} R_{\mathbf{v}}(\theta) = 1 + 2\cos\theta$$

24. 정사각행렬 A 에 대하여 $|A| < 1$ 이면 급수

$$I + A + A^2 + A^3 + \cdots$$

이 수렴하고 이때

$$(I - A)(I + A + A^2 + A^3 + \cdots) = I$$

임을 보이라.

25. 수렴반경이 $r > 0$ 인 거듭제곱급수

$$f(x) = \sum_{k=0}^{\infty} b_k x^k$$

을 생각하자. 이때 A 가 $|A| < r$ 인 정사각행렬이면 급수

$$f(A) := \sum_{k=0}^{\infty} b_k A^k$$

이 수렴함을 보이라.

26. 임의의 3×3 행렬을 3×2 행렬과 2×3 행렬의 곱으로 표현할 수 있는가?[45]

---

[43] 회전행렬은 해밀턴의 **사원수**를 사용하면 훨씬 멋있게 표현할 수 있다.

[44] 이 등식에서 행렬을 보면 회전축과 회전각을 바로 알 수 있다.

[45] 이 문제에서 행렬의 크기(즉 행의 수와 열의 수)를 키우면 Google 등 방대한 데이터를 분석하는 기관에서 매우 중요하게 사용하는 기법과 관련이 있다.

제 7 장

정사각행렬과 행렬식

내가 하는 작업은 항상 진과 미를 하나되게 노력하는 일이었다.
그리고 그 둘 중 하나를 선택하여야 할 때에는 주로 미를 선택하였다.
— 바일(H. Weyl, 1885–1955)

이 장에서는 정사각행렬의 가장 중요한 불변량 중의 하나인 행렬식에 대하여 공부한다. 행렬식은 기하학적으로는 나란히꼴의 부피를 나타내기도 하고, 선형사상의 부피변화율을 의미하기도 한다. 이 이론은 치환적분론에서 중요하게 쓰인다. 행렬식은 벡터의 일차독립을 판정할 때에도 쓰이고, 공간의 향을 다룰 때에도 나타나는 중요한 개념이다.

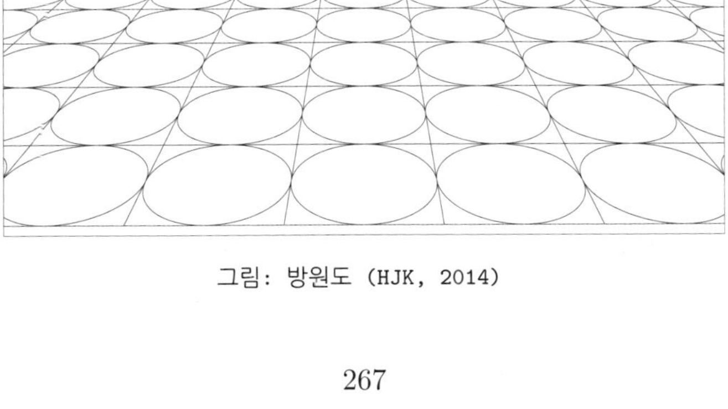

그림: 방원도 (HJK, 2014)

제 1 절 역행렬

어떤 정사각행렬 A에 대하여 AB와 BA가 모두 항등행렬인 정사각행렬 B가 존재하면 A를 **가역행렬**(可逆行列, invertible matrix)이라고 한다. 이때 B를 A의 **역행렬**(逆行列, inverse matrix)이라 부르고 A^{-1}로 나타낸다. 따라서 A가 가역행렬이면

$$AA^{-1} = I, \quad A^{-1}A = I$$

이다.

행렬을 좌표공간들 사이의 함수로 생각하면, 역행렬은 역함수에 해당된다.

1.0.1 기본연습문제

1. 항등행렬의 역행렬은 어떤 행렬인가?
2. 주어진 가역행렬의 역행렬은 오직 하나뿐임을 보이라.

역행렬을 구하는 것이 왜 중요한지 한 가지 보기를 통하여 알아보자. 선형 연립방정식

$$\begin{gathered} a_{11}x_1 + \cdots + a_{1n}x_n = y_1 \\ \vdots \\ a_{m1}x_1 + \cdots + a_{mn}x_n = y_m \end{gathered}$$

은 행렬의 표현을 빌리면

$$A\mathbf{x} = \mathbf{y}$$

의 꼴로 나타낼 수 있다. 이러한 방정식은, 만약 방정식의 개수 m이 미지수의 개수 n보다 크면 일반적으로 해를 가지지 않고, 만약 방정식의 개수가 미지수의 개수보다 작으면 해의 유일성이 보장되지 않는다. 방정식의 개수와 미지수의 개수가 같은 경우에 A는 정사각행렬이고, 이때 A가 역행렬을 가지면, 위 선형 연립방정식의 해는 $\mathbf{x} = A^{-1}\mathbf{y}$이다.

이와 같이 역행렬은 연립방정식을 푸는 과정에서도 중요하게 쓰인다.[1]

[1] Google이 자료를 빠르게 찾아주는 알고리즘을 개발하여 성공한 과정에도 연립방정식을 잘 푸는 기법이 핵심적인 역할을 하였다. 'Google'이라는 이름은 10^{100}을 뜻하는 googol에서 유래하였다.

앞으로 "정사각행렬이 역행렬을 가지는가?"라는 질문에 답하려면 간단히 어떤 실수 하나를 조사하면 된다는 것을 공부하게 된다. 이 실수가 바로 '행렬식'이라 부르는 것이다.

이 장에서는 주로 역행렬의 **존재성**에 대하여 공부하지만, 구체적으로 역행렬을 잘 구하는 방법은 **선형대수학**(線型代數學, Linear Algebra) 시간에 공부하도록 남겨 둔다.

이론적으로 역행렬을 구하는 방법은 탐구문제 10번에 설명되어 있다.

1.0.2 기본연습문제

1. n차 정사각행렬 A, B_1, B_2에 대하여

$$AB_1 = I,\ B_2A = I \quad \Longrightarrow \quad B_1 = B_2$$

임을 보이라.

2. 행렬 $\begin{pmatrix} 1 & 2 \\ 2 & 3 \end{pmatrix}$의 역행렬을 구하라.

3. 이차 정사각행렬 $\begin{pmatrix} a & b \\ c & d \end{pmatrix}$가 역행렬을 가질 필요충분조건은

$$ad - bc \neq 0$$

임을 보이고, 이때

$$\begin{pmatrix} a & b \\ c & d \end{pmatrix}^{-1} = \frac{1}{ad - bc}\begin{pmatrix} d & -b \\ -c & a \end{pmatrix}$$

임을 보이라.

4. 대각행렬

$$\begin{pmatrix} \lambda_1 & 0 & 0 \\ 0 & \lambda_2 & 0 \\ 0 & 0 & \lambda_3 \end{pmatrix}$$

이 역행렬을 가질 필요충분조건은 $\lambda_1\lambda_2\lambda_3 \neq 0$ 임을 보이고, 이때의 역행렬을 구하라.

연습문제: 제 7 장 1 절

1. n차 정사각행렬 A, B에 대하여 $AB = O$이면 $BA = O$인가?

2. 행렬

$$A = \begin{pmatrix} 1 & 2 & 0 \\ 2 & 3 & 0 \end{pmatrix}, \qquad B = \begin{pmatrix} -3 & 2 \\ 2 & -1 \\ 0 & 0 \end{pmatrix}$$

   에 대하여 $AB = I$임을 보이라. 이때 $BA = I$인가?

3. n차 가역행렬 A에 대하여

$$(A^{-1})^{-1} = A, \qquad (A^{-1})^k = (A^k)^{-1} \qquad (k = 1, 2, 3, \ldots)$$

   임을 보이라. 또 전치행렬 A^{t}도 가역임을 보이고 이때

$$(A^{\mathrm{t}})^{-1} = (A^{-1})^{\mathrm{t}}$$

   임을 밝히라. 또 B가 n차 가역행렬이면,

$$(AB)^{-1} = B^{-1}A^{-1}$$

   임을 보이라.

4. 행렬 $\begin{pmatrix} 0 & 0 & 1 \\ 0 & 2 & 0 \\ 3 & 0 & 0 \end{pmatrix}$의 역행렬을 구하라.

5. 대각행렬 $\begin{pmatrix} \lambda_1 & 0 & \cdots & 0 \\ 0 & \lambda_2 & \cdots & 0 \\ \vdots & \vdots & \ddots & \vdots \\ 0 & 0 & \cdots & \lambda_n \end{pmatrix}$이 역행렬을 가질 필요충분조건은 $\lambda_1\lambda_2\cdots\lambda_n \neq 0$임을 보이고, 이때의 역행렬을 구하라.

6. 행렬

$$\begin{pmatrix} 0 & \cdots & 0 & \lambda_1 \\ 0 & \cdots & \lambda_2 & 0 \\ \vdots & .\cdot^{\cdot} & \vdots & \vdots \\ \lambda_n & \cdots & 0 & 0 \end{pmatrix}$$

   이 역행렬을 가질 필요충분조건은 $\lambda_1\lambda_2\cdots\lambda_n \neq 0$임을 보이고, 이때의 역행렬을 구하라.

제 2 절 치환

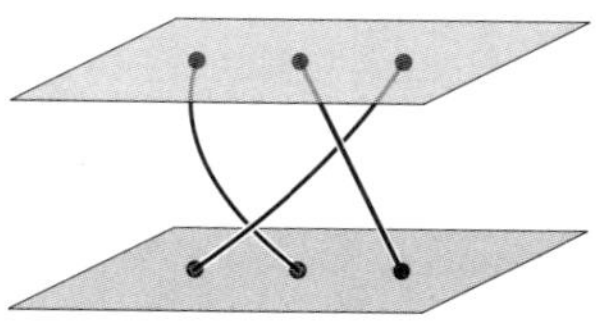

자연수 n 에 대하여 집합 $\{1, 2, \ldots, n\}$ 에서 자기 자신으로 가는 전단사 사상을 n-**치환**(置換, permutation)이라고 한다.[2]

치환의 자명한 보기로는 **항등치환**을 들 수 있다. 항등치환을 id 또는 id_n 으로 나타내면,

$$\mathrm{id}(k) = k \qquad (k = 1, 2, \ldots)$$

이다. 앞으로 n-치환 σ 를

$$\begin{pmatrix} 1 & 2 & 3 & \cdots & n \\ \sigma(1) & \sigma(2) & \sigma(3) & \cdots & \sigma(n) \end{pmatrix}$$

과 같이 나타낸다. (행렬의 기호와 비슷하지만 행렬이 아님)

보기를 들어

$$\begin{pmatrix} 1 & 2 & 3 & 4 & 5 \\ 5 & 4 & 3 & 2 & 1 \end{pmatrix}$$

은 $1, 2, 3, 4, 5$ 를 각각 $5, 4, 3, 2, 1$ 로 보내는 치환이다.

2.0.1 기본연습문제

1. 주어진 자연수 n 에 대하여, n-치환의 개수는 모두 몇 개인가?
2. 여러 사람이 파티장에 모였는데, 그 자리에 있는 사람 중 알고 지내는 사람 수를 각각 적어 낸다고 하자. 이때 모든 사람이 서로 다른 수를 적어 낼 수 있을까?[3]

---

[2]원소의 개수가 같은 두 유한집합 사이의 함수가 단사이면 전사이고, 전사이면 단사이다. 이러한 원리를 **비둘기집 원리**(pigeon hole principle)라고 부른다.

연습문제: 100 마리 비둘기가 100 개의 집에 들어 있다. 이때

(i) 빈집이 없으면, 각 집에 한 마리씩 들어 있음을 설명하라.

(ii) 각 집에 많아야 한 마리씩 들어 있으면, 빈집이 없음을 설명하라.

[3]모든 사람이 자기 자신을 안다고 하여도 좋고, 또는 모든 사람이 자기 자신을 모른다고 하여도 좋다. "너 자신을 알라"는 경구는 소크라테스는 물론 피타고라스나 탈레스보다 훨씬 오래전부터 전해 내려오던 것이다.

2.1 사다리 타기

치환은 가끔 **사다리 타기**라고 부르는 놀이로도 표현된다. 오른쪽 그림의 "세 줄 사다리 타기"는 치환

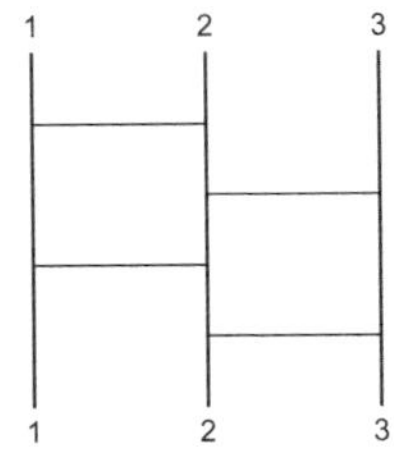

$$\begin{pmatrix} 1 & 2 & 3 \\ 2 & 3 & 1 \end{pmatrix}.$$

을 나타낸다.

2.1.1 기본연습문제

사다리 타기 놀이에서 한 사다리와 "그것을 아래위로 뒤집은 사다리"를 연결한 사다리는 "항등치환" 임을 설명하라.

2.2 치환의 곱과 역치환

두 n-치환 σ_1, σ_2 의 합성 $\sigma_1 \circ \sigma_2$ 를 n-치환의 **곱**이라고 부르고 $\sigma_1\sigma_2$ 로 쓰기로 한다. 즉

$$\sigma_1\sigma_2 := \sigma_1 \circ \sigma_2$$

이다.[4] 두 n-치환의 곱도 여전히 n-치환이다.

치환들의 곱이 결합법칙 $\sigma_1(\sigma_2\sigma_3) = (\sigma_1\sigma_2)\sigma_3$ 을 가지는 것은 바로 알 수 있다.

n-치환 σ 에 항등치환을 곱하면 변화가 없다:

$$\sigma \, \mathrm{id} = \sigma = \mathrm{id} \, \sigma \ .$$

임의의 치환 σ 의 역함수 σ^{-1} 도 치환이고 이것을 σ 의 **역치환**이라 한다.

(이와 같은 성질, 즉 가역 연산을 가진 집단을 군(群, group)이라 하는데, 이 개념이 사물의 대칭성을 설명하기 때문에 현대수학에서 매우 중요한 자리를 차지한다.)

2.2.1 기본연습문제

1. 다음 치환의 역치환을 구하라.

$$\begin{pmatrix} 1 & 2 & 3 & 4 & 5 \\ 2 & 3 & 4 & 5 & 1 \end{pmatrix}$$

2. 치환 σ_1, σ_2 에서 $\sigma_1\sigma_2 = \sigma_1$ 이면 σ_2 는 항등치환인가?

---

[4]어떤 저자는, 우리와 달리, $\sigma_1\sigma_2 := \sigma_2 \circ \sigma_1$ 로 정의하기도 한다.

2.3　치환의 부호

치환

$$\begin{pmatrix} 1 & 2 & 3 \\ 3 & 2 & 1 \end{pmatrix}$$

을 항등치환으로 바꾸려면 두 번째 행에서 3과 1을 바꾸면 된다.

이와 같이 한 번 또는 일반적으로 홀수 번 바꾸어 항등치환을 얻을 수 있는 치환의 **부호**(signature)는 -1로 정한다:

$$\operatorname{sgn}\begin{pmatrix} 1 & 2 & 3 \\ 3 & 2 & 1 \end{pmatrix} = -1.$$

또 치환

$$\begin{pmatrix} 1 & 2 & 3 \\ 2 & 3 & 1 \end{pmatrix}$$

을 항등치환으로 바꾸기 위해서는 두 번째 행에서 3과 1을 바꾼 다음, 다시 1과 2를 바꾸면 된다.

이와 같이 두 번 또는 일반적으로 짝수 번 바꾸어 항등치환을 얻을 수 있는 치환의 부호는 $+1$로 정한다:

$$\operatorname{sgn}\begin{pmatrix} 1 & 2 & 3 \\ 2 & 3 & 1 \end{pmatrix} = 1.$$

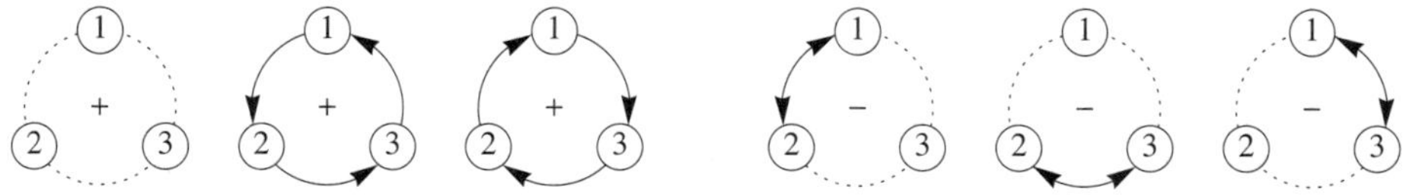

그림: 3-치환 여섯 가지와 부호

항등치환의 부호는 1로 정의한다.

$$\operatorname{sgn}(\mathrm{id}) = 1.$$

또

$$\operatorname{sgn}\begin{pmatrix} 1 & 2 \\ 2 & 1 \end{pmatrix} = -1$$

이다.

우리는 일반적인 치환 σ 의 부호 $\mathrm{sgn}\,\sigma$ 를 $+1$ 또는 -1 로 정의하였다. 그러나 이러한 정의가 "잘 정의되었다"는 것[5]은 부록에서 살펴보기로 한다.

앞으로 부호가 양수$(+1)$인 치환을 **짝치환**, 부호가 음수(-1)인 치환을 **홀치환**이라 부르기로 한다.

2.3.1　기본연습문제

1. 다음 치환의 부호는 얼마인가?

$$\begin{pmatrix} 1 & 2 & 3 & 4 \\ 4 & 3 & 2 & 1 \end{pmatrix}$$

2. 사다리 놀이에서 "계단"의 개수가 홀수일 때, 항등치환이 될 수 있는가?

3. 다음은 4-치환 스물네 가지 중 짝치환 네 가지와 홀치환 네 가지를 보여 주는 그림이다. 나머지 치환들과 그 부호를 밝히라.

$+$

○	★	△	□
★	○	□	△
△	□	○	★
□	△	★	○

$-$

○	★	□	△
△	□	★	○
□	△	○	★
★	○	△	□

4. 지금까지는 치환을 자연수 집합에서 다루었지만, 사실 치환의 개념은 어떤 집합에서도 다룰 수 있다. 다음 치환은 짝치환일까 홀치환일까?

$$\begin{pmatrix} A & G & C & U \\ U & C & G & A \end{pmatrix}$$

5. 정사면체에서 한 꼭짓점과 그것에 마주보는 면의 중심을 지나는 직선을 중선이라고 하자. 정사면체에는 네 개의 중선이 있다. 정사면체를 한 중선에 대하여 $120°$ (또는 $-120°$) 회전시키면 꼭짓점들 사이에 치환이 생긴다. 이 치환은 짝치환일까 홀치환일까?

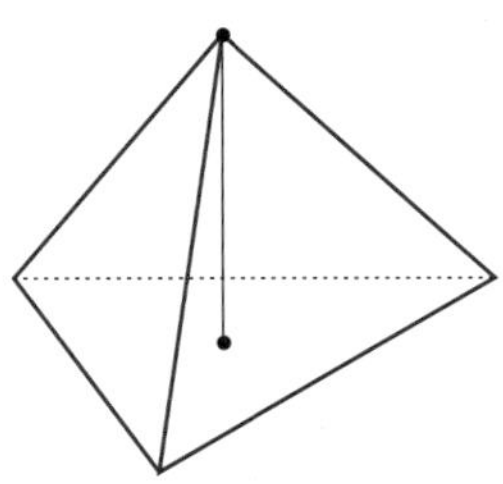

[5]다시 말하면, 항등치환으로 바꾸는 데 필요한 "두자리바꿈"의 개수는, 한 번 짝수이면 다른 어떠한 방법도 여전히 짝수이고, 한 번 홀수이면 다른 어떠한 방법도 여전히 홀수라는 것.

제 3 절 행렬식

3.1 이차 행렬식

좌표평면의 벡터 $\mathbf{a}_1 = \begin{pmatrix} a \\ c \end{pmatrix}$, $\mathbf{a}_2 = \begin{pmatrix} b \\ d \end{pmatrix}$ 에 대하여 이차 정사각행렬 $(\mathbf{a}_1\ \mathbf{a}_2)$ 의 **행렬식**은

$$\det(\mathbf{a}_1, \mathbf{a}_2) = \det \begin{pmatrix} a & b \\ c & d \end{pmatrix} = ad - bc$$

로 정의한다. 이때 벡터 $\mathbf{a}_1$ 을 (원점 주위로) $+90°$ 회전시킨 벡터 $\begin{pmatrix} -c \\ a \end{pmatrix}$ 를 (수직기호를 사용하여) $\mathbf{a}_1^{\perp}$ 으로 나타내면

$$\det(\mathbf{a}_1, \mathbf{a}_2) = \mathbf{a}_1^{\perp} \cdot \mathbf{a}_2 \tag{1}$$

임을 알 수 있다.

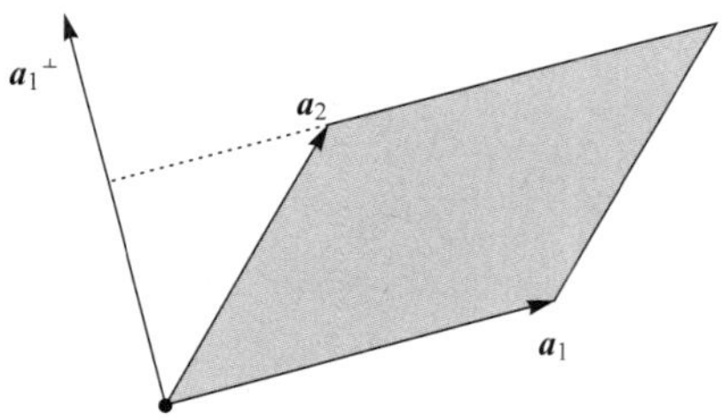

이제 두 벡터 $\mathbf{a}_1, \mathbf{a}_2$ 에 의하여 얻은 **나란히꼴**(平行四邊形, parallelogram)

$$P(\mathbf{a}_1, \mathbf{a}_2) := \{t_1\mathbf{a}_1 + t_2\mathbf{a}_2 \mid 0 \le t_1, t_2 \le 1\}$$

의 넓이는 $|\det(\mathbf{a}_1, \mathbf{a}_2)|$ 임을 밝혀 보자 (제 5 장 3절 연습문제 5 번 참조).

물론 $\mathbf{a}_1 = \mathbf{0}$ 일 때에는 나란히꼴은 선분이므로, 그 넓이는 행렬식 값과 같이 영이다.

이제 $\mathbf{a}_1 \neq \mathbf{0}$ 이라고 가정한다. 그러면

(나란히꼴의 넓이) = (밑변의 길이) × (높이)

이므로, 예를 들어 밑변을 $\mathbf{a}_1$ 이라 하면, 높이는 벡터 $\mathbf{a}_1^{\perp}$ 에 $\mathbf{a}_2$ 를 정사영한 벡터 $\frac{\mathbf{a}_1^{\perp} \cdot \mathbf{a}_2}{|\mathbf{a}_1^{\perp}|^2}\, \mathbf{a}_1^{\perp}$ 의 크기이다. 따라서 나란히꼴의 넓이는

$$|\mathbf{a}_1| \times \left| \frac{\mathbf{a}_1^{\perp} \cdot \mathbf{a}_2}{|\mathbf{a}_1^{\perp}|^2}\, \mathbf{a}_1^{\perp} \right| = |\mathbf{a}_1^{\perp} \cdot \mathbf{a}_2| = |\det(\mathbf{a}_1, \mathbf{a}_2)|$$

이다. □

(평면에서는) "벡터 $\mathbf{a}_1^\perp$ 과 $\mathbf{a}_2$ 가 서로 수직이라는 것"과 "$\mathbf{a}_1$ 과 $\mathbf{a}_2$ 가 일차종속, 즉 나란하다는 것"은 같은 뜻이다. 그러므로 식 (1)에서,

"$\det(\mathbf{a}_1, \mathbf{a}_2) = 0$"과 "$\mathbf{a}_1$ 과 $\mathbf{a}_2$ 가 일차종속임"

은 같은 뜻이라는 것을 알 수 있다.

다시 말하면, "$\det(\mathbf{a}_1, \mathbf{a}_2) \neq 0$"이라는 것과 "$\mathbf{a}_1, \mathbf{a}_2$ 가 일차독립"이라는 것은 같은 뜻이다. 그러므로 "$\det(\mathbf{a}_1, \mathbf{a}_2) \neq 0$"은 "행렬 $(\mathbf{a}_1\ \mathbf{a}_2)$ 가 역행렬을 가진다"는 것과 동등한 명제이다.

3.1.1

이제 $\mathbf{a}_1$ 과 $\mathbf{a}_2$ 가 일차독립이라고 하자. 그러면 식 (1)에서

$$\det(\mathbf{a}_1, \mathbf{a}_2) > 0 \quad \Longleftrightarrow \quad \mathbf{a}_1^\perp \cdot \mathbf{a}_2 > 0$$

을 얻는다. 다시 말하면, 행렬식 값이 양수라는 것은 행렬의 처음 벡터 $\mathbf{a}_1$ 을 $+90°$ 회전한 방향과 가까이에 $\mathbf{a}_2$ 가 있다는 것이다. 즉 $\mathbf{a}_1^\perp$ 와 $\mathbf{a}_2$ 사이의 각이 예각($< \pi/2$) 임을 뜻한다. 그러므로 $\mathbf{a}_1$ 을 양의 방향으로 회전시킬 때 반 바퀴 도는 동안에 벡터 $\mathbf{a}_2$ 가 있다.

마찬가지로

$$\det(\mathbf{a}_1, \mathbf{a}_2) < 0 \quad \Longleftrightarrow \quad \mathbf{a}_1^\perp \cdot \mathbf{a}_2 < 0$$

이므로, 행렬식 값이 음이면 $\mathbf{a}_1^\perp$ 와 $\mathbf{a}_2$ 가 이루는 각이 둔각($> \pi/2$)임을 뜻한다. 그러므로 $\mathbf{a}_1$ 을 음의 방향으로 회전시킬 때 반 바퀴 도는 동안에 벡터 $\mathbf{a}_2$ 가 있다.

그러므로 $\det(\mathbf{a}_1, \mathbf{a}_2)$ 는 "향(向, orientation)이 있는 나란히꼴" $P(\mathbf{a}_1, \mathbf{a}_2)$ 의 "부호를 가진 넓이"를 뜻한다.

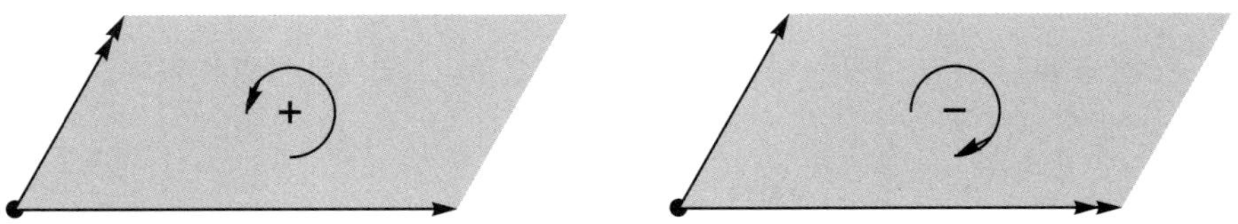

그림: 향을 가진 나란히꼴

3.2 삼차 행렬식

삼차 정사각행렬

$$A = \begin{pmatrix} a_{11} & a_{12} & a_{13} \\ a_{21} & a_{22} & a_{23} \\ a_{31} & a_{32} & a_{33} \end{pmatrix}$$

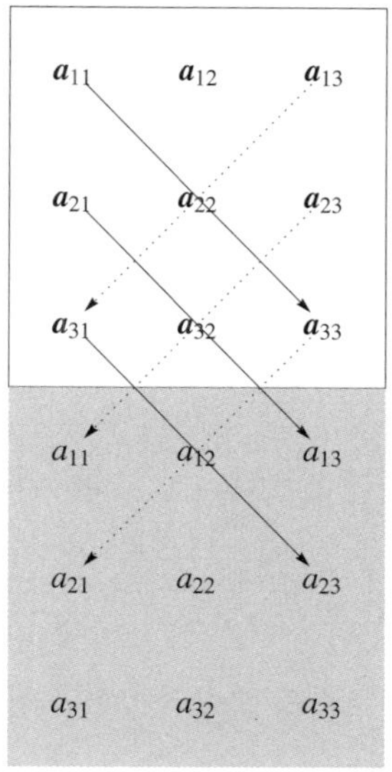

의 행렬식은

$$\begin{aligned} \det A &= a_{11}a_{22}a_{33} + a_{21}a_{32}a_{13} + a_{31}a_{12}a_{23} \\ &\quad - a_{11}a_{32}a_{23} - a_{21}a_{12}a_{33} - a_{31}a_{22}a_{13} \end{aligned}$$

으로 정의한다.

이때 우변에 나오는 각 항은 행렬 A의 원소 하나를 추출하여 그 원소가 속한 행과 열을 모두 제거하고, 남은 2×2 행렬에서 원소 하나를 추출하여 그 원소가 속한 행과 열을 모두 제거한 다음, 남은 원소 하나와 이미 추출한 두 원소를 모두 곱하여 적절히 부호를 부여한 것이다.

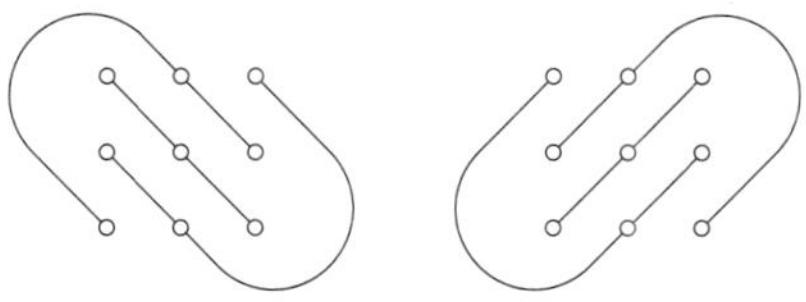

+ −

3.2.1 기본연습문제

1. 다음을 보이라.

$$\det \begin{pmatrix} 1 & 0 & 0 \\ 0 & 1 & 0 \\ 0 & 0 & 1 \end{pmatrix} = 1, \qquad \det \begin{pmatrix} 0 & 1 & 2 \\ 3 & 4 & 5 \\ 6 & 7 & 8 \end{pmatrix} = 0.$$

2. **삼각행렬**(三角行列, triangular matrix) $\begin{pmatrix} a_{11} & a_{12} & a_{13} \\ 0 & a_{22} & a_{23} \\ 0 & 0 & a_{33} \end{pmatrix}$ 의 행렬식을 구하라.

3.3 일반 행렬식

일반적으로, n차 정사각행렬 $A = (a_{ij})$의 **행렬식** $\det A$는[6] 행렬 A의 처음 열에서 한 원소 $a_{\sigma(1)1}$을 택하고, 두 번째 열에서 또 한 원소 $a_{\sigma(2)2}$를 택하되 처음 열에서 택한 원소가 속한 행에 있지 않는 것을 택하고, 다시 세 번째 열에서 한 원소 $a_{\sigma(3)3}$을 택하되, 처음 두 열에서 택한 원소들이 속한 행에 있지 않는 것을 택하고, $\ldots$, 마지막 열에 남아 있는 원소 $a_{\sigma(n)n}$을 택하여, 이들을 모두 곱한 것 $a_{\sigma(1)1}a_{\sigma(2)2}\cdots a_{\sigma(n)n}$의 가능한 모든 (부호를 가진) 합을 구한 것으로 정의한다. 즉,

$$\det A = \sum_{\sigma \in S_n} \operatorname{sgn}(\sigma)\, a_{\sigma(1)1}\, a_{\sigma(2)2} \cdots a_{\sigma(n)n} \tag{2}$$

이다.[7] 여기에서 S_n은 n-치환 전체의 집합을 나타낸다.

항등행렬의 행렬식은 대각선에 있는 항들을 모두 곱한 값인 1이다:

$$\det I_n = 1.$$

3.3.1 기본연습문제

대각행렬에서 다음을 밝히라.

$$\det \begin{pmatrix} \lambda_1 & 0 & 0 & 0 \\ 0 & \lambda_2 & 0 & 0 \\ 0 & 0 & \lambda_3 & 0 \\ 0 & 0 & 0 & \lambda_4 \end{pmatrix} = \lambda_1\lambda_2\lambda_3\lambda_4$$

---

[6]정사각행렬 A의 행렬식(行列式, determinant)을 기호 $\det A$로 나타내는 대신에 $|A|$로 쓰는 저자도 있다. 이 편리한(?) 기호는, A의 절댓값을 나타내는 기호와 약간 혼동을 주고, 더 나아가서 치환적분법에서 중요하게 나타나는 행렬식의 절댓값을 $||A||$로 나타내야 하는 부담을 준다. 따라서 우리는 기호 "$\det A$"를 쓰기로 한다. 행렬식을 **결정식**이라고 부르는 이도 있다.

[7]4차 정사각행렬의 행렬식을 구하려면 (여덟 개 항이 아니고) 4!, 즉 24개의 항을 (부호를 조정하여) 더하여야 하고, n차 정사각행렬의 행렬식을 구하려면 $n!$개의 항을 (부호를 조정하여) 더하여야 한다. 그러므로 고지식한 정의를 따른다면, 정사각행렬의 크기(size)가 커지면 행렬식을 구하는 데에는 매우 많은 시간과 비용이 든다. 행렬식을 빠르게 구하는 방법에는 여러 가지가 있다.

3.4 새로운 관점

n 차 정사각행렬 $A = (a_{ij})$ 를 n 개의 n-벡터

$$\mathbf{a}_1 = \begin{pmatrix} a_{11} \\ a_{21} \\ \vdots \\ a_{n1} \end{pmatrix}, \quad \ldots, \quad \mathbf{a}_n = \begin{pmatrix} a_{1n} \\ a_{2n} \\ \vdots \\ a_{nn} \end{pmatrix}$$

의 모임으로 이해하면, A 의 행렬식은 $\det(\mathbf{a}_1, \ldots, \mathbf{a}_n)$ 으로 쓸 수 있다.

특히 항등행렬은 표준단위벡터들로 이루어져 있고, 이때

$$\det(\mathbf{e}_1, \ldots, \mathbf{e}_n) = 1$$

이다.[8]

3.4.1 다중선형사상

보기를 들어, $n = 3$ 일 때 행렬식함수

$$(\mathbf{a}_1, \mathbf{a}_2, \mathbf{a}_3) \mapsto \det(\mathbf{a}_1, \mathbf{a}_2, \mathbf{a}_3)$$

은 성분 $\mathbf{a}_1, \mathbf{a}_2, \mathbf{a}_3$ 각각에 대하여 선형이다. 즉,

$$\begin{aligned} \det(t\mathbf{a}_1 + \mathbf{a}'_1, \mathbf{a}_2, \mathbf{a}_3) &= t\det(\mathbf{a}_1, \mathbf{a}_2, \mathbf{a}_3) + \det(\mathbf{a}'_1, \mathbf{a}_2, \mathbf{a}_3) \\ \det(\mathbf{a}_1, t\mathbf{a}_2 + \mathbf{a}'_2, \mathbf{a}_3) &= t\det(\mathbf{a}_1, \mathbf{a}_2, \mathbf{a}_3) + \det(\mathbf{a}_1, \mathbf{a}'_2, \mathbf{a}_3) \\ \det(\mathbf{a}_1, \mathbf{a}_2, t\mathbf{a}_3 + \mathbf{a}'_3) &= t\det(\mathbf{a}_1, \mathbf{a}_2, \mathbf{a}_3) + \det(\mathbf{a}_1, \mathbf{a}_2, \mathbf{a}'_3) \end{aligned}$$

이다. 이와 같은 성질을 **삼중선형** 또는 일반적으로 **다중선형**(multi-linear)이라 한다. 또 변수 $\mathbf{a}_1, \mathbf{a}_2, \mathbf{a}_3$ 중에서 어느 두 개의 위치를 바꾸면 행렬식 값은 부호가 변한다. 즉,

$$\det(\mathbf{a}_2, \mathbf{a}_1, \mathbf{a}_3) = -\det(\mathbf{a}_1, \mathbf{a}_2, \mathbf{a}_3) = \det(\mathbf{a}_1, \mathbf{a}_3, \mathbf{a}_2)$$

등이 성립한다. 이러한 성질을 **교대적**(alternating)이라 한다.

[8] 행렬식 값의 기하학적 의미는 다음과 같다. n-공간에서 n 개의 벡터 $\mathbf{a}_1, \ldots, \mathbf{a}_n$ 은 n 차원 나란히꼴

$$P(\mathbf{a}_1, \ldots, \mathbf{a}_n) := \{t_1\mathbf{a}_1 + \cdots + t_n\mathbf{a}_n \mid 0 \le t_1, \ldots, t_n \le 1\}$$

을 형성한다. 이때 $\det(\mathbf{a}_1, \ldots, \mathbf{a}_n)$ 은 나란히꼴 P 의 부호를 가진 (n 차원) 부피이다.

$n = 3$ 이 아니더라도, 일반적인 행렬식이 **교대다중선형사상**임은 식 (2)에서 바로 알 수 있고, 따라서 다음 정리를 얻는다.

정리 3.4.2 *행렬식* $\det : \mathbb{R}^n \times \mathbb{R}^n \times \cdots \times \mathbb{R}^n \to \mathbb{R}$ *에 대하여*

(0) *항등행렬의 행렬식 값은 1이다.*

(i) *각 열에 대하여 선형사상이다. 즉, 실수* t *와* $i \in \{1, 2, \ldots, n\}$ *에 대하여 다음이 성립한다.*

$$\begin{aligned} &\det(\mathbf{a}_1, \ldots, \mathbf{a}_{i-1}, t\mathbf{a}_i + \mathbf{a}_i', \mathbf{a}_{i+1}, \ldots, \mathbf{a}_n) \\ = \;& t\det(\mathbf{a}_1, \ldots, \mathbf{a}_{i-1}, \mathbf{a}_i, \mathbf{a}_{i+1}, \ldots, \mathbf{a}_n) + \det(\mathbf{a}_1, \ldots, \mathbf{a}_{i-1}, \mathbf{a}_i', \mathbf{a}_{i+1}, \ldots, \mathbf{a}_n) \end{aligned}$$

(ii) *두 열을 바꾸면 부호가 바뀐다. 즉,* $i < j$ *이면*

$$\det(\mathbf{a}_1, \ldots, \mathbf{a}_i, \ldots, \mathbf{a}_j, \ldots, \mathbf{a}_n) = -\det(\mathbf{a}_1, \ldots, \mathbf{a}_j, \ldots, \mathbf{a}_i, \ldots, \mathbf{a}_n).$$

위 정리의 (i) 에서 제일열에 대하여만 선형이라고 가정하여도, 교대 성질 때문에 나머지 열에 대해서는 자동으로 성립한다.

따름정리 3.4.3

(i) *서로 다른 열에 같은 벡터가 있는 정사각행렬의 행렬식 값은 0 이다.*

(ii) *정사각행렬에서 어떤 열의 벡터를 상수배하여 다른 열에 더하더라도, 행렬식의 값은 변화가 없다. 즉, 임의의 실수* t *와 서로 다른* $i, j \in \{1, 2, \ldots, n\}$ *에 대하여 다음이 성립한다.*

$$\det(\mathbf{a}_1, \ldots, \mathbf{a}_{i-1}, \mathbf{a}_i + t\mathbf{a}_j, \mathbf{a}_{i+1}, \ldots, \mathbf{a}_n) = \det(\mathbf{a}_1, \ldots, \mathbf{a}_{i-1}, \mathbf{a}_i, \mathbf{a}_{i+1}, \ldots, \mathbf{a}_n)$$

증명. 성질 (i) 은 정리 3.4.2 의 (ii) 에서 바로 나온다.
성질 (ii) 는 (i) 과 정리 3.4.2 의 (i) 에서 얻는다. □

3.4.4 기본연습문제

아래의 계산 과정에서 행렬식의 어떤 성질을 적용하고 있는가를 말하라.

$$\det\begin{pmatrix} -2 & 4 & 7 \\ -3 & 5 & 8 \\ -4 & 6 & 9 \end{pmatrix} = \det\begin{pmatrix} -2 & 4 & 3 \\ -3 & 5 & 3 \\ -4 & 6 & 3 \end{pmatrix} = 3\det\begin{pmatrix} -2 & 4 & 1 \\ -3 & 5 & 1 \\ -4 & 6 & 1 \end{pmatrix}$$

$$= \quad 3\det\begin{pmatrix} -2 & 2 & 1 \\ -3 & 2 & 1 \\ -4 & 2 & 1 \end{pmatrix} = 2 \times 3 \det\begin{pmatrix} -2 & 1 & 1 \\ -3 & 1 & 1 \\ -4 & 1 & 1 \end{pmatrix} = 0.$$

다음 정리는 "교대다중선형성"이 행렬식의 **특성**임을 말한다.

정리 3.4.5 *함수* $f : \overbrace{\mathbb{R}^n \times \mathbb{R}^n \times \cdots \times \mathbb{R}^n}^{n\text{ 개의 곱}} \to \mathbb{R}$ *이 교대다중선형사상이면, 임의의* n *차 정사각행렬* A *에 대하여*

$$f(A) = f(I_n) \det A$$

이다. 특히 $f(I_n) = 1$ *이면,* $f = \det$ *이다.*

위 정리의 증명은 어렵지 않지만 부록에서 다룬다.

정리 3.4.6 n *차 정사각행렬* A, B *에 대하여*

$$\det(AB) = (\det A)(\det B) \tag{3}$$

이다. 특히

$$\det(AB) = \det(BA)$$

이다.

증명. 행렬 B 의 각 열벡터를 $\mathbf{b}_1, \ldots, \mathbf{b}_n$ 으로 두면 행렬 AB 의 열벡터는 $A\mathbf{b}_1, \ldots, A\mathbf{b}_n$ 이다. 이제 함수

$$f(\mathbf{b}_1, \ldots, \mathbf{b}_n) = f(B) := \det(AB) = \det(A\mathbf{b}_1, \ldots, A\mathbf{b}_n)$$

은 교대다중선형사상이고, $f(I) = \det A$ 이다. 따라서 정리 (3.4.5)에서

$$f(B) = f(I) \det B = (\det A)(\det B)$$

이다. □

n 차 정사각행렬 A, B 를 사상

$$A : \mathbb{R}^n \to \mathbb{R}^n, \qquad B : \mathbb{R}^n \to \mathbb{R}^n$$

으로 이해하면, 두 행렬의 곱 AB 는 두 사상의 합성을 의미한다. 한편 $\det A$ 와 $\det B$ 는 사상 A, B 의 부피변화율을 의미하므로, 합성함수 AB 의 부피변화율이 $(\det A)(\det B)$ 임은 자연스럽다.

함수 $f(x)$ 의 미분계수 $f'(x)$ 가 함수의 "팽창계수"를 뜻하듯이, 위 정리는 "합성함수의 미분법"이라 보아도 좋다.

3.4.7 기본연습문제

1. n 차 정사각행렬 A, G 에 대하여, G 가 가역이면

$$\det(G^{-1}AG) = \det A$$

임을 보이라.

2. $A = \begin{pmatrix} 0 & 0 & -2 \\ 1 & 2 & 1 \\ 1 & 0 & 3 \end{pmatrix}$ 일 때, $\det(A^5)$의 값을 구하라.[9]

[9] $\det A = 4$ 이므로 답은 $4^5 = 2^{10} = 1024$.

연습문제: 제 7 장 3 절

1. 다음 행렬의 행렬식을 구하라.

(1) $\begin{pmatrix} 1 & 2 & 3 \\ 4 & 5 & 6 \\ 7 & 8 & 9 \end{pmatrix}$ (2) $\begin{pmatrix} 1 & 9 & 99 \\ 0 & 2 & 88 \\ 0 & 0 & 3 \end{pmatrix}$ (3) $\begin{pmatrix} 1 & 1 & 1 \\ 1 & 2 & 3 \\ 1 & 4 & 9 \end{pmatrix}$

2. 좌표평면에서 세 점 (x_1, y_1), (x_2, y_2), (x_3, y_3) 을 꼭짓점으로 하는 삼각형의 넓이는

$$\frac{1}{2}\left|\det\begin{pmatrix} x_1 & y_1 & 1 \\ x_2 & y_2 & 1 \\ x_3 & y_3 & 1 \end{pmatrix}\right|$$

임을 밝히라.

3. 좌표평면에서 네 점 $(0,0)$, $(2,0)$, $(3,2)$, $(2,3)$ 을 꼭짓점으로 가지는 사각형의 넓이는

$$\frac{1}{2}\left|\det\begin{pmatrix} 2 & 3 \\ 0 & 2 \end{pmatrix} + \det\begin{pmatrix} 3 & 2 \\ 2 & 3 \end{pmatrix}\right| = \frac{1}{2}(4+5) = \frac{9}{2}$$

임을 보이라.

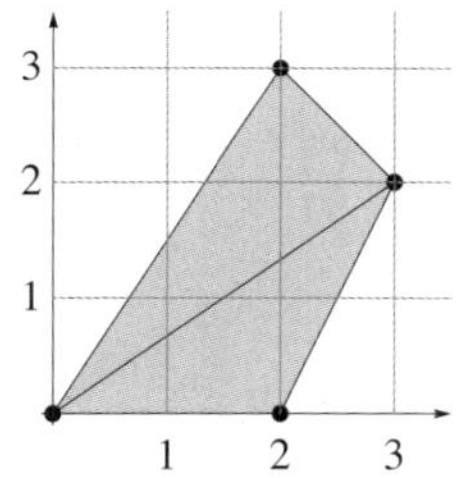

일반적으로 좌표평면에서 꼭짓점이 차례로 $A_1, A_2, \ldots, A_n$ 인 n각형의 넓이는

$$\frac{1}{2}\left|\det(A_1, A_2) + \cdots + \det(A_{n-1}, A_n) + \det(A_n, A_1)\right|$$

임을 보이라.

4. 좌표평면의 벡터 $\mathbf{x}, \mathbf{y}$ 가 이루는 평행사변형의 넓이를 $\mathrm{area}(\mathbf{x}, \mathbf{y})$ 라고 할 때, 2차 정사각행렬 A 에 대하여

$$\mathrm{area}(L_A(\mathbf{x}), L_A(\mathbf{y})) = |\det A|\ \mathrm{area}(\mathbf{x}, \mathbf{y})$$

임을 보이라.[10]

[10] 이와 같이 **선형사상의 행렬식**은 그 선형사상이 얼마나 넓이 또는 부피의 변화를 일으키는가를 알려주는 값이다. 행렬식은 다변수함수의 치환적분이론에서도 중요하게 쓰인다. 위 공식은 2차 정사각행렬 A, B 에 대한 공식 $\det(AB) = (\det A)(\det B)$ 를 이용하면 보일 수 있다.

5. 좌표평면에서 원판 $x^2 + y^2 \leq 1$ 이 "선형변환"

$$\begin{pmatrix} 2 & 0 \\ 0 & 3 \end{pmatrix}$$

에 의하여 변환된 상의 넓이를 구하라.

또 넓이가 A 인 영역은 이 선형변환에 의하여 넓이가 얼마인 영역이 되는가?

6. 타원판

$$\frac{x^2}{a^2} + \frac{y^2}{b^2} \leq 1$$

의 넓이는 얼마인가?

7. (닮은 꼴의 부피와 차원) n 차 정사각행렬 A 와 실수 c 에 대하여 $\det(cA)$ 는 $\det A$ 의 몇 배인가?

8. 다음을 보이라.

$$\det\begin{pmatrix} 1 & 1 & 1 \\ x & y & z \\ x^2 & y^2 & z^2 \end{pmatrix} = (x-y)(y-z)(z-x)$$

$$\det\begin{pmatrix} t & x & y \\ x & t & y \\ x & y & t \end{pmatrix} = (t-x)(t-y)(t+x+y)$$

$$\det\begin{pmatrix} t & x & y \\ -x & t & z \\ -y & -z & t \end{pmatrix} = t(t^2+x^2+y^2+z^2)$$

9. 정사각행렬 A 의 행렬식을 $|A|$ 로 나타낼 때, 다음을 보이라.

$$\begin{vmatrix} e_1 & e_2 & e_3 \\ a_1 & a_2 & a_3 \\ b_1 & b_2 & b_3 \end{vmatrix} = e_1\begin{vmatrix} a_2 & a_3 \\ b_2 & b_2 \end{vmatrix} - e_2\begin{vmatrix} a_1 & a_3 \\ b_1 & b_3 \end{vmatrix} + e_3\begin{vmatrix} a_1 & a_2 \\ b_1 & b_2 \end{vmatrix}$$

10. n 차 정사각행렬 A 와 m 차 정사각행렬 B 에 대하여

$$\det\begin{pmatrix} A & O \\ O & B \end{pmatrix} = (\det A)(\det B)$$

임을 보이라.

제 4 절 부록: 치환의 부호와 행렬식의 성질

4.1 치환의 부호

앞에서 모든 치환은 홀치환이거나 짝치환이라고 하였다. 이 절에서는 홀짝의 개념을 분명히 하여, 치환 전체의 집합[11] S 에서 정의된 함수

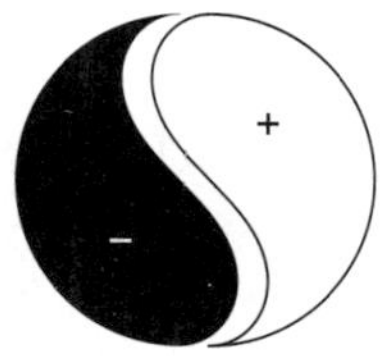

$$f : S \to \mathbb{R}$$

중 성질

$$f(\sigma_1\sigma_2) = f(\sigma_1) \cdot f(\sigma_2)$$

를 가지는 것은 상수함수가 아니면 부호함수 $f = \text{sgn}$ 임을 밝히기로 한다.

4.1.1 호환

치환 중에서 두 원소만 바꾸고 나머지는 변화를 주지 않는 것을 **호환**(互換, transposition) 이라고 한다. 즉, 서로 다른 자연수 i, j 에 대하여

$$\sigma(k) = \begin{cases} j & (k = i) \\ i & (k = j) \\ k & (k \neq i,\ k \neq j) \end{cases}$$

와 같은 치환 σ 를 호환이라 하고, $(i\ j)$ 또는 $(j\ i)$ 로 나타내기로 한다.

호환은 두 번 실행하면 항등치환이 된다.[12] 즉, 호환의 역치환은 자기 자신이다.

정리 4.1.2 *$n \geq 2$ 일 때, 모든 n-치환은 호환의 곱으로 나타난다.*

증명. n 에 대한 귀납법을 써서 증명하기로 한다. 먼저 $n = 2$ 인 경우에는 자명하다. 이제 $n > 2$ 이라 하고 n-치환 σ 가 하나 주어졌다고 하자. 만약 $\sigma(n) = n$ 이면, σ 는 $(n-1)$-치환으로 볼 수 있고, 따라서 귀납법 가정에 의하여 σ 는 호환의 곱으로 나타난다. $\sigma(n) = k \neq n$ 일 때에는, 호환 $(k\ n)$ 과 합성하여 $(n-1)$-치환

$$(k\ n)\,\sigma$$

---

[11] n-치환은 $n+1$ 을 변화시키지 않는 $(n+1)$-치환으로 볼 수 있고, 역으로 $(n+1)$-치환 중 $n+1$ 을 변화시키지 않는 것은 n-치환으로 볼 수 있다. n-치환은 자연수 전체의 집합 $\mathbb{N} = \{1, 2, 3, \dots\}$ 의 **자기 전단사함수** $\sigma : \mathbb{N} \to \mathbb{N}$ 으로서, $n+1$ 이후로는 항등사상과 같은 것으로 볼 수 있다.

$$S_1 \subset S_2 \subset S_3 \subset \cdots \subset S = \bigcup_{n=1}^{\infty} S_n$$

[12] 사다리 타기에서 계단이 연속적으로 두 개가 있는 것은 두 계단이 없는 것과 마찬가지이다.

를 얻는다. 따라서 다시 귀납법 가정에 의하여 호환 $\tau_1, \tau_2, \ldots, \tau_t$ 가 존재하여

$$(k\ n)\,\sigma = \tau_1 \tau_2 \cdots \tau_t$$

가 성립한다. 이제 $\sigma = (k\ n)\tau_1\tau_2\cdots\tau_t$ 이므로 증명을 마친다. □

4.1.3 기본연습문제

1. 호환들의 곱 $(3\ 4)\,(2\ 3)\,(3\ 4)\,(1\ 2)\,(2\ 3)\,(3\ 4)$ 가 $(2\ 3)\,(1\ 4)$ 와 같음을 보이라.
2. 치환 $(2\ 3)\,(1\ 4)$ 의 역치환을 구하라.
3. 호환들 중에서 인접한 항을 바꾸는 것, 즉 $(i\quad i+1)$ 을 **인접호환**이라 한다. 이때 임의의 호환은 홀수 개의 인접호환의 곱으로 나타남을 보이라.

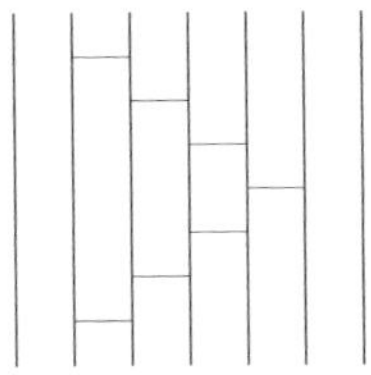

4. 모든 치환은 인접호환의 곱으로 나타남을 보이라.
5. 학생들의 자리가 정해져 있는 학급에 학생들이 아무렇게나 앉아 있다고 하자. 자리에는 번호가 차례대로 매겨져 있다. 이때 인접한 번호에 앉은 두 사람씩 자리를 바꾸게 하여 모두 제자리로 돌아가게 할 수 있음을 설명하라.
6. "사다리"에서 모든 치환을 다 얻을 수 있음을 설명하라.

4.1.4 전도의 수

주어진 치환 σ 에 대하여 집합

$$\{(i,j) \in \mathbb{N}\times\mathbb{N} \mid i<j,\ \sigma(i) > \sigma(j)\}$$

의 원소의 개수 $N(\sigma)$ 를 치환 σ 의 **전도의 수**라고 정의한다. 즉, 치환

$$\sigma = \begin{pmatrix} 1 & 2 & 3 & \cdots & n \\ \sigma(1) & \sigma(2) & \sigma(3) & \cdots & \sigma(n) \end{pmatrix}$$

의 두 번째 행을 살펴보아,

$\sigma(1)$ 이후에 $\sigma(1)$ 보다 작은 항들의 개수
$\sigma(2)$ 이후에 $\sigma(2)$ 보다 작은 항들의 개수
$\sigma(3)$ 이후에 $\sigma(3)$ 보다 작은 항들의 개수
$\cdots$
$\sigma(n-1)$ 이후에 $\sigma(n-1)$ 보다 작은 항들의 개수

를 모두 더하면 바로 전도의 수 $N(\sigma)$ 이다.[13]

예를 들면, 항등치환은 원소들의 순서를 바꾸지 않으므로

$$N(\mathrm{id}) = 0$$

이고,

$$N\begin{pmatrix} 1 & 2 & 3 & 4 \\ 4 & 3 & 2 & 1 \end{pmatrix} = 3+2+1 = 6, \qquad N\begin{pmatrix} 1 & 2 & 3 & 4 \\ 4 & 2 & 3 & 1 \end{pmatrix} = 3+1+1 = 5$$

$$N\begin{pmatrix} 1 & 2 & 3 & 4 & 5 \\ 2 & 3 & 4 & 5 & 1 \end{pmatrix} = 1+1+1+1 = 4$$

이다.

4.1.5 기본연습문제

호환 $(i\ j)$ 의 전도의 수는 $2|i-j|-1$ 임을 보이라.

정리 4.1.6 *임의의 치환 σ 와 호환 τ 에 대하여*

$$N(\sigma\tau) \equiv N(\sigma) + 1 \qquad \mod 2$$

이다.

증명. 먼저 τ 가 인접호환 $(k \quad k+1)$ 인 경우를 살펴보자. 전도의 수를 따지는 과정에서 $k-1$ 번째 원소까지와 $k+2$ 번째 이후의 원소들에 대하여는 σ 와 $\sigma\tau$ 가 모두 같이 변화하므로 조사할 것은

집합 $\{\sigma(k+1)\}$ 에서 $\sigma(k)$ 보다 작은 것의 가짓수와
집합 $\{\sigma\tau(k+1)\} = \{\sigma(k)\}$ 에서 $\sigma\tau(k) = \sigma(k+1)$ 보다 작은 것의 가짓수

의 차를 알면 된다. 그런데 위 두 가짓수는 처음 것이 0 이면 다음 것이 1 이고, 처음 것이 1 이면 다음 것이 0 이므로

$$N(\sigma\tau) = N(\sigma) \pm 1$$

[13] 전도의 수는

$\sigma(2)$ 이전에 $\sigma(2)$ 보다 큰 항들의 개수
$\sigma(3)$ 이전에 $\sigma(3)$ 보다 큰 항들의 개수
$\cdots$
$\sigma(n)$ 이전에 $\sigma(n)$ 보다 큰 항들의 개수

를 모두 더하여 구할 수도 있다.

이다.

이제 τ가 일반적인 경우를 살펴보자. 모든 호환은 홀수 개의 인접호환의 곱으로 주어지므로(4.1.3 참고), 원하는 결론을 얻는다. □

4.1.7 짝치환과 홀치환

짝수 개의 호환의 곱으로 나타나는 치환을 **짝치환**(even permutation), 홀수 개의 호환의 곱으로 나타나는 치환을 **홀치환**(odd permutation)이라고 부른다.

만약 치환 σ가 호환 $\tau_1, \ldots, \tau_k$에 대하여 $\sigma = \tau_1 \cdots \tau_k$이면 $\tau_k \cdots \tau_1 \sigma = \mathrm{id}$이므로 다음과 같이 정의를 하여도 좋음을 알 수 있다:

주어진 치환에 호환을 짝수 번 시행하여 항등치환이 되면 짝치환이라 하고,
호환을 홀수 번 시행하여 항등치환이 되면 홀치환이라고 한다.

그러나 이러한 정의가 **바른 정의**(well-defined definition)[14]가 되기 위해서는 어떤 치환을 호환의 곱으로 나타내는 한 가지 방법에 짝수 개의 호환이 쓰였으면, 다른 방법으로 나타내더라도 여전히 짝수 개의 호환이 쓰인다는 것을 보여야 한다.

정리 4.1.8 *자연수 k, k'과 호환 $\tau_1, \ldots, \tau_k$, $\tau'_1, \ldots, \tau'_{k'}$에 대하여*

$$\tau_1 \ldots \tau_k = \tau'_1 \ldots \tau'_{k'}$$

이면, k와 k'은 홀짝이 같다.

증명. 이 정리의 증명은

$$\mathrm{id} = \tau_1 \ldots \tau_l \quad \Longrightarrow \quad l \equiv 0 \mod 2$$

를 보이면 충분하다.[15] 이제 $\mathrm{id} = \tau_1 \cdots \tau_l$의 전도의 수를 구하면, 앞의 정리에서

$$0 = N(\mathrm{id}) = N(\tau_1 \cdots \tau_l) \equiv N(\tau_1 \cdots \tau_{l-1}) + 1 \equiv N(\tau_1 \cdots \tau_{l-2}) + 2 \equiv \cdots \equiv l \mod 2$$

이다. □

이제 치환 σ의 **부호(수)**(signature)를

$$\mathrm{sgn}(\sigma) = \begin{cases} +1 & (\sigma \text{ 가 짝치환일 때}) \\ -1 & (\sigma \text{ 가 홀치환일 때}) \end{cases}$$

[14] 정의는 아무렇게나 할 수 있는 것이 아니다.

[15] 왜냐하면

$$\tau_1 \cdots \tau_k = \tau'_1 \cdots \tau'_{k'} \quad \Longrightarrow \quad \mathrm{id} = \tau_k \cdots \tau_1 \tau'_1 \cdots \tau'_{k'}$$

이기 때문이다.

로 정의한다.

항등치환은 호환의 제곱이므로 짝치환이다. 특히 항등치환의 부호는 +1 이다.

짝치환과 짝치환의 곱은 짝치환이고, 홀치환과 홀치환의 곱도 짝치환이지만, 짝치환과 홀치환의 곱은 홀치환이다. 또 짝치환의 역치환은 짝치환이고, 홀치환의 역치환은 홀치환이므로, 다음 정리를 얻는다.

정리 4.1.9 *임의의 치환 σ, τ 에 대하여*

(i) $\operatorname{sgn}(\sigma\tau) = (\operatorname{sgn}\sigma)(\operatorname{sgn}\tau)$

(ii) $\operatorname{sgn}(\sigma) = \operatorname{sgn}(\sigma^{-1})$

이다.

다음 정리는 부호함수를 다른 시각으로 볼 수 있게 한다.

정리 4.1.10 *치환 전체의 집합 S 에서 정의된 함수 $f : S \to \mathbb{R}$ 가 상수함수가 아니고, 성질*

$$f(\sigma_1\sigma_2) = f(\sigma_1)f(\sigma_2)$$

를 가지면, $f = \operatorname{sgn}$ 이다.

증명. 항등치환 id 에 대하여 $f(\mathrm{id}) = f(\mathrm{id}\cdot\mathrm{id}) = f(\mathrm{id})^2$ 에서

$$f(\mathrm{id}) = 0, 1$$

임을 안다.

만약 $f(\mathrm{id}) = 0$ 이라면, 모든 치환 σ 에 대하여

$$f(\sigma) = f(\sigma\cdot\mathrm{id}) = f(\sigma)f(\mathrm{id}) = 0$$

이므로 f 는 상수함수 0 이다. 가정에서 f 는 상수함수가 아니라 하였으므로 $f(\mathrm{id}) \neq 0$ 이라야 하고, 따라서

$$f(\mathrm{id}) = 1$$

이다.

그러면 호환 τ 에 대하여 $1 = f(\mathrm{id}) = f(\tau^2) = f(\tau)^2$ 이므로

$$f(\tau) = \pm 1$$

임을 안다.

우리는 모든 치환이 인접호환들의 곱임을 알고 있다 (4.1.3). 만약 모든 인접호환의 f-값이 1이면, f는 상수함수 1이 되므로, 인접호환 중에는 f-값이 -1인 것이 적어도 하나 존재한다. 이제

$$f(i \quad i+1) = -1$$

이라 하자.

이로부터 모든 호환 τ에 대하여

$$f(\tau) = -1$$

임을 유도할 수 있다.

$\because \quad (i \quad i+2)(i \quad i+1)(i \quad i+2) = (i+1 \quad i+2)$ 에서

$$f(i+1 \quad i+2) = f(i \quad i+2)^2 f(i \quad i+1) = (\pm 1)^2 \times (-1) = -1$$

을 얻는다. 마찬가지로 $(i-1 \quad i+1)(i \quad i+1)(i-1 \quad i+1) = (i-1 \quad i)$ 에서

$$f(i-1 \quad i) = f(i-1 \quad i+1)^2 f(i \quad i+1) = (\pm 1)^2 \times (-1) = -1$$

이다. 따라서 모든 인접호환의 f-값이 -1임을 안다.

한편 호환은 홀수 개의 인접호환의 곱이므로 원하는 결론을 얻는다.

따라서 $f = \text{sgn}$ 이다. □

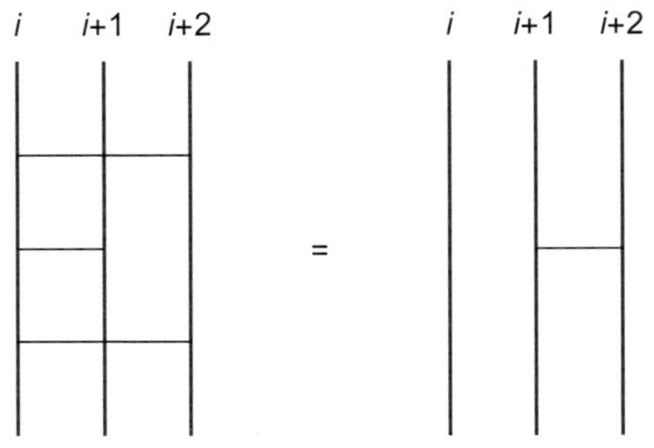

그림: $(i \quad i+2)(i \quad i+1)(i \quad i+2) = (i+1 \quad i+2)$

4.2 행렬식의 성질

4.2.1 정리 (3.4.5)의 증명

어떤 함수 f가 정리 (3.4.2)의 성질 (1)과 (2)를 가지면 f는 따름정리 (3.4.3)의 성질을 가진다. 이제 n차 정사각행렬 $A = (a_{ij})$에 대하여, 각 열벡터를

$$\mathbf{a}_j = \sum_{i=1}^{n} a_{ij}\mathbf{e}_i \qquad (j = 1, \dots, n)$$

으로 두면

$$\begin{aligned} f(A) &= f\left(\sum_{i_1=1}^{n} a_{i_1 1}\mathbf{e}_{i_1}, \dots, \sum_{i_n=1}^{n} a_{i_n n}\mathbf{e}_{i_n}\right) \\ &= \sum_{i_1,\dots,i_n=1}^{n} a_{i_1 1}\cdots a_{i_n n} f(\mathbf{e}_{i_1}, \dots, \mathbf{e}_{i_n}) \\ &= \sum_{\sigma\in S_n} a_{\sigma(1)1}\cdots a_{\sigma(n)n} f(\mathbf{e}_{\sigma(1)}, \dots, \mathbf{e}_{\sigma(n)}) \\ &= \sum_{\sigma\in S_n} (\operatorname{sgn}\sigma) a_{\sigma(1)1}\cdots a_{\sigma(n)n} f(\mathbf{e}_1, \dots, \mathbf{e}_n) \\ &= f(I_n)\det A \end{aligned}$$

이다. □

정리 4.2.2 *n차 정사각행렬 A와 그 전치행렬은 행렬식 값이 같다:*

$$\det A = \det A^{\mathrm{t}}.$$

증명. 정의식 (2)에서 a_{ij} 항의 순서를 바꾸어 행 번호의 순서대로 배열하면

$$\begin{aligned} \det A &= \sum_{\sigma\in S_n} \operatorname{sgn}(\sigma)\, a_{1\sigma^{-1}(1)}\cdots a_{n\sigma^{-1}(n)} \\ &= \sum_{\tau\in S_n} \operatorname{sgn}(\tau^{-1})\, a_{1\tau(1)}\cdots a_{n\tau(n)} \\ &= \sum_{\tau\in S_n} \operatorname{sgn}(\tau)\, a_{1\tau(1)}\cdots a_{n\tau(n)} \\ &= \det(A^{\mathrm{t}}) \end{aligned}$$

이다. □

4.2.3 기본연습문제

1. 행렬식은 각 행에 대하여 선형임을 보이라. 또 두 행을 바꾸면 행렬식 값의 부호가 바뀜을 보이라.
2. 서로 다른 행에 같은 벡터가 있는 정사각행렬은 행렬식 값이 영임을 보이라.

정리 4.2.4 *n-벡터 $\mathbf{a}_1, \mathbf{a}_2, \ldots, \mathbf{a}_n$ 이 일차독립일 필요충분조건은*

$$\det(\mathbf{a}_1, \mathbf{a}_2, \ldots, \mathbf{a}_n) \neq 0$$

이다.

증명. 먼저 n-벡터 $\mathbf{a}_1, \ldots, \mathbf{a}_n$ 이 일차독립이라고 하자. 그러면 이들은 n-공간을 생성하므로,[16] 표준단위벡터 $\mathbf{e}_1, \ldots, \mathbf{e}_n$ 이 모두 이들의 일차결합으로 표시된다. 따라서

$$\mathbf{e}_j = \sum_{i=1}^{n} \mathbf{a}_i b_{ij}$$

로 쓸 수 있다. 이제 $A = (\mathbf{a}_1 \ \cdots \ \mathbf{a}_n)$, $B = (b_{ij})$ 로 두면 $I = AB$ 이고, 따라서

$$1 = \det I = \det AB = (\det A)(\det B)$$

이다. 그러므로

$$0 \neq \det A = \det(\mathbf{a}_1, \ldots, \mathbf{a}_n)$$

을 얻는다.

역으로 n-벡터 $\mathbf{a}_1, \ldots, \mathbf{a}_n$ 이 일차종속이면, 이들 중 어느 하나가 나머지 벡터들의 일차결합이다. 편의상 ($\mathbf{a}_1, \ldots, \mathbf{a}_n$ 을 잘 배열하여)

$$\mathbf{a}_1 = c_2\mathbf{a}_2 + \cdots + c_n\mathbf{a}_n$$

이라고 두자. 그러면

$$\begin{aligned} & \det(\mathbf{a}_1, \mathbf{a}_2, \ldots, \mathbf{a}_n) \\ = \ & \det(c_2\mathbf{a}_2 + \cdots + c_n\mathbf{a}_n, \mathbf{a}_2, \ldots, \mathbf{a}_n) \\ = \ & c_2 \det(\mathbf{a}_2, \mathbf{a}_2, \ldots, \mathbf{a}_n) + \cdots + c_n \det(\mathbf{a}_n, \mathbf{a}_2, \ldots, \mathbf{a}_n) \\ = \ & 0 \end{aligned}$$

이다. □

[16] 제 5 장의 부록에 설명되어 있다.

4.2.5 기본연습문제

1. 벡터 $(1,1,1)$, $(1,2,3)$, $(1,4,9)$ 가 일차독립인지 또는 일차종속인지를 판정하라.
2. 벡터 $(1,1,1)$, (a,b,c), (a^2,b^2,c^2) 이 일차독립이기 위한 a,b,c 의 조건을 구하라.[17]

정리 4.2.6 *n 차 정사각행렬 A 가 가역일 필요충분조건은 $\det A \neq 0$ 이다. 이때*

$$\det(A^{-1}) = (\det A)^{-1}$$

이다.

증명. n 차 정사각행렬 A 가 역행렬을 가지면 $I = AA^{-1}$ 이고, 따라서

$$1 = \det I = \det(AA^{-1}) = (\det A)(\det A^{-1})$$

이다. 그러므로 $\det A \neq 0$ 이고, $\det A^{-1} = (\det A)^{-1}$ 이다.

역으로 $\det A \neq 0$ 이면 A 의 열벡터 $\mathbf{a}_1, \dots, \mathbf{a}_n$ 이 일차독립인 n-벡터들이고, 따라서 이들은 n-공간의 기저이다. 그러므로 등식

$$\begin{aligned} \mathbf{e}_1 &= \mathbf{a}_1 b_{11} + \cdots + \mathbf{a}_n b_{n1} \\ &\vdots \\ \mathbf{e}_n &= \mathbf{a}_1 b_{1n} + \cdots + \mathbf{a}_n b_{nn} \end{aligned}$$

을 만족시키는 실수 b_{ij} 가 존재한다. 즉

$$I_n = (\mathbf{e}_1 \ \cdots \ \mathbf{e}_n) = (\mathbf{a}_1 \ \cdots \ \mathbf{a}_n) \begin{pmatrix} b_{11} & \cdots & b_{1n} \\ \vdots & \ddots & \vdots \\ b_{n1} & \cdots & b_{nn} \end{pmatrix} = A \begin{pmatrix} b_{11} & \cdots & b_{1n} \\ \vdots & \ddots & \vdots \\ b_{n1} & \cdots & b_{nn} \end{pmatrix}$$

이다. 마찬가지로 $\det A^{\mathrm{t}} \neq 0$ 이므로 $I_n = A^{\mathrm{t}}C$ 인 n차 행렬 C 가 존재한다. 그러므로 (기본연습문제 1.0.2.1 에서) A 는 역행렬을 가진다. □

[17]답: a,b,c 가 서로 다르면 된다.

연습문제: 제 7 장 4 절

1. n-치환 중에서 짝치환들의 개수와 홀치환들의 개수를 구하라.

2. 치환

$$\sigma(k) = 16 - k \qquad (k \in \{1, 2, \dots, 15\})$$

는 홀치환임을 보이라.

1	2	3	4
5	6	7	8
9	10	11	12
13	14	15	

15	14	13	12
11	10	9	8
7	6	5	4
3	2	1	

그림: 두 가지 종류의 치환

3. $m \times n$ 직사각형 **퍼즐**(puzzle)은 1 에서 $mn - 1$ 까지의 숫자들와 "빈칸" 하나로 이루어져 있다. 처음 공장에서 배열한 순서를 뒤집어 배열할 수 있는 "가역퍼즐"은 어떠한 것들인가?

4. 다음 "네 줄 사다리 타기"에서 다섯 개의 계단을 놓아 같은 숫자끼리 연결되게 할 수 있는가?

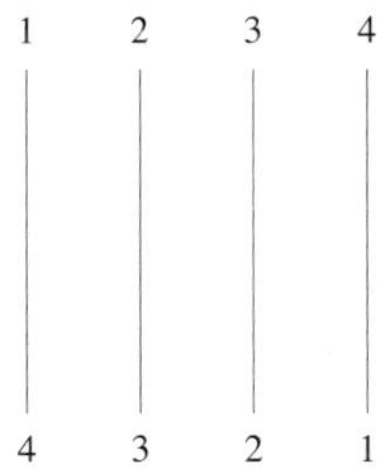

5. 흰 실, 노란 실, 검은 실 세 가닥을 땋아 길고 굵은 끈을 만들었다고 하자. 끈의 처음의 색 배열이 끈의 끝에서의 배열과 같을 때, 땋은 횟수가 짝수임을 설명하라.

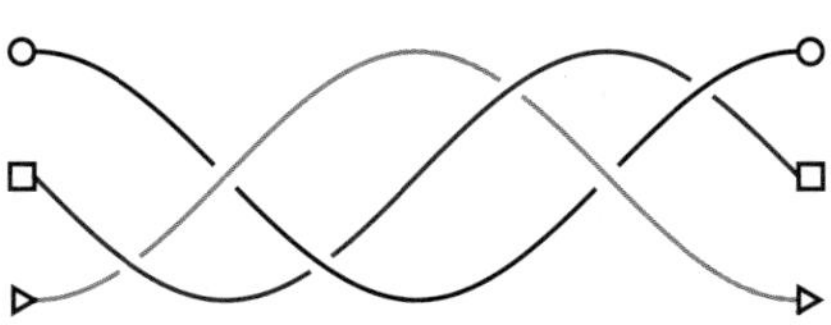

6. n-치환 σ 에 대하여

$$\operatorname{sgn}\sigma = \prod_{i<j} \operatorname{sgn}(\sigma(j) - \sigma(i)) = \prod_{i<j} \frac{\sigma(j) - \sigma(i)}{j - i} = (-1)^{N(\sigma)}$$

임을 보이라.[18]

7. 다음 치환의 전도의 수가 짝수인지 또는 홀수인지를 밝히라.

$$\begin{pmatrix} 1 & 2 & 3 & 4 & 5 & 6 & 7 & 8 & 9 \\ 9 & 8 & 7 & 6 & 5 & 4 & 3 & 2 & 1 \end{pmatrix}$$

8. 다음 치환은 짝치환인가? 홀치환인가?

$$\begin{pmatrix} 1 & 2 & \cdots & 36 & 37 & 38 & 39 & \cdots & 97 & 98 \\ 62 & 63 & \cdots & 97 & 98 & 1 & 2 & \cdots & 60 & 61 \end{pmatrix}$$

9. m 차 정사각행렬 A 와 n 차 정사각행렬 B 에 대하여 다음을 밝히라.

$$\begin{pmatrix} O & B \\ A & O \end{pmatrix} = (-1)^{mn} \det A \cdot \det B$$

10. n 차 행렬 A 의 열벡터들을 차례로 $\mathbf{a}_1, \ldots, \mathbf{a}_n$ 이라 하자. 이 열벡터들의 내적으로 이루어진 n 차 행렬 $(\mathbf{a}_i \cdot \mathbf{a}_j)_{i \le i,j \le n}$ 에 대하여

$$\det(\mathbf{a}_i \cdot \mathbf{a}_j) = (\det(\mathbf{a}_1, \ldots, \mathbf{a}_n))^2$$

임을 밝히라.

11. $n \times k$ 행렬 $\mathbf{v}$ 의 열벡터들을 차례로 $\mathbf{v}_1, \ldots, \mathbf{v}_k$ 라고 하자. 이 k 개의 n-벡터들이 생성하는 k 차원 나란히꼴의 k 차원 부피는 $\sqrt{\det(\mathbf{v}^{\mathrm{t}}\mathbf{v})}$ 임을 밝히라.[19]

12. $n \ge 3$ 이고, $\mathbf{v}$, $\mathbf{w}$ 가 n-벡터일 때,

$$\det(\mathbf{v}\mathbf{w}^{\mathrm{t}} + \mathbf{w}\mathbf{v}^{\mathrm{t}}) = 0$$

임을 밝히라.

---

[18] 실수 a 의 **부호(수)**는

$$\operatorname{sgn}(a) := \begin{cases} a/|a| & (a \neq 0) \\ 0 & (a = 0) \end{cases}$$

으로 정의하고, k 개의 원소를 가진 집합 $A = \{a_1, \ldots, a_k\}$ 에서 정의된 함수 $f : A \to \mathbb{R}$ 에 대하여

$$\prod_{a \in A} f(a) := f(a_1) \cdots f(a_k)$$

로 정의한다.

[19] 나란히꼴의 부피는 (밑넓이)×(높이) 이다. 제5장 3절 연습문제 5번 참고.

제 7 장 탐구문제

1. 임의의 n 차 정사각행렬 A, B 에 대하여, B 가 가역일 때 다음을 밝히라:

$$e^{B^{-1}AB} = B^{-1}e^A B \ .$$

2. 만약 $n \neq m$ 이면, $\mathbb{R}^n$ 과 $\mathbb{R}^m$ 사이에는 전단사인 선형사상이 존재하지 않음을 보이라.

3. n 차 정사각행렬 A 가 역행렬을 가지지 않으면, $AB = O$ 인, 영이 아닌 n 차 정사각행렬 B 가 존재함을 보이라.

4. 직교행렬의 행렬식의 값은 1 또는 -1 임을 보이라.

5. 어떤 집합 X 에서 정의된 함수 $y_1(x), \ldots, y_n(x)$ 에 대하여 항등식

$$c_1y_1(x) + \cdots + c_ny_n(x) = 0$$

이 성립하는 경우가 자명한 상수의 경우, 즉 $c_1 = \cdots = c_n = 0$ 뿐이면, 함수 $y_1, \ldots, y_n$ 을 **일차독립**이라고 부른다. 또 $y_1, \ldots, y_n$ 이 일차독립이 아니면, **일차종속**이라고 부른다. 이제 실수체에서 정의된 함수

$$1,\ x,\ x^2,\ \ldots,\ x^n$$

은 일차독립임을 보이라. 또

$$1,\ \cos x,\ \cos 2x,\ \ldots,\ \cos nx,\ \sin x,\ \sin 2x,\ \ldots,\ \sin nx$$

도 일차독립임을 보이라.

6. 두 미분가능한 함수 $y_1, y_2 : \mathbb{R} \to \mathbb{R}$ 가 일차종속이면,[20]

$$W(y_1, y_2) := \det \begin{pmatrix} y_1 & y_2 \\ y_1' & y_2' \end{pmatrix}$$

가 항등적으로 0 임을 보이라.

또 두 번 미분가능한 함수 y_1, y_2, y_3 가 일차종속이면,[21] 이들의 **론스키안**[22]

$$W(y_1, y_2, y_3) := \det \begin{pmatrix} y_1 & y_2 & y_3 \\ y_1' & y_2' & y_3' \\ y_1'' & y_2'' & y_3'' \end{pmatrix}$$

이 항등적으로 영임을 보이라.

---

[20] y_1 이 y_2 의 상수배이거나, 또는 y_2 가 y_1 의 상수배라는 뜻이다.

[21] 즉 자명하지 않은 상수 c_1, c_2, c_3 에 대하여,

$$c_1y_1(x) + c_2y_2(x) + c_3y_3(x) = 0, \qquad \forall x$$

라는 뜻이다.

[22] 폴란드 수학자 론스키(J. H. Wroński, 1776–1853)로부터 유래됨.

7. **행렬 함수** $A(x) = (a_{ij}(x))$ 의 **미분**은 각 항의 미분으로 이루어진 행렬 $A'(x) := (a_{ij}'(x))$ 를 뜻한다. 즉 $A(x)$ 의 각 열들을 $\mathbf{a}_1(x), \ldots, \mathbf{a}_n(x)$ 이라 하면, $A'(x) = (\mathbf{a}_1'(x), \ldots, \mathbf{a}_n'(x))$ 이다. 이때 다음을 보이라.

$$\begin{aligned} & \frac{d}{dx} \det(\mathbf{a}_1(x), \mathbf{a}_2(x), \ldots, \mathbf{a}_n(x)) \\ = \; & \det(\mathbf{a}_1'(x), \mathbf{a}_2(x), \ldots, \mathbf{a}_n(x)) + \det(\mathbf{a}_1(x), \mathbf{a}_2'(x), \ldots, \mathbf{a}_n(x)) + \cdots \\ & \quad + \det(\mathbf{a}_1(x), \mathbf{a}_2(x), \ldots, \mathbf{a}_n'(x)) \end{aligned}$$

8. n 차 정사각행렬 전체의 집합을 $\mathcal{M}_n$ 이라고 하자. 만약 함수 $f : \mathcal{M}_n \to \mathbb{R}$ 가

   (i) 임의의 $A, B \in \mathcal{M}_n$ 에 대하여 $f(AB) = f(A)f(B)$ 이고,

   (ii) 대각원이 차례로 $\lambda, 1, 1, \ldots, 1$ 인 대각행렬 D_λ 에 대하여 $f(D_\lambda) = \lambda$ 이면,

   $f = \det$ 임을 보이라.[23]

9. 좌표평면에서 "행렬식 값"이 0이 아닌 자기선형사상에 대하여, 타원의 상은 여전히 타원인가?[24] 또 포물선이나 쌍곡선의 상은 어떤가?

10. (**라플라스 전개**와 **수반행렬**(adjoint matrix)) n 차 정사각행렬 A 의 i 번째 행과 j 번째 열을 제거한 $(n-1)$ 차 정사각행렬을 A_{ij} 라고 하였을 때, 임의의 i 에 대하여

$$\det A = \sum_{j=1}^{n} (-1)^{i+j} a_{ij} \det A_{ij}$$

   임을 보이라. 또 임의의 j 에 대하여

$$\det A = \sum_{i=1}^{n} (-1)^{i+j} a_{ij} \det A_{ij}$$

   임을 보이라. 또 $i \neq j$ 이면

$$\sum_{k=1}^{n} (-1)^{j+k} a_{ik} \det A_{jk} = 0 = \sum_{k=1}^{n} (-1)^{j+k} a_{ki} \det A_{kj}$$

   임을 보이라. 이제 (i, j) 항이 $(-1)^{i+j} \det A_{ji}$ 인 n 차 정사각행렬 $\operatorname{adj} A$ 를 A 의 **수반행렬**이라 하면,

$$A(\operatorname{adj} A) = (\det A)I = (\operatorname{adj} A)A$$

---

[23] 임의의 정사각행렬은 대각화 가능한 두 행렬의 곱으로 나타남을 보이면 된다.

[24] TV 방송국에 컴퓨터 애니메이션을 제작하여 공급하는 한 공학자가 어느 날 저자에게 다음과 같은 질문을 하였다. "직사각형에 내접하는 타원이 있는데, 이 직사각형을 한 꼭짓점에서 비스듬히 눌러 찌그러트려 나란히꼴을 만들면, 이때 내접한 타원은 여전히 타원이 되는가요?"

"그럼요. 그게 바로 **아핀기하학**(affine geometry), 즉 선형대수학이 말해 주는 것이죠."

임을 보이라. 특히 A가 가역행렬이면

$$A^{-1} = \frac{1}{\det A}\operatorname{adj} A$$

임을 보이라.

11. 다음 행렬의 행렬식 값을 구하라.

$$\begin{pmatrix} 4 & 0 & 0 & 1 & 0 \\ 3 & 3 & 3 & -1 & 0 \\ 1 & 2 & 4 & 2 & 3 \\ 9 & 4 & 6 & 2 & 3 \\ 2 & 2 & 4 & 2 & 3 \end{pmatrix}$$

12. 다음 행렬의 수반행렬과 역행렬을 구하라.

$$\begin{pmatrix} 1 & -2 & 3 \\ 6 & 7 & -1 \\ -3 & 1 & 4 \end{pmatrix}$$

13. (**크래머[25]의 공식**) n차 가역행렬 A와 $\mathbf{x} = \begin{pmatrix} x_1 \\ \vdots \\ x_n \end{pmatrix}$, $\mathbf{c} = \begin{pmatrix} c_1 \\ \vdots \\ c_n \end{pmatrix}$에 대하여 방정식

$$A\mathbf{x} = \mathbf{c}$$

의 해는

$$x_j = \frac{\det(\mathbf{a}_1, \ldots, \mathbf{a}_{j-1}, \mathbf{c}, \mathbf{a}_{j+1}, \ldots, \mathbf{a}_n)}{\det A} \qquad (j = 1, 2, \ldots, n)$$

임을 보이라. 여기에서 $\mathbf{a}_j$는 A의 j번째 열을 나타낸다.

14. 정사각행렬 A의 각 항이 모두 정수이고, $\det A = 1$이면, A^{-1}의 각 항도 모두 정수임을 보이라.

15. n차 정사각행렬 A의 처음 $n-1$개의 행과 열로 이루어진 $n-1$차 행렬을 B라 두고

$$A = \begin{pmatrix} B & C \\ C^{\mathrm{t}} & d \end{pmatrix}$$

로 두자. 이때 B가 가역이면

$$\det A = (d - C^{\mathrm{t}}B^{-1}C)\det B$$

[25] Gabriel Cramer (1704–1752), 스위스의 수학자.

임을 보이라. 또 B 가 가역이 아니더라도

$$\det A = d \cdot \det B - C^{\mathrm{t}}(\operatorname{adj} B)C$$

임을 보이라.

16. $1-2+1$, $2-5+3$, $8-2+5$ 는 모두 11 의 배수이므로 121, 253, 825 는 모두 11 의 배수이다. 다음을 밝히라:

$$\det \begin{pmatrix} 1 & 2 & 1 \\ 2 & 5 & 3 \\ 8 & 2 & 5 \end{pmatrix} \equiv 0 \qquad \bmod 11 .$$

17. 격자 L 의 한 기저를 $\mathbf{v}_1, \ldots, \mathbf{v}_k$ 라고 하고, 또 다른 기저를 $\mathbf{w}_1, \ldots, \mathbf{w}_k$ 라고 하자. 이때

$$\mathbf{w}_j = \sum_{i=1}^{k} a_{ij}\mathbf{v}_i$$

로 두었을 때,

$$|\det(a_{ij})| = 1$$

임을 보이라.

18. 행렬

$$E_8 := \begin{pmatrix} 2 & 1 & 0 & 0 & 0 & 0 & 0 & 0 \\ 1 & 2 & 1 & 0 & 0 & 0 & 0 & 0 \\ 0 & 1 & 2 & 1 & 0 & 0 & 0 & 0 \\ 0 & 0 & 1 & 2 & 1 & 0 & 0 & 0 \\ 0 & 0 & 0 & 1 & 2 & 1 & 0 & 1 \\ 0 & 0 & 0 & 0 & 1 & 2 & 1 & 0 \\ 0 & 0 & 0 & 0 & 0 & 1 & 2 & 0 \\ 0 & 0 & 0 & 0 & 1 & 0 & 0 & 2 \end{pmatrix}$$

의 행렬식 값을 구하라. 또 주어진 $B \in \mathbb{R}^8$ 에 대하여 연립방정식

$$E_8 X = B \qquad (X \in \mathbb{R}^8)$$

의 해의 개수를 구하라.

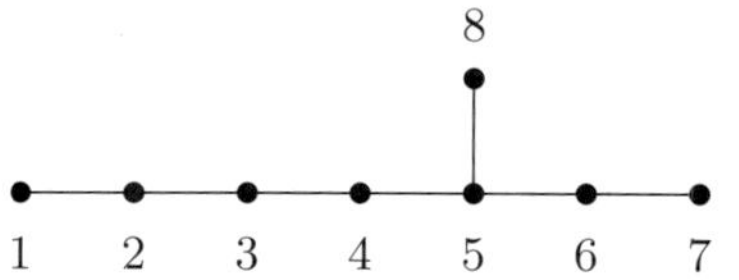

그림: E_8

19. 모든 정사각행렬은 가역행렬들로 이루어진 서열(sequence)의 극한값임을 설명하라.

20. n-벡터 $\mathbf{v}_1, \mathbf{v}_2, \ldots, \mathbf{v}_n$ 에 대하여

$$\det(\mathbf{v}_1, \mathbf{v}_2, \ldots, \mathbf{v}_n) > 0$$

이면, 기저 $(\mathbf{v}_1, \mathbf{v}_2, \ldots, \mathbf{v}_n)$ 이 **양으로 향하여** 있다고 하고,

$$\det(\mathbf{v}_1, \mathbf{v}_2, \ldots, \mathbf{v}_n) < 0$$

이면 $(\mathbf{v}_1, \mathbf{v}_2, \ldots, \mathbf{v}_n)$ 이 **음으로 향하여** 있다고 한다. 이제 벡터 $\mathbf{v}_1, \mathbf{v}_2, \ldots, \mathbf{v}_n$ 이 시각에 따라 각각 연속적으로 변한다고 하자. 시각 $t = 0$ 일 때 이들이 양으로 향하여 있고, 시각 $t = 1$ 일 때 음으로 향하여 있으면, 어느 시각에서 $\mathbf{v}_1, \mathbf{v}_2, \ldots, \mathbf{v}_n$ 이 일차종속임을 보이라.

21. 표준단위벡터 $\mathbf{e}_1, \ldots, \mathbf{e}_n$ 에 대하여, n-공간의 기저 $(\mathbf{e}_n, \mathbf{e}_{n-1}, \ldots, \mathbf{e}_1)$ 은 어떤 경우에 양으로 향하여 있는가?

22. 임의의 n 차 정사각행렬 A, B 에 대하여, B 가 가역일 때, 다음을 보이라.

    (a) $(B^{-1}AB)^k = B^{-1}A^kB \qquad (k = 1, 2, 3, \ldots)$

    (b) 임의의 다항식 $p(x)$ 에 대하여 $p(B^{-1}AB) = B^{-1}p(A)B$ 이다.

    (c) $\operatorname{tr}(B^{-1}AB) = \operatorname{tr} A$

23. 서로 다른 자연수 $a_1, a_2, \ldots, a_k$ 에 대하여, a_1 을 a_2 로, a_2 를 a_3 으로, …, a_k 를 a_1 로 보내며, 다른 자연수들은 변화시키지 않는 치환을 길이가 k 인 **순환치환**이라 부르고

$$(a_1\ a_2\ \ldots\ a_k)$$

로 나타낸다. 이때

$$(a_1\ a_2\ \ldots\ a_k) = (a_1\ a_k) \ldots (a_1\ a_3)(a_1\ a_2)$$

인가? 길이가 k 인 순환치환은 짝치환인가 홀치환인가?

24. 동서 방향과 남북 방향으로 금이 쳐져 있는 한없이 넓은 좌표평면 위에 주사위가 놓여 있다.[26] 아래 그림의 왼쪽에 있는 주사위를 동서 방향 또는 남북 방향으로 여러 번 굴려서 오른쪽 주사위의 상태로 옮기려면 어떻게 굴리면 될까? (단, 한 번 굴릴 때에는 주사위의 한 모서리를 따라 90° 회전시킨다.)

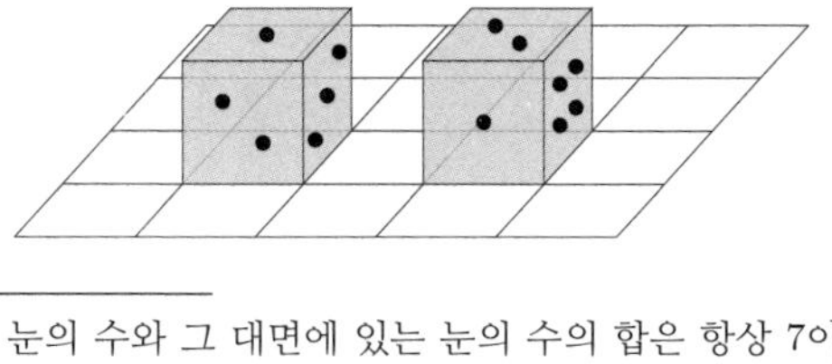

[26]주사위의 한 면에 있는 눈의 수와 그 대면에 있는 눈의 수의 합은 항상 7이다.

제 8 장

삼차원 공간과 벡터곱

우리가 뭔가를 증명할 때에는 논리를 가지고 한다.
그러나 뭔가를 발견할 때에는 직관을 가지고 한다.
— 푸앵카레(H. Poincaré, 1854–1912)

이 장에서는 삼차원 공간에서 벡터곱에 대하여 공부한다. 두 벡터 $\mathbf{a}$와 $\mathbf{b}$의 벡터곱 $\mathbf{a}\times\mathbf{b}$는, 다시 삼차원 공간의 한 벡터로서, $\mathbf{a}$와 $\mathbf{b}$에 동시에 수직이고 그 크기는 $\mathbf{a}$와 $\mathbf{b}$가 만드는 나란히꼴의 넓이와 같으며, 그 방향은 $(\mathbf{a}, \mathbf{b}, \mathbf{a}\times\mathbf{b})$가 양의 방향이 되도록 정해진다.

삼차원만큼 중요한 차원은 없다. 삼차원 공간은 해밀튼(W. R. Hamilton, 1805–1865)의 사원수 체계에서는 순허수 공간이다. 해밀튼은 "공간 운동"을 설명하는 "수의 체계"를 찾으려고 노력하였고, 결국은 1843년 10월 16일 부인과 산책하다 부로엄(Brougham) 다리에서 15년 동안 찾아 헤매던 **사원수**(四元數, quaternion)를 발견하고 그 다리의 돌에다 어떻게 연산이 주어지는지를 새겨 두었다:

$$\mathbf{i}^2 = \mathbf{j}^2 = \mathbf{k}^2 = \mathbf{i}\,\mathbf{j}\,\mathbf{k} = -1.$$

사원수는 "실수와 벡터의 합"으로 이루어져 있는데, 복소수로 평면에서의 회전변환을 설명할 수 있듯이 사원수로 공간에서의 회전변환을 설명할 수 있다 [[사원수]].

푸앵카레는 "삼차원 구(球) $\mathbb{S}^3$만이 단순연결된 옹골 삼차원 공간이다"라고 예상하였으나 그것이 옳은지는 오랫동안 밝혀지지 않았다. 미국의 사업가 클레이(L. Clay)와 그의 부인은 1998년에 그들의 성(姓)을 딴 수학 연구소를 세우고, 2000년 파리에서 각각 100만 불의 현상금을 건 일곱 가지 질문을 발표하였다. 이 가운데 하나가 푸앵카레의 가설이다.

러시아의 젊은 수학자 페렐만(Grigori Perelman, 1966–)은 2002년 11월에 푸앵카레의 가설에 대한 증명을 인터넷에 올렸다. 이 증명이 인정되어 페렐만은 2006년 8월 스페인의 마드리드에서 열린 세계수학자대회(ICM)에서[1] 필즈(J. Fields, 1863–1932) 상 수상자로 선정되었으나, 페렐만은 "증명이 옳다면 그 외의 표창은 필요 없다"며 수상을 거부하였다 [Nasar, Gruber]. 페렐만은 클레이 수학 연구소에서 수여하려는 상금 100만 불도 거부하였다.

[1] 2022년 대회에서는 미국에서 태어났지만 한국에서 자라고 배운 허준이(June Huh, 1983–) 프린스턴 대학 교수가 필즈 상을 수상하였다.

제 1 절 벡터곱

이 장에서는 **삼차원 공간** $\mathbb{R}^3$ 의 벡터만 다루기로 한다. 공간의 두 벡터 $\mathbf{a} = (a_1, a_2, a_3)$ 과 $\mathbf{b} = (b_1, b_2, b_3)$ 의 **벡터곱**(vector product)은

$$\mathbf{a} \times \mathbf{b} := (a_2 b_3 - a_3 b_2,\ a_3 b_1 - a_1 b_3,\ a_1 b_2 - a_2 b_1) \tag{1}$$

로 정의한다.[2] 따라서, 두 벡터를 곱하면 벡터를 얻는다.

벡터곱의 식 (1)을 기억하기 위해서는 벡터 $\mathbf{a}, \mathbf{b}$ 를[3]

$$\begin{pmatrix} a_1 & a_2 & a_3 \\ b_1 & b_2 & b_3 \end{pmatrix} \tag{2}$$

과 같이 나열한다. 그러면 이 행렬의 처음 열을 제외한 나머지 행렬의 행렬식의 값

$$\det \begin{pmatrix} a_2 & a_3 \\ b_2 & b_3 \end{pmatrix} = a_2 b_3 - a_3 b_2$$

가 $\mathbf{a} \times \mathbf{b}$ 의 첫 번째 성분이고, $\mathbf{a} \times \mathbf{b}$ 의 두 번째 성분은 행렬 (2)의 두 번째 열을 제외한 나머지 행렬의 행렬식 값의 **부호를 바꾼 것**

$$-\det \begin{pmatrix} a_1 & a_3 \\ b_1 & b_3 \end{pmatrix} = a_3 b_1 - a_1 b_3$$

이고, $\mathbf{a} \times \mathbf{b}$ 의 마지막 성분은 행렬 (2)의 마지막 열을 제외한 나머지 행렬의 행렬식 값인

$$\det \begin{pmatrix} a_1 & a_2 \\ b_1 & b_2 \end{pmatrix} = a_1 b_2 - a_2 b_1$$

이다.[4]

---

[2] **교차곱**(cross product)이라고도 한다. 벡터곱의 바른 정의를 알고 싶으면 [수학사전]을 참고.

[3] 벡터를 열로 쓰는 오래된 (고치기 힘든) 관습을 따르면, $\begin{pmatrix} a_1 & b_1 \\ a_2 & b_2 \\ a_3 & b_3 \end{pmatrix}$ 처럼 쓰는 것이 일관성이 있지만, 종이를 절약하기 위해서 벡터들을 행으로 쓰기로 한다.

[4] 조금 이상하긴 하지만 어떤 책에서는 등식

$$\mathbf{a} \times \mathbf{b} = \det \begin{pmatrix} \mathbf{e}_1 & \mathbf{e}_2 & \mathbf{e}_3 \\ a_1 & a_2 & a_3 \\ b_1 & b_2 & b_3 \end{pmatrix}$$

으로 나타내어 기억하기 쉽게 한다. 제 7 장 3절 연습문제 9번 참고.

1.0.1 보기

표준단위벡터 $\mathbf{e}_1 = (1,0,0)$, $\mathbf{e}_2 = (0,1,0)$, $\mathbf{e}_3 = (0,0,1)$ 에 대하여

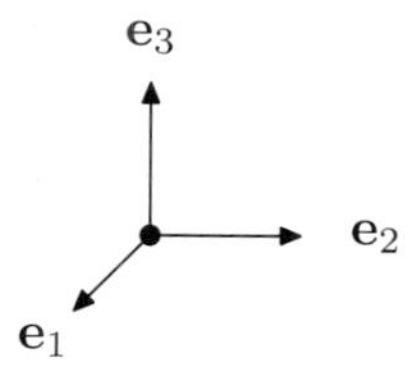

$$\mathbf{e}_1 \times \mathbf{e}_1 = \mathbf{e}_2 \times \mathbf{e}_2 = \mathbf{e}_3 \times \mathbf{e}_3 = \mathbf{0}$$
$$\mathbf{e}_1 \times \mathbf{e}_2 = \mathbf{e}_3 = -\mathbf{e}_2 \times \mathbf{e}_1$$
$$\mathbf{e}_2 \times \mathbf{e}_3 = \mathbf{e}_1 = -\mathbf{e}_3 \times \mathbf{e}_2$$
$$\mathbf{e}_3 \times \mathbf{e}_1 = \mathbf{e}_2 = -\mathbf{e}_1 \times \mathbf{e}_3$$

이다.

1.0.2 기본연습문제

$\mathbf{k} = (0,0,1)$ 로 둘 때

1. 평면 벡터 $(x,y,0)$과 $(p,q,0)$의 벡터곱은

$$(x,y,0) \times (p,q,0) = (0,0,xq-yp) = \mathbf{k}\ \det \begin{pmatrix} x & y \\ p & q \end{pmatrix}$$

임을 확인하라.

2. 임의의 실수 t 에 대하여

$$\mathbf{e}(t) := (\cos t, \sin t, 0), \qquad \mathbf{e}^*(t) := (-\sin t, \cos t, 0)$$

으로 정의할 때, 다음을 확인하라.

$$\mathbf{e}(t) \times \mathbf{e}^*(t) = \mathbf{k}, \qquad \mathbf{e}^*(t) \times \mathbf{k} = \mathbf{e}(t), \qquad \mathbf{k} \times \mathbf{e}(t) = \mathbf{e}^*(t).$$

3. 다음과 같이

$$\epsilon_{ijk} = \begin{cases} \operatorname{sgn} \begin{pmatrix} 1 & 2 & 3 \\ i & j & k \end{pmatrix}, & \{i,j,k\} = \{1,2,3\} \\ 0, & \{i,j,k\} \neq \{1,2,3\} \end{cases}$$

로[5] 정의할 때, 다음을 보이라.

$$\boxed{\mathbf{e}_i \times \mathbf{e}_j = \sum_k \epsilon_{ijk} \mathbf{e}_k}$$

---

[5]이 기호는 이탈리아 수학자 레비-치비타(Tullio Levi-Civita, 1873–1941)가 처음 사용하였다.

1.1 벡터곱의 성질

정리 1.1.1 *삼차원 공간의 임의의 벡터* $\mathbf{a}, \mathbf{b}, \mathbf{c}$ *에 대하여 다음 등식이 성립한다.*[6]

$$(\mathbf{a} \times \mathbf{b}) \cdot \mathbf{c} = \det(\mathbf{a}, \mathbf{b}, \mathbf{c})$$

증명. 위 등식의 양변은 모두 벡터 $\mathbf{c}$ 에 대하여 선형이다. 그러므로 이 등식을 밝히려면 $\mathbf{c}$ 가 표준단위벡터 $\mathbf{e}_1, \mathbf{e}_2, \mathbf{e}_3$ 인 경우에만 밝히면 된다. 그런데 $(\mathbf{a} \times \mathbf{b}) \cdot \mathbf{e}_1$ 은 $\mathbf{a} \times \mathbf{b}$ 의 처음 성분이고, 이것은

$$\det(\mathbf{a}, \mathbf{b}, \mathbf{e}_1) = \det \begin{pmatrix} a_1 & b_1 & 1 \\ a_2 & b_2 & 0 \\ a_3 & b_3 & 0 \end{pmatrix} = a_2 b_3 - a_3 b_2$$

와 같다. 마찬가지로 $i = 2, 3$ 이면, $(\mathbf{a} \times \mathbf{b}) \cdot \mathbf{e}_i$ 는 $\mathbf{a} \times \mathbf{b}$ 의 i번째 성분이고, 이는 $\det(\mathbf{a}, \mathbf{b}, \mathbf{e}_i)$ 와 같다. □

위 정리에서

$$(\mathbf{a} \times \mathbf{b}) \cdot \mathbf{a} = \det(\mathbf{a}, \mathbf{b}, \mathbf{a}) = 0, \qquad (\mathbf{a} \times \mathbf{b}) \cdot \mathbf{b} = \det(\mathbf{a}, \mathbf{b}, \mathbf{b}) = 0$$

이므로 $\mathbf{a} \times \mathbf{b}$ 는 벡터 $\mathbf{a}$ 와 $\mathbf{b}$ 에 모두 수직이다.

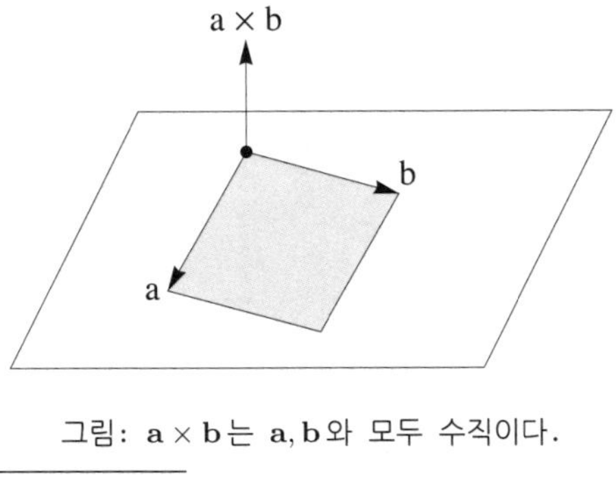

그림: $\mathbf{a} \times \mathbf{b}$ 는 $\mathbf{a}, \mathbf{b}$ 와 모두 수직이다.

[6] 벡터는 다른 벡터들과 내적한 값들에 의하여 유일하게 정해지므로, 위 등식을 벡터곱의 정의로 삼아도 좋다. 성질이 바로 "본질"인 경우가 많다.

따름정리 1.1.2 *삼차원 공간의 임의의 벡터* $\mathbf{a}, \mathbf{b}, \mathbf{c}$ *와 실수* t *에 대하여 다음 등식이 성립한다.*

(i) $(\mathbf{a} \times \mathbf{b}) \cdot \mathbf{c} = \mathbf{a} \cdot (\mathbf{b} \times \mathbf{c})$

(ii) $\mathbf{a} \times (\mathbf{b} + \mathbf{c}) = \mathbf{a} \times \mathbf{b} + \mathbf{a} \times \mathbf{c}, \qquad (\mathbf{a} + \mathbf{b}) \times \mathbf{c} = \mathbf{a} \times \mathbf{c} + \mathbf{b} \times \mathbf{c}$

(iii) $(t\mathbf{a}) \times \mathbf{b} = t(\mathbf{a} \times \mathbf{b}) = \mathbf{a} \times (t\mathbf{b})$

(iv) $\mathbf{a} \times \mathbf{b} = -\mathbf{b} \times \mathbf{a}, \qquad \mathbf{a} \times \mathbf{a} = \mathbf{0}$

(v) $|\mathbf{a}|^2 |\mathbf{b}|^2 = (\mathbf{a} \cdot \mathbf{b})^2 + |\mathbf{a} \times \mathbf{b}|^2$

증명. (i) $(\mathbf{a} \times \mathbf{b}) \cdot \mathbf{c}$ 는 $\det(\mathbf{a}, \mathbf{b}, \mathbf{c})$ 와 같고, 이 값은 행렬식의 성질에서 $\det(\mathbf{b}, \mathbf{c}, \mathbf{a})$ 와 같다. 이 값은 다시 $(\mathbf{b} \times \mathbf{c}) \cdot \mathbf{a}$ 이다. 이제 내적의 교환법칙을 사용하면 된다.

(ii), (iii) 은 양변을 일반벡터 $\mathbf{d}$ 와 내적한 다음, 행렬식의 다중선형 성질을 이용하면 얻을 수 있다.

(iv) 는 행렬식의 교대 성질에서 얻는다.

(v) 는 좌표를 써서 나타내면

$$\left(\sum_k a_k{}^2\right)\left(\sum_k b_k{}^2\right) = \left(\sum_k a_k b_k\right)^2 + \sum_{i<j} (a_i b_j - a_j b_i)^2$$

이다.[7] 이 등식은 쉽게 보일 수 있다 (제 5 장 3.2.10.3 참고). □

앞으로 벡터 $\mathbf{a}, \mathbf{b}, \mathbf{c}$ 의 **삼중곱** $(\mathbf{a} \times \mathbf{b}) \cdot \mathbf{c}$, 즉 $\mathbf{a} \cdot (\mathbf{b} \times \mathbf{c})$ 를 간단히 $\mathbf{a} \times \mathbf{b} \cdot \mathbf{c}$ 또는 $\mathbf{a} \cdot \mathbf{b} \times \mathbf{c}$ 로 쓰기도 한다.

7

이 항등식을 **라그랑주 항등식**이라 부르는데

$$|\mathbf{a} \times \mathbf{b}|^2 = \det \begin{pmatrix} \mathbf{a} \cdot \mathbf{a} & \mathbf{a} \cdot \mathbf{b} \\ \mathbf{b} \cdot \mathbf{a} & \mathbf{b} \cdot \mathbf{b} \end{pmatrix}$$

처럼 쓸 수 있다. 이 항등식은 연습문제 9 (c) 의 특별한 경우인데, 제 7 장 4절 연습문제 10번에서 유도할 수도 있다. 라그랑주는 나폴레옹이 가장 존경하던 프랑스–이탈리아 수학자로 16세부터 수학을 독학하여, 19세에 이탈리아의 토리노에 있는 왕립포병학교의 수학 교수가 되었고, 그 다음 해에 후에 변분론의 기초가 되는 천체역학에 관한 중요한 문제를 해결하였다.

벡터 $\mathbf{a}$와 $\mathbf{b}$가 이루는 각의 크기를 θ라고 하면 $\mathbf{a}\cdot\mathbf{b} = |\mathbf{a}|\,|\mathbf{b}|\cos\theta$이므로, 위 따름 정리의 (v) 에서 $\mathbf{a}\times\mathbf{b}$의 크기는

$$|\mathbf{a}\times\mathbf{b}| = |\mathbf{a}|\,|\mathbf{b}|\,|\sin\theta| \tag{3}$$

임을 알 수 있다. 이 크기는 벡터 $\mathbf{a}, \mathbf{b}$가 이루는 평행사변형의 넓이이다.[8] 또

$$\det(\mathbf{a}, \mathbf{b}, \mathbf{a}\times\mathbf{b}) = (\mathbf{a}\times\mathbf{b})\cdot(\mathbf{a}\times\mathbf{b}) = |\mathbf{a}\times\mathbf{b}|^2 \geq 0$$

이므로, $\mathbf{a}$와 $\mathbf{b}$가 나란하지 않으면 벡터의 순서모임

$$(\mathbf{a}, \mathbf{b}, \mathbf{a}\times\mathbf{b})$$

는 양으로 향해 있음을[9] 알 수 있다.

종합하면,

> $\mathbf{a}$와 $\mathbf{b}$가 일차종속이면, $\mathbf{a}\times\mathbf{b} = \mathbf{0}$이고,
>
> $\mathbf{a}$와 $\mathbf{b}$가 일차독립이면, $\mathbf{a}\times\mathbf{b}$는 $\mathbf{a}$와 $\mathbf{b}$에 수직인 벡터로, 그 방향은
>
> $$(\mathbf{a}, \mathbf{b}, \mathbf{a}\times\mathbf{b})$$
>
> 가 양으로 향하도록 주어지고, 그 크기는 $\mathbf{a}, \mathbf{b}$가 이루는 평행사변형의 넓이와 같다.[10]

벡터 $\mathbf{a}$가 영벡터가 아니면, $\mathbf{a}$에 수직인 벡터들로 이루어진 평면 $\mathbf{a}^\perp$ 을 생각할 수 있다. 이 평면에 속하는 벡터 $\mathbf{c}$를 (이 평면에서) 90° 회전하면 벡터 $\mathbf{c}'$이 된다고 말할 때는 오른손 법칙을 따라 회전한 것으로 $\det(\mathbf{a}, \mathbf{c}, \mathbf{c}') > 0$이다.

$\mathbf{a}$가 단위벡터일 때, 벡터 $\mathbf{b}$를 $\mathbf{a}$와 나란한 성분 $\mathbf{b}_0$과 $\mathbf{a}$에 수직인 성분 $\mathbf{b}_1$의 합으로 두면, $\mathbf{a}\times\mathbf{b}$는 $\mathbf{b}_1$을 평면 $\mathbf{a}^\perp$ 속에서 90° 회전한 벡터이다.

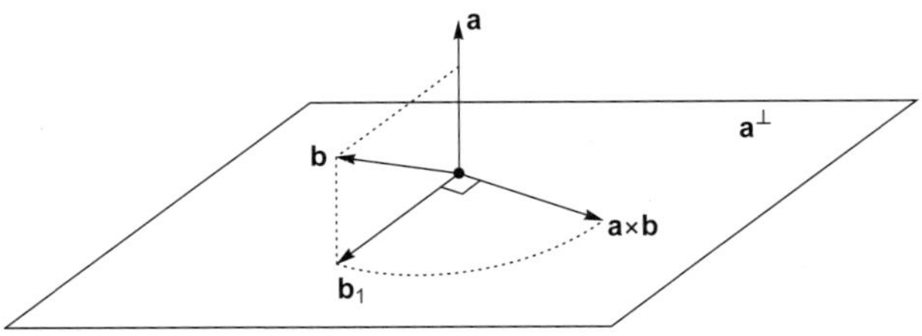

[8] 식 (3)의 좌변의 제곱은 $\mathbf{a}, \mathbf{b}$가 이루는 평행사변형을 xy, yz, zx-평면에 각각 정사영한 것들의 넓이의 제곱의 합이다. 이 값이 우변의 제곱, 즉 $\mathbf{a}, \mathbf{b}$가 이루는 평행사변형의 넓이의 제곱과 같다. 이런 의미에서 식 (3)을 **피타고라스 정리**라고 부른다.

[9] 제 7 장 탐구문제 20번 참조.

[10] 이 성질을 벡터곱의 정의로 삼으면 좋을 텐데 . . .

1.1.3 보기

세 점

$$A = (1, -1, 2), \quad B = (-1, 1, 4), \quad C = (1, 3, -2)$$

를 지나는 평면의 방정식을 구하라.

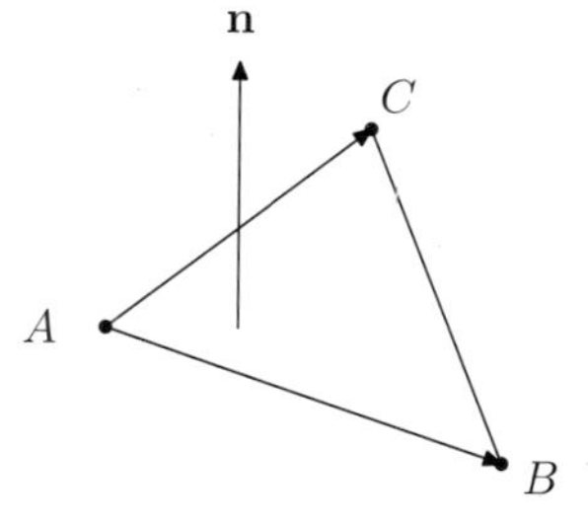

풀이. 먼저 평면에 수직인 벡터 $\mathbf{n}$을 하나 구한다.

$$\begin{aligned}(B-A)\times(C-A) &= (-2,2,2)\times(0,4,-4) = 8(-1,1,1)\times(0,1,-1)\\ &= 8(-2,-1,-1)\end{aligned}$$

에서 $\mathbf{n} = (2, 1, 1)$로 둘 수 있다. 따라서 점 A를 지나고 벡터 $\mathbf{n}$에 수직인 평면의 식은 $2(x-1)+(y+1)+(z-2)=0$, 즉 $2x+y+z=3$ 이다.

1.2 점과 직선 사이의 거리

공간에서 점 P를 지나고 단위벡터 $\mathbf{v}$와 나란한 방향의 직선을 l이라 하자. 이때 공간의 점 Q와 직선 l 사이의 최단거리를 구하여 보자.

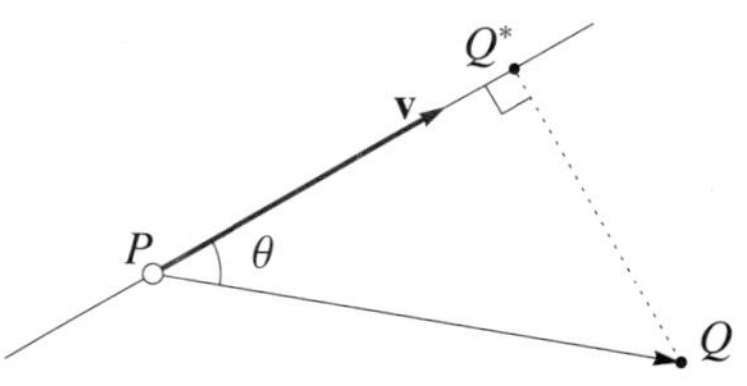

풀이. 직선 l의 점 중에서 Q와 가장 가까운 점을 Q^*라고 하자.[11] 또 벡터 $\mathbf{v}$와 벡터 $\overrightarrow{PQ}$ 사이의 각을 θ라고 하면, 구하는 거리는 $\overline{QQ^*} = \overline{PQ}\,|\sin\theta| = \left|\overrightarrow{PQ}\times\mathbf{v}\right|$ 이다.

1.2.1 기본연습문제

1. 공간에서 점 $(3, 2, 1)$을 지나고 벡터 $\mathbf{v} = (2, 3, 6)$과 나란한 직선을 l이라 하자. 이때 점 $(2, 1, 0)$과 직선 l 사이의 최단거리는 얼마인가?[12]
2. 공간에서 점 A, B를 지나는 직선 l과 점 Q 사이의 거리는

$$\frac{|(A-Q)\times(B-Q)|}{|A-B|}$$

임을 보이라.[13]

---

[11] 이러한 점은 반드시 존재한다!

[12] 벡터 $\mathbf{v}$의 크기는 $\sqrt{2^2+3^2+6^2}$, 즉 7이고, $((3,2,1)-(2,1,0))\times(2,3,6)/7 = (3,-4,1)/7$ 이므로 답은 $\sqrt{26}/7$.

[13] 삼각형 ABQ의 넓이는 $\frac{1}{2}\times$ (밑변의 길이) $\times$ (높이).

연습문제: 제 8 장 1 절

1. 다음 벡터에 대하여 $\mathbf{a}\times\mathbf{b}$를 구하라.

   (a) $\mathbf{a} = (1,-1,1), \quad \mathbf{b} = (-2,3,1)$

   (b) $\mathbf{a} = (-1,1,2), \quad \mathbf{b} = (1,0,-1)$

2. 벡터 $\mathbf{a} = (1,1,1)$, $\mathbf{b} = (1,2,3)$ 에 대하여 $|\mathbf{a}\times\mathbf{b}|$ 를 구하라.

3. 벡터 $(1,2,3)$ 과 $(-3,-2,4)$ 에 수직이고, 점 $(2,1,-5)$ 를 지나는 직선의 방정식을 구하라.

4. 식 $(\mathbf{a}\times\mathbf{b})\times\mathbf{c} = \mathbf{a}\times(\mathbf{b}\times\mathbf{c})$ 가 성립하지 않는 벡터 $\mathbf{a},\mathbf{b},\mathbf{c}$ 의 보기를 들라.

5. 두 벡터 $(-2,1,-3)$ 과 $(2,-2,1)$ 이 만드는 평행사변형의 넓이를 구하라.

6. 좌표공간의 한 점 P 와 두 벡터 $\mathbf{v} = (1,2,3)$, $\mathbf{w} = (3,2,1)$ 에 대하여 식

   $$P + t\mathbf{v} + s\mathbf{w}, \qquad 0 \le t \le 1, \qquad 0 \le s \le 1$$

   로 주어진 평행사변형의 넓이는 얼마인가?

7. 다음 벡터곱을 구하라.

   (a) $(\mathbf{e}_1 - \mathbf{e}_2 + \mathbf{e}_3)\times(\mathbf{e}_2 - \mathbf{e}_3)$

   (b) $(\mathbf{e}_1 \times \mathbf{e}_2)\times(\mathbf{e}_1 + \mathbf{e}_2 + \mathbf{e}_3)$

   (c) $(((\mathbf{e}_1 + \mathbf{e}_2 + \mathbf{e}_3)\times\mathbf{e}_1)\times\mathbf{e}_2)\times\mathbf{e}_3$

8. 삼차원 공간의 두 벡터 $\mathbf{a},\mathbf{b}$ 가 일차독립일 필요충분조건은 $\mathbf{a}\times\mathbf{b}\neq\mathbf{0}$ 임을 보이라.

9. 삼차원 공간의 임의의 벡터 $\mathbf{a},\mathbf{b},\mathbf{c},\mathbf{d}$ 에 대하여

   (a) $\mathbf{a}\times(\mathbf{b}\times\mathbf{c}) = (\mathbf{a}\cdot\mathbf{c})\mathbf{b} - (\mathbf{a}\cdot\mathbf{b})\mathbf{c}$

   (b) $(\mathbf{a}\times\mathbf{b})\times\mathbf{c} = (\mathbf{a}\cdot\mathbf{c})\mathbf{b} - (\mathbf{b}\cdot\mathbf{c})\mathbf{a}$

   (c) $(\mathbf{a}\times\mathbf{b})\cdot(\mathbf{c}\times\mathbf{d}) = (\mathbf{a}\cdot\mathbf{c})(\mathbf{b}\cdot\mathbf{d}) - (\mathbf{a}\cdot\mathbf{d})(\mathbf{b}\cdot\mathbf{c})$

   (d) $\mathbf{a}\times(\mathbf{b}\times\mathbf{c}) + \mathbf{b}\times(\mathbf{c}\times\mathbf{a}) + \mathbf{c}\times(\mathbf{a}\times\mathbf{b}) = \mathbf{0}$

   임을 보이라.[14]

---

[14]식 (a)에서 $\mathbf{a}\times(\mathbf{b}\times\mathbf{c})$ 는 $\mathbf{b}\times\mathbf{c}$ 에 수직인 벡터이고, 그러한 벡터는 $\mathbf{b}$ 와 $\mathbf{c}$ 의 일차결합으로 표현된다. 이 식은 마구 셈하여 보여도 되고, 또는 $(\mathbf{b},\mathbf{c})$ 가 $(\mathbf{e}_1,\mathbf{e}_2), (\mathbf{e}_2,\mathbf{e}_3), (\mathbf{e}_3,\mathbf{e}_1)$ 일 때만 증명하여도 된다. 식 (b)는 식 (a)와 같은 식이다. 식 (c)는 식 (b)를 $\mathbf{d}$ 와 내적하면 얻어진다 (주석 7 참고). 거꾸로 식 (c)에서 식 (b)를 얻는다. 식 (a)~(c)는 **라그랑주 공식**이고, 식 (d)는 **야코비**(Carl G. J. Jacobi, 1804–1851) **항등식**이다. 야코비 항등식에서 벡터곱은 **결합법칙**을 가지지 않음을 알 수 있다. 리(S. Lie, 1842–1899)의 아름다운 이론에 의하면, 야코비 항등식은 결합법칙을 미분하여 얻은 것이다.

10. 삼차원공간에서 양으로 향한 정규직교기저 $\mathbf{v}_1, \mathbf{v}_2, \mathbf{v}_3$ 에 대하여

$$\mathbf{a} = \sum_{i=1}^{3} a_i \mathbf{v}_i, \quad \mathbf{b} = \sum_{j=1}^{3} b_j \mathbf{v}_j$$

일 때, 다음을 보이라.

$$\mathbf{a} \times \mathbf{b} = \sum_{i,j,k=1}^{3} \epsilon_{ijk} a_i b_j \mathbf{v}_k$$

11. 공간 속의 한 사면체 $ABCD$ 의 면 BCD 에 대하여, 크기가 이 면의 넓이와 같고, 이 면에 수직이고, 방향은 사면체의 밖을 향하는 벡터 $\mathbf{v}_A$ 를 생각하자. 마찬가지 방법으로 각 면 CDA, DAB, ABC 에 대하여 벡터 $\mathbf{v}_B, \mathbf{v}_C, \mathbf{v}_D$ 가 정의되었을 때

$$\mathbf{v}_A + \mathbf{v}_B + \mathbf{v}_C + \mathbf{v}_D = \mathbf{0}$$

임을 보이라.

12. 일차독립인 벡터 $\mathbf{v}_1, \mathbf{v}_2$ 에 대하여 공간 속의 두 직선

$$A_i + t\mathbf{v}_i, \qquad i = 1, 2$$

사이의 최단거리는

$$\left| (A_1 - A_2) \cdot \frac{\mathbf{v}_1 \times \mathbf{v}_2}{|\mathbf{v}_1 \times \mathbf{v}_2|} \right|$$

임을 보이라.

13. (**정사영**) 공간 속의 두 벡터 $\mathbf{a}, \mathbf{b}$ 가 이루는 평행사변형을 한 평면에 정사영한 것의 넓이는 원래 넓이의 $\cos\theta$ 배임을 보이라 (제5장 3절 연습문제 6번 참고). 여기서 θ 는 평행사변형과 주어진 평면이 이루는 각의 크기이다.[15]

14. 공간에서 영이 아닌 벡터 $\mathbf{a}$ 에 대한 벡터 $\mathbf{b}$ 의 정사영을 $p_{\mathbf{a}}(\mathbf{b})$ 라고 하자. 이때

$$\mathbf{b} - p_{\mathbf{a}}(\mathbf{b}) = \frac{(\mathbf{a} \times \mathbf{b}) \times \mathbf{a}}{\mathbf{a} \cdot \mathbf{a}}$$

임을 보이라.

15. 공간에서 벡터 $\mathbf{a}$, $\mathbf{b}$, $\mathbf{c}$ 가 일차독립이면, 임의의 벡터 $\mathbf{v}$ 에 대하여

$$\mathbf{v} = \frac{\det(\mathbf{v}, \mathbf{b}, \mathbf{c})}{\det(\mathbf{a}, \mathbf{b}, \mathbf{c})}\mathbf{a} + \frac{\det(\mathbf{a}, \mathbf{v}, \mathbf{c})}{\det(\mathbf{a}, \mathbf{b}, \mathbf{c})}\mathbf{b} + \frac{\det(\mathbf{a}, \mathbf{b}, \mathbf{v})}{\det(\mathbf{a}, \mathbf{b}, \mathbf{c})}\mathbf{c}$$

임을 보이라. 또 이때 행렬 $(\mathbf{a}\ \mathbf{b}\ \mathbf{c})$ 의 역행렬은

$$\frac{1}{\mathbf{a} \cdot \mathbf{b} \times \mathbf{c}} (\mathbf{b} \times \mathbf{c} \quad \mathbf{c} \times \mathbf{c} \quad \mathbf{a} \times \mathbf{b})^t$$

임을 밝히라.

[15]두 평면 사이의 각의 크기는 각 평면에 수직인 벡터들 사이의 각의 크기와 같다.

16. 좌표공간 속의 정사면체 $OABC$ 에 내접하는 구의 중심을 P 라고 하자. 이때 $\overrightarrow{OP}$ 를 $\overrightarrow{OA}$, $\overrightarrow{OB}$, $\overrightarrow{OC}$ 의 일차결합으로 표현하라.

17. 공간에서 $\triangle ABC$ 와 원점 O 에 대하여 $\mathbf{a} = \overrightarrow{OA}$, $\mathbf{b} = \overrightarrow{OB}$, $\mathbf{c} = \overrightarrow{OC}$ 로 두면 벡터

$$\mathbf{n} := (\mathbf{a} \times \mathbf{b}) + (\mathbf{b} \times \mathbf{c}) + (\mathbf{c} \times \mathbf{a})$$

는 $\triangle ABC$ 에 수직임을 보이라. 다른 곳을 원점으로 하면 $\mathbf{n}$ 은 어떻게 변하는가? 또 $|\mathbf{n}|$ 은 삼각형 넓이의 몇 배인가?

18. 좌표공간에서 점 A, B, C, X 의 위치벡터를 각각 $\mathbf{a}, \mathbf{b}, \mathbf{c}, \mathbf{x}$ 라 할 때, 방정식

$$\mathbf{x} \cdot (\mathbf{a} \times \mathbf{b} + \mathbf{b} \times \mathbf{c} + \mathbf{c} \times \mathbf{a}) = \det(\mathbf{a}, \mathbf{b}, \mathbf{c})$$

는 세 점 A, B, C 를 지나는 평면을 나타냄을 설명하라.

19. 벡터 $\mathbf{a}, \mathbf{b}, \mathbf{c} \in \mathbb{R}^3$ 에 대하여 다음을 보이라.

$$(\mathbf{a} \times \mathbf{b}) \cdot (\mathbf{b} \times \mathbf{c}) \times (\mathbf{c} \times \mathbf{a}) = (\mathbf{a} \cdot \mathbf{b} \times \mathbf{c})^2$$

20. 평행사변형을 xy-평면, yz-평면, zx-평면으로 정사영한 것의 넓이가 각각 1, 1, 2 이면 처음 평행사변형의 넓이는 얼마인가? (제5장 3절 연습문제 7번 참고)

21. $\mathbb{R}^3$ 속의 세 벡터 $\mathbf{x}, \mathbf{y}, \mathbf{z}$ 가 이루는 **평행육면체**[16]

$$\{r\mathbf{x} + s\mathbf{y} + t\mathbf{z} \mid 0 \le r, s, t \le 1\}$$

의 부피는 $|\det(\mathbf{x}, \mathbf{y}, \mathbf{z})|$ 임을 보이라.[17]

22. 점 $(0,1,2)$, $(1,2,3)$, $(1,3,5)$, $(1,4,11)$ 을 꼭짓점으로 하는 사면체의 부피를 구하라.

23. 삼차원 좌표공간 속의 세 벡터 $\mathbf{x}, \mathbf{y}, \mathbf{z}$ 가 이루는 평행육면체의 부피를 $\mathrm{Vol}(\mathbf{x}, \mathbf{y}, \mathbf{z})$ 로 두었을 때, 삼차 정사각행렬 A 에 대하여 다음을 보이라.[18]

$$\mathrm{Vol}(L_A(\mathbf{x}), L_A(\mathbf{y}), L_A(\mathbf{z})) = |\det A| \,\mathrm{Vol}(\mathbf{x}, \mathbf{y}, \mathbf{z})$$

24. 타원체 $\dfrac{x^2}{a^2} + \dfrac{y^2}{b^2} + \dfrac{z^2}{c^2} \le 1$ 의 부피는 얼마인가?

25. 벡터 $\mathbf{u}, \mathbf{v}, \mathbf{w}$ 에 대하여 다음을 보이라.

$$(\mathbf{u} \times \mathbf{v}) \times (\mathbf{u} \times \mathbf{w}) = \det(\mathbf{u}, \mathbf{v}, \mathbf{w})\mathbf{u}.$$

---

[16] **나란히꼴**이라는 용어는 차원과 관계 없이 사용할 수 있는 좋은 용어이다.

[17] 일반적으로 행렬식의 값은 "부호를 가진 부피"를 나타낸다.

[18] 위 공식은 삼차 정사각행렬 A, B 에 대한 공식 $\det(AB) = (\det A)(\det B)$ 를 이용하면 보일 수 있다.

제 2 절 부록: 벡터곱과 회전운동

공간의 점 $\mathbf{x} = (x, y, z) = x\mathbf{e}_1 + y\mathbf{e}_2 + z\mathbf{e}_3$ 을

$$\mathbf{e}_3 \times \mathbf{x} = \mathbf{e}_3 \times (x\mathbf{e}_1 + y\mathbf{e}_2 + z\mathbf{e}_3) = -y\mathbf{e}_1 + x\mathbf{e}_2$$

로 보내는 변환은 $\mathbf{x}$ 를 xy-평면에 정사영한 다음, 그 점 $x\mathbf{e}_1 + y\mathbf{e}_2 = (x, y, 0)$ 을 xy-평면에서 $90°$ 만큼 회전시킨 점으로 보내는 것이다. 이러한 변환에 대응되는 행렬을

$$\dot{R}_3 = \begin{pmatrix} 0 & -1 & 0 \\ 1 & 0 & 0 \\ 0 & 0 & 0 \end{pmatrix}$$

으로 나타내기로 한다.[19] 마찬가지로 변환

$$\mathbf{x} \mapsto \mathbf{e}_1 \times \mathbf{x}$$

와 변환

$$\mathbf{x} \mapsto \mathbf{e}_2 \times \mathbf{x}$$

에 대응되는 행렬은 각각

$$\dot{R}_1 = \begin{pmatrix} 0 & 0 & 0 \\ 0 & 0 & -1 \\ 0 & 1 & 0 \end{pmatrix}, \qquad \dot{R}_2 = \begin{pmatrix} 0 & 0 & 1 \\ 0 & 0 & 0 \\ -1 & 0 & 0 \end{pmatrix}$$

이다. 일반적으로 벡터 $\boldsymbol{\omega} = (\omega_1, \omega_2, \omega_3)$ 에 대하여 변환

$$\mathbf{x} \mapsto \boldsymbol{\omega} \times \mathbf{x}$$

에 대응되는 행렬 $\dot{R}_{\boldsymbol{\omega}}$ 를 구하면

$$\dot{R}_{\boldsymbol{\omega}} = \begin{pmatrix} 0 & -\omega_3 & \omega_2 \\ \omega_3 & 0 & -\omega_1 \\ -\omega_2 & \omega_1 & 0 \end{pmatrix}$$

이다. 이와 같은 모양의 행렬을 **반대칭행렬**이라고 부른다.[20]

---

[19] 제6장 탐구문제 23번 참고.

[20] 즉, 어떤 행렬 M 이 반대칭(反對稱, anti-symmetric) 또는 **왜대칭**(歪對稱, skew-symmetric)이라는 것은 $M^t = -M$ 이라는 뜻이다.

2.0.1 기본연습문제

제6장 3절에서 설명하였듯이 z축 둘레로 각의 크기 θ만큼 회전시키는 변환을

$$R_3(\theta) := \begin{pmatrix} \cos\theta & -\sin\theta & 0 \\ \sin\theta & \cos\theta & 0 \\ 0 & 0 & 1 \end{pmatrix}$$

라고 두면

$$\left.\frac{d}{d\theta}\right|_0 R_3(\theta) = \overset{\bullet}{R}_3$$

이다.[21] 마찬가지로 x축과 y축 둘레로 각의 크기 θ만큼 회전시키는 변환을 각각 $R_1(\theta), R_2(\theta)$ 라고 하면

$$\left.\frac{d}{d\theta}\right|_0 R_i(\theta) = \overset{\bullet}{R}_i \qquad (i = 1, 2, 3)$$

임을 보이라. 또 임의의 벡터 $\mathbf{x}$에 대하여

$$\left.\frac{d}{d\theta}\right|_0 (R_i(\theta)\mathbf{x}) = \mathbf{e}_i \times \mathbf{x}$$

임을 보이라.

2.1 회전운동

공간에서 단위벡터 $\mathbf{a}$에 대하여 원점을 지나는 $\mathbf{a}$ 방향의 축을 기준으로 일정한 각속력 $\omega > 0$ 의 크기로 회전하는 운동을

$$R_{\mathbf{a}}(\omega t) = R_{\boldsymbol{\omega}}(t) : \mathbb{R}^3 \to \mathbb{R}^3 \qquad (t \in \mathbb{R})$$

라고 하자. ($\boldsymbol{\omega} := \omega\mathbf{a}$ 이다.)

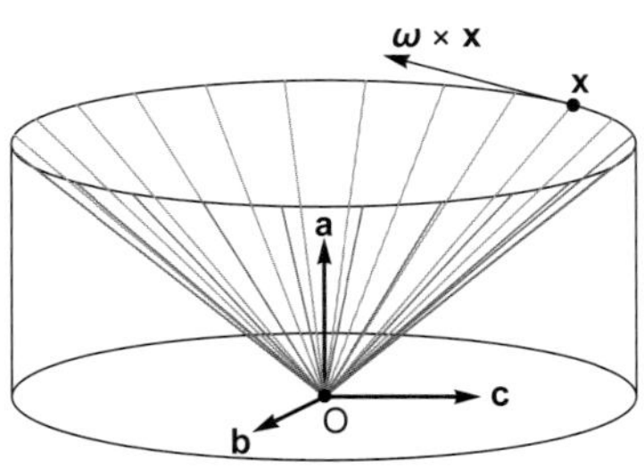

이때 $\mathbf{a}$와 수직인 한 단위벡터 $\mathbf{b}$에 대하여,

$$\mathbf{c} := \mathbf{a} \times \mathbf{b}$$

[21] 행렬의 미분은 그 행렬의 각 성분을 미분한 행렬이다.

로 두면, 벡터 $\mathbf{a}, \mathbf{b}, \mathbf{c}$ 는 서로 수직인 단위벡터들이다. 그리고 위 회전운동에서

$$\begin{aligned} R_{\boldsymbol{\omega}}(t)(\mathbf{a}) &= \mathbf{a} \\ R_{\boldsymbol{\omega}}(t)(\mathbf{b}) &= \mathbf{b}\cos\omega t + \mathbf{c}\sin\omega t \\ R_{\boldsymbol{\omega}}(t)(\mathbf{c}) &= -\mathbf{b}\sin\omega t + \mathbf{c}\cos\omega t \end{aligned}$$

이다. 또 회전축에서 r 만큼 떨어진 점의 운동을

$$\mathbf{x}(t) = r(\mathbf{b}\cos\omega t + \mathbf{c}\sin\omega t) + k\mathbf{a}$$

로 두면

$$\begin{aligned} \mathbf{x}'(t) &= \omega r(-\mathbf{b}\sin\omega t + \mathbf{c}\cos\omega t) = \omega\,\mathbf{a}\times\mathbf{x}(t) \\ &= \boldsymbol{\omega}\times\mathbf{x}(t) \end{aligned}$$

이다. 그러므로 벡터 $\boldsymbol{\omega}$ 와 위치벡터 $\mathbf{x}$ 를 곱하면 벡터 $\boldsymbol{\omega}$ 방향의 축으로 각속력 ω 로 회전하는 운동의 속도벡터를 알 수 있다. 이때 $\boldsymbol{\omega}$ 를 이 회전운동의 **각속도벡터**라고 한다.

특히 위치벡터와 회전축 사이의 각을 θ 라 하면, 익숙한 등식

$$v = \left|\mathbf{x}'(t)\right| = \left|\boldsymbol{\omega}\times\mathbf{x}(t)\right| = \omega\left|\mathbf{x}(t)\right|\sin\theta = \omega r$$

를 얻는다.

물론 $\omega = 0$ 일 때에는 $R_{\boldsymbol{\omega}}(t)$ 는 움직이지 않는 운동, 즉 항등변환을 뜻한다.

2.1.1 기본연습문제

다음을 보이라.[22]

$$R_{\boldsymbol{\omega}}(t) = (\mathbf{a}\quad\mathbf{b}\quad\mathbf{c})\begin{pmatrix}1 & 0 & 0\\ 0 & \cos\omega t & -\sin\omega t\\ 0 & \sin\omega t & \cos\omega t\end{pmatrix}\begin{pmatrix}\mathbf{a}^{\mathrm{t}}\\ \mathbf{b}^{\mathrm{t}}\\ \mathbf{c}^{\mathrm{t}}\end{pmatrix}, \qquad \left.\frac{d}{dt}\right|_0 R_{\boldsymbol{\omega}}(t) = \overset{\bullet}{R}_{\boldsymbol{\omega}}$$

$$R_{\boldsymbol{\omega}}(t+t_0) = R_{\boldsymbol{\omega}}(t)R_{\boldsymbol{\omega}}(t_0)$$

또 처음 위치벡터 $\mathbf{x}_0$ 에 대하여 t 시간 후의 위치벡터를 $\mathbf{x}(t) := R_{\boldsymbol{\omega}}(t)\mathbf{x}_0$ 으로 두면

$$\boxed{\mathbf{x}'(t) = \boldsymbol{\omega}\times\mathbf{x}(t)}$$

임을 보이라.

[22] 제6장 탐구문제 23번 참고.

2.2 회전력

공간의 한 점 P에 작용하는 힘 $\mathbf{f}$가 점 P를 원점 O 둘레로 회전시키는 힘, 즉 **회전력**(torque)은

$$\overrightarrow{OP} \times \mathbf{f}$$

로 정의한다.

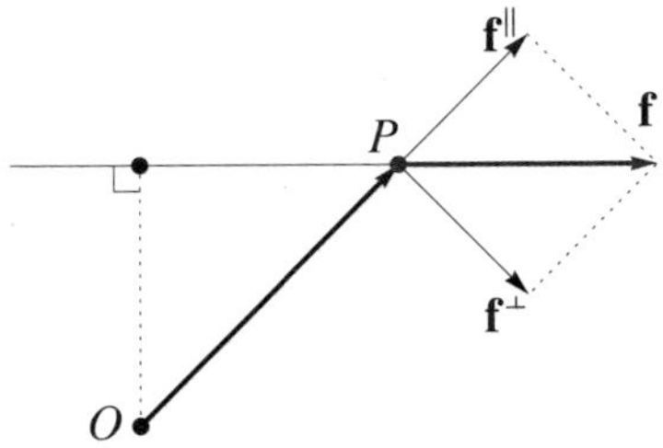

이것은 다음과 같이 설명할 수 있다. 힘 $\mathbf{f}$를 $\overrightarrow{OP}$ 방향의 힘 $\mathbf{f}^{\parallel}$와 그것에 수직인 힘 $\mathbf{f}^{\perp}$으로 분해하면[23]

$$\mathbf{f} = \mathbf{f}^{\parallel} + \mathbf{f}^{\perp}$$

이다. 이때 $\mathbf{f}^{\parallel}$ 성분은 점 P의 회전에 영향을 주지 않는 힘이고, $\mathbf{f}^{\perp}$ 성분이 P의 회전을 일으키는 힘이다. 이제 $\overrightarrow{OP}$와 $\mathbf{f}$가 이루는 각의 크기를 θ라고 하면, $|\mathbf{f}^{\perp}| = |\mathbf{f}|\,|\sin\theta|$이고, 따라서 회전력의 크기는

$$|\overrightarrow{OP} \times \mathbf{f}| = |\overrightarrow{OP}|\,|\mathbf{f}|\,|\sin\theta| = |\overrightarrow{OP}|\,|\mathbf{f}^{\perp}|$$

이다. 이때 회전이 이루어지는 평면은 벡터 $\overrightarrow{OP}$와 $\mathbf{f}$가 이루는 평면, 즉 벡터 $\overrightarrow{OP} \times \mathbf{f}$에 수직인 평면이다.

한편 $\overrightarrow{OP} \times \mathbf{f}$가 가리키는 방향은 회전하는 방향까지 알려준다.[24]

2.2.1 기본연습문제

점 $P = (x, y, 0)$에 힘 $\mathbf{f} = (a, b, 0)$이 작용하였을 때, 원점에 대한 P의 회전력 크기는 $|bx - ay|$임을 보이라.

---

[23] "$f^{\parallel}$"와 "$\mathbf{f}^{\perp}$"을 "f 나란히"와 "f 수직"으로 읽었다.

[24] 회전력은 **벡터장** $\mathbf{F}(x, y, z) = f_1(x, y, z)\mathbf{i} + f_2(x, y, z)\mathbf{j} + f_3(x, y, z)\mathbf{k}$의 미분 $\operatorname{curl}\mathbf{F}$를 이해하는 데 도움을 준다. 제18장 참고.

제 8 장 탐구문제

1. 모든 정사각행렬은 대칭행렬과 반대칭행렬의 합으로 표현됨을 보이라.
2. 반대칭행렬의 상수배도 반대칭인가? 또 두 반대칭행렬의 합은 반대칭인가?
3. 단위벡터 $\mathbf{a} \in \mathbb{R}^3$ 에 대하여 선형변환

$$\mathbf{x} \mapsto \mathbf{a} \times \mathbf{x} \qquad (\mathbf{x} \in \mathbb{R}^3)$$

은 $\mathbf{a}$ 방향의 벡터는 영으로 보내고, $\mathbf{a}$에 수직인 방향의 벡터는 $\mathbf{a}$를 회전축으로 $90°$ 회전시키는 변환임을 설명하라.

4. 공간에서 벡터 $\mathbf{a}$, $\mathbf{b}_0$ 에 대하여

$$\mathbf{b}_{n+1} := \mathbf{a} \times \mathbf{b}_n, \qquad n = 0, 1, 2, 3, \ldots$$

으로 두자. 이때 $\mathbf{b}_n$ 이 어떻게 변하는지를 설명하라. 또 $\mathbf{a} = (1, 2, 2)/3$, $\mathbf{b}_0 = (0, 1, 2)$ 일 때 $\mathbf{b}_{2000}$ 을 구하라.

5. $i = 1, 2, 3$ 에 대하여

$$R_i(t) = \exp(t\dot{R}_i) \qquad (t \in \mathbb{R})$$

임을 보이라. (R_i 는 기본연습문제 (2.0.1)에서 정의하였다.)

6. 삼차원 좌표공간의 벡터 $\mathbf{a}$에 대하여 선형변환 $\mathbf{x} \mapsto \mathbf{a} \times \mathbf{x}$에 대응되는 행렬 $\dot{R}_{\mathbf{a}}$와 실수 t에 대하여

$$R_{\mathbf{a}}(t) = \exp(t\dot{R}_{\mathbf{a}})$$

임을 보이라.

7. 벡터 $\mathbf{a} \in \mathbb{R}^3$ 의 절댓값을 a 라 하였을 때

$$\dot{R}_{\mathbf{a}}^{\,3} + a^2 \dot{R}_{\mathbf{a}} = O$$

임을 보이라. 이를 이용하여 $\dot{R}_{\mathbf{a}}^{\,2002}$ 를 간단히 하라.

8. 차수가 같은 두 정사각행렬 M, N 에 대하여 $[M, N] := MN - NM$ 이라 하자.[25] 이때

$$[\dot{R}_1, \dot{R}_2] = \dot{R}_3, \qquad [\dot{R}_2, \dot{R}_3] = \dot{R}_1, \qquad [\dot{R}_3, \dot{R}_1] = \dot{R}_2$$

임을 보이라. 일반적으로 삼차원 공간의 임의의 벡터 $\mathbf{a}, \mathbf{b}$ 에 대하여

$$[\dot{R}_{\mathbf{a}}, \dot{R}_{\mathbf{b}}] = \dot{R}_{\mathbf{a} \times \mathbf{b}}$$

임을 보이라.[26]

---

[25] $[M, N]$ 을 M 과 N 의 **교환자**(commutator)라고 부른다.

[26] 1절 연습문제 9.d 이용.

9. 직선 $x = \frac{y}{2} = \frac{z}{2}$ 주위로 일정한 각속력 ω 로 회전하는 동점을 생각하자. 이 동점이 점 $(2, 3, 4)$ 를 지나는 순간의 속력을 구하라.

10. 삼차원 공간의 점 $P_1, \ldots, P_k$ 와 각 점 P_i 에 작용하는 힘 $\mathbf{f}_i$ 가 있을 때, 기준점 Q 에 대한 이들의 **회전력**을

$$T = \sum_{i=1}^{k} \overrightarrow{QP_i} \times \mathbf{f}_i$$

로 정의한다. 만약

$$\sum_{i=1}^{k} \mathbf{f}_i = \mathbf{0}$$

이면, 회전력은 기준점 Q 를 달리하더라도 T 는 변화하지 않음을 보이라.

11. 한쪽 끝은 $A = (0, 0, 0)$, 또 다른 한쪽 끝은 $B = (1, 1, 1)$ 에 위치한 곧은 막대에 힘 $\mathbf{f}_A := (0, 1, 2)$ 가 A 에 작용하고, 또 힘 $\mathbf{f}_B := (1, 2, 3)$ 이 B 에 작용한다고 하자. 이때 막대의 어느 부분에 얼마만큼의 힘을 작용하면, 막대가 움직이지 않을까?

12. 물에 떠 있는 배가 물을 밀어낸 부분의 중심을 **부력중심**(center of buoyancy)이라고 부른다. 배가 기울어지면 부력중심은 위치가 변한다. 앞에서 바라본 배의 모양이 좌우대칭일 때, 부력중심을 지나는 부력 방향 직선이 배의 대칭면과 만나는 점을 **경심**(傾心, metacenter)이라고 부른다. 배가 약간 기울어졌을 때, 배의 경심이 질량중심보다 위에 있으면 배가 바른 위치로 되돌아가지만, 경심이 질량중심보다 아래에 있으면 배가 뒤집어짐을 설명하라 [Danielson, p.152].

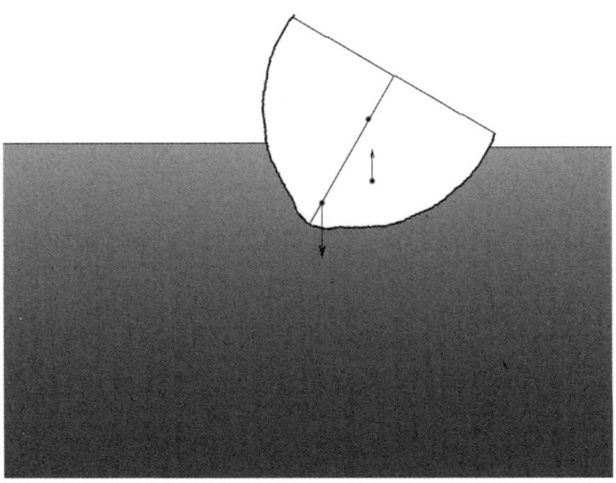

제III부

곡선

제 9 장

곡선

기하학이 추구하는 지식은 사라지거나 일시적인 것이 아닌 영원의 진리에 관한 것이다.

— 플라톤, 427–347 BCE

곡선을 이해하는 방법에는 여러 가지가 있다. 정적인 의미의 곡선은 "1차원 집합"을 뜻하는데, 이러한 곡선은 일변수 함수 $y = f(x)$ 의 그래프로 나타나기도 하고, 또는 방정식 $F(x, y) = 0$ 의 해집합이기도 한다. 동적인 의미의 곡선은 시각에 따라 변하는 점, 즉 점의 운동을 뜻한다. 이러한 입장에서 본 곡선은 *매개화된* 곡선이다.

이 장에서는 매개화된 곡선의 개념과 재매개화를 공부한다. 곡선의 속도벡터나 가속도벡터 등은 매개화에 따라 변하는 동적인 개념이다. 곡선의 기하학적 성질이란 매개화의 방법이 달라지더라도 변하지 않는 성질을 뜻한다. 이러한 보기로는 곡선의 길이, 접선, 접촉평면, 곡률, 질량중심 등을 들 수 있다.

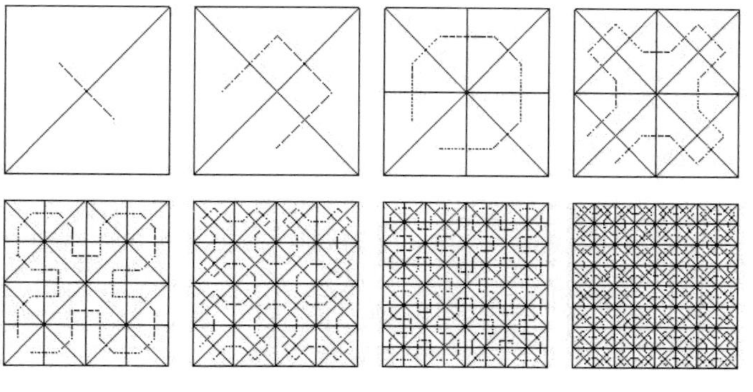

그림: 페아노의 **공간을 채우는 곡선**[1]

[1] [수학사전] 참고.

제 1 절 매개화된 곡선

매개화(媒介化)**된 곡선**이란 공간의 점이 시각에 따라 변하는 것을 뜻한다. 다시 말하면, 실수의 한 구간 I 에서 정의된 연속함수

$$X : I \to \mathbb{R}^n$$

을 뜻한다. 이것을 좌표를 써서 표시하면

$$X(t) = (x_1(t), x_2(t), \ldots, x_n(t)), \qquad t \in I$$

와 같이 나타낼 수 있다. 이때 t를 **매개변수**(parameter)라고 부른다. 여기에서 X 가 **연속**이라는 것은 각 성분함수 $x_1(t)$, $x_2(t)$, $\ldots$, $x_n(t)$ 가 모두 연속함수라는 뜻이다. 혼동할 우려가 없으면, 매개화된 곡선을 그냥 **곡선**이라고 부르기로 한다.[2]

1.0.1 보기

실수 t 에 대하여

$$X(t) = (\cos t, \sin t), \qquad Y(t) = (\cos t, -\sin t)$$

는 모두 단위 원 $x^2 + y^2 = 1$ 을 매개화한 곡선이다.

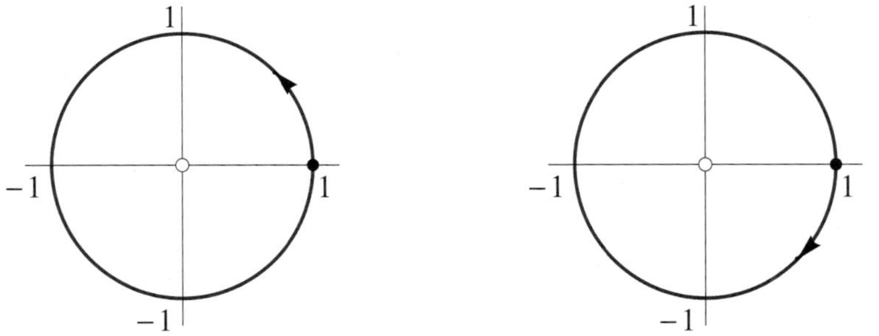

이때 두 곡선은 모두 점 $(1, 0)$ 에서 '출발'하지만, X 는 양의 방향(즉, 북극성 주위로 별들이 도는 방향)으로 움직이고, Y 는 음의 방향(즉, 첨성대의 그림자가 도는 방향)으로 움직이는 운동을 나타낸다.

[2]이러한 곡선의 정의는 오일러의 *Introductio in analysin infinitorum*(1748)에 따른 것이다.

1.0.2 기본연습문제

1. 곡선

$$X(t) := -(\sin t, \cos t) = \cos t\,(0, -1) + \sin t\,(-1, 0)$$

은 점 $(0, -1)$ 을 출발하여 음의 방향으로 원운동하는 곡선임을 설명하라.

2. 포물선 $y = x^2$ 을 매개화하라.

1.1 곡선의 매개화

주어진 '곡선' $f(x, y) = 0$ 을 매개화하는 방법은 무수히 많다.

보기로 **데카르트 곡선**

$$x^3 + y^3 = 3xy \tag{1}$$

를 매개화하여 보자.[3]

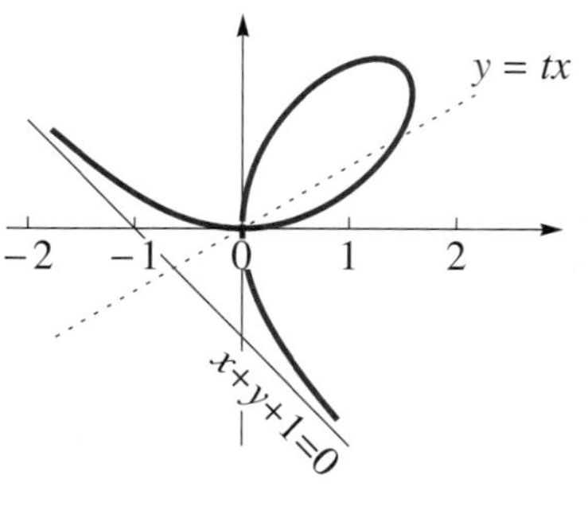

먼저 기울기가 t 이고 원점을 지나는 직선

$$y = tx \tag{2}$$

[3]이 곡선은 데카르트가 페르마에게 낸 문제 중에 나온다. 데카르트 곡선은 원점 근방에서

$$3xy = x^3 + y^3 \equiv 0 \qquad \mathrm{mod}\ o(x^2 + y^2)$$

이고, 따라서 $x = 0$ 과 $y = 0$ 이 접선이다. 방정식 $x^3 + y^3 = 3xy$ 는 방정식

$$(x + y)^3 = 3xy(x + y + 1)$$

과 마찬가지이다. 이 식에서 $\frac{(x+y)^3}{x+y+1} = 3xy \le 3\left((x + y)/2\right)^2$ 을 얻는다. 그러므로 $\frac{x+y}{x+y+1} \le \frac{3}{4}$ 이고, 따라서 $-1 < x + y \le 3$ 이다. 즉, 데카르트 곡선은 직선 $x + y + 1 = 0$ 과 직선 $x + y - 3 = 0$ 사이에 있다. 그리고 직선 $x + y + 1 = 0$ 이 데카르트 곡선의 점근선이다.

와 데카르트 곡선과의 교점을 구하여 보자. 물론 직선 (2)와 곡선 (1)은 모두 원점을 지나므로 원점이 아닌 교점만을 생각하기로 한다. 직선의 식 (2)를 식 (1)에 대입하면

$$x^3 + t^3x^3 = 3tx^2$$

을 얻는다. 원점이 아닌 교점에서는 $x \neq 0$ 이므로, 위 식을 x^2 으로 나누면

$$(1 + t^3)x = 3t$$

를 얻는다.[4] 이제 직선의 기울기 t 가 -1 이 아니면

$$x = \frac{3t}{1+t^3}$$

이다. 따라서

$$y = \frac{3t^2}{1+t^3}$$

이고, 결국 데카르트 곡선의 매개화

$$t \mapsto \left(\frac{3t}{1+t^3}, \frac{3t^2}{1+t^3}\right) \qquad (t \neq -1)$$

을 얻는다.[5] □

매개변수 t 가 의미하는 것을 시각(時刻)이라고 보면 도움이 될 때가 많지만, 위 보기에서처럼 t 의 의미를 시각으로 한정할 필요는 없다. 어떤 때에는 그것을 "직선의 기울기", "호의 길이"나 "각도" 등 여러 가지 다른 의미로 사용할 수 있다.

1.1.1 기본연습문제

좌표평면에서 "알파 곡선"

$$y^2 = x^3 + x^2$$

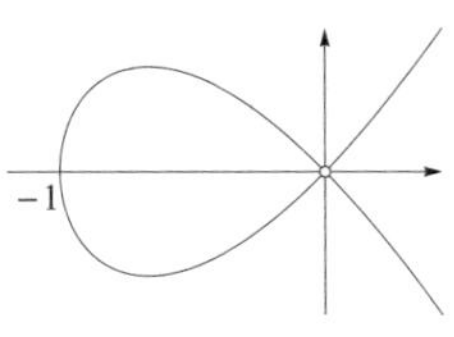

을 매개화하라. (주석 11 참고)

[4] 이 방정식은 $t = -1$ 일 때에는 해를 가지지 않는다.

[5] 직선 $y = tx$ $(t \neq -1)$ 는 (예를 들어) 직선 $x + y + 1 = 0$ 과 한 점에서 만나므로, 매개변수 t 를 점근선 $x + y + 1 = 0$ 의 한 점 (u, v) 로 해석할 수도 있다. 이때 $t = \frac{v}{u} = \frac{-1-u}{u} = -\frac{1}{u} - 1$ 로 치환하면, 실수 전체 구간에서 정의된 매개화

$$x = \frac{3(1+u)u^2}{1+3u+3u^2}, \qquad y = \frac{3(1+u)^2u}{1+3u+3u^2}$$

를 얻는다. 데카르트 곡선을 극좌표로 표현한다면 $r = \frac{3\cos\theta\sin\theta}{(\cos\theta+\sin\theta)(1-\cos\theta\sin\theta)}$, $-\frac{\pi}{4} < \theta < \frac{3\pi}{4}$ 처럼 둘 수 있다.

1.2 미분가능 곡선

앞으로 곡선 $X(t)$ 의 각 성분함수 $x_i(t)$ 가 미분가능(또는 일급, 이급, ..., 무한급)이면, $X(t)$ 는 **미분가능**하다(또는 **일급**, **이급**, ..., **무한급**이다)라고 말한다.

1.2.1 보기

매개화된 곡선

$$X(t) := (t, |t|) \qquad (-1 < t < 1)$$

와

$$Y(t) := (t|t|, t^2) \qquad (-1 < t < 1)$$

는 같은 상을 가진다. 곡선 $X(t)$ 는 원점에서 미분가능하지 않지만, 곡선 $Y(t)$ 는 일급($\mathcal{C}^1$) 곡선이다. 그것은 뾰족한 곳 $(0,0)$ 을 지날 때 그 점 근방에서 아주 천천히 움직이기 때문이다.

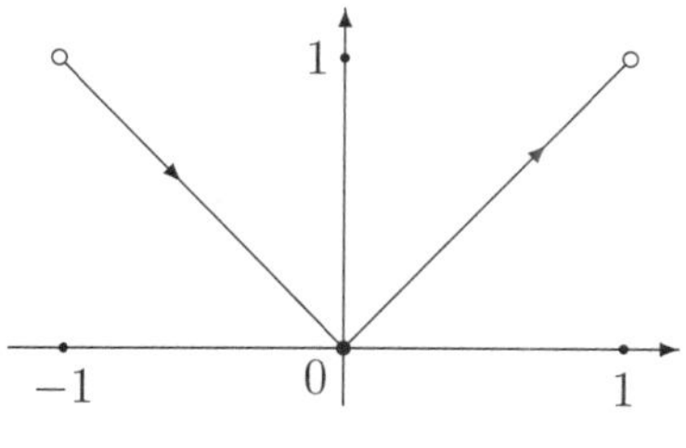

그림: 무한급 곡선(?)

이와 같이 매개곡선의 미분가능 정도는 그 그래프만으로 판정할 수 없고, 구체적으로 매개화된 방법에 의존한다.[6]

[6]곡선

$$Z(t) := \begin{cases} \left(e^{-1/t}, e^{-1/t}\right), & t > 0 \\ (0,0), & t = 0 \\ \left(-e^{-1/|t|}, e^{-1/|t|}\right), & t < 0 \end{cases}$$

는 무한급($\mathcal{C}^\infty$) 곡선이고, 그 그래프, 즉 상이 $X(t)$ 와 같다. 나중에 호의 길이를 공부하고 나면, 매개변수와 상관없이 곡선의 미분가능 정도를 논할 수 있다. 이러한 입장에서 볼 때 위 곡선은 미분가능 곡선이 아니다.

1.3 속도벡터

구간 $[t_0, t_1]$ 에서 정의된 곡선 $X : [t_0, t_1] \to \mathbb{R}^n$ 의 **평균속도**는 "위치변화"를 "시각변화량", 즉 시간으로 나눈 벡터

$$\frac{X(t_1) - X(t_0)}{t_1 - t_0}$$

를 뜻한다. 만약 $X(t)$ 가 미분가능하면 "시각" t_0 에서 **속도**(velocity)(벡터)는

$$\begin{aligned} X'(t_0) &= \lim_{\Delta t \to 0} \frac{X(t_0 + \Delta t) - X(t_0)}{\Delta t} \\ &= \lim_{\Delta t \to 0} \left(\frac{x_1(t_0 + \Delta t) - x_1(t_0)}{\Delta t}, \dots, \frac{x_n(t_0 + \Delta t) - x_n(t_0)}{\Delta t} \right) \\ &= (x_1'(t_0), \dots, x_n'(t_0)) \end{aligned}$$

이다. 즉, 속도(벡터)는 평균속도(벡터)의 극한값으로 정의한다. 또 $X(t)$ 의 속도벡터의 크기

$$v(t) = |X'(t)|$$

를 **속력**(speed)이라고 부른다.[7]

1.3.1 보기

포물선[8]

$$x(t) = t, \qquad y(t) = h - \tfrac{1}{2}gt^2$$

의 속도벡터는

$$(x'(t), y'(t)) = (1, -gt)$$

이다.

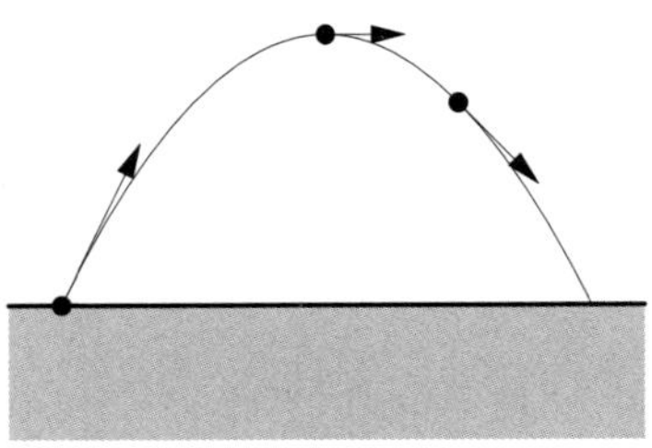

[7]속도벡터 $X'(t_0)$ 는 자유벡터가 아니고 시점이 $X(t_0)$ 인 벡터이다. 이러한 벡터를 흔히 **접벡터**(tangent vector)라고 부른다. 도량형, 각도, 고도, 명도, 밀도, 순도, 습도, 온도, 점도, 조도, 진도 등에서 "도(度)"는 실수를 뜻하는 용어이고, 중력, 전자기력 등의 힘(力)은 벡터를 뜻하지만, 속도와 속력에서는 어찌된 일인지 벡터를 실수로 바꾸어 부르고 있다. 용기 있는 자가 나서기를 기대한다.

[8]공이나 포탄이 날아갈 때 생기는 곡선은 타원이라고 보는 것이 좋다. 지구가 평평하지 않으니까.

이 속도벡터의 x-성분은 일정하고, y-성분은 시간에 비례한다. 또 속력은

$$v(t) = \sqrt{1 + g^2 t^2}$$

이다. 따라서 $t = 0$ 일 때, 즉 y가 가장 높을 때 속력은 최소가 된다.

다음 정리는 자명하다.[9]

정리 1.3.2 *속력이 항등적으로 영인 곡선은 상수곡선이다.*[10]

1.4 정규곡선과 접선의 방정식

속도벡터는 점[11] $X(t_0)$ 에서 '곡선' $X(t)$ 에 접한다.

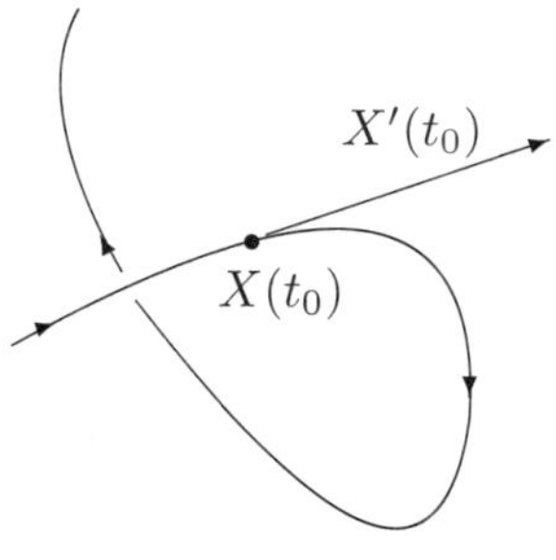

[9]자명하지 않으면, 책을 버리기 바란다.

[10]상수곡선(常數曲線, constant curve)은 "한 점 곡선"이라 할 수 있다.

[11] $t = t_0$ 에서 곡선 $X(t)$ 의 **점**이란, $X(t_0)$ 를 뜻하기보다는 순서쌍 (X, t_0) 을 뜻한다. 매개화가 일대일로 되어 있는 곡선에서는 점을 이야기하는 것이 별로 혼란을 주지 않는다. 그러나 "알파 곡선" (1.1.1 참고) $y^2 = x^3 + x^2$ 의 매개화

$$x = t^2 - 1, \qquad y = t(t^2 - 1)$$

에서 $t = \pm 1$ 일 때 모두 $(x, y) = (0, 0)$ 이다. 따라서 알파 곡선의 점 $(0, 0)$ 에서 속도벡터를 이야기하려면, t 의 값에 대한 정보를 같이 가지고 있어야 한다. 이러한 이유에서 순서쌍 (X, t) 를 곡선의 점으로 보는 것을 정당화할 수 있다. "매개화의 동등류"를 도입하면 매개화에 따라 변하지 않는 "곡선의 점"을 정의할 수 있다.

따라서 $X'(t_0) \neq \mathbf{0}$ 일 때,[12] $t = t_0$ 에서 곡선 $X(t)$ 의 **접선의 방정식**은

$$X(t_0) + sX'(t_0), \qquad s \in \mathbb{R} \tag{3}$$

이다. 이것은 다음과 같이 이해할 수 있다.

곡선의 점 $X(t)$ 를, 점 $X(t_0)$ 을 지나고 방향이[13] $\mathbf{v}$ 인 직선 l 에 내린 수선의 발은

$$l(t) := X(t_0) + ((X(t) - X(t_0)) \cdot \mathbf{v})\mathbf{v}$$

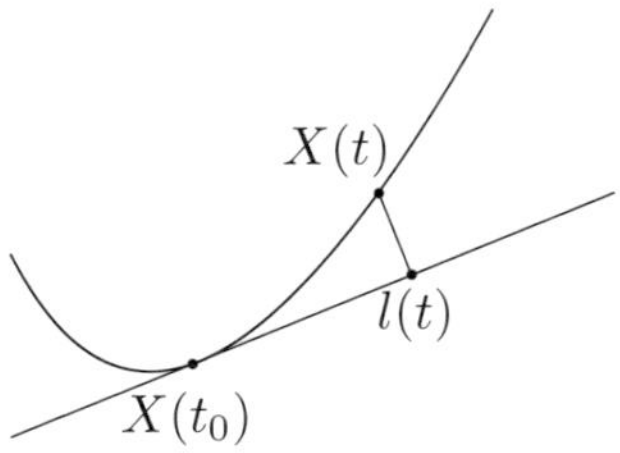

이다. 그러므로 $X(t)$ 와 l 사이의 거리는 $|X(t) - l(t)|$, 즉

$$|X(t) - X(t_0) - ((X(t) - X(t_0)) \cdot \mathbf{v})\mathbf{v}| \tag{4}$$

이다. 이때 직선 l 이, $t = t_0$ 일 때 곡선 $X(t)$ 와 **접한다**는 것은 $t = t_0$ 근방에서 $X(t)$ 와 l 사이의 거리가 아주 가깝다는 것을 뜻한다. 즉 t 에 관한 함수 (4) 가 $o(t - t_0)$ 임을 뜻한다. 그러므로 식 (4) 를 $t - t_0$ 으로 나눈 극한값이 영이고, 따라서

$$X'(t_0) = (X'(t_0) \cdot \mathbf{v})\mathbf{v}$$

를 얻는다. CBS 부등식 덕분에, 이 식에서 $\mathbf{v} = \pm X'(t_0)$ 임을 알고, 따라서 접선 l 의 식이 (3) 과 같이 표현된다.

1.4.1 정규곡선

앞으로 속도벡터가 영이 되지 않는 (즉 속력이 영이 되지 않는) 일급곡선을 **정규곡선**이라고 부른다. 정규곡선에서는 접선을 말할 수 있다.

1.4.2 보기: 나선

식

$$X(t) = (\cos t, \sin t, t)$$

로 표현된 곡선을 xy-평면에 정사영한 것은 원운동을 하는 것임을 알 수 있다. 한편 이 곡선의 z-성분만 살펴보면, 일정한 속도의 운동(즉 등속도 운동)임을 알 수 있다. 이와 같은 곡선을 **나선**(螺線, helix)이라고 부른다. 위 나선의 속도벡터는

$$X'(t) = (-\sin t, \cos t, 1)$$

[12]보기 (1.2.1)에서처럼 속도벡터가 영인 점에서는 접선을 이야기하는 것이 쉽지 않다.

[13]단위벡터로 나타내었다.

이다. 이때 속력은

$$|X'(t)| = \sqrt{\sin^2 t + \cos^2 t + 1^2} = \sqrt{2}$$

로 일정함을 알 수 있다. 한편 $t = 0$ 일 때 접선의 방정식은 다음과 같다:

$$X(0) + sX'(0) = (1,0,0) + s(0,1,1) = (1,s,s), \qquad s \in \mathbb{R}.$$

1.4.3 기본연습문제

영이 아닌 실수 a, b 에 대하여 일반적인 나선

$$(a\cos t, a\sin t, bt) \tag{5}$$

의 속도벡터는 z-축(의 양의 방향)과 이루는 각의 크기가 일정함을 설명하라. 이 나선은 속력이 일정하게 $\sqrt{a^2+b^2}$ 임을 보이라. 또 나선의 각 점에서 접선의 식을 구하라.

그림 (이중나선, double helix): 왼 나선 계단과 오른 나선 계단

나선 (5)에서 $b > 0$ 이면 **오른 나선**, $b < 0$ 이면 **왼 나선**이라 부른다.[14] 오른 나선은 진행하는 방향으로 바라보면 시계 방향으로 회전하는 것을 볼 수 있고, 왼 나선은 반시계 방향으로 회전하는 것을 본다.

1.4.4 기본연습문제

나선 $(\cos t, -\sin t, t)$ 는 오른 나선인가 왼 나선인가?[15]

[14] 나선이 '한 바퀴' 돌아 처음 위상에 올 때, 나선이 진행한 정도는 $2\pi b$ 이다. 이 값을 나선의 피치(pitch, 높이)라 부르기도 하지만 피치는 나선의 기울기를 뜻하는 b/a 로 정의하는 것이 적절하다 (cf. 5.2). 와인 병 따개나 수도꼭지 등은 주로 오른손잡이를 위하여 오른 나선형으로 만든다. 칡덩굴은 오른 나선 방향으로 감아 올라가며 자라고, 등나무는 주로 왼 나선 방향으로 자란다. 이 둘이 엉키면 갈등(葛藤)이 생긴다 [김병소, p. 120].

[15] 답: 왼

1.5 벡터 함수들의 연산

n-공간 속의 두 곡선, 즉 벡터 함수 $X(t), Y(t)$ 와 (실수) 함수 $f(t)$ 에 대하여

$$(X+Y)(t) := X(t) + Y(t)$$
$$(X \cdot Y)(t) := X(t) \cdot Y(t)$$
$$(fX)(t) := f(t)X(t)$$

로 정의한다. 또 $n = 3$ 인 경우에는

$$(X \times Y)(t) := X(t) \times Y(t)$$

로 정의한다.

다음 정리는 바로 알 수 있다.

정리 1.5.1 *n-공간의 두 곡선 $X(t), Y(t)$ 와 함수 $f(t)$ 에 대하여*

(1) $(X+Y)'(t) = X'(t) + Y'(t)$

(2) $(X \cdot Y)'(t) = X'(t) \cdot Y(t) + X(t) \cdot Y'(t)$

(3) $(fX)'(t) = f'(t)X(t) + f(t)X'(t)$

이다. 또 $n = 3$ 이면

$$(X \times Y)'(t) = X'(t) \times Y(t) + X(t) \times Y'(t)$$

이다.

1.5.2 기본연습문제

n-공간의 미분가능 곡선 $X(t)$ 가 원점을 중심으로 하는 구면 위에 있으면, 모든 t 에 대하여 위치벡터 $X(t)$ 와 속도벡터 $X'(t)$ 가 서로 수직임을 밝히라. 또 이 명제의 역도 참임을 밝히라.

연습문제: 제 9 장 1 절

1. 곡선 $(2t^2, 1-t, 3+t^2)$ 과 평면 $3x - 14y + z = 10$ 의 교점을 구하라.

2. 다음 곡선의 개형을 그리고, 각 점에서 접선의 방정식을 구하라.
   (1) $X(t) = (t^2, t^3)$ (2) $X(t) = (2\cos t, \sin t)$
   (3) $X(t) = e^{-t}(\cos t, \sin t)$ (4) $X(t) = (t\cos t, t\sin t, t)$

3. 두 곡선
$$(e^t, e^{2t}, 1-e^{-t}), \qquad (1-t, \cos t, \sin t)$$
는 점 $(1,1,0)$ 에서 만남을 보이고, 그 점에서 만나는 각의 크기를 구하라.[16]

4. 원점을 지나지 않는 미분가능한 곡선 $X(t) \in \mathbb{R}^n$ 에 대하여
$$\frac{d}{dt}|X(t)| = \frac{X(t)\cdot X'(t)}{|X(t)|}$$
임을 보이라. 이로부터 $t = t_0$ 일 때 $|X(t)|$ 의 값이 최소이면 원점과 $X(t_0)$ 을 이은 직선이 곡선 $X(t)$ 와 수직으로 만남을 설명하라.

5. 극좌표계에서 $r = r(\theta)$ 로 표현된 평면곡선은 직교좌표계로는
$$X(\theta) = (x(\theta), y(\theta)) = r(\theta)(\cos\theta, \sin\theta)$$
로 표현된다. 이때
$$X'(\theta) = r'(\theta)(\cos\theta, \sin\theta) + r(\theta)(-\sin\theta, \cos\theta), \qquad |X'| = \sqrt{r'^2 + r^2}$$
임을 보이라.[17] 이로부터 원점과 점 $X(\theta_0)$ 을 잇는 직선이 그 점에서 곡선 X 와 이루는 각의 코사인 값은
$$\frac{r'(\theta_0)}{|X'(\theta_0)|}$$
임을 보이라.

또 극좌표계에서 $r = e^{k\theta}$ 로 표현된 **로그 와선**에서, $k = 1$ 이면, 원점과 곡선의 한 점을 잇는 직선을 그 점에서 45° 회전시키면, 곡선의 접선이 됨을 보이라.[18]

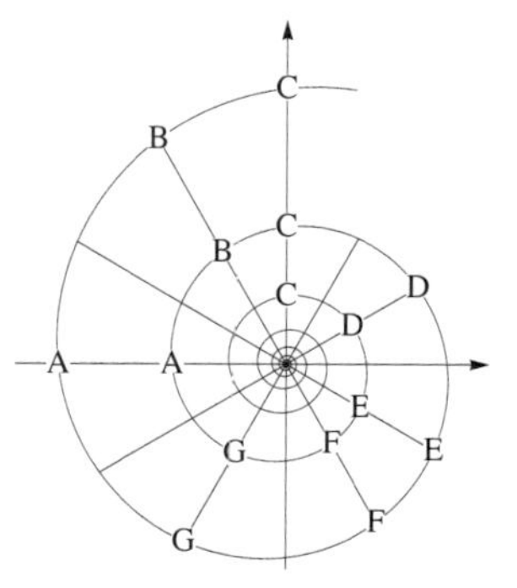

로그 와선과 음계

6. 평면에서 점 P 의 운동이 $(\cos 2t, \sin 2t)$ 로 주어지고, 또 점 Q 의 운동이 $2(\cos t, \sin t)$ 로 주어졌다고 하자. 점 P 에서 Q 를 바라보았을 때 Q 의 운동 $X(t)$ 를 서술하고 도시하라.

---

[16] 두 곡선의 **교각**은 두 접선의 교각을 뜻한다.

[17] 원점에서 벗어나려는 성분과 원점 주위로 회전하려는 성분의 합이다.

[18] 이와 같이 일반 로그 와선에서도 원점을 지나는 직선은 그 와선과 항상 일정한 각도를 유지한다.

7. 탁자 위에서 커다란 원판이 일정한 각속도 3 rad/s로 돌고 있다. (이때 회전의 중심이 원판의 중심이다.) 원판의 중심에서 파리 한 마리가 원판 둘레의 한 점을 향하여 (원판에 대하여) 2 cm/s로 움직인다고 하자. 원점에서 출발 후 4초가 되었을 때 탁자에 대한 파리의 속력을 구하라.

8. (**베지에의 이차곡선**)[19] 공간의 서로 다른 세 점 P_0, P_*, P_1에 대하여 곡선

$$\begin{aligned} P(t) \quad &:= \quad (1-t)\big((1-t)P_0 + tP_*\big) + t\big((1-t)P_* + tP_1\big) \\ &= \quad (1-t)^2 P_0 + 2t(1-t)P_* + t^2 P_1 \qquad (0 \le t \le 1) \end{aligned}$$

은 점 P_0, P_1을 지나고, 점 P_0에서의 접선과 점 P_1에서의 접선이 점 P_*에서 만남을 보이라. 또 이 곡선은 P_*와 $\frac{1}{2}(P_0 + P_1)$의 평균점을 지남을 보이라.

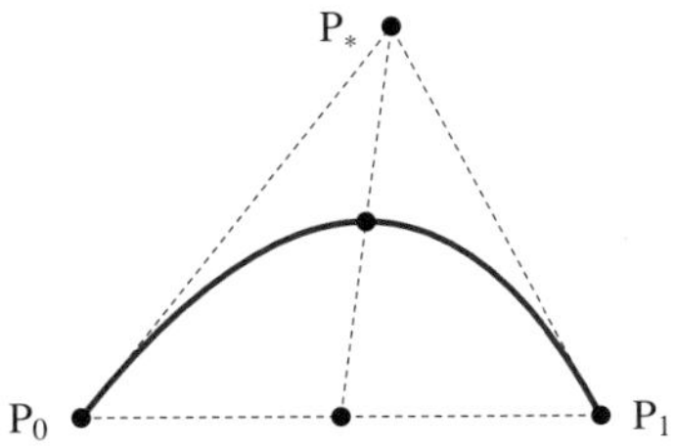

9. 함수

$$f(t) = \begin{cases} te^{-1/t^2} & (t \neq 0) \\ 0 & (t = 0) \end{cases}$$

에 대하여 곡선

$$X(t) = (f(t), |f(t)|)$$

의 상을 그리라. 또 이 곡선은 무한급함수임을 보이라. 이 곡선은 정규곡선인가?

10. 쌍곡 코사인 $\cosh t$의 역수를 **쌍곡 시컨트**라 하고 $\operatorname{sech} t$로 나타낸다. 다음 곡선 $(x(t), y(t))$의 개형을 그리라.

$$x(t) = \tanh t, \qquad y(t) = \operatorname{sech} t \qquad (-\infty < t < \infty)$$

11. (**세잎 매듭**)[20] 좌표공간에서 yz평면의 원

$$(y-R)^2 + z^2 = r^2$$

---

[19] 1970년대에 자동차 공장에서 일을 하던 베지에(Pierre Bézier, 1910–1999)는 주어진 점들을 지나는 곡선을 잘 만들 수 있는 방법을 연구하였다. 베지에의 삼차곡선은 글꼴을 만들 때, 고속 도로나 철로를 설계하거나 자동차 등의 공학적 설계를 할 때에 중요하게 쓰이고 있다 [지].

[20] 매듭이론은 1990년에 필즈 상을 수상한 존스(Vaughan Jones, 1952–2020)에 의하여 크게 발전하였다. 그의 발견은 세포들이 복제되어 가는 과정을 연구하는 생물학자들까지 흥분시켰다. 매듭이론의 아이디어로부터 Wasserman, Dungan, Cozarrelli는 어떤 효소가 DNA에 작용한 결과는 Stevedore 매듭의 모양을 한 분자를 포함할 것이라는 예상을 하였고, 전자현미경으로 관측한 결과 이 예상이

을 z축 주위로 회전시켜 얻은 **원환면**(torus)은 방정식

$$\left(\sqrt{x^2+y^2}-R\right)^2+z^2=r^2$$

으로 표현된다 (이때 $0<r<R$ 임을 가정한다). 이제 구간 $0\le\theta,\varphi\le 2\pi$ 에서

$$S(\theta,\varphi):=R(\cos\theta,\sin\theta,0)+r\cos\varphi(\cos\theta,\sin\theta,0)+r\sin\varphi(0,0,1)$$

는 "원환면의 매개화" 임을 설명하라.

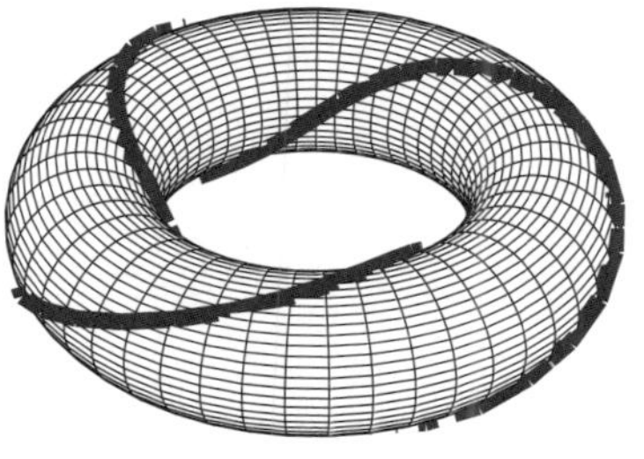

또

$$\theta=2t,\qquad \varphi=3t$$

로 표현된 곡선

$$X(t):=S(2t,3t)$$

는 **주기**가 2π 임을 보이라. 이 곡선을 세잎 매듭(trefoil knot)이라고 부른다.

옳다는 것이 알려졌다 [*Mathematics and Knots*, Univ. Wales, 1989].

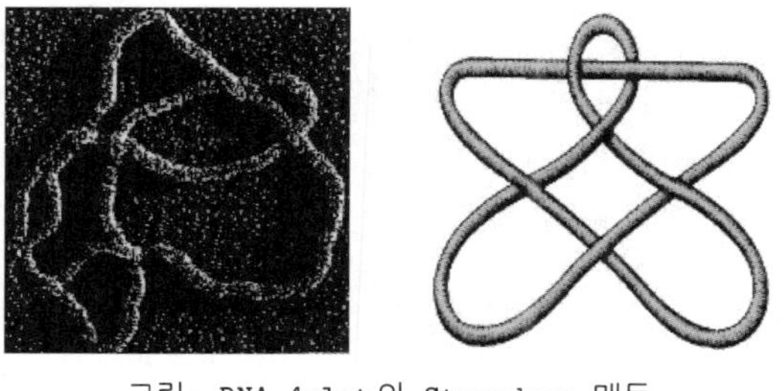

그림: `DNA-4plat` 와 `Stevedore` 매듭

분자생물학에서 중요하게 쓰이는 기본적인 공식은 [Chern, 1979, 1990], [Sumners], [White] 등에서 찾을 수 있다. DNA와 Borromean ring 에 관심 있으면 Math. Intelligencer **20** (1998), p. 3 을 참고할 것.

제 2 절 가속도

두 번 미분가능한 곡선 $X(t)$ 에 대하여, 속도벡터 $X'(t)$ 의 미분 $X''(t)$ 를 **가속도** 또는 가속도벡터(acceleration vector)라고 부른다.[21]

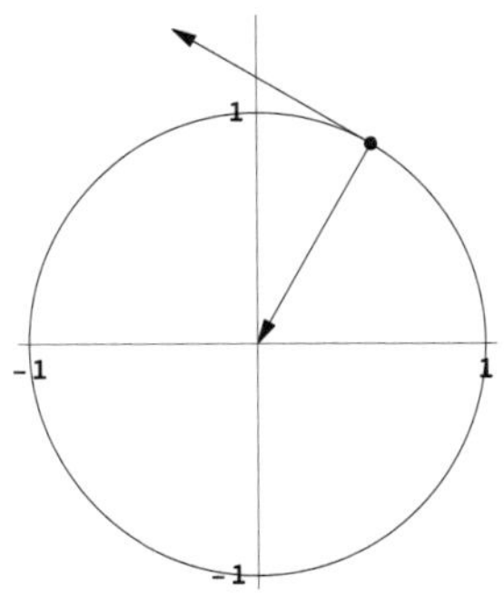

보기를 들어 원운동 $\mathbf{e}(t) := (\cos t, \sin t)$ 에서 속도벡터는 $\mathbf{e}'(t) := (-\sin t, \cos t)$ 이고, 가속도벡터는 $\mathbf{e}''(t) = -\mathbf{e}(t)$ 이다.

2.0.1 기본연습문제

가속도벡터가 항등적으로 영인 곡선은 등속 직선운동임을 밝히라.

2.0.2 포물선운동

가속도벡터 $\mathbf{a} = X''(t)$ 가 상수벡터이고, 이 벡터가 초기 속도벡터 $\mathbf{v} := X'(0)$ 와 일차독립인 곡선 $X(t) \in \mathbb{R}^n$ 은 포물선운동임을 밝혀 보자.

주어진 조건에서 $X'(t) = \mathbf{v} + t\mathbf{a}$ 이고, 따라서 $X(t) = X(0) + t\mathbf{v} + \frac{1}{2}t^2\mathbf{a}$ 이다. 이때 $\mathbf{v}_0 := \mathbf{v} - \frac{\mathbf{v}\cdot\mathbf{a}}{|\mathbf{a}|^2}\mathbf{a} =: \mathbf{v} - c\mathbf{a}$ 는 영이 아니고, 가속도벡터에 수직이다. 따라서 $X(t) = X(0) + t\mathbf{v}_0 + (tc + \frac{1}{2}t^2)\mathbf{a}$, 즉

$$X(t) = \big(X(0) - c\mathbf{v}_0 - \tfrac{1}{2}c^2\mathbf{a}\big) + (t+c)\mathbf{v}_0 + \tfrac{1}{2}(t+c)^2\mathbf{a}$$

는 평면운동이고, 꼭짓점이 $X(0) - c\mathbf{v}_0 - \frac{1}{2}c^2\mathbf{a}$ 인 포물선운동이다.

2.0.3 기본연습문제

1. 곡선의 가속도벡터가 속도벡터에 항상 수직이면, 속력이 일정한 곡선임을 보이라. 역으로 속력이 일정한 곡선에서는 가속도벡터 $X''(t)$ 가 속도벡터에 수직임을 보이라.[22]

---

[21] 가속도벡터 $X''(t)$ 도 점 $X(t)$ 를 시점으로 하는 벡터, 즉 접벡터로 이해한다. 우리(뉴턴 포함)가 다루는 공간은 유클리드 공간이고 휘어 있지 않은 공간이다. 이러한 공간에서는 서로 다른 위치에 있는 속도벡터들의 변화율, 즉 가속도벡터를 논하는 것이 쉽다. 그러나 휘어 있는 (즉, 곡률이 영이 아닌) 공간에서는 서로 다른 위치에 있는 속도벡터들을 비교하기 위해서는 **평행이동**(또는 **접속**(connection))의 개념을 이해하여야만 가속도벡터를 논할 수 있다. **리만기하학**(Riemannian Geometry)에서는 가속도벡터가 항등적으로 영인 곡선을 **직선**(또는 **측지선**(測地線, geodesic))이라고 부른다.

[22] 구면곡선의 속도벡터는 구면의 중심에서 바라본 위치벡터에 수직이다.

2. 원 위를 움직이는 점의 가속도벡터가 항상 그 원의 중심을 향하면, 이 운동은 **등각속력 운동**임을 보이라.[23]

2.1 접촉평면

n-공간에서 곡선[24] $X(t)$ 의 한 점 $X(t_0)$ 을 지나고 속도벡터 $X'(t_0)$ 과 가속도벡터 $X''(t_0)$ 이 이루는 평면[25]

$$\{X(t_0) + aX'(t_0) + bX''(t_0) \mid a, b \in \mathbb{R}\} \subset \mathbb{R}^n$$

을 점 $X(t_0)$ 에서 X 의 **접촉평면**(osculating plane)이라고 부른다.

기하학적으로, 접선이 곡선에 가장 가까운 직선이듯이, 접촉평면은 곡선에 가장 가까운 평면이다.

보기를 들면, 나선

$$X(t) = (\cos t, \sin t, t)$$

의 속도벡터와 가속도벡터는

$$X'(t) = (-\sin t, \cos t, 1), \qquad X''(t) = (-\cos t, -\sin t, 0)$$

이므로, 점 $X(0) = (1, 0, 0)$ 에서 나선의 접촉평면은 식

$$\begin{aligned} 0 &= \big((x, y, z) - (1, 0, 0)\big) \cdot (X'(0) \times X''(0)) = \det \begin{pmatrix} x-1 & 0 & -1 \\ y & 1 & 0 \\ z & 1 & 0 \end{pmatrix} \\ &= -y + z \end{aligned}$$

로 표현된다.

2.1.1 기본연습문제

나선 $(a\cos t, a\sin t, bt)$ 의 가속도벡터를 구하고 각 점에서 접촉평면을 구하라.

---

[23] 도움글: 원운동은 서로 수직인 단위벡터 $\mathbf{v}_1$, $\mathbf{v}_2$ 에 대하여 $C + r\big(\mathbf{v}_1 \cos\theta(t) + \mathbf{v}_2 \sin\theta(t)\big)$ 로 표현된다. 이때 $\mathbf{v}_1$ 은 $\theta = 0$ 일 때 원의 중심 C 에서 바라본 동점의 위치 방향이고, $\mathbf{v}_2$ 는 $\theta = 90°$ 일 때의 동점의 위치 방향이다.

[24] 여기에서는 두 번 미분가능한 곡선을 뜻한다. 상황에 따라 항상 필요한 만큼의 미분가능성을 가정하기로 한다. 매번 가정하기 싫다면, 무한급 곡선을 다루면 된다.

[25] 속도벡터와 가속도벡터가 일차 독립이라고 가정한다. 곡선의 접선과 접촉평면은 매개화와 상관없이 일정하다.

2.2 벡터 함수의 적분

벡터 함수 $X : [a, b] \to \mathbb{R}^n$ 의 각 성분함수 $x_1(t), \ldots, x_n(t)$ 가 적분가능할 때

$$\int_a^b X(t)\,dt = \left(\int_a^b x_1(t)\,dt, \ldots, \int_a^b x_n(t)\,dt\right)$$

로 정의한다. 그러면 다음 정리도 자명하다.

정리 2.2.1 (미적분학 기본정리) *일급 미분가능 곡선* $X : [a, b] \to \mathbb{R}^n$ *에서*

$$\int_a^b X'(t)\,dt = X(b) - X(a)$$

이다.

2.2.2 기본연습문제

n-공간의 벡터 $\mathbf{v}$ 와 적분가능한 벡터 함수 $X : [a, b] \to \mathbb{R}^n$ 에 대하여

$$\mathbf{v} \cdot \int_a^b X(t)\,dt = \int_a^b \mathbf{v} \cdot X(t)\,dt$$

임을 밝히라.

2.2.3 고양이와 강아지

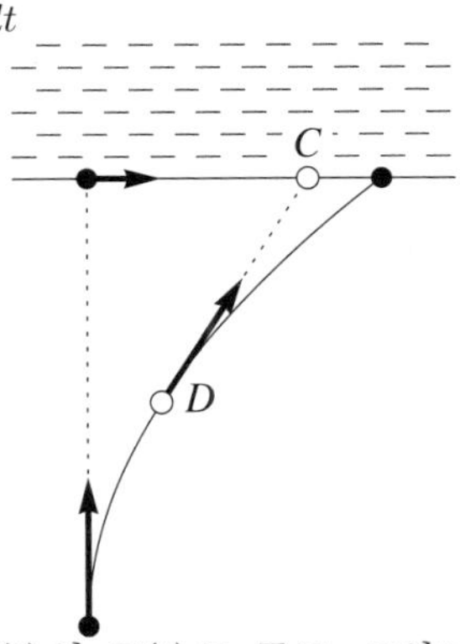

강아지가 120 m 북쪽에 있는 고양이를 발견하고 쫓아간다. 고양이는 동쪽으로 일정한 속력으로 도망가고, 강아지는 고양이 속력의 두 배로 쫓아간다.[26] 강아지가 고양이를 잡기까지 달린 거리는 얼마일까?

풀이: 시각 t 에서 고양이와 강아지의 위치를 각각 $C(t)$ 와 $D(t)$ 로 두고, 고양이의 속도벡터를 $\mathbf{v}_C$, 강아지의 속력을 v_D 로 두면,

$$C(t) = C(0) + t\mathbf{v}_C, \quad (C(0) - D(0)) \cdot \mathbf{v}_C = 0, \quad D'(0) \cdot (C(0) - D(0)) = 120\,v_D$$

이다. 또 강아지의 속력이 일정하므로 $D'(t)$ 와 $D''(t)$ 는 항상 서로 수직이다 (기본연습문제 2.0.3). 한편 $D(t)$ 의 속도벡터가 $C(t) - D(t)$ 와 같은 방향이므로

$$D''(t) \cdot (C(t) - D(t)) \equiv 0 \tag{6}$$

[26] 유도탄이 발사체를 쫓아간다.

이다.[27] 강아지가 고양이를 잡을 때까지 걸리는 시간을 T 라 하면,

$$D(T) = C(T) = C(0) + T\mathbf{v}_C$$

이고 따라서

$$D(T) - D(0) = (C(0) - D(0)) + T\mathbf{v}_C \tag{7}$$

이다. 한편 등식 (6) 에서

$$\begin{aligned}
0 &= \int_0^T D''(t) \cdot (C(t) - D(t))\, dt \\
&= \int_0^T (D'(t) \cdot (C(t) - D(t)))' - D'(t) \cdot (C'(t) - D'(t))\, dt \\
&= \Big[D'(t) \cdot (C(t) - D(t))\Big]_0^T - \int_0^T D'(t) \cdot \mathbf{v}_C\, dt + T{v_D}^2 \\
&= -D'(0) \cdot (C(0) - D(0)) - (D(T) - D(0)) \cdot \mathbf{v}_C + T{v_D}^2 \\
&\overset{(7)}{=} -120\, v_D - T{v_C}^2 + T{v_D}^2
\end{aligned}$$

이다. (여기에서 $v_C := |\mathbf{v}_C|$ 로 두었다.) 따라서

$$T = \frac{120\, v_D}{{v_D}^2 - {v_C}^2}$$

이고, 강아지가 달린 거리는

$$Tv_D = \frac{120}{1 - (v_C/v_D)^2} = \frac{120}{1 - (1/2)^2} = \frac{4}{3} \cdot 120 = 160 \qquad (\mathrm{m})$$

이다.

2.2.4 기본연습문제

위 보기에서 잡힐 때까지 고양이가 달린 거리는 얼마인가?[28] 강아지가 현명하여 고양이를 따라 가지 않고 직선운동을 하여 고양이를 잡는다면, 어떤 방향으로 달려가야 할까?

---

[27] 두 함수 $f(t)$ 와 $g(t)$ 가 모든 t 에 대하여 같으면 $f(t)$ 와 $g(t)$ 는 "항등적으로 같다"고 말하고 $f(t) \equiv g(t)$ 라고 쓴다. 이 말은 "$f = g$" 와 같은 뜻이다.

[28] $80\,\mathrm{m}$

연습문제: 제 9 장 2 절

1. 다음 곡선의 속도벡터와 가속도벡터를 구하라.
   (1) $(e^t, \cos t, \sin t)$ (2) $(\sin 2t, \log(1+t), t)$
   (3) $(\cos 3t, \sin 3t)$ (4) (t, t^2, t^3)
2. 정규곡선 $X(t)$ 에서
$$v(t) := |X'(t)|, \qquad a(t) := |X''(t)|$$
로 두자. 이때 모든 t 에 대하여
$$a(t) = v'(t)$$
일 필요충분조건은 $X(t)$ 가 직선운동을 하는 것임을 보이라.
또 속도벡터와 가속도벡터가 일차독립일 때, 이 두 벡터가 이루는 사잇각의 크기를 $\theta(t)$ 라 하면,
$$\boxed{v'(t) = a(t)\cos\theta(t)}$$
임을 밝히라.
3. $X(t) = r(t)\big(\cos\theta(t), \sin\theta(t)\big)$ 일 때,
$$\begin{aligned} X' &= r'(\cos\theta, \sin\theta) + r\theta'(-\sin\theta, \cos\theta) \\ X'' &= (r'' - r\theta'^2)(\cos\theta, \sin\theta) + \frac{1}{r}\left(r^2\theta'\right)'(-\sin\theta, \cos\theta) \end{aligned}$$
임을 보이라.
4. 삼차원 좌표공간 속의 곡선 $X(t)$ 에 대하여
$$f(t) := X(t) \cdot X'(t) \times X''(t)$$
이면
$$f'(t) = X(t) \cdot X'(t) \times X'''(t)$$
임을 보이라.
5. 곡선 $X(t) = (\sin t, \cos t, t)$ 의 $t = \dfrac{\pi}{2}$ 인 점에서 접촉평면의 식을 구하라.
6. 삼차원 공간 속의 이급 곡선 $X(t)$ 에 대하여 항등적으로[29] $X' \times X'' = 0$ 이면, X 는 직선 또는 그 일부임을 밝히라.
7. 구면 위를 움직이는 점의 가속도벡터가 항상 구의 중심을 향하면, 이 운동은 등속력 운동임을 보이라.

[29] 정의역의 모든 t 에 대하여

제 3 절 평면곡선과 극좌표계

3.1 각운동량

좌표공간의 곡선 $X(t)$ 에 대하여 벡터

$$X(t) \times X'(t)$$

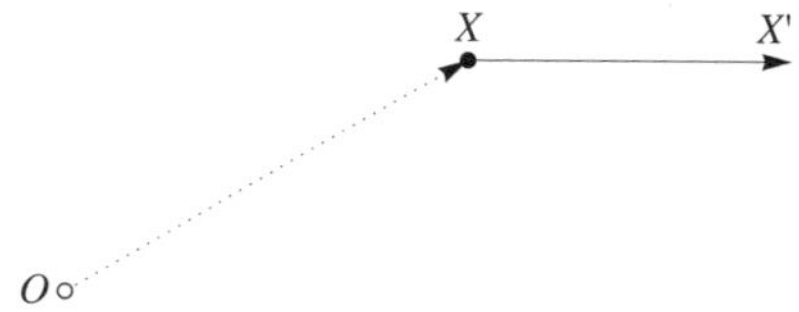

를 원점에 대한 **각운동량**이라 한다.[30]

이때 $(X \times X')' = X \times X''$ 이므로 다음 정리를 얻는다.

정리 3.1.1 *좌표공간의 곡선 $X(t)$ 의 각운동량이 일정할 필요충분조건은 곡선의 모든 점에서 가속도벡터가 위치벡터와 나란한 것이다.*[31]

3.1.2 보기

타원 $X(t) = (a\cos t, b\sin t)$ 에서 가속도벡터는 $X''(t) = -X(t)$ 이다. 그러므로 이러한 타원운동은 원점에 대하여 각운동량이 보존된다.

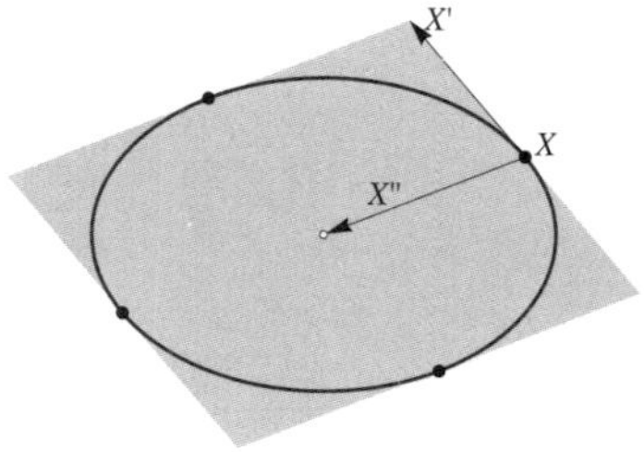

3.1.3 기본연습문제

타원의 점 $P := (a\cos t, b\sin t)$ 에 대하여 점

$$P_* := (-a\sin t, b\cos t), \qquad -P_* := (a\sin t, -b\cos t)$$

를 모두 P 의 **켤레점**이라고 한다. 타원에서 한 쌍의 켤레점들 $P, P_*, -P, -P_*$ 에서 외접하는 평행사변형은 점 P 와 상관없이 모두 넓이가 일정함을 밝히라.

---

[30]동점의 질량을 1로 두었다. 일반적으로 질량이 m 인 동점의 원점에 대한 각운동량은 $X(t) \times (mX'(t))$ 를 뜻한다.

[31]"가속도벡터와 위치벡터가 나란하다"는 말을 "힘의 방향과 중심 방향이 나란하다"고 바꿔 말할 수도 있다.

3.2 극좌표계와 가속도

좌표평면에서 움직이는 점을 극좌표로 표현하면

$$(r(t), \theta(t))$$

이고, 이를 직교좌표로 나타내면

$$X(t) = r(t)\,(\cos\theta(t), \sin\theta(t)) =: r(t)\,\mathbf{e}(\theta(t))$$

이다.[32] ($r(t) \neq 0$ 이라고 가정한다.) 이때 $\mathbf{e}^*(\theta(t)) = (-\sin\theta(t), \cos\theta(t))$ 로 두면,

$$X' = r'\mathbf{e} + r\theta'\mathbf{e}^* \tag{8}$$
$$X'' = (r'' - r\theta'^2)\mathbf{e} + (2r'\theta' + r\theta'')\mathbf{e}^* \tag{9}$$

이다 (2절 연습문제 3 번 참고). 따라서 각운동량은

$$X(t) \times X'(t) = r\mathbf{e} \times (r'\mathbf{e} + r\theta'\,\mathbf{e}^*) = r^2\theta'\,\mathbf{k}$$

이다.[33] 한편 가속도벡터의 성분 중에서 위치벡터 $X(t)$ 와 수직인 $\mathbf{e}^*$-성분은

$$2r'\theta' + r\theta'' = \frac{1}{r}(r^2\theta')'$$

이다. "각운동량이 보존된다"는 말은

$$r^2\theta' = \text{const}$$

라는 뜻이므로 다음 정리를 얻는다.

정리 3.2.1 *평면에서 움직이는 점을 극좌표로 나타내었을 때, $r^2\theta'$ 이 일정할 필요충분조건은 이 점의 가속도벡터가 위치벡터와 나란한 것이다.*

---

[32] $\mathbf{e}(\theta) = (\cos\theta, \sin\theta)$, $\mathbf{e}^*(\theta) = (-\sin\theta, \cos\theta)$ 로 두었다. 이때 $\mathbf{e} \times \mathbf{e}^* = \mathbf{k}$ 이다.

[33] 평면 동점의 각운동량은 벡터로 보아도 좋고, 또는 스칼라

$$X \times X' \cdot \mathbf{k} = \det(X, X') = r^2\theta'$$

으로 보아도 좋다.

3.3 극좌표계와 영역의 넓이

극좌표계에서

$$0 \le r \le f(\theta) \qquad (\theta_0 \le \theta \le \theta_1)$$

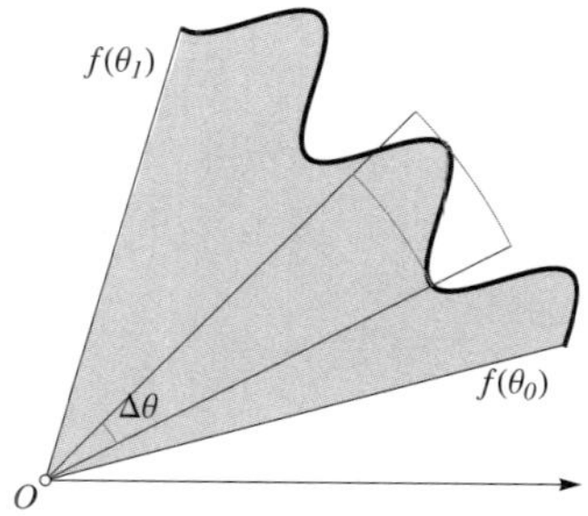

로 표현된 영역의 넓이를 구하는 법을 살펴보자. 이때 $f(\theta)$는 연속함수임을 가정한다.

먼저 구간 $[\theta_0, \theta_1]$을 잘게 나누어 조그만 구간

$$[\theta, \theta + \Delta\theta]$$

에서 f의 최대점과 최소점을 각각 $\theta_{\max}, \theta_{\min}$으로 두면, 조그만 영역은 큰 부채꼴과 작은 부채꼴의 사이에 있으므로, 그 넓이 ΔA는 부등식

$$\frac{1}{2} f\left(\theta_{\min}\right)^2 \Delta\theta \le \Delta A \le \frac{1}{2} f\left(\theta_{\max}\right)^2 \Delta\theta$$

를 만족시킨다.[34] 따라서, 이 부등식을 모두 더하면, **구분구적법**[35]에 의하여 주어진 영역의 넓이가

$$\boxed{A = \int_{\theta_0}^{\theta_1} \frac{1}{2} f(\theta)^2 \, d\theta}$$

임을 안다. 이 식을

$$dA = \frac{1}{2} r^2 \, d\theta$$

라고 쓰기도 한다.

---

[34] "반지름"이 r이고 중심각이 θ인 부채꼴의 넓이는

$$\frac{1}{2} \cdot r \cdot r\theta = \frac{1}{2} r^2 \theta$$

이다. 마치 삼각형의 넓이가 "밑변×높이/2"이듯이 ....

[35] 구분구적법에 의하면, 구간 $[a, b]$에서 정의된 임의의 연속함수 f에 대하여

$$\lim_{|\mathcal{P}| \to 0} \sum_{i=1}^{n} f(t_i^*) \, (t_i - t_{i-1}) = \int_a^b f(t) \, dt$$

이다. 여기에서

$$\mathcal{P} = (t_0, t_1, \ldots, t_n), \qquad a = t_0 < t_1 < \cdots < t_n = b$$

는 구간 $[a, b]$의 한 **분할**(partition)을 나타내고,

$$|\mathcal{P}| = \max\{t_i - t_{i-1} \mid i = 1, \ldots, n\}$$

는 **분할의 크기**를 나타내며, t_i^*는 구간 $[t_{i-1}, t_i]$의 임의의 원소이다.

3.3.1 아르키메데스 와선

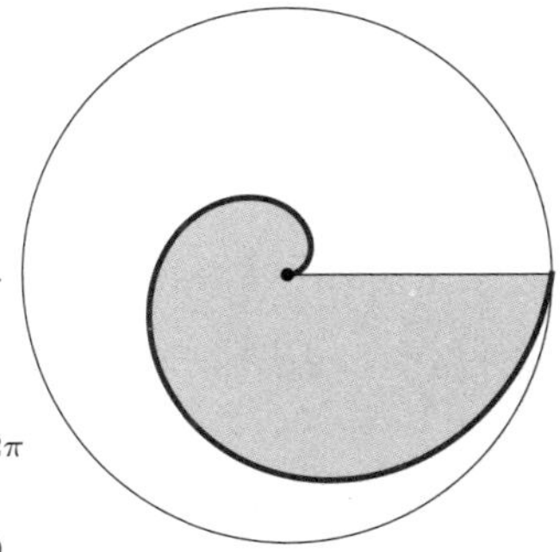

오른쪽 그림은 아르키메데스 와선

$$r = k\theta \qquad (0 \le \theta \le 2\pi)$$

와 원을 그린 것이다. 이때 회색 바탕 부분의 넓이 A가 원판 넓이 D의 $1/3$임을 밝혀 보자.[36]

$$\begin{aligned} A &= \int_0^{2\pi} \frac{1}{2} r^2 \, d\theta = \int_0^{2\pi} \frac{1}{2} (k\theta)^2 \, d\theta = \left[\frac{k^2}{6} \theta^3 \right]_0^{2\pi} \\ &= \frac{1}{3} \cdot \pi (2\pi k)^2 = \frac{1}{3} D \end{aligned}$$

3.3.2 심장형 곡선

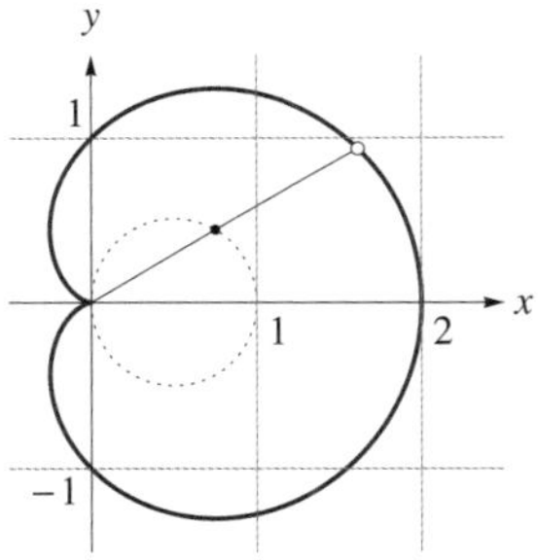

심장형 곡선 $r = 1 + \cos\theta$에 의하여 둘러싸인 영역의 넓이는

$$\begin{aligned} A &= \int_0^{2\pi} \frac{1}{2} (1 + \cos\theta)^2 \, d\theta \\ &= \frac{1}{2} \int_0^{2\pi} (1 + 2\cos\theta + \cos^2\theta) \, d\theta \\ &= \frac{1}{2} (2\pi + 0 + \pi) = \frac{3}{2} \pi \end{aligned}$$

이다.[37]

3.3.3 기본연습문제

1. 동전 하나를 같은 크기의 동전 주위로 굴릴 때, 굴리는 동전 가장자리에 있는 한 점의 자취가 심장형 곡선임을 설명하라. 이때 심장형 곡선으로 둘러싸인 영역의 넓이는 동전 넓이의 여섯 배임을 밝히라.

2. 타원운동 $x = a\cos t$, $y = b\sin t$에서 원점과 동점을 연결한 선분이 만드는 영역의 넓이가 Δt에 비례함을 밝히라 (보기 3.1.2 참고).

   또 쌍곡선운동 $x = a\cosh t$, $y = b\sinh t$도 같은 성질이 있음을 밝히라.

[36] 연습문제 7번 참고 [Stein].

[37] 함수 $\cos\theta$는 $\sin\theta$를 평행이동하여 얻은 것이고, 이들은 모두 주기가 2π인 함수이다. 따라서 $\int_0^{2\pi} \cos^2\theta \, d\theta = \int_0^{2\pi} \sin^2\theta \, d\theta$이다. 이 공통 값은 서로 더한 값의 반인 π이다.

연습문제: 제 9 장 3 절

1. 극좌표계에서 다음 식으로 주어진 영역의 넓이를 구하라.

   (1) $1 \le r \le 2\cos\theta$　　(2) $2 \le r \le 1 + 2\cos\theta$

2. 극좌표계에서 식 $r = 1 - \cos\theta$ 로 주어진 곡선의 개형을 그리고, 이 곡선으로 둘러싸인 부분의 면적을 구하라.

3. 다음 곡선의 개형을 그리고, 그 곡선으로 둘러싸인 부분의 넓이를 구하라.

   (1) $r = 2(1 + \cos\theta)$　　(2) $r = 2\cos\theta$

   (3) $r = \cos 3\theta$　　(4) $r = 1 + \sin 2\theta$

   (5) $r = 2 + \cos\theta$　　(6) $r = 2 + \sin 2\theta$

   (7) $r^2 = \sin^2 2\theta$　　(8) $r = \sqrt{1 - \cos\theta}$

   (9) $r = \sqrt{\cos 2\theta}$ $(-\frac{\pi}{4} \le \theta \le \frac{\pi}{4})$　　(10) $r = \tan\left(\frac{\pi}{4} - 2|\theta|\right)$ $(-\frac{\pi}{8} \le \theta \le \frac{\pi}{8})$

4. 극좌표계를 이용하여 다음 식으로 주어진 곡선의 개형을 그리고, 이 곡선으로 둘러싸인 부분의 넓이를 구하라.

   (1) $y^2(1 + x^2) = x^2(3 - x^2)$　　(2) $x^2 + y^2 = 6\sqrt{x^2 - y^2}$

5. 곡선 $r^2 = 2\cos 2\theta$ 의 한쪽 날개의 넓이가 1 임을 보이라.

6. 극좌표로 주어진 곡선 $r = \sin n\theta$ 에서 "한 잎"의 넓이를 구하라. (단, n 은 자연수이다.)

7. 아르키메데스 와선 $r = \theta$, $0 \le \theta \le \theta_0$ 과 반직선 $\theta = \theta_0$ 으로 둘러싸인 "아르키메데스 영역"의 넓이는 원점을 꼭지각으로 하고 아르키메데스 영역을 포함하는 가장 작은 부채꼴 넓이의 1/3 임을 보이라. (단, $0 < \theta_0 < 2\pi$ 이다.)

8. $0 \le a \le 1$ 일 때, 곡선 $r = 2R(1 - a\cos\theta)$ 로 둘러싸인 영역의 넓이는 얼마인가?

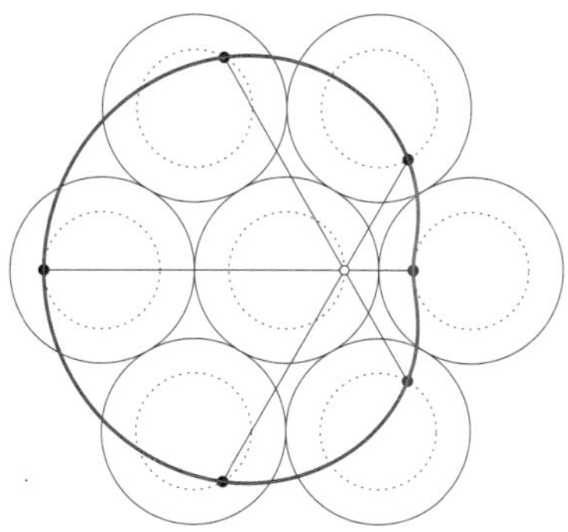

그림: $r = 2R(1 - a\cos\theta)$

제 4 절 재매개화

좌표평면에서 단위 원은 식

$$X(t) = (\cos t, \sin t)$$

로 나타낼 수 있는데, 매개변수 t를 새로운 매개변수 s를 사용하여

$$t := 2s$$

로 치환하면

$$X(2s) = (\cos 2s, \sin 2s)$$

와 같이 된다. 원의 새로운 매개화에서는 처음 매개화보다 두 배 빨리 움직임을 나타낸다. 처음 곡선은 시각의 구간 $[0, 2\pi]$ 동안 한 바퀴 도는 운동이지만, 나중의 곡선은 같은 시간에 두 바퀴 도는 운동을 나타낸다.

이와 같이, 주어진 곡선에서 움직이는 방법을 달리하여 새롭게 움직임을 서술하는 것을 곡선의 **재매개화**(reparametrization)라고 한다.

일반적으로, 구간 I에서 정의된 곡선

$$X(t) \in \mathbb{R}^n \qquad (t \in I)$$

과 새로운 구간 J에서 정의된 함수[38]

$$s \mapsto t = g(s) \qquad (s \in J)$$

에 대하여 곡선

$$\tilde{X} := X \circ g : J \to I \to \mathbb{R}^n$$

을 살펴보자.[39] 이때 $g : J \to I$가 일급가역함수이면,[40] $\tilde{X}$를 X의 (일급) **재매개화**라고 부른다.

---

[38] 변수 t를 s로 치환하는 함수

[39] $\tilde{X}$를 "tilde X" 또는 "물결표 엑스"라고 부른다. 기호 ˜(tilde, squiggle)는 스페인(España)어 señor나 포르투갈어 pão (빵) 등에 나타난다. 수학에서는 "비슷한 것"을 나타낼 때 주로 사용한다.

[40] 일급(미분가능)함수 $g : J \to I$가 역함수를 가지고, 그 역함수 또한 일급이면, g를 **일급가역함수**라고 부른다. 일급가역함수 g의 미분계수는 임의의 점에서 0이 아니다. 그 까닭은 합성함수의 미분법, 즉 **연쇄법칙**(chain rule)

$$(h \circ g)'(t) = h'(g(t))g'(t)$$

에서 $t = (h \circ g)(t)$이면 $1 = h'(g(t))g'(t)$이기 때문이다.

일반적으로 이급 곡선을 다룰 때에는 이급 재매개화를 다루고,[41] k급 곡선을 다룰 때에는 k급 재매개화를 다룬다.

보기로 (한 점 빠진) 원의 표준 매개화

$$X(t) = (\cos t, \sin t) \qquad (-\pi < t < \pi)$$

에서

$$s = \tan\frac{t}{2} \qquad (\text{즉, } t = 2\arctan s)$$

로 두면

$$\begin{aligned}
\cos t &= 2\cos^2\frac{t}{2} - 1 = \frac{2}{1+\tan^2\frac{t}{2}} - 1 = \frac{1-\tan^2\frac{t}{2}}{1+\tan^2\frac{t}{2}} = \frac{1-s^2}{1+s^2} \\
\sin t &= 2\cos\frac{t}{2}\sin\frac{t}{2} = 2\cos^2\frac{t}{2}\tan\frac{t}{2} = 2\frac{\tan\frac{t}{2}}{1+\tan^2\frac{t}{2}} = \frac{2s}{1+s^2}
\end{aligned}$$

를 얻는다. 따라서

$$\tilde{X}(s) := \left(\frac{1-s^2}{1+s^2}, \frac{2s}{1+s^2}\right)$$

가 원의 새로운 매개화이다. 이때, 재매개함수

$$t = 2\arctan s \qquad (-\infty < s < \infty)$$

는 무한급 가역함수이다.

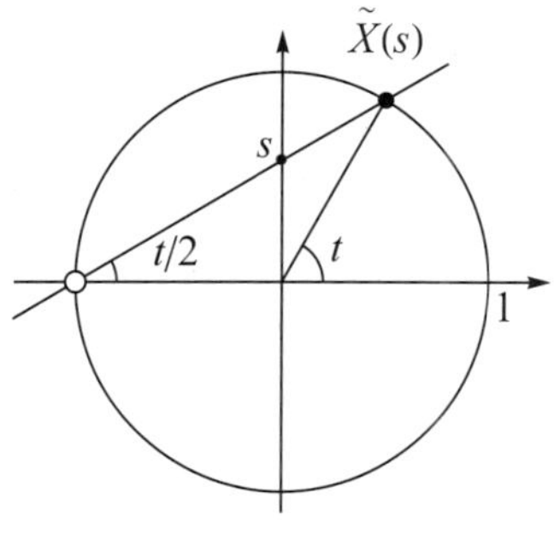

[41] 다시 말하면, 재매개함수 $g(s)$가 이급가역함수라는 뜻이다.

4.0.1 기본연습문제

1. 곡선 $X(t)$ 를 재매개화하여 $Y(s)$ 를 얻으면, $Y(s)$ 를 재매개화하여 $X(t)$ 를 얻을 수 있음을 설명하라.
2. 곡선 $X(t)$ 를 재매개화하여 $Y(s)$ 를 얻고, $Y(s)$ 를 재매개화하여 $D(j)$ 를 얻으면, $X(t)$ 를 재매개화여 $D(j)$ 를 얻을 수 있음을 보이라.

4.1 재매개화와 불변량

매개화된 곡선의 여러 가지 동적인 성질은 매개변수가 바뀜에 따라 변할 수 있지만, 매개화된 곡선의 상, 즉 기하학적 곡선의 성질들은[42] 재매개화에 따라 변하지 않는다. 먼저 재매개화에서 속도벡터가 어떻게 변하는가를 알아 보자.

정리 4.1.1 (연쇄법칙) *구간 I, J 와 미분가능한 함수 $g : J \to I$, $X : I \to \mathbb{R}^n$ 에 대하여*

$$(X \circ g)'(s) = X'(g(s))\, g'(s), \qquad s \in J$$

이다.

연쇄법칙, 즉 합성함수 미분법은 간단히

$$\frac{dX}{ds} = \frac{dX}{dt}\frac{dt}{ds}$$

로 쓸 수 있다.

증명. $X(t) = (x_1(t), \ldots, x_n(t))$ 로 두면

$$\begin{aligned}
\frac{d}{ds}X(g(s)) &= \left(\frac{d}{ds}x_1(g(s)), \ldots, \frac{d}{ds}x_n(g(s))\right) \\
&= \left(x_1'(g(s))g'(s), \ldots, x_n'(g(s))g'(s)\right) \\
&= \left(x_1'(g(s)), \ldots, x_n'(g(s))\right) g'(s) \\
&= X'(g(s))\, g'(s)
\end{aligned}$$

를 얻는다. □

[42] 곡선의 접선, 접촉평면, 곡률, 길이, 질량중심 등이 있다.

이제 곡선 $X(t)$ 에서 $t = g(s)$ 로 재매개화하여 얻은 곡선을

$$\tilde{X}(s) := X(g(s))$$

로 두면, 위 정리에 의하여

$$\tilde{X}'(s) = X'(t)g'(s) \tag{10}$$

를 얻는다. 이와 같이, 새로운 매개화에 의한 곡선의 속도는 원래 속도의 **재매개화율** $g'(s)$ 만큼 배증된다. 이처럼 속도벡터는 매개화가 달라지면 변화한다. 그러나 (정규곡선에서는) *곡선의 접선은 매개화에 따라 변하지 않는다.*

한편, 이급곡선에서는 식 (10)을 미분하여

$$\tilde{X}''(s) = X''(t)(g'(s))^2 + X'(t)g''(s)$$

를 얻는다. 따라서 가속도벡터는 매개화에 따라 크게 달라지는 것을 알 수 있다. 그러나 새로운 가속도벡터는 여전히 기존의 속도벡터와 가속도벡터의 일차결합이다.

만약 $X'(t)$ 와 $X''(t)$ 가 일차독립이면, $\tilde{X}'(s)$ 와 $\tilde{X}''(s)$ 는 여전히 일차독립이고, 따라서

곡선의 접촉평면은 매개화에 따라 변화하지 않는다

는 것을 알 수 있다.

4.2 역향곡선

곡선 $X(t)$ 를 재매개화할 때, 재매개함수 $t = g(s)$ 가

$$g'(s) > 0$$

인 경우를 **동향** 재매개화,

$$g'(s) < 0$$

인 경우를 **역향** 재매개화라고 부른다. 다시 말하면 새로운 변수 s 가 증가하면, 동향 재매개화에서는 원래 매개변수 t 도 증가하지만, 역향 재매개화에서는 원래 매개변수 t 는 감소한다.

보기를 들면, 곡선 $X(t) = (\cos t, \sin t)$ 에서

$$t = \sinh s$$

로 치환하면 동향 재매개화를 얻고,

$$t = -s$$

로 치환하면 역향 재매개화를 얻는다.

이제 역향 재매개화의 특별한 경우인 **역향곡선**을 소개한다.

곡선 $X : [a, b] \to \mathbb{R}^n$ 의 **역향곡선**

$$X_- : [a, b] \to \mathbb{R}^n$$

은

$$X_-(s) := X(a + b - s) \qquad (s \in [a, b])$$

로 정의한다.[43]

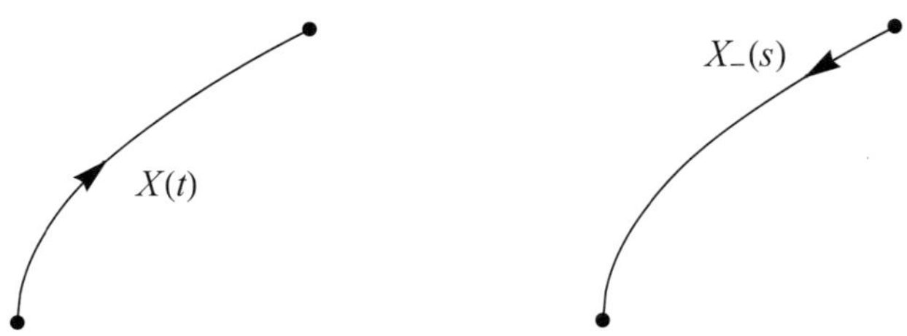

이때 $t = a + b - s$ 로 두면,

$$X_-'(s) = -X'(t), \qquad X_-''(s) = X''(t)$$

이 되므로, 역향곡선의 속도는 원래 속도의 반대 방향이지만, 가속도벡터는 변하지 않는다.

4.2.1 기본연습문제

곡선

$$X(t) = (\cos t, \sin t) \qquad \left(-\tfrac{\pi}{2} \le t \le \tfrac{3\pi}{2}\right)$$

의 역향곡선을 구하라. 또 역향곡선의 속도벡터와 가속도벡터를 구하라.

---

[43] 실수집합 I 에 대하여 $-I := \{-t \mid t \in I\}$ 로 두고, 곡선 $X : I \to \mathbb{R}^n$ 의 역향곡선을

$$X_- : -I \to \mathbb{R}^n, \qquad s \mapsto X(-s)$$

라고 정의한다면, I 가 무한한 구간인 경우에도 적용된다.

연습문제: 제 9 장 4 절

1. 다음 곡선을 매개화하라.

   (1) $4x^2 + 9y^2 = 1$ (2) $4x^2 - 9y^2 = 1$

   (3) $y^2 = x^3 - x^2 \quad (x > 0)$ (4) $y^2 = x^3 - x \quad (x > 0)$

2. 좌표평면에서 식

$$y^2 = x^3 + ax + b$$

   의 꼴로 주어진 곡선을 **타원곡선**이라고 부른다.[44] 여기에서 $a = 0$, $b = 0$ 일 때, 이 곡선을 매개화하라.

3. (**피타고라스 짝**과 원의 매개화) 세 자연수 p, q, r 이

$$p^2 + q^2 = r^2$$

   이면, 집합 $\{p, q, r\}$ 를 **피타고라스** (삼중) **짝**이라고 부른다.[45] 이때 p, q, r 가 **서로 소**(素, prime)이면, 이 짝을 "서로 소인 짝"이라고 부른다. 피타고라스의 짝은 서로 소인 것이 흥미롭다. 서로 소가 아닌 짝은 서로 소인 짝으로부터 얻어진다.

   (1) 임의의 자연수 k 에 대하여 $\{4k, 4k^2 - 1, 4k^2 + 1\}$ 은 서로 소인 피타고라스 짝임을 보이라.[46] 또 $\{2k + 1, 2k(k + 1), 2k(k + 1) + 1\}$ 도 서로 소인 피타고라스 짝임을 보이라.[47]

---

[44] 보통 $x^3 + ax + b$ 가 중근을 가지지 않는 경우, 즉 $4a^3 + 27b^2 \neq 0$ 인 경우를 뜻한다. 여기서 "타원"이라는 것은 우리가 상식적으로 쓰는 "찌그러진 원"의 뜻이 아니다. 타원곡선은 복소수이론이나, 위상수학, 또는 대수기하학 등으로 설명할 수 있다.

프린스턴 대학의 와일즈(Andrew Wiles, 1953–)는 타원곡선을 연구하여 페르마의 마지막 정리

$$x, y, z, n \in \mathbb{N},\ n \geq 3 \quad \Rightarrow \quad x^n + y^n \neq z^n$$

을 1994 년에 증명하였다. 그때 나이가 마흔이 넘었기 때문에 수학자에게 가장 영예로운 상인 필즈 상을 타지는 못하였다. 최근에 타원곡선은 암호이론에 많이 사용된다. 랑글란즈(Langlands) 프로그램에 관심 없어도 "사랑 방정식"에 관심 있으면, [Frenkel] 참고.

[45] 정수근을 구하는 대수방정식을 디오판토스(Diophantos) 방정식이라고 부른다. 모델(L. Mordell, 1888–1972)은 그러한 방정식의 차수가 3 이상이면 근의 개수가 유한개라는 가설을 세웠고, 그 가설을 증명한 독일의 팔팅스(G. Faltings, 1954–)는 1986 년에 필즈 상을 수상하였다.

[46] 따라서, $\{3, 4, 5\}$, $\{8, 15, 17\}$, $\{12, 35, 37\}$, $\{16, 63, 65\}$ ... 는 모두 서로 소인 피타고라스 짝이다. 물론 2 이상의 임의의 자연수 l 에 대하여 $\{2l, l^2 - 1, l^2 + 1\}$ 이 피타고라스 짝이기는 하지만, l 이 홀수일 때에는 이 짝은 서로 소인 짝이 아니다.

[47] 따라서, $\{3, 4, 5\}$, $\{5, 12, 13\}$, $\{7, 24, 25\}$, $\{9, 40, 41\}$, $\{11, 60, 61\}$, $\{13, 84, 85\}$, $\{15, 112, 113\}$, $\{17, 144, 145\}$ ... 는 모두 서로 소인 피타고라스 짝이다.

(2) 피타고라스 짝을 구하는 것은 단위 원 $x^2 + y^2 = 1$ 의 유리점을[48] 구하는 문제와 같음을 설명하라. 또 기울기가 $t \in \mathbb{R}$ 이고, 점 $(-1, 0)$ 을 지나는 직선

$$y = t(x+1)$$

이 단위 원과 다시 만나는 점은

$$P(t) := \left(\frac{1-t^2}{1+t^2}, \frac{2t}{1+t^2}\right)$$

임을 보이고, $P(t)$ 가 유리점일 필요충분조건은 t 가 유리수인 것임을 밝히라. 이로부터 모든 서로 소인 피타고라스 짝은 홀짝이 다른 서로 소인 자연수 $m > n$ 에 대하여

$$\{m^2 - n^2, 2mn, m^2 + n^2\}$$

로 나타남을 보이라.

(3) 서로 곱하면 1/2인 두 유리수 각각에 1을 더한 것들을 분모가 같아지도록 통분하였을 때, 두 분자의 제곱의 합은 제곱수임을 밝히라.

4. 곡선 $X : [a, b] \to \mathbb{R}^n$ 의 **에너지**는

$$E(X) := \frac{1}{2}\int_a^b |X'(t)|^2\, dt$$

로 정의한다.[49] 다음 곡선의 에너지를 구하라.

$$X(t) := (t, t^2) \qquad (0 \le t \le 1).$$

5. 곡선의 에너지는 매개화를 달리하였을 때 변화하는지를 살펴보라.

6. 삼차원 공간 속의 곡선 $X(t)$ 에 대하여 $t = t_0$ 에서

$$X' \times X'' \cdot X''' > 0$$

이면[50] 곡선 X 는 $t = t_0$ 에서 **양으로** (또는 **오른쪽으로**) **휘었다**고 하고,

$$X' \times X'' \cdot X''' < 0$$

이면 **음으로** (또는 **왼쪽으로**) **휘었다**고 한다.

---

[48] 점 (x, y) 의 두 성분이 모두 유리수이면, **유리점**이라고 부른다.

[49] 탐구문제 5번 참고.

Conservation of energy ... is a mathematical principle.

– R. Feynman in *Six Easy Pieces*

[50] 삼차원 공간의 벡터 $\mathbf{a}, \mathbf{b}, \mathbf{c}$ 에 대하여 $\mathbf{a} \times \mathbf{b} \cdot \mathbf{c} = \mathbf{a} \cdot \mathbf{b} \times \mathbf{c}$ 이다.

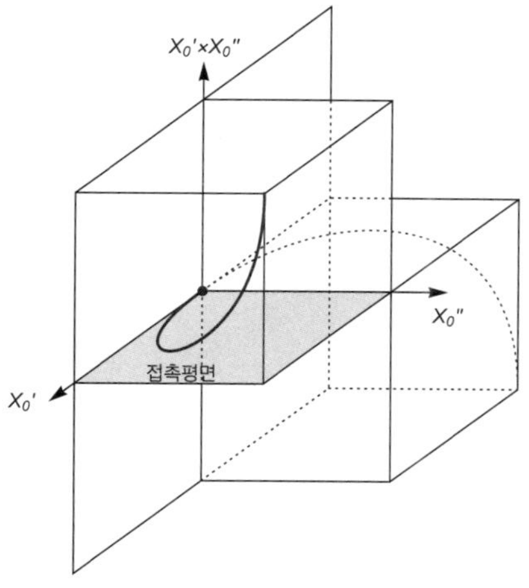

그림: $X_0' \times X_0'' \cdot X_0''' > 0$

이러한 개념은 곡선의 매개화와 무관함을 보이라.[51] 또 행렬식 값이 양인 삼차 정사각행렬 M 과 벡터 $\mathbf{v}$ 에 대하여 곡선

$$Y(t) := M(X(t)) + \mathbf{v}$$

가 오른쪽으로 휘어 있을 필요충분조건은 X 가 오른쪽으로 휘어 있는 것임을 보이라.

7. 양수 a, b 에 대하여 나선

$$R(t) := (a\cos t, a\sin t, bt)$$

는 오른쪽으로 휘어 있지만, 나선

$$L(t) := (a\cos t, -a\sin t, bt)$$

는 왼쪽으로 휘어 있음을 보이라.

[51]저온살균법으로 유명한 파스퇴르(Louise Pasteur, 1822–1895)는 1848 년에 많은 유기 분자가 그것의 거울상과 기능이 크게 다르다는 것을 발견하였다. 인체는 특별한 향을 가진 유기 분자를 선호하여, 이러한 분자가 몸속에서 합성될 때에는 일정한 향을 가진 분자들만 생성된다. 예를 들면, 대부분의 단백질은 좌회전된 아미노산과 우회전된 당으로 이루어진다. 그러나 실험실에서 비생리적인 방법으로 약품을 만들 때에는 그 결과가 오른손잡이와 왼손잡이의 50:50 혼합이 된다. 이때 원하지 않는 분자들을 제거하기가 쉽지 않기 때문에 환자들은 혼합된 약을 먹게 된다. 보통 원하지 않는 분자들은 생물학적으로 불활성이어서 별 영향을 주지 않지만, 가끔 부작용을 일으키는 경우가 있다. 1960 년대에 미국의 임신부들에게 투약된 수면제의 경우가 그 사례이다. 오른손잡이 분자들은 원하는 수면효과를 주었지만, 왼손잡이 분자들은 기형아를 출산시켰다. 유기화학자들이 새로운 분자를 분석할 때 그것이 과연 **방향성**이 있는가를 조사하는 것이 맨 먼저 하여야 할 일 중의 하나이다. 한때 서울의 지하철역 중에는 들어가고 나오는 곳에 우측통행과 좌측통행이 마구 섞여 있어 혼잡을 더하는 곳이 있었고, 지하철 노선도 중에는 향을 뒤집어 놓은 것도 있었다.

8. 타원 E가 주어졌을 때, 이 타원의 한 점 P에서 접선이, 타원의 중심 O에서 타원의 한 점 Q를 향한 벡터 $\overrightarrow{OQ}$와 나란하면, Q를 P의 *켤레점*이라 부른다 (기본연습문제 3.1.3 참고). 타원의 각 점은 두 개의 켤레점을 가진다.

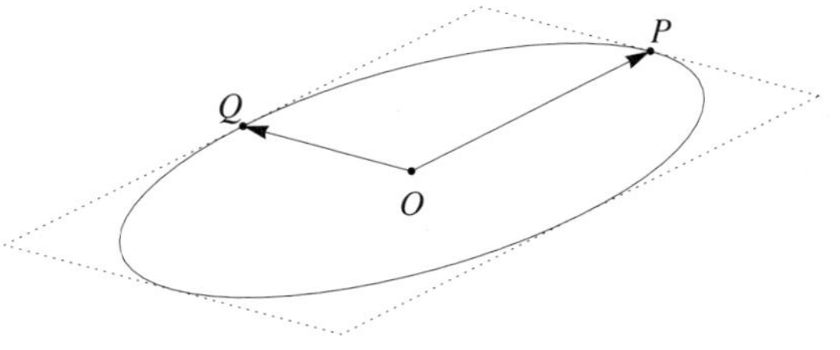

(a) 점 Q가 점 P의 켤레점이면, P도 Q의 켤레점임을 보이라.

(b) 점 P, Q가 서로 켤레일 때, 식

$$O + (\cos t)\,\overrightarrow{OP} + (\sin t)\,\overrightarrow{OQ}$$

는 타원 E의 매개화임을 보이라.

제 5 절 곡선의 길이

일급곡선 $X : [a, b] \to \mathbb{R}^n$ 의 **길이**를 재기 위해서는, 먼저 구간 $[a, b]$ 의 한 **분할**

$$\mathcal{P} := (a = t_0 < t_1 < \cdots < t_k = b)$$

에 대하여 선분들의 길이의 합

$$S(\mathcal{P}, X) := \sum_{i=1}^{k} |X(t_i) - X(t_{i-1})|$$

을 생각한다.[52]

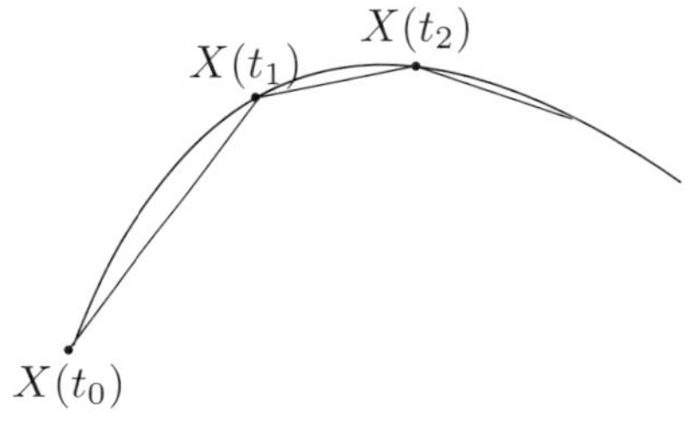

이제 분할 $\mathcal{P}$ 를 더욱 잘게[53] 하면 그 극한값

$$\text{length}(X) := \lim_{|\mathcal{P}| \to 0} S(\mathcal{P}, X)$$

가 곡선 X 의 길이이다. 여기서 **분할의 크기** $|\mathcal{P}|$ 는

$$|\mathcal{P}| := \max\{t_i - t_{i-1} \mid i = 1, \ldots, k\}$$

를 뜻한다.

5.0.1 보기

포물선

$$X(t) = \left(t, \tfrac{1}{2}t^2\right) \qquad (0 \le t \le 1)$$

의 길이를 구하기 위하여, 먼저 구간 $[0, 1]$ 을 k 등분한 다음, 점 $X\left(\frac{i-1}{k}\right)$ 과 $X\left(\frac{i}{k}\right)$ 사이의 거리를 구하면,

$$\left|X\left(\frac{i}{k}\right) - X\left(\frac{i-1}{k}\right)\right| = \sqrt{\frac{1}{k^2} + \left(\frac{1}{2}\frac{i^2}{k^2} - \frac{1}{2}\frac{(i-1)^2}{k^2}\right)^2} = \frac{1}{k}\sqrt{1 + \left(\frac{i - \frac{1}{2}}{k}\right)^2}$$

[52]구간 $[a, b]$ 의 분할이란 증가하는 유한수열 $(t_0, t_1, \ldots, t_k)$ 로서 첫항이 a 이고, 마지막 항이 b 인 것을 뜻한다. 3.3절 참고. 연속함수를 적분할 때에는 일반 분할 대신 "등분"을 하여도 좋다.

[53]구간 $[a, b]$ 의 두 분할 $\mathcal{P}, \mathcal{Q}$ 에 대하여 $\mathcal{P} \subset \mathcal{Q}$ 이면 $\mathcal{Q}$ 는 $\mathcal{P}$ 보다 **잘다**고 한다.

이다.

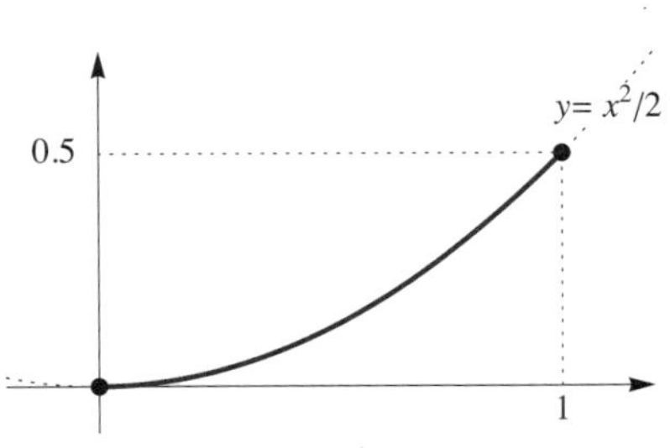

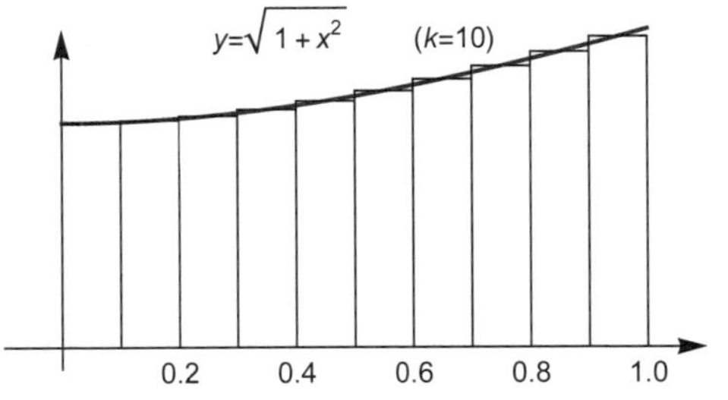

따라서 곡선의 길이는

$$\begin{aligned}\lim_{k\to\infty}\sum_{i=1}^{k}\frac{1}{k}\sqrt{1+\left(\frac{i-\frac{1}{2}}{k}\right)^2} &= \int_0^1 \sqrt{1+x^2}\,dx \\ &= \left[\frac{1}{2}\left(x\sqrt{1+x^2}+\log\left(x+\sqrt{1+x^2}\right)\right)\right]_0^1 \\ &= \frac{1}{2}\left(\sqrt{2}+\log(1+\sqrt{2})\right)\end{aligned}$$

이다.[54] □

5.1 곡선의 길이와 재매개화

다음은 곡선의 길이를 구하는 공식이다.

정리 5.1.1 *일급곡선 $X : [a, b] \to \mathbb{R}^n$ 의 길이는 속력의 적분과 같다:*

$$\text{length}(X) = \int_a^b |X'(t)|\,dt.$$

증명. 우리가 증명하고자 하는 명제는

$$\lim_{|\mathcal{P}|\to 0} S(\mathcal{P}, X) = \int_a^b |X'(t)|\,dt$$

[54] $x = \sinh u$ 로 치환하면, $u = \log\left(x+\sqrt{1+x^2}\right)$ 이다 (제2장 6절 연습문제 9번 참고). 따라서 $\int \sqrt{1+x^2}\,dx = \int \sqrt{1+\sinh^2 u}\,d\sinh u = \int \cosh^2 u\,du = \int \frac{\cosh 2u+1}{2}\,du = \frac{1}{2}\left(\frac{1}{2}\sinh 2u + u\right) = \frac{1}{2}(\sinh u\cosh u + u) = \frac{1}{2}\left(x\sqrt{1+x^2}+\log\left(x+\sqrt{1+x^2}\right)\right)$ 이다.

즉 분할 $\mathcal{P}$ 가 아주 잘면 $S(\mathcal{P}, X)$ 와 $\int_a^b |X'(t)|\,dt$ 의 차를 임의로 작게 할 수 있다는 것이다. 일반적인 경우도 같은 방법으로 증명이 되므로, $n = 2$ 인 경우만 살펴보기로 한다.[55]

먼저 곡선 X 의 각 성분을 x, y 로 두자. 그러면 주어진 분할 $\mathcal{P} := (a = t_0 < \cdots < t_k = b)$ 에 대하여, 평균값정리를 쓰면,

$$\begin{aligned} x(t_i) - x(t_{i-1}) &= (t_i - t_{i-1})x'(t_i^*) \\ y(t_i) - y(t_{i-1}) &= (t_i - t_{i-1})y'(t_i^{**}) \end{aligned}$$

를 만족시키는 $t_i^*, t_i^{**} \in [t_{i-1}, t_i]$ 를 얻는다. 따라서

$$\begin{aligned} S(\mathcal{P}, X) &:= \sum_{i=1}^{k} |X(t_i) - X(t_{i-1})| \\ &= \sum_{i=1}^{k} \sqrt{\big(x(t_i) - x(t_{i-1})\big)^2 + \big(y(t_i) - y(t_{i-1})\big)^2} \\ &= \sum_{i=1}^{k} \sqrt{x'(t_i^*)^2 + y'(t_i^{**})^2}\ (t_i - t_{i-1}) \end{aligned}$$

이다. 이제 X' 이 연속함수이므로 분할의 크기 $|\mathcal{P}|$ 가 작으면, $\sqrt{x'(t_i^*)^2 + y'(t_i^{**})^2}$ 는 $\sqrt{x'(t_i^*)^2 + y'(t_i^*)^2} = X'(t_i^*)$ 와 가깝고, 따라서 $S(\mathcal{P}, X)$ 는

$$\sum_{i=1}^{k} |X'(t_i^*)|\,(t_i - t_{i-1}) \tag{11}$$

에 가깝다는 것을 안다. 한편, 분할이 잘면 (11) 은 $\int_a^b |X'(t)|\,dt$ 에 가까와지므로, $S(\mathcal{P}, X)$ 와 $\int_a^b |X'(t)|\,dt$ 가 가깝다는 것을 알 수 있다. 이로써 원하는 결론을 얻는다. □

일급곡선의 길이를 유도하는 과정은 곡선에 가까운 꺾은선의 길이에서 출발하였지만, 그냥 위 정리를 정의로 보아도 좋다.[56]

연쇄법칙 덕분에 다음 정리를 확인할 수 있다 (정리 7.1.1 참고).

정리 5.1.2 *곡선의 길이는 곡선을 재매개화하더라도 변하지 않는다.*

---

[55] 여기서는 엄밀한 증명 대신에 핵심적인 원리만을 살펴보기로 한다.

[56] 옛날 정리(定理, Theorem)는 현대에 와서 정의(定義, Definition)가 되는 것이 많다. 집단의 많은 상상과 노력의 결과로 정의가 탄생하는 데에는 오~랜 세월이 걸린다.

5.2 나선의 길이

구간 $0 \leq t \leq 2\pi$ 에서 나선 (1.4.3 참고)

$$X(t) = (a\cos t, a\sin t, bt)$$

의 길이를 구하면,

$$X'(t) = (-a\sin t, a\cos t, b), \qquad |X'(t)| = \sqrt{a^2+b^2}$$

이므로

$$\int_0^{2\pi} |X'(t)|\, dt = \int_0^{2\pi} \sqrt{a^2+b^2}\, dt = 2\pi\sqrt{a^2+b^2}$$

이 구하는 값이다.

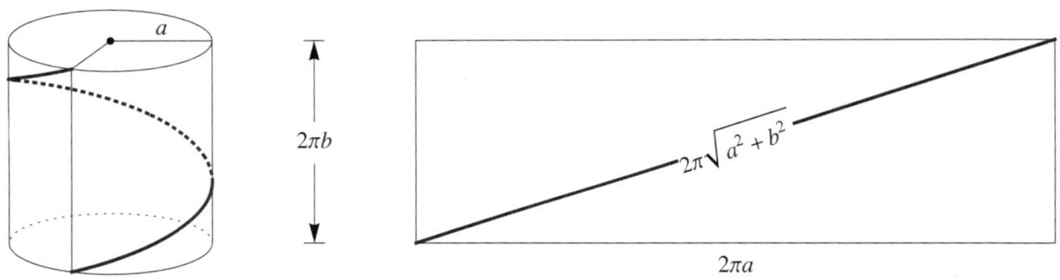

그림: 나선과 펼친 그림

5.3 사이클로이드

반지름이 1 인 바퀴가 중심의 속력이 일정하게 1 을 유지하면서 직선 위를 굴러갈 때를 생각하자.

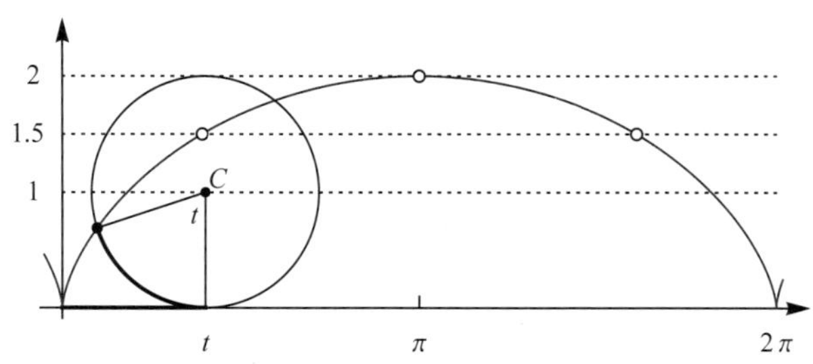

이때 바퀴의 중심의 자취를

$$C(t) := (t, 1)$$

로 두면, 바퀴의 둘레 위의 한 점 P가 이루는 자취는

$$X(t) = C(t) - (\sin t, \cos t) = (t - \sin t, 1 - \cos t)$$

로 나타낼 수 있다. 이 자취를 **사이클로이드**(cycloid)라고 부른다. 사이클로이드는 시각의 구간이 2π일 때마다 같은 모양을 반복하는 곡선이다:

$$X(t + 2\pi) = X(t) + 2\pi(1, 0).$$

이때

$$X'(t) = (1 - \cos t, \sin t)$$

이고 속력은

$$\begin{aligned} |X'(t)| &= \sqrt{(1-\cos t)^2 + \sin^2 t} = \sqrt{2 - 2\cos t} = 2\sqrt{\frac{1-\cos t}{2}} \\ &= 2\sqrt{\sin^2 \frac{t}{2}} = 2\left|\sin\frac{t}{2}\right| \end{aligned}$$

이다. 따라서 사이클로이드의 한 호 $(0 \le t \le 2\pi)$의 길이는

$$\int_0^{2\pi} 2\left|\sin\frac{t}{2}\right| dt = 4\int_0^{\pi} \sin u \, du = 8 \qquad (u = t/2)$$

이다. 이로부터

*사이클로이드의 한 호는 기준 원에 외접하는 정사각형의 둘레와 길이가 같음*을 알 수 있다.

5.3.1 기본연습문제

사이클로이드

$$x = t - \sin t, \qquad y = 1 - \cos t \qquad (0 \le t \le 2\pi)$$

의 최고점 $B = (\pi, 2)$에서 거리 d만큼 떨어진 직선 $y = 2 - d$에 의하여 잘린 호의 길이는

$$4\sqrt{2d}$$

임을 보이라. (여기에서 $0 \le d \le 2$이고, "잘린 호"는 최고점을 포함하는 호를 뜻한다.)

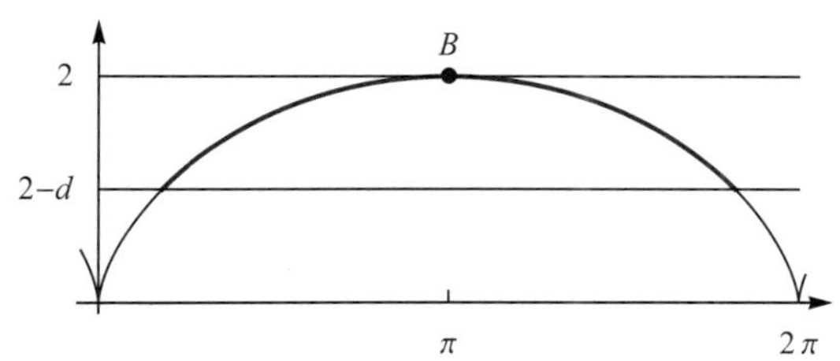

5.4 그래프의 길이

좌표평면에서 함수

$$y = f(x) \qquad (a \le x \le b)$$

의 그래프로 이루어진 곡선은 x를 자연스러운 매개변수로 가지므로

$$(x, f(x)) \qquad (a \le x \le b)$$

와 같이 매개화된다. 이때 속도벡터는 $(1, f'(x))$ 이고, 따라서 이 곡선의 길이는

$$\int_a^b \sqrt{1 + f'(x)^2}\, dx$$

이다. 앞에서 든 보기 5.0.1 도 이 식으로 풀이하였다.

5.4.1 현수선의 길이

양 끝이 고정되어 있는 끈이 중력에 의하여 이루는 자연스러운 곡선의 모양을 **현수선**(catenary)이라고 부른다.[57] 부록에는 현수선이 쌍곡 코사인 함수

$$y = \frac{1}{a} \cosh ax$$

로 표현된다는 것을 유도하였다. 이제 양수 b에 대하여, 좌표평면에서 식

$$y = \cosh x, \qquad 0 \le x \le b$$

로 주어진 현수선의 길이를 구하여 보자.

이때 $y' = \sinh x$ 이므로, 곡선의 길이는

$$\int_0^b \sqrt{1 + \sinh^2 x}\, dx = \int_0^b \cosh x\, dx = \sinh b$$

이다.

[57] 우리가 보통 현수교라고 부르는 다리는 현수선 모양이 아니고, 포물선 모양이다. 라틴어로 *catena* 는 영어로는 chain 을 뜻한다. 현수선을 x축 주위로 회전하여 얻은 곡면, 즉 **현수면**(catenoid)은 극소곡면이다. **극소곡면**(minimal surface)이란 국소적으로 경계를 고정하였을 때 더 이상 넓이를 줄일 수 없는 곡면을 뜻한다. 비누막이 이루는 곡면은 모두 극소곡면이다.

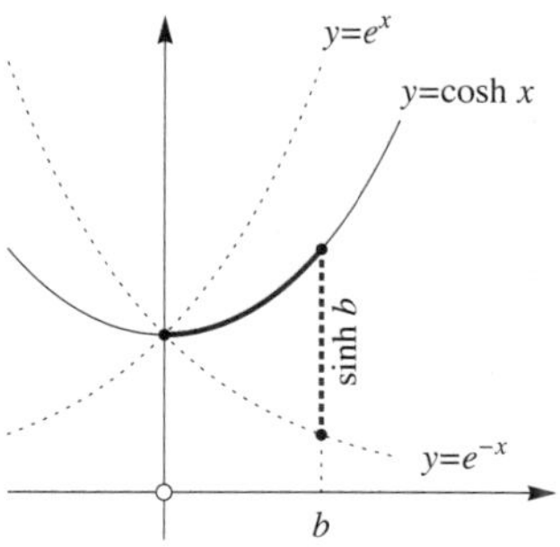

5.4.2 기본연습문제

1. 일반적인 현수선
$$y = a\cosh\frac{x}{a} \qquad (0 \le x \le b)$$
의 길이는 $a\sinh\frac{b}{a}$ 임을 보이라.[58]

2. 현수선의 한 점 $A = (t, \cosh t)$ 가 현수선의 최하점 $B := (0, 1)$ 과 아주 멀리 떨어져 있다고 하자. 이때 A 와 x축 사이의 거리는, A와 B 사이의 "곡선 거리"와 비슷함을 보이라.[59]

3. 사인함수
$$y = c\sin x \qquad (0 \le x \le 2\pi)$$
의 그래프의 길이는
$$\int_0^{2\pi} \sqrt{1 + c^2\cos^2 x}\, dx$$
임을 보이라. 또 타원 $\dfrac{x^2}{a^2} + \dfrac{y^2}{b^2} = 1$ 의 길이는
$$\int_0^{2\pi} \sqrt{a^2\sin^2 t + b^2\cos^2 t}\, dt$$
로 표현됨을 보이라.[60]

---

[58] 닮음비가 a 이면, 길이는 a 배가 된다.

[59] $\lim_{x\to\infty}(\cosh x - \sinh x) = \lim_{x\to\infty} e^{-x} = 0$ 또는 $\lim_{t\to\infty}\tanh t = 1$ 이다.

[60] 제2종 **타원적분**(elliptic integral)이라고 부르는 함수
$$x \mapsto \int_0^x \sqrt{1 - k^2\sin^2\theta}\, d\theta \qquad (0 < k < 1)$$
는 **초등함수**로 표현하는 것이 불가능하다 [수학사전].

5.5 극좌표계와 곡선의 길이

극좌표계에서

$$r = r(\theta) \qquad (\theta_0 \le \theta \le \theta_1)$$

로 표현된 곡선의 길이를 구하여 보자.

먼저 직교좌표로 곡선은

$$(x, y) = r(\theta)\,(\cos\theta, \sin\theta)$$

로 표현된다. 이 곡선의 속도벡터는

$$(x, y)' = r'(\theta)\,(\cos\theta, \sin\theta) + r(\theta)\,(-\sin\theta, \cos\theta)$$

로서 서로 수직인 단위벡터의 일차결합이다.

따라서 곡선의 속력은

$$\sqrt{r(\theta)^2 + r'(\theta)^2}$$

이고, 구하는 곡선의 길이는

$$\boxed{l = \int_{\theta_0}^{\theta_1} \sqrt{r(\theta)^2 + r'(\theta)^2}\, d\theta}$$

이다.

5.5.1 보기

극좌표계에서

$$r = 1 - \cos\theta \qquad (0 \le \theta \le 2\pi)$$

로 표현된 심장형 곡선의 길이 l을 구하여 보자.

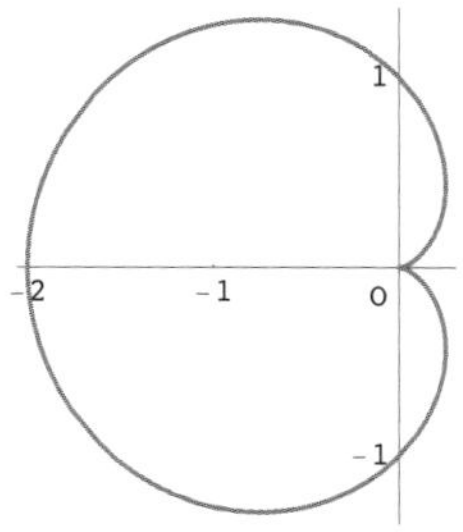

먼저

$$r' = \sin\theta, \qquad r^2 + r'^2 = 2 - 2\cos\theta = 4\frac{1-\cos\theta}{2} = 4\sin^2\frac{\theta}{2}$$

에서

$$l = \int_0^{2\pi} \sqrt{r^2 + r'^2}\, d\theta = \int_0^{2\pi} 2\sin\frac{\theta}{2}\, d\theta = 4\left[-\cos\frac{\theta}{2}\right]_0^{2\pi} = 8$$

이다.

5.6 구면 측지선

단위 구면의 점은, $0 \le \varphi \le \pi$ 와 $0 \le \theta \le 2\pi$ 에 대하여, 식

$$S(\varphi,\theta) := \sin\varphi(\cos\theta, \sin\theta, 0) + \cos\varphi(0,0,1)$$

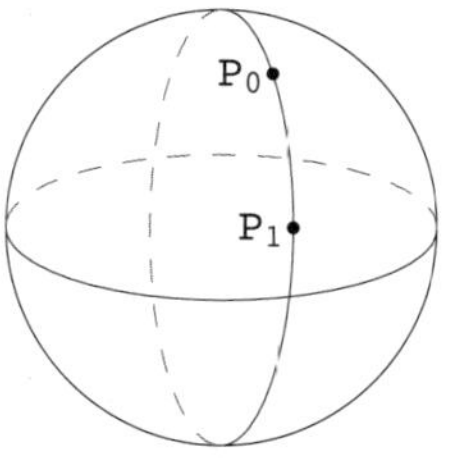

로 나타낼 수 있다.[61] 이때 상수 θ_0 에 대하여 식

$$\theta = \theta_0$$

으로 표현되는 경선은 **북극** $(0,0,1)$과 **남극** $(0,0,-1)$을 지나는 **대원**의 일부이다. 이때 두 점

$$P_0 := S(\varphi_0, \theta_0), \quad P_1 := S(\varphi_1, \theta_0) \qquad (\varphi_0 < \varphi_1)$$

을 지나는 구면곡선 중에서 최단 거리를 주는 것은 경선이고, 따라서 최단 거리가 "위도의 차"인 $\varphi_1 - \varphi_0$ 임을 증명하여 보자.

먼저 P_0, P_1 을 지나는 구면곡선의 식을

$$P(t) := S(\varphi(t), \theta(t)) \qquad (0 \le t \le 1)$$

로 두면 $\varphi(0) = \varphi_0$, $\varphi(1) = \varphi_1$, $\theta(0) = \theta_0 = \theta(1)$ 이고

$$\dot{P} = \dot{\varphi}\big((\cos\varphi(\cos\theta, \sin\theta, 0) - \sin\varphi(0,0,1)\big) + \dot{\theta}\sin\varphi(-\sin\theta, \cos\theta, 0)$$

이다.[62] 그러므로 $|\dot{P}| = \sqrt{\dot{\varphi}^2 + \dot{\theta}^2 \sin^2\varphi} \ge \dot{\varphi}$ 이고, 따라서

$$\text{length}\{P(t) : 0 \le t \le 1\} = \int_0^1 |\dot{P}|\, dt \ge \int_0^1 \dot{\varphi}\, dt = \varphi(1) - \varphi(0) = \varphi_1 - \varphi_0$$

이다. 이때 등호가 성립하려면 $\dot{\theta} \equiv 0$, 즉 $\theta \equiv \theta_0$ 이라야 한다.

5.6.1 기본연습문제

지구를 구면으로 생각하면, 지구상의 두 도시를 연결하는 최단 거리 경로는[63] 두 도시를 지나는 대원의 일부, 즉 **대원호**임을 설명하라.

---

[61] 여기에서 θ 는 **경도**를 나타내고, φ 는 천정각, 즉 "$\frac{\pi}{2}$ − (위도)"를 나타낸다.

[62] 여기서 $\dot{f}$ 은 $\frac{df}{dt}$ 를 뜻한다.

[63] 지구 속으로 통과하지 않도록 한다.

연습문제: 제 9 장 5 절

1. 양수 a 에 대하여, 곡선

$$X(t) = (t\cos t, t\sin t, t), \qquad 0 \le t \le \sqrt{2}\sinh a$$

의 길이를 구하라.

2. 좌표평면에서 식 $\sqrt{x} + \sqrt{y} = 1$ 로 표현된 곡선의 길이를 구하라.

3. (**아스트로이드**) 곡선

$$(x^2)^{1/3} + (y^2)^{1/3} = 1$$

의 길이를 구하라. 이 곡선은 작은 원이 큰 원에 내접하면서 굴러갈 때, 작은 원에 있는 한 점의 자취이다. 큰 원과 작은 원의 지름의 비는 얼마인가?

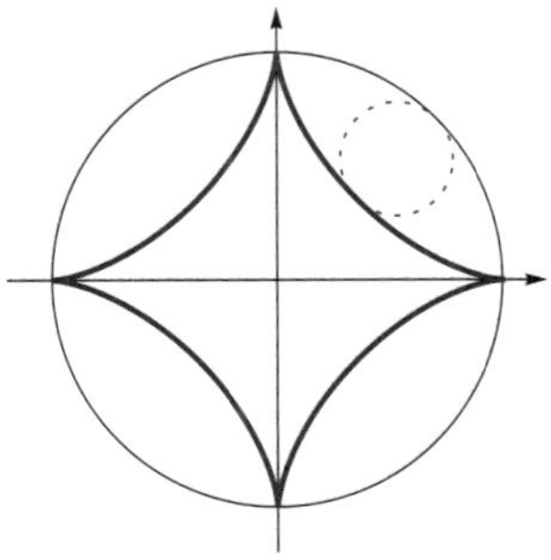

4. 아르키메데스 와선

$$r = k\theta, \qquad 0 \le \theta \le \theta_1$$

의 길이를 구하라 (보기 5.0.1 참고).

5. 종이가 감긴 직원기둥을 평면으로 절단한 뒤에 종이를 펴면, 잘린 종이의 부분은 **사인곡선**(sinusoid)인가? 이때 자르는 평면이 원기둥의 회전축과 수직이 아니라고 가정한다.

6. (**토리첼리의 정리**, 1645)[64] 로그 와선

$$r = r_0\, e^{k\theta}$$

---

[64] 17 세기 이탈리아의 수학자이자 물리학자인 토리첼리(Evangelista Torricelli, 1608–1647)는 수은과 진공과 대기압에 대한 실험으로 유명하다 [Tikhomirov]. 토리첼리는 자신의 실험 결과를 출판하지 않았는데, 그 이유는 그가 사이클로이드 등의 순수 수학에 깊이 빠져 있었기 때문이다 [브리태니커 백과사전]. 토리첼리는 갈릴레오의 업적에 감명을 받아 "운동에 관하여(De Motu)"라는 책을 썼는데, 이 책이 다시 갈릴레오를 감동시킨다. "물통 아래에 난 조그만 구멍에서 물이 빠져 나갈 때의 속력은 수면에서 구멍까지 자유낙하한 속력과 같다 (즉 $v = \sqrt{2gh}$)"는 **토리첼리의 정리**는 1643 년에 발견되었다 [Driver]. 토리첼리의 기하학에 대한 연구(Opera Geometrica, 1644)는 후일에 적분론 발전에 크게 공헌한다. 갈릴레오의 말년 석 달 동안 토리첼리는 그의 비서 겸 조교로 있다가 갈릴레오 사후에 Florentine Academy 의 수학교수 자리를 물려받는다. 토리첼리는 1644 년에 사이클로이드 "아래"의 넓이는 굴리는 원판 넓이의 세 배라는 사실을 발표하였는데, 이 사실은 프랑스의 로베르발(Gilles de Roberval, 1602–1675)이 1634 년에 발견한 것이다 (하지만 1693 년에 출판되었다). 로베르발은 표절이라고 토리첼리를 비난하였고, 토리첼리는 일찍 세상을 떠났다 [Posamentier & Geretschläger]. 사이클로이드는 기하학자들의 "헬레네(Helen)" 또는 "사과(apple)"라고 불린다. 헬레네는 그리스 신화에서 제우스의 딸로서 그 미모 때문에 트로이 전쟁이 일어났다.

의 한 점 T에 대하여 원점 O를 지나고 벡터 $\overrightarrow{OT}$에 수직인 방향의 직선을 l_T라 하고, 점 T에서 로그 와선의 접선이 l_T와 만나는 점을 S라고 하자. 이때 점 T에서 로그 와선을 따라 원점에 이르는 곡선의 길이는, 길이 OT에 비례하고, 점 T와 S 사이의 직선 거리와 같음을 보이라. (특히 로그 와선을 따라 원점에 접근하면, 그 움직인 거리는 유한하다.)

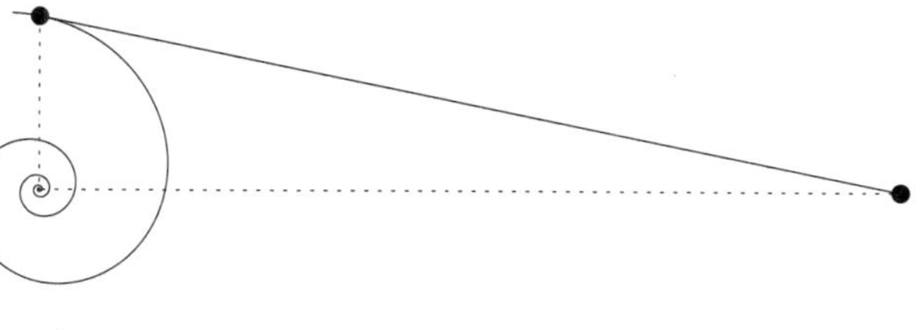

7. (하위헌스(Christiaan Huygens, 1629–1695)의 시계) 왼쪽 벽과 오른쪽 벽이 사이클로이드로 되어 있는 시계에 추가 달려 있을 때 추가 움직이는 궤적도 역시 사이클로이드임을 보이라.

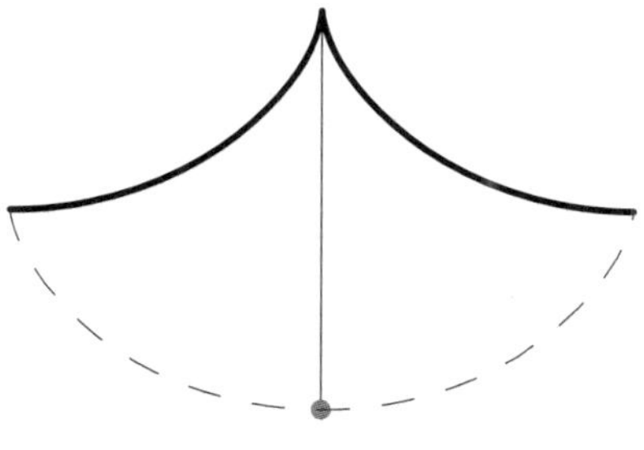

8. 극좌표계로 주어진 다음 곡선의 개형을 그리고, 그 곡선의 길이를 구하라.
   (1) $r = 3\theta^2 \quad (1 \le \theta \le 2)$ (2) $r = e^{-4\theta} \quad (1 \le \theta \le 2)$
   (3) $r = 2/\theta \quad (1 \le \theta \le \sqrt{3})$ (4) $r = \sin^2 \dfrac{\theta}{2} \quad (0 \le \theta \le \pi)$
   (5) $r = \dfrac{\sqrt{3}}{2} + \cos \dfrac{\theta}{2}$
9. 양수 $a < b$에 대하여, 곡선

$$y = \log x \qquad (a \le x \le b)$$

의 길이를 구하라.

10. 구면의 북반구에 있는 두 지점을 A, B라고 하자. 이때 A에서 출발하여 적도의 한 점을 거쳐 B에 도착하는 구면 경로 중에서 그 길이가 가장 짧은 것은 어느 것인가?

제 6 절 호의 길이와 재매개화

곡선의 중요한 성질은 대체로 매개변수에 의존하지 않는다. 그러면 "과연 어떠한 매개변수로 곡선을 표현하는 것이 가장 자연스러운가?"라는 질문을 할 수 있다. 이제 **호**(弧, arc)의 길이를 매개변수로 하여 표현한다는 개념을 소개한다.

일급곡선 $X : [a,b] \to \mathbb{R}^n$ 이 등식

$$\int_a^t |X'(u)|\,du = t - a \qquad (a \le t \le b) \tag{12}$$

를 만족시키면, X 는 **호의 길이로 매개화 되었다**라고 말한다. 즉, 호의 길이로 매개화된 곡선은 "움직인 **거리**"와 "움직이는 데 걸리는 **시간**"이 일치하는 곡선이다.[65] 이제 식 (12)를 t 에 대하여 미분하면

$$|X'(t)| = 1 \qquad (a \le t \le b)$$

을 얻고,[66] 역으로 곡선 X 의 속력이 항상 1이면, 식 (12)가 성립함은 분명하다. 따라서 호의 길이를 매개변수로 하여 표현된 곡선은 바로 **단위속력곡선**임을 알 수 있다.

다음 정리는, 정규곡선에서는 매개변수를 치환하여,[67] 호의 길이가 매개변수가 되도록 재매개화할 수 있음을 보여 준다.

---

[65]독일의 민코프스키는 시간과 공간의 연속체를 **시공**(時空, space-time)이라고 불렀다. **2초법칙**(two second rule)에 의하면, 자동차를 운전할 때 앞차와의 "안전거리는 2초"이다. 요즈음은 3초법칙이 더 적절하다고 여긴다.

[66]**미적분학의 기본정리**는 보통 "*연속함수 $f(t)$ 는 적분가능하고, 이때*

$$\frac{d}{dt}\int_a^t f(u)\,du = f(t)$$

이다."라고 말한다. 이 정리에서 $f(t)$ 의 **원시함수**를 $F(t)$ 로 두면,

$$\int_a^t F'(u)\,du = F(t) - F(a)$$

이므로 (도함수가 적분가능한 함수인 F 에 대한) 이 등식을 **미적분학의 기본정리**라고 불러도 좋다. 이 형태는 "미분된 함수 $F'(u)$ 와 공간 $[a,t]$ 의 만남"이 "함수 $F(u)$ 와 미분된 공간 $[a,t]' = \{t\} - \{a\}$ 의 만남"과 같다는 것을 말한다. 이런 통찰은 일반적인 차원에서 성립하는 정리로 발전한다. 그 정리를 통틀어 **스토크스 정리**라 부르는데, 우리는 그리로 가고 있다.

[67]속력이 빠른 곳에서는 느리게 가도록 조정하고, 속력이 느린 곳에서는 빠르게 가도록 조정하면 된다.

정리 6.0.1 *정규곡선은 호의 길이로 재매개화할 수 있다.*

증명. 정규곡선

$$X(t), \qquad a \le t \le b$$

에 대하여

$$s = s(t) = \int_a^t |X'(u)|\, du$$

로 두자. 그러면 X 의 길이 $L := \int_a^b |X'(u)|\, du$ 에 대하여

$$0 \le s \le L$$

이고,

$$\frac{ds}{dt} = |X'(t)| \neq 0$$

이다.[68] 따라서 호의 길이 함수

$$s : [a, b] \to [0, L]$$

는 역함수

$$g : [0, L] \to [a, b]$$

를 가지고, 이때 역함수정리(제2장 6절)에서

$$\frac{dg}{ds} = \frac{1}{|X'(t)|}$$

---

[68] 이 식은

$$ds = |X'(t)|\, dt = \sqrt{\left(\frac{dx_1}{dt}\right)^2 + \cdots + \left(\frac{dx_n}{dt}\right)^2}\, dt = \sqrt{dx_1{}^2 + \cdots + dx_n{}^2}$$

또는

$$ds^2 = dx_1{}^2 + \cdots + dx_n{}^2$$

으로 쓰기도 한다.

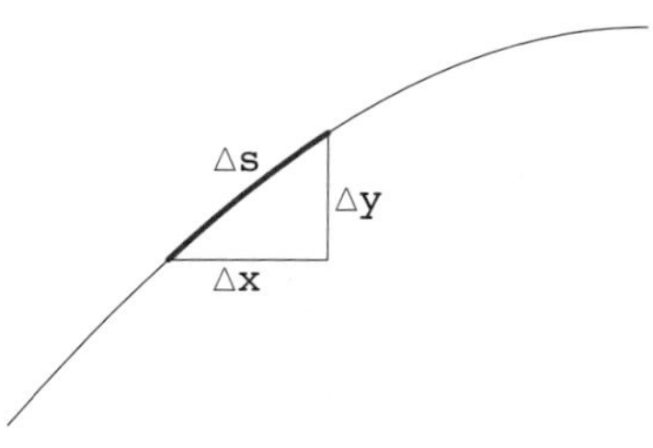

특수 상대론에서는 등식 $(c\, dt)^2 = dx_1{}^2 + dx_2{}^2 + dx_3{}^2$ 이 변하지 않는다.

이다. 이제

$$\tilde{X}(s) := X(g(s)) \qquad (0 \le s \le L)$$

의 속력은

$$|\tilde{X}'(s)| = |X'(t)|\frac{dg}{ds} = 1$$

이므로 원하는 결론을 얻는다. □

일반적인 매개변수로 주어진 곡선 $X(t)$ 에서 호의 길이 함수 $s(t)$ 는 미분방정식

$$\frac{ds}{dt} = |X'(t)|$$

를 만족시킨다.[69] 이 미분방정식의 한 가지 해에 상수(함수)를 더하여도 여전히 해이다. 하지만 호의 길이를 정하는 기준점 $t = t_0$ 을 명시하여, **초기 조건**

$$s(t_0) = 0$$

을 첨가하면 오직 한 가지 해를 가진다.

6.0.2 보기

나선 $X(t) = (a\cos t, a\sin t, bt)$ 를 호의 길이로 매개화하여 보자.

먼저

$$|X'(t)| = \sqrt{a^2 + b^2} =: c$$

에서

$$s := \int_0^t |X'(u)|\, du = ct$$

이다. 따라서 $t = s/c$ 로 치환하면

$$\tilde{X}(s) := X\left(\frac{s}{c}\right) = \left(a\cos\frac{s}{c}, a\sin\frac{s}{c}, b\,\frac{s}{c}\right)$$

가 원하는 매개화이다.

[69] 미분방정식 $\frac{ds}{dt} = -|X'(t)|$ 도 호의 길이 함수를 말하지만, 처음 곡선의 역향곡선이다.

6.0.3 보기

로그 와선

$$X(t) = e^t(\cos t, \sin t)$$

를 호의 길이로 매개화하여 보자.

먼저

$$X'(t) = e^t(\cos t, \sin t) + e^t(-\sin t, \cos t), \qquad |X'(t)| = \sqrt{2}\,e^t$$

에서 미분방정식

$$\frac{ds}{dt} = \sqrt{2}\,e^t$$

를 풀면 된다. 초기 조건을 알맞게 두면,

$$s = \sqrt{2}e^t, \quad \text{즉} \quad e^t = s/\sqrt{2}$$

이고, 따라서

$$\tilde{X}(s) := \frac{s}{\sqrt{2}}\left(\cos\log\left(\frac{s}{\sqrt{2}}\right), \sin\log\left(\frac{s}{\sqrt{2}}\right)\right)$$

가 원하는 매개화이다.

6.0.4 기본연습문제

영이 아닌 실수 r_0, ω 에 대하여 곡선

$$X(t) = r_0(\cos\omega t, \sin\omega t)$$

를 호의 길이로 매개화하라.

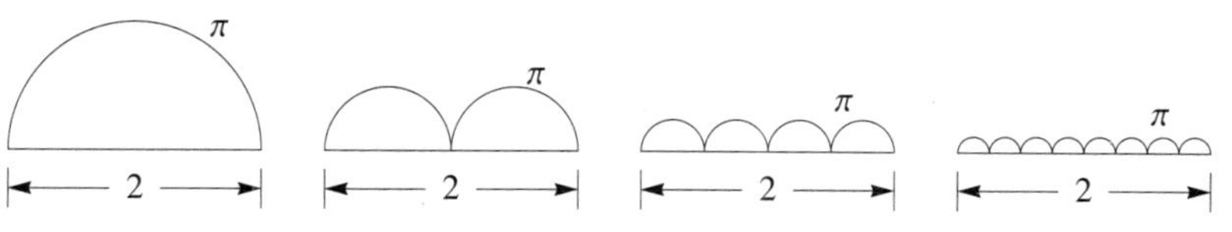

$\pi = 2$라고 주장하는 그림 (부록 8.5 참고)

연습문제: 제 9 장 6 절

1. 사이클로이드

$$X(t) = (t - \sin t, 1 - \cos t) \qquad (0 \le t \le 2\pi)$$

를 호의 길이로 매개화하라.

2. 곡선

$$X(t) = e^t(\cos t, \sin t) \qquad (0 \le t \le 2\pi)$$

에 대하여 다음에 답하라.

(1) 곡선(의 상)을 도시하고, 그 길이를 구하라.

(2) 점 $X(0)$ 에서부터 잰 호의 길이를 매개변수로 하여 표현하라.

3. 호의 길이로 매개화된 곡선 $X(t)$ 를 $t = f(s)$ 로 재매개화하였더니 재매개화된 곡선 $X \circ f$ 도 여전히 호의 길이로 매개화되었다고 하자. 이때 어떤 상수 c 에 대하여

$$f(s) = s + c \qquad \text{또는} \qquad f(s) = -s + c$$

임을 보이라.

4. 곡선의 미분가능 정도는 자연스러운 매개변수, 즉 호의 길이로 매개화하였을 때의 미분가능 정도로 이야기할 수 있다. 태극의 그림처럼 두 개의 반원이 만나서 이루는 곡선은 일급곡선이기는 하지만, 이급곡선은 아님을 보이라.[70]

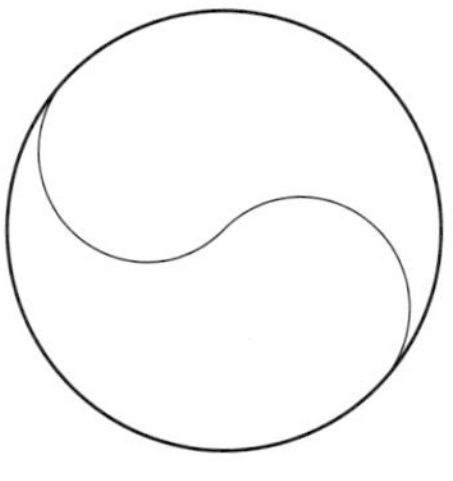

5. 곡선 $y^3 = x^2$ 을 호의 길이 s 로 매개화하라.

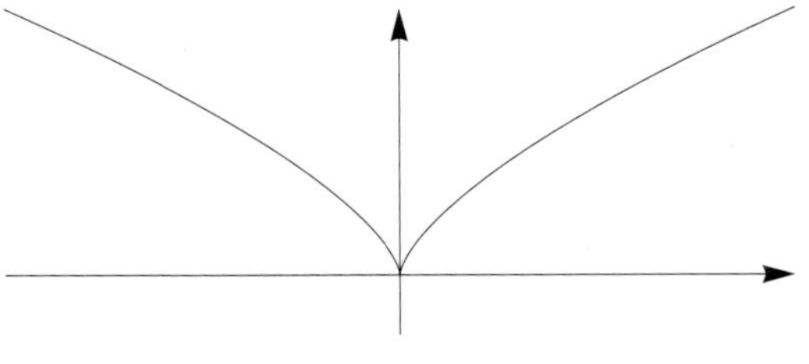

[70] 교량, 경기장 트랙이나, 차량 통행선 등 공학적인 설계를 할 때에는 적어도 (힘의 변화가 연속적인) 이급곡선이라야 안전하다. 롤러코스터를 놀이공원에 처음 도입하였을 때, 바른 설계를 하지 못하여 많은 승객들이 목에 큰 통증이 생겼다. 탐구문제 6 번 참고.

제 7 절 선적분

n-공간에서 정의된 연속함수 $f(x_1, \ldots, x_n)$ 에 대하여,[71] 곡선 $X : [a,b] \to \mathbb{R}^n$ 을 따르는 f 의 (**선**)**적분**은 $\int_X f$ 또는 $\int_X f\ \mathrm{ds}$ 로 나타내고,[72] 이 값은

$$\int_X f\ \mathrm{ds} := \int_a^b f(X(t))\,|X'(t)|\,dt$$

로 정의한다. 이 식을 간단히

$$\boxed{\mathrm{ds} = |X'(t)|\,dt}$$

로 쓰기로 한다.[73]

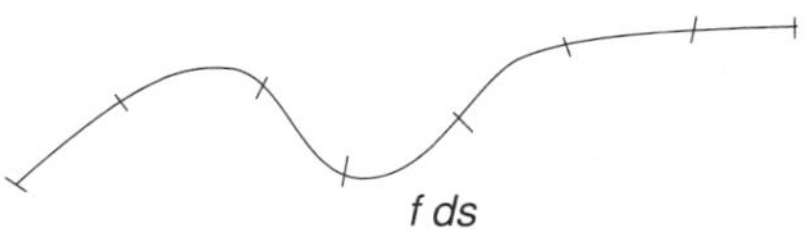

7.0.1

함수 f 가 항등적으로 1 인 상수함수이면 $\int_X \mathrm{ds} := \int_X 1\ \mathrm{ds}$ 는 X 의 길이이다.

7.0.2

함수 f 의 선적분값은 "밀도함수 f 에 대한 곡선의 질량"이라고 말할 수도 있다. 일반적으로, 함수 f 는 온도를 나타낼 수도 있고, 기압을 나타낼 수도 있고, 물가나 환율을 의미할 수도 있다.

선적분의 정의는 구분구적법을 이용하여 "유도"할 수도 있다.

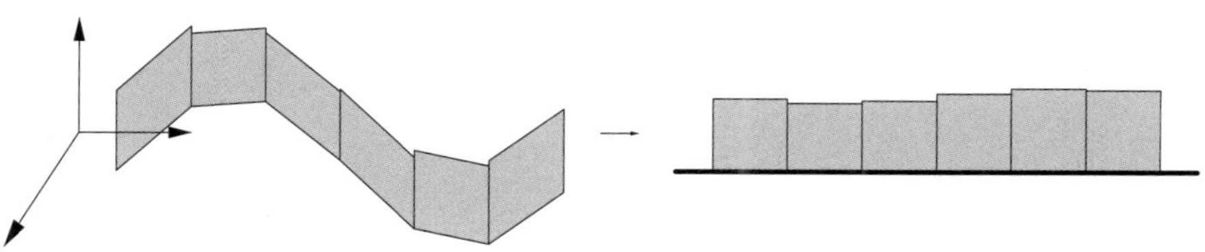

[71] 더욱 일반적인 형태로 논하자면, n-공간에서 정의된 함수 $f(x_1, \ldots, x_n)$ 대신에, 곡선 $X(t)$ 의 각 "점"에서 정의된 함수 $g(t)$ 를 다룰 수 있다. 이러한 함수의 보기로 곡선의 곡률 등을 들 수 있다. 이 입장에서는 n-공간의 함수 f 는 곡선 $X(t)$ 에서 정의된 함수 $f(X(t))$ 가 된다.

[72] s 는 호의 길이를 나타내는 기호로 주로 사용하고, ds 는 **길이원소**(length element), 즉 적분하면 길이가 얻어지는 것을 뜻한다.

[73] 아직도 $ds/dt = |X'(t)| =: v$ 를 기억하는 독자가 많겠지 .... 위 표현 "$ds = v\,dt$"를 일상용어로는 "(움직인 거리) = (속력) × (시간)"이라고 말한다.

7.1 선적분과 매개화

다음 정리는 선적분값이 곡선의 매개화와 무관함을 보여 준다. 앞에서 살펴본 "곡선의 길이는 매개화와 무관하다"는 정리 5.1.2 도 이 정리의 특별한 경우이다.

정리 7.1.1 *함수 $f(x_1, \ldots, x_n)$ 에 대하여, 곡선 $X : [a, b] \to \mathbb{R}^n$ 을 따르는 적분값은 X 를 재매개화하여도 변하지 않는다.*

증명. 함수 $g : [\alpha, \beta] \to [a, b]$ 가 곡선 X 의 동향 재매개화 $\tilde{X}(u) := X(g(u))$ 를 준다고 하자. 그러면

$$\begin{aligned}\int_{\tilde{X}} f \text{ ds} &= \int_{\alpha}^{\beta} f(\tilde{X}(u))\, |\tilde{X}'(u)|\, du = \int_{\alpha}^{\beta} f(X(g(u)))\, |X'(g(u))|\, g'(u)\, du \\ &= \int_a^b f(X(t))\, |X'(t)|\, dt = \int_X f \text{ ds}\end{aligned}$$

이므로 원하는 것을 얻는다. 역향 재매개화일 때에도 같은 방법으로 보인다. □

7.2 평균값

길이가 l 인 곡선 X 에서 정의된 함수 f 의 **평균값**이란

$$\bar{f} := \frac{1}{l} \int_X f \text{ ds}$$

를 뜻한다.

7.2.1 보기

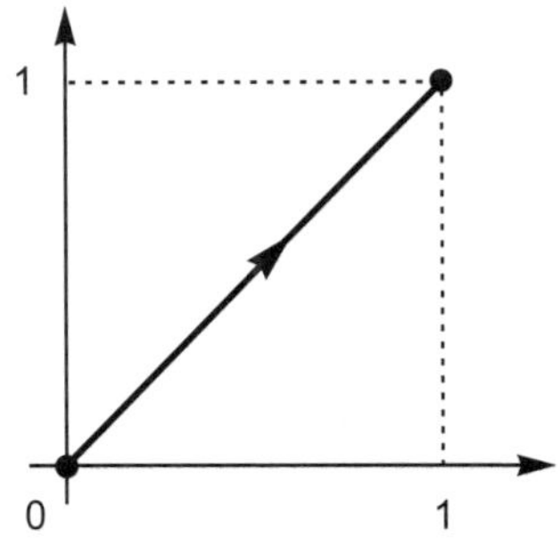

평면의 온도분포가 $f(x, y) = x + y$ (°C) 라고 하자. 이때 곡선

$$X(t) = (t, t), \qquad 0 \leq t \leq 1$$

의 평균온도를 구하여 보자.

먼저 $|X'(t)| = \sqrt{2}$, $\text{ds} = \sqrt{2}\, dt$ 이므로

$$\int_X (x + y) \text{ ds} = \int_0^1 (t + t)\sqrt{2}\, dt = \sqrt{2}, \qquad l = \sqrt{2}$$

이다. 그러므로 평균온도는

$$\bar{f} = \sqrt{2}/\sqrt{2} = 1 \qquad (°\mathrm{C})$$

이다. (물론 셈을 하기 전에 이 값을 예측할 수 있다.)

이 보기는 곡선

$$Y(t) := \frac{2e}{e^2-1}(\sinh t, \sinh t) \qquad (0 \le t \le 1)$$

에 대하여 평균온도를 구하는 것과 같다.

7.2.2　기본연습문제

밝고 어두움을 0 과 1 사이의 수치로 나타내어 구별한다고 하자. 예를 들어 수치가 1/2 이하이면 어두운 회색이고, 1/2 이상이면 밝은 회색이라 하자. 나선

$$X(t) = (\cos 2\pi t, \sin 2\pi t, t) \qquad (0 \le t \le 1)$$

의 각 점에서 **명도**가 $f(t) = t$ 일 때, 나선의 평균명도는 얼마인가?[74]

7.2.3　기본연습문제

타원 $\frac{x^2}{a^2} + \frac{y^2}{b^2} = 1$ 에서 함수 $f(x, y) = x$ 의 평균값은 얼마인가?

7.2.4　타원의 반장축

$a > b > 0$ 일 때, 타원

$$E: \quad \frac{x^2}{a^2} + \frac{y^2}{b^2} = 1$$

의 각 점에서 한 초점까지의 평균거리는 얼마인가?[75]

풀이.　$c := \sqrt{a^2 - b^2}$ 으로 두면, 두 초점의 좌표는

$$F = (c, 0), \quad F' = (-c, 0)$$

이다. 또 $\varepsilon := \frac{c}{a}$ 로 두면 (이를 이심률이라 한다), 타원의 점 (x, y) 에서 초점 F 까지의 거리는

$$\begin{aligned} r &:= \sqrt{(x-c)^2 + y^2} = \sqrt{x^2 - 2xc + c^2 + b^2(1 - x^2/a^2)} \\ &= \sqrt{(cx/a)^2 - 2xc + a^2} = a - \tfrac{c}{a}x = a - \varepsilon x \end{aligned}$$

[74]답: 당연히 ... 1/2

[75]8.1절 케플러의 제삼법칙 참고.

이다. 그러므로 타원의 길이를 l 이라 하면, 평균거리는

$$\bar{r} = \frac{1}{l}\int_0^l (a - \varepsilon x)\ ds = a$$

이다.

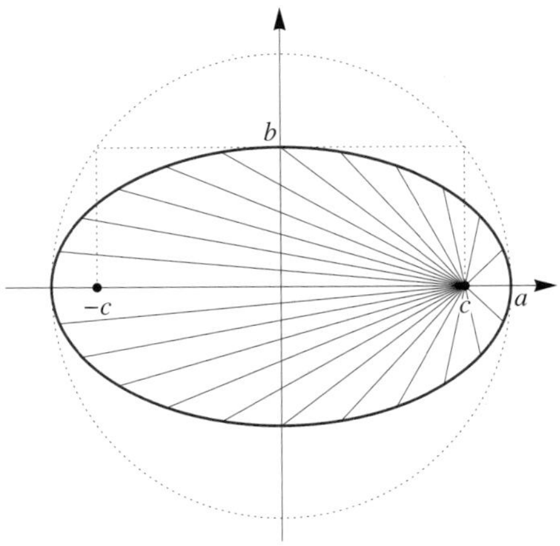

다른 풀이. 타원의 한 속성을 나타내는 식 $|FX| + |F'X| = 2a$ 에서

$$\frac{1}{l}\int_E (|FX| + |F'X|)\ \mathrm{ds} = 2a$$

이고, 이 등식의 왼쪽항은 한 초점까지의 평균거리의 두 배이다. 그러므로 평균거리는 반장축의 길이다.

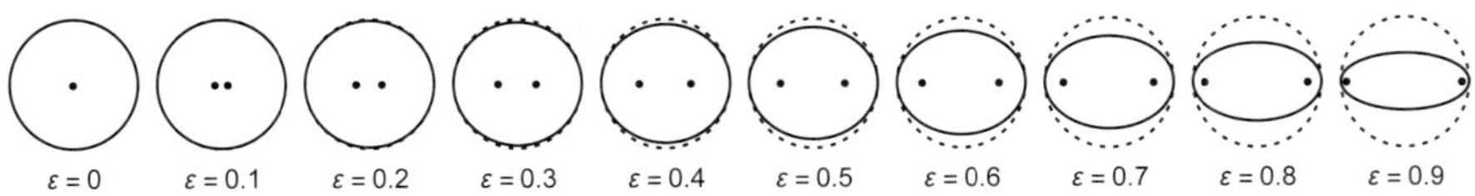

그림: 이심률과 타원

7.2.5 기본연습문제

평면의 점 X 에서 원 $x^2 + y^2 = r^2$ 의 각 점까지의 평균거리를

$$f(X) := \frac{1}{2\pi r}\int_{|P|=r} |X - P|\ \mathrm{ds}$$

라고 하자. $X = (r, 0)$ 일 때 f 값은 $\frac{4}{\pi}r$ 임을 밝히라.

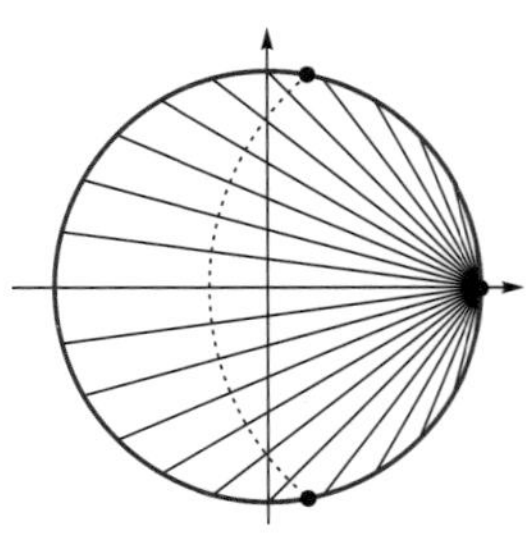

7.3 곡선의 중심

길이가 l 인 곡선 X 의 (기하학적) **중심**(重心, centroid) $(\bar{x}_1, \ldots, \bar{x}_n)$ 은 등식

$$\int_X (x_i - \bar{x}_i)\ \mathrm{ds} = 0 \qquad (i = 1, 2, \ldots, n)$$

에 의하여 정해진다. 즉

$$\bar{x}_1 := \frac{1}{l}\int_X x_1\ \mathrm{ds}, \quad \ldots, \quad \bar{x}_n := \frac{1}{l}\int_X x_n\ \mathrm{ds}$$

로 정의한다.[76] 따라서 $\bar{x}_1$ 은 함수 $x_1 : \mathbb{R}^n \to \mathbb{R}$ 의 "X 를 따른" 평균값이고, 마찬가지로 $\bar{x}_n$ 은 함수 $x_n : \mathbb{R}^n \to \mathbb{R}$ 의 X 를 따른 평균값이다.

7.3.1 보기

나선

$$X(t) = (a\cos t, a\sin t, bt) \qquad (0 \le t \le 2\pi)$$

의 중심을 구하여 보자.

먼저 $|X'(t)| = \sqrt{a^2+b^2} =: c$ 로 두면 $\mathrm{ds} = |X'(t)|\,dt = c\,dt$ 이고 나선의 길이는 $l = \int_0^{2\pi} |X'(t)|\,dt = 2\pi c$ 이다. 따라서

$$\bar{x} = \frac{1}{l}\int_0^{2\pi} (a\cos t)\,c\,dt = 0, \qquad \bar{y} = \frac{1}{l}\int_0^{2\pi} (a\sin t)\,c\,dt = 0$$

$$\bar{z} = \frac{1}{l}\int_0^{2\pi} (bt)\,c\,dt = \frac{b}{2\pi}\int_0^{2\pi} t\,dt = b\pi$$

이다. 그러므로 나선의 중심은 (당연히 예측하였듯이) $(0, 0, b\pi)$ 이다.

7.3.2 보기

반원

$$C \ : \qquad x^2 + y^2 = 1, \qquad y \ge 0$$

의 중심 $M := (\bar{x}, \bar{y})$ 를 구하여 보자.

먼저 대칭성에서 $\bar{x} = 0$ 임을 안다. 이제 C 를 평범하게 매개화하여 $x = \cos t$, $y = \sin t$ 로 두면 $ds = dt$ 이고, 따라서

$$\bar{y} = \frac{1}{\pi}\int_C y\ \mathrm{ds} = \frac{1}{\pi}\int_0^{\pi} \sin t\,dt = \frac{1}{\pi}\big[-\cos t\big]_0^{\pi} = \frac{2}{\pi}$$

이다. 그러므로 중심은 $(\bar{x}, \bar{y}) = \left(0, \frac{2}{\pi}\right) \approx (0, 0.64)$ 이다.

[76] 이 식을 간단히 $\bar{X} = \frac{1}{l}\int_X X\,\mathrm{ds}$ 로 나타낼 수 있다.

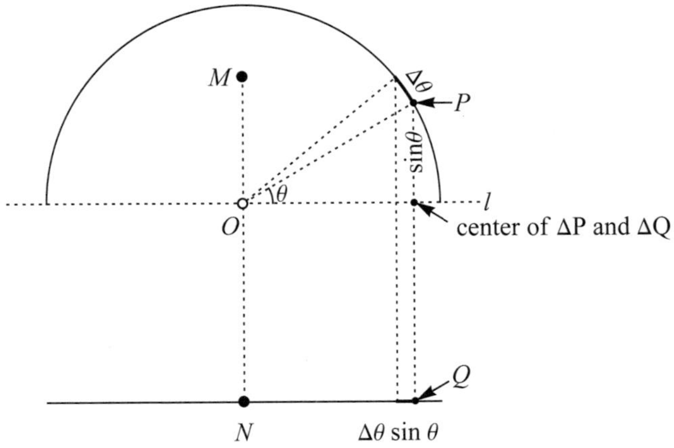

반원의 점 P 근방의 조각과 선분의 점 Q 근방의 조각이 직선 l 을 따라 평형을 이루고,
따라서 선분의 중심 N 과 반원의 중심 M 이 원의 중심 O 에서 평형을 이룬다.
N 은 질량이 2, M 은 질량이 π 이므로, O 와 M 사이의 거리는 $2/\pi$ 이다.

– 아르키메데스

7.3.3 기본연습문제

1. 곡선 $X : [a,b] \to \mathbb{R}^n$ 를 따른 함수 $f(x_1, \ldots, x_n) := c_1x_1 + \cdots + c_nx_n + c_0$ 의 평균값을 $\bar{f}$, 곡선 X 의 중심을 $\bar{X}$ 라 하면

$$\bar{f} = f(\bar{X})$$

임을 밝히라.

2. 반원판

$$x^2 + y^2 \le 1, \qquad y \ge 0$$

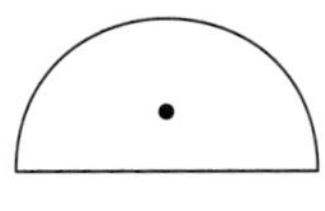

의 경계로 이루어진 곡선의 중심을 구하라.[77]

3. 심장형 곡선

$$X(\theta) = (1 + \cos\theta)(\cos\theta, \sin\theta), \qquad 0 \le \theta \le 2\pi$$

의 중심은 $(\frac{4}{5}, 0)$ 임을 밝히라.

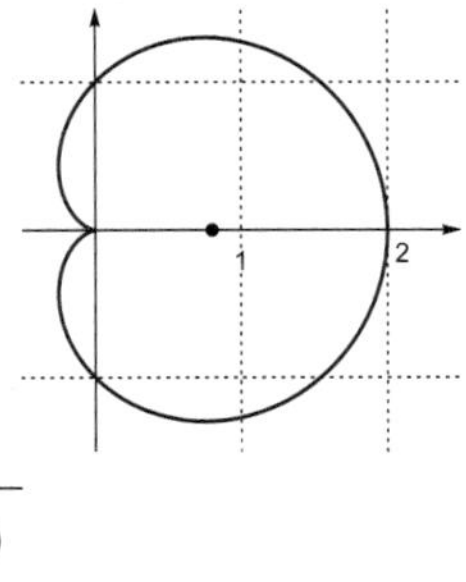

[77]답: $(\bar{x}, \bar{y}) = \left(0, \frac{2}{2+\pi}\right) \approx (0, 0.39)$

7.4 곡선의 질량중심

곡선 $X : [a, b] \to \mathbb{R}^n$ 의 "밀도함수"[78]가 $\mu(x_1, \ldots, x_n)$ 이면, **곡선의 질량**은

$$m = \int_X \mu \, \mathrm{ds}$$

이고, 이때 **질량중심**(center of mass) $\bar{X} := (\bar{x}_1, \ldots, \bar{x}_n)$ 은

$$\bar{x}_1 := \frac{1}{m}\int_X x_1\mu \, \mathrm{ds} \;, \quad \ldots, \quad \bar{x}_n := \frac{1}{m}\int_X x_n\mu \, \mathrm{ds}$$

이다.[79] 즉, 질량중심은

$$\int_X (x_i - \bar{x}_i)\mu \, \mathrm{ds} = 0 \qquad (i = 1, \ldots, n)$$

인 곳이다. 질량중심은 좌표계의 선택과 상관없이 일정하다.

7.4.1 기본연습문제

1. 밀도함수가 상수이면, 곡선의 질량중심과 기하학적 중심이 일치함을 보이라.
2. 두 점 A, B 를 잇는 선분의 각 점에서 밀도가 A 까지의 거리에 정비례할 때 이 선분의 질량중심은 AB 를 2:1 로 내분하는 점임을 보이라.[80]
3. 두 점 A, B 를 잇는 선분의 각 점에서 밀도가 A 까지의 거리의 제곱에 정비례할 때 이 선분의 질량중심은 AB 를 3:1 로 내분하는 점임을 보이라.[81]

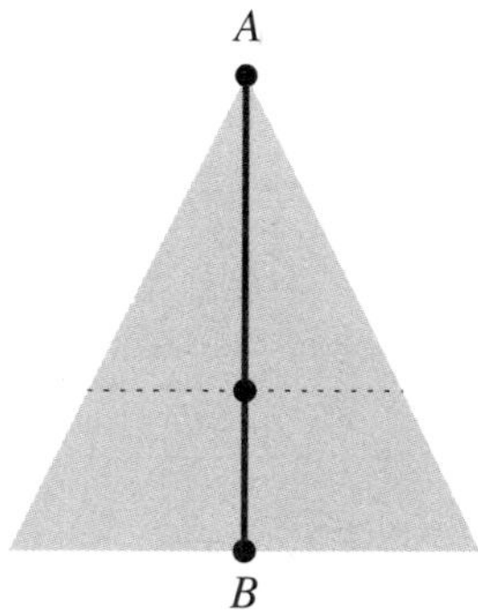

4. 곡선 X 의 질량 및 질량중심을 $(m_X, \bar{X})$, 곡선 Y 의 질량 및 질량중심을 $(m_Y, \bar{Y})$ 라 하면 두 곡선을 이은[82] 곡선 $X * Y$ 의 질량중심은 $\frac{m_X}{m_X+m_Y}\bar{X} + \frac{m_Y}{m_X+m_Y}\bar{Y}$ 임을 보이라.

---

[78]적분가능한 함수를 "밀도함수"라고 불렀다. "100원 더하기 200원"이 얼마인지는 알지만, "100 더하기 200"이 어렵게 느껴지는 이를 위하여.

[79]이 식을 $\bar{X} = \frac{1}{m}\int_X X\mu \, \mathrm{ds}$ 로 나타낼 수 있다.

[80]풀이: 선분 AB 의 길이를 l 이라 하고 점 $P = (1-t)A + tB$ 의 밀도를 kt 라 두면, 길이원소는 $\mathrm{ds} = l\,dt$ 이고, 선분의 질량은 $m = \int_0^1 kt \cdot l\,dt = \frac{1}{2}kl$ 이다. 따라서 질량중심은 $\frac{1}{m}\int_0^1 P(t)kt \cdot l\,dt = 2\int_0^1 \left(t(1-t)A + t^2 B\right) dt = \frac{1}{3}A + \frac{2}{3}B$ 이다. 삼각형의 중심이 그러하듯이⋯.

[81]각뿔이나 원뿔의 중심이 그러하듯이⋯.

[82]곡선 $X : [a, b] \to E$ 의 종점과 곡선 $Y : [b, c] \to E$ 의 시점이 같을 때, 이들의 **이음** $X * Y$ 는 다음과 같이 정의한다: $(X * Y)(t) = \begin{cases} X(t), & a \le t \le b \\ Y(t), & b \le t \le c\,. \end{cases}$

연습문제: 제 9 장 7 절

1. 주어진 구간에 대하여 다음 곡선의 중심을 구하라.

   (1) $(\cos 2t, \sin 2t, 3t) \qquad (\pi \le t \le 3\pi)$

   (2) $(t - \sin t, 1 - \cos t) \qquad (0 \le t \le 2\pi)$

2. 곡선
$$x^{2/3} + y^{2/3} = 1, \qquad (x \ge 0, \quad y \ge 0)$$
   의 중심을 구하라.

3. 평면 곡선 $X \subset \mathbb{R}^2$ 의 중심을 $\bar{X}$ 라 할 때 임의의 직선 $l \subset \mathbb{R}^2$ 에 대하여 l 과 X 사이의 평균거리는 l 과 $\bar{X}$ 사이의 거리와 같음을 보이라.[83]

   또 공간 곡선 $Y \subset \mathbb{R}^3$ 의 중심을 $\bar{Y}$ 라 할 때 임의의 평면 $p \subset \mathbb{R}^3$ 에 대하여 p 와 Y 사이의 평균거리는 p 와 $\bar{Y}$ 사이의 거리와 같음을 보이라.

4. 나선 $X(t) = (\cos t, \sin t, t)$ 에서 밀도함수가 $f(t) = t^2$ 일 때, 구간 $-\pi \le t \le \pi$ 에서 나선의 질량이 $m = 2\sqrt{2}\pi^3/3$ 임을 보이고, 질량중심이
$$\bar{x} = -6/\pi^2, \qquad \bar{y} = 0, \qquad \bar{z} = 0$$
   임을 보이라.

5. 선분 AB 의 점 $P = (1-t)A + tB$ 에서 밀도가 $(1-t)a + tb$ 이면, 이 선분의 질량중심은
$$\frac{2a+b}{3(a+b)}A + \frac{a+2b}{3(a+b)}B, \quad \text{즉} \quad \frac{2}{3}\,\frac{A+B}{2} + \frac{1}{3}\left(\frac{a}{a+b}A + \frac{b}{a+b}B\right)$$
   임을 보이라.[84]

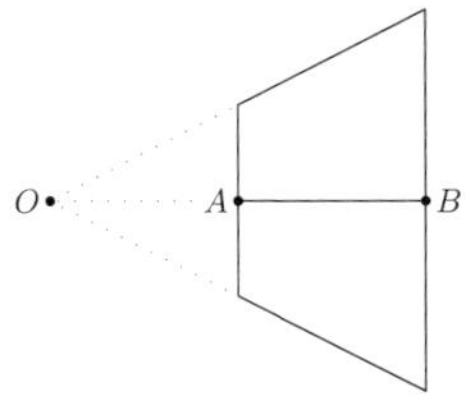

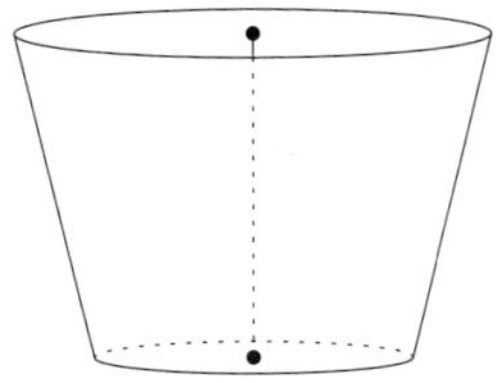

6. 기본연습문제 7.2.2 에서 "명도 중심"은 얼마인가?

7. 길이가 l 인 정규곡선 $X : [t_0, t_1] \to \mathbb{R}^n$ 의 각 점에서 접선 방향의 단위벡터를
$$\mathbf{t}(t) := \frac{X'(t)}{|X'(t)|}$$
   로 둔다. 이때 곡선 X 에서 $\mathbf{t}$ 의 평균은 무엇인가?

---

[83] 이 문제에서 "거리"는 부호를 가진 것으로 생각한다. 즉, 직선 l 에 의하여 평면이 둘로 나누어지는데, 어느 한쪽이 양의 거리이면, 다른 쪽은 음의 거리를 가지는 것으로 생각한다.

[84] OA 의 질량중심과 OB 의 질량중심을 알면 AB 의 질량중심도 안다.

제 8 절 부록: 케플러의 법칙, 곡률, 현수선, 등시곡선

8.1 행성의 운동에 관한 케플러의 법칙

미적분학의 발전에 커다란 공헌을 한 케플러의 운동법칙을 미적분학 책에서 다루지 않는다는 것은 있을 수 없는 일이다. 하지만 타원을 극좌표계로 표현하는 법을 먼저 살펴보기로 한다. (일반 원뿔곡선의 극좌표 표현은 탐구문제에서 다룬다.)

8.1.1 타원과 극좌표 형식

평면의 두 점 F_0, F_1 에 대하여 이 두 점까지 거리의 합이 일정한 점들의 집합을 **타원**이라 한다. 타원의 식은

$$|X - F_0| + |X - F_1| = 2a$$

로 둘 수 있다.[85] 이때 삼각부등식 덕분에 $|F_1 - F_0| \leq 2a$ 라야 하는데, 등호가 성립하는 경우는 선분 $[F_0, F_1]$ 을 나타내므로, 우리는 $|F_1 - F_0| < 2a$ 라고 가정한다. 또 주어진 두 점 F_0, F_1 을 타원의 **초점**이라 한다.[86]

타원의 식에서 두 초점까지의 거리의 합을 나타내는 값 $2a$ 는 **장축**의 길이이고, 따라서 **이심률**(離心率, eccentricity) ε 은

$$\varepsilon := \frac{|F_1 - F_0|}{2a} < 1$$

이다.

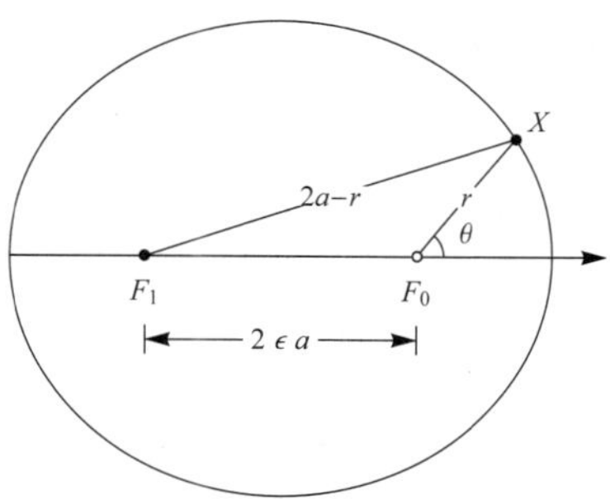

이제 한 초점 F_0 을 극점으로 하고, $\overrightarrow{F_1F_0}$ 방향을 극축 방향으로 하여 극좌표계 (r, θ) 를 정하면,

$$|X - F_0| = r, \qquad |X - F_1| = 2a - r$$

이다. 이때 $\triangle F_0F_1X$ 에 **코사인 법칙**이라고도 부르는 **삼각법**을 적용하면

$$(2a - r)^2 = r^2 + (2\varepsilon a)^2 - 2 \times 2\varepsilon a \times r \times \cos(\pi - \theta)$$

를 얻는다. 이 식을 정리하여 $p = (1 - \varepsilon^2)a$ 로 두면 타원의 극좌표 표현

$$r = \frac{p}{1 + \varepsilon \cos\theta}$$

---

[85]이 식은 $C := \frac{1}{2}F_0 + \frac{1}{2}F_1$ 를 원점으로 하고, 직선 F_0F_1 을 제일축으로 하는 직교좌표계를 사용하면 식

$$\frac{x^2}{a^2} + \frac{y^2}{b^2} = 1 \qquad (0 < b < a)$$

로 나타낼 수 있다.

[86]초점은 불이 붙는 곳, 소리가 모이는 곳이다.

를 얻는다.[87] 이 식에서 $\theta = \pm\pi/2$ 이면 $r = p$ 이므로 p 는 초점에서 90° 방향에 있는 타원의 점까지의 거리임을 안다.

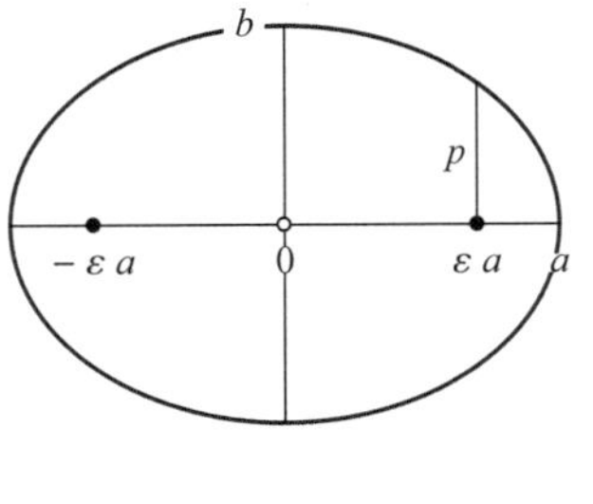

또 두 초점에서 같은 거리에 있는 타원의 점을 B_0, B_1 이라 하면, 이 점들과 초점 사이의 거리는 반장축의 길이인 a 이고, 따라서 B_0, B_1 과 타원의 중심 C 사이의 거리는 $b = \sqrt{1-\varepsilon^2}\, a$ 이다. 그러므로 $b = \sqrt{ap}$ 이다.

8.1.2 케플러의 법칙

행성의 운동에 관한 케플러의 제일법칙에 의하면

> *태양 주위를 도는 행성은 태양을 한 초점으로 하는 타원 궤도를 주기적으로 돈다.*[88]

이 타원 궤도를 태양을 극점으로 하는 극좌표계 (r, θ) 를 사용하여

$$r = \frac{p}{1 + \varepsilon \cos\theta} \tag{13}$$

로 나타내자.

---

[87] $\varepsilon = 1$ 이면 포물선의 식이고, $\varepsilon > 1$ 이면 쌍곡선의 식이다.

[88] 고대 그리스의 학자들은 지구가 우주의 중심이고, 모든 행성이 지구를 중심으로 돌고 있다고 믿고, 각각의 행성이 작은 **원운동**을 하고, 이 작은 원의 중심은 다시 지구를 기준으로 원운동을 한다고 설명하였다. 이러한 이론은 2세기경에 프톨레마이오스(Claudius Ptolemaeos)에 의하여 완성되었다. 코페르니쿠스(Nicolaus Copernicus, 1473–1543)는 1543 년에 프톨레마이오스의 이론과 달리 행성들이 태양을 기준으로 **원운동**을 한다고 주장하였다. 그러나 관측을 정확하게 하면 할수록 코페르니쿠스의 이론은 프톨레마이오스의 이론보다 더 많은 조그만 원들을 필요로 하게 되어 행성의 운동을 더욱 복잡하게 서술하는 결과가 되었다. 케플러는 이러한 **원**을 버리고, **타원**을 도입함으로써 행성의 운동을 바르게 설명할 수 있었다. 케플러는 덴마크의 천문학자인 브라헤(Tycho Brahe, 1546–1601)가 일생에 걸쳐 관측한 방대한 자료를 기초로 행성의 운동에 관한 세 가지 법칙을 (처음 두 법칙은 1609 년에, 마지막 법칙은 1629 년에) 발견하였다. 뉴턴은 저서 *프린키피아*(자연철학의 수학적 원리, Philosophiae Naturalis Principia Mathematica, 1687)에서 역학의 기본원리인 뉴턴의 운동방정식과 만유인력의 법칙을 이용하여 케플러의 법칙을 유도하였다. 스피노자(Benedict de Spinoza, 1632–1677)의 "윤리학(Ethica)" 등과 마찬가지로 *프린키피아*도 유클리드의 "원론"(Elements)의 형식을 따라 저술되었다.

또 케플러의 제이법칙에 의하면, *태양과 행성을 연결하는 선분이 지나가는 영역의 넓이는 행성이 움직인 시간* Δt *에만 비례하고 행성의 위치와는 상관없다.*

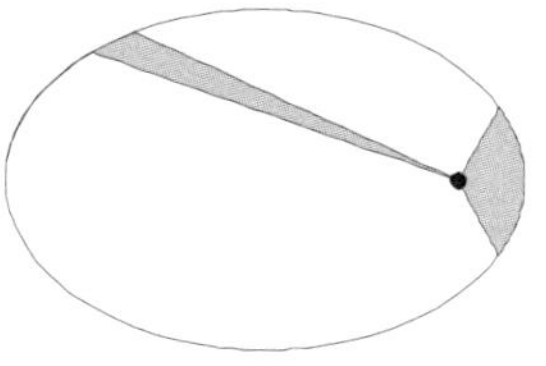

즉, 상수 c 에 대하여

$$\int_t^{t+\Delta t} \frac{1}{2} r(t)^2 \theta'(t)\, dt = \frac{1}{2} c\, \Delta t$$

이다. 이 등식의 양변을 $\frac{1}{2}\Delta t$ 로 나누고, Δt 를 영으로 보내면,

$$r(t)^2 \theta'(t) \equiv c \qquad (\text{즉 } \theta' = c/r^2)$$

를 얻는다.[89] 그러므로 케플러의 제이법칙은

행성 궤도의 초점에 대한 행성의 각운동량은 보존된다

는 것이고, 이것은 달리 말하면

행성의 가속도벡터가 위치벡터와 나란한 방향이다

라는 뜻이다 (3.1 참고).

이제 행성의 공전주기를 T 로 두면, 타원 영역의 넓이가 πab 이므로,[90]

$$\pi ab = \int_0^{2\pi} \frac{1}{2} r^2\, d\theta = \int_0^T \frac{1}{2} r^2\, \theta'\, dt = \frac{1}{2} cT$$

이다. 이 식을 제곱하면 $\pi^2 a^2 b^2 = \frac{1}{4} c^2 T^2$ 인데, $b^2 = ap$ 이므로

$$a^3/T^2 = \frac{1}{4\pi^2} \frac{c^2}{p}$$

를 얻는다. 케플러는

행성의 공전주기의 제곱은 타원 궤도의 장축의 세제곱에 비례한다

는 제삼법칙을 발견하여[91]

$$K := \frac{c^2}{p}$$

이 모든 행성에서 다 일치하는 상수임을 밝혔다.

---

[89] 모든 t 에 대하여 $f(t) = c$ 일 때 $f(t) \equiv c$ 라고 쓰기도 한다.

[90] 타원 $\frac{x^2}{a^2} + \frac{y^2}{b^2} = 1$ 은 원 $x^2 + y^2 = a^2$ 을 y 축을 따라 일정한 비율 b/a 로 압축한 것으로 볼 수 있다. 그러므로 타원판의 넓이는 $\pi a^2 \cdot (b/a) = \pi ab$ 이다.

[91] 타원의 반장축의 길이 a 는 타원의 점에서 한 초점까지 거리의 평균값이다. 하지만 이것은 시각에 따른 거리의 평균값과는 다르다 [Milnor].

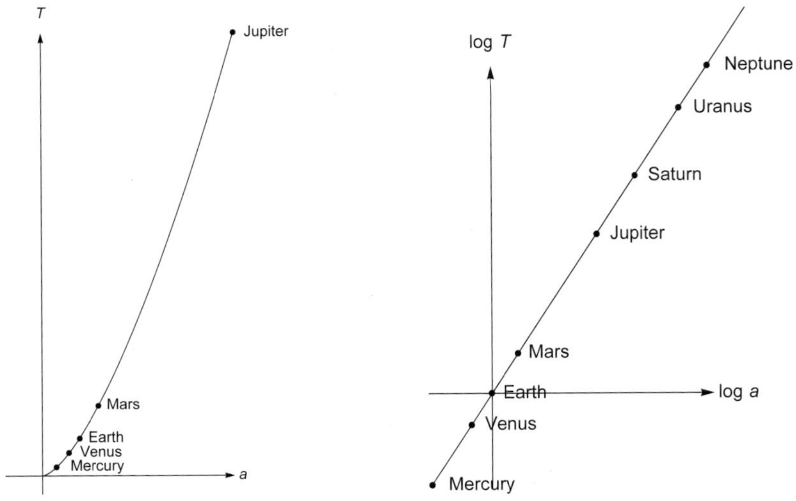

그림: 행성 궤도의 장축($2a$)과 행성의 공전주기(T)

이제 식 (13)을 미분하면

$$\begin{aligned} r' &= \frac{p\,\varepsilon\sin\theta}{(1+\varepsilon\cos\theta)^2}\,\theta' = \frac{\varepsilon\sin\theta}{p}\,r^2\theta' = \varepsilon\sin\theta\cdot\frac{c}{p} \\ r'' &= (\varepsilon\cos\theta)\theta'\cdot\frac{c}{p} = (\varepsilon\cos\theta)\frac{c}{r^2}\cdot\frac{c}{p} = (\varepsilon\cos\theta)\cdot\frac{K}{r^2} \end{aligned}$$

를 얻는다. 또

$$r\theta'^2 = \frac{(r^2\theta')^2}{r^3} = \frac{c^2}{r^3} = \frac{c^2}{r^2}\cdot\frac{1+\varepsilon\cos\theta}{p} = (1+\varepsilon\cos\theta)\frac{K}{r^2}$$

이다. 한편 각운동량이 보존되면, 가속도벡터 X'' 이 기준점, 즉 태양을 향하고, (9)에서 그 크기는

$$|X''| = r\theta'^2 - r'' = (1+\varepsilon\cos\theta)\frac{K}{r^2} - (\varepsilon\cos\theta)\frac{K}{r^2} = \frac{K}{r^2}$$

이다.[92] 그러므로 *행성의 가속도 크기는 태양까지 거리의 제곱에 반비례함*을 알 수 있다.

뉴턴은 질점의 가속도가 중력과 밀접한 관계가 있다는 것을 발견하고, 태양의 질량을 M 이라 하면 **중력상수**

$$G = \frac{K}{M}$$

가 모든 곳에 적용된다고 생각하여 $|X''| = \dfrac{GM}{r^2}$ 을 얻었다.

---

[92] 이 식에서 $r'' = \dfrac{c^2}{r^3} - \dfrac{K}{r^2}$ 를 얻는다.

8.2 곡선과 곡률

곡선 $X(t)$ 의 각 점에서의 **곡률**(曲率, curvature)은 "호의 길이에 대한 접방향의 변화율"을 뜻한다.[93] 다시 말하면, 곡선 $X(t)$ 의 접방향은 단위벡터

$$\mathbf{t} = \frac{X'(t)}{|X'(t)|}$$

이고, 따라서 호의 길이에 대한 변화량은

$$\boldsymbol{\kappa} := \frac{d\mathbf{t}}{ds} = \frac{dt}{ds}\frac{d\mathbf{t}}{dt} = \frac{1}{|X'|}\left(\frac{X'}{|X'|}\right)'$$

이다.[94] 이 벡터를 **곡률벡터**라고 부르고, 곡률벡터의 절댓값

$$\kappa := |\boldsymbol{\kappa}| = \frac{1}{|X'|}\left|\left(\frac{X'}{|X'|}\right)'\right|$$

을 **곡률**이라고 부른다.[95] 곡률벡터는 곡선의 접방향에 항상 수직이다.[96]

호의 길이를 매개변수로 하여 표현된 곡선, 즉 단위속력곡선 $Y(s)$ 에서는 가속도벡터가 곡률벡터와 같다:

$$\boldsymbol{\kappa}(s) = Y''(s).$$

그러므로 이때 곡률은

$$\kappa(s) = |Y''(s)|$$

이다.

역학적으로 곡률은 속력을 항상 1로 유지하는 데 드는 힘의 크기로 이해하면 된다. 또 곡률의 역수 $1/\kappa$ 를 **곡률반경**이라고 부른다.[97]

곡선의 곡률은 곡선이 휜 정도를 나타내며, 곡률이 큰 곡선은 많이 휘어 있고, 곡률이 작은 곡선은 평평한 곡선이다.

---

[93] 곡률을 말하려면 접방향과 그것의 변화율이 필요하므로, 곡선이 이급($\mathcal{C}^2$) 정규곡선이라고 가정한다. 만약 길이의 단위를 cm로 하면 곡률의 단위는 cm^{-1} 이다. 곡면이나 공간에서는 다양한 종류의 곡률이 있고 그때 단위는 곡선의 경우와는 다르다.

[94] $v = |X'|$ 으로 두면 위 식은 $\mathbf{t}' = v\boldsymbol{\kappa}$ 라고 쓸 수 있다.

[95] 이 "등식"은 1736년에 오일러가 얻은 것이다. 그리스 문자 "κ"는 *kappa* 라고 읽는다.

[96] $X' \cdot \boldsymbol{\kappa} = X' \cdot \frac{1}{|X'|}\mathbf{t}' = \mathbf{t} \cdot \mathbf{t}' = \frac{1}{2}(\mathbf{t} \cdot \mathbf{t})' = 0$

[97] 곡선의 각 점에서의 곡률반경은 주어진 곡선에 가장 가까운 원, 즉 **접촉원**의 반지름과 같음을 보일 수 있다 (8.2.4절 참조).

8.2.1 직선의 곡률

공간의 점 Y_0을 지나는 직선은, 단위벡터 $\mathbf{v}$에 대하여

$$Y(s) = Y_0 + s\mathbf{v} \qquad (s \in \mathbb{R})$$

로 표현할 수 있다. 따라서 $Y''(s) = \mathbf{0}$ 이고, 직선의 곡률은 항등적으로 0이다.

역으로 곡률이 항등적으로 영인 곡선은 직선이거나 또는 그 일부이다.

8.2.2 원의 곡률

공간 속의 점 C를 중심으로 하고 반지름이 (즉 반지름의 길이가) r인 원을, 서로 수직인 단위벡터 $\mathbf{v}, \mathbf{w}$에 대하여

$$Y(s) = C + r\left(\mathbf{v}\cos\frac{s}{r} + \mathbf{w}\sin\frac{s}{r}\right)$$

처럼 표현하면, 이는 단위속력곡선이다. 이때 곡률벡터는

$$\boldsymbol{\kappa}(s) = Y''(s) = -\frac{1}{r}\left(\mathbf{v}\cos\frac{s}{r} + \mathbf{w}\sin\frac{s}{r}\right)$$

이고, 곡률은

$$\kappa(s) = |Y''(s)| = \frac{1}{r}$$

이다. 따라서 원의 곡률반경은 원의 반지름과 같음을 알 수 있다.

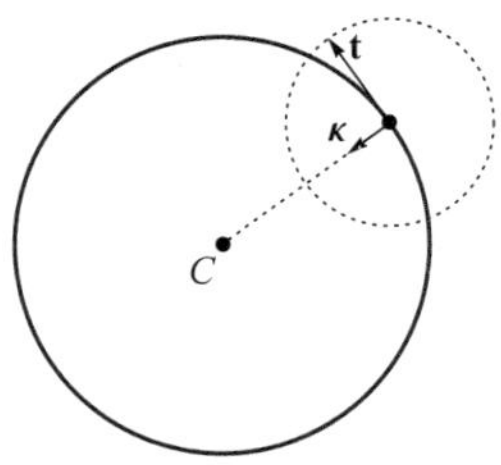

예를 들어, 반지름이 10 cm인 원의 각 점에서 곡률은 0.1/cm이고, 지구의 적도처럼 반지름이 6378.1 km인 원의 곡률은 약 0.00016/km이다.

8.2.3 기본연습문제

1. 곡선 $X(t)$의 속력을 $v(t)$라 할 때,

$$X' = v\,\mathbf{t}, \qquad X'' = v'\mathbf{t} + v^2\boldsymbol{\kappa}$$

임을 밝히고 다음을 유도하라 (연습문제 1 참고).

$$X' \times X'' = v^3\mathbf{t} \times \boldsymbol{\kappa}, \qquad \kappa = \frac{|X' \times X''|}{|X'|^3}$$

2. 곡선 $X(t)$ 에서 $a := |X''|$ 로 둔다. 이때 속력 v 가 일정한 상수이면

$$a = \kappa v^2$$

임을 밝히라. 또 X 가 직선운동일 때에는 $a = |v'|$ 임을 밝히라.

3. 나선 $X(t) = (a\cos t, a\sin t, bt)$ 의 각 점에서 곡률은

$$\kappa(t) = \frac{|a|}{a^2 + b^2}$$

임을 밝히라.

4. 평면곡선 중에서 곡률이 상수인 것은 직선, 원 또는 그 일부임을 밝히라.

8.2.4 접촉원

포물선 $y = x^2$ 의 꼭짓점 O 에서 이 포물선에 가장 가까운 원은 다음과 같이 구할 수 있다. 먼저 꼭짓점과 그 근방의 두 점 $P_+(t) = (t, t^2)$, $P_-(t) = (-t, t^2)$ 을 지나는 원을 구하여 보자.

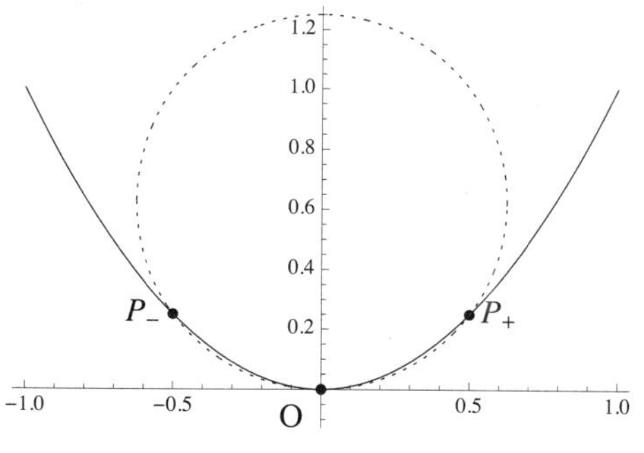

원의 중심은 현의 수직이등분선 위에 있으므로, 이 원의 중심을 $C(t)$ 라고 하면, $C(t)$ 는 y-축 위에 있고, 동시에 선분 OP_+ 의 수직이등분선

$$y - \frac{t^2}{2} = -\frac{1}{t}\left(x - \frac{t}{2}\right)$$

위에 있다. 이로부터

$$C(t) = \left(0, \frac{t^2}{2} + \frac{1}{2}\right)$$

을 얻는다. 이제 t 를 0 으로 보내면, 원의 중심은 $C := \left(0, \frac{1}{2}\right)$ 에 수렴한다. 따라서 이 점을 중심으로 하고, 반지름이 1/2 인 원이 원점에서 포물선에 가장 가까운 원이다. 이 원의 반지름이 바로 곡률반경과 일치하는데, 이것은 일반적인 현상이다.

8.2.5 기본연습문제

포물선 $y = x^2$ 의 꼭짓점에서 곡률은 2 임을 보이라.

일반적으로 곡선 $X(t)$ 의 한 점 $X_0 := X(t_0)$ 에서 그 곡선에 가장 가까운 원, 즉 **접촉원**(osculating circle)의[98] 중심은

$$X_0 + \boldsymbol{\kappa}(t_0)/\kappa(t_0)^2$$

이고 반지름은 X_0 에서 X 의 곡률반경 $1/\kappa(t_0)$ 과 같다.[99]

[98] 이 개념은 1686 년에 라이프니츠가 발견하였다.

[99] $\mathbf{v}, \mathbf{w}$ 가 단위벡터이고, 원 $Y(s) = C + r(\mathbf{v}\cos\frac{s}{r} + \mathbf{w}\sin\frac{s}{r})$ 가 단위 속력 곡선 $X(s)$ 의 점 $X_0 := X(s_0)$ 에서 **가장 가까운 원**이라는 것은

$$X(s) - Y(s) = o((s - s_0)^2)$$

이라는 뜻이다. 이때 $X(s_0) = Y(s_0)$ 에서 $X_0 - C = r\mathbf{v}$ 임을 안다. 또 $\mathbf{t}_0 = X'(s_0) = Y'(s_0)$ 에서 $\mathbf{t}_0 = \mathbf{w}$ 이다. 마지막으로 $\boldsymbol{\kappa}_0 = X''(s_0) = Y''(s_0)$ 에서 $\boldsymbol{\kappa}_0 = -\mathbf{v}/r$ 이다. 그러므로 $r = 1/\kappa_0$, $C = X_0 - r\mathbf{v} = X_0 + r^2\boldsymbol{\kappa}_0$ 이다.

8.3 현수선

이 절에서는 현수선은 쌍곡 코사인 함수로 표현됨을 유도한다.

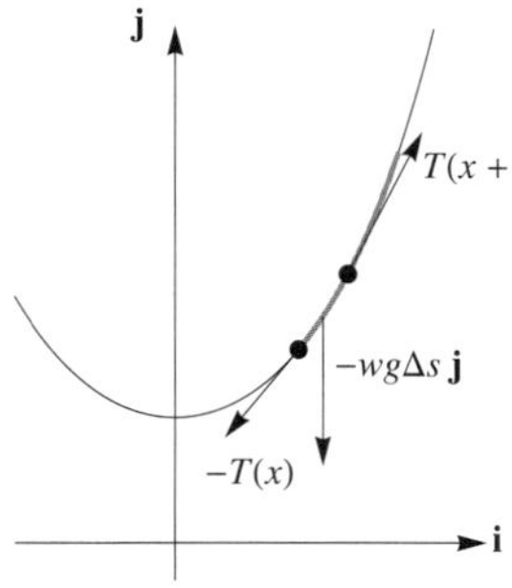

먼저 현수선의 식을 $y = y(x)$ 로 두자. 여기에서 y-축은 현수선의 대칭축이 되도록 정하였다. 이제 현수선의 조그만 조각이 받는 힘은 왼쪽 방향의 장력과 오른쪽 방향의 장력 및 중력에 의한 힘의 세 가지이고, 이때 현수선이 움직이지 않는다는 것은 이 세 힘이 서로 평형을 이루고 있다는 뜻이다. 즉,

$$\mathbf{T}(x + \Delta x) - \mathbf{T}(x) - w\Delta s \cdot g\mathbf{j} = \mathbf{0}$$

이다. 여기에서 $\mathbf{T}$ 는 장력, g 는 중력가속도 상수이고, Δs 는 현의 길이, w 는 현수선의 밀도[100]이다. 한편 $\mathbf{T}$ 는 곡선의 접벡터 $\mathbf{v} = (1, y')$ 과 나란하므로, $T := |\mathbf{T}|$ 로 두면

$$T(x + \Delta x)\frac{\mathbf{v}(x + \Delta x)}{|\mathbf{v}(x + \Delta x)|} - T(x)\frac{\mathbf{v}(x)}{|\mathbf{v}(x)|} = w\Delta s g\mathbf{j}$$

를 얻는다. 이제 양변을 Δx 로 나누고, 극한값을 취하면,

$$\frac{d}{dx}\left(T\frac{\mathbf{v}}{|\mathbf{v}|}\right) = w\frac{ds}{dx}g\mathbf{j} = wg|\mathbf{v}|\mathbf{j} \tag{14}$$

이다.

먼저 식 (14)와 벡터 $\mathbf{i}$ 의 내적을 구하면,

$$\frac{d}{dx}\left(T\frac{\mathbf{v} \cdot \mathbf{i}}{|\mathbf{v}|}\right) = 0$$

이다. 이로부터

$$T\frac{\mathbf{v} \cdot \mathbf{i}}{|\mathbf{v}|} = T\,\frac{1}{|\mathbf{v}|}$$

가 상수임을 안다. 이 상수를 c 로 두자:

$$\frac{T}{|\mathbf{v}|} = c. \tag{15}$$

[100]단위 길이당 질량을 뜻한다. 이 값이 상수인 균질인 끈을 가정한다.

한편 식 (14)와 벡터 $\mathbf{j}$의 내적을 구하면,

$$\frac{d}{dx}\left(T\frac{\mathbf{v}\cdot\mathbf{j}}{|\mathbf{v}|}\right) = w|\mathbf{v}|g$$

이고, 여기에 식 (15)를 대입하고 $\mathbf{v} = (1, y')$을 이용하면,

$$\frac{d}{dx}\left(cy'\right) = wg\sqrt{1+y'^2}, \qquad y'(0) = 0 \tag{16}$$

을 얻는다 ($x = 0$일 때 현수선의 기울기가 0이므로 초기조건 $y'(0) = 0$을 안다). 이 방정식은 이계미분방정식이지만, 일계미분방정식으로 변환하여 그 풀이를 쉽게 구할 수 있다. 먼저

$$p = y'$$

으로 두면, 방정식 (16)은

$$\frac{dp}{dx} = \frac{wg}{c}\sqrt{1+p^2}, \qquad p(0) = 0$$

와 같다.[101] 이 미분방정식은 흔히

$$\frac{dp}{\sqrt{1+p^2}} = \frac{wg}{c}dx, \qquad p(0) = 0$$

처럼 나타낸다. 편의상 $a := \dfrac{wg}{c}$으로 두면, $a \neq 0$이다. 이제 위 식을 적분하면

$$\sinh^{-1}p = ax$$

를 얻는다.[102] 따라서

$$y' = p = \sinh(ax)$$

이다. 이 식을 다시 적분하면

$$y = \frac{1}{a}\cosh(ax) + \text{상수}$$

를 얻는다. 이제 x축의 높이를 잘 조정하여 상수항을 없애면[103]

$$y = \frac{1}{a}\cosh ax$$

이고 이것이 우리가 구하는 결론이다. □

[101] 식 (16)에서 $c \neq 0$임을 안다.

[102] 역함수 미분법을 이용하면,

$$\frac{d}{dp}\sinh^{-1}p = \frac{1}{\sqrt{1+p^2}}$$

을 얻는다. 또는 $p = \sinh u$로 치환하여 $dp = \cosh u\, du$를 얻고, 이로부터

$$\int\frac{dp}{\sqrt{1+p^2}} = \int\frac{\cosh u\, du}{\sqrt{1+\sinh^2 u}} = \int du = u + \text{상수} = \sinh^{-1}p + \text{상수}$$

를 얻는다.

[103] 즉, 초기조건을 $y(0) = \dfrac{1}{a} = \dfrac{c}{wg}$로 둔다는 뜻이다.

8.3.1 현수선과 정사각형 모양의 바퀴

이 보기에서는 현수선 모양으로 휘어진 길[104]

$$y = a\sqrt{2} - a\cosh\frac{x}{a}, \qquad y \geq 0$$

위를 한 변의 길이가 $2a$ 인 정사각형 모양의 바퀴가 미끄러지지 않고 굴러갈 때, 바퀴의 중심이 일정한 높이를 유지한다는 것을 보인다.[105]

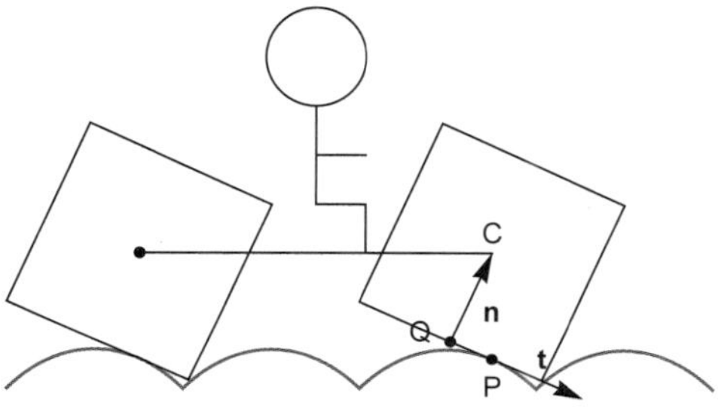

편의상, 땅 높이가 가장 높은 곳 $(0, a(\sqrt{2}-1))$ 에서 바퀴가 출발한다고 하자. 이때 땅과 맞닿은 부분이 바퀴의 밑변의 중점이라고 가정한다. 이제 바퀴와 땅이 닿는 부분의 자취를

$$P(t) := \left(t, a\sqrt{2} - a\cosh\frac{t}{a}\right)$$

로 두자. 그러면 점 P 의 속도는 $P'(t) = \left(1, -\sinh\frac{t}{a}\right)$ 이고, 따라서 구간 $[0, t]$ 사이에 바퀴가 구른 거리는

$$\int_0^t |P'(u)|\,du = \int_0^t \cosh\frac{u}{a}\,du = a\sinh\frac{t}{a}$$

이다. 이제 동점 $P(t)$ 의 단위 접벡터와 단위 법벡터[106]를

$$\mathbf{t}(t) := \frac{P'(t)}{|P'(t)|} = \frac{\left(1, -\sinh\frac{t}{a}\right)}{\cosh\frac{t}{a}}, \qquad \mathbf{n}(t) := \frac{\left(\sinh\frac{t}{a}, 1\right)}{\cosh\frac{t}{a}}$$

로 두자. 바퀴 밑변의 중점의 자취는

$$Q(t) = P(t) - \left(a\sinh\frac{t}{a}\right)\mathbf{t}(t)$$

[104] 조건 $y \geq 0$ 은 조건 $-a\log(1+\sqrt{2}) \leq x \leq a\log(1+\sqrt{2})$ 와 동치이다.

[105] 실물 사진에 관심 있으면 Amer. Math. Monthly **105** (1998), p. 787 을 참고할 것.

[106] 법벡터는 접벡터를 $90°$ 회전시켜 얻는다.

이다. 한편 바퀴의 중심 $C(t)$는 $Q(t)$로부터 $a\,\dot{\mathbf{n}}(t)$만큼 떨어져 있다. 따라서

$$\begin{aligned} C(t) &= Q(t) + a\mathbf{n}(t) \\ &= P(t) - \left(a\sinh\frac{t}{a}\right)\mathbf{t}(x) + a\mathbf{n}(t) \\ &= \left(t, a\sqrt{2} - a\cosh\frac{t}{a}\right) - \frac{a\sinh\frac{t}{a}}{\cosh\frac{t}{a}}\left(1, -\sinh\frac{t}{a}\right) + \frac{a}{\cosh\frac{t}{a}}(\sinh\frac{t}{a}, 1) \\ &= \left(t, a\sqrt{2}\right) \end{aligned}$$

이다. 이로부터 "네모난 바퀴의 중심이 일정한 높이 $a\sqrt{2}$를 유지한다"는 것을 안다. □

8.4 등시곡선

하위헌스[107]는 시계추가 흔들리는 주기가 추의 처음 위치나 무게와 상관없이 일정하도록 시계를 만들려고 하였고, 그 결과로 사이클로이드를 발견하였다.

사이클로이드를 뒤집어 놓은 모양의 그릇에 조그만 공을 놓으면, 이 공이 바닥에 이르는 데 걸리는 시간은 공이 처음 놓인 위치와 상관없이 일정하다. 이러한 곡선을 **등시곡선**(等時曲線, tautochrone)이라고 부른다.[108] 이 절에서는 사이클로이드가 등시곡선임을 밝힌다.

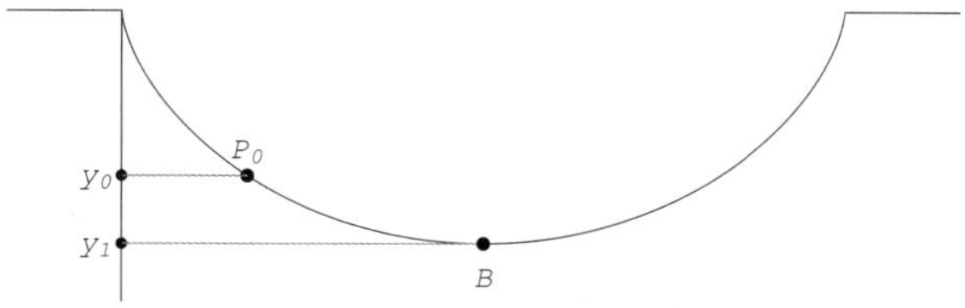

사이클로이드

$$x = u - \sin u, \qquad y = -1 + \cos u \qquad (0 \le u \le 2\pi)$$

를 움직이는 점은 중력에 의하여 그 운동이 결정된 것으로 여긴다. 이때 중력장 $\mathbf{G}$는 상수라고 가정한다: $\mathbf{G} = -g\mathbf{j}$. **에너지 보존법칙**에 의하면, 이러한 힘에 의하여 운동하는 질점은 **운동에너지**와 **위치에너지**의 합

$$E = \frac{1}{2}mv^2 + mgy$$

가 일정하다.[109] 여기에서 v는 운동하는 질점의 속력을 나타낸다.

---

[107] Christian Huygens (1629–1695), 네덜란드의 수학자, 물리학자, 천문학자. 토성의 띠를 발견함.

> *나는 한 가지 새로운 발견에 몰두하고 있었다. ⋯ 내 시계를 더욱 정확하게 하기 위하여 ⋯ 하지만 내가 발견하리라고는 결코 기대하지 않았던 것—의심할 것 없는 바로 그 곡선의 모양이 문득 떠올랐다. ⋯ 나는 그것을 기하학적인 이유에서 결정하였다.*
>
> — 하위헌스, 1659 년 12 월 6 일

[108] 참고문헌 [Courant, Hilbert], [Boyce, DiPrima, p. 314]. 사이클로이드는 롤러스케이트 장의 바닥이나 추시계를 만들 때에 이용된다.

[109] 뉴턴의 법칙에 의하면, 모든 운동하는 물체는 운동방정식 $\mathbf{F} = m\mathbf{a}$를 만족시킨다. 여기에서 $\mathbf{a}$는 가속도벡터를 나타낸다. 동점의 속도벡터 $\mathbf{v}$는 곡선의 접방향과 나란한 벡터이고, 속도벡터의 크기 $v = |\mathbf{v}|$는 속력이다. 한편 중력 $\mathbf{F} = m\mathbf{G}$는 위치에너지 함수 φ에 의하여 $\mathbf{F} = -\operatorname{grad}\varphi$로 표현되므로,

$$\frac{d}{dt}\left(\frac{1}{2}mv^2 + \varphi\right) = m\mathbf{a}\cdot\mathbf{v} - \mathbf{F}\cdot\mathbf{v} = (m\mathbf{a} - \mathbf{F})\cdot\mathbf{v} = 0$$

이고, 따라서 에너지 $E := \frac{1}{2}mv^2 + \varphi$가 상수이다. 이것이 바로 **에너지 보존법칙**이다 (13장 3절 참조). **기울기 벡터장** $\operatorname{grad}\varphi$ 의 의미는 제 10 장에서 다룬다.

이제 사이클로이드를 따라 동점이 위치 $P_0 := (x_0, y_0)$ 에서 구르기 시작하여 가장 아래쪽 위치 $B = (\pi, -2) = (x_1, y_1)$ 에 도달할 때까지 걸리는 시간을 T 라고 하자. 그러면 처음 위치 P_0 에서 동점의 에너지는 (운동에너지가 0 이므로) $E = mgy_0$ 이고, 따라서 동점은 등식 $mgy_0 = \frac{1}{2}mv^2 + mgy$ 를 만족시킨다. 이 식에서

$$v = \sqrt{2g(y_0 - y)}$$

임을 안다. (특히 속력은 질량과 무관함을 안다.) 한편 호의 길이 s 에 대하여 $\frac{ds}{dt} = v$ 이므로,

$$dt = \frac{ds}{v} = \frac{ds}{\sqrt{2g(y_0 - y)}}$$

를 얻는다. 그러므로 사이클로이드의 호를 따라 점 P_0 에서 가장 아래쪽 점 B 까지 위 식을 적분하면,

$$T = \int \frac{ds}{\sqrt{2g(y_0 - y)}}$$

을 얻는다. 우리의 목표는 T 가 y_0 과 상관없이 일정함을 보이는 것이다.

먼저 거리함수 s 를 y 의 식으로 나타내어 보자. 기본연습문제 (5.3.1)에 의하면

$$s = 2\sqrt{2(y - y_1)}$$

이고, 따라서

$$ds = \frac{2\,dy}{\sqrt{2(y - y_1)}}$$

이다. 이로부터

$$T = \int_{y_1}^{y_0} \frac{2\,dy}{\sqrt{2g(y_0 - y)}\sqrt{2(y - y_1)}} = \frac{1}{\sqrt{g}} \int_{y_1}^{y_0} \frac{dy}{\sqrt{(y_0 - y)(y - y_1)}} = \frac{\pi}{\sqrt{g}}$$

를 얻는다.[110] □

---

[110]마지막 등호는

$$\int_{-a}^{a} \frac{dx}{\sqrt{a^2 - x^2}} = \pi$$

에서 얻는다. 다음은 $y = 1/\sqrt{1 - x^2}$ 의 그래프이다.

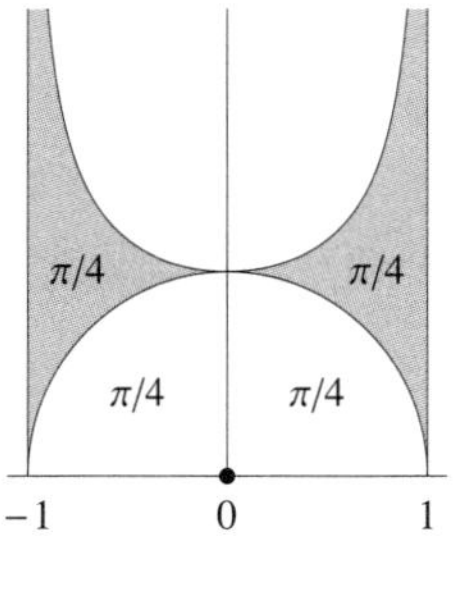

8.5 서로 가까운 두 곡선의 길이

함수

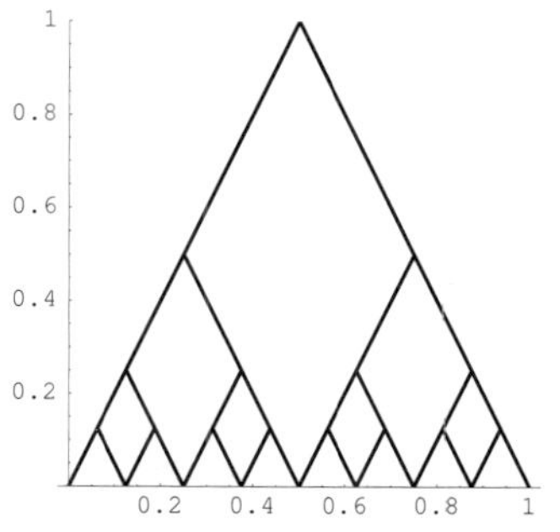

$$s(x) := \begin{cases} 2x & (0 \le x \le 1/2) \\ 2 - 2x & (1/2 \le x \le 1) \end{cases}$$

로 정의된 **톱니함수**(의 그래프)의 길이는

$$\text{length}(s) := \sqrt{5}$$

이다.

한편

$$s_0(x) := s(x), \quad s_1(x) := \tfrac{1}{2}s(s(x)), \quad s_2(x) := \tfrac{1}{2^2}s(s(s(x))),$$
$$s_3(x) := \tfrac{1}{2^3}s(s(s(s(x)))), \quad \ldots$$

로 정의하면,[111] 이들의 길이는 모두 $\sqrt{5}$ 이다. 한편 이 함수들의 극한은

$$s_\infty(x) := \lim_{n\to\infty} s_n(x) = 0 \qquad (0 \le x \le 1)$$

이고,

$$\text{length}(s_\infty) = 1$$

이므로, 가까운 함수라도 그 길이가 가까울 필요가 없음을 알 수 있다.

"두 대상이 가깝다"는 뜻은 여러 가지 다른 뜻으로 사용된다. 일급 곡선의 길이를 다루는 경우에는 곡선의 길이가 곡선의 점들의 위치에만 의존하는 것이 아니고, 그 곡선의 미분, 즉 접방향에도 의존한다는 것을 알고 있다. 따라서 두 곡선의 길이가 가깝다는 결론을 얻으려면, 두 곡선의 위치가 가깝다는 조건만으로는 부족하고, 두 곡선의 접방향이 같이 가까와야 된다. 이러한 뜻에서 보면, 함수 $s_n(x)$ 와 $s_\infty(x)$ 는 결코 가깝다고 말하기 어렵다. 하나는 기울기가 1 또는 -1 인 함수이고, 하나는 기울기가 '없는' (항등적으로 0 인) 함수이기 때문이다.

---

[111]톱니함수들을

$$s_1 := \frac{1}{2} - \left|s_0 - \frac{1}{2}\right|, \quad s_2 := \frac{1}{2^2} - \left|s_1 - \frac{1}{2^2}\right|, \quad s_3 := \frac{1}{2^3} - \left|s_2 - \frac{1}{2^3}\right|, \quad \ldots$$

와 같이 정의할 수도 있다.

연습문제: 제 9 장 8 절

1. 정규곡선 $X(t) \in \mathbb{R}^3$ 에 대하여

$$\frac{d}{dt}|X'(t)| = \frac{X'(t) \cdot X''(t)}{|X'(t)|}$$

를 유도하고,[112] 이로부터

$$\kappa = \frac{\sqrt{|X'|^2|X''|^2 - (X' \cdot X'')^2}}{|X'|^3} = \frac{|X' \times X''|}{|X'|^3}$$

을 유도하라. 이때 벡터 X' 과 X'' 이 이루는 각의 크기를 α 라고 하면

$$\kappa = \frac{|X''|\,|\sin\alpha|}{|X'|^2}$$

임을 보이라.

2. 평면곡선 $X(t) = (x(t), y(t))$ 의 곡률은

$$\kappa(t) = \frac{|x'(t)y''(t) - x''(t)y'(t)|}{((x'(t))^2 + (y'(t))^2)^{3/2}}$$

임을 보이라.

또 평면곡선 $y = f(x)$ 의 곡률은

$$\kappa(x) = \frac{|y''|}{\left(1 + y'^2\right)^{3/2}}$$

임을 보이라. 이때 $f'(x_0) = 0$ 이면 $\kappa(x_0) = |f''(x_0)|$ 임을 보이라.

3. 타원 $X(t) = (a\cos t, b\sin t)$ 의 각 점에서 곡률을 구하라. ($a, b > 0$ 이다.)

4. 좌표평면에서 포물선 $y = x^2$ 의 각 점에서의 곡률을 구하라.

5. 좌표평면에서 포물선 $y = ax^2$ 상의 세 점 $(-t, at^2)$, $(0, 0)$, (t, at^2) 을 지나는 원의 반지름을 $r(t)$ 라고 할 때, $\lim_{t\to 0} r(t)$ 의 값을 구하라.

6. 좌표공간에서 곡선 $X(t)$ 의 곡률이 $\kappa(t)$ 일 때, 곡선 $Y(t) := cX(t)$ 의 곡률은 $\kappa(t)/c$ 임을 보이라. (단, $c > 0$)

7. 곡선 $X(t) = (t, t^2, t^3)$ 에서 $t = 1$, $t = -1$ 일 때의 곡률을 구하라.

8. 곡선 $X(t) = (t, \log t)$ 에서 곡률반경이 최소인 점을 구하라.

9. 사이클로이드

$$x(t) = t - \sin t, \quad y(t) = 1 - \cos t = 2\sin^2\frac{t}{2} \qquad (0 \le t \le 2\pi)$$

[112] 제 1 절 연습문제 4번 참조.

의 곡률은

$$\kappa(t) = \frac{1}{4\sin\frac{t}{2}} = \frac{\sqrt{2}}{4\sqrt{y}}$$

임을 보이라.

10. 곡선

$$X(t) = \left(\int_0^t \cos\frac{\pi u^2}{2}\,du, \int_0^t \sin\frac{\pi u^2}{2}\,du\right)$$

의 곡률을 구하라.

11. 곡선 $X(t)$ 의 곡률 $\kappa(t)$ 의 적분 $\int_X \kappa\ \mathrm{ds}$ 를 X 의 **전곡률**(全曲率, total curvature) 이라고 한다. 타원 $x^2 + 4y^2 = 1$ 의 전곡률은 얼마인가?

12. 좌표평면의 정규곡선 $X : [a, b] \to \mathbb{R}^2$ 에 대하여

$$\frac{X'(t)}{|X'(t)|} = (\cos\theta(t), \sin\theta(t)) \qquad (a \le t \le b)$$

로 두면 X 의 전곡률은

$$\int_X \kappa\ \mathrm{ds} = \int_a^b |\theta'(t)|\,dt$$

임을 보이라. 특히 $\theta(t)$ 가 증가함수이면

$$\int_X \kappa\ \mathrm{ds} = \theta(b) - \theta(a)$$

임을 보이라.

13. 차를 몰고 반지름이 100 미터인 원호 모양의 도로 위를 일정한 속력 v 로 움직일 때 편안함을 느낀다고 하자.[113] 반지름이 10 미터인 원호 모양의 도로 위를 움직일 때의 속력이 얼마이면 같은 정도의 편안함을 느끼는가?

14. 호의 길이로 매개화된 곡선 $X(s)$ 의 곡률함수를 $\kappa(s)$ 라 할 때, $\kappa'(s) = 0$ 인 점을 **꼭짓점**이라고 부른다. 타원

$$\frac{x^2}{a^2} + \frac{y^2}{b^2} = 1$$

의 꼭짓점을 구하라.

15. 곡선

$$X(t) = \left(\cos t, \sin^2 t, \frac{1}{2}\sin 2t\right)$$

에서 $t = \pi$ 일 때의 곡률과 접촉평면의 식을 구하라.

16. 삼차원 공간에서 곡률이 항등적으로 영인 정규곡선은 직선운동을 하는 곡선임을 보이라.

17. 곡선 $X(t) = e^t(\cos t, \sin t)$ 의 곡률함수를 구하라.

[113] 속력이 v 보다 작으면, 답답함을 느낀다.

18. 로그와선 $r = r_0 e^{k\theta}$ 의 각 점에서의 곡률은

$$\kappa = \frac{1}{r}\frac{1}{\sqrt{1+k^2}}$$

임을 보이라. 이로부터 로그와선의 곡률은 원점까지의 거리에 반비례함을 설명하라. (5 절 연습문제 6 번 참고)

19. 좌표평면에서 호의 길이로 매개화된 이급 곡선

$$C(s), \qquad s_0 \le s \le s_1$$

에 대하여 단위 접벡터 $\mathbf{t}(s) := C'(s)$ 를 $+90°$ 만큼 회전시켜 얻은 단위 법벡터를 $\mathbf{n}(s)$ 이라 하면, 곡선 C 의 각 점에서 **부호를 가진 곡률** $\kappa(s)$ 는 다음 식으로 정해진다:

$$\mathbf{t}'(s) = \kappa(s)\mathbf{n}(s).$$

(1) $\mathbf{n}'(s) = -\kappa(s)\mathbf{t}(s)$ 임을 보이라.

(2) C 의 **전곡률**을 $K := \displaystyle\int_{s_0}^{s_1} \kappa(s)\, ds$ 라 할 때, $|u| \ll 1$ 이면 (즉 u 의 절댓값이 아주 작으면) 곡선

$$C_u(s) := C(s) + u\,\mathbf{n}(s), \qquad s_0 \le s \le s_1$$

의 길이 $L(u)$ 는

$$L(u) = L(0) - uK$$

임을 보이라.

(3) 경기장의 각 트랙의 너비가 1 m 이면, 인접한 두 트랙의 "길이"의 차는 몇 m 인가?

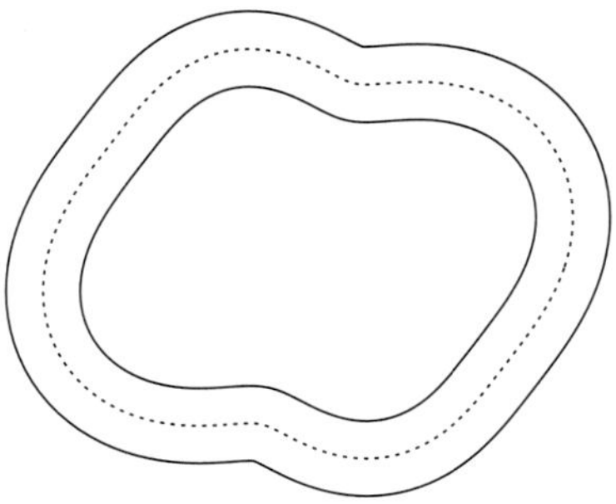

제 9 장 탐구문제

1. 원뿔곡선은 평면에 주어진 한 점 F와 주어진 직선 l, 그리고 양수 ε에 의하여 정해지기도 한다. 이때 **준선** l까지의 거리에 대한 **초점** F까지의 거리의 비가 ε인 점들의 집합이 원뿔곡선이다. 이 비를 **이심률**이라 한다.

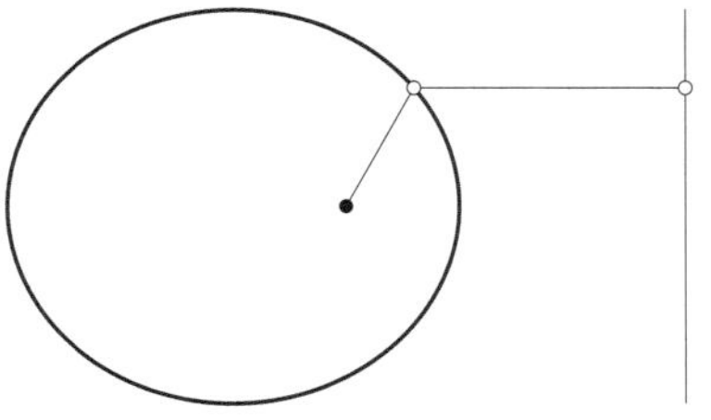

타원 $0 < \varepsilon < 1$

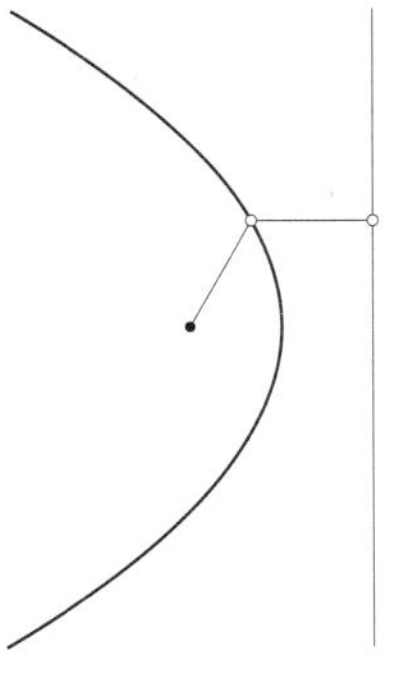

포물선 $\varepsilon = 1$

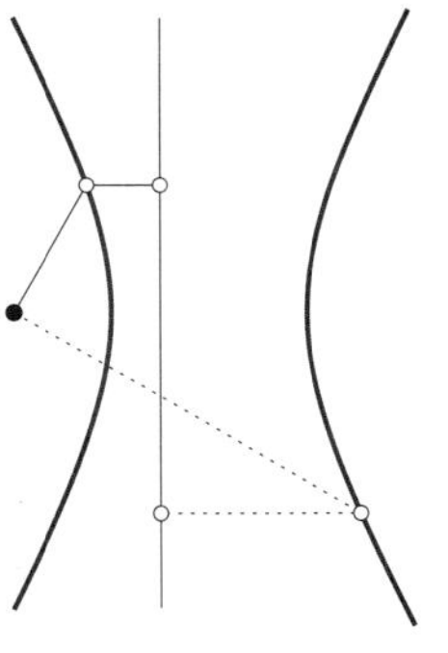

쌍곡선 $\varepsilon > 1$

초점과 준선 사이의 거리를 d라 하고 $a > b > 0$이라 할 때, 다음을 보이라.

(a) 타원 $\dfrac{x^2}{a^2} + \dfrac{y^2}{b^2} = 1$ 에서

$$\varepsilon = \sqrt{1-(b/a)^2}, \qquad F = \pm\varepsilon(a,0), \qquad d = a\left(\tfrac{1}{\varepsilon} - \varepsilon\right).$$

(b) 포물선 $y = ax^2$ 에서

$$F = \left(0, \frac{1}{4a}\right), \qquad d = \frac{1}{2a}.$$

(c) 쌍곡선 $\dfrac{x^2}{a^2} - \dfrac{y^2}{b^2} = 1$ 에서

$$\varepsilon = \sqrt{1+(b/a)^2}, \qquad F = \pm\varepsilon(a,0), \qquad d = a\left(\varepsilon - \tfrac{1}{\varepsilon}\right).$$

(d) 원뿔곡선은 한 초점을 극점으로 하고, 준선을 향하는 방향을 극축으로 하는 극좌표계에서

$$r = \frac{p}{1 + \varepsilon \cos\theta}$$

와 같이 표현됨을 보이라. 또 이때 포물선이나 쌍곡선에서 θ가 값을 가지지 않는 경우를 설명하라.

2. 호의 길이로 매개화된 곡선 $X(s)$를 생각하자. 또 힘 $\mathbf{F}$의 X-성분을

$$f(s) := \mathbf{F}(X(s)) \cdot X'(s)$$

로 두자. 이때 곡선 X를 따라 힘 $\mathbf{F}$에 의하여 움직이는 질점 $(X(s(t)), m)$은 식

$$\boxed{f(s) = m\frac{d^2 s}{dt^2}}$$

을 만족시킴을 보이라.

3. 한 변의 길이가 1 m 인 정사각형 모양 탁자의 각 귀퉁이에 개미가 한 마리씩 있다. 이들 개미가 각자 자기 '왼쪽'에 있는 개미를 향하여 동시에 같은 속력으로 움직이면 그 자취는 로그와선이 된다. 이때 개미들이 만날 때까지 움직인 거리를 구하라.[114]

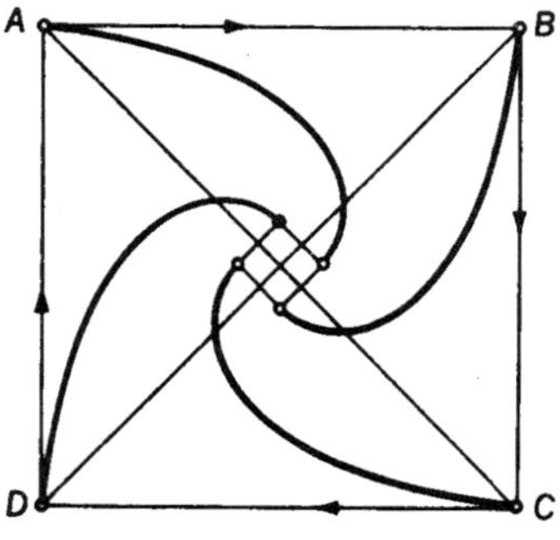

4. 평면에서 곡선 $X(t)$와 한 점 P가 주어졌다고 하자. 만약 $Q := X(0)$이 곡선 $X(t)$의 점 중에서 P에 가장 가까운 거리에 있으면, 벡터 $\overrightarrow{PQ}$와 $X'(0)$은 서로 수직임을 보이라. 또 두 평면 곡선 $x^2y + y^3 = 8$과 $x^2 + y^2 = 1$ 사이의 최단 거리를 구하라.

5. 일급 곡선 $X : [a, b] \to \mathbb{R}^n$의 **에너지**를

$$E(X) := \int_a^b |X'(t)|^2 \, dt$$

[114] 구하는 것은 탁자의 한 변의 길이와 다르지 않다.

로 정의한다. 이때

$$\frac{(\text{length}(X))^2}{b-a} \le E(X)$$

를 보이라. 또 공간에 주어진 두 점 P, Q 를 잇는 모든 일급 곡선 중에서 에너지가 최소인 곡선은 등속운동을 하는 직선임을 보이라.

6. (**이급 곡선**) 두 번 미분가능 곡선에서 가속도벡터는 물리적으로는 **힘**과 관련을 가지고, 공학적으로는 **장력**(tension)과 관련을 가지며, 기하학적으로는 **곡률**과 관련을 가진다. 다리나 건물을 설계할 때에 장력이 갑자기 변하는 곳, 즉 받는 힘이 불연속인 점이 건물의 균열을 가져오는 곳이 된다. 수학적으로는 이차 미분이 불연속인 점, 곡률이 불연속인 점들이 된다. 이러한 입장에서 보면, 이차 미분이 연속함수인 곡선, 즉 이급(미분가능) 곡선이 중요함을 알 수 있다.

   차로를 설계할 때에도 이급 곡선은 중요하게 쓰인다. 서로 수직으로 교차하는 차로에서, 좌회전하는 차량이 따라야 하는 곡선을 원의 일부로 주면, 운전자는 가속도의 불연속적인 변화로 편안한 운전을 하지 못하게 된다. 원(또는 타원, 포물선, 쌍곡선 등)의 일부와 직선으로 이루어진 도로가 이급이 아닌 이유를 밝히라.

7. 원운동을 하는 시계추와 주기에 대하여 논하라.

8. 다음 적분값은 양수 a, b 와 무관함을 밝히라.

$$\int_0^{2\pi} \frac{ab\,dt}{a^2\sin^2 t + b^2\cos^2 t}$$

9. 공간의 두 점 C_0, C_1 을 잇는 곡선 C 에서 정의된, 양숫값을 가지는 연속함수 v 에 대하여, 곡선 C 를 따라 움직이는 동점 P 가 운동방정식 $|P'(t)| = v(P(t))$ 를 만족시킨다고 하자. 이때 P 가 C_0 을 출발하여 C_1 에 도착하는 데에 걸리는 시간은

$$\int_C \frac{\mathrm{ds}}{v}$$

   임을 밝히라.

10. 직선도로를 운전하는 자동차 운전자가 빨간 바탕의 팔각형 멈춤 표시판을 보고 자동차의 속력을 조정하여 표시판과의 거리가 $s(t) = t^3$ 이 되도록 운전하였다. 표지판이 있는 지점을 지나는 시각이 $t = 0$ 이었다면 이 운전자는 표지판에서 멈추었는가?

부록

그리스 문자

대문자	소문자	이름 (영문)	대문자	소문자	이름 (영문)
A	α	$\acute{\alpha}\lambda\varphi\alpha$ (alpha)	N	ν	$\nu\iota$ (nu)
B	β	$\beta\acute{\eta}\tau\alpha$ (beta)	Ξ	ξ	$\xi\iota$ (xi)
Γ	γ	$\gamma\acute{\alpha}\mu\alpha$ (gamma)	O	o	$\acute{o}\mu\iota\kappa\rho o\nu$ (omicron)
Δ	δ	$\delta\acute{\epsilon}\lambda\tau\alpha$ (delta)	Π	π, ϖ	$\pi\iota$ (pi)
E	$\epsilon,\ \varepsilon$	$\acute{\epsilon}\psi\iota\lambda o\nu$ (epsilon)	P	ρ	ρo (rho)
Z	ζ	$\zeta\acute{\eta}\tau\alpha$ (zeta)	Σ	$\sigma,\ \varsigma$	$\sigma\acute{\iota}\gamma\mu\alpha$ (sigma)
H	η	$\acute{\eta}\tau\alpha$ (eta)	T	τ	$\tau\alpha\upsilon$ (tau)
Θ	$\theta,\ \vartheta$	$\theta\acute{\eta}\tau\alpha$ (theta)	Υ	υ	$\acute{\upsilon}\psi\iota\lambda o\nu$ (upsilon)
I	ι	$\gamma\iota\acute{\omega}\tau\alpha$ (iota)	Φ	$\phi,\ \varphi$	$\varphi\iota$ (phi)
K	κ	$\kappa\acute{\alpha}\pi\alpha$ (kappa)	X	χ	$\chi\iota$ (chi)
Λ	λ	$\lambda\acute{\alpha}\mu\delta\alpha$ (lambda)	Ψ	ψ	$\psi\iota$ (psi)
M	μ	$\mu\iota$ (mu)	Ω	ω	$\omega\mu\acute{\epsilon}\gamma\alpha$ (omega)

1 기호 모음

$\varnothing$, 공집합

1_A, id_A, 항등사상

$(i\ j)$, 호환

$[A, B] = AB - BA$, 교환자

$A - B$, 차집합

$\mathbf{A}$, 입체각원소 벡터장

$\mathbf{a} \cdot \mathbf{b}$, 벡터의 내적

$\mathbf{a} \times \mathbf{b}$, 벡터곱

$\overrightarrow{AB}$, 유향선분

$\mathbf{a}$, 각원소 벡터장

$|\mathbf{a}|$, 절댓값

A^{t}, 전치행렬

A^{-1}, 역행렬

$\mathrm{adj}\, A$, 수반행렬

$\mathbb{B}^n$, n차원 열린 공

$\overline{\mathbb{B}}^n$, n차원 닫힌 공

$\mathbb{C}$, 복소수체

const, 상수함수

$\delta_{ij} = \begin{cases} 1, & i = j \\ 0, & i \neq j \end{cases}$, Kronecker 의 델타함수

$\det A$, 행렬식, 결정식

ds, 길이 원소

dS, 면적소

exp, 자연 지수함수

$\epsilon_{ijk} = \begin{cases} \mathrm{sgn}\begin{pmatrix} 1 & 2 & 3 \\ i & j & k \end{pmatrix}, & \{i, j, k\} = \{1, 2, 3\} \\ 0, & \{i, j, k\} \neq \{1, 2, 3\} \end{cases}$

$\mathbf{e}_1 = (1, 0, 0, \dots)$, $\mathbf{e}_2 = (0, 1, 0, \dots)$, $\dots$, 표준단위벡터

I_n, n차 항등행렬

log, 자연 로그함수

$L_A(X) = AX$

∇^2, 라플라스 작용소

$\mathbb{N}$, 자연수 전체집합

$\mathbf{n}$, 단위 법벡터(장)

$\mathcal{P}$, 구간의 분할

$\mathbb{R}$, 실수체

$\mathbf{r}$, 위치벡터장, 항등벡터장, 오일러벡터장

$\mathbb{R}^n$, n차원 수공간, 데카르트 공간, n-공간

S_n, n-치환군

$\mathbb{S}^n$, n차원 구면

$\mathbf{t}$, 단위 접벡터(장)

$\mathrm{tr}\, A$, 대각합

$\mathrm{Vol}_n(A)$, n차원 부피

$\mathbb{Z}$, 정수환

2 적분표

각 부정적분에서 "+ (국소적으로 상수인 함수)"항은 생략되었음.

1. $\int dx = x$

2. $\int x^n\,dx = \frac{x^{n+1}}{n+1} \qquad (n \neq -1)$

3. $\int \frac{dx}{x} = \log|x|$

4. $\int x\,dy = xy - \int y\,dx$

5. $\int \frac{dx}{ax+b} = \frac{1}{a}\log|ax+b|$

6. $\int \frac{dx}{x(ax+b)} = \frac{1}{b}\log\left|\frac{x}{ax+b}\right|$

7. $\int x(ax+b)^n\,dx = \frac{1}{a^2(n+2)}(ax+b)^{n+2} - \frac{b}{a^2(n+1)}(ax+b)^{n+1} \ (n \neq -1, -2)$

8. $\int x\sqrt{ax+b}\,dx = \frac{2}{15a^2}(ax+b)^{3/2}(3ax-2b)$

9. $\int \frac{\sqrt{ax+b}}{x}dx = 2\sqrt{ax+b} + \sqrt{b}\ \log\left|\frac{\sqrt{ax+b}-\sqrt{b}}{\sqrt{ax+b}+\sqrt{b}}\right| \qquad (b>0)$

10. $\int \frac{\sqrt{ax+b}}{x}dx = 2\sqrt{ax+b} - 2\sqrt{-b}\ \arctan\sqrt{\frac{ax+b}{-b}} \qquad (b<0)$

11. $\int \frac{dx}{x\sqrt{ax+b}} = \frac{1}{\sqrt{b}}\log\left|\frac{\sqrt{ax+b}-\sqrt{b}}{\sqrt{ax+b}+\sqrt{b}}\right| \qquad (b>0)$

12. $\int \frac{dx}{x\sqrt{ax+b}} = \frac{2}{\sqrt{-b}}\arctan\sqrt{\frac{ax+b}{-b}} \qquad (b<0)$

13. $\int \frac{dx}{a^2+x^2} = \frac{1}{a}\arctan\left(\frac{x}{a}\right)$

14. $\int \frac{dx}{a^2-x^2} = \frac{1}{2a}\log\left|\frac{a+x}{a-x}\right|$

15. $\int \sqrt{a^2+x^2}\,dx = \frac{1}{2}x\sqrt{a^2+x^2} + \frac{1}{2}a^2\log\left(x+\sqrt{a^2+x^2}\right)$

16. $\int \frac{\sqrt{1+x^2}}{x^2}dx = -\log\left(\sqrt{1+x^2}-x\right) - \frac{\sqrt{1+x^2}}{x}$

17. $\int \frac{\sqrt{1+x^2}}{x^4}dx = -\frac{1}{3}\frac{\left(1+x^2\right)^{3/2}}{x^3}$

18. $\int \frac{dx}{\sqrt{a^2-x^2}} = \arcsin\left(\frac{x}{a}\right)$

19. $\int \frac{dx}{\sqrt{x^2 \pm a^2}} = \log\left|x+\sqrt{x^2\pm a^2}\right|$

20. $$\int \frac{dx}{x\sqrt{a^2 \pm x^2}} = -\frac{1}{a}\log\left|\frac{a+\sqrt{a^2 \pm x^2}}{x}\right|$$

21. $$\int \frac{dx}{|x|\sqrt{x^2 - a^2}} = \frac{1}{a}\operatorname{arcsec}\left(\frac{x}{a}\right)$$

22. $$\int \frac{\sqrt{x^2 - a^2}}{x}\,dx = \sqrt{x^2 - a^2} - a\operatorname{arcsec}\left(\frac{x}{a}\right)$$

23. $$\int \frac{\sqrt{1 - x^2}}{x}\,dx = \log\frac{1+\sqrt{1-x^2}}{x} - \sqrt{1-x^2}$$

24. $$\int \frac{\sqrt{x^2 + a^2}}{x}\,dx = \sqrt{x^2 + a^2} - a\log\left|\frac{a+\sqrt{x^2+a^2}}{x}\right|$$

25. $$\int \sqrt{a^2 - x^2}\,dx = \frac{x}{2}\sqrt{a^2 - x^2} + \frac{a^2}{2}\arcsin\left(\frac{x}{a}\right)$$

26. $$\int \frac{dx}{ax^2 + bx + c} = \begin{cases} \dfrac{2}{\sqrt{4ac - b^2}}\arctan\left(\dfrac{2ax+b}{\sqrt{4ac-b^2}}\right) & (b^2 < 4ac,\ a \neq 0) \\ \dfrac{1}{\sqrt{b^2 - 4ac}}\log\left|\dfrac{2ax+b-\sqrt{b^2-4ac}}{2ax+b+\sqrt{b^2-4ac}}\right| & (b^2 > 4ac,\ a \neq 0) \\ -\dfrac{2}{2ax+b} & (b^2 = 4ac,\ a \neq 0) \end{cases}$$

27. $$\int \sin ax\,dx = -\frac{1}{a}\cos ax, \qquad \int \cos ax\,dx = \frac{1}{a}\sin ax$$

28. $$\int \sin^2 ax\,dx = \frac{x}{2} - \frac{\sin(2ax)}{4a}, \qquad \int \cos^2 ax\,dx = \frac{x}{2} + \frac{\sin(2ax)}{4a}$$

29. $$\int \frac{dx}{\sin ax} = \frac{1}{a}\log\left|\tan\left(\frac{ax}{2}\right)\right| = \frac{1}{a}\log|\csc ax - \cot ax|$$

30. $$\int \frac{dx}{\cos ax} = -\frac{1}{a}\log\left|\tan\frac{\frac{\pi}{2} - ax}{2}\right| = \frac{1}{a}\log|\tan ax + \sec ax|$$

31. $$\int \frac{dx}{1 + a\sin x} = \begin{cases} \frac{2}{\sqrt{1-a^2}}\arctan\left(\frac{a+\tan(x/2)}{\sqrt{1-a^2}}\right) & (|a| < 1) \\ \dfrac{2\sin(x/2)}{\cos(x/2) + (\operatorname{sgn} a)\sin(x/2)} & (|a| = 1) \\ \frac{2}{\sqrt{a^2-1}}\operatorname{arctanh}\left(\frac{a+\tan(x/2)}{\sqrt{a^2-1}}\right) & (|a| > 1) \end{cases}$$

32. $$\int \frac{dx}{1 + a\cos^2 x} = \frac{1}{\sqrt{1+a}}\arctan\left(\frac{\tan x}{\sqrt{1+a}}\right)$$

33. $$\int \sin ax\,\sin bx\,dx = \frac{1}{2}\left[\frac{\sin(a-b)x}{(a-b)} - \frac{\sin(a+b)x}{(a+b)}\right] \qquad (a^2 \neq b^2)$$

34. $$\int \sin ax\,\cos bx\,dx = -\frac{1}{2}\left[\frac{\cos(a-b)x}{(a-b)} + \frac{\cos(a+b)x}{(a+b)}\right] \qquad (a^2 \neq b^2)$$

35. $$\int \cos ax\,\cos bx\,dx = \frac{1}{2}\left[\frac{\sin(a-b)x}{(a-b)} + \frac{\sin(a+b)x}{(a+b)}\right] \qquad (a^2 \neq b^2)$$

36. $$\int \sin^n x\,dx = \frac{-\sin^{n-1}x\,\cos x}{n} + \frac{n-1}{n}\int \sin^{n-2}x\,dx$$

37. $\displaystyle\int \cos^n x\,dx = \frac{\cos^{n-1} x\,\sin x}{n} + \frac{n-1}{n}\int \cos^{n-2} x\,dx$

38. $\displaystyle\int \tan^n x\,dx = \frac{\tan^{n-1} x}{n-1} - \int \tan^{n-2} x\,dx$

39. $\displaystyle\int \cot^n x\,dx = \frac{-\cot^{n-1} x}{n-1} - \int \cot^{n-2} x\,dx$

40. $\displaystyle\int \sec^n x\,dx = \frac{\tan x\,\sec^{n-2} x}{n-1} + \frac{n-2}{n-1}\int \sec^{n-2} x\,dx \qquad (n \neq 1)$

41. $\displaystyle\int \csc^n x\,dx = \frac{-\cot x\,\csc^{n-2} x}{n-1} + \frac{n-2}{n-1}\int \csc^{n-2} x\,dx \qquad (n \neq 1)$

42. $\displaystyle\int x^n \sin ax\,dx = -\frac{1}{a}x^n \cos ax + \frac{n}{a}\int x^{n-1} \cos ax\,dx$

43. $\displaystyle\int x^n \cos ax\,dx = \frac{1}{a}x^n \sin ax - \frac{n}{a}\int x^{n-1} \sin ax\,dx$

44. $\displaystyle\int e^x\,dx = e^x$

45. $\displaystyle\int x^n e^{ax} dx = \frac{1}{a}x^n e^{ax} - \frac{n}{a}\int x^{n-1} e^{ax} dx \qquad (n > 0)$

46. $\displaystyle\int \frac{e^{ax}}{x^n}\,dx = -\frac{e^{ax}}{(n-1)x^{n-1}} + \frac{a}{n-1}\int \frac{e^{ax}}{x^{n-1}}\,dx \qquad (n > 0)$

47. $\displaystyle\int a^x\,dx = \frac{a^x}{\log\,a}$

48. $\displaystyle\int x^n a^{bx}\,dx = \frac{x^n a^{bx}}{b\,\log\,a} - \frac{n}{b\,\log\,a}\int x^{n-1} a^{bx} dx \qquad (n > 0)$

49. $\displaystyle\int \log\,x\,dx = x\,\log\,x - x$

50. $\displaystyle\int \frac{dx}{x\,\log\,x} = \log|\log\,x|$

51. $\displaystyle\int x^n \log(ax)dx = x^{n+1}\left[\frac{\log(ax)}{n+1} - \frac{1}{(n+1)^2}\right] \qquad (n \neq -1)$

52. $\displaystyle\int x^n (\log\,ax)^m dx = \frac{x^{n+1}}{n+1}(\log\,ax)^m - \frac{m}{n+1}\int x^n [\log(ax)]^{m-1} dx \qquad (n \neq -1)$

53. $\displaystyle\int xe^{ax} dx = \frac{ax-1}{a^2}\,e^{ax}$

54. $\displaystyle\int e^{ax} \sin(bx)dx = \frac{e^{ax}}{a^2+b^2}[a\sin(bx) - b\cos(bx)]$

55. $\displaystyle\int e^{ax} \cos(bx)dx = \frac{e^{ax}}{a^2+b^2}[a\cos(bx) + b\sin(bx)]$

56. $\displaystyle\int \arcsin ax\,dx = x \arcsin ax + \frac{1}{a}\sqrt{1-a^2x^2}$

57. $\displaystyle\int \arctan ax\,dx = x \arctan ax - \frac{1}{2a}\,\log(1+a^2x^2)$

58. $\displaystyle\int_0^\infty e^{-ax^2} dx = \frac{1}{2}\sqrt{\frac{\pi}{a}} \qquad (a > 0)$

59. $\displaystyle\Gamma(n) = \int_0^\infty x^{n-1} e^{-x} dx = (n-1)! \qquad (n > 0)$

3 쌍곡함수와 삼각함수

$$\cos^2 a + \sin^2 a = 1 \qquad \cosh^2 a - \sinh^2 a = 1$$

$$\tan' a = 1 + \tan^2 a = \sec^2 a \qquad \tanh' a = 1 - \tanh^2 a = \mathrm{sech}^2 a$$

$$\sin(a+b) = \sin a \cos b + \cos a \sin b \qquad \sinh(a+b) = \sinh a \cosh a + \cosh a \sinh b$$

$$\cos(a+b) = \cos a \cos b - \sin a \sin b \qquad \cosh(a+b) = \cosh a \cosh b + \sinh a \sinh b$$

$$\tan(a+b) = \frac{\tan a + \tan b}{1 - \tan a \tan b} \qquad \tanh(a+b) = \frac{\tanh a + \tanh b}{1 + \tanh a \tanh b}$$

$$\sin 2a = 2 \sin a \cos a \qquad \sinh 2a = 2 \sinh a \cosh a$$

$$\cos 2a = \cos^2 a - \sin^2 a \qquad \cosh 2a = \cosh^2 a + \sinh^2 a$$

$$\sin^2 a = \frac{1}{2}(1 - \cos 2a) \qquad \sinh^2 a = \frac{1}{2}(\cosh 2a - 1)$$

$$\cos^2 a = \frac{1}{2}(1 + \cos 2a) \qquad \cosh^2 a = \frac{1}{2}(1 + \cosh 2a)$$

$$\sin a + \sin b = 2 \sin \frac{a+b}{2} \cos \frac{a-b}{2} \qquad \sinh a + \sinh b = 2 \sinh \frac{a+b}{2} \cosh \frac{a-b}{2}$$

$$\sin a - \sin b = 2 \sin \frac{a-b}{2} \cos \frac{a+b}{2} \qquad \sinh a - \sinh b = 2 \sinh \frac{a-b}{2} \cosh \frac{a+b}{2}$$

$$\cos a + \cos b = 2 \cos \frac{a+b}{2} \cos \frac{a-b}{2} \qquad \cosh a + \cosh b = 2 \cosh \frac{a+b}{2} \cosh \frac{a-b}{2}$$

$$\cos a - \cos b = -2 \sin \frac{a+b}{2} \sin \frac{a-b}{2} \qquad \cosh a - \cosh b = 2 \sinh \frac{a+b}{2} \sinh \frac{a-b}{2}$$

$$\cos ix = \cosh x, \qquad \sin ix = i \sinh x$$

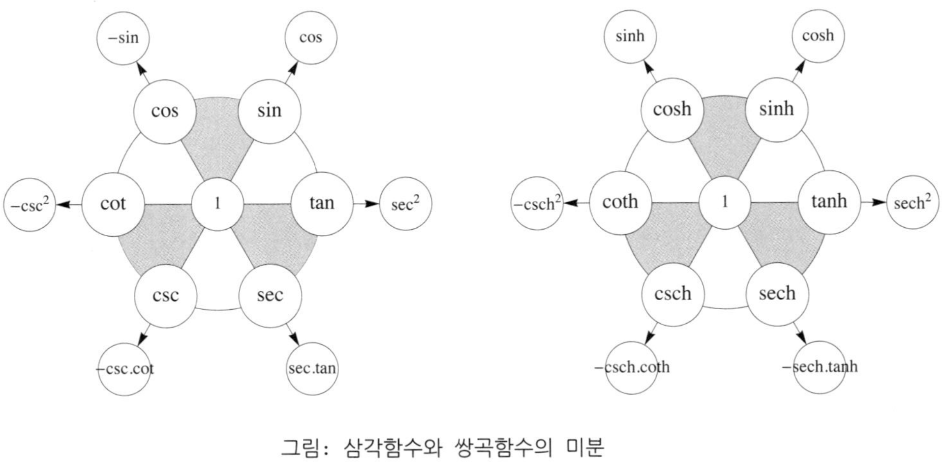

그림: 삼각함수와 쌍곡함수의 미분

삼각함수표

x	$\sin x^\circ$	$\cos x^\circ$	$\tan x^\circ$	x	$\sin x^\circ$	$\cos x^\circ$	$\tan x^\circ$
0	0	1	0	45	0.707107	0.707107	1
1	0.0174524	0.999848	0.0174551	46	0.71934	0.694658	1.03553
2	0.0348995	0.999391	0.0349208	47	0.731354	0.681998	1.07237
3	0.052336	0.99863	0.0524078	48	0.743145	0.669131	1.11061
4	0.0697565	0.997564	0.0699268	49	0.75471	0.656059	1.15037
5	0.0871557	0.996195	0.0874887	50	0.766044	0.642788	1.19175
6	0.104528	0.994522	0.105104	51	0.777146	0.62932	1.2349
7	0.121869	0.992546	0.122785	52	0.788011	0.615661	1.27994
8	0.139173	0.990268	0.140541	53	0.798636	0.601815	1.32704
9	0.156434	0.987688	0.158384	54	0.809017	0.587785	1.37638
10	0.173648	0.984808	0.176327	55	0.819152	0.573576	1.42815
11	0.190809	0.981627	0.19438	56	0.829038	0.559193	1.48256
12	0.207912	0.978148	0.212557	57	0.838671	0.544639	1.53986
13	0.224951	0.97437	0.230868	58	0.848048	0.529919	1.60033
14	0.241922	0.970296	0.249328	59	0.857167	0.515038	1.66428
15	0.258819	0.965926	0.267949	60	0.866025	0.5	1.73205
16	0.275637	0.961262	0.286745	61	0.87462	0.48481	1.80405
17	0.292372	0.956305	0.305731	62	0.882948	0.469472	1.88073
18	0.309017	0.951057	0.32492	63	0.891007	0.45399	1.96261
19	0.325568	0.945519	0.344328	64	0.898794	0.438371	2.0503
20	0.34202	0.939693	0.36397	65	0.906308	0.422618	2.14451
21	0.358368	0.93358	0.383864	66	0.913545	0.406737	2.24604
22	0.374607	0.927184	0.404026	67	0.920505	0.390731	2.35585
23	0.390731	0.920505	0.424475	68	0.927184	0.374607	2.47509
24	0.406737	0.913545	0.445229	69	0.93358	0.358368	2.60509
25	0.422618	0.906308	0.466308	70	0.939693	0.34202	2.74748
26	0.438371	0.898794	0.487733	71	0.945519	0.325568	2.90421
27	0.45399	0.891007	0.509525	72	0.951057	0.309017	3.07768
28	0.469472	0.882948	0.531709	73	0.956305	0.292372	3.27085
29	0.48481	0.87462	0.554309	74	0.961262	0.275637	3.48741
30	0.5	0.866025	0.57735	75	0.965926	0.258819	3.73205
31	0.515038	0.857167	0.600861	76	0.970296	0.241922	4.01078
32	0.529919	0.848048	0.624869	77	0.97437	0.224951	4.33148
33	0.544639	0.838671	0.649408	78	0.978148	0.207912	4.70463
34	0.559193	0.829038	0.674509	79	0.981627	0.190809	5.14455
35	0.573576	0.819152	0.700208	80	0.984808	0.173648	5.67128
36	0.587785	0.809017	0.726543	81	0.987688	0.156434	6.31375
37	0.601815	0.798636	0.753554	82	0.990268	0.139173	7.11537
38	0.615661	0.788011	0.781286	83	0.992546	0.121869	8.14435
39	0.62932	0.777146	0.809784	84	0.994522	0.104528	9.51436
40	0.642788	0.766044	0.8391	85	0.996195	0.0871557	11.4301
41	0.656059	0.75471	0.869287	86	0.997564	0.0697565	14.3007
42	0.669131	0.743145	0.900404	87	0.99863	0.052336	19.0811
43	0.681998	0.731354	0.932515	88	0.999391	0.0348995	28.6363
44	0.694658	0.71934	0.965689	89	0.999848	0.0174524	57.29

MATHEMATICA version 2.2

4 제곱근표

n	$\sqrt{n}$	n	$\sqrt{n}$	n	$\sqrt{n}$	n	$\sqrt{n}$	n	$\sqrt{n}$
1	1.	21	4.58258	41	6.40312	61	7.81025	81	9.
2	1.41421	22	4.69042	42	6.48074	62	7.87401	82	9.05539
3	1.73205	23	4.79583	43	6.55744	63	7.93725	83	9.11043
4	2.	24	4.89898	44	6.63325	64	8.	84	9.16515
5	2.23607	25	5.	45	6.7082	65	8.06226	85	9.21954
6	2.44949	26	5.09902	46	6.78233	66	8.12404	86	9.27362
7	2.64575	27	5.19615	47	6.85565	67	8.18535	87	9.32738
8	2.82843	28	5.2915	48	6.9282	68	8.24621	88	9.38083
9	3.	29	5.38516	49	7.	69	8.30662	89	9.43398
10	3.16228	30	5.47723	50	7.07107	70	8.3666	90	9.48683
11	3.31662	31	5.56776	51	7.14143	71	8.42615	91	9.53939
12	3.4641	32	5.65685	52	7.2111	72	8.48528	92	9.59166
13	3.60555	33	5.74456	53	7.28011	73	8.544	93	9.64365
14	3.74166	34	5.83095	54	7.34847	74	8.60233	94	9.69536
15	3.87298	35	5.91608	55	7.4162	75	8.66025	95	9.74679
16	4.	36	6.	56	7.48331	76	8.7178	96	9.79796
17	4.12311	37	6.08276	57	7.54983	77	8.77496	97	9.84886
18	4.24264	38	6.16441	58	7.61577	78	8.83176	98	9.89949
19	4.3589	39	6.245	59	7.68115	79	8.88819	99	9.94987
20	4.47214	40	6.32456	60	7.74597	80	8.94427	100	10.

MATHEMATICA VERSION 2.2

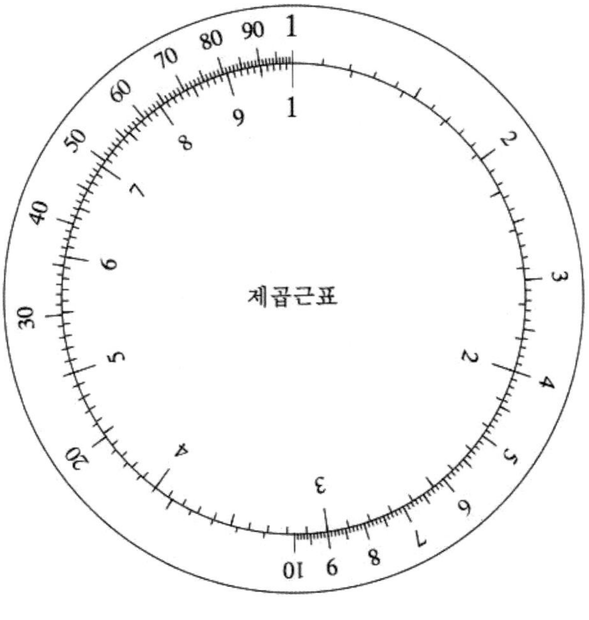

5 로그표

Maple V Release 3

자연 로그표

n	$\log n$	n	$\log n$	n	$\log n$
1.0	0	4.0	1.3863	7.0	1.9459
1.1	.095310	4.1	1.4110	7.1	1.9601
1.2	.18232	4.2	1.4351	7.2	1.9741
1.3	.26236	4.3	1.4586	7.3	1.9879
1.4	.33647	4.4	1.4816	7.4	2.0015
1.5	.40547	4.5	1.5041	7.5	2.0149
1.6	.47000	4.6	1.5261	7.6	2.0281
1.7	.53063	4.7	1.5476	7.7	2.0412
1.8	.58779	4.8	1.5686	7.8	2.0541
1.9	.64185	4.9	1.5892	7.9	2.0669
2.0	.69315	5.0	1.6094	8.0	2.0794
2.1	.74194	5.1	1.6292	8.1	2.0919
2.2	.78846	5.2	1.6487	8.2	2.1041
2.3	.83291	5.3	1.6677	8.3	2.1163
2.4	.87547	5.4	1.6864	8.4	2.1282
2.5	.91629	5.5	1.7047	8.5	2.1401
2.6	.95551	5.6	1.7228	8.6	2.1518
2.7	.99325	5.7	1.7405	8.7	2.1633
2.8	1.0296	5.8	1.7579	8.8	2.1748
2.9	1.0647	5.9	1.7750	8.9	2.1861
3.0	1.0986	6.0	1.7918	9.0	2.1972
3.1	1.1314	6.1	1.8083	9.1	2.2083
3.2	1.1632	6.2	1.8245	9.2	2.2192
3.3	1.1939	6.3	1.8405	9.3	2.2300
3.4	1.2238	6.4	1.8563	9.4	2.2407
3.5	1.2528	6.5	1.8718	9.5	2.2513
3.6	1.2809	6.6	1.8871	9.6	2.2618
3.7	1.3083	6.7	1.9021	9.7	2.2721
3.8	1.3350	6.8	1.9169	9.8	2.2824
3.9	1.3610	6.9	1.9315	9.9	2.2925
				10.	2.3026

$\log x = (\log 10) \log_{10} x \approx 2.3 \log_{10} x$

$\log_{10} x = (\log_{10} e) \log x \approx 0.43 \log x$

상용로그표

n	$\log_{10} n$	n	$\log_{10} n$	n	$\log_{10} n$	n	$\log_{10} n$	n	$\log_{10} n$
1.00	0	1.50	.17609	2.00	.30103	2.50	.39794	3.00	.47711
1.01	.0043213	1.51	.17898	2.01	.30319	2.51	.39967	3.01	.47855
1.02	.0086003	1.52	.18184	2.02	.30535	2.52	.40140	3.02	.48002
1.03	.012837	1.53	.18469	2.03	.30750	2.53	.40312	3.03	.48146
1.04	.017033	1.54	.18752	2.04	.30963	2.54	.40483	3.04	.48289
1.05	.021189	1.55	.19033	2.05	.31175	2.55	.40654	3.05	.48428
1.06	.025306	1.56	.19313	2.06	.31387	2.56	.40824	3.06	.48571
1.07	.029384	1.57	.19590	2.07	.31597	2.57	.40993	3.07	.48714
1.08	.033424	1.58	.19865	2.08	.31806	2.58	.41162	3.08	.48853
1.09	.037426	1.59	.20139	2.09	.32014	2.59	.41330	3.09	.48997
1.10	.041392	1.60	.20412	2.10	.32222	2.60	.41497	3.10	.49136
1.11	.045323	1.61	.20682	2.11	.32428	2.61	.41664	3.11	.49275
1.12	.049218	1.62	.20952	2.12	.32634	2.62	.41830	3.12	.49414
1.13	.053079	1.63	.21219	2.13	.32838	2.63	.41995	3.13	.49553
1.14	.056905	1.64	.21484	2.14	.33041	2.64	.42160	3.14	.49692
1.15	.060697	1.65	.21748	2.15	.33244	2.65	.42324	3.15	.49831
1.16	.064458	1.66	.22011	2.16	.33445	2.66	.42488	3.16	.49970
1.17	.068184	1.67	.22271	2.17	.33646	2.67	.42651	3.17	.50104
1.18	.071880	1.68	.22531	2.18	.33845	2.68	.42813	3.18	.50243
1.19	.075545	1.69	.22789	2.19	.34044	2.69	.42975	3.19	.50378
1.20	.079180	1.70	.23045	2.20	.34242	2.70	.43136	3.20	.50517
1.21	.082785	1.71	.23299	2.21	.34439	2.71	.43297	3.21	.50651
1.22	.086359	1.72	.23553	2.22	.34635	2.72	.43455	3.22	.50786
1.23	.089903	1.73	.23804	2.23	.34830	2.73	.43616	3.23	.50921
1.24	.093420	1.74	.24055	2.24	.35025	2.74	.43777	3.24	.51055
1.25	.096908	1.75	.24304	2.25	.35218	2.75	.43933	3.25	.51190
1.26	.10037	1.76	.24551	2.26	.35410	2.76	.44089	3.26	.51320
1.27	.10380	1.77	.24797	2.27	.35602	2.77	.44246	3.27	.51455
1.28	.10721	1.78	.25042	2.28	.35793	2.78	.44406	3.28	.51585
1.29	.11059	1.79	.25285	2.29	.35983	2.79	.44558	3.29	.51720
1.30	.11394	1.80	.25527	2.30	.36173	2.80	.44715	3.30	.51850
1.31	.11727	1.81	.25768	2.31	.36361	2.81	.44871	3.31	.51980
1.32	.12057	1.82	.26007	2.32	.36549	2.82	.45023	3.32	.52115
1.33	.12385	1.83	.26245	2.33	.36735	2.83	.45179	3.33	.52245
1.34	.12710	1.84	.26482	2.34	.36921	2.84	.45331	3.34	.52376
1.35	.13033	1.85	.26717	2.35	.37107	2.85	.45483	3.35	.52506
1.36	.13354	1.86	.26951	2.36	.37291	2.86	.45635	3.36	.52632
1.37	.13672	1.87	.27184	2.37	.37475	2.87	.45787	3.37	.52762
1.38	.13988	1.88	.27416	2.38	.37657	2.88	.45939	3.38	.52892
1.39	.14301	1.89	.27646	2.39	.37839	2.89	.46091	3.39	.53018
1.40	.14613	1.90	.27875	2.40	.38021	2.90	.46239	3.40	.53149
1.41	.14922	1.91	.28103	2.41	.38202	2.91	.46391	3.41	.53275
1.42	.15229	1.92	.28330	2.42	.38381	2.92	.46539	3.42	.53401
1.43	.15533	1.93	.28556	2.43	.38560	2.93	.46686	3.43	.53531
1.44	.15836	1.94	.28780	2.44	.38739	2.94	.46834	3.44	.53657
1.45	.16137	1.95	.29003	2.45	.38916	2.95	.46982	3.45	.53783
1.46	.16435	1.96	.29225	2.46	.39093	2.96	.47129	3.46	.53909
1.47	.16732	1.97	.29446	2.47	.39270	2.97	.47277	3.47	.54035
1.48	.17026	1.98	.29666	2.48	.39445	2.98	.47420	3.48	.54156
1.49	.17319	1.99	.29885	2.49	.39620	2.99	.47568	3.49	.54282

n	$\log_{10} n$	n	$\log_{10} n$	n	$\log_{10} n$	n	$\log_{10} n$	n	$\log_{10} n$
3.50	.54408	4.00	.60206	4.50	.65322	5.00	.69895	5.50	.74034
3.51	.54530	4.01	.60314	4.51	.65417	5.01	.69982	5.51	.74116
3.52	.54656	4.02	.60423	4.52	.65513	5.02	.70069	5.52	.74194
3.53	.54777	4.03	.60532	4.53	.65608	5.03	.70155	5.53	.74273
3.54	.54899	4.04	.60636	4.54	.65704	5.04	.70242	5.54	.74351
3.55	.55020	4.05	.60744	4.55	.65800	5.05	.70329	5.55	.74429
3.56	.55146	4.06	.60853	4.56	.65895	5.06	.70416	5.56	.74507
3.57	.55268	4.07	.60957	4.57	.65991	5.07	.70499	5.57	.74585
3.58	.55390	4.08	.61066	4.58	.66086	5.08	.70585	5.58	.74663
3.59	.55511	4.09	.61170	4.59	.66182	5.09	.70672	5.59	.74742
3.60	.55628	4.10	.61279	4.60	.66277	5.10	.70755	5.60	.74820
3.61	.55750	4.11	.61383	4.61	.66368	5.11	.70842	5.61	.74898
3.62	.55872	4.12	.61491	4.62	.66464	5.12	.70929	5.62	.74972
3.63	.55989	4.13	.61596	4.63	.66560	5.13	.71011	5.63	.75050
3.64	.56110	4.14	.61700	4.64	.66651	5.14	.71098	5.64	.75128
3.65	.56228	4.15	.61804	4.65	.66746	5.15	.71180	5.65	.75206
3.66	.56349	4.16	.61908	4.66	.66837	5.16	.71263	5.66	.75280
3.67	.56467	4.17	.62013	4.67	.66933	5.17	.71350	5.67	.75358
3.68	.56584	4.18	.62117	4.68	.67024	5.18	.71432	5.68	.75436
3.69	.56701	4.19	.62221	4.69	.67115	5.19	.71515	5.69	.75510
3.70	.56818	4.20	.62325	4.70	.67211	5.20	.71602	5.70	.75588
3.71	.56936	4.21	.62429	4.71	.67302	5.21	.71684	5.71	.75662
3.72	.57053	4.22	.62529	4.72	.67393	5.22	.71767	5.72	.75740
3.73	.57170	4.23	.62634	4.73	.67485	5.23	.71849	5.73	.75814
3.74	.57287	4.24	.62738	4.74	.67576	5.24	.71932	5.74	.75892
3.75	.57405	4.25	.62838	4.75	.67667	5.25	.72014	5.75	.75966
3.76	.57518	4.26	.62942	4.76	.67758	5.26	.72097	5.76	.76040
3.77	.57635	4.27	.63042	4.77	.67849	5.27	.72179	5.77	.76118
3.78	.57748	4.28	.63146	4.78	.67941	5.28	.72262	5.78	.76192
3.79	.57865	4.29	.63246	4.79	.68032	5.29	.72344	5.79	.76266
3.80	.57978	4.30	.63346	4.80	.68123	5.30	.72427	5.80	.76344
3.81	.58091	4.31	.63446	4.81	.68214	5.31	.72509	5.81	.76418
3.82	.58208	4.32	.63550	4.82	.68305	5.32	.72592	5.82	.76492
3.83	.58321	4.33	.63650	4.83	.68392	5.33	.72674	5.83	.76566
3.84	.58434	4.34	.63750	4.84	.68483	5.34	.72753	5.84	.76639
3.85	.58547	4.35	.63850	4.85	.68575	5.35	.72835	5.85	.76713
3.86	.58660	4.36	.63949	4.86	.68662	5.36	.72918	5.86	.76787
3.87	.58773	4.37	.64049	4.87	.68753	5.37	.72996	5.87	.76865
3.88	.58881	4.38	.64145	4.88	.68840	5.38	.73078	5.88	.76939
3.89	.58994	4.39	.64245	4.89	.68931	5.39	.73156	5.89	.77013
3.90	.59107	4.40	.64345	4.90	.69018	5.40	.73239	5.90	.77087
3.91	.59216	4.41	.64445	4.91	.69109	5.41	.73317	5.91	.77156
3.92	.59329	4.42	.64540	4.92	.69196	5.42	.73400	5.92	.77230
3.93	.59437	4.43	.64640	4.93	.69283	5.43	.73478	5.93	.77304
3.94	.59550	4.44	.64740	4.94	.69374	5.44	.73560	5.94	.77378
3.95	.59659	4.45	.64835	4.95	.69461	5.45	.73638	5.95	.77452
3.96	.59767	4.46	.64931	4.96	.69547	5.46	.73717	5.96	.77525
3.97	.59880	4.47	.65031	4.97	.69634	5.47	.73799	5.97	.77595
3.98	.59989	4.48	.65126	4.98	.69721	5.48	.73877	5.98	.77669
3.99	.60097	4.49	.65226	4.99	.69808	5.49	.73956	5.99	.77743

n	$\log_{10} n$	n	$\log_{10} n$	n	$\log_{10} n$	n	$\log_{10} n$	n	$\log_{10} n$
6.00	.77816	6.50	.81291	7.00	.84509	7.50	.87505	8.00	.90307
6.01	.77886	6.51	.81356	7.01	.84570	7.51	.87562	8.01	.90363
6.02	.77960	6.52	.81425	7.02	.84635	7.52	.87623	8.02	.90415
6.03	.78029	6.53	.81490	7.03	.84696	7.53	.87679	8.03	.90472
6.04	.78103	6.54	.81556	7.04	.84756	7.54	.87736	8.04	.90524
6.05	.78177	6.55	.81625	7.05	.84817	7.55	.87792	8.05	.90580
6.06	.78246	6.56	.81690	7.06	.84878	7.56	.87853	8.06	.90632
6.07	.78320	6.57	.81755	7.07	.84943	7.57	.87909	8.07	.90689
6.08	.78390	6.58	.81821	7.08	.85004	7.58	.87966	8.08	.90741
6.09	.78459	6.59	.81890	7.09	.85065	7.59	.88022	8.09	.90793
6.10	.78533	6.60	.81955	7.10	.85126	7.60	.88079	8.10	.90849
6.11	.78602	6.61	.82020	7.11	.85186	7.61	.88139	8.11	.90902
6.12	.78676	6.62	.82085	7.12	.85247	7.62	.88196	8.12	.90954
6.13	.78746	6.63	.82151	7.13	.85308	7.63	.88252	8.13	.91010
6.14	.78815	6.64	.82216	7.14	.85369	7.64	.88309	8.14	.91062
6.15	.78889	6.65	.82281	7.15	.85430	7.65	.88365	8.15	.91114
6.16	.78959	6.66	.82346	7.16	.85490	7.66	.88422	8.16	.91167
6.17	.79028	6.67	.82411	7.17	.85551	7.67	.88478	8.17	.91223
6.18	.79098	6.68	.82476	7.18	.85612	7.68	.88535	8.18	.91275
6.19	.79167	6.69	.82541	7.19	.85673	7.69	.88591	8.19	.91327
6.20	.79237	6.70	.82607	7.20	.85734	7.70	.88648	8.20	.91379
6.21	.79310	6.71	.82672	7.21	.85794	7.71	.88704	8.21	.91436
6.22	.79380	6.72	.82737	7.22	.85855	7.72	.88761	8.22	.91488
6.23	.79449	6.73	.82802	7.23	.85912	7.73	.88817	8.23	.91540
6.24	.79519	6.74	.82867	7.24	.85972	7.74	.88873	8.24	.91592
6.25	.79588	6.75	.82928	7.25	.86033	7.75	.88930	8.25	.91644
6.26	.79658	6.76	.82993	7.26	.86094	7.76	.88986	8.26	.91696
6.27	.79727	6.77	.83058	7.27	.86155	7.77	.89043	8.27	.91748
6.28	.79797	6.78	.83123	7.28	.86211	7.78	.89099	8.28	.91801
6.29	.79866	6.79	.83189	7.29	.86272	7.79	.89151	8.29	.91853
6.30	.79931	6.80	.83249	7.30	.86333	7.80	.89208	8.30	.91909
6.31	.80001	6.81	.83315	7.31	.86389	7.81	.89264	8.31	.91961
6.32	.80070	6.82	.83380	7.32	.86450	7.82	.89321	8.32	.92013
6.33	.80140	6.83	.83440	7.33	.86511	7.83	.89377	8.33	.92065
6.34	.80209	6.84	.83506	7.34	.86567	7.84	.89429	8.34	.92118
6.35	.80279	6.85	.83566	7.35	.86628	7.85	.89486	8.35	.92170
6.36	.80344	6.86	.83632	7.36	.86689	7.86	.89542	8.36	.92222
6.37	.80413	6.87	.83697	7.37	.86745	7.87	.89599	8.37	.92274
6.38	.80483	6.88	.83757	7.38	.86806	7.88	.89651	8.38	.92322
6.39	.80548	6.89	.83823	7.39	.86863	7.89	.89707	8.39	.92374
6.40	.80618	6.90	.83883	7.40	.86923	7.90	.89764	8.40	.92426
6.41	.80687	6.91	.83949	7.41	.86980	7.91	.89816	8.41	.92478
6.42	.80752	6.92	.84009	7.42	.87041	7.92	.89872	8.42	.92530
6.43	.80822	6.93	.84075	7.43	.87097	7.93	.89929	8.43	.92582
6.44	.80887	6.94	.84135	7.44	.87158	7.94	.89981	8.44	.92634
6.45	.80956	6.95	.84196	7.45	.87214	7.95	.90037	8.45	.92687
6.46	.81021	6.96	.84261	7.46	.87275	7.96	.90089	8.46	.92734
6.47	.81091	6.97	.84322	7.47	.87332	7.97	.90146	8.47	.92786
6.48	.81156	6.98	.84383	7.48	.87388	7.98	.90198	8.48	.92839
6.49	.81226	6.99	.84448	7.49	.87449	7.99	.90254	8.49	.92891

n	$\log_{10} n$	n	$\log_{10} n$	n	$\log_{10} n$
8.50	.92943	9.00	.95423	9.50	.97772
8.51	.92991	9.01	.95470	9.51	.97816
8.52	.93043	9.02	.95518	9.52	.97863
8.53	.93095	9.03	.95570	9.53	.97907
8.54	.93147	9.04	.95618	9.54	.97954
8.55	.93195	9.05	.95666	9.55	.97998
8.56	.93247	9.06	.95714	9.56	.98046
8.57	.93299	9.07	.95761	9.57	.98089
8.58	.93347	9.08	.95809	9.58	.98137
8.59	.93399	9.09	.95857	9.59	.98180
8.60	.93451	9.10	.95905	9.60	.98228
8.61	.93499	9.11	.95952	9.61	.98272
8.62	.93551	9.12	.96000	9.62	.98315
8.63	.93599	9.13	.96048	9.63	.98363
8.64	.93651	9.14	.96096	9.64	.98406
8.65	.93703	9.15	.96143	9.65	.98454
8.66	.93751	9.16	.96187	9.66	.98497
8.67	.93803	9.17	.96235	9.67	.98541
8.68	.93850	9.18	.96282	9.68	.98589
8.69	.93903	9.19	.96330	9.69	.98632
8.70	.93950	9.20	.96378	9.70	.98675
8.71	.94002	9.21	.96426	9.71	.98723
8.72	.94050	9.22	.96474	9.72	.98767
8.73	.94102	9.23	.96521	9.73	.98810
8.74	.94150	9.24	.96565	9.74	.98853
8.75	.94202	9.25	.96613	9.75	.98901
8.76	.94250	9.26	.96660	9.76	.98945
8.77	.94298	9.27	.96708	9.77	.98988
8.78	.94350	9.28	.96756	9.78	.99032
8.79	.94398	9.29	.96799	9.79	.99079
8.80	.94450	9.30	.96847	9.80	.99123
8.81	.94498	9.31	.96895	9.81	.99166
8.82	.94545	9.32	.96943	9.82	.99210
8.83	.94597	9.33	.96986	9.83	.99253
8.84	.94645	9.34	.97034	9.84	.99301
8.85	.94693	9.35	.97082	9.85	.99344
8.86	.94741	9.36	.97125	9.86	.99388
8.87	.94793	9.37	.97173	9.87	.99431
8.88	.94841	9.38	.97221	9.88	.99475
8.89	.94888	9.39	.97264	9.89	.99518
8.90	.94941	9.40	.97312	9.90	.99561
8.91	.94988	9.41	.97360	9.91	.99605
8.92	.95036	9.42	.97403	9.92	.99653
8.93	.95084	9.43	.97451	9.93	.99696
8.94	.95132	9.44	.97498	9.94	.99739
8.95	.95184	9.45	.97542	9.95	.99783
8.96	.95231	9.46	.97590	9.96	.99826
8.97	.95279	9.47	.97633	9.97	.99870
8.98	.95327	9.48	.97681	9.98	.99913
8.99	.95375	9.49	.97724	9.99	.99957

6 수학사전 1

여기에는 본문에서 언급은 되었지만 자세하게 다루지 못한 것들을 모았다.

거듭제곱급수: 거듭제곱급수(power series)를 **멱급수**라고도 부른다. "멱(冪, power)"이라는 용어는 "거듭제곱"을 뜻한다. 거듭제곱급수

$$a_0 + a_1x + a_2x^2 + \cdots$$

들 전체로 이루어진 집합을 $\mathbb{R}[[x]]$로 나타내자. 이 책에서는 거듭제곱급수를 주로 수렴 반경 안에서 정의된 함수로 생각하였지만, 이러한 입장 이외에도 거듭제곱급수를 그냥 수열 $(a_0, a_1, a_2, \ldots)$로 이해하는 관점도 매우 중요하다. (이런 관점을 강조할 때에 *형식거듭제곱급수*(formal power series)라고 부른다.) 이때에는

$$x = (0, 1, 0, 0, \ldots)$$

이고,

$$x^2 = (0, 0, 1, 0, \ldots)$$

등이다. 그리고 거듭제곱급수, 즉 수열들은 다음과 같이 곱할 수 있다:

$$\left(\sum_{n=0}^{\infty} a_n x^n\right) \cdot \left(\sum_{n=0}^{\infty} b_n x^n\right) = \sum_{n=0}^{\infty} \left(\sum_{k=0}^{n} a_{n-k} b_k\right) x^n.$$

이때 곱하기에 대한 항등원은

$$x^0 = (1, 0, 0, 0, \ldots)$$

이다. 상수항이 영이 아닌 거듭제곱급수는 곱하기에 대한 역원을 가진다. 보기를 들면

$$(1-x)^{-1} = 1 + x + x^2 + x^3 + \cdots$$

즉 $(1, -1, 0, \ldots)^{-1} = (1, 1, 1, \ldots)$이다.

공간을 채우는 곡선: 공간을 채우는 곡선은 이탈리의 수학자이자 논리학자인 페아노(G. Peano, 1858–1932)가 1890년에 처음 발견하였다 [Gardner, 1997]. 칸토어는 1878년에 구간 $[0, 1]$과 정사각형 $[0, 1] \times [0, 1]$ 사이에는 일대일 대응이 있다는 것을 보였다. 이로부터 **차원**이라는 개념은 집합론적인 개념이 아님을 알 수 있다. 조르당(Camille Jordan, 1838–1922)은 구간 $[0, 1]$에서 정의된 연속함수의 상, 즉 곡선의 상은 1차원이라고 해석하려 하였다. 그러나 페아노가 구간 $[0, 1]$의 연속상이 정사각형이 될 수 있다는 것을 보임으로써 "차원"이라는 개념은 연속함수의 불변량이 아님을 알게 되었다. 브라우어는 1911년 무렵에 **영역 불변성 정리**(invariance of domain)를 발표하여 차원에 대한 개념을 획기적으로 발전시킨다 [Pogoda, Skołowski].

구간: 실수들로 이루어진 집합 중에서 연결된 집합을 구간이라 하는데, 원소가 하나이거나 없는 경우는 보통 제외한다. 그러므로 두 실수가 한 구간에 속하면, 그 사이의 실수들이 모두 그 구간에 속한다. 구간은 모두 아홉 종류로 나눌 수 있다. 실수 a, b에서 $a < b$일 때, 구간

$$(a,b), \quad (a,\infty), \quad (-\infty,b), \quad (-\infty,\infty)$$

는 **열린 구간**이다. 구간

$$[a,b], \quad [a,\infty), \quad (-\infty,b], \quad (-\infty,\infty)$$

는 **닫힌 구간**인데, **전구간** $(-\infty,\infty)$는 열려 있는 동시에 닫혀 있다. 구간

$$[a,b), \quad (a,b]$$

는 열려 있지도 않고, 닫혀 있지도 않다. 이 아홉 구간 중에서 네 가지가 유계인 구간이다.

극점: 함수 $f(x)$의 정의역의 점 c가 그 근방에서 최대점이면, c를 f의 **극대점**이라 부르고, 그 근방에서 최소점이면 **극소점**이라 부른다. 극대점과 극소점을 통틀어 **극점**이라 한다.

내적(內積, inner product): 벡터공간 V의 내적이란 이중선형 함수

$$\langle\ ,\ \rangle : V \times V \to \mathbb{R}$$

로서 다음 성질을 가지는 것을 뜻한다.

(i) $v, w \in V \quad \Rightarrow \quad \langle v,w\rangle = \langle w,v\rangle$

(ii) $v \in V,\ v \neq 0 \quad \Rightarrow \quad \langle v,v\rangle > 0$

레오나르도 다빈치(1452–1519): 이탈리아의 피렌체 근방의 빈치라는 마을에서 공증인 세르 피에르의 서자로 태어났다. 어머니는 농사꾼의 딸 카테리나이다. 그가 관심을 가지고 연구한 회화, 도학(圖學), 음악, 인체해부, 빛과 그림자, 광학, 물리학, 역학, 수리학(水理學), 운하 설계, 궁정 설계, 기계공학, 토목공학, 조병학(造兵學), 천문학, 지리학, 지질학, 식물학, 그리고 수학은 그의 방대한 수기(手記)에 기록되어 있다. 그의 수기는 거울상을 통해 보아야 바로 읽을 수 있다. 레오나르도가 그린 그림에는 "최후의 만찬"이나 "모나리자" 등이 있다. 그는 제자들에게 사람의 옷을 그릴 때에는 "주름"을 가장 중요하게 여기라고 하였다. "물의 흐름"은 그가 가장 신비하게 여겼던 것 중의 하나이다. 그는 성당에서 "기도하는 곳"이나 "꽃병을 둘 곳" 등을 설계하면서 평면 도형의 "유한대칭군"이 **이면군**(dihedral group)과 **순환군**(cyclic group)뿐이라는 것을 알게 되었다 [Weyl]. 레오나르도가 수기에 남긴 말들 중에는 다음과 같은 것들이 있다.

"수학자가 아닌 사람은 내 원리를 이해할 수 없다."
"역학은 수리과학의 천국이다. 왜냐하면 그것을 통하여 수학의 열매를 얻을 수 있기 때문이다."

현재 전 세계적으로 많이 사용되고 있는 축구공은 5각형 열두 개와 6각형 스무 개로 이루어진 32면체인데 레오나르도의 작품에도 이 모양이 나타난다.[1] 레오나르도는 아르키메데스의 업적에서 많은 감명을 받았다고 한다.

로그함수: 양의 실수 전체집합을 $\mathbb{R}_+$로 둔다. 함수 $L : \mathbb{R}_+ \to \mathbb{R}$가 다음 세 가지 성질을 가질 때, *로그함수*라고 부른다:[2]

(i) 임의의 양수 a, b에 대하여, $L(ab) = L(a) + L(b)$이다.

(ii) L은 연속함수이다.

(iii) L은 영함수가 아니다.

함수 L이 로그함수라고 하자. 성질 (i)에서 $L(1) = 2L(1)$이고, 따라서

$$L(1) = 0$$

이다. 따라서

$$0 = L(1) = L(a/a) = L(a) + L(1/a)$$

이고, 특히

$$L(1/a) = -L(a)$$

임을 안다. 또 임의의 자연수 n에 대하여

$$L(a^n) = nL(a) \tag{1}$$

이다. 따라서 모든 정수 n에 대하여 (1)이 성립하고, 모든 유리수 n에 대하여 (1)이 성립하며, 모든 실수 n에 대하여 (1)이 성립한다.

로그함수의 치역은 $\mathbb{R}$임을 알 수 있다. 이때 $L(b) = 1$인 양수 b를 로그함수의 **밑**(base)이라 하고, 이 로그함수 $L(x)$를

$$\log_b x$$

로 나타낸다.

로그함수 $L(x)$를 하나 알면, 다른 로그함수는 적절한 실수 k에 대하여 $kL(x)$로 표현된다.

---

[1] 화학자들은 1980년대에 고온의 실험실에서 탄소동이원소 C_{60}을 발견하고, 그것의 분자구조가 "축구공" 모양인 것을 알게 되었다. 화학자들은 이 동이원소를 미국의 건축가 풀러(Buckminster Fuller, 1895–1983)의 이름을 따서 fullerene이라고 부른다. 풀러는 건축물이 받침대가 없이 스스로 강하게 버틸 수 있는 돔(dome)에 대한 연구를 많이 하였다.

[2] 조건 (ii)와 (iii)을 합쳐서 "L은 순단조함수이다."라고 하여도 좋다.

로그함수들 중 대표는 자연로그함수인데, 이는 적절한 구간에서 함수 $y = 1/x$ 의 적분으로 보아도 좋다. 어떤 저자는 임의의 양수 a 에 대하여

$$\log a := \int_1^a \frac{dx}{x} \tag{2}$$

로 정의하기도 한다. 따라서 $\log x$ 의 도함수는 $1/x$ 이다. 그러면 합성함수 미분법에서 함수 $\log(ax)$ 의 도함수도 $\frac{1}{x}$ 임을 알고 따라서 $\log(ax) = \log x + \log a$ 이다. 이 등식은 넓이의 성질을 사용하여 보일 수도 있다.

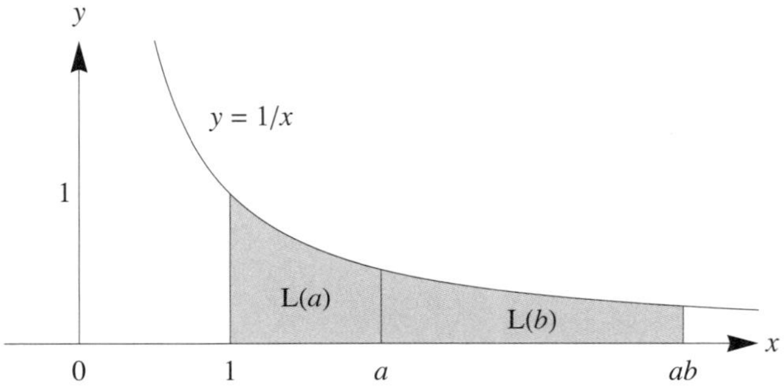

정의 (2)를 사용하면 자연상수 e 를 등식

$$\int_1^e \frac{dx}{x} = 1$$

을 만족시키는 양수로 정의할 수 있다.

로그함수는 미분가능한 함수이다. 로그함수는 지수함수의 역함수이다.

오스트리아의 수리물리학자인 볼츠만(Ludwig Boltzmann, 1844–1906)의 묘비에는 엔트로피를 서술하는 식

$$S = k \log W$$

가 쓰여 있다.

롤의 정리: 평균값 정리 참고.

미적분학의 기본정리: "구간 $[a, b]$ 에서 정의된 연속함수 f 에 대하여 함수

$$x \mapsto \int_a^x f \qquad (\, x \in (a, b)\,)$$

는 미분가능하고, 그 도함수는 f 이다"를 뜻한다. 이 정리의 증명은 다음과 같다.

먼저 $x \in (a, b)$ 를 고정하면, 절댓값이 작은 $h \neq 0$ 에 대하여

$$\frac{1}{h}\left(\int_a^{x+h} f - \int_a^x f\right) = \frac{1}{h}\int_x^{x+h} f$$

를 얻는다. 이제 구간 $[x, x+h]$ 에서 f 의 최소점과 최대점을 각각 m, M 이라 하면,

$$f(m) \le \frac{1}{h}\int_x^{x+h} f \le f(M)$$

을 얻고, 따라서 사이값 정리에 의하여

$$\frac{1}{h}\int_x^{x+h} f = f(c)$$

인 $c \in [x, x+h]$ 가 존재한다. 그러므로 h 를 영으로 보내면,

$$\lim_{h\to 0}\frac{1}{h}\int_x^{x+h} f = f(x)$$

이고, 따라서

$$\frac{d}{dx}\int_a^x f(t)\,dt = f(x)$$

를 얻는다. □

어떤 구간에서 정의된 함수 f 에 대하여, 미분하여 f 가 되는 함수 F 를 f 의 한 **원시함수**라고 부른다. 이때 하나의 원시함수만 발견하면, 나머지는 모두 상수차로 나타난다. 미적분학 기본정리는 **연속함수는 원시함수를 가진다**는 것을 말한다. 흔히 f 의 원시함수를

$$\int f \qquad \text{또는} \qquad \int f(x)\,dx$$

로 표시하고 f 의 **부정적분**이라고도 부른다.

역으로, 다음 정리는 원시함수에서 연속함수를 적분하는 법을 가르쳐 준다.

연속함수 $f : [a, b] \to \mathbb{R}$ 의 한 원시함수를 F 라고 하면,

$$\int_a^b f = F(b) - F(a) =: \big[F\big]_a^b$$

이다.

이 정리의 증명은 다음과 같다. 함수 $\int_a^x f$ 와 함수 $F(x) - F(a)$ 의 도함수는 모두 f 와 같고, 이 두 함수는 $x \searrow a$ 일 때 모두 영에 수렴한다. 따라서 두 함수는 임의의 $x \in (a, b)$ 에서 일치한다. 이제 $x \nearrow b$ 일 때 원하는 결론을 얻는다.

미적분학의 기본정리를 다음 형태로 표현하면 일반 차원의 공간으로 확장된다.

일급함수 $F : [a, b] \to \mathbb{R}$ 에 대하여

$$\int_a^b F'(x)\,dx = F(b) - F(a)$$

이다.

이 식이 성립한다는 것을 다음과 같이 이해할 수도 있다:

$$\int_a^b F'(x)\,dx = \lim \sum_i F'(x_i)(x_i - x_{i-1}) \approx \sum_i (F(x_i) - F(x_{i-1})) = F(b) - F(a).$$

이러한 표현은 높은 차원에서도 성립하는 그린 정리와 스토크스 정리의 기초이다. 미적분학 기본정리의 일반적인 형태는 다음과 같다 [Spivak].

미분가능 함수 $F : [a,b] \to \mathbb{R}$ 의 도함수가 적분가능하면

$$\int_a^b F'(x)\,dx = F(b) - F(a)$$

이다.

바젤 문제: 오일러는 $\sin x = 0$ 의 해가 $x = 0, \pm\pi, \pm 2\pi, \pm 3\pi, \ldots$ 라는 데에서

$$\sin x = x\left(1 - \left(\frac{x}{\pi}\right)^2\right)\left(1 - \left(\frac{x}{2\pi}\right)^2\right)\left(1 - \left(\frac{x}{3\pi}\right)^2\right)\cdots$$

라고 생각하였다. 따라서

$$\begin{aligned} 1 - \frac{x^2}{3!} + \frac{x^4}{5!} - \cdots &= \frac{\sin x}{x} = \left(1 - \left(\frac{x}{\pi}\right)^2\right)\left(1 - \left(\frac{x}{2\pi}\right)^2\right)\left(1 - \left(\frac{x}{3\pi}\right)^2\right)\cdots \\ &= 1 - \frac{x^2}{\pi^2}\left(1 + \frac{1}{2^2} + \frac{1}{3^2} + \cdots\right) + \cdots \end{aligned}$$

이고, 그러므로 다음을 얻는다:

$$\begin{aligned} \zeta(2) &= 1 + \frac{1}{2^2} + \frac{1}{3^2} + \cdots = \frac{\pi^2}{6} \approx 1.645 \\ \zeta(4) &= 1 + \frac{1}{2^4} + \frac{1}{3^4} + \cdots = \frac{\pi^4}{90} \approx 1.082 \\ &\vdots \end{aligned}$$

벡터곱(vector product, cross product): 벡터들을 곱하여 새로운 종류의 벡터를 얻는 방법에는 "텐서곱"을 비롯한 여러 가지가 있지만, 그중 대표적인 것이 "대칭곱(symmetric product)"과 "왜대칭곱(skew-symmetric product)"이다. 왜대칭곱은 외적(exterior product)이라고도 하는데, 우리는 특별한 경우인 "유향 내적공간"의 벡터곱을 살펴보기로 한다. 내적(inner product)이 주어진 벡터공간을 **내적공간**이라 하고, 향(orientation)이 주어진 공간을 **유향 공간**이라 하며, 내적과 향이 같이 주어진 벡터공간을 **유향 내적공간**이라 한다. 유향 내적공간의 대표적인 보기가 $\mathbb{R}^n$ 이다.

유향 내적공간 V 의 차원이 n 이라 하자. 이러한 유향 공간에서는 n 개의 벡터들의 순서쌍에 대한 부호

$$\operatorname{sgn}(v_1, \ldots, v_n) \in \{-1, 0, 1\}$$

이 잘 정해진다. n 개의 벡터들이 일차종속이면 부호는 영이고, 그렇지 않은 경우 바른 향이면 부호는 양수, 그른 향이면 부호는 음수이다. 이때 벡터 $v_2, \ldots, v_n \in V$ 에 대하여 벡터

$$v_2 \times \cdots \times v_n \in V$$

는 다음 성질에 의하여 유일하게 정해진다:

$$\langle v_1, v_2 \times \cdots \times v_n \rangle = \operatorname{sgn}(v_1, \ldots, v_n)\sqrt{\det(\langle v_i, v_j \rangle)} \qquad (v_1 \in V).$$

이 식에서 $\sqrt{\det(\langle v_i, v_j \rangle)}$ 는 벡터 $v_1, \ldots, v_n$ 에 의하여 생성되는 나란이꼴의 부피이다. 위 성질은 $v_2 \times \cdots \times v_n$ 이 $v_2, \ldots, v_n$ 에 모두 수직임을 말하고, 또 $|v_2 \times \cdots \times v_n|$ 은 벡터 $v_2, \ldots, v_n$ 에 의하여 생성되는 $(n-1)$차원 나란히꼴의 부피이고,

$$\operatorname{sgn}(v_2 \times \cdots \times v_n, v_2, \ldots, v_n) \geq 0$$

이다. 더 나아가 벡터곱

$$\star : \overbrace{V \times \cdots \times V}^{n-1} \to V, \quad (v_2, \ldots, v_n) \mapsto v_2 \times \cdots \times v_n$$

은 교대 다중선형사상이다. 이 사상은 "하지 쌍대(Hodge duality)" $\bigwedge^k V \simeq \bigwedge^{n-k} V$ 의 일종이다.

복소수(complex number): 실수의 한 순서쌍을 **복소수**라고 부른다. 즉, 복소수는 두 실수 x, y 에 순서가 주어져 있는 모임 (x, y) 를 이른다. 이러한 쌍을 우리는

$$x + yi$$

로 나타내기로 하고, 이때 x 를 **실수부**, y 를 **허수부**라고 부른다. 복소수 전체의 집합은 좌표평면 $\mathbb{R}^2$ 과 일대일 대응한다. 즉, 한 복소수는 좌표평면의 한 점으로 이해할 수 있다. 복소수들은 가감승제가 자유롭고, 이때 **허수단위** i, 즉 $(0,1)$의 제곱은

$$i^2 = -1$$

로 정의한다. $i : z \mapsto iz$ 는 90° 회전변환으로 해석할 수 있다.

볼록(convex)함수: 구간 $I \subset \mathbb{R}$ 에서 정의된 실가(real valued)함수 f 가 볼록함수라는 것은 구간 I 의 임의의 두 점 a, b 에 대하여 구간 $[a, b]$ 에서 함수 f 의 그래프가 이 그래프의 양끝점을 이은 선분보다 아래쪽에 있다는 것을 뜻한다. 다시 표현하면, $f : I \to \mathbb{R}$ 이 볼록함수라는 것은 구간의 임의의 두 점 a, b 와 임의의 $t \in [0, 1]$ 에 대하여

$$f((1-t)a + tb) \leq (1-t)f(a) + tf(b)$$

인 함수를 말한다.

이와 같은 정의에서는 상수함수도 볼록함수이다. 상수함수를 제외하려면 부등호 '$<$'를 사용한 **순볼록함수**를 정의하면 된다.

함수 $f(x)$가 연속인 경우에는, $f(x)$가 볼록함수일 필요충분조건은

$$\forall a, b, \qquad f\left(\frac{a+b}{2}\right) \leq \frac{f(a)+f(b)}{2}$$

이다.

함수$f(x)$가 미분가능한 경우에는, $f(x)$가 볼록함수일 필요충분조건은 도함수 $f'(x)$가 증가함수인 것이다.

함수 $f(x)$가 두 번 미분가능한 경우에는, $f(x)$가 볼록함수일 필요충분조건은 $f''(x) \geq 0$이다.

(연습문제) 주어진 원을 포함는 n각형 중에서 가장 넓이가 작은 n각형은 어떤 것인가?

부동점(不動点, fixed point): 집합 X에서 정의된 자기사상 $f : X \to X$의 부동점 이란

$$f(x) = x$$

인 점 x를 말한다.

사원수: 해밀턴(William Rowan Hamilton, 1805–1865)은 오랜 시간을 들여 삼차원 공간을 수의 체계로 설명하려 하였으나 성공하지 못하였다. 그러던 어느 날 (1843년 10월 16일) 부인과 산책을 하다 문득 사차원 공간을 수의 체계로 설명할 수 있음을 발견하고, 건너던 다리의 돌에다 다음과 같이 새겼다:

$$i^2 = j^2 = k^2 = ijk = -1.$$

사원수는 실수 t, x, y, z에 대하여 $t + xi + yj + zk$의 꼴로 표현되는데, 이 중 제곱이 -1인 것은 순허수로서 (즉 실수부 t가 0인 것으로) $x^2 + y^2 + z^2 = 1$인 것들이다.

사원수의 유용성에 회의적이던 미국 최초의 수리물리학자인 깁스(J. W. Gibbs, 1839–1903)는 1881년 두 벡터 α, β의 내적과 벡터곱을 나타내는 기호로 $\alpha.\beta$와 $\alpha \times \beta$를 사용하고 [Cajori], 이를 각각 점곱(dot product), 교차곱(cross product)이라고 불렀다. 영국의 헤비사이드(Oliver Heaviside, 1850–1925)도 같은 용어를 사용하였다. 영국의 클리포드(William Clifford, 1845–1879)는 "스칼라 곱"과 "벡터 곱"이라는 용어를 1877년에 사용하였다. 순서를 바꾸어 곱하면 부호가 바뀌는 **반교환법칙**(anti-commutative law)이 성립하는 대수 체계는 그라스만(H. Grassmann, 1809–1877)이 발견한 대단한 업적이다 [Fløystad].

사원수보다 높은 차원의 수의 체계로는 해밀턴의 친구인 그레이브스(John T. Graves, 1806–1870)와 케일리(Arthur Cayley, 1821–1895)가 독립적으로 발견한 팔원수(octave, octonion) 체계가 있다.

사이값 정리: 중간값 정리라고도 부른다: *구간에서 정의된 연속함수가 A라는 값과 B라는 값을 가진다고 하자. 그러면 A와 B 사이의 임의의 실수를 값으로 가진다.*

보기를 들어, 구간 $[1,2]$ 에서 정의된 연속함수 $f(x)$ 가, $f(1)>0$ 이고 $f(2)<0$ 이면 $f(x_*)=0$ 인 점 x_* 가 구간 $[1,2]$ 안에 존재한다. (연습문제: 길동이가 중학교 다닐 때에는 동길이보다 키가 작았지만 고등학교 다닐 때에는 동길이보다 키가 컸다고 하자. 길동이와 동길이가 키가 같은 적이 있었음을 설명하라.) 미적분학의 기본정리 덕분에 사이값 정리는 **도함수의 사이값 정리**에서 유도할 수 있다.

> **도함수의 사이값 정리:** *함수 $f:[a,b]\to\mathbb{R}$ 가 미분가능하고 $f'(a)f'(b)<0$ 이면, $f'(c)=0$ 인 $c\in(a,b)$ 가 존재한다.*

도함수의 사이값 정리는 1638 년 갈릴레오의 글 "아마도 플라톤은 움직이는 물체가 정지된 상태에서 양의 속도가 되려면 그 사이의 모든 속도를 다 거쳐야 한다는 생각을 하였을 것이다."에서 발견된다 [Boas, p. 156]. 도함수의 사이값 정리의 증명은 다음과 같다. 정리의 조건에서 $f(a)>0, f(b)<0$ 이라고 가정하여도 좋다. 이때 함수 f 는 점 a 에서 순증가상태에 있고, 점 b 에서는 순감소상태에 있다. (점 $x=a$ 근방에서

$$x_- < a < x_+ \quad\Rightarrow\quad f(x_-) < f(a) < f(x_+)$$

이면 $f(x)$ 는 점 a 에서 순증가상태에 있고, 점 $x=b$ 근방에서

$$x_- < b < x_+ \quad\Rightarrow\quad f(x_-) > f(b) > f(x_+)$$

이면 $f(x)$ 는 점 b 에서 순감소상태에 있다.) 따라서 f 의 최댓값이 구간 $[a,b]$ 의 내부, 즉 열린 구간 (a,b) 의 한 점에서 일어남을 안다. 이 점을 c 라고 하면, **임계점 정리**에 의하여 $f'(c)=0$ 을 얻는다.

사이값 정리는 존재정리이고, 구체적으로 값을 구하는 방법을 제시하는 정리가 아니다. 브라우어를 효시로 하는 직관론파는 구체적으로 구성할 수 없는 개념을 사용하는 것을 자제하여야 한다고 하면서 구성원소 각각을 설명하지 못하는 실수 전체집합 같은 개념을 거부하였다. 그들에게 사이값 정리는 다음과 같이 표현된다.

> *함수 $f:[0,1]\to\mathbb{R}$ 가 연속함수이고, $f(0)>0$, $f(1)<0$ 이면 임의의 $\epsilon>0$ 에 대하여 $|f(x)|<\epsilon$ 인 $x\in[0,1]$ 을 구성할 수 있다.*

삼각함수의 미분: 다음 그림은 $(\cos\theta,\sin\theta)'=(-\sin\theta,\cos\theta)$ 임을 설명한다.

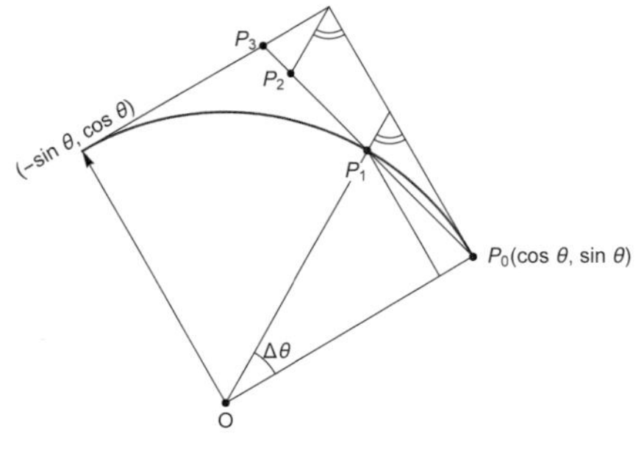

그림: $\overrightarrow{P_0P_1} = \Delta P$, $\overrightarrow{P_0P_2} = \Delta P/\tan\Delta\theta$, $\overrightarrow{P_0P_3} = \Delta P/\sin\Delta\theta$

$$\sin\Delta\theta < \Delta\theta < \tan\Delta\theta \quad\Rightarrow\quad \overrightarrow{P_0P_2} < \frac{\Delta P}{\Delta\theta} < \overrightarrow{P_0P_3}$$

오목(concave)함수: 구간 I 에서 정의된 함수 $f : I \to \mathbb{R}$ 가 오목함수라는 것은 구간 I 의 임의의 두 점 a, b 에 대하여 구간 $[a, b]$ 에서 함수 f 의 그래프가 이 그래프의 양끝점을 이은 선분보다 위쪽에 있다는 것을 뜻한다. 함수 $f(x)$ 가 오목일 필요충분조건은 함수 $-f(x)$ 가 볼록인 것이다.

원주율: 유클리드 기하학에서는 원의 지름에 대한 둘레의 길이의 비는 모든 원에 대하여 일정한 값을 가진다. 이 값을 **원주율**(圓周率)이라고 부르고, 그리스 문자 π 로 나타낸다. 예를 들어, 지구 적도의 지름과 같은 길이인 d 미터를 지름으로 가지는 원의 둘레와, 지름이 $d+1$ 미터인 원의 둘레는 길이의 차가 π 미터이다.

원주율 π 의 값을 구하려는 노력은 고대로부터 현대에 이르기까지 그치지 않고 있다. 아르키메데스는 원주율을 구하는 방법을 안 최초의 수학자라고 할 수 있다. 그는 지름이 1인 원에 내접하는 정다각형의 둘레의 길이와 원에 외접하는 정다각형의 둘레의 길이 사이에 원주율이 속한다는 것을 알고, 정 96 각형을 이용하여 $3+\frac{10}{71} < \pi < 3+\frac{1}{7}$ 을 발견하였다. 원주율 π 가 유리수(有理數, rational number)가 아니라는 것, 즉 무리수(無理數, irrational number)라는 것은 1768년 스위스의 람베르트(J. H. Lambert, 1728–1777)에 의하여 증명되었다. 독일의 린데만(F. Lindemann, 1852–1939)은 DeMoivre–Euler 항등식

$$e^{i\pi} + 1 = 0$$

을 이용하여 1882년에 π 가 **초월수**(超越數, transcendental number)라는 것을 밝혔다. 초월수란 정수계수 다항식의 근이 아닌 수를 뜻한다. 따라서 눈금 없는 자와 컴퍼스만으로는 원과 넓이가 같은 정사각형을 작도하는 것은 불가능함을 알 수 있다 (이것은 삼대작도 불능 문제 중의 하나이다). 1991 년 9 월 19 일 자 釜某日報에는 "π 값은 3.14 아닌 3.16"이라는 제목의 기사가 크게 실려 있다. 그리스어 $\pi\epsilon\rho\iota\varphi\epsilon\rho\epsilon\iota\alpha$(둘레)의 첫 글자를 딴 π 라는 기호는 영국의 오트레드(William Oughtred, 1574–1660)가 1647 년에 '원둘레'라는 의미로 사용하였고, 원주율의 의미로는 웨일스의 존스(William Jones, 1675–1749)가 1706 년에 처음 도입하였으나 오일러가 1737 년에 사용하고 나서 널리 통용되었다. 원주율은 새로 개발한 초고속 컴퓨터 칩의 성능을 판정하기 위해서도 쓰이고, 스파이들이 난수표를 만드는 데에도 쓰인다.

리만의 일반 기하학에서는, 반지름이 r 인 원의 둘레를 $p(r)$ 이라 하였을 때,

$$2\pi = \lim_{r\searrow 0} \frac{p(r)}{r}$$

이다. π 보다 $\tau := 2\pi$ 를 "원주율"이라고 불러야 한다는 주장에 대해서는 제 1 장 2절 연습문제 2번의 각주를 볼 것.

임계점 정리: 열린 구간에서 정의된 미분가능한 함수 $f(x)$에 대하여 정의역의 점 $x = c$에서의 미분계수가 영이면 점 c를 **임계점**(臨界點, critical point)이라고 부른다. 페르마의 **임계점 정리**에 의하면 "열린 구간에서 정의된 미분가능한 함수 $f(x)$의 극점에서는 순간변화율이 영이다." 페르마는 뉴턴과 라이프니츠의 미적분학이 탄생하기 훨씬 전에, 극점에서는 함숫값의 변화가 아주 미세하다고 말하였다. 케플러도 비슷한 말을 하였다 [Tikhomirov].

지수함수: 함수 $E : \mathbb{R} \to \mathbb{R}$가 다음 세 가지 성질을 가질 때, *지수함수*라고 부른다:[3]

(i) 임의의 실수 a, b에 대하여, $E(a+b) = E(a)E(b)$이다.

(ii) E는 연속함수이다.

(iii) E는 상수함수가 아니다.

함수 E가 지수함수라고 하자. 성질 (i)에서 $E(0) = E(0)^2$이고, 따라서 $E(0) = 0$ 또는 $E(0) = 1$임을 알 수 있다. 한편 $E(0) = 0$이면, $E(a) = E(a+0) = E(a)E(0) = 0$이고, 이는 성질 (iii)에 모순된다. 그러므로 $E(0) \neq 0$이고, 따라서

$$E(0) = 1$$

이다. 그러므로

$$1 = E(a-a) = E(a)E(-a)$$

이고, 특히 $E(a) \neq 0$, $E(-a) = E(a)^{-1}$임을 안다. 또 $E(a) = E(a/2)^2 > 0$이다. 이제

$$c := E(1) > 0$$

를 이 지수함수의 *밑*이라 한다. 그러면 모든 자연수 n에 대하여

$$E(n) = c^n \tag{3}$$

이다. 따라서 모든 정수 n에 대하여 (3)이 성립하고, 모든 유리수 n에 대하여 (3)이 성립하며, 모든 실수 n에 대하여 (3)이 성립한다.

지수함수의 치역은 모든 양의 실수들의 집합인 $\mathbb{R}_+$임을 알 수 있다. 지수함수 $E(x)$를 하나 알면, 다른 지수함수는 적절한 실수 k에 대하여 $E(kx)$로 표현된다.

지수함수는 미분가능한 함수이다.

초등함수: 초등함수(初等函數, elementary function)란, 다항함수나 유리함수, 지수함수나 로그함수, 삼각함수, 또는 이들의 합과 곱, 이들의 합성이나 역함수 등으로 표현되는 함수를 뜻한다. 초등함수를 미분하면 초등함수를 얻는다. 초등함수의 원시함수를 구하는 문제는 19세기 초에 아주 많이 연구되었고, 오늘날에도 계속되고 있다고 말할 수 있다. 예를 들어,

---

[3]조건 (ii)와 (iii)을 합쳐서 "E는 순단조함수이다."라고 하여도 좋다.

(i) *$R(x)$ 가 유리함수이면, 그 원시함수, 즉 부정적분 $\int R(x)\,dx$ 는 초등함수로 나타난다.*

이 원시함수를 ("부분분수법"을 사용하여 적어도 이론적으로) 구하는 과정은 매우 아름답다. (물가에서 5리터 들이 항아리와 3리터 들이 항아리가 있으면, 물 1리터를 길 수 있는 이치와 다르지 않다.)

더 나아가 $R(x,y)$ 가 유리함수이면, **삼각유리함수** $R(\cos x, \sin x)$ 는 치환 $t = \tan(x/2)$ 에 의하여

$$\cos x = \frac{1-t^2}{1+t^2}, \quad \sin x = \frac{2t}{1+t^2}, \quad dt = \frac{1}{2}(1+t^2)\,dx$$

이고, 따라서

$$R(\cos x, \sin x)\,dx = R\left(\frac{1-t^2}{1+t^2}, \frac{2t}{1+t^2}\right) \cdot \frac{2}{1+t^2}\,dt$$

이므로

(ii) *삼각유리함수의 원시함수는 초등함수이다.*

마찬가지로, **쌍곡유리함수** $R(\cosh x, \sinh x)$ 는 치환 $t = \tanh(x/2)$ 에 의하여

$$\cosh x = \frac{1+t^2}{1-t^2}, \quad \sinh x = \frac{2t}{1-t^2}, \quad dt = \frac{1}{2}(1-t^2)\,dx$$

이고, 따라서

$$R(\cosh x, \sinh x)\,dx = R\left(\frac{1+t^2}{1-t^2}, \frac{2t}{1-t^2}\right) \cdot \frac{2}{1-t^2}\,dt$$

이므로

(iii) *쌍곡유리함수의 원시함수는 초등함수이다. 그러므로*

$$R\left(e^x, e^{-x}\right)\,dx$$

도 잘 적분할 수 있다.

또 유리함수 $R(x,y)$ 에서 $y = \sqrt{ax+b}$ $(a \neq 0)$ 이면 $2y\,dy = a\,dx$ 이므로

$$R(x,y)dx = R((y^2-b)/a, y) \cdot \frac{2y}{a}\,dy$$

이다. 그러므로

(iv) *$R(x,y)$ 가 유리함수이고, $y = \sqrt{ax+b}$ $(a \neq 0)$ 이면, $\int R(x,y)\,dx$ 는 초등함수로 표현된다.*

더 나아가,

(v) *$R(x,y)$ 가 유리함수이고, $y = \sqrt{ax^2+bx+c}$ $(a \neq 0)$ 이면, 판별식 b^2-4ac 의 부호에 따라, 삼각함수 또는 쌍곡함수로 치환하여, $R(x,y)\,dx$ 를 잘 적분할 수 있다.*

그러나 1837년 프랑스의 리우빌(J. Liouville, 1809–1882)은 $R(x,y)$가 유리함수이고, y^2이 x에 대한 삼차식 또는 그 이상의 차수인 다항식이면, $R(x,y)$의 원시함수는 일반적으로 초등함수가 아니라는 것을 밝혔다.

그러므로 초등함수의 원시함수가 모두 초등함수인 것은 아니다. 이러한 보기로는 다음과 같은 것들이 있다.

$$x^{-n}e^{ax},\quad e^{ax^2},\quad x^{2n}e^{ax^2},\quad x^{-2n}e^{ax^2},\quad x^{-1}e^{ax^2},\quad e^{x^3},\quad \sqrt{\log x}$$

$$\frac{1}{\log x},\quad \log(\log x),\quad \frac{\log x}{x-a},\quad \frac{\sin x}{x},\quad \frac{\cos x}{x},\quad \sqrt{\sin x},\quad \sqrt{x}\,\sin x,\quad \sin(x^2)$$

$$\sqrt[3]{1+x^2},\ \sqrt{1+x^3},\ \frac{1}{\sqrt{1-x^4}},\ \sqrt{1+x^{-4}},\ \frac{1}{\sqrt{1-k^2\sin^2 x}},\ \sqrt{1-k^2\sin^2 x}.$$

여기에서 n은 자연수, a는 영이 아닌 실수이고, $0 < k < 1$이다 [Gullberg], [Marchisotto, Zakeri], [Birkhoff], [Risch].

최대최소 정리: 제2권 부록 참고.

캐롤: Lewis Caroll, 1832–1898. 본명은 Charles Lutwidge Dodgson인데, 1854년부터 1881년까지 옥스퍼드 대학의 말더듬이 수학선생님이었다. 1865년 당시에는 어린이들을 위한 책들은 대부분 "착한 사람이 되고 품행이 방정해야 됨"을 가르치는 것들이었고 어린이들이 "웃을 수 있고 상상력을 키워 주는" 책들은 흔하지 않았다. 빅토리아 여왕은 앨리스 이야기를 읽고 너무 재미 있어서 캐롤이 쓴 책을 모두 구해 오도록 명령했다고 하는데, 그중에는 "Euclid and his Modern Rivals"(1879)도 있었다.

파스칼의 삼각형: 삼각형 $\triangle ABC$의 한 꼭짓점에서 출발하여, 면에 A, B, C, A, B, C가 새겨진 주사위를 굴려 나온 꼭짓점으로 반만큼 전진하고, 또 그 자리에서 주사위를 굴려 나온 꼭짓점으로 반만큼 전진하는 과정을 여러 번 시행하면, 그 궤적은 파스칼의 삼각형을 홀짝으로 표시한 모양을 만들어 낸다.

1
1 1
1 2 1
1 3 3 1
1 4 6 4 1
1 5 10 10 5 1
1 6 15 20 15 6 1
1 7 21 35 35 21 7 1
1 8 28 56 70 56 28 8 1
1 9 36 84 126 126 84 36 9 1
1 10 45 120 210 252 210 120 45 10 1

파스칼의 삼각형 10

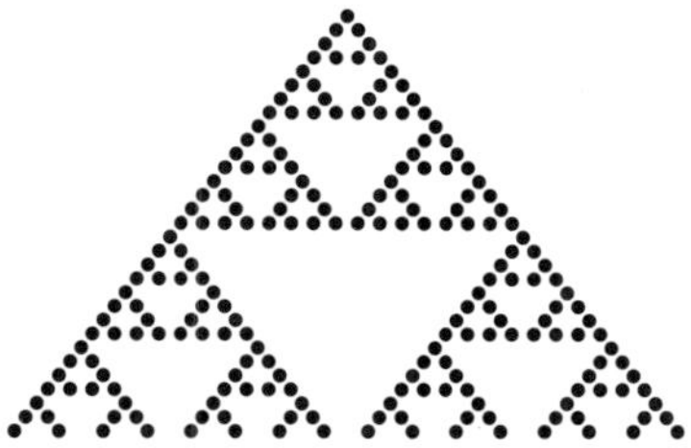

파스칼의 삼각형 30 mod 2

무작위 점 500

평균값 정리: 구간 $[a,b]$ 에서 연속이고, 그 내부에서 미분가능한 함수 $f:[a,b]\to\mathbb{R}$ 의 평균변화율을 m 이라 하자:

$$m := \frac{f(b)-f(a)}{b-a}.$$

라그랑주(J. L. Lagrange, 1736–1813)의 평균값 정리는 $m = f'(c)$ 인 점 $c \in (a,b)$ 가 존재함을 말한다 (제 2 장 7.2절 참고).

이를 밝히기 위하여 일차함수

$$l(x) := m(x-a) + f(a)$$

를 생각하면 $l(a) = f(a)$, $l(b) = f(b)$ 이고, 따라서 함수

$$F(x) := f(x) - l(x), \quad x \in [a,b]$$

는 점 a, b 에서 함숫값이 영이다. 이제 구간 (a,b) 내에 임계점이 존재함을 밝히면 된다. (이 부분을 롤(Michel Rolle, 1652–1719)의 정리라고 한다. 롤의 정리는 인도 수학자 바스카라 II (1114–1185)도 알고 있었다.) 제2장의 증명과 약간 다른 증명을 보자: 먼저 구간 $[a,b]$ 에서 함수 $F(x)$ 의 최대점과 최소점을 생각한다. 이들 가운데 적어도 어느 하나가 구간 $[a,b]$ 의 내점이면, 임계점 정리에 의하여 그 점에서 미분계수가 영이다. 따라서

$$0 = F'(c) = f'(c) - m \tag{4}$$

인 점 $c \in (a,b)$ 의 존재를 안다.

만약 $F(x)$ 의 최대점과 최소점이 모두 구간 $[a,b]$ 의 경계점이면 $F(x)$ 는 항등적으로 영인 함수이고, 따라서 임의의 $c \in (a,b)$ 에 대하여 (4)가 성립한다.

피보나치: Leonardo da Pisa Fibonacci, 1175–1250. 그의 아버지는 이탈리아와 아라비아를 돌아다니는 상인이었다. 그 당시에 이탈리아에서는 로마숫자를 주로 사용하였는데, 피보나치는 1202년에 "산학(Liber Abaci)"이라는 책을 쓰면서, 영의 개념과 자릿수를 사용하는 힌두-아라비아 숫자의 사용법을 설명하였다. 피보나치는 이 책에 나타난 수열로 유명하다. 이 수열이 유명하게 된 것은 19세기 프랑스 수학자 뤼카(Édouard Lucas, 1842–1891)가 네 권으로 된 "오락 수학"을 저술하면서 "암수 한 쌍의 토끼가 나이가 한 달이면 새끼를 낳기에는 아직 어리지만,

나이가 두 달 이상이 되면 매달 암수 한 쌍의 새끼를 낳는다고 하자. n달 후에 토끼는 몇 마리인가?"라는 문제의 풀이에 Fibonacci 라는 이름을 사용한 데에서 시작되었다.

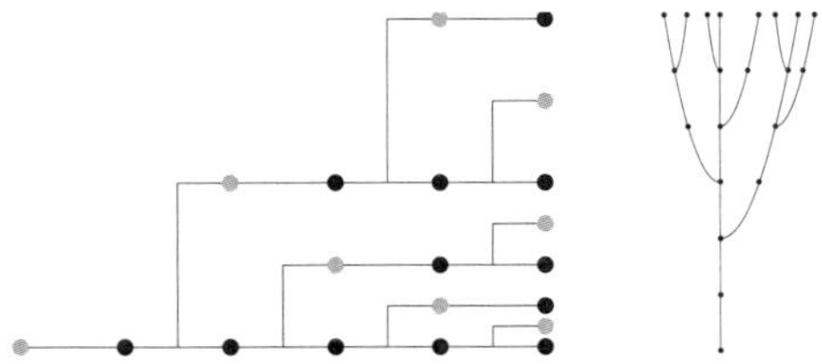

"Fibonacci"는 "마음씨 좋은 사람(Bonacci)의 아들"이라는 뜻이다. 피보나치 수열에 관하여 더 알고 싶으면 [Graham, Knuth, Patashnik]을 참고할 것. [Stewart]에는 유전학과 피보나치 수열 사이의 관계에 대한 이야기가 나온다. 피보나치 수열은 보통 $f_0 = 0,\ f_1 = 1$로 시작한다. 이 수열의 일반항은

$$f_n = \frac{1}{\sqrt{5}}\left(\phi^n - (-1)^n/\phi^n\right) = \text{Round}\left(\phi^n/\sqrt{5}\right)$$

이다. 이 식에서 $\phi = (1+\sqrt{5})/2$이고, Round는 소수 첫째 자리에서 반올림한 정수를 나타낸다.

피보나치 수는 장단(♩, ♪)을 사용하여 일정한 길이의 리듬을 만들어 내는 방법의 가짓수이다.

♪

♪ ♪, ♩

♪ ♪ ♪, ♩ ♪, ♪ ♩

♪ ♪ ♪ ♪, ♪ ♩ ♪, ♪ ♩ ♪, ♪ ♪ ♩, ♩ ♩

처음 두 항이 1, 3인 피보나치 수열은 뤼카(Lucas)수열이라고 부른다.

피타고라스: 피타고라스는 "영혼"에 대하여 이야기하였고, "마음의 정화"와 하모니, 지혜 사랑, 사랑의 지혜를 매우 강조하였다 [Ovidius], [Strohmeier and Westbrook], [Vamvacas], [Guthrie].

필즈 메달: 캐나다 수학자 필즈(John Charles Fields, 1863–1932)의 유언에 따라 수여되는 이 메달은 4년마다 열리는 세계수학자대회(ICM, International Congress of Mathematicians)에서 당시 가장 훌륭한 업적을 남긴 40세 미만의 학자들에게 수여된다. 1893년에 미국 시카고에 여러 나라의 수학자들이 모였지만, 1897년에 스위스의 취리히에서 열린 것을 보통 제1회 세계수학자대회라고 한다. 두 번째 대회는 1900년에 파리에서 열렸다. 이 대회에서 힐베르트(D. Hilbert, 1862–1943)는 당시에 풀리지 않은 스물세 문제를 제시하였는데, 이는 20세기에 수학이 크게 발전하게 되는 계기가 되었다. 2014년 세계수학자대회는 박형주 교수의 노력으로 서울에서 열렸다.

합성함수 미분법: 함수 $z = g(y)$ 와 함수 $y = h(x)$ 의 합성함수 $(g \circ h)(x) := g(h(x))$ 의 미분계수는

$$\boxed{(g \circ h)'(x) = g'(h(x))h'(x)}$$

이다. 미분계수는 "함수의 팽창계수"이다. 즉, 정의역의 길이가 치역에서 늘어나는 정도를 말해 준다. 합성함수의 팽창계수는 각각의 팽창계수의 곱으로 나타난다. 다변수 함수들의 합성인 경우는 그 미분법을 (제2권에서) "연쇄법칙"이라고 부른다.

향(向, **orientation**)**:** 유한차원 벡터공간 V 에서 두 기저가 "같은 향"이라는 것은 연속 변형을 하여 서로 연결된다는 뜻이다. V 의 기저들 전체집합을 $B(V)$ 라 하고, V 의 한 기저 $e = (e_1, e_2, \ldots, e_n)$ 를 생각하자. 이때 e 를 연속적으로 변형하여 얻을 수 있는 기저 전체집합을 $[e]$ 이라 하면, 기저 $e' = (-e_1, e_2, \ldots, e_n)$ 은 $[e]$ 에 속하지 않고, $B(V) = [e] \cup [e']$ 이다. 즉, $B(V)$ 는 두 개의 연결성분으로 구성되어 있다. 벡터공간 V 의 향이란 $B(V)$ 의 두 연결성분 중 하나를 선택한 것을 말한다.

황금 분할, 황금비: 용어 "Goldene Schnitt"는 독일 수학자 Martin Ohm(전자기학에서 Ohm 의 법칙으로 유명한 Georg Simon Ohm 의 동생)이 1835 년에 출판한 책에 처음으로 등장한다 [Livio]. 하지만 이 개념은 피타고라스 학파에서 유래된 것으로 정오각형이나 정다면체의 설계를 위하여 사용되었는데, 기원전 300년에 유클리드는 "원론" VI 에서 "주어진 선분을 크고 작은 두 조각으로 나눌 때, '처음 선분과 큰 조각의 비'가 '큰 조각과 작은 조각의 비'와 같을 때, 이 비를 'extreme and mean'(극단들과 중앙) 비라 한다"고 정의하였다.

회계학의 아버지라고도 불리는 파치올리(1445–1517)는 이 비를 "Divina Proportione"(신성한 비례)라고 하였다. 케플러는 "기하학에는 두 가지 큰 보물이 있는데, 하나는 피타고라스 정리이고, 또 하나는 'extreme and mean' 비이다. 전자를 황금에 비유한다면 후자는 고귀한 보석이라 할 수 있다"라고 말하였다.

가장 오래된 수학 문서인 "파피루스"에는 "황금비가 피라미드를 설계할 때 쓰인다"고 되어 있다 [김용운, 김용국, 數學序說, p. 218]. 세 변의 길이가 등비수열을 이루는 직각삼각형에서 짧은 변과 빗변의 길이의 비가 바로 황금비이다. 20세기 초반에 미국 수학자 바(Mark Barr, 1871–1950)는 황금비를 많이 활용하였던 고대 그리스의 조각가 피다스(Phidas)의 이름의 머리글자를 따서 황금비를 나타내는 기호로 ϕ 를 사용하였다.

황금비는 1 과 $\sqrt{5}$ 의 평균이다. 황금비 ϕ 의 제곱은 ϕ 보다 1 이 더 크고, ϕ 의 역수는 ϕ 보다 1 이 작다. **황금각**은

$$\left(1 - \phi^{-1}\right) \times 360^\circ \approx 137.5^\circ$$

정도의 크기이다. 황금각은 식물들의 가지나 잎차례 등을 설명하는 데 쓰이기도 한다.

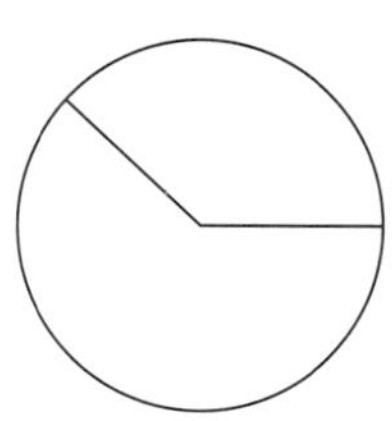

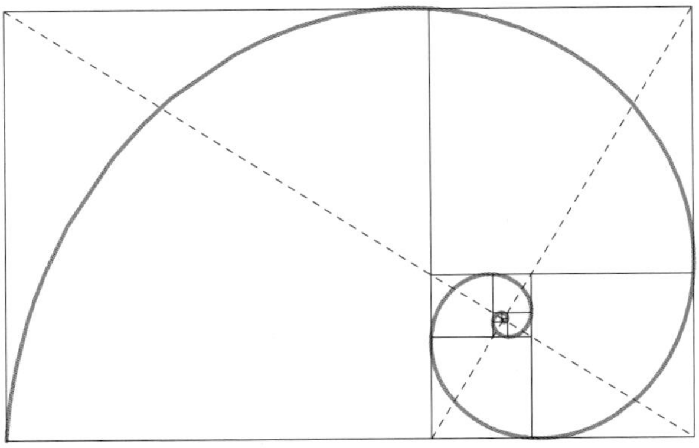

그림: 가로-세로의 비가 황금비인 직사각형에서 정사각형을 도려 내고 남은 사각형은 처음 사각형과 닮은꼴이다.

$\frac{1}{e}$: 신을 벗고 들어가는 식당에 여러 사람이 같이 들어가 식사를 마치고 나오니 식당 주인이 신을 무작위로 나누어 주었다. 손님들이 모두 다른 사람의 신을 배정받을 확률은 얼마일까?

손님 수를 n 이라 하면 구하는 확률은 $\sum_{k=0}^{n}(-1)^k/k!$ 이다. 손님이 많으면 이 확률은 $1/e \approx 0.37$ 에 수렴한다.

주어진 n 개의 자료[4] 중에서 좋은 것을 *오직 하나* 선택하려고 한다. 각 자료는 순차적으로 살펴보아야 하고, 매번 선택할지 안 할지 판정하여야 한다. 그러므로, 만약 처음 자료를 선택한다면 그 이후의 자료는 살펴볼 필요가 없다. 또 이미 버린 자료는 다시 선택할 수 없다. 이러한 상황에서 어떤 전략을 세워야 가장 좋은 자료를 선택하게 될 확률이 가장 높을까? n 이 충분히 크면, 가장 좋은 전략은 처음 n/e 개 자료를 버리고, 그 다음에 나오는 자료 중에서 그 이전 자료보다 양질인 것을 고르는 것이다.

[4] 보통은 '자료'를 '비서', '일자리', 또는 '배우자 후보'라고 하기도 한다.

7 연습문제 풀이

연습문제 중에서 선택하여 풀이 또는 답을 둔다. 풀이나 답을 구하기 위하여 시간을 들여 노력을 하지 않았다면, 해답을 보지 않는 것이 좋다. 생각하면서 보낸 시간은 더욱 성장하게 한다.

제 1 장

1.1 수학적 귀납법을 이용한다. 일반적으로 초기조건 없이 점화식만으로도

$$f_{n+1}f_{n-1} - f_n^2 = (f_n + f_{n-1})f_{n-1} - {f_n}^2 = f_n(f_{n-1} - f_n) + {f_{n-1}}^2 = -(f_n f_{n-2} - f_{n-1}^2)$$

을 보일 수 있다.

1.2 (1) 일반항의 극한이 $\frac{1}{50} \neq 0$ 이므로 주어진 급수는 수렴하지 않는다.

(2), (3) 은 모두 일반항의 극한값이 1 이므로 역시 수렴하지 않는 급수이다.

1.3 n번째에 앞면이 처음으로 나올 확률은 $p_n := \dfrac{1}{2^n}$ 이고 이때의 당첨금액은 $X_n := 2^n$ 이다. 따라서 기댓값은 $E(X) = \sum p_n X_n = \sum \frac{1}{2^n} \cdot 2^n = \sum 1 = \infty$ 이다.

1.4 주어진 급수가 수렴한다고 가정하면, 각 항을 두 배 한 급수 $1 + \frac{1}{2} + \frac{1}{3} + \cdots$ 도 수렴하여야 한다. 그러나 이 조화급수가 발산한다는 것은 이미 본문에서 살펴보았다. 그러므로 처음 급수는 발산한다.

1.5 (1) $\frac{1}{\sqrt{2}} + \frac{1}{\sqrt{3}}$

(2) $\sum_{n=1}^{N} \frac{1}{n^2+2n} = \frac{1}{2}\sum_{n=1}^{N}\left(\frac{1}{n} - \frac{1}{n+2}\right) = \frac{1}{2}\left(1 + \frac{1}{2} - \frac{1}{N+1} - \frac{1}{N+2}\right)$ 에서 $\sum_{n=1}^{\infty} \frac{1}{n^2+2n} = \frac{1}{2}\left(1 + \frac{1}{2}\right) = \frac{3}{4}$ 이다.

1.6 (1) $\log(n-1) - \log n = \log(1 + \frac{1}{n})$ 에서 원하는 것을 얻는다. (2) 아니요. (3) 아니요.

1.7 두 급수는 동시에 수렴하거나 동시에 발산하고, 수렴하는 경우 그 극한값의 차이는 a_1 이다.

1.8 ∞

1.9 이 수열의 일반항은 $b((a/b)^n + 1)^{1/n}$ 이므로 답은 b 이다.

2.2 $\frac{180}{\pi} = \frac{180}{3+\varepsilon} = \frac{60}{1+\varepsilon/3} \approx 60 \cdot \left(1 - \frac{\varepsilon}{3} + \left(\frac{\varepsilon}{3}\right)^2\right) = 60 - 20\cdot\varepsilon + 20\cdot\varepsilon\cdot\frac{\varepsilon}{3} \approx 60 - 2.7 = 57.3$ 이다. 참고로 1^{rad} 의 참값은 $57.29578° \approx 57°17'44''48'''$ 에 가깝다.

2.3 $\frac{25}{100} \times (1 + \frac{1}{100} + \frac{1}{100^2} + \cdots) = \frac{25}{99}$

2.4 $\frac{101_2}{1000_2} \times (1 + \frac{1}{1000_2} + \frac{1}{{1000_2}^2} + \cdots) = \frac{101_2}{111_2}$

2.5 밑 3을 생략하여 셈을 하면 $0.1(1 + 0.\dot{2}\dot{0}) = \frac{1}{10} \times (1 + \frac{20}{22}) = \frac{21}{110}$. 답: $\frac{21_3}{110_3}$

2.8 하루 후에 몸 안에 남아 있는 농약의 양이 처음의 r 배라 하자. 그러면 반감기가 3 일이므로 $r^3 = \frac{1}{2}$ 에서 $r = 1/2^{1/3} = 2^{2/3}/2$ 임을 안다. 과일 하나에 들어 있는 농약의 양을 x mg 이라 하면

$$10 \geq x + xr + xr^2 + \cdots = \frac{x}{1-r}$$

에서 $x \leq 10(1-r) = 10(1 - 2^{2/3}/2) = 5(2 - 2^{2/3})$ 을 얻는다.

2.10 매년 납입금이 a 만 원이라 하자. 그러면

$$100 = a/1.1 + a/1.1^2 + a/1.1^3 + a/1.1^4 + a/1.1^5 = \frac{a}{1.1}\frac{1 - 1.1^{-5}}{1 - 1.1^{-1}}$$

이고 따라서

$$a = 110 \cdot \frac{1 - 1.1^{-1}}{1 - 1.1^{-5}} = 110 \cdot \frac{1.1^5 - 1.1^4}{1.1^5 - 1} = 110 \cdot \frac{0.1 \times 1.4641}{1.61051 - 1} = 110 \cdot \frac{0.1 \times 1.4641}{0.61051} \approx 26.3797$$

이다. 즉, 매년 263,797 원씩 납입하면 된다. 평생 갚는 경우의 연간 납입금은

$$100 = a\left(\frac{1}{1.1} + \frac{1}{1.1^2} + \cdots\right) = \frac{a/1.1}{1 - \frac{1}{1.1}} = 10a$$

에서 $a = 10$ (만 원/년) 이다.

2.14 두 기차가 30분 후에 부딛히고, 그때 파리가 사망하므로, 파리는 100 km를 움직인다. 폰 노이만은 이 문제를 처음 들었을 때 (묘수가 있다는 것을 모르고) 순식간에 속셈으로 무한 급수를 더한 답을 말하였다는 일화가 있다.

3.3 (1) 발산 (2) 수렴 (3) 발산 (4) 수렴 (5) 발산

3.5 (1) 은 $\forall c(n \gg 1 \quad \Rightarrow \quad 2^n > cn^2)$을 사용하면 된다. 이것은 $2^n = (1+1)^n \geq 1 + n + \frac{n(n-1)}{2} + \frac{n(n-1)(n-2)}{6}$ 에서 알 수 있다. 이제 $c = (\log_a \frac{1}{3})^2$ 로 두면

$$n \gg 1 \quad \Rightarrow \quad 2^{n/2} > n \log_a \frac{1}{3}$$

이고 따라서 $a^{2^{n/2}} < a^{n \log_a \frac{1}{3}} = 3^{-n}$ 이다. 이것을 이용하면 (2)는 바로 나온다. 또 $\sum_{n\geq 1} a^{\sqrt{n}} \leq a + \left(a^{\sqrt{2}} + a^{\sqrt{2}}\right) + \left(a^{\sqrt{4}} + a^{\sqrt{4}} + a^{\sqrt{4}} + a^{\sqrt{4}}\right) + \left(a^{\sqrt{8}} + \cdots + a^{\sqrt{8}}\right) + \cdots = \sum_{n\geq 0} 2^n a^{2^{n/2}}$ 이다.

4.1 수렴

4.2 발산

4.3 거듭제곱근 극한이 $\lim_{n\to\infty} \left(1 - \frac{1}{n}\right)^n = \frac{1}{e} < 1$ 이므로 수렴한다.

4.4 두 문제 모두 거듭제곱근 판정법으로는 해결되지 않는다. (1) 발산

(2) 도움글: $x > 1$ 일 때 함수 $f(x) := x\log(1-1/x)$ 에서 $f'(x) > 0$ 이므로 f 는 증가함수이다. 또 $\lim_{x\to\infty} f(x) = \lim_{t\to 0} \frac{1}{t}\log(1-t) = -\log'(1) = -1$ 이다. 그러므로 함수 $(1-1/x)^x$ 도 증가함수이고, $\lim_{x\to\infty}(1-1/x)^x = e^{-1}$ 이다. 따라서 $\left(1 - \frac{1}{\sqrt{n}}\right)^{\sqrt{n}} < e^{-1}$ 이고 $\left(1 - \frac{1}{\sqrt{n}}\right)^n < e^{-\sqrt{n}}$ 이다. 이제 3 절의 연습문제 5를 이용하면 된다. 답: 수렴

5.1 (1)과 (2)의 답이 모두 $-\infty < x < \infty$ 이다.

5.2 극한값은 $1 + \sqrt{2}$. 풀이는 보기 (5.0.6)과 같이 하면 된다. Pell의 수열과 로마시대 건축 사이의 관계는 [Kappraff, p. 18, p. 29]를 참고할 것.

5.3 (1), (2) 는 수렴, (3), (4) 는 발산

5.4 부적합

5.5 좋다.

6.1 $s \leq 0$ 일 때에는 $\frac{1}{(2n+3)^s} \geq 1$ 이므로 주어진 급수는 발산한다. 이제 $s > 0$ 인 경우를 살펴본다. 이때에는 함수 $\dfrac{1}{(2x+3)^s}$ 이 감소하는 양함수이다. 그리고

$$\int_0^\infty \frac{dx}{(2x+3)^s} = \frac{1}{2(1-s)}\left[\frac{1}{(2x+3)^{s-1}}\right]_0^\infty \quad \begin{cases} < \infty & (s > 1) \\ = \infty & (0 < s \leq 1) \end{cases}$$

이므로 주어진 급수는 $s > 1$ 일 때만 수렴한다. 답: $s > 1$

6.2 (1) $\displaystyle\int^\infty \frac{dx}{x(\log x)^{1+\varepsilon}} = \int^\infty \frac{d(\log x)}{(\log x)^{1+\varepsilon}} = -\frac{1}{\varepsilon}\left[\frac{1}{(\log x)^\varepsilon}\right]^\infty < \infty$ 이므로 원하는 결론을 얻는다.

(2) $\displaystyle\int^\infty \frac{dx}{x\log x \log\log x} = \int^\infty \frac{d(\log\log x)}{\log\log x} = [\log\log\log x]^\infty = \infty$ 이므로 원하는 것을 안다.

6.3 (1) $\displaystyle\sum \sin\frac{1}{n} \geq \sum \frac{c}{n} = \infty$ 이므로 $\displaystyle\int_1^\infty \sin\frac{1}{x}\,dx = \infty$ 이다.

(2) $\displaystyle\sum \frac{1}{n}\sin\frac{1}{n} < \sum \frac{1}{n}\cdot\frac{1}{n} < \infty$ 에서 원하는 것을 얻는다.

6.4 (1) 적분판정법을 쓰면 수렴

(2) 적분판정법을 쓰거나 비교판정법 $(\log n)/n > 1/n \quad (n \gg 1)$ 을 쓰면 발산

(3) 비교 판정 $(\log n)/\sqrt{n} \geq 1/n \quad (n \gg 1)$ 을 쓰면 발산

(4) 일반항 판정법에서 발산

(5) $\frac{1}{\sqrt{n}(\sqrt{n}+1)} \geq \frac{1}{2n}$ 이므로 발산

(6) 일반항 판정에서 발산

(7) 일반항 판정에서 발산

(8) 공비가 1 보다 큰 등비급수는 발산

(9) 공비의 절댓값이 1 보다 작은 등비급수는 수렴

(10) 일반항이 영에 수렴하지 않으므로 발산

6.5 $p \leq 0$ 이면 분명히 발산한다. 이제 $p > 0$ 인 경우를 살펴본다.

$$\frac{\log n}{n^p} \begin{cases} \geq \dfrac{1}{n} & (0 < p \leq 1) \\ \leq \dfrac{cn^{p-1-\varepsilon}}{n^p} = \dfrac{c}{n^{1+\varepsilon}} & (p > 1) \end{cases}$$

에서 $p > 1$ 일 때만 수렴함을 안다. 답: $p > 1$

6.6 $\dfrac{x^2}{1+x^5} < \dfrac{x^2}{x^5} = \dfrac{1}{x^3}$ 에서 $\displaystyle\int_1^\infty \frac{x^2}{1+x^5}\,dx < \int_1^\infty \frac{dx}{x^3} < \infty$ 를 얻어도 되고, 또는 주어진 함수가 $x \gg 1$ 이면 감소하는 양의 함수임을 보이고 급수 $\sum \frac{n^2}{1+n^5} < \infty$ 에서 특이적분이 수렴함을 보여도 된다.

6.7 발산

7.4 $\int_0^\infty \frac{\sin x}{x}\,dx = \sum_{n=0}^\infty \int_{n\pi}^{(n+1)\pi} \frac{\sin x}{x}\,dx$ 이다. 이제 수열

$$a_n := (-1)^n \int_{n\pi}^{(n+1)\pi} \frac{\sin x}{x}\,dx = \int_0^\pi \frac{\sin y}{y+n\pi}\,dy$$

이 극한값이 0 인 감소수열이므로 원하는 것을 안다.

8.3 주어진 수열은 $a(1+(b/a)^n+(c/a)^n)^{1/n}$ 이다. 극한값은 $\max\{a,b,c\}$ 이다.

8.4 (3) 하한 $= 0$, 상한 $= \sin 1$

8.9

$$\begin{aligned}
\sum \frac{1}{(2n-1)(2n)} &= \lim_{N\to\infty} \sum_{n=1}^N \frac{1}{(2n-1)(2n)} \\
&= \lim_{N\to\infty} \left(\left(\frac{1}{1} - \frac{1}{2}\right) + \left(\frac{1}{3} - \frac{1}{4}\right) + \cdots + \left(\frac{1}{2N-1} - \frac{1}{2N}\right) \right) \\
&= \lim_{N\to\infty} \left(\left(\frac{1}{1} + \frac{1}{2} + \cdots + \frac{1}{2N}\right) - 2\left(\frac{1}{2} + \frac{1}{4} + \cdots \frac{1}{2N}\right) \right) \\
&= \lim_{N\to\infty} \left(\frac{1}{N+1} + \cdots + \frac{1}{2N} \right) = \lim_{N\to\infty} \sum_{n=1}^N \frac{1}{1+\frac{n}{N}} \frac{1}{N} \\
&= \int_0^1 \frac{dx}{1+x} = \log 2
\end{aligned}$$

탐구문제.6 자연수 n 에 대하여 2 이상의 수들을 더하여 n 을 얻는 방법의 가짓수를 $q(n)$ 이라고 두면,

$$p(n) = p(n-1) + q(n), \qquad q(n) \leq p(n-2)$$

를 얻는다. 분할수를 더 나열하면 다음과 같다.

n	1	2	3	4	5	6	7	8	9	10	11	12
$p(n)$	1	2	3	5	7	11	15	22	30	42	56	77
$q(n)$	0	1	1	2	2	4	4	7	8	12	14	21

이제 $n \geq 10$ 일 때, $q(n) \geq n$ 을 보이면

$$p(n) = p(9) + (q(10) + \cdots + q(n)) \geq 30 + \frac{(n-10+1)(10+n)}{2}$$

을 얻는다. 따라서 답은 "수렴한다"이다. 하길찬·윤양동 선생님^^ 고마워요~.

탐구문제.11 $2\log 2$

탐구문제.12 등호를 만족시키는 집합은 원소가 하나인 집합들이다. 부등호를 만족시키지 않는 집합은 공집합이고, 이때 $\inf \varnothing = \infty$, $\sup \varnothing = -\infty$ 이다.

탐구문제.13 다음 연습문제의 특별한 경우이다. 답: 예.

탐구문제.14 $\sum_{n\in K_1} \frac{1}{n} < \sum_{n\in K_2} \frac{1}{n} < \cdots < \sum_{n\in K_9} \frac{1}{n} < \sum_{n\in K_0} \frac{1}{n} < 9 + 9^2 \times \frac{1}{11} + 9^3 \times \frac{1}{111} + \cdots < 9\left(1 + \frac{9}{10} + \left(\frac{9}{10}\right)^2 + \cdots\right) < \infty$ 임을 쉽게 알 수 있다. 따라서 $\sum_{n\in K} \frac{1}{n} \leq \sum_{n\in K_0} \frac{1}{n} + \sum_{n\in K_1} \frac{1}{n} + \cdots + \sum_{n\in K_9} \frac{1}{n} < 10\sum_{n\in K_0} \frac{1}{n} < \infty$ 이다. 또 $\infty = \sum_{n\in \mathbb{N}} \frac{1}{n} = \sum_{n\in K} \frac{1}{n} + \sum_{n\in K^c} \frac{1}{n}$ 이므로 $\sum_{n\in K^c} \frac{1}{n} = \infty$ 이다.

제 2 장

2.3 (6) $1 - \log 2$ (7) 6 (8) $-2/27$

2.4 (10) 거듭제곱근 판정법을 쓴다. (16) $-1 \leq x < 1$ (18) $-1 \leq x < 1$

2.12 2

3.5 $\frac{d}{dx}\frac{f(x)}{(1+x)^r} = 0$ 이고 $\left.\frac{f(x)}{(1+x)^r}\right|_{x=0} = 1$ 이므로, $f(x) = (1+x)^r$ 이다.

5.3 $x = \frac{1}{2}\log 3 \approx 0.5493$

5.7 세 가지 답 모두 "예"

5.11 $\displaystyle\int_0^{\sinh t} \sqrt{y^2+1}\,dy - \frac{1}{2}\cosh t \sinh t = \int_0^t \cosh^2 u\,du - \frac{1}{4}\sinh 2t = \frac{1}{2}\int_0^t (\cosh 2u + 1)\,du - \frac{1}{4}\sinh 2t = \frac{t}{2}$

6.12 1/6

6.14 $g'(1) = 1/3$, $g''(1) = 1/27$

6.16 $1/(e+1)$, $-(e-1)/(e+1)^3$

6.17 $y'(x) = 6x^2 + 6x + 4 > 0$ 이므로 $y(x)$ 는 순증가 함수이고, 따라서 역함수가 존재함을 안다. 이제 역함수를 $x = x(y)$ 로 두자, 그러면 $y(2) = 40$ 에서 $x(40) = 2$ 를 안다. (즉, 금년에 사용한 비료의 양이 2 임을 안다.) 따라서 $x(40+0.4) \approx x(40) + x'(40)(0.4) = 2 + \frac{1}{y'(2)}(0.4) = 2 + 0.01$ 이다. 따라서 내년에는 비료를 $2+0.01$ 사용하여야 하니까 금년에 사용한 비료보다 $0.01/2 = 0.5\%$ 정도 많이 사용하여야 한다. 따라서 답은 0.5% 이다.

6.18 2

6.20 식 $x^3 - x = c$ 를 c 에 대하여 미분하면, $(3x^2-1)x'(c) = 1$ 을 얻는다. 이 식을 다시 미분하면, $6x(x'(c))^2 + (3x^2-1)x''(c) = 0$ 을 얻는다. 한편 $c = 2$ 이면 $0 = x^3 - x - 6 = (x-2)(x^2+2x+3)$ 에서 $x = 2$ 이다. 그러므로 $g'(6) = x'(6) = 1/11$, $g''(6) = x''(6) = -12/1331$ 이다.

탐구문제.1 1/12

제 3 장

1.1 (1) 1/2 (2) 1/2 (3) -2 (4) 2 (5) 1 (6) e^2 (7) 0 (8) 1/2 (9) 0 (10) 0 (11) 0 (12) 0 (13) 1 (14) 1/2

1.2 등식 $\frac{f(x+h)-f(x-h)}{h} = \frac{f(x+h)-f(x)}{h} - \frac{f(x-h)-f(x)}{h}$ 에서 h 를 0으로 보내면 원하는 등식을 얻는다.

1.3 로피탈의 정리를 이용하라.

1.10 1

1.11 (1) a 또는 b가 영이면, 주어진 식이 성립함은 바로 안다. 그러므로 a, b가 모두 양수일 때 증명하면 된다. 먼저 주어진 식에서 $x = 1/n$ 으로 치환하고 log를 취하면 $\frac{\log(a^x+b^x)-\log 2}{x}$ 이다. 로피탈의 정리를 사용하면 $\lim_{x\searrow 0} \frac{a^x \log a + b^x \log b}{a^x+b^x} = \log \sqrt{ab}$ 이다. 따라서 처음에 주어진 함수(또는 수열)의 극한값은 $\sqrt{ab}$ 이다.

(2) 만약 c가 영이면 $\lim_{n\to\infty} \left(\frac{a^{1/n}+b^{1/n}}{3}\right)^n = \lim_{n\to\infty} \left(\frac{a^{1/n}+b^{1/n}}{2}\right)^n (2/3)^n = 0$ 이다. a 또는 b가 영일 때에도 마찬가지이다. 그러므로 a, b, c가 모두 양수일 때 밝힌다. 앞에서와 마찬가지 방법으로 $\lim_{x\searrow 0} \frac{\log(a^x+b^x+c^x)-\log 3}{x} = \lim_{x\searrow 0} \frac{a^x \log a + b^x \log b + c^x \log c}{a^x+b^x+c^x} = \log \sqrt[3]{abc}$ 이다. 따라서 주어진 식의 극한은 $\sqrt[3]{abc}$ 이다.

1.12 (1), (2), (3) 모두 0이 답이다. 그 까닭은 $H_n := 1 + \frac{1}{2} + \cdots \frac{1}{n}$ 은 $1 + \log n$ 보다 작고, $\lim_{n\to\infty} \frac{\log n}{n} = 0$ 이기 때문이다.

2.1 두 가지 풀이를 할 수 있다. $\exp(x) = 1 + x + \dfrac{x^2}{2} + o(x^2)$ 에서 $T(x) = 1 + x + \dfrac{x^2}{2}$ 을 얻어도 좋고, 또는 $T(x) = \exp(0) + \exp'(0)x + \dfrac{\exp''(0)}{2}x^2 = 1 + x + \dfrac{x^2}{2}$ 처럼 구하여도 좋다.

2.3 $x(x-1)(x-2)$

2.5 극한의 기본성질을 이용한다.

2.6 일차함수 $l(x) := l_1(x) - l_2(x)$ 가 $o(x)$ 이면 $l(0) = 0$ 이고, $l'(0) = 0$ 이다. 그러므로 $l(x) = l(0) + l'(0)x = 0$ 이고, 따라서 $l_1(x) = l_2(x)$ 이다.

2.7 n 차 다항함수 $p(x) = p_1(x) - p_2(x)$ 가 $o(x^n)$ 이면 $p(0) = p'(0) = \cdots = p^{(n)}(0) = 0$ 이고, 따라서

$$p(x) = p(0) + p'(0)x + \cdots + \frac{p^{(n)}}{n!}x^n = 0$$

이다. 그러므로 $p_1(x) = p_2(x)$ 이다.

2.8 이 문제의 풀이는 다음 두 가지 방법으로 할 수 있다:

(가) 주어진 함수 $f(x)$ 의 도함수 $f'(x)$, 이계도함수 $f''(x)$ 및 삼계도함수 $f'''(x)$ 를 구하고 미분계수 $f'(0)$, 이계미분계수 $f''(0)$, 삼계미분계수 $f'''(0)$ 를 구한 다음, 공식

$$T_3(x) = T_3 f(x) = f(0) + f'(0)x + \frac{f''(0)}{2}x^2 + \frac{f'''(0)}{6}x^3$$

에 대입하여 답을 구하거나 또는

(나) 이미 잘 알고 있는 함수의 테일러 전개식과 근사다항식의 유일성을 이용한다.

답안 작성 과정에서 분모에 나타나는 $n!$ 을 잊어먹는 학생들도 있고, $\frac{2}{2!}$ 또는 $\frac{2}{3!}$ 와 같은 표현을 마지막 답에 사용하는 학생들도 있다. 설마 $n!$ 의 의미를 모르는 학생들은 없겠지.

(1) 이 문제를 풀려면 삼각함수 미분법

$$\sin'(x) = \cos(x), \qquad \cos'(x) = -\sin(x)$$

를 알고 있어야 한다.[5] 주어진 함수 $f(x) = e^x \sin x$ 를 미분하여 $f'(x) = e^x(\sin x + \cos x)$, $f''(x) = 2e^x \cos x$, $f'''(x) = 2e^x(\cos x - \sin x)$ 를 얻은 다음, 공식에 대입하여 구하거나 또는 $e^x \sin x = (1 + x + \frac{1}{2}x^2 + \frac{1}{6}x^3)(x - \frac{1}{6}x^3) + o(x^3) = x + x^2 + \frac{1}{3}x^3 + o(x^3)$ 에서 답은 $T_3(x) = x + x^2 + \frac{1}{3}x^3$ 이다.

(2) 이 문제도 미분하여 구하거나, 또는 $f(x) = x\log(1+x) = x(x - \frac{1}{2}x^2 + o(x^2)) = x^2 - \frac{1}{2}x^3 + o(x^3)$ 에서 $T_3(x) = x^2 - \frac{1}{2}x^3$ 을 안다.

[5] $\sin x$ 는 원점 근방에서 증가함수이니까 원점에서 미분계수가 영 이상이라야 하고, $\cos x$ 는 구간 $(0, \pi)$ 에서 감소함수이니까 그 구간에서 미분계수가 영 이하이다.

(3) 함수 e^{-x^2} 은 가우스(?)가 발견한 함수로 정규분포곡선을 이해할 때에 사용되는 중요한 함수이다. 이학기에 가면 정적분값 $\int_{-\infty}^{\infty} e^{-x^2}\,dx = \sqrt{\pi}$ 임을 배운다. 이 문제도 미분하여 풀거나, 또는 $e^x = 1+x+\frac{1}{2}x^2+\cdots$ 에 x 대신에 $-x^2$ 을 대입하면 $e^{-x^2} = 1-x^2+o(x^3)$ 을 안다. 따라서 답은 $T_3(x) = 1-x^2$ 이다. 삼차근사다항식의 차수(degree)가 2라고 하여 놀라지 말 것.

(4) 이 문제는 미분하여 답 $T_3(x) = \sin 1 + (\cos 1)x + \frac{1}{2}(\cos 1 - \sin 1)x^2 - \frac{\sin 1}{2}x^3$ 을 얻는 것이 좋다. 이 문제를 $\sin x = x - \frac{1}{3!}x^3 + \frac{1}{5!}x^5 - \cdots$ 에 x 대신 e^x 를 대입하여 풀려고 하면 아주 어렵다. 왜냐하면 전개

$$\sin e^x = e^x - \frac{1}{3!}e^{3x} + \frac{1}{5!}e^{5x} - \cdots$$

나머지항이 여전히 상수항을 포함하고 있어서[6] 유한개의 항으로 $o(x^3)$ 등을 얻을 수 없기 때문이다. 이러한 방법을 쓰려고 한다면

$$\sin(1+x) = \sin 1 + (\cos 1)x - \frac{\sin 1}{2}x^2 - \frac{\cos 1}{6}x^3 + o(x^3)$$

에 x 대신 $e^x - 1 = x + \frac{1}{2}x^2 + \frac{1}{6}x^3 + \ldots$ 을 대입하여

$$\begin{aligned}
\sin e^x &= \sin(1+(e^x-1)) \\
&= \sin 1 + (\cos 1)(e^x-1) - \frac{\sin 1}{2}(e^x-1)^2 - \frac{\cos 1}{6}(e^x-1)^3 + o(x^3) \\
&= \sin 1 + (\cos 1)(x + \frac{1}{2}x^2 + \frac{1}{6}x^3) - \frac{\sin 1}{2}(x^2+x^3) - \frac{\cos 1}{6}(x^3) + o(x^3) \\
&= \sin 1 + (\cos 1)x + \frac{\cos 1 - \sin 1}{2}x^2 - \frac{\sin 1}{2}x^3 + o(x^3)
\end{aligned}$$

을 얻은 다음, 답을 구하면 된다.[7]

(5) 미분하여도 좋고, 또는 $x - \cos x = x - (1 - \frac{1}{2}x^2 + o(x^3)) = -1 + x + \frac{1}{2}x^2 + o(x^3)$ 이므로 답은 $T_3(x) = -1 + x + \frac{1}{2}x^2$ 이다. 이 문제도 삼차근사다항식의 차수가 2인 경우이다.

(6) 미분하여 구해도 좋다. 물론 2^x 의 도함수가 $(2^x)' = (e^{x\log 2})' = e^{x\log 2}\log 2 = 2^x \log 2$ 라는 것을 아는 것이 좋다.[8] 또는 $e^x = 1+x+\frac{1}{2}x^2+\frac{1}{6}x^3$ 에서 x 대신에 $x\log 2$ 를 대입하여 답을 구하면 쉽다.

$$2^x = e^{x\log 2} = 1 + x\log 2 + \frac{1}{2}x^2(\log 2)^2 + \frac{1}{6}x^3(\log 2)^3 + o(x^3)$$

에서 답은 $T_3(x) = 1 + x\log 2 + \frac{1}{2}x^2(\log 2)^2 + \frac{1}{6}x^3(\log 2)^3$ 이다.

(7) 몇 년 전만 하여도 함수 $\sqrt{1+x}$ 의 미분법을 모르는 학생을 발견하기 어려웠다. 열심히 미분하여도 되고, 또는 이항전개

$$(1+x)^{1/2} = 1 + \binom{1/2}{1}x + \binom{1/2}{2}x^2 + \binom{1/2}{3}x^3 + o(x^3)$$

에서 $\binom{1/2}{1} = \frac{1}{2}$, $\binom{1/2}{2} = \frac{1}{2}\cdot\left(\frac{1}{2}-1\right)/2 = -\frac{1}{8}$, $\binom{1/2}{3} = \frac{1}{2}\left(\frac{1}{2}-1\right)\left(\frac{1}{2}-2\right)/3! = \frac{1}{16}$ 이고 따라서 답은 $T_3(x) = 1 + \frac{1}{2}x - \frac{1}{8}x^2 + \frac{1}{16}x^3$ 이다.

---

[6] $e^{5x} = 1 + 5x + \cdots$ 이므로 이 항은 여전히 $o(1)$ 이 아니다.

[7] 기호계산 프로그램인 `Maple` 에서도

```
taylor(sin(exp(x)), x, 0, 3);
```

와 같이 명령하면 잘 구하여 준다.

[8] 우리가 사용하는 로그함수는 자연로그함수이다: $\log 2 = \ln 2$. 그리고 $\log 2$ 를 미분하면 $\frac{1}{2}$ 이 아니고 0 이다. 상수함수의 미분은 영이니까.

(8) 기하급수의 전개식은 자다 일어나도 바로 답을 할 수 있어야 한다.

$$(1+x)^{-1} = 1 - x + x^2 - x^3 + o(x^3).$$

2.9

(1) $f(x) = \cosh x - \cos x$ 로 두면 $f(0) = \cosh 0 - \cos 0 = 1 - 1 = 0$ 이고, $f'(0) = \sinh 0 + \sin 0 = 0 + 0 = 0$ 이다. 따라서 $f(x) = o(x)$ 이다. 즉, $\cosh x = \cos x + o(x)$ 이다.

(2) $f(x) = \sinh x - \sin x$ 라 하면, $f(0) = \sinh 0 - \sin 0 = 0$ 이고 $f'(0) = \cosh 0 - \cos 0 = 1 - 1 = 0$ 이며 $f''(0) = \sinh 0 + \sin 0 = 0$ 이다. 그러므로 $f(x) = o(x^2)$ 이다. 즉, $\sinh x = \sin x + o(x^2)$ 이다.

(3) 우선 $\tanh x$ 는 홀함수이므로 $\tanh(0) = \tanh''(0) = \tanh''''(0) = 0$ 을 안다. 한편 $\tanh' x = 1 - \tanh^2 x$ 이므로

$$\begin{aligned}\tanh'' x &= -2\tanh x \tanh' x = -2\tanh x(1-\tanh^2 x) = -2(\tanh x - \tanh^3 x)\\ \tanh''' x &= -2(1-3\tanh^2 x)\tanh' x = -2(1-3\tanh^2 x)(1-\tanh^2 x)\end{aligned}$$

에서 $\tanh'(0) = 1$, $\tanh'''(0) = -2$ 를 안다. 따라서 $\tanh x = x - \frac{1}{3}x^3 + o(x^4)$ 이다. 한편 $\arctan x = x - \frac{1}{3}x^3 + o(x^4)$ 이므로 원하는 것을 얻는다.

2.12 좋은 답안처럼 보이는 풀이를 먼저 소개한다.

$f(x)$ 가 $o(x^n)$ 일 필요충분조건은

$$f(0) = f'(0) = \cdots = f^{(n)}(0) = 0$$

이다. 그런데

$$F(0) = 0, \quad F'(x) = f(x), \quad F''(x) = f'(x), \quad \ldots, \quad F^{(n+1)}(x) = f^{(n)}(x)$$

이므로

$$F(0) = 0, \quad F'(0) = f(0) = 0, \quad \ldots, \quad F^{(n+1)}(0) = f^{(n)}(0) = 0$$

이다. 그러므로 $F(x) = o(x^{n+1})$ 이다.

이 증명은 주어진 함수 $f(x)$ 가 n번 미분가능한 함수였다면 좋은 증명이라 할 수 있다. 이러한 가정 없이 증명하려면 다음과 같이 하면 된다.

우선 정의에서

$$\lim_{x\to 0} \frac{f(x)}{x^n} = 0$$

을 안다. 한편 $\lim_{x\to 0} F(x) = F(0) = 0$ 이므로 로피탈 정리에서

$$\lim_{x\to 0} \frac{F(x)}{x^{n+1}} = \lim_{x\to 0} \frac{F'(x)}{(n+1)x^n} = \frac{1}{n+1} \lim_{x\to 0} \frac{f(x)}{x^n} = 0$$

이다. 그러므로 $F(x) = o(x^{n+1})$ 을 얻는다.

로피탈의 정리를 사용하지 않으려면 다음과 같이 하여도 된다.

적분의 평균값 정리에서 $\frac{1}{x}F(x) = f(x_*)$ 를 만족시키는 x_* 가 0 과 x 사이에 존재함을 안다. 따라서

$$\lim_{x\to 0} \frac{F(x)}{x^{n+1}} = \lim_{x\to 0} \frac{f(x_*)}{x^n} = \lim_{x\to 0} \frac{f(x_*)}{x_*^n} \cdot \left(\frac{x_*}{x}\right)^n = 0$$

을 안다. ($|x_*/x| \le 1$ 이므로) 그러므로 $F(x) = o(x^{n+1})$ 이다.

2.13 $f(0) = f'(0) = \cdots = f^{(n)}(0) = 0$ 에서 답은 분명하다. 만약 $f(x)$가 n번 미분가능하다는 조건이 없으면 다음과 같은 반례가 있다. 함수 $f(x) = \begin{cases} x^3 \sin\frac{1}{x} & (x \neq 0) \\ 0 & (x = 0) \end{cases}$ 는 $o(x^2)$ 이다. 그러나 $f'(x) = \begin{cases} 3x^2 \sin\frac{1}{x} - x\cos\frac{1}{x} & (x \neq 0) \\ 0 & (x = 0) \end{cases}$ 이므로 이 함수는 $o(x)$가 아니다. 함수 $f(x)$는 일급함수이지만 두 번 미분가능한 함수는 아니다. 참고로 "로피탈 정리의 반례"를 든다. 함수 $f(x) = \begin{cases} x^2 \sin\frac{1}{x} & (x \neq 0) \\ 0 & (x = 0) \end{cases}$ 는 $f'(x) = \begin{cases} 2x \sin\frac{1}{x} - \cos\frac{1}{x} & (x \neq 0) \\ 0 & (x = 0) \end{cases}$ 이므로 미분가능함수이지만 일급함수는 아니다. (이 함수는 $f(x) = o(x)$ 이지만 $f'(x) \neq o(1)$ 인 보기이다.) 이제 $g(x) = x$ 로 두면

$$0 = \lim_{x\to 0} \frac{f(x)}{g(x)} \neq \lim_{x\to 0} \frac{f'(x)}{g'(x)}$$

이다.

2.14 한 모서리의 길이가 x 인 정육면체의 부피를 $V(x)$ 라 하면 $V(x) = x^3$ 이다. 따라서 이 식에 x 대신에 $1.01x$ 를 대입하면 $V(1.01x) = (1.01)^3x^3 = (1 + 3\cdot 0.01 + 3\cdot(0,01)^2 + (0.01)^3)x^3 \approx (1 + 0.03)x^3$ 을 안다. 그러므로 늘어난 부피는 $V(1.01x) - V(x) \approx 0.03V(x)$ 이고 따라서 3% 정도 늘어남을 안다.

이 문제를 일반적인 문제로 바꾸면 다음과 같이 풀이할 수 있다. 우선 함수를 $V(x)$ 라 하자. 그러면 $\Delta V := \Delta V(x, \Delta x) := V(x + \Delta x) - V(x) \approx V'(x)\Delta x$ 이고 따라서 $\frac{\Delta V}{V(x)} \approx \frac{V'(x)}{V(x)}\Delta x = \frac{xV'(x)}{V(x)} \cdot \frac{\Delta x}{x}$ 이므로 구하는 답은 $\frac{xV'(x)}{V(x)}$ 이다.

2.15 반지름이 r 인 공의 부피는 $V(r) := \frac{4}{3}\pi r^3$ 이다. 따라서

$$\frac{V(r+\Delta r) - V(r)}{V(r)} = \frac{(r+\Delta r)^3 - r^3}{r^3} = 3\frac{\Delta r}{r} + \left(3 + \frac{\Delta r}{r}\right)\left(\frac{\Delta r}{r}\right)^2$$

이다. 이제 $\left|\frac{\Delta r}{r}\right| = 10^{-2}$ 이면, $\left|\left(3 + \frac{\Delta r}{r}\right)\left(\frac{\Delta r}{r}\right)^2\right| \leq 3.01 \times 10^{-4}$ 이고 이 값은 $3\frac{\Delta r}{r} = 3\cdot 10^{-2} = 3\%$ 보다 훨씬 작은 양이다. 따라서 구하는 답은 3% 이다. 이 문제를 빨리 푸는 방법은 다음과 같다:

$$\frac{V(r+\Delta r) - V(r)}{V(r)} \approx \frac{V'(r)\Delta r}{V(r)} = \frac{3r^2}{r^3} \cdot \Delta r = 3\frac{\Delta r}{r}.$$

2.16 입체의 부피는 닮음비 r 의 세제곱에 비례한다. 그러므로 두 닮은 입체의 부피비를 $f(r)$ 이라 하면 $f(r) = r^3$ 이다. 이제 ε 이 아주 작으면

$$f(1+\varepsilon) \approx f(1) + f'(1)\varepsilon = 1 + 3\varepsilon$$

임을 안다. ($f(1+\varepsilon) = (1+\varepsilon)^3 = 1 + 3\varepsilon + 3\varepsilon^2 + \varepsilon^3 \approx 1 + 3\varepsilon$ 이라고 답하여도 좋다.)

2.17 줄어든 몸무게는 $1 - 0.99^2 \approx 1 - (1 - 0.02) = 0.02$ 이다. 답: 2%

3.3 $\sqrt{3.8} = \sqrt{4 - 0.2} = 2\sqrt{1 - 0.05} \approx 2(1 - 0.025) = 1.95$ 로 하면, 오차의 한계는 $\frac{\sqrt{2}}{4} \times 0.05^2 < 10^{-3}$ 이다.

3.7 $R_n(x) = e^{x_*}\frac{x^{n+1}}{(n+1)!}$ 을 만족시키는 x_* 가 0 과 x 사이에 존재한다. 한편

$$\begin{cases} x \geq 0 & \Rightarrow \quad e^{x_*} \leq e^x \\ x \leq 0 & \Rightarrow \quad e^{x_*} \leq 1 \end{cases}$$

이므로 $e^{x_*} \leq \max\{e^x, 1\}$ 을 얻는다. 따라서 $|R_n(x)| \leq \frac{|x|^{n+1}}{(n+1)!}\max\{e^x, 1\}$ 이다. 특히 $|R_n(1)| \leq \frac{e}{(n+1)!}$ 이다. 이 부등식에서

$$n = 1 \quad \Rightarrow \quad e - (1+1) = R_1(e) \leq \frac{e}{2} \quad \Rightarrow \quad e \leq 4$$

$$n = 2 \quad \Rightarrow \quad e - (1+1+\frac{1}{2}) = R_2(e) \leq \frac{e}{3!} \quad \Rightarrow \quad e \leq 3$$

등을 얻는다. (이 부등식은 e 의 정의에서 얻을 수도 있다.) 이제

$$n = 6 \qquad \Rightarrow \qquad \frac{e}{(n+1)!} = \frac{e}{5040} \le \frac{3}{5 \times 10^3} = 0.6 \times 10^{-3}$$

이고 따라서 $|R_6(1)| \le 0.6 \times 10^{-3}$ 이다. 그러므로

$$e = 1 + 1 + \frac{1}{2} + \frac{1}{3!} + \frac{1}{4!} + \frac{1}{5!} + \frac{1}{6!} \pm 0.6 \times 10^{-3}$$

이다. 이것을 답으로 주어도 좋다. 부지런한 학생은

$$\begin{aligned} & 1 + 1 + \frac{1}{2} + \frac{1}{3!} + \frac{1}{4!} + \frac{1}{5!} + \frac{1}{6!} \\ = \;& 1 + 1 + 0.5 + 0.1\dot{6} + 0.041\dot{6} + 0.008\dot{3} + 0.0013\dot{8} \\ = \;& 2.7180\dot{5} \end{aligned}$$

를 알고 따라서 $e = 2.718 \pm (0.1 + 0.6) \times 10^{-3}$ 이다.

3.11 $\lim_{x\to 0} \dfrac{R_{n-1}(x)}{x^n} = \lim_{x\to 0} \dfrac{f(x) - T_{n-1}(x)}{x^n} = \lim_{x\to 0} \dfrac{f'(x) - T'_{n-1}(x)}{nx^{n-1}} = \cdots$
$= \lim_{x\to 0} \frac{f^{(n-1)}(x) - f^{(n-1)}(0)}{n!x} = \frac{f^{(n)}(0)}{n!}$

3.16 (1) 쌍곡 삼각함수의 테일러 급수는 이미 거듭제곱급수이론에서 살펴보았다.

$$\cosh x = \frac{1}{2}\left(\sum \frac{x^n}{n!} + \sum (-1)^n \frac{x^n}{n!}\right) = \sum \frac{x^{2n}}{(2n)!}.$$

(2) $\sinh x = \sum \dfrac{x^{2n+1}}{(2n+1)!}$ (3) $\sin x^2 = \sum (-1)^n \dfrac{x^{2(2n+1)}}{(2n+1)!}$

(4) $\dfrac{1}{1+x^3} = \sum (-1)^n x^{3n}$

3.17 $Tf(x) = 1 - x^2 + x^4 - x^6 + \cdots$ 이고 수렴반경은 1 이다. 이 급수는 물론 $x = 1$ 일 때 수렴하지 않는다.

3.18 $Tg(x) = x\left(1 - 3x^2 + (3x^2)^2 - (3x^2)^3 + \cdots\right)$ 이고, $|3x^2| < 1$ 일 때 수렴하므로, 수렴반경은 $\dfrac{1}{\sqrt{3}}$ 이다.

3.19 $f(x) = \dfrac{e^x - 1}{x} = \dfrac{\sum_{n=1}^{\infty} \frac{x^n}{n!}}{x} = \displaystyle\sum_{n=1}^{\infty} \frac{x^{n-1}}{n!} = \sum_{n=0}^{\infty} \frac{x^n}{(n+1)!}$ 이다. 거듭제곱급수함수는 자신의 테일러 급수와 일치하므로 $f(x) = Tf(x)$ 이다. 한편 $f(x) = \frac{e^x - 1}{x}$ 는 수렴반경이 ∞ 이므로 이를 $x = 1$ 근방에서 미분하면

$$\frac{e^x x - (e^x - 1)\cdot 1}{x^2} = \sum \frac{nx^{n-1}}{(n+1)!}$$

임을 안다. 이제 $x = 1$ 을 대입하면 $1 = \sum \dfrac{n}{(n+1)!}$ 을 얻는다.

4.1 (1) $T_3 = x^2 + x + 1$ (2) $T_3 = -\pi(x-1) + \pi^3(x-1)^3/6$

4.3 (1) $x^4 = (3 + (x-3))^4 = 3^4 + 4\cdot 3^3(x-3) + 6\cdot 3^2(x-3)^2 + 4\cdot 3(x-3)^3 + (x-3)^4$ 이므로[9] $T(x) = 81 + 108(x-3) + 54(x-3)^2 + 12(x-3)^3 + (x-3)^4$ 이다.

(2) $\dfrac{1}{x} = \dfrac{1}{3 + (x-3)} = \dfrac{1}{3}\cdot\dfrac{1}{1 + \frac{x-3}{3}} = \dfrac{1}{3}\cdot\left(1 - \dfrac{x-3}{3} + \left(\dfrac{x-3}{3}\right)^2 - \left(\dfrac{x-3}{3}\right)^3 + \cdots\right) = \sum (-1)^n \dfrac{(x-3)^n}{3^{n+1}}$

---

[9]파스칼의 삼각형을 기억한다면 이항전개가

$$(a+b)^4 = a^4 + 4a^3b + 6a^2b^2 + 4ab^3 + b^4$$

임은 바로 안다.

탐구문제.6 모두 옳다.

탐구문제.7 $1/2, 1/2$

탐구문제.13 임의의 수열 (a_n)에 대하여 $\varepsilon_n := \frac{1}{2(1+|a_n|)}$ 로 둔다. 그리고 **돌출함수**(bump function) $\rho_n : \mathbb{R} \to \mathbb{R}$을 생각한다. 이 함수는 연속함수이고, **받침**(support)이 구간 $[-\varepsilon_n, \varepsilon_n]$에 포함되고, 구간 $[-\frac{\varepsilon_n}{2}, \frac{\varepsilon_n}{2}]$에서 함숫값이 항등적으로 1이도록 정한다. 그러면 $n > 0$일 때

$$|a_n x^n \rho_n(x)| \le |a_n| {\varepsilon_n}^n \le \frac{1}{2^n}$$

이고 따라서 함수

$$f(x) := \sum_n a_n x^n \rho_n(x)$$

는 잘 정의된다. (**고르게**(uniformly) 수렴한다!) 더군다나

$$f(x) = (a_0\rho_0(x) + a_1 x\rho_1(x) + \cdots + a_n x^n \rho_n(x)) + x^n \left(\sum_{k \ge 1} a_{n+k} x^k \rho_{n+k}(x) \right)$$

이고

$$\left| a_{n+k} x^k \rho_{n+k}(x) \right| \le |a_{n+k}| {\varepsilon_{n+k}}^k \le \frac{1}{2^k}$$

이다. 그러므로

$$f(x) = a_0\rho_0(x) + a_1 x\rho_1(x) + \cdots + a_n x^n \rho_n(x) + o(x^n)$$

이다. 이로부터 f 가 무한급 함수임을 알고, $f^{(n)}(0)/n! = a_n$ 을 얻는다.

탐구문제.14 테일러 급수는 0이다.

탐구문제.15 아니오

탐구문제.16 함수 $g(x) = \begin{cases} e^{-1/x} & (x \ne 0) \\ 0 & (x \le 0) \end{cases}$ 가 무한급 함수임은 교과서 본문에서 살펴보았다. 한편 $f(x) = g(x^2)$이므로 f는 무한급 함수의 합성이고, 따라서 "합성함수 미분법"(연쇄법칙)에서[10] f는 무한급 함수이다. 한편

$$g(0) = g'(0) = g''(0) = \cdots = 0$$

이므로

$$f(0) = f'(0) = f''(0) = \cdots = 0$$

이고 따라서 f의 테일러 급수는 항등적으로 0이다: $Tf(x) = 0$.

탐구문제.17 이 함수는 앞의 문제처럼 무한급 함수의 합성이다. 또 앞에서와 마찬가지로

$$f(0) = f'(0) = f''(0) = \cdots = 0$$

이므로 f의 테일러 급수는 항등적으로 0이다: $Tf(x) = 0$. 그러므로 $Tf(x) \ne f(x)$이므로 f는 해석함수가 아니다.

탐구문제.19

$$\begin{aligned} I'(x) &= \left(1 - e^{-k/x}\right) + x\left(-\frac{k}{x^2} \cdot e^{-k/x}\right) = 1 - e^{-k/x}\left(1 + \frac{k}{x}\right) \\ &= e^{-k/x}\left(e^{k/x} - 1 - \frac{k}{x}\right) > 0 \end{aligned}$$

이므로 $I(x)$는 증가함수이다. 또 $\lim_{x\to\infty} I(x) = k$ (원) 이다.

[10] $f'(x) = g'(x^2)(2x)$, $f''(x) = g''(x^2)(2x)^2 + g'(x^2) \cdot 2$, $f'''(x) = g'''(x^2)(2x)^3 + 2g''(x^2)(2 \cdot 2x)$, ...

제 4 장

1.3 $\sqrt{\frac{1}{2}(5^2+6^2+7^2)} = \sqrt{55}$

1.11 10^4 차원

1.12 검은색, 흰색, 노란색

2.1 $\sqrt{r_1^2 + r_2^2 - 2r_1 r_2 \cos(\theta_1 - \theta_2)}$

2.4

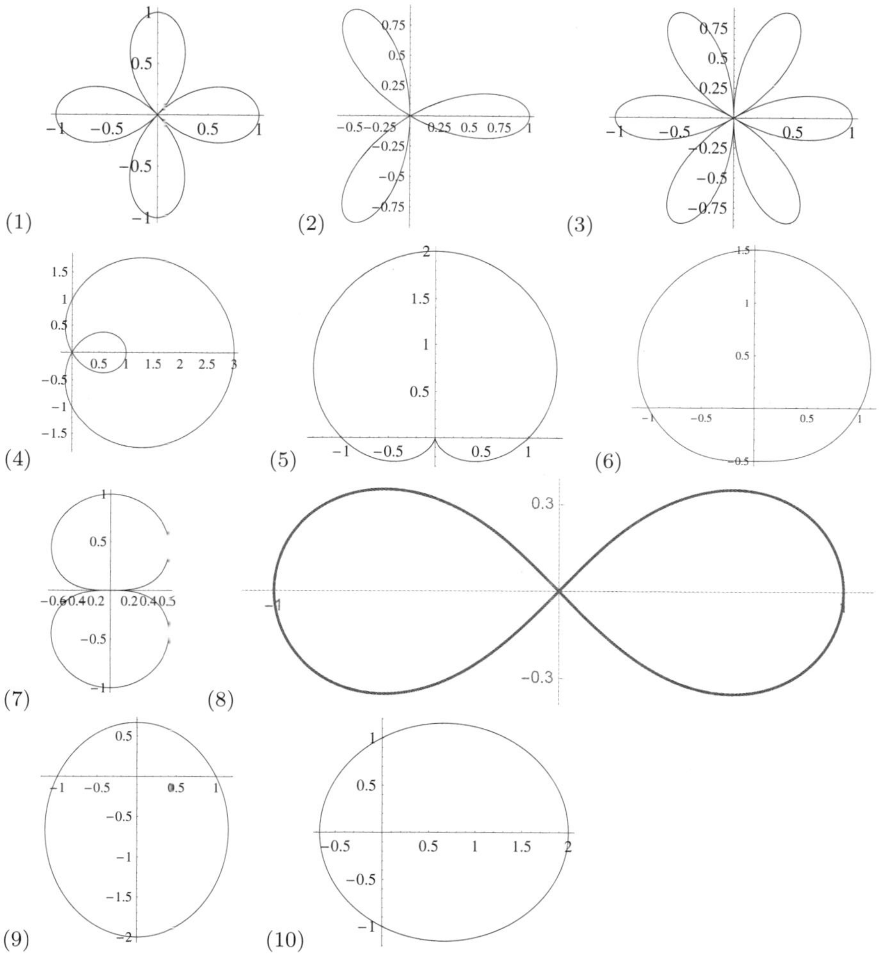

3.4 (1) 1 (2) 5

3.5 먼저 지구의 중심을 원점으로 두고, 지구의 반지름을 R로 두면, 런던과 서울의 직교좌표는 각각 $L = R(0.623, 0, 0.783)$, $S = R(-0.477, 0.634, 0.609)$이다. 따라서 이 두 도시 사이의 직선거리는 $d := |L - S| = 1.281R$이다. 이제 지구 중심에서 서울과 런던을 연결한 부채꼴의 중심각 크기를 α라고 하면

$$R\sin(\alpha/2) = d/2 = 1.281R/2$$

이다. 따라서

$$\alpha = 2\arcsin(0.641) = 2 \times 0.696 = 1.392 \qquad \text{(rad)}$$

를 얻는다 ($1.392^{\text{rad}} \approx 79.8^\circ$). 그러므로 지표를 따르는 런던-서울 거리는

$$R\alpha = 8871 \qquad (\text{km})$$

이다.

3.6 $\sqrt{3}$

탐구문제.4 CBS 부등식 사용하는 문제이다.

제 5 장

1.1 모두 옳다.

1.2 벡터 $2(P_2 - P_1)$ 만큼의 평행이동이다.

3.7 $\sqrt{1^2+2^2+3^2} = \sqrt{14}$

3.12 $\mathbf{v}$가 z축과 이루는 각을 θ_z 라 하면 이 각은 식 $\cos^2\theta_x + \cos^2\theta_y + \cos^2\theta_z = 1$ 에서 구할 수 있다. 이제 구하는 각은 $\alpha = |\frac{\pi}{2} - \theta_z|$. 따라서

$$\alpha = \arcsin\sqrt{1-\cos^2\theta_x - \cos^2\theta_y}$$

이다. $\theta_x = \theta_y = 60^\circ$ 이면 $\alpha = 45^\circ$ 이다.

3.15 $|x+y+z|^2 = \left|x + \frac{1}{\sqrt{2}}\cdot\sqrt{2}y + \frac{1}{\sqrt{3}}\cdot\sqrt{3}z\right| \le (1+\frac{1}{2}+\frac{1}{3})(x^2+2y^2+3z^2) = \frac{11}{6}$ 이다. 따라서 $\pm\sqrt{11/6}$ 이 구하는 답이다.

3.16 먼저 당구공$_0$ 의 처음 속도를 $\mathbf{v}_0$ 이라 하자. 당구공$_0$ 이 당구공$_1$ 과 충돌 후, 당구공$_1$ 의 속도를 $\mathbf{v}_1$, 당구공$_0$ 의 속도를 $\mathbf{v}_2$ 라 하자. 그러면 **운동량 보존의 법칙**에서

$$\mathbf{v}_0 = \mathbf{v}_1 + \mathbf{v}_2, \qquad \mathbf{v}_1 \cdot \mathbf{v}_2 = 0$$

을 얻는다. 이제 당구공$_0$ 과 당구공$_1$ 이 충돌하는 순간의 위치를 P_* 라 하면 이 위치는 본문의 그림에서 바로 안다. 그러므로 $\mathbf{u} := \overrightarrow{P_0P_*}/\left|\overrightarrow{P_0P_*}\right|$ 가 당구공$_0$ 을 때려야 하는 방향이다. 이제 $\theta := \angle(\mathbf{u}, \mathbf{v}_2)$ 로 두면 $\mathbf{v}_0 = \frac{v_2}{\cos\theta}\mathbf{u}$ 이다.

3.21 예

4.5 (b) $A' - P = (A-P) - 2\dfrac{(A-P)\cdot\mathbf{n}}{|\mathbf{n}|^2}\mathbf{n}$ 이다.

4.9 $\left(\dfrac{2x}{x^2+y^2+1}, \dfrac{2y}{x^2+y^2+1}, \dfrac{x^2+y^2-1}{x^2+y^2+1}\right)$

4.10 원점에서 발사된 빛이 평면 $x+y+z=1$과 만나는 점을 $P := t(1,2,3)$ 이라 하면 $t+2t+3t=1$ 에서 $t = 1/6$ 이다. 따라서 $P = (1,2,3)/6$ 이다. 또 이 점에서 반사된 빛이 진행하는 방향은

$$(1,2,3) - 2\frac{(1,2,3)\cdot(1,1,1)}{|(1,1,1)|^2}(1,1,1) = (1,2,3) - 4(1,1,1) = (-3,-2,-1)$$

이다. 따라서 이 반사된 빛이 xy-평면과 만나는 점을

$$Q := P + s(-3,-2,-1) = (1,2,3)/6 - (3s, 2s, s)$$

라 하면 $s = 1/2$ 이고 따라서 $Q = (-4/3, -2/3)$ 이다.

4.15 함수 $f(\mathbf{n}, c) := \frac{1}{2k}\sum_{i=1}^k(\mathbf{n}\cdot P_i + c)^2$ 을 최소점에서 c에 대하여 미분하면 0이다. 따라서 $P_1, \ldots, P_k$ 의 평균점을 $\bar{P}$ 라 하면, $0 = \frac{1}{k}\sum_{i=1}^k(\mathbf{n}\cdot P_i + c) = \mathbf{n}\cdot\bar{P} + c$ 이다.

4.16 모든 마을의 평균점에 보물이 묻혀 있다.

4.22 F를 세 질점 A, B, C 의 질량중심으로 이해하면, D 의 위치에서 A와 B 의 질량의 비가 $1:2$ 이고, E 의 위치에서 B 와 C 가 같은 질량임을 안다. 그러므로 A, B, C 의 질량의 비는 $1:2:2$ 이다. 따라서 F 는 선분 AE 를 $4:1$ 로, 선분 CD 를 $3:2$ 로 내분한다.

4.24 $\left(\dfrac{3\sin t}{3-\cos t}, \dfrac{3t}{3-\cos t}\right)$

5.8 답: 44번. 43번 또는 45번을 답으로 생각하는 이는 이틀에 몇 번인가를 생각하면 44가 가장 적절한 답임을 알 수 있다.

탐구문제.10 벡터 $(1,1,1)$, $(1,2,3)$, $(1,4,9)$, $(1,8,27)$은 일차독립이 아니므로 어떤 '관계식'을 만족시킨다. 이 관계식을 c_1, c_2, c_3, c_4가 만족시켜야만 주어진 방정식이 해를 가지게 된다. 이 문제에서 "일반적으로"라는 용어는 "확률 1로"라는 뜻으로 사용하였다.

제 6 장

1.11 B, C는 반대각선에 있는 항들이 모두 1이고, 나머지 항은 0인 행렬이다. 즉, $B = \begin{pmatrix} 0 & \cdots & 1 \\ \vdots & \iddots & \vdots \\ 1 & \cdots & 0 \end{pmatrix}$이고, C도 같은 모양이다.

2.10 $\frac{1}{14}\begin{pmatrix} 1 & 2 & 3 \\ 2 & 4 & 6 \\ 3 & 6 & 9 \end{pmatrix}$

2.12 예, 예

2.13 예

2.14 꼭짓점이 $(0,0), (1,0), (2,1), (1,1)$인 평행사변형

3.6 $2(c_2 - c_1)(a,b)$만큼 평행이동하는 변환이다.

3.8 쌍곡선

3.9 $(1,1)$

탐구문제.26 주어진 3×3 행렬의 세 열벡터가 일차독립이면, 불가능하다. 하지만 그렇지 않은 경우는 가능하다.

제 7 장

1.4 $\begin{pmatrix} 0 & 0 & 1/3 \\ 0 & 1/2 & 0 \\ 1 & 0 & 0 \end{pmatrix}$

1.5 대각선이 $\lambda_1^{-1}, \ldots, \lambda_n^{-1}$인 대각행렬

1.6 주어진 행렬을 **반**(反, anti)**대각행렬**이라 하고, $(\lambda_1, \ldots, \lambda_n)$을 **반대각선**이라 하면, 구하는 역행렬은 반대각선이 $(\lambda_n^{-1}, \ldots, \lambda_1^{-1})$인 반대각행렬이다.

3.1 (1) 0 (2) 6 (3) 2

3.1 5장 3절 연습문제 5번에서 평행사변형의 넓이는 $A := \sqrt{|\mathbf{x}|^2|\mathbf{y}|^2 - (\mathbf{x}\cdot\mathbf{y})^2}$이다. 이제 $\mathbf{x} = (x_1, x_2)$, $\mathbf{y} = (y_1, y_2)$를 위 식에 대입하면 $A = \sqrt{(x_1^2 + x_2^2)(y_1^2 + y_2^2) - (x_1y_1 + x_2y_2)^2} = \sqrt{(x_1y_2 - x_2y_1)^2} = |x_1y_2 - x_2y_1| = \det(\mathbf{x}, \mathbf{y})$이다.

3.5 $6\pi, 6A$

3.6 πab

3.7 c^n배

4.1 $n \geq 2$일 때, 짝치환들의 개수와 홀치환들의 개수는 같고 그것은 $n!/2$이다.

4.3 m과 n은 모두 2 이상이고, mn을 4로 나눈 나머지가 1 또는 2일 때, 즉 (m,n)을 4로 나눈 나머지가 $(1,1), (1,2), (2,1), (2,3), (3,2), (3,3)$일 때이다.

4.4 아니요.

4.8 홀치환

4.10 $(\mathbf{a}_i \cdot \mathbf{a}_j) = \mathbf{A}^{\rm t}\mathbf{A}$ 이고, $\det(\mathbf{A}^{\rm t}\mathbf{A}) = (\det A)^2$ 이므로 원하는 결론을 얻는다.

탐구문제.11 0

탐구문제.15 $1 \times (n-1)$ 행렬 R에 대하여 $R(B\ C)$는 행렬 $(B\ C)$의 행들의 일차결합이다. 이제 행렬의 성질에서

$$\det A = \det \begin{pmatrix} B & C \\ O & d - C^{\rm t}B^{-1}C \end{pmatrix}$$

를 유도하면 된다.

탐구문제.16 주어진 행렬식이 $\det \begin{pmatrix} 1 & 2 & 121 \\ 2 & 5 & 253 \\ 8 & 2 & 825 \end{pmatrix}$ 와 같음을 유도하면, 바로 답을 얻는다.

탐구문제.21 $n(n-1)/2$가 짝수인 경우, 즉 $n \equiv 0, 1 \mod 4$ 인 경우

탐구문제.23 예! 길이 k가 짝수이면 홀치환, 홀수이면 짝치환이다.

탐구문제.24 정육면체에는 4!, 즉 스물네 가지 회전대칭이 있는데, 이들은 네 개의 대각선들의 위치에 의하여 결정된다. 이 회전변환들은 열두 가지 모서리 중 하나에 화살표를 나타내어 표현할 수도 있다. 주사위를 모눈종이 위에서 한 칸씩 움직이는 것은 대각선들의 홀치환이고, 두 칸을 움직이면 짝치환이다. 하지만 주어진 그림에서는 두 주사위들의 홀짝 상태가 다르기 때문에 이러한 이동은 불가능하다.

제 8 장

1.9 (c) 고상한(?) 증명을 소개한다.

벡터 $\mathbf{a}, \mathbf{b}, \mathbf{c}, \mathbf{d}, \mathbf{x}$ 에 대하여 $\begin{pmatrix} \mathbf{a}^{\rm t} \\ \mathbf{b}^{\rm t} \\ \mathbf{x}^{\rm t} \end{pmatrix} (\mathbf{c}\ \mathbf{d}\ \mathbf{a} \times \mathbf{b}) = \begin{pmatrix} \mathbf{a}\cdot\mathbf{c} & \mathbf{a}\cdot\mathbf{d} & 0 \\ \mathbf{b}\cdot\mathbf{c} & \mathbf{b}\cdot\mathbf{d} & 0 \\ \mathbf{x}\cdot\mathbf{c} & \mathbf{x}\cdot\mathbf{d} & \mathbf{x}\cdot\mathbf{a}\times\mathbf{b} \end{pmatrix}$ 이다. 그러므로 양변의 행렬식을 구하면 $\det(\mathbf{a}, \mathbf{b}, \mathbf{x}) \cdot \det(\mathbf{c}, \mathbf{d}, \mathbf{a} \times \mathbf{b}) = \det \begin{pmatrix} \mathbf{a}\cdot\mathbf{c} & \mathbf{a}\cdot\mathbf{d} \\ \mathbf{b}\cdot\mathbf{c} & \mathbf{b}\cdot\mathbf{d} \end{pmatrix} \cdot (\mathbf{x}\cdot\mathbf{a}\times\mathbf{b})$ 를 얻는다. 이제 양변에서 $\det(\mathbf{a}, \mathbf{b}, \mathbf{x}) = \mathbf{x}\cdot\mathbf{a}\times\mathbf{b}$ 를 소거하면 $\det(\mathbf{c}, \mathbf{d}, \mathbf{a}\times\mathbf{b}) = \det \begin{pmatrix} \mathbf{a}\cdot\mathbf{c} & \mathbf{a}\cdot\mathbf{d} \\ \mathbf{b}\cdot\mathbf{c} & \mathbf{b}\cdot\mathbf{d} \end{pmatrix}$ 를 얻는다, 이 식이 원하는 등식이다.

1.11 $\mathbf{v}_A = \frac{1}{2}\overrightarrow{BD} \times \overrightarrow{BC}$, $\mathbf{v}_B = \frac{1}{2}\overrightarrow{AC} \times \overrightarrow{AD}$, $\mathbf{v}_C = \frac{1}{2}\overrightarrow{AD} \times \overrightarrow{AB}$, $\mathbf{v}_D = \frac{1}{2}\overrightarrow{AB} \times \overrightarrow{AC}$ 이다. 이제 $\overrightarrow{BC} = \overrightarrow{AC} - \overrightarrow{AB}$, $\overrightarrow{BD} = \overrightarrow{AD} - \overrightarrow{AB}$ 를 이용하라.

1.12 $A_1 + t_1\mathbf{v}_1$ 과 $A_2 + t_2\mathbf{v}_2$ 가 두 직선 사이의 최단거리를 준다고 하자. 그러면 이 점들의 차

$$(A_1 - A_2) + t_1\mathbf{v}_1 - t_2\mathbf{v}_2$$

는 $\mathbf{v}_1$ 과 $\mathbf{v}_2$ 에 동시에 수직이 되므로, $\mathbf{v}_1 \times \mathbf{v}_2$ 의 상수배이다. 이제 $(A_1 - A_2) + t_1\mathbf{v}_1 - t_2\mathbf{v}_2 = c\mathbf{v}_1 \times \mathbf{v}_2$ 로 두고, 양변에 $\mathbf{v}_1 \times \mathbf{v}_2$ 를 내적하면

$$(A_1 - A_2) \cdot (\mathbf{v}_1 \times \mathbf{v}_2) = c|\mathbf{v}_1 \times \mathbf{v}_2|^2$$

를 얻는다. 이로부터 원하는 결론을 바로 얻는다.

1.15 $\mathbf{v}$가 $\mathbf{a}$, $\mathbf{b}$, $\mathbf{c}$일 때 성립하는 것은 쉽게 안다. 따라서 선형사상의 성질에서 임의의 $\mathbf{v}$에 대하여 성립함을 안다.

1.16 점 P 에서 각 면에 내린 수선의 길이가 일정함을 알면, $\overrightarrow{OP} = \frac{1}{4}\left(\overrightarrow{OA} + \overrightarrow{OB} + \overrightarrow{OC}\right)$ 를 얻는다.

1.17 $\mathbf{n}$은 변하지 않는다. 꼭짓점 C를 원점으로 하면 $\mathbf{n} = \mathbf{a} \times \mathbf{b} \neq \mathbf{0}$이므로 그 크기는 삼각형 넓이의 두 배이다.

1.20 $\sqrt{1^2 + 1^2 + 2^2} = \sqrt{6}$

1.21 나란히꼴의 밑넓이는 $|\mathbf{x} \times \mathbf{y}|$ 이고 높이는 $\left|\frac{\mathbf{x}\times\mathbf{y}}{|\mathbf{x}\times\mathbf{y}|} \cdot \mathbf{z}\right|$ 이므로 구하는 부피는

$$V = |\mathbf{x} \times \mathbf{y}| \cdot \left|\frac{\mathbf{x} \times \mathbf{y}}{|\mathbf{x} \times \mathbf{y}|} \cdot \mathbf{z}\right| = |\mathbf{x} \times \mathbf{y} \cdot \mathbf{z}| = |\det(\mathbf{x}, \mathbf{y}, \mathbf{z})|$$

이다.

1.22 사면체의 부피는 평행육면체 부피 $\det \begin{pmatrix} 1 & 1 & 1 \\ 1 & 2 & 3 \\ 1 & 3 & 9 \end{pmatrix} = 4$ 의 1/6 이다. 답: 2/3

1.23 벡터 $\mathbf{x}, \mathbf{y}, \mathbf{z}$ 를 열로 가지는 행렬을 B 라 하자. 그러면 $\text{vol}(\mathbf{x}, \mathbf{y}, \mathbf{z}) = |\det B|$ 이다. 또 행렬 AB 의 열은 $A\mathbf{x}, A\mathbf{y}, A\mathbf{z}$ 이므로 이들이 이루는 평행육면체의 부피는 $\text{vol}(A\mathbf{x}, A\mathbf{y}, A\mathbf{z}) = |\det(A\mathbf{x}, A\mathbf{y}, A\mathbf{z})| = |\det(AB)| = |\det A|\,|\det B| = |\det A| \text{vol}(\mathbf{x}, \mathbf{y}, \mathbf{z})$ 이다.

1.24 $\frac{4}{3}\pi abc$

탐구문제.4 $\mathbf{b}_0$을 $\mathbf{a}$와 수직인 평면에 정사영한 것을 $\mathbf{c}_0$이라 하자. 이제 c_0을 $\mathbf{a}$를 축으로 하여 $90°$, $180°$, $270°$ 회전한 것을 각각 $\mathbf{c}_1$, $\mathbf{c}_2$, $\mathbf{c}_3$이라 하고,

$$\mathbf{c}_{n+4} := \mathbf{c}_n \qquad (n = 0, 1, 2, \dots)$$

이라 하면

$$\mathbf{b}_n = |\mathbf{a}|^n \mathbf{c}_n$$

이다. 또 $\mathbf{a} = (1, 2, 2)/3$, $\mathbf{b} = (0, 1, 2)$이면 $\mathbf{b}_{2000} = \mathbf{c}_0 = \frac{1}{3}(-2, -1, 2)$이다.

탐구문제.9 먼저 회전축을 매개화하면

$$x = t, \quad y = 2t, \quad z = 2t$$

이므로 회전축 방향의 단위벡터는 $\pm\frac{1}{3}(\mathbf{i} + 2\mathbf{j} + 2\mathbf{k})$이다. 따라서 각속도는

$$\boldsymbol{\omega} = \pm\frac{\omega}{3}(\mathbf{i} + 2\mathbf{j} + 2\mathbf{k})$$

이다. 그러므로 $\mathbf{p} = 2\mathbf{i} + 3\mathbf{j} + 4\mathbf{k}$ 일 때의 동점의 속도는

$$\mathbf{v} = \boldsymbol{\omega} \times \mathbf{p} = \pm\frac{\omega}{3}(\mathbf{i} + 2\mathbf{j} + 2\mathbf{k}) \times (2\mathbf{i} + 3\mathbf{j} + 4\mathbf{k}) = \pm\frac{\omega}{3}(2\mathbf{i} - \mathbf{k})$$

이다. 따라서 구하는 속력은

$$|\mathbf{v}| = \frac{\sqrt{5}}{3}\omega$$

이다.

탐구문제.11 구하그자 하는 막대의 부분을 C 로 두면, 이 점에 $-(0,1,2)-(1,2,3) = -(1,3,5)$의 힘이 작용하여야 한다. 이제 기준점 Q에 대한 회전력이 없으려면,

$$\overrightarrow{QA} \times (0,1,2) + \overrightarrow{QB} \times (1,2,3) - \overrightarrow{QC} \times (1,3,5) = \mathbf{0}$$

이 되어야 한다. 이때 기준점은 편리한 대로 잡으면 된다. C 가 AB 의 중점이라는 결론을 얻기 바란다.

제 9 장

1.1 방정식 $3x - 14y + z = 10$에 $x = 2t^2$, $y = 1 - t$, $z = 3 + t^2$을 대입하면

$$10 = 3(2t^2) - 14(1 - t) + (3 + t^2) = 7t^2 + 14t - 11$$

을 얻는다. 이 방정식을 풀면 $t = 1$, $t = -3$ 이다. 따라서 교점은

$$(x, y, z) = (2, 0, 4), \qquad (x, y, z) = (18, 4, 12)$$

이다.

1.2 점 $X(t_0)$ 에서 속도벡터 $X'(t_0)$ 가 영벡터가 아니면 접선의 방정식은

$$l(s) = X(t_0) + sX'(t_0) \qquad (s \in \mathbb{R})$$

이다.

(1) $t_0 \neq 0$ 이면 $l(s) = ({t_0}^2, {t_0}^3) + s(2t_0, 3{t_0}^2)$ 이다. $t_0 = 0$ 인 경우는 좀 어려운 경우이므로 넘어가도 된다. 이 경우는 곡선의 그래프를 그려 보면 바로 알 수 있듯이 x-축이 접선이다.

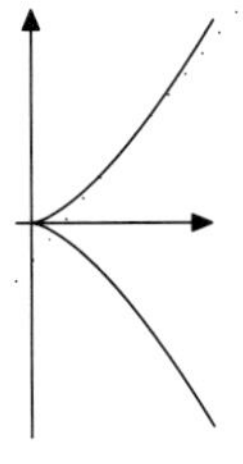

굳이 유도하고자 한다면, 곡선 (t^2, t^3) 과 x-축 $(s, 0)$ 사이의 거리를 매개변수로 나눈 값의 극한이

$$\lim_{s \to 0} \frac{\sqrt{(t^2 - s)^2 + (t^3)^2}}{s} = 0$$

이기 때문이다. (여기에서 s 는 호의 길이를 나타내는 매개변수이고, $ds/dt = t\sqrt{4 + 9t^2}$ 이다.)

(2) 반장축이 2, 반단축이 1인 타원. $l(s) = (2\cos t_0, \sin t_0) + s(-2\sin t_0, \cos t_0)$ 이다.

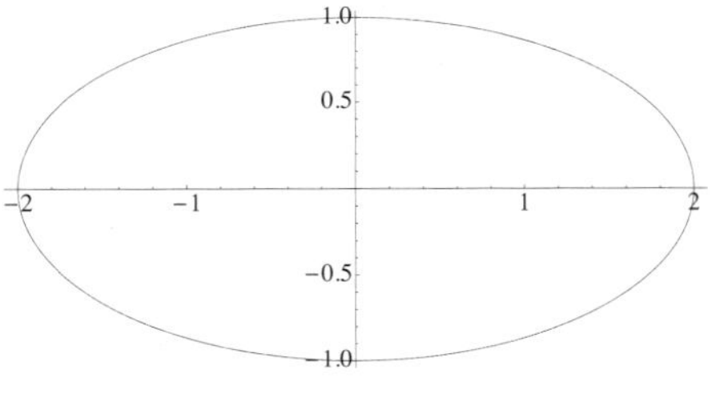

(3) $l(s) = e^{-t_0}(\cos t_0, \sin t_0) + se^{-t_0}(-\cos t_0 - \sin t_0, -\sin t_0 + \cos t_0)$ 이다.

(4) $l(s) = (t_0 \cos t_0, t_0 \sin t_0, t_0) + s(\cos t_0 - t_0 \sin t_0, \sin t_0 + t_0 \cos t_0, 1)$ 이다.

1.3 두 곡선에 각각 $t = 0$ 을 대입하면 모두 $(1, 1, 0)$ 이다. 처음 곡선을 $X(t)$ 로 두면

$$X'(t) = (e^t, 2e^{2t}, e^{-t}), \qquad X'(0) = (1, 2, 1)$$

이고 두 번째 곡선을 $Y(t)$ 라 하면

$$Y'(t) = (-1, -\sin t, \cos t), \qquad Y'(0) = (-1, 0, 1)$$

이다. 따라서 두 접선의 사잇각 θ 의 코사인값은

$$\cos\theta = \frac{X'(0) \cdot Y'(0)}{|X'(0)| \cdot |Y'(0)|} = 0$$

이다. 이로부터 두 접선이 서로 수직으로 만남을 안다. 답: 90°

1.4 등식 $|X(t)|^2 = X(t) \cdot X(t)$ 의 양변을 각각 미분하면

$$2|X(t)|\,\frac{d}{dt}|X(t)| = 2X(t) \cdot X'(t)$$

를 얻는다. 이로부터 원하는 것이 보인다. 또 원점에서의 거리가 최소가 되는 점에서는 미분계수가 영이 되어야 하고, 따라서 $X(t_0) \cdot X'(t_0) = \left.\frac{d}{dt}\right|_{t_0} |X(t)| = 0$ 을 얻는다. 그러므로 원점과 $X(t_0)$ 을 이은 직선이 곡선에 수직으로 만난다.

1.5 극좌표계에서 $r = r(\theta)$ 로 표현된 곡선의 점 $X(\theta)$ 에서

$$X'(\theta) = r'(\theta)(\cos\theta, \sin\theta) + r(\theta)(-\sin\theta, \cos\theta)$$

이고 따라서 $|X'(\theta)| = \sqrt{r'^2 + r^2}$ 임을 안다.

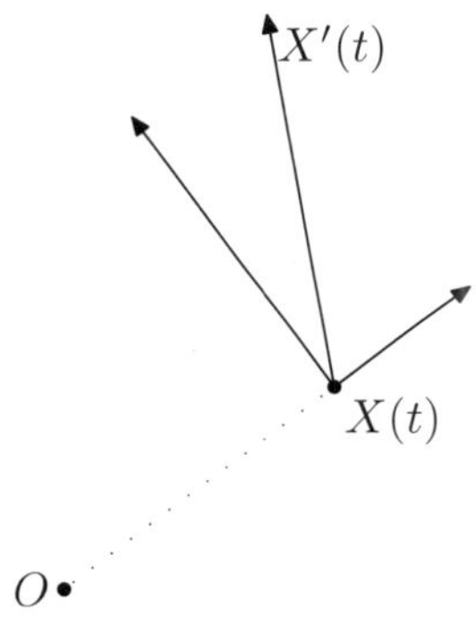

1.6 $X(t) = 2(\cos t, \sin t) - (\cos 2t, \sin 2t)$ 이다.

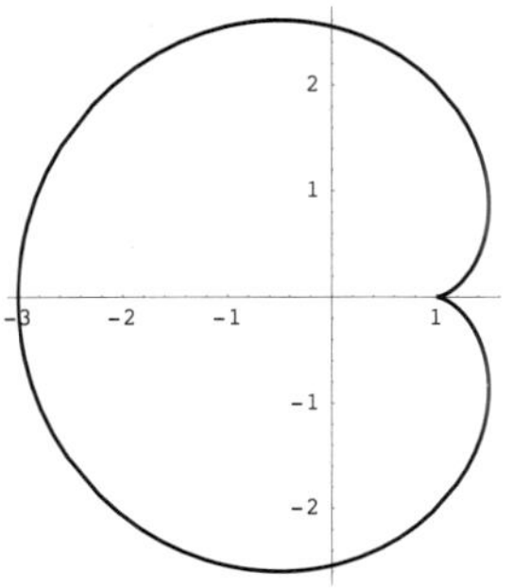

1.7 파리의 위치는

$$X(t) = 2t(\cos 3t, \sin 3t)$$

이다. 따라서

$$X'(t) = 2(\cos 3t, \sin 3t) + 2t \cdot 3(-\sin 3t, \cos 3t), \qquad |X'(t)| = 2\sqrt{1 + 9t^2}$$

이고

$$|X'(4)| = 2\sqrt{145}$$

이다. 답: $2\sqrt{145}$ cm/s

1.8 $P'(t) = -2(1-t)P_0 + 2(1-2t)P_* + 2tP_1$ 에서

$$P'(0) = 2(P_* - P_0), \qquad P'(1) = 2(P_1 - P_*)$$

이다. 따라서 점 $P_0 = P(0)$ 에서의 접선이 P_* 를 지나고, 마찬가지로 점 P_1 에서의 접선이 P_* 를 지난다. 또 $P(1/2) = (P_* + (P_0 + P_1)/2)/2$ 이다.

1.9 이 곡선은 무한급곡선이지만 원점에서의 속도벡터가 영이므로 정규곡선은 아니다. 그림은 $y = |x|$ 의 그래프와 같다.

1.11 원환면의 매개화에서 θ는 **경도**를 나타내고 φ는 **위도**를 나타낸다. 따라서 "곡선"

$$\theta = 2t, \qquad \varphi = 3t$$

는 경도변화가 "세 바퀴"일 때, 위도변화가 "두 바퀴"인 곡선을 나타낸다. 임의의 t에 대하여 방정식

$$(\cos 2(t+p), \sin 2(t+p)) = (\cos 2t, \sin 2t),$$
$$(\cos 3(\varphi+p), \sin 3(\varphi+p)) = (\cos 3\varphi, \sin 3\varphi)$$

을 만족시키는 양수 p는

$$2p \in \{2\pi, 4\pi, 6\pi, \dots\}, \qquad 3p \in \{2\pi, 4\pi, 6\pi, \dots\}$$

이다. 이러한 p들 중에서 최소인 것을 주기라고 한다. 따라서 주기는 2π 이다.

3.3 (5) $9\pi/2$ (10) $(4-\pi)/8$

3.6 $\displaystyle \frac{1}{2}\int_0^{\pi/n} \sin^2 n\theta\, d\theta = \frac{1}{2}\cdot\frac{1}{2}\cdot\frac{\pi}{n} = \frac{\pi}{4n}$

3.8 $\pi R^2(4 + 2a^2)$

5.1 $a + \frac{1}{2}\sinh 2a$

5.3 6, 4 : 1

5.8 (5) $\int_0^{4\pi}(1 + (\sqrt{3}/2)\cos\theta/2)\, d\theta = 4\pi$

5.10 *경고! 풀이를 모른다면 이 풀이를 먼저 보지 말 것.* 점 B를 적도에 대하여 대칭이동시킨 점을 B'이라 하고, A와 B'을 양끝점으로 하는 대원호 AB'이 적도와 만나는 점을 C라고 하자. 그러면 구하는 경로는 대원호 AC와 대원호 CB를 이은 것이다. 유클리드 식의 "아름답고 아름다운" 풀이이다.

6.1 먼저

$$X'(t) = (1-\cos t, \sin t), \qquad |X'(t)| = \sqrt{2 - 2\cos t} = 4\sin\frac{t}{2}$$

에서 미분방정식 $\frac{ds}{dt} = 4\sin\frac{t}{2}$ 를 얻는다. 따라서 초기 조건을 $t_0 = \pi$ 로 두면 $s = -8\cos\frac{t}{2}$ 를 얻는다. 그러므로 $t = 2\arccos\left(-\frac{s}{8}\right)$ 를 대입하면 원하는 매개화를 얻는다.

6.2 (1) $\sqrt{2}\,(e^{2\pi} - 1)$ (2) $\tilde{X}(s) = \left(1 + s/\sqrt{2}\right)\left(\cos\log\left(1 + s/\sqrt{2}\right), \sin\log\left(1 + s/\sqrt{2}\right)\right)$

6.5 $x = t^3$, $y = t^2$ 으로 두면, $t = \sqrt{(s + 8/27)^{2/3} - 4/9}$ 이다.

7.1 (1) $(0, 0, 6\pi)$ (2) $(\pi, 4/3)$

7.2

$$x = \cos^3 t, \qquad y = \sin^3 t \qquad (0 \le t \le \pi/2)$$

로 매개화하면

$$\mathrm{ds} = v dt = 3\cos t \sin t\, dt$$

이다. 이로부터 곡선(아스트로이드)의 길이는 $l = 3/2$ 이고 따라서

$$\bar{x} = \bar{y} = \frac{1}{l}\int_0^{\pi/2} \sin^3 t(3\cos t \sin t)\, dt = 2\int_0^1 \sin^4 t\, d(\sin t) = \frac{2}{5}$$

이다. 답: $\left(\frac{2}{5}, \frac{2}{5}\right)$

7.3 직선 l이 점 P를 지나고 단위벡터 $\mathbf{n}$에 수직이라 하자. 그러면 직선 l과 점 X 사이의 거리는

$$(X - P)\cdot\mathbf{n}$$

이다. 이제 직선 l과 곡선의 점 $X(t)$ 사이의 평균거리는

$$\begin{aligned}
&\frac{1}{\text{length}(X)}\int (X(t)-P)\cdot\mathbf{n}\,ds \\
=\;&\frac{1}{\text{length}(X)}\int \left((X(t)-\bar{X})+(\bar{X}-P)\right)\cdot\mathbf{n}\,ds \\
=\;&\frac{1}{\text{length}(X)}\int (X(t)-\bar{X})\cdot\mathbf{n}\,ds+\frac{1}{\text{length}(X)}\int (\bar{X}-P)\cdot\mathbf{n}\,ds \\
=\;&0+(\bar{X}-P)\cdot\mathbf{n}
\end{aligned}$$

이다. 이 값이 바로 l과 $\bar{X}$ 사이의 거리이다.

공간곡선의 경우도 마찬가지 방법으로 보인다.

7.6 나선의 길이를 l로 두면 전체명도는 $m=\dfrac{1}{2}l$이고, 명도 중심은 $\frac{1}{m}\int_0^1(\cos 2\pi t,\sin 2\pi t,t)t\cdot l dt=(0,-\frac{1}{\pi},\frac{2}{3})$ 이다.

7.7 $\frac{1}{l}(X(t_1)-X(t_0))$

8.3 $\kappa(t)=ab/(a^2\sin^2 t+b^2\cos^2 t)^{3/2}$ 이다. 특히 **동극**(東極)에서는 $\kappa(0)=a/b^2$ 이다.

8.4 $\kappa(x)=\frac{2}{(1+4x^2)^{3/2}}$

8.5 $a=1$일 때에는 교과서에 풀이가 있고 이때 답이 $1/2$임을 안다. 비슷한 방법으로 답을 구하여도 된다. 또는 포물선 $y=ax^2$은 포물선 $y=x^2$을 $1/a$배 확대한 것이고, 따라서 곡률반경도 $1/a$배 확대되므로 답은 $1/2a$이다.

8.6 곡률을 구하는 공식 $\kappa=|X'\times X''|/|X'|^3$에 대입하면 된다. 곡선을 c배 확대하면 접촉원과 곡률반경도 c배가 되고, 따라서 곡률은 $1/c$배가 된다.

8.7 $|X'|=|(1,2t,3t^2)|=\sqrt{1+4t^2+9t^4}$, $|X'\times X''|=2|(3t^2,-3t,1)|=2\sqrt{9t^4+9t^2+1}$ 에서

$$\kappa(t)=\frac{2\sqrt{9t^4+9t^2+1}}{(1+4t^2+9t^4)^{3/2}}$$

이다. 그러므로 $\kappa(\pm 1)=\frac{\sqrt{19}}{7\sqrt{14}}$.

8.8 곡률이 $\kappa(t)=t/(1+t^2)^{3/2}$ 이므로 곡률반경은

$$r(t)=\frac{(1+t^2)^{3/2}}{t}$$

이다. 미분하면

$$r'(t)=\frac{\sqrt{1+t^2}}{t^2}(2t^2-1)$$

이므로 곡률반경의 최솟값이 $t=1/\sqrt{2}$ 일 때 일어난다. 답: $\left(1/\sqrt{2},-\log\sqrt{2}\right)$

8.10 $\kappa(t)=\pi t$

8.11 2π

8.13 가속도의 크기 $a=|X''(t)|$가 편안함의 정도를 나타낸다고 이해하자. 그러면, $a=v^2\kappa$가 일정하도록 하면 된다. 답: $v/\sqrt{10}$

8.14 $(\pm a,0)$, $(0,\pm b)$

8.15 $\kappa=\sqrt{5}$, 접촉평면 : $2x-y+2=0$

8.16 먼저 곡선을 호의 길이로 매개화하자. 그러면

$$|X''(s)|=\kappa(s)=0$$

에서 $X''(s)=\mathbf{0}$을 알고, 그러므로 $X'(s)=\text{const}=:\mathbf{v}$이다. 따라서 $X(s)=s\mathbf{v}+\mathbf{w}$를 얻는다. 이것이 직선의 방정식이다.

8.17 $\dfrac{1}{\sqrt{2}}e^{-t}$

8.18 $r' = kr$ 이다. $X = r(\cos\theta, \sin\theta)$ 에서 $X' = kr(\cos\theta, \sin\theta) + r(-\sin\theta, \cos\theta)$, $X'' = (k^2-1)r(\cos\theta, \sin\theta) + 2kr(-\sin\theta, \cos\theta)$ 이고 따라서

$$\kappa = \frac{|X' \times X''|}{|X'|^3} = \frac{r^2(2k^2 - (k^2-1))}{r^3(k^2+1)^{3/2}} = \frac{1}{r}\frac{1}{\sqrt{k^2+1}}$$

이다. 한편 원점까지의 곡선 거리는 $l := \frac{k^2+1}{k} r$ 이므로, 곡률은 l 에 반비례한다.

8.19 (1) $\mathbf{n}(s)$ 가 단위벡터이므로 $\mathbf{n}'(s)$ 는 $\mathbf{n}(s)$ 에 수직이고, $\mathbf{n}(s)$ 는 $\mathbf{t}(s)$ 에 수직이므로, $\mathbf{n}'(s)$ 는 $\mathbf{t}(s)$ 에 비례한다. 이때 비례상수는 $\mathbf{n}'(s)\cdot\mathbf{t}(s) = (\mathbf{n}(s)\cdot\mathbf{t}(s))' - \mathbf{n}(s)\cdot\mathbf{t}'(s) = 0 - \kappa(s) = -\kappa(s)$ 이다. 따라서 $\mathbf{n}'(s) = -\kappa(s)\mathbf{t}(s)$ 이다.

(2) $C_u'(s) = \mathbf{t}(s) + u\mathbf{n}'(s) = \big(1 - u\kappa(s)\big)\mathbf{t}(s)$ 이고, 따라서 $|u| \ll 1$ 이면 $L(u) = \int_{s_0}^{s_1} \big(1 - u\kappa(s)\big)\, ds = L(0) - uK$.

(3) 2π

탐구문제.8 구하는 적분값은 타원 $\frac{x^2}{a^2} + \frac{y^2}{b^2} = 1$ 의 전곡률이므로 그 값은 항상 2π 이다.

탐구문제.10 "멈춘다"는 것은 "어떤 시간 동안 정지상태에 있다"고 말하는 것이 적절하다. 이 개념은 함수의 **싹**(germ)을 알면 도움이 된다.

참고문헌

강옥기, 이상구, *행렬이론의 발전과정과 현재*, 대한수학회 뉴스레터 **55** (1997), 20–27.

고영소, 김도한, 김홍종, *微積分學*, 수정판, 서울대학교출판부, 1993.

김명환, 김홍종, 김영훈, *현대수학입문*, 개정판, 경문사, 2021.

김병소, *식물은 알고 있다*, 경문사, 2003.

김성기, 김도한, 계승혁, *해석개론*, 서울대학교출판부, 1995.

김용운, 김용국, *지성의 비극 — 수학정신의 탐구, 피타고라스에서 괴델까지*, 一志社, 1992.

———, 數學序說, 祐成文化社, 1993.

김홍종, *공돌리기 재주의 수학*, 과학동아 1997년 10월호.

———, *문명, 수학의 필하모니*, 효형, 2009.

김홍종, 김희준, *과학으로 수학 보기, 수학으로 과학 보기*, 궁리, 2005.

이민섭, *도학연구*, 技文堂, 1999.

이일해 옮김, *힐버트 — 수학과 삶* (C. Reid 지음), 민음사, 1989.

이종우 편저, *기하학의 역사적 배경과 발달*, 京文社, 1997.

이현구, 김홍종, *인문·사회계 미적분학*, 서울대학교출판부, 1995.

정재명, 김명환, 김홍종, *미적분학을 위한 벡터와 행렬*, 서울대학교출판부, 1995.

지동표, *계산적 설계를 위한 곡선과 곡면론*, 서울대학교출판부, 1990.

A. Aaboe, *Episodes from the Early History of Mathematics*, Readings for Calculus, U. Dudley, ed., Math. Assoc. Amer., 1993.

V. Adamchik, S. Wagon, *A Simple Formula for* π, Amer. Math. Monthly **104** (1997), 852–855.

A. Aleksandrov, A. Kolmogorov, A. Lavrent'ev, eds., *Mathematics, Its Content, Methods, and Meaning*, 2nd ed., M.I.T. Press, 1969.

B. Anderson, J. Jackson, M. Sitharam, *Descartes' Rule of Signs Revisited*, Amer. Math. Monthly **105** (1998), 447–451.

G. Andrews, *The Theory of Partitions*, Addison-Wesley, 1976.

T. Apostol, *Mathematical Analysis*, Addison-Wesley, 1973.

T. Apostol, M. Mugles, D. Scott, A. Sterett, Jr., A. Watkins, *A Century of Calculus*, Math. Assoc. Amer., 1969, 1992.

W. W. Rouse Ball, *A Short Account of the History of Mathematics*, Dover Publ. Inc., 1908, 1960.

J. Barrow, *Theories of Everything*, Clarendon Press, Oxford, 1991.

M. Berger, *Geometry, I, II*, Springer-Verlag, 1987.

G. Birkhoff, *A Source Book in Classical Analysis*, Harvard Univ. Press, 1973.

G. Birkhoff, E. Kreyszig, *The Establishment of Functional Analysis*, Historia Mathematica **11** (1984), 258–321.

R. Boas, *A Primer of Real Functions*, Math. Assoc. Amer., 1996.

S. Bochner, *The Role of Mathematics in the Rise of Science*, Princeton Univ. Press, 1966, 1981.

W. E. Boyce, R. DiPrima, *Elementary Differential Equations and Boundary Value Problems*, John Wiley and Sons, Inc., 5th ed., 1992.

C. B. Boyer, *A History of Mathematics*, Princeton Univ. Press, 1985.

L. E. J. Brouwer, *Leven, Kunst en Mystiek*, 1905. (영문 번역, *Life, Art, and Mysticism*, Notre Dame J. Formal Logic **37** (1966), 389–429.)

J. Buhler, D. Eisenbud, R. Graham, C. Wright, *Juggling Drops and Descents*, Amer. Math. Monthly **101** (1994), 507–519.

F. Cajori, *A History of Mathematical Notations*, Dover, 1993.

H. Cartan, *Elementary theory of analytic functions of one or several complex variables*, Hermann, Paris, 1963, 1973.

Soo Bong Chae, *Lebesgue Integration*, 2nd ed., Springer-Verlag, 1995.

S.-s. Chern, *What Is Geometry?*, Amer. Math. Monthly **97** (1990), 679–686.

______, *From Triangles to Manifolds*, Amer. Math. Monthly **86** (1979), 330–349.

J. H. Conway, R. K. Guy, *The Book of Numbers*, Copernicus, 1996.

J. Coopersmith, *Energy, the subtle concept*, Oxford Univ. Press, 2015.

R. Courant, D. Hilbert, *Methods of Mathematical Physics I, II*, Interscience Publ. Inc., New York, 1953.

R. Courant, H. Robbins, *What is Mathematics?*, 2nd ed., Oxford Univ. Press, 1996. (Revised by I. Stewart)

D. Crowdis, S. Shelley, B. Wheeler, *Calculus for business, biology, and the social sciences*, Glencoe Press, 1976.

D. A. Danielson, *Vectors and Tensors in Engineering and Physics*, 2nd ed., Addison-Wesley Publ. Co., Inc., 1997.

H. Davis, A. Snider, *Introduction to Vector Analysis*, Wm. C. Brown Publishers, 1961, 1991.

M. Davis, *The Universal Computer: The road from Leibniz to Turing*, 3rd ed., W. W. Norton & Company, 2018.

K. Delvin, *Mathematics, The Science of Patterns*, Scientific American Library, 1994.

P. Diaconis, R. Graham, *Magical Mathematics*, Princeton Univ. Press, 2012.

J. Dieudonné, *Éléments d'Analyse* Vol. I, 1960.

———, *Mathematics — The Music of Reason*, Springer-Verlag, 1992.

C. T. J. Dodson, T. Poston, *Tensor Geometry — The Geometric Viewpoint and its Uses*, GTM 130, Springer-Verlag, 1977.

R. Driver, *Torricelli's law—an Ideal Example of an Elementary ODE*, Amer. Math. Monthly **105** (1998), 453–455.

W. Dunham, *Euler, The Master of Us All*, Math. Assoc. Amer., 1999. (윌리엄 던햄 지음, 김지영, 김영즈 옮김, *우리 모두의 수학자 오일러*, 경문사, 2016.)

———, *The Calculus Gallery*, Princeton Univ. Press, 2005. (윌리엄 던햄 지음, 권혜승 옮김, *미적분학 갤러리*, 한승, 2011.)

Euclid, *The thirteen books of THE ELEMENTS*, Dover Publications, Inc., 1956.

H. Eves, *An Introduction to the History of Mathematics*, 6th ed., Saunders College Publ., 1990. (하워드 이브스 지음, 이우영, 신항균 역, *수학사*, 경문사, 1996.)

———, *Great Moments in Mathematics*, Math. Assoc. of Amer., 1983.

W. Faris, *Review of Roland Omnés, "The Interpretation of Quantum Mechanics"*, Notices of Amer. Math. Soc. **43** (1996), 1328–1339.

T. Fay, *A Study in Step Size*, Mathematics Magazine **70** (1997), 116–117.

R. Feynman, *Lectures on Physics*, vol. 1, Addison-Wesley, 1963.

———, *Surely You're Joking, Mr. Feynman*, Bantam Book, 1985.

H. Flanders, *Differential Forms with Applications to the Physical Sciences*, Dover, 1963, 1989.

G. Fløystad, *The Exterior Algebra and Central Notions in Mathematics*, Notices Amer. Math. Soc. **62** (2015), 354-371.

A. Fomenko, *Mathematical Impressions*, Amer. Math. Soc., 1990.

E. Frenkel, *Love & Math: The Heart of Hidden Reality*, Basic Books, 2013.

M. Gardner, *Mathematical Magic Show*, Math. Assoc. Amer., 1965, 1990.

———, *Penrose tiles to trapdoor ciphers... and the return of Dr. Matrix*, Math. Assoc. Amer., 1989, 1997.

———, *My best mathematical and logic puzzles*, Dover, 1994.

L. Goldstein, D. Lay, D. Schneider, *Calculus and its applications*, brief edition, Prentice-Hall Inc., 1980.

J. V. Grabiner, *Was Newton's Calculus a Dead End? The Continental Influence of Maclaurin's "Treatise of Fluxions"*, Amer. Math. Monthly **105** (1997), 393–410.

R. Graham, D. Knuth, O. Patashnik, *Concrete Mathematics — A Foundation for Computer Science*, Addison-Wesley, 1989.

J. Gullberg, *Mathematics: from the birth of numbers*, W. W. Norton & Company, Ltd., 1997.

W. K. C. Guthrie, *A History of Greek Philosophy: I. The earlier Presocratics and the Pythagoreans*, Cambridge Univ. Press, 1962, 1985.

J. Havil, *Gamma: Exploring Euler's Constant*, Princeton Univ. Press, 2003.

J. Henle, *Non-nonstandard Analysis*, The Mathematical Intelligencer **21**, No. 1 (1999), 67–73.

S. Hildebrandt, A. Tromba, *The Parsimonious Universe: shape and form in the natural world*, Copernicus, 1996.

L. Hoffmann, G. Bradley, *Calculus for Business, Economics, and the Social and Life Sciences*, McGraw-Hill Book Company, 1989.

H. Hopf, *Differential Geometry in the Large*, Lect. Notes in Math. **1000**, Springer-Verlag, 1983.

W. Y. Hsiang, *A concise introduction to Calculus*, World Scientific, 1995.

______, *The Geometry of Spheres*, Normat **1** (1994), 1–12.

J. Jean, *Science and Music*, Cambridge Univ. Press, 1937.

G. Jennings, *Modern Geometry with Applications*, Springer, Universitext, 1994.

W. Johnston, *The Lebesgue Integral for Undergraduates*, Math. Assoc. Amer., 2015.

J. Kappraff, *Connection, The geometric bridge between art and Science*, McGraw-Hill, Inc., 1991.

J. Kazdan, *Solving Equation, An Elegant Legacy*, Amer. Math. Monthly **105** (1998), 1–21.

H. Keisler, *Foundations of Infinitesimal Calculus*, Prindle, Weber & Schmidt, Inc., 1976.

O. Kellogg, *Foundations of Potential Theory*, Springer-Verlag, 1929, 1967.

V. Klee, S. Wagon, *Unsolved Problems*, Math. Assoc. Amer., 1991.

D. Knuth, *Surreal numbers*, Addison-Wesley, 1974.

______, *The TEXBook*, Addison-Wesley, 1986.

S. Lang, *Calculus of Several Variables*, 3rd ed., Springer-Verlag, 1987.

D. Laugwitz, *On the historical development of infinitesimal mathematics*, Amer. Math. Monthly **104** (1997), 447–455.

M. Livio, *The Golden Ratio*, Broadway Books, 2002.

G. W. Mackey, *Harmonic Analysis as the Exploitation of Symmetry — a historical survey*, Rice Univ. Studies **64** (1978), 73–228.

E. Maor, *To infinity and beyond*, Birkhüaser, 1987. (엘리 마오 지음, 전대호 옮김, *무한, 그리고 그너머*, 사이언스북스, 1997.)

E. Marchisotto, G-A. Zakeri, *An Invitation to Integration in Finite Terms*, The College Math. J. **25** (1994), 295–308.

J. Marsden, A. Tromba, *Vector Calculus*, 6th ed., W. H. Freeman, 2011.

S. Mazur, S. Uhlam, *Sur les transformations isométriques d'espaces vectoriels normés*, C. R. Acad. Sci. Paris **194** (1932), 946–948.

J. Milnor, *On the Geometry of Kepler Problem*, Amer. Math. Monthly **90** (1983), 353–365.

J. Milnor, J. D. Stasheff, *Characteristic Classes*, Princeton Univ. Press, 1974.

C. Misner, K. Thorne, J. Wheeler, *Gravitation*, Freeman, 1973.

A. Mizrahi, M. Sullivan, *Mathematics for Business and Social Sciences: An Applied Approch*, John Wiley & Sons, 1976.

E. Moise, *Elementary Geometry from an Advanced Standpoint*, Addison-Wesley, 1990.

R. A. Molin, *Prime-Producing Quadratics*, Amer. Math. Monthly **104** (1997), 529–544.

S. Nasar, D. Gruber, *Manifold Destiny: A legendary problem and the battle over who solved it*, The New Yorker, August 28, 2006.

A. Ostermann, G. Wanner, *Geometry by Its History*, Springer, 2012.

Ovidius, *Metamorphoses*. (오비디우스 지음, 이윤기 옮김, *변신이야기*, 민음사, 1998.)

T. Pappas, *The Joy of Mathematics*, 1989; *More Joy of Mathematics*, 1991, Wide World Publishing/Tetra.

______, *Mathematical Scandals*, Wide World Publishing, 1997. (테오니 파파스 지음, 고석구·이만근 옮김, *수학의 스캔들*, 경문사, 1999.)

H. Peitgen, H. Jürgens, D. Saupe, *Chaos and Fractals, New Frontiers of Science*, Springer-Verlag, 1992.

R. Penrose, *The Road to Reality: A Complete Guide to the Laws of the Universe*, Alfred A. Knopf, 2004.

Z. Pogoda, L. Sokolowski, *Does Mathematics Distinguish Certain Dimensions of Spaces?*, Amer. Math. Monthly **104** (1997), 860–869.

G. Pólya, *Mathematical Discovery: On Understanding, Learning and Teaching Problem Solving*, Wiley 1962, 1981.

A. S. Posamentier, R. Geretschläger, *The Circle: A Mathematical Exploration beyond the Line*, Prometheus Books, 2016.

C. J. Posy, *Mathematical Intuitionism*, Cambridge Univ. Press, 2020.

R. Risch, *The problem of integration in finite terms*, Translations of Amer. Math. Soc. **139** (1969), 167–189.

W. Rudin, *Principles of Mathematical Analysis*, 3rd ed., McGraw-Hill, 1976.

H. M. Schey, *div, grad, curl and all that*, 2nd ed., W. W. Norton & Company, 1992.

M. M. Schiffer, L. Bowden, *The role of Mathematics in Science*, Math. Assoc. Amer., 1984.

S. Schwartzman, *The Words of Mathematics: An Etymological Dictionary of Mathematical Terms Used in English*, Math. Assoc. Amer., 1994.

K. Smith, *Power Series from a Computational Point of View*, Springer-Verlag, 1987.

M. Spivak, *Calculus*, 3rd ed., Publish or Perish, Inc., 1994.

S. Stein, *Archimedes, What Did He Do Besides Cry Eureka?*, Math. Assoc. Amer., 1999. (셔먼 스타인 지음, 이우영 옮김, *아르키메데스*, 경문사, 2006.)

I. Stewart, *Nature's Numbers*, Basic Books, 1995. (이언 스튜어트 지음, 김동광 옮김, *자연의 수학적 본성*, 동아출판사, 1996.)

______, *The Great Mathematical Problems*, Profile Books, 2013.

J. Strohmeier, P. Westbrook, *Divine Harmony, The Life and Teaching of Pythagoras*, Berkeley Hills Books, 1999, 2003.

D. W. Sumners, *The Role of Knot Theory in DNA Research*, Geometry and Topology, Lect. Notes in Pure and Appl. Math., Vol. 105, Marcel Dekker, 1987.

G. G. Szpiro, *The secret life of numbers: 50 easy pieces on how mathematicians work and think*, Joseph Henry Press, 2006. (조지 G. 슈피로 지음, 전대호 옮김, *수학자의 사생활*, 까치, 2008.)

R. Taschner, *The Continuum: A Constructive Approach to Basic Concepts of Real Analysis*, Vieweg, 2005.

C. Taylor, *Exploring Music*, Institute of Physics Publishing, 1992.

M. Tegmark, *Our Mathematical Universe: My Quest for the Ultimate Nature of Reality*, Vintage Books, 2014.

G. Thomas, R. Finney, *Calculus*, 9th ed., Addison Wesley, 1996.

S. Thompson, M. Gardner, *Calculus Made Easy*, Newly Revised, Updated, Expanded, and Annotated for its 1998 edition, St. Martin's Press, 1998.

V. M. Tikhomirov, *Stories about Maxima and Minima*, Amer. Math. Soc. and Math. Assoc. Amer., 1990.

G. Tomkowicz, S. Wagon, *The Banach-Tarski Paradox*, 2nd ed., Cambridge Univ. Press, 2016.

P. Tompkins, *Secrets of the Great Pyramid*, Harper & Row, 1971.

C. Truesdell, *Essays in the history of Mechanics*, Springer-Verlag, 1968.

C. Vamvacas, *Die Geburt der Philosophie*, Artemis & Winkler, 2006. (콘스탄틴 밤바카스 지음, 이재영 옮김, *철학의 탄생*, 알마, 2008.)

W. Weaver, *Lady Luck, The Theory of Probability*, Dover, 1963.

H. Weyl, *Symmetry*, Princeton Univ. Press, 1952.

J. H. White, *Self-linking and the Gauss integral in higher dimensions*, Amer. J. Math. **91** (1969), 693–728.

S. Wolfram, *Mathematica*, 3rd ed., Addison-Wesley, 1996.

E. Zeidler, *Quantum Field Theory I: Basics in Mathematics and Physics*, Springer, 2006.

찾아보기

제3개정판

미적분학 1

초　판 1쇄 발행　1999년 1월 30일
개정판 1쇄 발행　2000년 1월 20일
제2개정판 1쇄 발행　2016년 1월 25일
제3개정판 1쇄 발행　2023년 2월 10일
제3개정판 4쇄 발행　2026년 2월 13일

지은이　김홍종

펴낸곳　서울대학교출판문화원
주소　08826 서울 관악구 관악로 1
도서주문　02-889-4424, 02-880-7995
홈페이지　www.snupress.com
페이스북　@snupress1947
인스타그램　@snupress
이메일　snubook@snu.ac.kr
출판등록　제15-3호

ISBN 978-89-521-3185-0 94410
978-89-521-3184-3 (세트)

ⓒ 김홍종, 2023

이 책은 저작권법에 의해서 보호를 받는 저작물이므로
무단 전재와 복제를 금합니다.